QUÍMICA GERAL

Blucher

I. M. ROZENBERG

QUÍMICA GERAL

INSTITUTO
MAUÁ DE TECNOLOGIA

Química geral
© 2002 Izrael Mordka Rozenberg
1ª edição – 2002
5ª reimpressão – 2019
Editora Edgard Blücher Ltda.

Blucher

Rua Pedroso Alvarenga, 1245, 4º andar
04531-012 – São Paulo – SP – Brasil
Tel 55 11 3078-5366
contato@blucher.com.br
www.blucher.com.br

É proibida a reprodução total ou parcial por quaisquer
meios, sem autorização escrita da Editora.

Todos os direitos reservados pela Editora
Edgard Blücher Ltda.

FICHA CATALOGRÁFICA

Rozenberg, Izrael Mordka
Química geral / Izrael Mordka Rozenberg –
São Paulo: Blucher, 2002.

Bibliografia.
ISBN 978-85-212-0304-9

1. Química – Estudo e ensino I. Título.

06-2284	CDD-540.7

Índice para catálogo sistemático:
1. Química: Estudo e ensino   540.7

PREFÁCIO

Esta publicação tem como vertentes duas outras, editadas anos atrás, intituladas: *Química Geral e Inorgânica* e *Química Geral*, esta dada a público alguns anos após a primeira. Na página de abertura da segunda dessas publicações registramos que a extensão e a profundidade com que foram tratados os vários capítulos na primeira, fato acentuado na segunda, tiraram de ambas as obras o caráter elementar. Conseqüentemente, houve uma limitação do seu conteúdo à Química Geral, com sacrifício, portanto, da Química Inorgânica. Na mesma página, ainda, manifestamos a intenção de, a curto prazo, publicar um segundo volume de Química Geral, que trataria do estudo físico-químico das soluções e, entre outros temas, da Cinética e dos equilíbrios químicos, da Eletroquímica e da Energética Química.

Impedidos de fazê-lo com a prometida brevidade, por força de obrigações e funções que nos afastaram do magistério, somente agora decidimos realizar o pretendido, desta vez reunindo o conteúdo projetado para dois volumes num único, sob o título *Química Geral*, editado pela Editora Edgard Blücher Ltda. em convênio com o Instituto Mauá de Tecnologia.

É bom realçar que a presente publicação, do mesmo modo que as anteriores, mais que limitada apenas a abordar pormenorizadamente certos fenômenos químicos, espera levar o leitor à compreensão dos princípios e leis gerais que lhe permitam o entendimento, tratando a Química como disciplina formativa, sem preocupação de insistir em aspectos ditos práticos e sem pretender, ademais, conter informação química de natureza estritamente específica.

Alicerçado em ordenação sistemática, semelhante à de um curso de Física, e voltado a uma concisa introdução dos princípios básicos da Química moderna, este livro, na verdade uma introdução à Físico-Química, destina-se principalmente a estudantes que iniciam cursos nas escolas superiores de Engenharia, de Física e de Química. Pressupõe-se, assim, que o leitor tenha conhecimentos equivalentes aos desenvolvidos pelo atual Ensino Médio, no nível exigido nos concursos vestibulares ou processos seletivos das boas escolas superiores do País. Sem pretensão de esgotá-los ou substituir obras congêneres, muitas delas excelentes, todos os assuntos versados nesta publicação são abordados na profundidade compatível com a finalidade a que se destinam. Isso distingue esta publicação do usual em livros do gênero: pelo que ela é, acredita-se que o leitor, com domínio dê seu conteúdo, esteja em condições de prosseguir, em qualquer direção, os estudos de Química.

VI

Ao fim deste preâmbulo, cabe-nos reconhecer a grande dívida de gratidão que contraímos com aqueles que nos incentivaram a publicar este livro, particularmente os professores Gustavo Ferreira Leonhardt, Adelino Martins Ferreira Gomes, Helio Nanni e Antonio Machado Fonseca Netto, *in memoriam*, todos da Escola de Engenharia Mauá, do Instituto Mauá de Tecnologia, bem como agradecer à professora Vera Lúcia Pereira Castro pelo cuidado, dedicação e paciência com que se houve na revisão deste trabalho.

São Paulo, abril de 2002
I. M. Rozenberg

NOTA PRELIMINAR

Historicamente originário do Sistema Métrico Decimal, o Sistema Internacional de Unidades — com esse nome a sigla SI — foi formalmente adotado pela 11.ª Conferência Geral de Pesos e Medidas (CGPM), realizada em 1960, e inicialmente estruturado a partir de 6 (seis) unidades fundamentais ou de base. Como tais, foram definidas as unidades de comprimento, o metro; de massa, o quilograma; de tempo, o segundo; de intensidade de corrente elétrica, o ampère; de temperatura termodinâmica, o kelvin; e de intensidade luminosa, a candela. Por uma decisão da 14.ª CGPM, realizada em 1971, às anteriores seis unidades de base, foi acrescentada uma sétima: a de quantidade de matéria, o mol. A partir dessas sete unidades fundamentais passaram a ser definidas, como derivadas, as unidades de todas as demais grandezas físicas.

Desde então, o SI ganhou larga aceitação e passou a ser adotado formalmente em quase todos os países do planeta. O Brasil, em particular, um dos primeiros a adotar o antigo Sistema Métrico Decimal, é também um dos que, por força de vários ordenamentos legais, aprovou a utilização oficial desse sistema e deu sua adesão oficial às resoluções a respeito, emanadas das sucessivas Conferências Gerais de Pesos e Medidas.

Pois bem. Não obstante a larga difusão do Sistema Internacional de Unidades, em escala praticamente universal, por força do hábito, em pleno início do século XXI, muitas unidades "não SI" continuam sendo utilizadas aqui e ali, algumas delas reconhecidas pelo Comitê Internacional de Pesos e Medidas como de emprego pertimitido isoladamente, combinadas entre si ou em conjunto com as do SI, a tonelada e o litro, por exemplo, e outras de utilização em caráter temporário ou admitidas em casos muito especiais (por exemplo, o "debye", unidade de momento dipolar), apesar de seu uso ter sido formalmente desaconselhado ou mesmo banido por sucessivas recomendações e decisões das CGPMs. É o que sucede, particularmente, aos compêndios de Química, nos quais caloria continua sendo empregada como unidade de quantidade de calor, ao lado do grama e do erg, estas unidades de massa e energia do Sistema CGS.

Nesta publicação, que não pretende criar escola ao ser diferente de inúmeras outras congêneres, embora com preferência para o SI, em numerosos casos são usadas unidades "não SI".

VIII

Algumas constantes universais

Carga específica do elétron	$\dfrac{e}{m_e}$	$1{,}758\,8 \times 10^{11}\ \text{C} \times \text{kg}^{-1}$
Carga do elétron	e	$1{,}602\,19 \times 10^{-19}\ \text{C}$
Comprimento de onda concatenada ao elétron	λ_e	$2{,}426\,31 \times 10^{-12}\ \text{m}$
Comprimento de onda conectada ao próton	λ_p	$1{,}321\,41 \times 10^{-15}\ \text{m}$
Constante de Boltzmann	k	$1{,}380\,6 \times 10^{-23}\ \text{J} \times \text{K}^{-1}$
Constante de Planck	h	$6{,}625\,6 \times 10^{-34}\ \text{J} \times \text{s}$
Constante de Rydberg	$\mathfrak{R}$	$1{,}097\,373\ \text{m}^{-1}$
Constante dos gases perfeitos	R	$8{,}314\,3\ \text{J} \times \text{mol} \times \text{K}^{-1}$
Faraday	$\mathfrak{F}$	$96\,485\ \text{C}$
Massa da partícula alfa	m_α	$6{,}651 \times 10^{-27}\ \text{kg}$
Massa do elétron em repouso	m_e	$9{,}109\,5 \times 10^{-31}\ \text{kg}$
Massa do nêutron em repouso	m_n	$1{,}674\,95 \times 10^{-27}\ \text{kg}$
Massa do próton em repouso	m_p	$1{,}672\,49 \times 10^{-27}\ \text{kg}$
Número de Avogadro	N_0	$6{,}022\,52 \times 10^{23}\ \text{mol}^{-1}$
Raio convencional do elétron	r_e	$2{,}817\,94 \times 10^{-15}\ \text{m}$
Unidade unificada de massa atômica	μ	$1{,}660\,57 \times 10^{-27}\ \text{kg}$
Velocidade da luz no vácuo	c	$2{,}997\,925 \times 10^{8}\ \text{m} \times \text{s}^{-1}$
Volume molar dos gases ideais (em cond. normais)	V_0	$22{,}414\,38 \times 10^{-3}\ \text{m}^3 \times \text{mol}^{-1}$

Os elementos químicos

Elemento	Símbolo	Número atômico	Massa Atômica
Actínio(*)	Ac	89	[227]
Alumínio	Al	13	26,981 5
Amerício(*)	Am	95	[243]
Antimônio	Sb	51	121,75
Argônio	Ar	18	39,948
Arsênio	As	33	74,921 6
Astatínio(*)	At	85	[210]
Bário	Ba	56	137,34
Berkélio(*)	Bk	97	[248,07]
Berílio	Be	4	9,012 2
Bismuto	Bi	83	208,980
Boro	B	5	10,811
Bromo	Br	35	79,904
Cádmio	Cd	48	112,40
Cálcio	Ca	20	40,08
Califórnio(*)	Cf	98	[251]
Carbono	C	6	12,011 15
Cério	Ce	58	140,12
Césio	Cs	55	132,905 4
Chumbo	Pb	82	207,19
Cloro	Cl	17	35,453
Cobalto	Co	27	58,933 2
Cobre	Cu	29	63,54
Criptônio	Kr	36	83,80
Cromo	Cr	24	51,996
Cúrio(*)	Cm	96	[247]
Disprósio	Dy	66	162,50
Dúbnio	Db	105	[262]
Einstênio(*)	Es	99	[254]
Enxofre	S	16	32,064
Érbio	Er	68	167,26
Escândio	Sc	21	44,956
Estanho	Sn	50	118,69
Estrôncio	Sr	38	87,62
Európio	Eu	63	151,96
Férmio(*)	Fm	100	[257]
Ferro	Fe	26	55,847

Flúor	F	9	18,998 4
Fósforo	P	15	30,973 8
Frâncio[(*)]	Fr	87	[223]
Gadolínio	Gd	64	157,25
Gálio	Ga	31	69,72
Germânio	Ge	32	72,59
Háfnio	Hf	72	178,49
Hélio	He	2	4,002 6
Hidrogênio	H	1	1,007 97
Hólmio	Ho	67	164,930
Índio	In	49	114,82
Iodo	I	53	126,904
Irídio	Ir	77	192,22
Itérbio	Yb	70	173,04
Ítrio	Y	39	88,906
Kurchatóvio	Ku	104	[261]
Lantânio	La	57	138,905 5
Laurêncio	Lr	103	[257]
Lítio	Li	3	6,939
Lutécio	Lu	71	174,96
Magnésio	Mg	12	24,312
Manganês	Mn	25	54,938 0
Mendelévio[(*)]	Mv	101	[258]
Mercúrio	Hg	80	200,59
Molibdênio	Mo	42	95,94
Neodímio	Nd	60	144,24
Neônio	Ne	10	20,179
Netúnio[(*)]	Np	93	237,048 2
Nióbio	Nb	41	92,906
Níquel	Ni	28	58,71
Nitrogênio	N	7	14,006 7
Nobélio[(*)]	No	102	[255]
Ósmio	Os	76	190,2
Ouro	Au	79	196,966 5
Oxigênio	O	8	15,999 4
Paládio	Pd	46	106,4
Platina	Pt	78	195,09
Plutônio[(*)]	Pu	94	[244]
Polônio[(*)]	Po	84	[209]

Potássio	K	19	39,098
Praseodímio	Pr	59	140,907 7
Prata	Ag	47	107,868
Prométio(*)	Pm	61	[145]
Protoactínio(*)	Pa	91	231,035 9
Rádio(*)	Ra	88	226,025,4
Radônio(*)	Rn	86	[222]
Rênio	Re	75	186,2
Ródio	Rh	45	102,905
Rubídio	Rb	37	85,467 8
Rutênio	Ru	44	101,07
Samário	Sm	62	150,35
Selênio	Se	34	78,96
Silício	Si	14	28,086
Sódio	Na	11	22,989 8
Tálio	Tl	81	204,37
Tântalo	Ta	73	180,948
Tecnécio(*)	Tc	43	98,906 2
Telúrio	Te	52	127,60
Térbio	Tb	65	158,924
Titânio	Ti	22	47,90
Tório(*)	Th	90	232,038
Túlio	Tm	69	168,934
Tungstênio	W	74	183,85
Urânio(*)	U	92	238,029
Vanádio	V	23	50,941 5
Xenônio	Xe	54	131,30
Zinco	Zn	30	65,38
Zircônio	Zr	40	91,22

OBSERVAÇÕES:

1) Os elementos assinalados com asterisco (*) são os que apresentam isótopos todos radioativos.

2) Os números assinalados entre colchetes não são massas atômicas, mas, sim, os números de massa dos isótopos mais estáveis.

3) As massas atômicas que figuram nesta tabela são as referidas ao $^{12}_{6}C$, cuja massa atômica é tomada como padrão e igual a 12,000 0.

4) As incertezas com que são indicadas certas massas atômicas devem-se à variação

XII

natural da composição isotópica dos respectivos elementos. É o que sucede com o hidrogênio, o boro, o carbono, o oxigênio, o silício e o enxofre. Outras vezes, essas incertezas decorrem das próprias condições de determinação das massas atômicas. É o que acontece com o cloro, o cromo, o ferro, o bromo e a prata.

5) Os elementos de números atômicos 104 e 105 figuram no quadro com seus nomes e símbolos ainda incertos: kurchatóvio (Ku) e dúbnio (Db) são utilizados nos países da antiga União Soviética sem o referendo da União Internacional de Química Pura e Aplicada (v. item 5.7.4). Nos Estados Unidos, esses elementos são conhecidos como rutherfórdio (Rf) e hâhnio (Ha), respectivamente.

6) Por outro lado, não estão incluídos no mesmo quadro os elementos de números atômicos 106 a 109, todos artificiais e altamente radioativos, descobertos nas últimas duas décadas. São eles:

Seabórgio	Sg	106	[263]
Bóhrio	Bh	107	[264]
Hássio	Hs	108	[265]
Meitnério	Mt	109	[266]

CONTEÚDO

CAPÍTULO 1 DA ALQUIMIA À QUÍMICA MODERNA
RETROSPECTO HISTÓRICO. 1
1.1 Os Primórdios da Química 2
1.2 A Era dos Metais 2
1.3 As Primeiras Doutrinas 3
1.4 A Química no Início da Era Cristã 5
1.5 A Alquimia 6
1.6 A Iatroquímica 7
1.7 Os Precursores da Química Moderna 8
1.8 A Teoria do Flogisto 8
1.9 A Química Moderna 9

CAPÍTULO 2 MISTURAS E SUBSTÂNCIAS PURAS
SUBSTÂNCIAS SIMPLES E COMPOSTAS. 13
2.1 Preliminares 13
2.2 Misturas e Substâncias Puras 14
2.3 Características de uma Substância Pura 14
2.4 Misturas Homogêneas e Heterogêneas 16
2.5 Fases de um Sistema 17
2.6 Análise Imediata 18
     2.6.1 Análise Imediata de Misturas Heterogêneas 18
     2.6.2 Análise Imediata de Misturas Homogêneas 21
2.7 Definição de Substância Pura — Critério de Pureza 24
2.8 Primeira Noção de Reação Química 25
2.9 Substâncias Simples e Compostas — Diferenciação Prática 26
2.10 Elementos Químicos — Diferenciação Doutrinária entre Substâncias
     Simples e Compostas 26
2.11 Simbologia e Nomenclatura dos Elementos 28

CAPÍTULO 3 AS LEIS FUNDAMENTAIS DA ESTEQUIOMETRIA. 31
3.1 As Leis Fundamentais da Química 31
3.2 Lei de Lavoisier 32
3.3 Lei de Proust 34

XIV

3.4	Lei de Dalton	37
3.5	Lei de Richter	38
3.6	As Massas Equivalentes	40
3.7	As Leis de Gay-Lussac	42

Capítulo 4 A Teoria Atômico-Molecular Clássica. ... 44

4.1	As Teorias Atômicas até o Século XVIII	44
4.2	Teoria Atômica de Dalton	46
4.3	Hipótese de Avogadro — Teoria Atômico-Molecular Clássica	48
4.4	A Hipótese de Avogadro e as Leis de Gay-Lussac	50
4.5	O Conceito de Molécula — Substâncias Iônicas	52

Capítulo 5 Massas Atômicas e Massas Moleculares. ... 53

5.1	As Massas Atômicas	53
5.2	A Escala Unificada de Massas Atômicas	57
5.3	O Problema da Determinação das Massas Atômicas	59
5.4	As Massas Moleculares	61
5.5	Determinação das Massas Moleculares de Substâncias Gasosas	63
5.5.1	Método das Densidades Relativas	63
5.5.2	Método do Volume Molar	64
5.5.3	Determinação da Massa Molecular de um Gás a partir de Sua Densidade em Relação ao Ar	66
5.5.4	Determinação da Massa Molecular de um Gás a partir de Sua Densidade-limite	67
5.6	Deteminação das Massas Moleculares de Substâncias Vaporizáveis	68
5.6.1	Método de Victor Meyer	68
5.6.2	Método de Dumas	70
5.7	Determinação das Massas Atômicas	72
5.7.1	Método de Cannizzaro	72
5.7.2	Método de Dulong e Petit	74
5.7.3	Determinação das Massas Atômicas a partir das Massas Equivalentes	75
5.7.4	Determinações Atuais das Massas Atômicas	76
5.8	O Número de Avogadro	77
5.9	Determinação do Número de Avogadro	80

Capítulo 6 O Estado Gasoso
Noções sobre a Teoria Cinética dos Gases. ... 85

6.1	Propriedades dos Gases	85
6.2	Transformações Isotérmicas — Lei de Boyle	86
6.3	Transformações Isobáricas — Lei de Charles e Gay-Lussac	88
6.4	Equação Geral dos Gases Perfeitos	90
6.5	Equação de Estado dos Gases Perfeitos	91
6.6	Misturas de Gases — Lei de Dalton	94
6.7	Difusão e Efusão de Gases	96
6.8	O Comportamento dos Gases Reais	98

XV

6.9	As Isotermas de um Gás Real	99
6.10	Massa Específica Crítica — Regra de Cailletet e Mathias	101
6.11	A Equação de Van der Waals	102
6.12	Outras Equações de Estado dos Gases Reais	108
	6.12.1 Equação de Wohl	108
	6.12.2 Equação de Callendar	108
	6.12.3 Equação de Dieterici	108
	6.12.4 Equação de Berthelot	109
	6.12.5 Equação de Beattie-Bridgman	109
	6.12.6 Equação dos Coeficientes Viriais	110
6.13	A Equação de Van der Waals Reduzida	110
6.14	A Teoria Cinética dos Gases	112
6.15	Determinação do Número de Avogadro pelo Método de Perrin	122

CAPÍTULO 7 FÓRMULAS E EQUAÇÕES QUÍMICAS ESTEQUIOMETRIA. ... 125

7.1	O Conceito Clássico de Valência	125
7.2	Fórmulas Químicas	127
	7.2.1 Substâncias Simples	127
	7.2.2 Substâncias Compostas	127
7.3	Determinações da Fórmula de um Composto	129
	7.3.1 Fórmula Centesimal	129
	7.3.2 Fórmula Empírica	129
	7.3.3 Fórmula Mínima	130
	7.3.4 Fórmula Molecular	130
7.4	Determinação da Fórmula a partir do Isomorfismo	131
7.5	Dedução da Fórmula a partir das Valências	132
7.6	Fórmulas Desenvolvidas ou Estruturais	133
7.7	Reações e Equações Químicas	136
7.8	Tipos de Reações Químicas	138
	7.8.1 Reações de Combinação	138
	7.8.2 Reações de Decomposição	139
	7.8.3 Reações de Substituição	139
	7.8.4 Reações de Dupla Substituição	139
	7.8.5 Reações de Polimerização	139
	7.8.6 Transformações Isoméricas	140
	7.8.7 Transformações Alotrópicas	140
	7.8.8 Reações de Precipitação	141
7.9	Determinação dos Coeficientes de uma Equação Química	141
7.10	Estequiometria	143

CAPÍTULO 8 A TABELA PERIÓDICA DOS ELEMENTOS. ... 145

8.1	Os Precursores da Classificação Periódica	145
8.2	A Classificação Periódica	148
8.3	A Tabela Periódica Desenvolvida	152
8.4	A Tabela Periódica sob a Forma Desdobrada	157
8.5	Metais e Não-Metais	157
	8.5.1 Metais	158

XVI

8.5.2	Não-Metais	159
8.5.3	Semimetais	159

CAPÍTULO 9 ORIGENS DO CONHECIMENTO SOBRE A COMPLEXIDADE DO ÁTOMO. 160

9.1	A Evidência da Complexidade do Átomo	160
9.2	A Condutividade Elétrica dos Gases	161
9.3	Descargas Elétricas através de Gases Rarefeitos	164
9.4	Os Raios Catódicos	165
9.5	O Elétron	167
9.6	Medida da Carga Específica do Elétron	168
9.7	Medida da Carga do Elétron	172
9.8	Massa e Raio do Elétron	176
9.9	Os Raios Positivos	178
9.10	O Espectrógrafo de Massa	180
9.11	Os Raios X	182
	9.11.1 Intensidade de Raios X	183
	9.11.2 Camada de Meia Absorção	184
	9.11.3 Dosimetria de Raios X	185
	9.11.4 Efeitos dos Raios X sobre o Ser Humano	187
	9.11.5 Aplicações dos Raios X	188
9.12	A Natureza Ondulatória dos Raios X	188
9.13	Resultados da Análise de Cristais por meio dos Raios X	191
9.14	Cálculo da Distância Inter-Reticular de um Cristal	192
9.15	Raios Atômicos e Raios Iônicos	193
9.16	O Espectrógrafo de Raios X	196
9.17	Os Números Atômicos e a Lei de Moseley	198
9.18	A Radioatividade	201
9.19	Efeitos Biológicos das Radiações Becquerel	205

CAPÍTULO 10 OS MODELOS ATÔMICOS NUCLEARES. 207

10.1	Os Constituintes do Átomo	207
	10.1.1 Os Prótons	208
	10.1.2 Os Nêutrons	208
	10.1.3 Os Pósitrons	209
	10.1.4 Outras Partículas Elementares	209
10.2	O Modelo Atômico de Thomson	210
10.3	O Espalhamento das Partículas Alfa e o Núcleo Atômico	211
10.4	O Modelo Atômico de Rutherford	216
10.5	O Espectro do Hidrogênio	218
10.6	A Teoria dos *Quanta*	221
	10.6.1 O Efeito Fotoelétrico	223
	10.6.2 O Efeito Compton	224
10.7	Os Postulados de Bohr	226
	10.7.1 Postulado Mecânico	226
	10.7.2 Postulado Óptico	228
10.8	A Teoria de Bohr e o Espectro do Hidrogênio	231

10.9	A Molécula de Hidrogênio, segundo Bohr	233
10.10	A Origem dos Raios X	235
	10.10.1 Espectro Contínuo	235
	10.10.2 Espectro Descontínuo	236
10.11	O Modelo Atômico de Bohr-Sommerfeld	237
10.12	O Modelo Atômico Vetorial	241
	10.12.1 Número Quântico Magnético Orbital	243
	10.12.2 O Número Quântico Magnético de *Spin*	245
10.13	O Princípio de Exclusão de Pauli	246
10.14	Configuração Eletrônica dos Átomos	248
10.15	Configuração Eletrônica e Tabela Periódica	254

CAPÍTULO 11 CONCEPÇÃO MECÂNICO-ONDULATÓRIA DO ELÉTRON ... 259

11.1	O Elétron segundo as Teorias Modernas	259
11.2	O Princípio de Heisenberg	260
11.3	As Idéias de De Broglie e a Imagem Mecânico-Ondulatória do Elétron	263
11.4	A Equação de Schrödinger	265
11.5	O Significado Físico do Psi Quadrado	267
11.6	O Problema do Elétron na Caixa	269
11.7	A Equação de Schrödinger e o Átomo de Hidrogênio	273
11.8	As Funções de Onda do Átomo de Hidrogênio	274

CAPÍTULO 12 O NÚCLEO ATÔMICO ... 280

12.1	O Núcleo Atômico	280
12.2	Constituição do Núcleo	281
12.3	Isótopos	282
12.4	O Raio do Núcleo Atômico	284
12.5	Defeito de Massa e Energia de União	286
12.6	Radioatividade Natural	289
12.7	Tranformações Radioativas — Leis de Soddy e Fajans	291
12.8	Famílias Radioativas	292
12.9	Velocidade de Desintegração	295
12.10	Equilíbrio Radioativo	297
12.11	Radioatividade Artificial	299
12.12	Traçadores Radioativos	300
12.13	Tipos de Reações Nucleares	301
	12.13.1 Reações Provocadas por Partícula α	301
	12.13.2 Reações Provocadas por Dêuterons	302
	12.13.3 Reações Provocadas por Prótons	302
	12.13.4 Reações Provocadas por Nêutrons	303
	12.13.5 Reações Provocadas por Radiações γ	303
	12.13.6 Reações Provocadas por Partículas β	303
12.14	Obtenção dos Elementos Transuranianos	306
12.15	Origem da Energia Solar	308

XVIII

CAPÍTULO 13   AS LIGAÇÕES QUÍMICAS. 310
   13.1   Teorias Eletrônicas da Valência 310
   13.2   As Idéias de Kossel 311
   13.3   Energia de Ionização e Afinidade Eletrônica 312
   13.4   A Eletrovalência 316
   13.5   Propriedades dos Compostos Eletrovalentes 319
   13.6   A Covalência 322
   13.7   Covalência Dativa 325
   13.8   A Ligação Covalente e a Mecânica Ondulatória 329
         13.8.1   Método dos Enlaces de Valência 330
         13.8.2   Método dos Orbitais Moleculares 331
         13.8.3   Hibridização de Orbitais 333
   13.9   Raios Covalentes 335
  13.10   Ligações Covalentes Polares 337
  13.11   O Caráter Iônico das Ligações Covalentes – Eletronegatividade 340
  13.12   Ligações de Van der Waals 342
  13.13   Ligações Metálicas 344
  13.14   A Estrutura Cristalina e as Ligações Químicas 345
        13.14.1   Cristais Iônicos 345
        13.14.2   Cristais Covalentes 347
        13.14.3   Cristais Moleculares 348
        13.14.4   Cristais Metálicos 349
  13.15   Ligação de Hidrogênio 352
  13.16   Ressonância ou Mesomeria 353
  13.17   Exceções à Regra do Octeto 356

CAPÍTULO 14   AS SOLUÇÕES. 359
   14.1   Características das Soluções 359
   14.2   Tipos de Soluções 360
   14.3   Soluto e Solvente 361
   14.4   Concentração de uma Solução 362
         14.4.1   Título 362
         14.4.2   Percentagem em Massa 363
         14.4.3   Percentagem 363
         14.4.4   Concentração 363
         14.4.5   Fração Molar do Soluto 364
         14.4.6   Molaridade 365
         14.4.7   Molalidade 366
         14.4.8   Formalidade e Formalidade em Massa 366
         14.4.9   Outras Maneiras de Exprimir a Concentração 367
         14.4.10   Soluções Diluídas e Concentradas 369
   14.5   Solubilidade 369
   14.6   Lei da Distribuição 376
   14.7   Pontos Angulosos nas Curvas de Solubilidade 379
   14.8   Soluções Supersaturadas 379
   14.9   Soluções Eletrolíticas e não Eletrolíticas 380

XIX

CAPÍTULO 15 SOLUÇÕES MOLECULARES. 381
15.1   Propriedades das Soluções Diluídas 381
       15.1.1   Propriedades cuja Magnitude Depende da Concentração da Solução e da Natureza do Soluto 381
       15.1.2   Propriedades cuja Magnitude Independe da Natureza do Soluto, mas Varia com o Número de Partículas, Moléculas ou Íons, Dispersas numa Quantidade Dada de Solvente 382
15.2   Pressão Osmótica 383
15.3   Tonoscopia — Lei de Raoult 389
15.4   Ebulioscopia 395
15.5   Crioscopia 401

CAPÍTULO 16 SOLUÇÕES IÔNICAS. 404
16.1   As Soluções Iônicas e as Propriedades Coligativas 404
16.2   A Teoria da Dissociação Iônica 406
16.3   Grau de Ionização 407
16.4   Extensão das Leis das Soluções Diluídas às Soluções Iônicas 410
16.5   Idéias Modernas sobre as Soluções Iônicas 411
16.6   Associação Iônica 415
16.7   Reações Iônicas 416
16.8   Troca Iônica — Separação dos Componentes de uma Solução por Troca Iônica 417

CAPÍTULO 17 O ESTADO COLOIDAL. 419
17.1   A Experiência de Graham 419
17.2   Sistemas Dispersos 420
17.3   Sistemas Coloidais 421
       17.3.1   Colóides Liófobos 422
       17.3.2   Colóides Liófilos 423
17.4   Propriedades Gerais dos Colóides 423
       17.4.1   Velocidade de Difusão 423
       17.4.2   Poder de Adsorção 424
       17.4.3   Efeito Tyndall 424
       17.4.4   Movimento Browniano 426
       17.4.5   Pressão Osmótica 427
       17.4.6   Eletroforese 428
       17.4.7   Coagulação 430
       17.4.8   Tixotropia 430
       17.4.9   Estabilidade 431
17.5   Preparação dos Colóides 431
       17.5.1   Métodos de Dispersão 431
       17.5.2   Métodos de Condensação 432

XX

CAPÍTULO 18 ÁCIDOS, BASES E SAIS. 434

18.1 Generalidades 434
18.2 Conceituações Operacionais 434
18.3 Ácidos, Bases e Sais segundo a Teoria Iônica 436
    18.3.1 Ácidos 436
    18.3.2 Bases 438
    18.3.3 Sais 438
18.4 As Idéias de Hückel e Debye 440
18.5 Ácidos e Bases segundo Brönsted e Lowry 442
18.6 Ácidos e Bases segundo Lewis 445
18.7 Ácidos e Bases: Resenha Conceitual 447
18.8 Reações de Neutralização 449
18.9 Volumetria por Neutralização 451
    18.9.1 Equivalentes-Grama de Ácidos e Bases 452
    18.9.2 Normalidade 452
    18.9.3 Acidimetria e Alcalimetria 453

CAPÍTULO 19 ELETROQUÍMICA I — ELETRÓLISE. 455

19.1 A Eletrólise 455
19.2 Eletrólise de um Eletrólito Fundido 456
19.3 Eletrólise em Solução Aquosa 458
19.4 As Leis de Faraday 460
19.5 Aplicações da Eletrólise 464
    19.5.1 Obtenção de Metais Alcalinos e Alcalinoterrosos 464
    19.5.2 Obtenção de Hidrogênio e Oxigênio 464
    19.5.3 Obtenção de Hidróxido de Sódio 464
    19.5.4 Galvanostegia 465
    19.5.5 Purificação Eletrolítica de Metais 466
    19.5.6 Separação dos Componentes de uma Mistura 466
    19.5.7 Obtenção de Água Oxigenada 466
    19.5.8 Metalurgia do Alumínio 467
    19.5.9 Eletrossíntese de Kolbe 468
    19.5.10 Retificadores Eletrolíticos 468
    19.5.11 Fabricação de Discos Fonográficos 468
19.6 Condutividade de um Eletrólito 469
19.7 Condutividade Equivalente 470
19.8 Mobilidade Iônica — Lei de Kohlrausch 473
19.9 Números de Transporte 475

CAPÍTULO 20 ELETROQUÍMICA II — OXIDAÇÃO E REDUÇÃO. 479

20.1 Os Conceitos de Oxidação e Redução 479
20.2 Oxidantes e Redutores 482
20.3 Números de Oxidação 483
20.4 Comportamento de Agentes Oxidantes e Redutores 486
    20.4.1 Agentes Oxidantes 486
    20.4.2 Agentes Redutores 487
20.5 Balanceamento das Equações de Oxirredução 490
    20.5.1 Método do Elétron 490

| | | 20.5.2 Método do Íon-Elétron | 493 |

20.5.2 Método do Íon-Elétron 493
20.6 Volumetria por Oxirredução 495
20.6.1 Equivalentes-grama de Oxidante e Redutor 495
20.6.2 Normalidade 497
20.6.3 Lei Fundamental da Oxidimetria 498
20.6.4 Permanganometria 498
20.6.5 Iodometria 499
20.7 Agentes Conjugados 501
20.8 Potencial de Redox 503
20.9 Série Eletroquímica dos Metais 509
20.9.1 Corrosão 510
20.10 Equação de Nernst 511
20.11 Sentido das Reações de Oxirredução 513
20.12 Pilhas de Concentração 514
20.13 Pilhas de Combustível 515
20.14 Potenciais de Eletrodos 517

CAPÍTULO 21 CINÉTICA QUÍMICA. 519

21.1 Objetivo da Cinética 519
21.2 Velocidade de Reação 519
21.3 Reações Totais e Reações Limitadas 522
21.4 Fatores que Influem sobre a Velocidade das Reações 522
21.5 Influência da Concentração dos Reagentes — Lei da Ação
das Massas 522
21.6 Molecularidade e Ordem de uma Reação 524
21.6.1 Reações de Primeira Ordem 525
21.6.2 Reações de Segunda Ordem 528
21.6.3 Reações de Terceira Ordem 531
21.6.4 Métodos de Determinação da Ordem de uma Reação 534
21.7 Influência da Temperatura sobre a Velocidade das Reações 536
21.7.1 Energia de Ativação 539
21.7.2 Cálculo da Energia de Ativação 541
21.8 Influência da Pressão sobre a Velocidade das Reações 545
21.9 Influência do Estado Físico dos Reagentes sobre a Velocidade
das Reações 545
21.10 Catálise 546
21.10.1 Catálise Homogênea e Heterogênea 547
21.10.2 Características da Ação Catalítica 549
21.10.3 Promotores e Envenenadores 549
21.10.4 Autocatálise 550
21.10.5 Influência do Catalisador sobre a Natureza dos
Produtos de uma Reação 551
21.10.6 Teorias da Catálise 552

CAPÍTULO 22 EQUILÍBRIO QUÍMICO. 555

22.1 Reações Reversíveis e Irreversíveis 555
22.2 Equilíbrio Químico 557
22.3 Características do Equilíbrio Químico 558

XXII

22.4	Aplicação da Lei da Ação das Massas ao Equilíbrio Químico em Sistemas Homogêneos	560
22.5	A Constante de Equilíbrio em termos de Pressão	563
22.6	Fatores que Influem sobre o Equilíbrio Químico	564
	22.6.1 Influência das Concentrações	564
	22.6.2 Influência da Temperatura	566
	22.6.3 Influência da Pressão	567
22.7	Princípio de Le Chatelier	568

CAPÍTULO 23 EQUILÍBRIOS IÔNICOS ... 570

23.1	Aplicação da Lei de Guldberg-Waage aos Equilíbrios Iônicos	570
23.2	Efeito do Íon Comum	573
23.3	Lei da Diluição — Equação de Ostwald	573
23.4	Atividade e Coeficientes de Atividade	575
23.5	Auto-Ionização da Água — Produto Iônico da Água	579
23.6	Acidez e Basicidade das Soluções — pH	580
23.7	Determinação Prática do pH	582
	23.7.1 Método Colorimétrico	582
	23.7.2 Método Potenciométrico	585
23.8	Solução-Tampão	586
23.9	Produto de Solubilidade	588
23.10	Hidrólise Salina	590
	23.10.1 Solução de um Sal de Ácido Forte e Base Forte	591
	23.10.2 Solução de um Sal de Ácido Fraco e Base Forte	592
	23.10.3 Solução de um Sal de Ácido Forte e Base Fraca	595
	23.10.4 Solução de um Sal de Ácido Fraco e Base Fraca	596
23.11	Curvas de Titulação	598
23.12	Cálculo do pH de uma Solução Salina	599
23.13	Constante de Equilíbrio e Potencial de Redox	601

CAPÍTULO 24 EQUILÍBRIOS EM SISTEMAS HETEROGÊNEOS ... 604

24.1	Equilíbrio em Sistemas Heterogêneos	604
24.2	Equilíbrios Químicos — Extensão da Lei da Ação das Massas aos Sistemas Heterogêneos	605
24.3	Equilíbrios de Fases — Regra das Fases	607
	24.3.1 Fase	607
	24.3.2 Sistemas de Mesma Espécie	607
	24.3.3 Constituintes e Constituintes Independentes	608
	24.3.4 Fator de Equilíbrio	608
	24.3.5 Variância ou Variança de um Sistema	609
	24.3.6 A Regra das Fases	610

CAPÍTULO 25 TERMODINÂMICA ... 613

25.1	O Calor como Forma de Energia	613
25.2	Energia — Sua Conservação	614
25.3	A Termodinâmica	618
25.4	Conceitos Básicos	619
25.5	Primeiro Princípio da Termodinâmica	620

	25.5.1	Trabalho Efetuado na Expansão de um Gás	623
	25.5.2	Aplicação Numérica do Primeiro Princípio	625
	25.5.3	Trabalho Elétrico	625
	25.5.4	Entalpia	626
	25.5.5	Termoquímica	629
	25.5.6	Calores Específicos — Relação de Mayer	637
	25.5.7	Influência da Temperatura sobre a Entalpia de Reação	641
25.6	O Segundo Princípio — Transformações Espontâneas e Transformações Forçadas		643
	25.6.1	Transformações Reversíveis	645
	25.6.2	Entropia	647
	25.6.3	O Segundo Princípio da Termodinâmica	650
	25.6.4	Interpretação Estatística da Entropia	650
25.7	O Terceiro Princípio da Termodinâmica		653
	25.7.1	Valores Absolutos das Entropias Molares	653
	25.7.2	Entropia de Reação	655
	25.7.3	Entropia de Reação e Espontaneidade da Reação	656
	25.7.4	Entalpia Livre e Energia Livre	657
	25.7.5	Influência da Temperatura sobre a Espontaneidade de uma Reação	659
	25.7.6	Entalpia Livre e Energia Livre Normais	660
	25.7.7	Entalpia Livre e Energia Livre de Reação	661
	25.7.8	Entalpia Livre e Constante de Equilíbrio	663

ÍNDICE. 665

CAPÍTULO

Da Alquimia à Química Moderna
Retrospecto Histórico

Embora sua origem remonte a mais de vinte séculos antes do advento da Era Cristã, a Química constitui-se numa das mais jovens ciências naturais. É que, apesar de muitos dos conhecimentos que lhe deram nascença datarem de mais de 4 mil anos, somente no século XVII começou a Química a ganhar características de ciência, para consagrar-se definitivamente como tal na passagem do século XVIII para o XIX.

Uma resenha cronológica de sua evolução mostra que os conhecimentos da Química, acumulados até há cerca de 200 anos, eram de duas ordens. De um lado, incluíam um complexo desordenado de receitas, provindas do milenar Egito e enriquecidas com outras originárias dos hindus, chineses e árabes; essas receitas ou fórmulas, transmitidas de geração em geração, permitiam a extração de metais a partir de seus minerais, bem como o fabrico de vidro, porcelana, corantes, bebidas alcoólicas, cosméticos e um sem-número de outros produtos. De outro lado, tais conhecimentos abrangiam um conjunto de doutrinas — herdadas dos antigos gregos — que não passavam de especulações metafísicas sobre a constituição da matéria. Excluídas algumas tentativas isoladas, feitas no passado mais distante, de integração desses conhecimentos, um divórcio completo reinava entre os que se dedicavam a essas especulações e os que se valiam daquelas receitas para a obtenção de algum produto útil. Os pensadores discutiam a natureza e a origem das coisas e ignoravam as operações executadas pelos artesãos para obtê-las; estes procuravam, do melhor modo que podiam, a partir das matérias-primas naturais, preparar um sem-número de produtos de aplicação prática, mas desconheciam por completo as doutrinas formuladas pelos primeiros.

No período compreendido entre os últimos anos do século XVIII e os primeiros do XIX, a Química experimentou profunda transformação. Do conjunto desorganizado de conhecimentos empíricos e de especulações filosóficas de que nascera, a Química ganhou os contornos de uma ciência natural que, do mesmo modo que a Física, se fundamenta na observação, tem suas leis, suas hipóteses, suas teorias; em suma, transformou-se num conjunto organizado e sistematizado de conhecimentos, estruturado segundo a metodologia científica.

1.1 Os Primórdios da Química

Perscrutando o mais longínquo passado, tanto pelo exame de restos de objetos e utensílios deixados por antigas civilizações quanto pelos usos, tradições e costumes dessas civilizações, é possível concluir que pelo menos 5 mil anos antes de Cristo, na velha China e, mais recentemente, nas civilizações primitivas da Assíria e Babilônia, já se produziam diversos objetos de cerâmica, como também eram conhecidos e praticados rudimentares processos de extração de alguns metais. Há mais de 4 mil anos a fabricação de seda e seu tingimento já eram do conhecimento dos povos do Extremo Oriente e, há mais de 30 séculos, esses mesmos povos utilizavam a pólvora, fabricavam porcelana e alguns vernizes, além de dominarem o curtimento de peles.

Os egípcios seguiram os chineses na prática de artes e no exercício de ofícios que hoje se vinculam à Química. Vinte séculos antes de Cristo já sabiam tingir tecidos, conheciam a utilização de tintas e vernizes, a fabricação de vidro, a produção de cosméticos, bem como a preparação de produtos farmacêuticos, particularmente venenos e substâncias necessárias ao embalsamamento de cadáveres. Os egípcios daquela época conheciam, entre outros produtos, a soda, a potassa, o alúmen, o nitrato de potássio e davam-lhes diferentes aplicações. Segundo alguns historiadores, a própria palavra Química derivaria do vocábulo *Quemia* ou *Chemeia*, ou ainda *Chemia*, com o qual os egípcios designavam o seu país, por causa da cor escura de suas terras.

Das práticas de então, pela sua importância, merecem destaque as que permitiam a obtenção de vários metais e ligas. Com o desenvolvimento da utilização dos materiais metálicos, confunde-se, nos seus primórdios, a própria história da Química.

1.2 A Era dos Metais

O homem primitivo não conhecia os metais; seus utensílios eram feitos de madeira, pedra, chifre, osso. O primeiro metal de cuja existência o homem tomou conhecimento parece ter sido o ouro. Encontrado em estado nativo nas areias de alguns rios, provavelmente deve ter chamado a atenção por sua cor e brilho. Adornos feitos de ouro foram encontrados juntamente com instrumentos de pedra que datam do denominado período neolítico (idade da pedra polida, mais de 5 mil anos antes de Cristo).

O segundo metal a ser conhecido deve ter sido o cobre. Objetos fundidos de cobre — que remontam a cerca de 3 400 anos antes de Cristo —, encontrados nas ruínas do velho Egito e da Mesopotâmia (atual Iraque), sugerem que os homens daquela época já sabiam extrair esse metal de alguns de seus minérios; presume-se que o teriam casualmente obtido por redução da malaquita — extraída das minas do Sinai —, mediante fogo produzido pela queima de carvão vegetal.

Provavelmente, o emprego do bronze — liga de cobre e estanho — é posterior ao do cobre, embora objetos de bronze encontrados em certos lugares sejam da mesma época que outros de cobre: 34 séculos antes de Cristo. Na época das primeiras dinastias do Egito e na Grécia do tempo de Homero (séculos VIII a IX a.C.), o bronze desempenhou papel semelhante ao do ferro em nossos dias.

A origem do estanho utilizado na obtenção do bronze tem sido investigada e é altamente improvável que algumas de suas minas atualmente conhecidas já o tivessem sido naquela época. Segundo alguns, o estanho então usado proviria de uma região da Pérsia (hoje Irã), de minas há muito tempo esgotadas.

Como que numa preestabelecida sucessão de fatos e de ocorrências vai o ser humano alteando-se na hierarquia das civilizações. Após o ouroganga, o cobre. A seguir o bronze e o ferro. De permeio a cerâmica e a vidraria, os corantes, os primitivos remédios e as bebidas. Dos utensílios de pedra, de osso, de chifre, ao fogo e aos metais perlongam os séculos...

À idade do bronze seguiu-se a do ferro, que, segundo os historiadores, remonta a 1 200 anos antes de Cristo.

Embora os povos europeus e mediterrâneos só tivessem passado a conhecer e a utilizar o ferro após conhecer e utilizar o cobre, existe alguma evidência de que no Egito e nas Índias o ferro teria sido usado antes do cobre. Por volta de 2 000 anos antes de Cristo o ferro já era bastante utilizado no Egito e, segundo parece, vinha do país dos hititas, nas proximidades do Mar Negro.

1.3 As Primeiras Doutrinas

Se, pelo visto, no antigo Egito e nas regiões circunvizinhas, a História encontra exemplos da prática de artes e ofícios ligados ao campo da Química, é na velha Grécia que ela localiza os primeiros pensadores interessados em assuntos tais como a estrutura da matéria. Esses pensadores, pretendendo explicar a origem e a natureza das coisas, julgavam possível encontrar em um só elemento, ou substância, a origem do Universo.

Foi Tales (640-546 a.C.) que, pela primeira vez, expressou a convicção de que deveria existir no Universo um grande princípio da unidade, vinculando entre si todos os fenômenos e tornando-os racionalmente inteligíveis. E mais: "Por trás de toda diversidade aparente das coisas que nos cercam existe um elemento primordial que entra na composição de todas as coisas". A busca desse elemento primordial deveria ser o objeto do próprio conhecimento.

4   QUÍMICA GERAL

Para Tales, esse elemento primordial seria a água, para Anaxímenes (560 a 500 a.C.) deveria ser o ar e para Heráclito (536 a 470 a.C.) tudo resultaria do fogo.

Na mesma época em que se buscava estabelecer a natureza do elemento único, gerador do Universo, começaram a surgir, com Leucipo e Demócrito, também as primeiras idéias a respeito da estrutura discreta da matéria e, portanto, da existência de átomos (v. item 4.1).

Levado pelo desejo de explicar de que são feitas as "coisas", Empédocles (490 a 430 a.C.), ponderando os princípios dos que o precederam, postulou como origem de tudo que o cercava um conjunto de quatro elementos: terra, ar, água e fogo. É que tudo parecia originar-se desses quatro entes fundamentais e a eles, também, reverter.

Em essência, a teoria dos quatro elementos sustentava que da terra, do ar, da água e do fogo derivam todas as variedades de matéria existentes na Terra e no Universo. Uma "prova" manifesta de que os quatro elementos são os citados ter-se-ia no fato de que, ao queimar-se uma acha de lenha:

a)   surge fogo;

b)   a água ferve, borbulhando e chiando na extremidade da acha;

c)   a fumaça eleva-se no ar e nele se dissipa, provando assim ser da mesma natureza do ar;

d)   surge como resíduo uma cinza terrosa.

A teoria dos quatro elementos, aceita pelos gregos, egípcios. hebreus, indianos e chineses, persistiu por mais de vinte séculos — quatro antes e dezesseis depois de Cristo —, amparada, ao que parece, no prestígio de Aristóteles (384 a 322 a.C.), seu grande divulgador.

Aristóteles de Stagira, célebre pensador que antecedeu a Cristo em mais de três séculos, desenvolveu a suposição de que todas as variedades de matéria estão formadas por uma única matéria primitiva chamada *hylé* e que a ela podem ser conferidas diferentes formas ou *eidos*. Essa *hylé* constituiria quatro elementos distintos cujas propriedades essenciais seriam o quente, o frio, o úmido e o seco; os quatro elementos, fogo, ar, terra e água, funcionariam como suportes dessas propriedades.

A água seria o elemento que, presente na matéria, lhe conferiria as propriedades de fria e úmida; o fogo seria o componente responsável pela matéria ser quente e seca; a presença de ar na matéria faria com que ela fosse quente e úmida, enquanto a de terra torna-la-ia seca e fria.

Se à assertiva corresponde uma verdade ou não, pouco importa. O erro, a qualquer momento, será notado e excluído, na faina bonita da busca da verdade. O importante é que a imaginação — que não tem limites — esteja sempre cogitando a perseguir novas concepções, a procurar novos horizontes, a buscar o novo.

De fato, em suas especulações sobre o Universo e sobre o homem, Aristóteles, usando largamente sua imaginosa inteligência, juntou aos quatro elementos de Empédocles mais um: a "quinta essência", de natureza etérea e semi-espiritual. Esses elementos e mais duas forças cósmicas — o amor e o ódio — seriam as raízes de tudo...

1.4 A Química no Início da Era Cristã

Com a decadência da antiga Grécia e a ascensão do império romano, ocorreu uma estagnação, ou até mesmo uma involução, no conhecimento humano. Os romanos, célebres por sua dedicação às guerras de conquista e seu amor ao Direito, pouco ou nada fizeram pelo desenvolvimento das ciências naturais.

Os primeiros passos dados pelos gregos, de seis a cinco séculos antes de Cristo, rumo ao conhecimento da estrutura e do comportamento das diversas espécies de matéria, ficaram por muito tempo sem seguidores. A História registra como de maior expressão os nomes de Epicuro e Lucrécio, que viveram respectivamente por volta de 300 e 50 anos a.C., como continuadores e defensores das doutrinas atomísticas, e cita também Arquimedes (280 a.C.), um dos precursores do emprego do método experimental para o desenvolvimento do conhecimento científico.

Entre o início e até o ano 50 da Era Cristã, surgiram em Alexandria, então grande centro cultural do Egito e do mundo ocidental, os primeiros tratados da *divina arte*. Escritos em grego, esses tratados versam sobre os primitivos conhecimentos de Química e contêm inúmeras expressões técnicas que não figuram nos dicionários gregos. É indubitável que seus autores recorriam a nomes e expressões estranhas, com o objetivo de ocultar, do leigo, o que se escrevia.

Em 296 a palavra química aparece em um édito do imperador Deocleciano, ordenando a queima em Alexandria dos livros que tratavam de *Chemeia* ou *Chemia*.

Por volta do ano 300, ainda no Egito, Zózimo descreveu um grande número de operações "químicas", tais como a dissolução, cristalização, filtração, fusão, sublimação, destilação, etc., além de várias substâncias, reações químicas e aparelhos utilizados na sua obtenção. Na mesma época surge a crença quanto à possibilidade de transmutar os metais, fundamentada nos efeitos produzidos sobre a cor dos metais pelo mercúrio, enxofre e arsênio. O cobre, por exemplo, poderia ser convertido em um metal parecido com a prata, por tratamento com arsênio. O agente que deveria ensejar a transmutação dos metais foi chamado mais tarde, pelos árabes, elixir (ou *aliksir*) e pelos alquimistas europeus, *pedra filosofal*.

1.5 A Alquimia

No século VII, com a invasão do Egito pelos árabes, surge entre estes uma espécie de ciência. Com base nos conhecimentos empíricos herdados dos velhos egípcios e nas especulações filosóficas que, importadas da Grécia antiga por Alexandria, tinham recebido aí algumas tinturas de misticismo oriental, nasce a *Alquimia*. Da aposição do prefixo "al", tipicamente árabe, ao nome original *Chemia* formou-se provavelmente o nome *Alchemia* do qual deriva o dessa pseudociência.

Aos quatro princípios ou propriedades essenciais da matéria, de Aristóteles, e aos outros tantos elementos, a Alquimia junta mais dois: a combustibilidade e a metalicidade que teriam como suporte, respectivamente, o enxofre e o mercúrio.

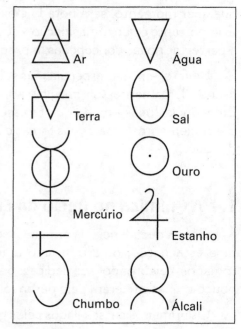

Figura 1.1

De acordo com as idéias dos alquimistas, qualquer espécie de matéria poderia ser obtida a partir desses elementos básicos, combinando-os em diferentes proporções. Em particular, a partir do enxofre e do mercúrio poder-se-ia obter qualquer metal; o mercúrio entraria com as propriedades metálicas e o enxofre conferiria ao metal a sua coloração e outras propriedades especiais.

Em que pesem as inúmeras tentativas de sintetizar diferentes metais a partir do mercúrio e do enxofre, os alquimistas jamais o conseguiram. Diante desse insucesso, voltaram-se para outra tarefa, *A Grande Obra*, ou seja, a transformação dos metais ordinários em nobres, por contato com a *pedra filosofal*. Quanto a esta, sua obtenção deveria ser possível a partir dos mesmos elementos... e mais um pouco de sal!

A Alquimia foi introduzida na Europa em princípios do século XII pelas traduções feitas na Espanha de obras árabes sobre a divina arte. A ela se dedicaram muitos intelectuais que, honestamente, buscavam a pedra filosofal — elemento de toque que, já então, deveria ensejar não só a transmutação dos metais como também a cura de doenças e o prolongamento indefinido da vida — e também numerosos charlatões que, desonestamente, fingiam ter conseguido a transmutação de metais vis em ouro e procuraram prová-lo por de um sem-número de mistificações.

Alguns dos grandes escolásticos do século XIII dedicaram-se à Alquimia e deixaram vários escritos a respeito: Santo Alberto Magno, famoso pensador alemão, professor e sacerdote, São Tomás de Aquino, dominicano e filósolo italiano, e Rogério Bacon, filósofo formado em Oxford, pertencente à Ordem Franciscana.

Para Bacon, a Alquimia deveria ser contemplada de dois pontos de vista: a) especulativo, quando tratava da formação das coisas a partir dos elementos; b) operativo, quando ensinava como obter coisas artificialmente, inclusive o ouro, melhores que as naturais.

É claro que os alquimistas malograram na realização da grande obra. Entretanto, no correr da busca da pedra filosofal e do elixir da longa vida, descobriram muitas novas substâncias, particularmente vários sais, e desenvolveram os métodos básicos de sua obtenção e purificação. Essas descobertas, realizadas em sombrios laboratórios entulhados com inúmeros utensílios e vasos com as mais variadas e estranhas formas, registradas com notações cabalísticas, que visavam a cercá-las de absoluto sigilo, e das quais muitas por isso mesmo se perderam, constituem a principal contribuição da Alquimia para o desenvolvimento posterior da Química.

Com o objetivo de manter secretas suas observações e anotações, criaram uma simbologia para designar os materiais ou recursos dos quais se valiam em seus trabalhos, simbologia essa cujo conhecimento era acessível apenas aos iniciados na divina arte. Alguns desses símbolos que, juntamente com outros, constituíram a origem da simbologia moderna da Química estão indicados na Fig. 1.1.

1.6 A Iatroquímica

Uma profunda reforma nos objetivos da Alquimia teve lugar na primeira metade do século XVI, coincidentemente com o advento da imprensa. Seu promotor, Paracelso (1493-1541), médico e cirurgião, criou a Iatroquímica, isto é, a Química a serviço da Medicina.

Escreveu Paracelso: "O objetivo da Química não reside na obtenção de ouro e prata, mas no preparo de medicamentos e na explicação dos processos que têm lugar nos organismos vivos". Partindo do princípio de que todos os seres são constituídos por três elementos (*tria prima*) em diferentes proporções, sal (corpo), mercúrio (alma) e enxofre (espírito), acreditava que as moléstias provinham da falta de um desses elementos no organismo. Conseqüentemente, qualquer doença poderia ser curada por introdução no organismo do elemento faltante. Por curioso que possa parecer, Paracelso obteve sucesso com os métodos de tratamento por ele preconizados, mediante o uso de compostos inorgânicos, a ponto de fazer com que muito médicos abandonassem o uso de extratos orgânicos na terapêutica e se interessassem pela Iatroquímica. Esse fato, sem dúvida, contribuiu para o desenvolvimento da Química, uma vez que ensejou a aplicação prática de seus produtos.

A obra de Paracelso é cheia de idéias místicas. Acreditava na astrologia e associava as diferentes partes do corpo humano aos astros; por exemplo, o coração ao Sol, o cérebro à Lua, o fígado a Júpiter, etc. Admitia que a digestão se produz pela intervenção de um ser espiritual que existiria no estômago...

Embora nem sempre concordando com Paracelso, dedicaram-se também à Iatroquímica: Agrícola, Sylvius, Glauber, Libavius e outros.

8 QUÍMICA GERAL

1.7 Os Precursores da Química Moderna

Foi o nascente espírito científico, surgido no século XVII, que veio pôr termo ao longo reinado da Alquimia, com o aparecimento dos primeiros químicos. Estes, dos quais Van Helmont (1577-1644), Boyle (1627-1691) e Hooke (1635-1703) são alguns exemplos, rompendo com a tradição filosófica até então enraizada, passaram eles mesmos a experimentar, isto é, a observar diretamente certos fenômenos e a reproduzi-los em condições que permitiam sua melhor observação.

Com os trabalhos experimentais desenvolvidos a partir de então, foi sendo, aos poucos, reformulado o modo de pensar em relação aos componentes da matéria. Em particular, ao introduzir em 1660 o conceito experimental de elemento (v. item 2.10), Robert Boyle alterou profundamente a atitude mental dos pesquisadores quanto à fenomenologia química. Mostrou Boyle que o ar não é um elemento, mas, sim, uma mistura de gases.

Algo semelhante ao feito por Boyle em relação ao *ar* foi conseguido, bem mais tarde, por Henry Cavendish (1784) em relação à *água*, ao mostrar que esta, longe de ser um elemento, é, na verdade, uma substância composta de hidrogênio e oxigênio.

No que diz respeito à *terra* aconteceu algo parecido. De há muito sabia-se que dela é possível extrair metais como prata, ouro, cobre, ferro, estanho e outros, sugerindo isso que, dada sua complexidade, ela não poderia constituir um elemento.

Quanto ao *fogo*, travou-se longa e acirrada polêmica para explicar sua origem; sua compreensão e explicação só resultaram possíveis no século XVIII quando Lavoisier mostrou que o fogo em si não é uma variedade de matéria. A combustão envolve uma ação recíproca de material combustível e oxigênio, isto é, uma reação química entre combustível e oxigênio.

Abandonada a idéia da existência de quatro elementos, relegada ao passado também ficou a crença mitológica e cabalística de que cada um desses elementos tinha seu espírito ou gênio guardião: silfos, que residiam no ar, ondinas, na água, gnomos subterrâneos e salamandras, que eram habitantes do fogo...

1.8 A Teoria do Flogisto

Os trabalhos de Boyle, no século XVII, e particularmente o seu método de pesquisa tiveram grande influência sobre o posterior desenvolvimento da Química como ciência. Assim mesmo foi preciso que ainda um século se escoasse para que a Química se libertasse inteiramente da influência aristotélica sobre a constituição da matéria e passasse a adotar o método científico. Esse período (século XVIII) é marcado pelo advento e, curiosamente, pela consagração da chamada teoria do flogisto, criada pelo alemão Stahl, por volta de 1700.

A teoria de Stahl surgiu da necessidade, enfrentada pelos químicos da época, de explicar os fenômenos de combustão, oxidação e redução dos metais, fenômenos esses intimamente ligados à técnica metalúrgica, que vinha então de um grande progresso experimentado no século XVII.

Segundo Stahl, todas as substâncias combustíveis e os metais, em particular, conteriam um princípio inflamável ou matéria ígnea denominada flogisto. Ao se queimar uma substância combustível, ou ao ser calcinado um metal, o flogisto se desprenderia, deixando um resíduo terroso: a cal. A combustão seria então um processo de decomposição de uma substância em flogisto e no correspondente resíduo terroso. Assim, na calcinação do ferro, ter-se-ia

$$ferro \rightarrow flogisto + cal\ ferrosa.$$

Uma substância que, como o carvão ou enxofre, deixa um resíduo terroso insignificante seria extremamente rica em flogisto. Nessa linha de raciocínio, reciprocamente, o flogisto também poderia ser adicionado a uma substância incombustível — uma cal —, aquecendo-a em presença de carvão, que é muito rico em flogisto. Por exemplo:

$$cal\ ferrosa + flogisto\ (carvão) \rightarrow ferro.$$

O aumento de massa experimentado por um metal após a sua combustão, e que poderia ser apontado como contraditório com a perda de flogisto, não constituiu obstáculo à aceitação da teoria de Stahl. Seus partidários admitiam que o flogisto seria extremamente leve e, ao contrário dos outros corpos, não seria atraído pela Terra, mas, sim, repelido por ela! Em conseqüência, quanto maior fosse o teor de flogisto num corpo, mais leve seria, e um corpo ao perder flogisto resultaria mais pesado!

Por estranho que possa parecer, o fato de o ar ser indispensável ao processo da combustão era justificado com a suposição de que durante a combustão não se realiza apenas um desprendimento de flogisto, mas também uma combinação sua com o ar; não existindo ar, a combustão deve cessar por inexistência de algo que possa combinar-se com o flogisto.

A teoria do flogisto vigorou durante muito tempo, uma vez que permitia explicar razoavelmente muitos fatos conhecidos na época, e só foi abandonada quando se percebeu sua artificialidade e nela se reconheceu um obstáculo sério ao progresso da Química. Foram os trabalhos de Lavoisier, na segunda metade do século XVIII, que levaram à atual interpretação da combustão (reação com oxigênio) e determinaram o abandono da teoria de Stahl.

1.9 A Química Moderna

Entre fins do século XVIII e início do século XIX, a Química passou por uma profunda transformação: de um conjunto de receitas empíricas, de um lado, e de um punhado de doutrinas sem fundamento experimental, de outro lado, ganhou as

10 QUÍMICA GERAL

características de uma ciência[*] natural, cujos conhecimentos se estruturam segundo o método científico.

Vários fatos se conjugaram para conferir à Química, em definitivo, as feições de uma ciência moderna. Um deles encontra-se nos já mencionados trabalhos de Lavoisier sobre a combustão; os resultados dessas pesquisas, além de levarem ao definitivo esquecimento a teoria dos quatro elementos, conduziram, também, ao abandono da teoria do flogisto. Outro fato foi a descoberta das leis estequiométricas, cuja formulação veio mostrar que as reações químicas obedecem a determinadas relações quantitativas definidas pela Química. É o caso da lei da conservação das massas, de Lavoisier, enunciada em 1774; da lei das proporções definidas, formulada em 1797 por Proust; da lei das proporções recíprocas de Richter (1792), da lei das proporções múltiplas de Dalton (1803) e das leis volumétricas de Gay-Lussac (1809).

A Química, com a Física, a Geologia e a Astronomia, integra o grupo de ciências físicas, que, juntamente com as ciências biológicas, constituem as chamadas ciências naturais.

Do ponto de vista doutrinário, uma importante contribuição para o desenvolvimento da Química como ciência natural foi o estabelecimento entre 1803 e 1808 da teoria atômica de Dalton, teoria essa que, longe de constituir mera especulação mental sobre a constituição da matéria, permitiu uma explicação racional de fatos observados na experiência. Ao admitir que os átomos de um mesmo elemento têm a mesma massa, Dalton ensejou a justificação das leis estoquiométricas estabelecidas alguns anos atrás.

A teoria atômica trouxe consigo um problema que por muito tempo desafiou os químicos da primeira metade do século XIX: a determinação das massas relativas dos átomos, isto é, das massas atômicas. A solução desse e de outros problemas como, por exemplo, a compatibilização entre a teoria de Dalton e as leis estequiométricas de Gay-Lussac, exigiu a introdução do conceito de molécula e a formulação por Avogadro (1811) de sua célebre hipótese que, por sua vez, conduziu ao desenvolvimento da Teoria Atômico-Molecular Clássica.

Ao longo do século XIX o progresso da Química foi vertiginoso. No seu início desenvolveu-se com características peculiares a Química Orgânica. Esta, à época em que surgiu — fins do século XVII —, tinha por objeto o estudo das substâncias *organizadas*, isto é, das espécies químicas existentes e sintetizadas nos organismos vivos. Supunha-se então que tais substâncias, cujo constituinte essencial é o carbono, não poderiam ser obtidas artificialmente. Entretanto, a partir de 1828

---

[*] O termo ciência é aqui empregado para designar um conjunto organizado e sistematizado de conhecimentos, adquiridos pela utilização do método científico, que envolve, como sucessivas etapas, a coleta de dados, isto é, a observação, a generalização dos fatos observados — com os enunciados das leis que os regem —, a formulação de hipóteses que os explicam, a verificação da concordância entre os resultados que derivam da teoria e da prática, bem como a previsão da ocorrência de fatos até então desconhecidos.

iniciou-se a preparação em laboratório de muitas dessas substâncias *orgânicas* e de numerosas outras inexistentes na natureza.

Na segunda metade do século XIX (1869) apareceu a tabela periódica de Mendeléiev, que permitiu o estudo sistemático das propriedades dos elementos químicos e levou aos primeiros indícios da estrutura complexa dos átomos. Quase no final do mesmo século nasceu a Físico-Química, destinada a servir de ponte entre a Física e a Química, e descobriu-se a radioatividade, cujo conhecimento veio alterar profundamente muitas das idéias então vigentes sobre a estrutura da matéria e, ao mesmo tempo, contribuir para o desenvolvimento da atomística modena. Do desenvolvimento da Química, embora nem sempre em seqüência histórica, trata, ao longo dos diversos capítulos, este livro.

Atualmente, a Química constitui uma ciência extremamente vasta que se ocupa das propriedades, constituição e transformações das numerosas espécies de matéria, naturais e artificiais, existentes no Universo; no início da década de 1970 o número dessas espécies conhecidas já superava um milhão! Longe de ser uma ciência estanque, a Química relaciona-se bastante com a Física, a Biologia, a Geologia e até mesmo com a Astronomia, quando esta última investiga a estrutura e a composição dos corpos celestes.

A enorme amplitude do seu objeto determinou a subdivisão da Química em diversos ramos, cada qual dedicado a um campo especializado. Entre esses ramos destacam-se:

a) Química Geral, que trata dos princípios fundamentais relativos à constituição e às propriedades das diversas espécies de matéria;

b) Química Inorgânica, que estuda as propriedades dos elementos e das substâncias compostas pertencentes ao reino mineral, portanto de todas as substâncias conhecidas, com exclusão da quase totalidade dos compostos de carbono;

c) Química Orgânica, que volta sua atenção, com exclusão de alguns poucos, para os compostos de carbono;

d) Química Analítica, cuja finalidade é estudar os métodos de identificação e determinação dos componentes das várias espécies de matéria — misturas e substâncias puras;

e) Físico-Química, que constitui uma Química Geral Superior e estuda as correlações entre as propriedades das diferentes substâncias e suas estruturas; ela se ocupa, particularmente, das propriedades mensuráveis, do desenvolvimento e racionalização dos métodos e instrumentos de medição, além das teorias que permitem prever os valores de propriedades que podem ser confirmados por verificações experimentais;

f) Bioquímica, que trata dos processos químicos que se desenrolam nos seres vivos; ela inclui desde o estudo dos compostos presentes em determinados sistemas biológicos até os mais avançados mecanismos de transformação desses compostos em outros.

12 QUÍMICA GERAL

Constituem também campos específicos da Química, entre outros, a Eletroquímica, a Termoquímica e a Radioquímica.

Para dar uma idéia das várias áreas em que se desenvolve atualmente a Química, é interessante registrar que a American Chemical Society classifica seus membros, em função de suas atividades, em cerca de 30 divisões profissionais, entre as quais se incluem as de Química dos Alimentos, Química Agrícola, Química Biológica, Química da Celulose, Madeira e Fibras, Mercadologia e Economia Química, Química Coloidal e das Superfícies, Química dos Fertilizantes e do Solo, Química dos Combustíveis, Química Industrial, Engenharia Química, Química Médica, Química Nuclear, Química dos Plásticos, Química dos Pesticidas, Química do Petróleo, Química da Borracha, Química da Áqua, do Ar e do Solo e outras mais.

CAPÍTULO

Misturas e Substâncias Puras Substâncias Simples e Compostas

2.1 Preliminares

Na exposição que se segue admitem-se como primitivos os significados de alguns vocábulos referidos freqüentemente em diversos tópicos deste capítulo. Esses vocábulos, cuja definição envolve grande dificuldade, porque não podem ter seu significado estabelecido por meio de outros de sentido já conhecido, são: *matéria*, *corpo*, *sistema* e *espécie de matéria*.

Embora sem assim defini-la, entende-se por matéria tudo quanto ocupa lugar no espaço. Do mesmo modo, chama-se de corpo a toda porção limitada de matéria, enquanto o vocábulo sistema é empregado para designar um corpo, ou um conjunto de corpos, ou toda região do espaço físico objeto de um determinado estudo. A expressão espécie de matéria é utilizada no seu sentido intuitivo. Assim, os nomes água, vidro, papel, leite, açúcar, lã, etc. devem ser entendidos como designativos de diferentes espécies de matéria.

É claro que o reconhecimento da existência de diversas espécies de matéria implica a disponibilidade de recursos para distingui-las uma das outras. As peculiaridades que cada espécie de matéria apresenta e que permitem distingui-la de outra são ditas *propriedades* dessa espécie. Elas resultam conhecidas, para cada espécie de matéria, pelo comportamento por ela revelado, num conjunto de ensaios e pesquisas a que é submetida a espécie considerada.

Por mera questão de convenção, uma vez que entre elas não existe qualquer diferença essencial, costuma-se distinguir, para cada espécie de matéria, as *propriedades físicas* das *propriedades químicas*. A cor, o brilho, a consistência, a dureza, a massa específica, a condutividade elétrica, o índice de refração, a solubilidade, etc. são tidas como propriedades físicas. São consideradas como propriedades químicas de uma dada espécie de matéria sua combustibilidade, sua tendência à corrosão por exposição ao ar, seu comportamento diante do ácido sulfúrico, sua estabilidade diante da água, etc. Por motivos evidentes, entre as numerosas propriedades que podem ser utilizadas para descrever as diversas espécies de matéria, têm mais importância aquelas suscetíveis de medida.

2.2 Misturas e Substâncias Puras

Das diferentes espécies de matéria que se oferecem ao estudo da Química, umas são naturais (água, leite, areia, petróleo, madeira) e outras são artificiais, isto é, elaboradas pelo homem (papel, vidro, vinho, cimento, aço, etc.). Contudo, quaisquer que sejam suas origens, as espécies de matéria podem ser classificadas em dois grupos:

(a) substâncias puras (ou espécies químicas);
(b) misturas.

A distinção mais precisa entre essas duas categorias de espécies de matéria será estabelecida no item 2.7. Por enquanto entender-se-á como *substância pura* aquela espécie de matéria cujas propriedades e composição são independentes de sua origem. A *mistura*, por sua vez, será entendida como associação de duas ou mais substâncias puras, associação na qual essas substâncias conservam as propriedades e da qual podem, por processos convenientes, ser separadas umas das outras.

O sal comum, também chamado sal de cozinha, tem propriedades diferentes conforme tenha sido extraído da água do mar ou provenha de uma jazida terrestre de sal-gema ou ainda tenha sido eventualmente obtido a partir do ácido clorídrico e soda cáustica comerciais. Nessas condições, o sal comum constitui exemplo de mistura, uma vez que suas propriedades dependem de sua origem. Entretanto, partindo desse sal, é possível obter, após uma série de operações adequadas, o cloreto de sódio, com propriedades independentes de sua origem, isto é, o cloreto de sódio puro

Leite, petróleo, vinho, gasolina, água natural, cimento, vidro, papel, etc. são exemplos típicos de misturas.

2.3 Características de uma Substância Pura

Por substância pura, conforme o exposto no item anterior, deve-se entender a espécie de matéria cujas propriedades lhe são peculiares. As propriedades características de uma substância pura e que permitem a sua identificação chamam-se *propriedades específicas* dessa substância.

Uma espécie química se reconhece por apresentar, entre outras, as seguintes características:

a) suas mudanças de fase sólido $\rightleftarrows$ líquido e líquido $\rightleftarrows$ vapor, desde que sob pressão constante, verificam-se em temperaturas bem determinadas, características da espécie Química considerada;

b) suas constantes físicas, tais como a massa específica, índice de refração, calor específico, constantes críticas, coeficiente de viscosidade, resistividade elétrica, momento dipolar, condutividade térmica, constante dielétrica, permeabilidade magnética, etc., têm valores bem determinados;

c) ela apresenta um espectro óptico peculiar.

O iodo puro, por exemplo, é a espécie química que, à temperatura ambiente, apresenta-se como um sólido cristalino, escuro, com tonalidade azulada e massa específica igual a 4,93 g·cm^{-3} (a 4°C); muito pouco solúvel em água (aproximadamente 0,34 g de iodo, no máximo, podem ser dissolvidos em 1 litro de água, a 25°C), é bastante solúvel em outros líquidos, como sulfeto de carbono, clorofórmio e benzeno (com os quais origina soluções violáceas) ou álcool, éter e acetona (com os quais produz soluções pardas). A temperatura de fusão do iodo é 113,6°C e a de ebulição é 183°C. Seus calores latentes de fusão e de vaporização são respectivamente 14,5 cal·g^{-1} e 40,9 cal·g^{-1}. O calor específico do iodo é 0,051 cal·g^{-1}°C.

Todas essas características são propriedades específicas do iodo e, em conjunto, distinguem-no de outras substâncias eventualmente puras, como enxofre, fósforo, álcool, chumbo, acetona, etc., cujas constantes físicas são diferentes das suas.

Ao contrário do que sucede com as substâncias puras, as propriedades das misturas podem variar com a amostra em que são observadas; essas propriedades são as das suas próprias substâncias constituintes. As misturas não têm, em geral, constantes físicas. Assim, durante a mudança de estado de agregação de uma solução, que é uma mistura, a temperatura não se mantém constante e as temperaturas de início de solidificação e de ebulição variam com a concentração da solução.

O seguinte exemplo mostra algumas diferenças de comportamento de uma substância pura (água pura) e uma mistura (água do mar):

Água pura	Água do mar
a) As temperaturas de solidificação e de ebulição são constantes e iguais a 0°C e 100°C respectivamente (sob pressão normal).	a) As temperaturas de início de solidificação e de ebulição são, respectivamente, inferior a 0°C e superior a 100°C e dependem da amostra ensaiada.
b) Durante a solidificação ou ebulição, a temperatura permanece constante.	b) Durante a solidificação ou ebulição a temperatura varia; diminui durante a solidificação e cresce durante a ebulição.

16 QUÍMICA GERAL

c) Destilando uma porção, o líquido obtido por condensação dos vapores é idêntico à porção não destilada; não deixa resíduo.

c) Destilando uma porção, o líquido obtido por condensação dos vapores é distinto da porção não destilada; deixa um resíduo sólido cuja composição depende da amostra submetida à destilação.

d) A massa específica é igual a 1 $g \cdot cm^{-3}$ (a 4°C).

d) A massa específica é variável conforme a amostra examinada.

Observações

1. Para que uma espécie de matéria seja considerada como substância pura, é preciso que possua todas as propriedades que caracterizam uma espécie química e não apenas uma. Assim, o fato de uma espécie de matéria fundir-se a uma temperatura constante não é suficiente para que ela seja considerada como substância pura, porque existem *misturas*, chamadas *eutéticas*, que têm ponto de fusão constante. Existem também misturas que apresentam ponto de ebulição constante; são as *misturas azeotrópicas*.

2. O conceito de pureza deve, a rigor, ser entendido como um conceito-limite. Substâncias absolutamente puras não existem e a designação puras é dada usualmente àquelas que se comportam como tais.

3. As operações mediante as quais se pesquisam e se separam as substâncias puras integrantes de uma mistura constituem a *análise imediata*.

4. Muitas vezes se constata que uma dada substância apresenta todas as características de substância pura, num intervalo de temperatura (θ_1, θ_2) e de pressão (p_1, p_2), mas se comporta como mistura fora desses intervalos. É o que sucede, por exemplo, com a água oxigenada, que, quente, se transforma em água e oxigênio. Fenômenos semelhantes ocorrem com o hidrogênio, com o oxigênio, com o nitrogênio e também com o tetróxido de nitrogênio. Em vista disso, os intervalos (θ_1, θ_2) e (p_1, p_2) definem o chamado *domínio de pureza*, e na análise imediata é indispensável não operar fora desse domínio.

2.4 Misturas Homogêneas e Heterogêneas

Muitas vezes, um simples exame, mesmo superficial, de uma dada espécie de matéria permite classificá-la como mistura. Assim, um observador, mesmo pouco experiente, examinando um grande número de rochas pode nelas distinguir grãos de aspecto diferente, seja pela cor, seja pelo seu brilho e transparência. Um exemplo clássico é o do granito, no qual se distinguem, mesmo a olho nu, os cristais brilhantes (quartzo), as pequenas lâminas transparentes (mica) e os grãos cinzentos (feldspato). O exame a olho nu não é, entretanto, sempre suficiente para revelar os diferentes constituintes de uma dada espécie de matéria; estes podem, às vezes, ser reconhecidos por meio de um microscópio. O sangue, por exemplo, à primeira vista, parece ser um líquido vermelho homogêneo. Entretanto ao microscópio mostra-se um líquido incolor, no qual se encontram dispersos glóbulos brancos e vermelhos.

MISTURAS E SUBSTÂNCIAS PURAS — SUBSTÂNCIAS SIMPLES E COMPOSTAS **17**

Toda vez que uma dada espécie de matéria, examinada a olho nu ou ao microscópio, revela uma constituição não uniforme, diz-se que ela é uma *mistura heterogênea*. É o caso dos minerais, de inúmeras rochas, das misturas de água e azeite comum, do leite, da pólvora negra, etc.

Quando, pelo contrário, a mistura se revela uniforme e a sua complexidade não é percebida diz-se que ela é *homogênea*. Numa mistura homogênea é impossível reconhecer, a olho nu ou ao microscópio, devido às suas pequenas dimensões, as partículas que a constituem. As misturas gasosas, as soluções líquidas, algumas ligas metálicas são exemplos de misturas homogêneas. Uma substância pura é necessariamente homogênea.

Observe-se que os conceitos de homogeneidade e heterogeneidade assim estabelecidos são puramente experimentais e dependem da possibilidade de se distinguir uma diferença de aspecto entre duas porções vizinhas de uma mistura. São, portanto, sempre relativos aos meios de observação utilizados e podem, em certos casos, levar a erro de classificação.

2.5 Fases de um Sistema

Numa mistura homogênea é possível, muitas vezes, distinguir várias porções individualmente homogêneas. Cada uma dessas porções homogêneas de um sistema heterogêneo chama-se *fase do sistema*. Um sistema constituído por uma mistura de gases é homogêneo; todo ele constitui uma única fase e chama-se, por isso, sistema monofásico ou unifásico.

Os sistemas heterogêneos, por apresentarem mais de uma fase, chamam-se polifásicos.

Um sistema é dito bifásico, trifásico, etc. quanto apresenta duas, três ou mais fases.

Por exemplo, se num recipiente fechado, além de ar, existe um pedaço de gelo flutuando em água, o conteúdo desse recipiente constitui um sistema trifásico; uma das fases é representada pelo gelo, a outra pela água e a terceira pelo ar.

Quando se juntam dois líquidos num mesmo vaso, eles podem formar uma mistura homogênea (água e álcool) ou heterogênea (água e azeite comum). No segundo caso os dois líquidos se separam em duas camadas superpostas e cada uma delas passa a constituir uma fase. O sistema assim obtido é bifásico.

Observações

I. Não se deve confundir o conceito de fase com o de substância pura. Uma fase de um sistema, embora possa ser constituída por uma substância pura, pode também ser mistura. Por exemplo, o sistema constituído por uma porção de gelo em presença de uma solução aquosa de sal comum é um

18 QUÍMICA GERAL

sistema bifásico; as duas fases são o gelo e a solução. Esta última, embora constitua uma fase, é uma mistura.

2. As misturas heterogêneas são também chamadas *mecânicas*, porque para a separação de suas fases são suficientes processos mecânicos. As misturas homogêneas, entre as quais se incluem as soluções, são também chamadas *físicas* porque a separação de seus constituintes exige o emprego de processos físicos.

2.6 Análise Imediata

A *análise imediata* é o conjunto de operações que tem por objetivo verificar se uma dada espécie de matéria é uma mistura ou substância pura e, no caso de se tratar de uma mistura, também separar as substâncias puras que a constituem.

Nos itens seguintes serão examinados alguns dos processos utilizados na análise imediata, com menção, até mesmo, de processos utilizados na indústria, não propriamente para averiguar se uma dada espécie de matéria é ou não pura, mas para, de um sistema de antemão sabido como mistura, separar, extrair ou eliminar algum de seus constituintes.

2.6.1 Análise Imediata de Misturas Heterogêneas
2.6.1.1 Mistura Sólido–Sólido

Uma mistura de dois sólidos é geralmente heterogênea; para separar seus componentes recorre-se a um processo que depende das características desses sólidos.

Quando as dimensões dos fragmentos o permitem, sua separação pode ser feita por catação manual ou com emprego de uma pinça.

Em alguns casos a mistura pode ser introduzida num líquido cuja massa específica seja intermediária entre as dos dois sólidos; o de menor massa específica flutuará, enquanto o outro depositar-se-á no fundo do recipiente.

Pode-se também dirigir sobre a mistura uma corrente de água (*levigação*) ou de ar (*ventilação*); o sólido menos denso será arrastado pela corrente enquanto o mais denso permanecerá no lugar. É assim que, na levigação das areias auríferas, o saibro, pouco denso, é arrastado pela corrente de água, enquanto se depositam as pepitas de ouro. A ventilação é utilizada, por exemplo, para separar a poeira misturada aos grãos de cereais.

A *seleção magnética* permite, com auxílio de um ímã, separar uma substância ferromagnética de uma outra que não o é.

Um processo interessante de separação de sólidos é o da *flotação*. A mistura de sólidos, pulverizada, é introduzida em água (ou num óleo convenientemente escolhido) e na nova mistura, assim obtida, é injetada uma corrente de ar. Forma-se, então, uma espuma que arrasta certas partículas para a superfície, enquanto outras permanecem em suspensão ou se depositam no fundo do recipiente. A flotação é muito utilizada para separar os sulfetos metálicos (cobre, zinco, ferro, chumbo) da ganga, impureza que acompanha essas substâncias nos seus minérios.

A *dissolução seletiva* é outro processo de separação de sólidos e consiste no tratamento da mistura por um solvente apropriado que dissolve um dos sólidos e deixa o outro intacto. Por exemplo, para separar o ferro de uma mistura ferro—enxofre, pode-se juntar à mistura uma quantidade suficiente de sulfeto de carbono. Este dissolve o enxofre e deixa inalterado o ferro.

2.6.1.2 Mistura Sólido—Líquido

Para separar um sólido de um líquido, utilizam-se, com freqüência, a *decantação*, a *centrifugação* e a *filtração*.

A decantação consiste em deixar a mistura sólido—líquido em repouso durante um certo tempo; desde que a duração desse repouso seja suficiente, o sólido se deposita no fundo. Para separar o líquido, é geralmente suficiente entornar o vaso com o devido cuidado ou utilizar um sifão.

Para acelerar a deposição do sólido recorre-se à centrifugação. Um tipo de centrifugador utilizado em laboratório encontra-se esquematizado na Fig. 2.1. A mistura é introduzida dentro de um ou mais tubos *T* dispostos no interior dos cartuchos *C*. Cada cartucho é sustentado por um anel *A*, móvel em torno de um eixo horizontal *E* (normal ao plano da figura). O conjunto é posto a girar por movimento do eixo *MN*, acionado por uma manivela ou motor elétrico. Os tubos com o movimento de rotação tendem a se dispor horizontalmente e as partículas sólidas, por efeito da força centrífuga, geralmente se separam no fundo do tubo.

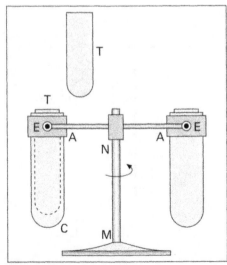

Figura 2.1

Existem centrifugadores que efetuam dezenas de milhares de revoluções por minuto e, devido à intensa força centrífuga que desenvolvem, permitem separar partículas muito pequenas em suspensão no líquido (*ultracentrifugação*).

A filtração consiste em pôr a mistura sólido—líquido em contato com uma parede filtrante, de modo que o líquido atravesse os poros do filtro e o sólido seja por ele retido. Em laboratório utilizam-se, sempre que possível, filtros de papel, e a filtração é acelerada por rarefação do ar, abaixo do filtro, por meio de uma trompa (Fig. 2.2).

Os filtros utilizados na indústria são de

tecido de algodão, de lã ou de amianto. Quando a mistura a filtrar contém, proporcionalmente, grandes quantidades do componente sólido, empregam-se os filtros-prensa. Esses aparelhos são constituídos por uma série de placas vazadas, separadas por telas filtrantes, através das quais é comprimida a mistura a separar.

A separação dos componentes de uma mistura sólido—líquido pode, também, ser conseguida, muitas vezes, por *evaporação* (extração do sal marinho) ou por *prensagem* (extração de óleos).

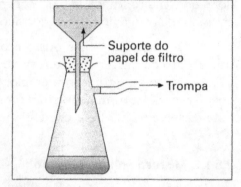

Figura 2.2

2.6.1.3 Mistura Líquido—Líquido

Na separação dos componentes líquidos, não miscíveis, de uma mistura procede-se de um ou outro modo conforme as características dessa mistura.

Quando os dois líquidos se superpõem por ordem decrescente de suas massas específicas, é suficiente introduzir a mistura num funil de decantação [Fig 2.3 a)]. Uma vez separado, faz-se escoar o líquido mais denso abrindo a torneirinha do funil. Pode-se também utilizar o vaso florentino representado na Fig. 2.3 b).

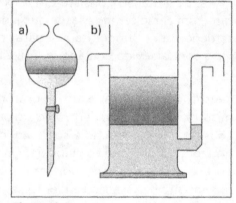

Figura 2.3

Quando os dois líquidos constituem uma emulssão, a sua separação é feita por centrifugação.

2.6.1.4 Mistura Sólido—Gás

A separação dos componentes de uma mistura sólido—gás constitui uma operação muito comum na indústria: é realizada para eliminar as partículas de poeira em suspensão num determinado gás. Um dos processos mais usados para essa separação é o de Cottrell, que utiliza o aparelho cujo esquema aparece na Fig. 2.4. Um cilindro metálico é disposto verticalmente e, seguindo o seu eixo, é instalado um fio, também metálico, isolado do cilindro. Entre a parede do cilindro

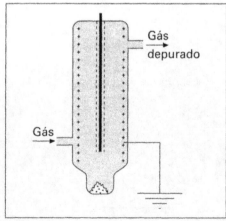

Figura 2.4

e o fio, é estabelecida uma tensão pulsante, da ordem de 50 000 V, de modo que o fio funcione como catodo e o cilindro como anodo. Desse modo originam-se no interior do cilindro descargas elétricas, em conseqüência das quais as partículas de pó adquirem carga negativa e são transportadas para as paredes do cilindro; aí se descarregam, acabando por se acumular no fundo do aparelho.

2.6.2 Análise Imediata de Misturas Homogêneas

2.6.2.1 Mistura Gasosa

A separação dos componentes de uma mistura gasosa pode ser conseguida, entre outros, pelos processos de *dissolução seletiva* e de *adsorção seletiva*.

A dissolução seletiva realiza-se injetando a mistura gasosa num líquido que dissolva apenas um dos seus componentes, deixando livre o outro. Para separar, por exemplo, os componentes da mistura gás clorídrico—gás carbônico, injeta-se a mesma num recipiente que contém água saturada de gás carbônico; o gás clorídrico se dissolve e o carbônico não.

O fenômeno de adsorção, fixação de matéria na superfície de sólidos pulverulentos, pode ser aproveitado para separar os componentes de uma mistura gasosa, uma vez que pode ocorrer em caráter seletivo. Assim, a separação dos gases raros, que comparecem como componentes do ar, pode ser conseguida por adsorção seletiva, utilizando como sólido pulverulento o *carbono ativo*, variedade especial de carvão que possui uma grande porosidade e adsorve facilmente os gases em baixa temperatura. Na temperatura do ar líquido (cerca de −140°C, sob pressão de 40 atm), o carbono ativo adsorve o argônio, o criptônio e o xenônio, deixando como resto uma mistura de hélio e neônio. Esta última é separada pelo mesmo processo, mas em temperatura mais baixa; o neônio é então adsorvido pelo carvão deixando livre o hélio. Finalmente, aquecendo o carvão que adsorveu os três primeiros gases, estes se desprendem progressivamente à medida que a temperatura se eleva: o argônio se desprende a −120°C, o criptônio a −80°C e finalmente o xenônio.

2.6.2.2 Mistura Líquida

Entre os processos utilizados para separar os componentes líquidos de uma mistura homogênea, destacam-se a *destilação fracionada*, a *dissolução fracionada* e a *cromatografia*.

a) *Destilação fracionada*

Quando os líquidos constituintes da mistura têm temperaturas de ebulição bem afastadas uma da outra, a sua separação pode ser realizada por uma *destilação simples*. A mistura é aquecida num balão *B* ligado a um tubo de desprendimento *T* (Fig. 2.5). Atingida a temperatura de ebulição do líquido mais volátil, isto é, do líquido cuja temperatura de ebulição é a mais baixa, ele passa ao estado de vapor e se desprende pelo tubo *T*, cujas paredes se mantêm frias. O vapor é então condensado e recolhido num frasco *F*. Se a mistura original contiver apenas dois componentes, resultarão eles separados: o mais volátil recolhido em *F* e o outro remanescente em *B*.

Quando os dois componentes têm pontos de ebulição próximos, a experiência mostra que, por aquecimento, desprende-se nova mistura constituída pelos vapores dos dois componentes; esta é mais rica no componente mais volátil do que a mistura original. Nesse caso, a separação dos componentes da mistura dada se efetua por uma *destilação fracionada*.

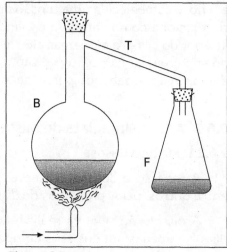

Figura 2.5

Imagine-se uma mistura *M* constituída por dois líquidos L_1 e L_2 cujas temperaturas de ebulição são θ_1 e θ_2, sendo $\theta_1 < \theta_2$. Destilando a mistura *M* e condensando os vapores, obter-se-á uma nova mistura *M'* mais rica em L_1 do que *M*. Se a operação for repetida com *M'* obter-se-á um líquido *M''* mais rico em L_1 do que o líquido *M'*. Prosseguindo dessa maneira, após algumas operações, conseguir-se-á obter, pelo menos em certos casos, um líquido contendo L_1 praticamente puro. Essas vaporizações e condensações sucessivas constituem a destilação fracionada e se realizam em aparelhos apropriados chamados *colunas de destilação*.

Na Fig. 2.6 encontra-se esquematizada uma coluna de destilação do tipo utilizado na indústria (coluna de pratos). É constituída por um cilindro vertical dividido num certo número de compartimentos por vários pratos horizontais que se comunicam entre si. A mistura é aquecida na parte inferior; os vapores produzidos, subindo pela coluna vão condensar-se nos pratos. As frações da mistura condensadas nos diversos pratos são tanto mais voláteis quanto mais al-

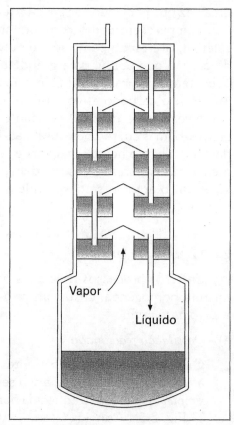

Figura 2.6

tos esses pratos. Nessas condições, só chega à parte superior da coluna o componente mais volátil, enquanto permanece na parte inferior o componente menos volátil. É assim que se separam, por exemplo, os diferentes constituintes dos *óleos leves* do alcatrão da hulha (benzeno, tolueno, xileno, etc.).

b) *Dissolução fracionada*

A experiência ensina que, muitas vezes, pondo uma dada substância S em presença simultaneamente de dois líquidos L_1 e L_2, não miscíveis entre si, então a substância S acaba se dissolvendo em L_1 e em L_2, em proporções bem determinadas (lei da distribuição de Nernst). Assim, posto um fragmento de iodo em presença simultânea de volumes iguais de água e de clorofórmio num mesmo frasco, verifica-se, após a agitação do conjunto, o aparecimento de duas soluções superpostas: uma que contém iodo dissolvido no clorofórmio (a inferior) e a outra que contém iodo dissolvido na água (a superior). A massa de iodo dissolvido no clorofórmio é cerca de 130 vezes a do dissolvido na água. Essa distribuição do iodo entre a água e o clorofórmio acaba se estabelecendo também, se a uma solução de iodo em água se adiciona o clorofórmio ou vice-versa. Esse fato sugere uma maneira de separar os componentes de uma mistura homogênea, isto é, de uma solução. Por agitação repetida dessa solução com o mesmo volume de um segundo solvente, a concentração da substância dissolvida na mistura, da qual deve ser separada, diminui em progressão geométrica. Após um certo número de operações desse tipo, pode-se chegar a uma separação praticamente completa dos componentes da mistura.

c) *Cromatografia*

A cromatografia constitui atualmente técnica largamente empregada para a separação, e portanto também para a análise, dos componentes de uma mistura homogênea, líquida ou gasosa; baseia-se na diferente velocidade de adsorção dos distintos componentes de uma mistura por um dado material adsorvente. A mistura-problema, líquida ou gasosa, é dirigida por uma fase estacionária, constituída por um material adsorvente imóvel que fixa seletivamente os componentes da mistura.

A introdução dessa técnica é atribuída ao russo Mikhail Tsvet, que a utilizou, em 1906, para separar os pigmentos caretenóides da clorofila de um vegetal. Em seus trabalhos, Tsvet empregava uma coluna vertical, de vidro, cheia com carbonato de cálcio ou alumina ou açúcar, em forma de pó, que funcionavam como adsorventes. Atualmente se utilizam como tais também carbonato de sódio ou de magnésio sílica gel, hidróxido de cálcio, carvão ativo, resinas trocadoras de íons, argilas e vários compostos orgânicos.

A mistura a ser fracionada é introduzida no topo da coluna e, em seguida, um solvente — água, álcool, clorofórmio, benzeno, acetona, etc. — é posto a percolar através da coluna. Dependendo da natureza dos componentes da mistura, pode acontecer, na fase estacionária, o aparecimento de várias camadas diferentes e discretamente coloridas, lembrando camadas de dropes

24 Química Geral

de diferentes cores. Isso acontece, precisamente, no caso mencionado de pigmentos vegetais que dão aparecimento na coluna de várias secções diferentemente coloridas. Exatamente por isso, Tsvet chamou ao método de cromatografia.

Após a separação dos componentes da mistura nas diferentes secções da coluna, é necessário remover o material retido em cada uma das zonas da coluna para sua identificação.

Como técnica de análise imediata, a cromatografia é bastante versátil, permitindo tanto a separação de espécie formadas por apenas dois átomos, como é o caso do cloro molecular, como também de outras constituídas por alguns milhões de átomos. Em particular, de uma mistura como a gasolina, a cromatografia permite separar várias dezenas de componentes.

A cromatografia tem larga aplicação nos laboratórios de Química, farmácia, análises clínicas e de pesquisa científica e tecnológica para a análise de misturas, identificação, separação e purificação de novos produtos, tais como antibióticos, drogas, pesticidas, produtos orgânicos, etc.

Nota

Variante da técnica descrita encontra-se na cromatografia de gás ou cromatografia de fase gasosa, aplicação dos princípios genéricos da cromatografia à separação e à análise de misturas gasosas. A mais comum delas é a cromatografia gás—líquido, que consiste na separação dos componentes de uma mistura quando um gás, dela portador, passa com vasão constante sobre, ou através de, uma fase líquida de grande área de adsorção. Como conseqüência de sua solubilidade seletiva na fase líquida, os constituintes da mistura movem-se pela coluna, conduzidos pelo gás portador, com diferentes velocidades e tendem a se separar em diferentes faixas. Como gás portador, utiliza-se um que não seja retido pelo líquido: hélio ou nitrogênio, por exemplo.

2.7 Definição de Substância Pura — Critérios de Pureza

No item 2.6 foram mencionados alguns processos que permitem verificar se uma espécie de matéria é substância pura ou mistura. Tendo em vista esses processos, torna-se possível precisar os conceitos de *substância pura* e *mistura*, em função do seu comportamento diante deles:

a) mistura é a espécie de matéria que, pelos processos de análise imediata, pode ser fracionada em duas ou mais outras;

b) substância pura é a que resiste aos processos de fracionamento da análise imediata.

Para se afirmar que uma dada espécie de matéria é uma substância pura seria necessário ensaiar todos os processos de análise imediata e constatar que seu fracionamento é impossível. Como esses processos são numerosos, a pesquisa da pureza é muito demorada e delicada, e a conclusão a que leva é sempre relativa aos meios de análise utilizados.

MISTURAS E SUBSTÂNCIAS PURAS — SUBSTÂNCIAS SIMPLES E COMPOSTAS   **25**

Contudo, a experiência ensina que uma espécie de matéria que satisfaça aos chamados *critérios de pureza* pode ser considerada como substância pura. Esses critérios se baseiam no fato de as substâncias puras apresentarem, sempre, um certo número de propriedades específicas já citadas no item 2.3. Portanto, para constatar a pureza de uma dada espécie de matéria é suficiente submetê-la a alguns testes e verificar se suas propriedades são as que deveriam caracterizá-la.

Daí por diante, visando a simplificação de linguagem, as substâncias puras serão chamadas simplesmente *substâncias* e as espécies de matéria não puras serão designadas por *materiais*.

2.8 Primeira Noção de Reação Química

Pelo exposto nos itens anteriores, dada uma mistura é sempre possível, mediante processos de análise imediata, submetê-la a um fracionamento, de maneira a separar as substâncias que a constituem.

Tome-se, por exemplo, um pouco de limalha de ferro e adicione-se-lhe um pouco de enxofre (ambas substâncias puras). Seja qual for a proporção em que tenham sido adicionados o enxofre e o ferro, obtém-se um material pardacento, cujo aspecto é intermediário entre o do ferro e o do enxofre. Nenhum fenômeno térmico (desprendimento ou absorção de calor) acompanha a formação desse produto. Um ímã aproximado desse produto atrai a limalha de ferro e deixa livre o enxofre, enquanto o sulfeto de carbono a ele adicionado dissolve o enxofre e deixa livre o ferro. Em resumo, o produto obtido é uma mistura de ferro e enxofre.

Modifique-se ligeiramente a experiência preparando uma mistura de 14 g de limalha de ferro e 8 g de enxofre, em contato bem íntimo, e aqueça-se a mistura num de seus pontos. Decorrido um certo tempo verifica-se que esse ponto torna-se incandescente e a incandescência se propaga rapidamente a toda mistura, com grande desprendimento de calor. Após esfriamento, obtém-se um produto sólido preto. Esse produto é chamado *sulfeto de ferro* e comporta-se como substância de propriedades totalmente distintas das do ferro e do enxofre que o originaram: dele é impossível separar as substâncias que o originaram, qualquer que seja o processo de análise imediata tentado. A separação pretendida é difícil e só pode ser conseguida por processos enérgicos apropriados. Para traduzir esse fato, diz-se que o enxofre e o ferro reagiram entre si, ou se combinaram, ou, ainda, que entre o ferro e o enxofre houve uma reação química.

Quando uma bala de chumbo, disparada por uma espingarda, atinge uma parede de aço, ela se aquece tanto que chega a passar ao estado líquido. Num fenômeno como esse a energia cinética da bala dá origem à agitação térmica de suas partículas, sem alterar o chumbo em si, que apenas passa de sólido a líquido; o chumbo sólido e o chumbo líquido têm a mesma composição e diferem apenas pelo seu estado de agregação.

26 QUÍMICA GERAL

Quando, entretanto, se aquece prolongadamente o mesmo chumbo numa atmosfera rica em oxigênio, obtém-se uma substância amarela — o litargírio ou óxido de chumbo — com propriedades totalmente diferentes das do chumbo e, naturalmente, das do oxigênio. Nesse caso, diz-se ter havido uma reação química entre o chumbo e o oxigênio: cada 207 g de chumbo reagem com 16 g de oxigênio.

Generalizando, pode-se dizer que *reação química* é todo fenômeno que se processa com uma ou mais substâncias, acarretando sua transformação em uma ou mais outras substâncias distintas das primeiras.

As substâncias que, no curso de uma reação química, desaparecem chamam-se *reagentes* e as que se formam são chamadas *produtos da reação*. No primeiro exemplo citado, enxofre e ferro são os reagentes, e o produto da reação é sulfeto de ferro. No segundo exemplo, os reagentes são chumbo e oxigênio, e o produto da reação é óxido de chumbo.

2.9 Substâncias Simples e Compostas — Diferenciação Prática

As substâncias puras, que pela definição dada no item 2.7 não são fracionáveis pelos processos de análise imediata, podem ser classificadas em dois grupos, conforme seu comportamento diante dos processos enérgicos de decomposição:

a) *substâncias simples* são as que resistem a qualquer tentativa de decomposição (excetuadas as decomposições radioativas); são substâncias simples ou *substâncias elementares*, como às vezes são chamadas, o hidrogênio, o oxigênio, o cloro, a ozona, o enxofre, o ferro, o carbono, o zinco, etc.;

b) *substâncias compostas* são as que podem, por processos enérgicos, ser decompostas em duas ou mais outras substâncias.

Como exemplos de processos enérgicos utilizados para desdobrar substâncias compostas em duas ou mais outras, podem ser citados os que empregam a ação do calor, da faísca elétrica, da luz, de um campo elétrico intenso, etc.

O carbonato de cálcio, a amônia, o brometo de prata, o cloreto de sódio são exemplos de substâncias compostas. Quando se aquece fortemente o carbonato de cálcio, ele se decompõe, originando duas outras substâncias: gás carbônico e óxido de cálcio; a amônia, sob ação de faíscas elétricas, se decompõe, produzindo nitrogênio e hidrogênio; o brometo de prata, sob ação da luz, se decompõe em bromo e prata; a ação de um campo elétrico intenso sobre o cloreto de sódio fundido determina seu desdobramento em cloro e sódio.

2.10 Elementos Químicos — Diferenciação Doutrinária entre Substâncias Simples e Compostas

A suposição de que todas as espécies de matéria são formadas por um número limitado de constituintes é bastante antiga e data da época dos filósofos gregos e hindus do século V a.C. Esses constituintes considerados como formas primordiais da matéria foram chamados de *elementos*: sua identificação constituiu, durante séculos, um dos problemas mais importantes para os químicos. No início da Era Cristã conheciam-se apenas 9 desses elementos (ouro, prata, cobre, ferro, mercúrio, chumbo, estanho, carbono e enxofre), ao tempo de Lavoisier (fins do século XVIII) já se conheciam cerca de 30 e, ao se encerrar o século XIX, o número dos conhecidos atingia 70.

O conceito atual de elemento não coincide com o antigo. Robert Boyle (1660) introduziu o termo elemento para designar aquela substância que, como o ferro, o enxofre, o carbono, etc., não pode ser decomposta por processos químicos. Por muito tempo, depois de Boyle, os conceitos de *elemento* e de *substância simples* foram utilizados como sinônimos. A partir do início do século XX, graças aos conhecimentos adquiridos a respeito da estrutura da matéria, o termo elemento ganhou significado próprio.

Como se terá oportunidade de ver nos capítulos seguintes, segundo as concepções modernas, todo corpo, independentemente das espécies de matéria que o formam, é constituído por pequenos corpúsculos com diâmetro da ordem de 10^{-8} cm, chamados *átomos*. Os átomos são, por sua vez, constituídos de um *núcleo* envolvido por um ou mais *elétrons*. O núcleo é um corpúsculo com diâmetro da ordem de 10^{-13} cm dotado de carga elétrica Q positiva. Essa carga positiva é atribuída à existência no núcleo de *prótons*, cada um dos quais caracterizado por uma carga $q_p = 1,602 \times 10^{-19}$ C.

A experiência ensina que a razão Z entre a carga Q de um núcleo atômico e a carga q_p de um próton, $Z = Q/q_p$, é sempre um número inteiro. Esse número Z chama-se *número atômico do núcleo* ou *número atômico do átomo*. Admitindo que a carga positiva do núcleo seja devida exclusivamente aos prótons nele existentes, segue-se que o número atômico de um núcleo ou átomo pode também ser entendido como o número de prótons que o formam.

Conhecem-se presentemente cerca de 1 500 variedades de átomos que se distinguem pela diferente constituição de seus núcleos. Todas essas variedades, entretanto, pertencem a aproximadamente cem tipos diferentes, caracterizados, individualmente, pelo seu número atômico Z. Cada um desses tipos de átomos, individualizados pelo seu número atômico, chama-se *elemento químico*.

Para os átomos atualmente conhecidos, o número atômico pode assumir todos os valores compreendidos entre 1 e 109. Dos 109 elementos conhecidos, os primeiros 92 são costumeiramente citados como naturais, e os restantes como artificiais. A existência de tão grande variedade de átomos decorre da presença de outros constituintes atômicos, os *nêutrons*, cujo número pode variar em átomos do mesmo elemento (v. item 12.3).

Na verdade, o número de elementos naturais é 90: o tecnécio ($Z = 43$) e o prométio ($Z = 61$) são obtidos artificialmente e, embora tenham sido identificados como presentes em algumas estrelas, ainda não tiveram sua existência confirmada na Terra. Por outro lado, traços de plutônio ($Z = 94$) têm sido registrados recentemente em algumas rochas da Califórnia, Estados Unidos.

Diante dessa conceituação de elemento químico, torna-se agora possível estabelecer nova distinção entre substâncias simples e compostas:

a) substância simples ou elementar é a constituída por átomos de um único elemento;

b) substância composta é a constituída por átomos de dois ou mais elementos químicos.

O fato de uma substância simples ser constituída por um elemento apenas é em grande parte responsável pela confusão no emprego dos termos *elemento* e *substância simples*. Para tal confusão contribui também o fato de a cada substância simples corresponder um elemento químico, quase sempre do mesmo nome dessa substância. Assim, a substância simples chamada cloro é constituída por átomos do elemento também chamado cloro, a substância simples ferro é constituída por átomos do elemento ferro, etc.

Note-se, contudo, que, se a cada substância simples corresponde um elemento químico, um mesmo elemento pode originar substâncias simples diferentes. Por exemplo, o elemento chamado oxigênio forma duas substâncias simples: o oxigênio e a ozona. Essas duas substâncias, embora originadas pelo mesmo elemento, têm propriedades distintas.

2.11 Simbologia e Nomenclatura dos Elementos

Muito antes do nascimento da Química moderna, os alquimistas utilizavam um conjunto de símbolos para representar as substâncias que descreviam em seus tratados. Esses símbolos eram totalmente arbitrários e não guardavam relação alguma com o nome ou a natureza das substâncias que representavam. Na Fig. 2.7 aparecem os símbolos de algumas substâncias, conforme constantes de um manuscrito do século X.

Foi Dalton quem, em princípios do século XIX, esboçou uma simbologia mais ou menos racional para a Química, representando os átomos por pequenos círculos associados a diversos sinais para distinguir, entre si, os diversos elementos químicos (v. Fig. 4.1).

A introdução dos símbolos atuais para representar os elementos deve-se ao químico sueco Berzelius (1813). Sugeria ele que os elementos fossem representados por uma letra maiúscula, inicial do seu nome em

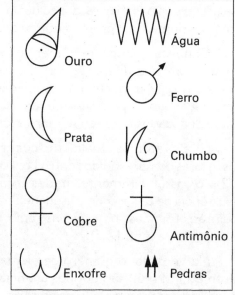

Figura 2.7

latim. No caso de dois ou mais elementos cujos nomes latinos têm a mesma inicial usa-se, para distingui-los, outra letra de seu nome, escrita como minúscula depois da inicial maiúscula.

Exemplos:

Nome do elemento	Nome em latim	Símbolo
Cálcio	Calcium	Ca
Carbono	Carbo	C
Hidrogênio	Hidrogenium	H
Mercúrio	Hidrargyrium	Hg
Potássio	Kalium	K
Sódio	Natrium	Na

Na idade média os alquimistas já conheciam o ouro (Au), a prata (Ag), o cobre (Cu), o antimônio (Sb), o estanho (Sn), o mercúrio (Hg), o enxofre (S) e o carbono (C). Ao tempo de Lavoisier (meados do século XVIII) eram conhecidos 31 elementos, número que ascendeu a 39 na década que precedeu o século XIX.

Quanto aos nomes dos elementos, têm eles origens muito variadas. Às vezes, o nome de um elemento lembra alguma propriedade da substância simples por ele constituída ou alguma circunstância histórica ou geográfica ligada à sua descoberta. Por exemplo, o nome cloro, que em grego significa verde, deve-se ao fato de a substância simples por ele constituída (também chamada cloro) ter cor verde. O cobre, ao que parece, tem seu nome derivado de Cyprus, nome grego da ilha de Chipre, onde, supunham os antigos, se utilizou o cobre pela primeira vez. O polônio recebeu o seu nome em homenagem à nacionalidade polonesa de sua descobridora, Marie Curie, o germânio deve o seu nome à Alemanha, onde foi descoberto.

A elementos de descoberta mais recente, principalmente os obtidos artificialmente, têm sido atribuídas denominações originárias dos nomes dos cientistas que os celebrizaram pela sua contribuição ao desenvolvimento da Física e Química, principalmente. É o caso, por exemplo, do cúrio (Marie Curie, 1867-1934), do einstênio (Albert Einstein, 1879-1955), do férmio (Enrico Fermi, 1901-1954), do hâhnio (Otto Hahn, 1879-1968), do kurchatóvio (Igor Kurchatov, 1903-1960), do mendelévio (Dmitri Mendeléiev, 1834-1907), do nobélio (Alfred Nobel, 1833-1896), etc.

Nas págs. IX a XI encontra-se uma tabela em que figuram os nomes e os símbolos dos elementos químicos atualmente conhecidos, e na Tab. 2.1 é indicada a composição elementar da crosta terrestre, camada superficial de cerca de 16 km de espessura e que inclui a litosfera, a hidrosfera e a atmosfera. De conformidade com os dados nela constantes, a abundância relativa de um elemento para outro varia muito. Tanto em massa como em número de átomos, os elementos mais abundantes na crosta são o oxigênio e o silício.

É interessante confrontar a composição da crosta terrestre com a de algumas amostras de solo lunar, colhidas no Mar da Tranqüilidade, por ocasião das expedições àquele satélite, realizadas em 1969 (Projeto Apollo 2). A análise das citadas

30 QUÍMICA GERAL

amostras revelou que seus elementos constituintes são os mesmos presentes na crosta terrestre, embora em proporções diferentes. Sob o título impróprio de composição do solo lunar, já que os dados se referem apenas aos fragmentos analisados, indicam-se na última coluna da mesma Tab. 2.1 as percentagens, em massa, dos vários elementos encontrados nas amostras em referência.

TABELA 2.1

Elementos	Composição da crosta terrestre		Composição do solo lunar
	% em massa	% em n.º de átomos	% em massa
Oxigênio	48,9	53,8	40,0
Silício	26,0	18,2	19,2
Alumínio	7,7	5,6	5,6
Ferro	4,8	1,6	14,3
Cálcio	3,5	1,7	8,0
Sódio	2,7	2,3	0,33
Potássio	2,5	0,8	0,14
Magnésio	2,0	1,6	4,5
Hidrogênio	0,8	13,5	0,02
Titânio	0,4	0,2	5,9
Outros	0,7	0,7	2,0

Dos números indicados ressalta o fato de a percentagem de hidrogênio nas citadas amostras ser muito menor que na crosta terrestre. Por outro lado, informações colhidas no exame dos espectros das radiações emitidas por diferentes estrelas e nebulosas sugerem que o hidrogênio é, provavelmente, o elemento mais abundante no Universo, de cuja composição deve participar na proporção de 75% em massa e 90% em número de átomos.

CAPÍTULO

3

As Leis Fundamentais da Estequiometria

3.1 As Leis Fundamentais da Química

Até fins do século XVIII, a Química constituía uma ciência natural que se limitava quase exclusivamente a descrever o comportamento das substâncias então conhecidas e os processos de sua transformação. Embora ainda conserve, de certo modo, esse objetivo, a descoberta naquela época das *leis fundamentais* fez com que a Química se transformasse numa verdadeira ciência física, com suas hipóteses, teorias e leis que visam à ordenação e simplificação do imenso campo dos conhecimentos químicos. O promotor desta evolução foi Lavoisier; este, graças ao uso sistemático da balança em seus trabalhos, enunciou a lei da conservação das massas, que acabou por exercer uma influência decisiva no estudo quantitativo da Química. Daí por diante, a Química progrediu rapidamente; recorrendo com freqüência à Física, à Matemática, à Mineralogia e à Biologia, perdeu seu caráter de ciência puramente descritiva e desenvolveu suas bases teóricas: a teoria atômica, a Cinética, a Termoquímica, a Eletroquímica, a Radioquímica, etc.

As leis fundamentais da Química ou *leis estequiométricas* são as que regem as proporções guardadas entre si pelas substâncias que intervêm nas reações químicas. Enunciadas todas como conseqüência de trabalhos experimentais realizados entre os fins do século XVIII e o início do século XIX, essas leis constituem os verdadeiros princípios fundamentais sobre os quais se estrutura a Química moderna. Não decorrem de nenhuma doutrina anterior e são admitidas como verdadeiras unicamente porque sugeridas pela observação.

As leis estequiométricas costumam ser distribuídas em dois grupos: gravimétricas e volumétricas. As gravimétricas referem-se às proporções em massa, guardadas entre si pelas substâncias, reagentes e produtos, participantes de uma reação química. Aplicam-se indiferentemente às substâncias sólidas, líquidas ou gasosas. As leis volumétricas cogitam das proporções existentes entre os volumes exclusivamente das substâncias gasosas que intervêm numa reação.

As leis gravimétricas são: a de Lavoisier (ou da conservação das massas), a de Proust (ou das proporções definidas), a de Dalton (ou das proporções múltiplas) e a de Richter (ou dos equivalentes); as volumétricas são conhecidas como leis de Gay-Lussac.

3.2 Lei de Lavoisier

Embora a idéia da conservação das massas no transcurso de uma reação química tenha sido enunciada, mais ou menos claramente, por Lomonossov entre 1741 e 1752, atribui-se geralmente a Lavoisier a introducão na Química (1774) da *lei da conservação das massas*. Pode ser apresentada com o seguinte enunciado:

> "Num sistema isolado a massa total permanece constante, independentemente das reações químicas que nele se processam."

A maneira de verificar experimentalmente a lei de Lavoisier é sugerida pelo seu próprio enunciado. No interior de um recipiente fechado cujas paredes devem isolar o seu conteúdo do meio externo, aprisiona-se um conjunto de substâncias que possam reagir entre si e, com auxílio de uma balança, constata-se que a massa do sistema permanece inalterada, quaisquer que sejam as transformações ocorridas em seu interior.

Verificada pelo próprio Lavoisier numa série memorável de experiências sobre a combustão do fósforo e a oxidação de metais como o estanho, o chumbo e o mercúrio, a lei da conservação das massas foi amplamente confirmada em fins do século XIX pelos trabalhos do químico alemão Landolt. Para isolar os sistemas com os quais operava, Landolt utilizava recipientes fechados, de vidro, com a forma de H (v. Fig. 3.1); em cada ramo do recipiente introduzia uma substância (por exemplo, uma solução de nitrato de prata num dos ramos e uma de cloreto de sódio no outro), de maneira que, ao serem

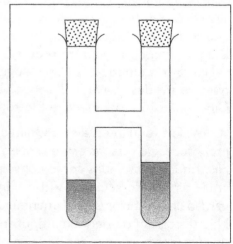

Figura 3.1

As Leis Fundamentais da Estequiometria **33**

postas em contato uma com a outra, produzir-se-ia entre elas uma reação. Pesava então cuidadosamente o conjunto com uma balança muito sensível e, uma vez conseguido seu equilíbrio, inclinava o recipiente, de maneira a permitir o contato e a reação entre as duas substâncias. Operando dessa maneira Landolt constatava a constância da massa do sistema com precisão maior que $1/10^6$.

Observações

1. A Lavoisier deve-se não somente o estabelecimento da lei da conservação das massas, mas também o da conservação dos elementos, que, embora não seja expressamente mencionada nos livros-texto, é, entretanto, em todos eles implicitamente admitida. Segundo ela "num sistema isolado, a massa de cada um dos elententos presentes permanece constante, quaisquer que sejam as reações que nele ocorram". Isso significa que, ao reagirem entre si duas ou mais substâncias para originar uma ou mais outras, ou então ao se decompor uma substância única em duas ou mais outras, as massas de cada um dos elementos constituintes dessas substâncias subsistem constantes; nas reações químicas não há transmutação de um elemento em outro. É com base nessa lei que se efetua o balanceamento das equações representativas das reações químicas (v. item 7.9).

2. A lei da conservação das massas, aceita como verdadeira no correr de todo o século XIX, foi posta em dúvida a partir dos princípios do século XX; a descoberta dos fenômenos radioativos e da desintegração da matéria veio mostrar que a massa de um sistema pode variar no correr de certas transformações. Segundo doutrinas modernas, a variação da massa, num sistema em que se verificam tais transformações, deve vir sempre acompanhada de uma troca de energia com o meio exterior, e a quantidade de energia desprendida por um sistema é proporcional à massa nele destruída.

   Deve-se a Albert Einstein (1905) a formulação da equação de equivalência entre massa e energia, que permite calcular a energia ΔE posta em jogo no correr de uma transformação em que se verifica uma variação de massa Δm. Trata-se da conhecida expressão

   $$\Delta E = \Delta m \cdot c^2,$$

   na qual a constante c é a velocidade de propagação, no vácuo, das radiações eletromagnéticas, isto é, $c = 2{,}997\ 9 \times 10^8$ m $\times$ s^{-1} ou, por aproximação, $c = 3 \times 10^{10}$ cm $\times$ s^{-1}. Isso significa que, havendo num sistema uma diminuição de massa $\Delta m = 1$ g, essa diminuição deverá vir acompanhada do desprendimento de uma quantidade de energia

   $$\Delta E = 1 \times 3 \times 10^{10} \times 3 \times 10^{10} = 9 \times 10^{20}\ \text{erg}.$$

   Para avaliar a magnitude dessa quantidade de energia, liberada na aniquilação de apenas 1 g de massa, é interessante compará-la com a energia desprendida na detonação de explosivos convencionais, tomando como referência o TNT (trinitrotolueno). Como o poder energético do TNT é 900 cal/g, ou seja,

34 Química Geral

$$900 \times 4,18 \times 10^7 \text{ erg} = 37,6 \times 10^9 \text{ erg, para liberar } 9 \times 10^{20} \text{ erg são necessários}$$

$$\frac{9 \times 10^{20}}{37,6 \times 10^9} = 2,4 \times 10^{10} \text{ g de TNT,}$$

isto é, 24 000 toneladas de TNT! Essa energia é equivalente a 25 milhões de kWh, ou seja, igual a energia produzida em 2 h pela usina hidroéletrica de Itaipu.

Tendo em conta que nas reações químicas comuns, seja na escala de laboratório, seja mesmo na escala industrial, a quantidade de energia desprendida ou absorvida é relativamente muito pequena, segue-se que a variação de massa verificada nessas reações é suficientemente pequena, a ponto de poder ser desprezada. Em outros termos: dentro dos limites do erro experimental tudo se passa como se a lei da conservação das massas fosse verdadeira para as reações comuns.

3. Os conhecimentos adquiridos no século XX sobre a possibilidade de os elementos químicos experimentarem transmutações, naturais para alguns e artificiais para outros, sugerem que restrições, quanto à sua validade, também podem ser feitas à lei da conservação dos elementos.

Para evitar dúvidas quanto aos casos em que as leis de Lavoisier são ou não aplicáveis, chamam-se *reações químicas*, por definição, aquelas que se processam obedecendo simultaneamente às leis da conservação das massas e dos elementos químicos. As reações que não obedecem a essas leis são chamadas *nucleares* (v. item 12.13).

3.3 Lei de Proust

Segundo os historiadores, as primeiras observações quantitativas a respeito da análise e da síntese de algumas substâncias teriam sido realizadas ainda no século XVII por Kunckel — ao estudar a transformação da prata em cloreto de prata — e continuadas, no século XVIII, por Bergman nos seus trabalhos de análise de vários sais, visando a determinar as quantidades de metal que encerravam.

Deve-se, contudo, a Joseph Louis Proust a investigação sistemática sobre a composição de numerosas substâncias compostas, naturais e artificiais, e cujos resultados levaram-no à formulação da *lei das proporções definidas* (1797). Essa lei pode ser traduzida pelo seguinte enunciado:

> "Existe uma razão constante entre as massas de duas (ou mais) substâncias dadas que reagem entre si para originar um determinado produto."

Assim, se m_1 e m_2 são as massas, respectivamente, de duas substâncias S_1 e S_2

que, reagindo entre si, originam um determinado produto P, então é constante,

para esse produto, a razão $\dfrac{m_1}{m_2} = K_{(P)}$.

Quando, por exemplo, se queima álcool etílico, verifica-se uma reação entre esse álcool (substância S_1) e o oxigênio (substância S_2), reação essa que origina (como produto P) uma mistura de gás carbônico e água. A experiência ensina que, nesse caso, 23,0 g de álcool reagem precisamente com 48,0 g de oxigênio para produzir 71,0 g de mistura, constituída de 44,0 g de gás carbônico e 27,0 g de água. Pela lei das proporções definidas, toda vez que o álcool etílico reagir com o oxigênio para produzir gás carbônico e água, uma massa qualquer m_1 de álcool reagirá com uma massa m_2 de oxigênio, tal que satisfaça à razão

$$\frac{m_1}{m_2} = \frac{23,0}{48,0}.$$

Observações

1. Como conseqüência da lei de Proust segue-se que, ao reagirem entre si duas ou mais substâncias para originar um determinado produto, existe, também, uma razão constante entre a massa do produto obtido e a massa de qualquer uma das substâncias que o originaram. Assim, no exemplo dado, a massa m da mistura de gás carbônico e água, obtida a partir da massa m_1 de álcool etílico ou m_2 de oxigênio, deve satisfazer as razões

$$\frac{m_1}{m} = \frac{23,0}{71,00} \quad \text{e} \quad \frac{m_2}{m} = \frac{48,0}{71,0}.$$

   Do mesmo modo, as massas m' de gás carbônico e m'' de água, obtidas na reação entre as massas m_1 de álcool e m_2 de oxigênio, devem satisfazer as relações:

$$\frac{m_1}{m'} = \frac{23,0}{44,0} \quad \text{e} \quad \frac{m_1}{m''} = \frac{23,0}{27,0} \quad \text{ou} \quad \frac{m_2}{m'} = \frac{48,0}{44,0} \quad \text{e} \quad \frac{m_2}{m''} = \frac{48,0}{27,0}.$$

2. O fato de duas substâncias reagirem entre si numa dada proporção em massa não significa que seja necessário pôr essas substâncias em presença uma da outra nessa proporção, para que ocorra a reação entre elas. Nada impede que, para obter gás carbônico e água, se façam queimar 23,0 g de álcool numa atmosfera contendo, por exemplo, 60,0 g de oxigênio (reagente em excesso). Nesse caso, na queima do álcool utilizado, serão consumidos apenas 48,0 g de oxigênio e os 12,0 g restantes incorporar-se-ão ao produto da reação, que passará a ser constituído de uma mistura de 44,0 g de gás carbônico, 27,0 g de água e 12,0 g de oxigênio.

36 QUÍMICA GERAL

3. A experiência ensina que, muitas vezes, as mesmas substâncias S_1 e S_2 podem reagir entre si em diferentes proporções, originando, contudo, produtos também diferentes. Assim, o álcool etílico também pode reagir com oxigênio para produzir, por exemplo, ácido acético e água. Contudo, nesse caso, com 23,0 g de álcool apenas reagem 16,0 g de oxigênio, para originar 39,0 g de produto, constituído por uma mistura de 30,0 g de ácido acético e 9,0 g de água.

4. Da aplicação da lei de Proust à reação de formação de uma substância composta, a partir de substâncias simples, conclui-se que "é constante numa dada substância composta a proporção entre as massas dos vários elementos que entram na sua constituição"[*].

Sabe-se, por exemplo, que o nitrogênio e o hidrogênio reagem entre si na proporção de $\dfrac{14,0}{3,0}$, em massa, para produzir uma substância composta chamada amônia. Isso significa que em 17,0 unidades de massa de amônia encontram-se combinadas 14,0 unidades de massa do elemento nitrogênio e 3,0 unidades de massa do elemento hidrogênio e que, por conseguinte, em 100,0 unidades de massa de amônia, devem existir as massas m_1 de nitrogênio e m_2 de hidrogênio, tais que

$$\frac{m_1}{100} = \frac{14,0}{17,0} \quad e \quad \frac{m_2}{100} = \frac{3,0}{17,0},$$

isto é, aproximadamente $m_1 = 82,4$ e $m_2 = 17,6$ unidades de massa. Isso tudo pode ser resumido dizendo que a amônia é constituída por, aproximadamente, 82,4%, de nitrogênio e 17,6% de hidrogênio em massa.

Do mesmo modo, quando se afirma que o carbonato de cálcio encerra 12,0% de carbono, 48,0%, de oxigênio e 40,0% de cálcio, isso significa que o carbonato de cálcio é uma substância composta que, em cada 100,0 unidades de massa, encerra 12,0 unidades de massa de carbono, 48,0 unidades de massa de oxigênio e 40,0 unidades de massa de cálcio, ou então que, nesse composto, as massas m_C de carbono, m_O de oxigênio e m_{Ca} de cálcio guardam a proporção

$$m_C : m_O : m_{Ca} : : 12,0 : 48,0 : 40.$$

5. Embora cada substância, ou espécie química, apresente sempre uma composição bem determinada, nada impede que substâncias diferentes tenham a mesma composição qualitativa e quantitativa, isto é, sejam formadas pelos mesmos elementos e revelem a mesma composição centesimal. Numerosos exemplos desse fato são encontrados entre as *substâncias orgânicas*, e se explicam pela polimeria e pela isomeria (v. itens 7.3 e 7.6).

---

[*] Entre as substâncias iônicas existem alguns casos de *compostos não estequiométricos* que apresentam composição atômica variável (v. item 9.13).

3.4 Lei de Dalton

De acordo com a observação feita no item 3.3, na terceira das observações, as mesmas substâncias S_1 e S_2 podem, às vezes, reagir entre si em proporções diferentes para originar produtos também diferentes. Deve-se a John Dalton a formulação da *lei das proporções múltiplas*, que cogita dessa possibilidade:

> "Existe uma razão de números inteiros e pequenos entre as diferentes massas de uma dada substância S_1 que, separadamente, reagem com a mesma massa de outra substância S_2."

Isso significa que, se, com a mesma massa m_2 da substância S_2, reagiram as massas m_1', m_1'', m_1'''..., etc. de outra substância S_1, então as razões

$$\frac{m_1''}{m_1'}, \quad \frac{m_1'''}{m_1'}, \quad \frac{m_1'''}{m_1''}, \quad \text{etc.}$$

são sempre redutíveis a quocientes do tipo $\dfrac{a}{b}$, onde a e b são números inteiros e pequenos, isto é, quocientes do tipo $\frac{1}{2}$, $\frac{1}{3}$, $\frac{2}{3}$, $\frac{1}{4}$, etc. Os seguintes exemplos esclarecem a lei de Dalton:

I - O álcool etílico reagindo com o oxigênio pode originar gás carbônico e água ou aldeído acético e água ou, ainda, ácido acético e água. Em cada um dos casos a massa de oxigênio que reage com a mesma massa de álcool (ou vice-versa) é diferente. Com a mesma massa $m_2 = 100,00$ g de álcool, reagem $m_1' = 208,70$ g de oxigênio no primeiro caso, $m_1'' = 34,78$ g no segundo caso e $m_1''' = 69,57$ g no terceiro caso, massas essas que guardam entre si as razões

$$\frac{m_1''}{m_1'} = \frac{34,78}{208,70} = \frac{1}{6}; \quad \frac{m_1'''}{m_1''} = \frac{69,57}{34,78} = \frac{2}{1}; \quad \frac{m_1'''}{m_1'} = \frac{69,57}{208,70} = \frac{1}{3}.$$

II - O fósforo e o oxigênio podem formar três produtos diferentes. Com 50,00 g de oxigênio, conforme o produto formado, podem reagir 38,71 g ou 48,39 g ou, ainda, 64,52 g de fósforo. As razões entre essas massas são:

$$\frac{38,71}{48,39} = \frac{4}{5}; \quad \frac{38,71}{64,52} = \frac{3}{5} \quad e \quad \frac{48,39}{64,52} = \frac{3}{4}.$$

Observações

1. Existe divergência entre os historiadores a respeito da origem da lei das proporções múltiplas. Segundo alguns, ela teria sido enunciada por Dalton,

38 QUÍMICA GERAL

por volta de 1803, em conseqüência de suas observações sobre as composições do metano e do etileno, duas substâncias compostas, ambas de carbono e hidrogênio, e que apresentam, para a mesma massa de carbono, massas m_i' e m_i'' de hidrogênio, tais que $\dfrac{m_i'}{m_i''} = \dfrac{2}{1}$. Para outros, a lei teria sido formulada por ele próprio, como decorrência da teoria atômica elaborada na mesma época.

2. Pelo enunciado em que foi apresentada, no item 3.4, a lei das proporções múltiplas constitui uma generalização da lei original de Dalton, relativa à composição de substâncias diferentes formadas pelos mesmos elementos químicos. Dizia Dalton:

> "Quando dois elementos formam, por combinação entre si, vários compostos, as quantidades de um deles que se combinam com igual quantidade do outros guardam entre si relações de números inteiros e dígitos."

A experiência revela, por exemplo, que o mercúrio e o cloro, por combinação entre si, formam dois cloretos distintos. Um deles encerra 84,92% de mercúrio e 15,08% de cloro, e o outro contém 73,80% de mercúrio e 26,20% de cloro. Para verificar que esses dados concordam com a lei das proporções múltiplas, basta determinar as massas m' e m'' de mercúcio combinadas com uma mesma massa m arbitrária de cloro, nos dois cloretos, ou vice-versa. Pela lei de Proust, temos:

no primeiro cloreto: $\dfrac{84,92}{15,08} = \dfrac{m'}{m}$ ou $m' = \dfrac{84,92}{15,08} m = 5,63\, m;$

no segundo cloreto: $\dfrac{73,80}{26,20} = \dfrac{m''}{m}$ ou $m'' = \dfrac{73,80}{26,20} m = 2,81\, m;$

e, portanto,

$$\frac{m'}{m''} = \frac{5,63\, m}{2,81\, m} = \frac{2}{1}, \text{ de acordo com a lei.}$$

3.5 Lei de Richter

Também chamada *lei dos equivalentes* ou *lei das proporções recíprocas* ou, ainda, *lei dos números proporcionais*, a lei de Richter constitui uma das proposições fundamentais para o estudo das reações químicas, uma vez que permite prever a proporção em que devem reagir entre si duas substâncias, quando se conhecem as proporções em que reagem com uma terceira. Estabelece que:

As Leis Fundamentais da Estequiometria

> "Se m_1 e m_2 são as massas de duas substâncias S_1 e S_2 que reagem, separadamente, com a mesma massa m de uma terceira substância S, então a reação entre S_1 e S_2, desde que possível, dar-se-á na proporção m_1/m_2 ou, eventualmente, $\dfrac{m_1}{m_2} \cdot \dfrac{a}{b}$, sendo a e b números inteiros e pequenos."

Os exemplos seguintes ilustram a lei:

a) Sabe-se da experiência que 50,0 g de cálcio reagem com 40,0 g de enxofre (para produzir 90,0 g de sulfeto de cálcio), como também com 62,5 g de arsênio (para originar 112,5 g de arsenieto de cálcio). Pela lei de Richter, se o enxofre e o arsênio se combinarem, deverão fazê-lo na proporção $\dfrac{40,0}{62,5}$ ou, eventualmente, $\dfrac{40,0}{62,5} \times \dfrac{a}{b}$. De fato, analisando o sulfeto de arsênio, verifica-se que ele encerra 39,02% de enxofre e 60,98% de arsênio, isto é, enxofre e arsênio combinados na proporção $\dfrac{40,0}{62,5}$; nesse caso $\dfrac{a}{b} = \dfrac{1}{1}$.

b) Com 49,0 g de ácido sulfúrico, tanto podem reagir 32,5 g de zinco, como também 40,0 g de hidróxido de sódio. Segundo a lei das proporções recíprocas, o zinco e o hidróxido de sódio deverão reagir entre si na proporção $\dfrac{32,5}{40,0}$ ou $\dfrac{32,5}{40,0} \times \dfrac{a}{b}$. A experiência mostra que, efetivamente, essa reação se dá na proporção $\dfrac{32,5}{40,0}$, com $\dfrac{a}{b} = \dfrac{1}{1}$ (para a formação do zincato de sódio e hidrogênio).

c) Para formar gás carbônico, 12,0 g de carbono reagem com 32,0 g de oxigênio. Por outro lado, 80,0 g de cálcio também reagem com 32,0 g de oxigênio para originar óxido de cálcio. Isso significa que carbono e cálcio devem reagir entre si na proporção $\dfrac{12,0}{80,0}$ ou $\dfrac{12,0}{80,0} \times \dfrac{a}{b}$. Realmente, para formar o carbeto de cálcio, o carbono e o cálcio combinam-se na proporção $\dfrac{24,0}{40,0}$, isto é: $\dfrac{48,0}{80,0} = \dfrac{12,0}{80,0} \times \dfrac{4}{1}$.

Neste caso $\dfrac{a}{b} = \dfrac{4}{1}$.

40   QUÍMICA GERAL

> ## Observação
>
> A lei das proporções recíprocas surgiu como conseqüência do estudo das proporções em que reagem entre si os ácidos e as bases e apareceu publicada em 1792 no livro *Stochyometrie*, de autoria de J. B. Richter (1762-1807). Para sua formulação contribuíram inúmeros dados experimentais obtidos por Bergman (1735-1784), Kirwan (1733-1812) e Cavendish (1731-1810). Nenhuma participação tiveram no seu enunciado os trabalhos de Wenzel (1740-1793), a quem a lei em questão foi, durante muito tempo, indevidamente atribuída.

3.6 As Massas Equivalentes

Segundo o visto no item anterior, a lei de Richter permite prever em que proporção devem reagir entre si duas substâncias; basta conhecer as proporções em que elas reagem, separadamente, com uma terceira.

Assim sendo, imagine-se, que entre as inúmeras substâncias conhecidas S_0, $S_1, S_2, ..., S_i, S_j, ...$, seja escolhida convencionalmente uma, S_0, e determinadas as massas $E_1, E_2, E_3 ..., E_i, E_j, ...$, de cada uma delas, capazes de reagir, separadamente, com essa massa m_0 da substância S_0. Essas massas $E_1, E_2, E_3, ..., E_i, E_j ...$ das substâncias $S_1, S_2, S_3, ..., S_i, S_j ...$, que têm, em comum, a propriedade de reagir, separadamente, com a mesma massa m_0 da substância S_0, chamam-se *massas equivalentes*. Pela lei de Richter, a relação existente entre as massas m_i e m_j de duas substâncias S_i e S_j que reagem entre si deve ser

$$\frac{m_i}{m_j} = \frac{E_i}{E_j} \quad \text{ou} \quad \frac{m_i}{m_j} = \frac{E_i}{E_j} \cdot \frac{a}{b}.$$

É evidente que as massas equivalentes das várias substâncias dependem da massa m_0 e da natureza da substância S_0 em relação às quais são referidas. Na Tab. 3.1 estão indicadas as massas equivalentes de várias substâncias, determinadas em relação a 100,00 kg de cloro (S_0 = cloro e m_0 = 100,00 kg).

TABELA 3.1

Cloro	100,00 kg	Cloro	100,00 kg
Hidrogênio	2,82 kg	Enxofre	90,24 kg
Metano	11,28 kg	Zinco	91,65 kg
Fósforo	17,48 kg	Hidróxido de sódio	112,80 kg
Gás sulfídrico	47,94 kg	Brometo de potássio	167,79 kg
Sódio	64,86 kg	Sulfito de sódio	177,66 kg
Cobre	89,53 kg	Cloreto ferroso	358,14 kg

As Leis Fundamentais da Estequiometria

Observações

1. Embora as massas equivalentes sejam sempre referidas a uma massa-padrão de uma substância também padrão, é evidente que os números que as exprimem são independentes da unidade de massa adotada. Assim os números que figuram na Tab. 3.1 seriam conservados se as massas equivalentes fossem referidas a 100,00 t ou 100,00 g de cloro.

2. Em particular, a massa equivalente expressa em grama, quilograma e tonelada chama-se, respectivamente, *equivalente-grama, equivalente-quilograma* e *equivalente-tonelada*. Assim, em relação a 100,00 unidades de massa de cloro, o equivalente-grama, o equivalente-quilograma e o equivalente-tonelada do hidrogênio são, respectivamente, 2,82 g, 2,82 kg e 2,82 t.

3. A escolha do cloro como substância-padrão, como também a da massa 100,00 kg, foi puramente casual e ditada apenas pelo interesse da ilustração, por meio de um exemplo, da noção de massas equivalentes. Usualmente as massas equivalentes são definidas em relação a 8,00 unidades de massa de oxigênio ou, mais precisamente, em relação a 7,999 7 unidades de massa de oxigênio; a não ser que se faça menção expressa do contrário, subentende-se como equivalente-grama, equivalente-quilograma ou equivalente-tonelada de uma substância a massa dessa substância capaz de reagir com 8,00 g ou 8,00 kg ou 8,00 t (respectivamente) de oxigênio.

Na Tab. 3.2 figuram as massas equivalentes aproximadas de várias substâncias referidas a 8,00 g de oxigênio, isto é, seus equivalentes-grama.

TABELA 3.2

Oxigênio	8,0 g		Oxigênio	8,0 g
Hidrogênio	1,0 g		Cloro	35,5 g
Carbono	3,0 g	6,0 g	Óxido de cálcio	28,0 g
Fósforo	6,2 g	10,3 g	Ácido fosfórico	32,6 g
Enxofre	8,0 g	16,0 g 5,3 g	Ácido clorídrico	36,5 g
Cálcio	20,0 g		Hidróxido de sódio	40,0 g
Sódio	23,0 g		Ácido sulfúrico	49,0 g
Arsênio	25,0 g	15,0 g	Cloreto de sódio	58,5 g
Ferro	28,0 g	18,6 g	Ácido nítrico	63,0 g
Cobre	31,8 g	63,6 g		

4. A adoção do oxigênio como substância-padrão não significa que a determinação experimental das massas equivalentes das outras substâncias seja feita por meio de reação direta entre cada uma delas e o oxigênio, o que, aliás,

42 QUÍMICA GERAL

nem sempre é possível. Para determinar, por exemplo, a massa equivalente do ácido sulfúrico, basta verificar qual a massa desse ácido capaz de reagir com 20,0 unidades de massa de cálcio, ou 23,0 de sódio, ou com uma massa equivalente, já conhecida de qualquer outra substância.

5. O conceito de massas equivalentes aplica-se indiferentemente a substâncias simples e compostas. No caso particular de uma substância simples, a massa equivalente costuma, com muita impropriedade, ser associada ao elemento químico constituinte dessa substância. Assim, é usual dizer que 23,0 g é o equivalente-grama do *elemento sódio*, quando na verdade se trata de uma característica da *substância simples sódio*.

6. Pelo fato de duas substâncias poderem, eventualmente, reagir entre si em mais de uma proporção, conclui-se que uma mesma substância pode apresentar mais de uma massa equivalente. Com 8,00 unidades de massa de oxigênio, podem reagir 6,20 ou 10,31 unidades de massa de fósforo, conforme o produto formado seja o pentóxido de fósforo ou o trióxido de fósforo. Assim, os equivalentes-grama do fósforo são 6,20 g e 10,30 g. É por isso que na Tab.3.2 várias substâncias figuram com mais de uma massa equivalente.

7. Em vista da lei de Dalton, as diversas massas equivalentes de uma mesma substância guardam entre si relações de números inteiros e pequenos.

3.7 As Leis de Gay–Lussac

Ao se iniciar o século XIX, o número de substâncias gasosas conhecidas era muito reduzido: pouco mais que dez. Mas já existia uma técnica, introduzida por Priestley, Volta e outros, de aprisionar uma substância gasosa num recipiente e de medir seu volume; sabia-se, inclusive, que esse volume depende da temperatura e pressão em que é medido. Esses conhecimentos permitiram a Joseph Gay-Lussac (1778-1850) estudar um certo número de reações químicas de que participavam substâncias gasosas e registrar os volumes dessas substâncias consumidos e formados no seu transcurso. As conclusões tiradas desses trabalhos são conhecidas atualmente como *leis volumétricas de Gay-Lussac* (1809).

Nos enunciados seguintes, pressupõe-se que todos os volumes gasosos mencionados sejam medidos à mesma temperatura e sob a mesma pressão.

> I - "Os volumes de duas substâncias gasosas que reagem entre si, para originar um determinado produto, guardam uma razão de números inteiros e pequenos constante para o produto em questão."

Os seguintes exemplos ilustram a lei:

a) Um volume V de oxigênio reage com um volume $2V$ de hidrogênio, para formar

As Leis Fundamentais da Estequiometria

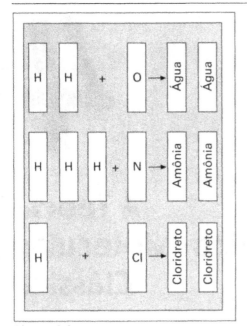

Figura 3.2

água, isto é, entre os volumes V_H e V_O de hidrogênio e oxigênio que reagem entre si existe a razão

$$\frac{V_H}{V_O} = \frac{2V}{V} = \frac{2}{1}.$$

b) Para formar gás amoníaco (amônia), hidrogênio e nitrogênio reagem na proporção

$$\frac{V_H}{V_N} = \frac{3}{1}.$$

c) A reação entre cloro e hidrogênio para a formação do cloridreto (gás clorídrico) se dá na proporção

$$\frac{V_{Cl}}{V_H} = \frac{1}{1}.$$

> II - "Quando duas substâncias gasosas reagem entre si de modo a originar um produto também gasoso, o volume do produto obtido guarda sempre uma razão simples[*] com os volumes dos gases reagentes."

Os mesmos exemplos anteriores, esquematizados na Fig. 3.2 na qual cada retângulo representa uma unidade de volume, ilustram também essa segunda lei. Quando a água formada na reação entre oxigênio e hidrogênio se encontra no estado gasoso (e só então), o seu volume guarda uma relação $1/1$ com o do hidrogênio consumido e $2/1$ com o do oxigênio consumido. Entre o volume de amônia formada e o de hidrogênio que a origina, a razão existente é $2/3$, e assim por diante.

Nota

Observações mais apuradas que as de Gay-Lussac têm mostrado que as leis volumétricas não são exatamente verdadeiras, pelo menos em quaisquer condições. Assim, tem-se verificado que:

a) a proporção, em volume, entre o hidrogênio e o oxigênio que reagem entre si para formar água é 2,002 88 para 1, e não propriamente 2 para 1;

b) um volume de nitrogênio reage com 3,001 72 de hidrogênio, e não com 3, para produzir amônia;

c) um volume de hidrogênio produz 1,984 3 de gás clorídrico, e não 2.

Esses desvios decorrem do fato de, na verdade, não se cumprir rigorosamente o suposto na hipótese de Avogadro (v. item 6.14.3).

---

[*] Razão simples ≡ razão de números inteiros e pequenos.

CAPÍTULO

A Teoria Atômico-Molecular Clássica

4.1 As Teorias Atômicas até o Século XVIII

A suposição de que um corpo qualquer é constituído por um agregado de pequeninas partículas indivisíveis — os átomos — encontra sua origem entre os antigos pensadores gregos.

Anaxágoras de Clazomena, filósofo grego do século V a.C., ensinava que a divisibilidade da matéria não tem limites e que qualquer porção, por menor que seja, de um corpo conserva sempre as características do todo.

Também Zenão, contemporâneo de Anaxágoras, sustentava que a matéria é contínua e que, uma vez que o Universo está cheio de matéria, o movimento não existe e é apenas uma criação subjetiva.

Segundo Aristóteles, o criador da teoria atômica teria sido Leucipo, filósofo que viveu ao redor do ano 500 a.C., cujos escritos, lamentavelmente, se perderam. Leucipo combateu, com inúmeros argumentos, as idéias de Anaxágoras e Zenão. As idéias atomísticas de Leucipo foram adotadas e propagadas por Demócrito de Abdera (século IV a.C.), um dos pensadores mais famosos da Antiguidade. Demócrito pensava nos átomos como corspúsculos indestrutíveis, duros, com tamanho e peso extremamente pequenos, de cujas uniões nasceriam as coisas, os seres, os mundos... Invisíveis devido às suas pequeníssimas dimensões, os átomos seriam desprovidos de cor, sabor e odor, por serem estas propriedades "subjetivas" ou "secundárias". Além disso, os átomos existiriam em grande número e poderiam tomar diferentes formas: redondas, pontiagudas, lisas, rugosas e outras mais. Para

A **Teoria Atômico-Molecular Clássica** **45**

cada espécie de matéria existiria um tipo de átomo. Os átomos de materiais sólidos seriam rugosos e não poderiam, por isso, deslizar uns sobre os outros, enquanto os de líquido seriam lisos. O Universo seria um imenso vazio no qual os átomos, impelidos por um destino cego, estariam em contínuo movimento. As especulações de Demócrito brotaram unicamente de sua intuição e, obviamente, não tinham suporte na observação e, muito menos, na experimentação.

A teoria atômica, adotada como teoria atéia pela escola de Epicuro (séculos IV e III a.C.), foi negada por Aristóteles, partidário, este, da idéia de que a matéria é contínua e constituída por uma única substância denomidada *hylé*.

A influência exercida por Aristóteles sobre os pensadores que se lhe seguiram explica por que, ao longo de vário séculos, as teorias atomistas não evoluíram. De fato, a não ser a idéia de Asclepíades de Prusa, por volta do ano 100 a.C., quanto à existência dos *onkoi* — pequenos agregados de átomos que correspoderiam às hoje denominadas moléculas —, a teoria atômica em nada progrediu.

Embora combatida por muitos, a teoria atômica nunca chegou a ser completamente abandonada, porque também sempre encontrou defensores. No início da Era Cristã os átomos mereceram o longo poema *De rerum natura* (Da natureza das coisas) do poeta romano Tito Lucrécio Caro, que cantou em versos a sua existência. Segundo Lucrécio: a) existem várias espécies de átomos de diferentes tamanhos e formas; b) as propriedades da matéria decorrem das características dos átomos que a compõem: lisos seriam os átomos de sua superfície, do mesmo modo que a doçura do açúcar decorreria da esfericidade de seus átomos, e um gosto amargo deveria ser atribuído a átomos dotados de pontas; c) além dos átomos, a única realidade é o espaço vazio, infinito, no qual se movem os átomos; d) os átomos em seu eterno vagar pelo espaço podem colidir uns com outros, e da colisão entre eles pode nascer um corpo material.

Com o aparecimento dos trabalhos de Newton, na segunda metade do século XVII, o assunto do átomo foi retomado. A existência desse corpúsculo passou a ser discutida à luz de observações quantitativas em experimentos controlados. Quase todos os mais importantes cientistas da época, como Boyle, Lemery, Hooke, Bacon, Huygens e outros, foram partidários da idéia da existência dos átomos. Newton, em particular, foi um atomista fervoroso, chegando a admitir que os átomos deveriam exercer atrações mútuas uns sobre os outros, segundo lei análoga à da atração universal. A propósito dos átomos escreveu:

> "Parece-me provável que o Criador, em princípio, constituiu a matéria de partículas móveis, impenetráveis, duras, compactas e sólidas; tão duras que nunca se gastam ou quebram, sendo impossível dividir com forças comuns aquilo que o próprio Deus fez indivisível."

Hooke, por sua vez, chegou a esboçar uma teoria segundo a qual as propriedades da matéria, particularmente dos gases, deveriam ser interpretadas em termos de movimentos e colisões entre átomos.

46 QUÍMICA GERAL

Em que pesem idéias tão avançadas defendidas por uns, não faltaram os que, na época, sustentavam pontos de vista opostos. Por exemplo, Leibniz (1646-1716), célebre matemático, metafísico e teólogo alemão, negava a hipótese atômica. Para ele os átomos não teriam existência real, seriam divisíveis indefinidamente e os últimos constituintes das coisas seriam os pontos, não matemáticos, mas metafísicos, de existência real. A respeito da estrutura da matéria, criou sua própria teoria: a das mônadas...

4.2 Teoria Atômica de Dalton

O século XIX com o aparecimento dos trabalhos de John Dalton assistiu ao triunfo definitivo dos atomistas sobre os partidários do "contínuo". Deve-se a Dalton a introdução na ciência da noção precisa de *átomos*, sua aplicação na interpretação das leis fundamentais da estequiometria e na explicação de todos os fenômenos químicos e físicos conhecidos na época. A extraordinária repercussão alcançada pelas idéias de Dalton no desenvolvimento posterior da Química fez com que ele passasse para a história como o verdadeiro criador da teoria atômica clássica.

A teoria atômica de Dalton apareceu publicada pela primeira vez numa obra de Thomas Thomson intitulada *New System of Chemical Philosophy* (1808). Entre os historiadores existe alguma divergência quanto às circunstâncias que o teriam levado a sua formulação.

Pelo que registram alguns, Dalton, em conferência proferida em 1803 perante a Sociedade Literária e Filosófica de Manchester, teria abordado pela primeira vez sua teoria atômica ao explicar a absorção dos gases pela água e outros líquidos, e sugerido que a solubilidade de um gás num líquido deve depender da massa e do número de átomos desse gás postos em contato com o líquido. Nessa ocasião Dalton teria também apresentado uma tabela de números proporcionais às massas dos átomos, sem esclarecer a maneira pela qual os teria determinado.

Para outros, em palestra proferida na Royal Institution (1810), Dalton teria atribuído a origem da teoria atômica a uma tentativa de explicar o comportamento dos gases, particularmente a sua própria lei das pressões parciais, enquanto, para outros ainda, a teoria de Dalton teria surgido para explicar a lei dos equivalentes de Richter ou como resultado de suas observações sobre as proporções múltiplas ilustradas pela composição do metano e do etileno e dos vários óxidos de nitrogênio.

Em suas premissas, a teoria atômica de Dalton é extremamente simples. Basicamente, admite que:

a) toda e qualquer porção de matéria é constituída por pequeníssimos corpúsculos indivisíveis e indestrutíveis — os átomos — que mantêm sua individualidade em todas as transformações químicas;

b) os átomos de um mesmo elemento químico são idênticos entre si e têm, em particular, a mesma massa; quando unidos constituem os átomos de uma substância simples;

c) os átomos de elementos distintos diferem uns dos outros, pela sua massa e demais propriedades, tais como a forma e as dimensões; unidos, constituem os átomos de substâncias compostas;

d) a união de átomos de elementos diferentes, para a formação de átomos compostos, se dá em relações numéricas simples (1:1, 1:2, 1:3, 2:3, etc.).

Percebe-se do exposto que, na teoria original de Dalton, o termo *átomo* era empregado para designar a menor porção concebível de uma substância, independentemente de ela ser simples ou composta. Esse fato gerou algumas confusões e dificuldades de interpretação das leis volumétricas de Gay-Lussac e levou, posteriormente, à introdução da noção de *molécula*, para conciliar a teoria atômica com o enunciado dessas leis (v. item 4.3). A respeito dos átomos compostos, Dalton admitiu que:

I - Se dois elementos dados A e B originam um único composto, o átomo desse composto seja binário, isto é, constituído por apenas um átomo de A e um átomo de B, a menos que algum outro fato sugira o contrário.

II - Quando os mesmos elementos A e B produzem dois compostos diferentes, então um deles é binário e o outro é ternário, isto é, formado por um átomo de A e dois de B, ou dois átomos de A e um de B.

III - Se dois elementos A e B produzem três compostos diferentes, então um deles é binário e os outros dois ternários (A + B, A + 2B, 2A + B).

Segundo esse modo de pensar, o átomo de água seria formado por um átomo de hidrogênio e um de oxigênio, e o de amônia seria constituído por um átomo de hidrogênio e outro de nitrogênio. Dentro da sua concepção atomística, Dalton representava esquematicamente os átomos por pequenos círculos, aos quais associava diversos sinais para distingui-los uns dos outros.

Com essa simbologia representava também a constituição dos átomos compostos, figurando os átomos simples, que os formam, uns junto aos outros. No quadro da Fig. 4.1 mostra-se a maneira pela qual Dalton esquematizava a composição de algumas substâncias compostas. Essa composição nem sempre concorda com a admitida atualmente.

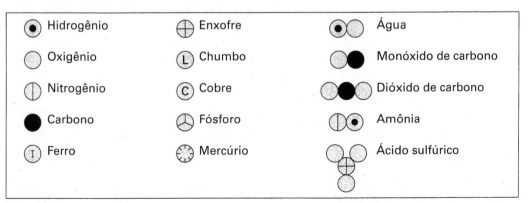

Figura 4.1

48 QUÍMICA GERAL

Observações

1. A teoria atômica de Dalton, tal como foi apresentada, permite uma justificação imediata das leis gravimétricas examinadas no capítulo anterior; tal justificação é deixada, como adestramento no uso dessa teoria, a cargo do leitor.

2. As concepções modernas sobre a estrutura nuclear do átomo divergem da teoria de Dalton em duas de suas suposições básicas: os átomos não são indivisíveis e, tampouco, todos os átomos de um mesmo elemento são idênticos. Sucede, entretanto, que essa divergência não destrói basicamente a teoria de Dalton, uma vez que:

   a) nas reações químicas comuns o núcleo atômico não experimenta alteração em sua constituição e a estrutura do átomo mantém, praticamente, sua integridade: nessas reações, apenas alguns poucos elétrons são, eventualmente, cedidos ou recebidos pelo átomo, de maneira a não alterar sensivelmente a sua massa;

   b) a existência de isótopos, átomos de um mesmo elemento com massas diferentes, também não é objeção séria à aceitação da teoria de Dalton. A técnica utilizada pela Química não permite operar com átomos isolados, e em qualquer reação química, por menores que sejam as quantidades de reagentes utilizados, participa simultaneamente um número muito grande de átomos. Uma vez que os isótopos de um mesmo elemento aparecem, na natureza, misturados sempre nas mesmas proporções[*], tudo se passa como se os átomos do mesmo elemento tivessem massa igual à média das massas dos vários isótopos.

4.3 Hipótese de Avogadro — Teoria Atômico-Molecular Clássica

Embora a teoria atômica de Dalton tivesse conseguido justificar as leis gravimétricas, bem como uma série de fatos experimentais conhecidos na época do seu aparecimento, dificuldades surgiram quando se procurou com essa doutrina explicar as leis volumétricas de Gay-Lussac.

Berzelius[**], um dos maiores químicos do século XIX e grande adepto da teoria de Dalton, para justificar a primeira lei de Gay-Lussac, admitia que "volumes iguais de gases quaisquer, medidos à mesma temperatura e sob a mesma pressão, encerram o mesmo número de átomos".

Segundo esse modo de pensar, a relação entre os volumes de dois gases simples que se combinam entre si deve ser a mesma que a existente entre os números de átomos que se unem entre si. Assim, uma vez que o hidrogênio e o oxigênio, para

---

[*] Existem algumas exceções devidas aos processos radioativos.
[**] Jöns Jacob Berzelius (1779-1848).

formar água, reagem entre si na proporção $\frac{V_H}{V_O} = \frac{2}{1}$ em volume, isso significaria que cada dois átomos de hidrogênio se unem a um átomo de oxigênio para formar um átomo composto de água:

⊙ + ⊙ + ○ ⟶ ⊙○⊙

Do mesmo modo, uma vez que o nitrogênio e o oxigênio reagem entre si na proporção volumétrica $\frac{V_O}{V_N} = \frac{1}{1}$, então cada átomo de oxigênio deveria se unir a um átomo de nitrogênio para produzir um átomo composto de óxido nítrico:

○ + ⊘ ⟶ ○⊘

Examine-se, entretanto, com mais vagar este último exemplo à luz da hipótese de Berzelius. É sabido que um volume V de oxigênio por combinação com um volume V de nitrogênio origina um volume $2V$ de óxido nítrico. Se n é o número de átomos contidos no volume V de oxigênio, n será também o número de átomos existentes no volume V de nitrogênio e $2n$ o de átomos (compostos) de óxido nítrico contidos no volume $2V$ desse gás. Como, pela teoria de Dalton, em cada átomo de óxido nítrico devem existir pelo menos um átomo de oxigênio e um de nitrogênio, então os $2n$ átomos de óxido nítrico formados deverão conter, no mínimo, $2n$ átomos de oxigênio e $2n$ átomos de nitrogênio (v. Fig. 4.2). Essa conclusão contradiz as idéias de Dalton porque, se verdadeira, ter-se-iam criado n átomos de hidrogênio e n átomos de nitrogênio, no mínimo.

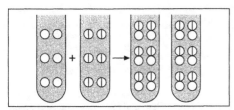

Figura 4.2

Para evitar essa contradição, Dalton, em vez de procurar o erro na suposição de Berzelius, negava simplesmente as leis de Gay-Lussac...

A interpretação correta dos fatos deve-se a Avogadro (1811), que introduziu na Química o conceito de *molécula*, salientando a distinção que deveria ser estabelecida entre esse corpúsculo e o próprio átomo. As idéias de Avogadro, embora formuladas quando ainda vivas eram as polêmicas entre partidários e adversários da teoria atômica, permaneceram esquecidas durante quase meio século e só foram retomadas em 1860 por um seu discípulo, chamado Cannizzaro, que as esclareceu e desenvolveu de modo a encerrar um longo período de confusão nas teorias químicas.

As idéias de Cannizzaro—Avogadro foram consagradas pelo Congresso Internacional de Química realizado em Karlsruhe, em 1860. Segundo definições adotadas por esse congresso[*]:

---

[*] No estágio atual de conhecimentos sobre a estrutura da matéria, essas definições devem ser aceitas com algumas restrições. Os conceitos modernos de átomo e molécula são abordados em vários outros parágrafos desta publicação.

50 QUÍMICA GERAL

a) a molécula é a menor porção de uma substância que tem existência independente e que não pode ser fracionada sem perder as propriedades químicas
essenciais dessa substância;

b) o átomo é a menor partícula de um elemento químico que participa da molécula
de uma substância simples ou composta.

Resulta daí que a noção de átomo só tem sentido para os elementos químicos.
As moléculas são formadas por um ou mais átomos; se a substância é simples, suas
moléculas são formadas por um ou mais átomos de um mesmo elemento, e se é
composta, por dois ou mais átomos de elementos diferentes. As propriedades de
uma substância dependem da constituição de suas moléculas.

O desenvolvimento da noção de molécula foi de grande importância para a
ciência e conduziu ao estabelecimento da chamada teoria atômico-molecular
clássica como síntese das idéias de Dalton e Avogadro:

1. Todas as substâncias são constituídas por moléculas e estas por átomos.

2. Existem tantas variedades de átomos quantas de elementos.

3. Os átomos de um mesmo elemento têm as mesmas características, inclusive a
mesma massa.

4. As moléculas de uma mesma substância são todas iguais entre si e distintas
das de outra substância; as moléculas de uma mesma substância têm sempre a
mesma composição qualitativa e quantitativa.

5. As moléculas das substâncias simples são formadas por átomos de um mesmo
elemento. Em particular, uma substância simples pode ter a molécula monoatômica e, desde que isso ocorra, sua molécula confundir-se-á com o átomo do
elemento que a forma.

6. As moléculas das substâncias compostas são formadas por átomos de pelo
menos dois elementos distintos.

7. Em volumes iguais de quaisquer gases, desde que medidos sob a mesma pressão
e à mesma temperatura, existe o mesmo número de moléculas.

Esta última proposição, cuja aceitação contribuiu poderosamente para o desenvolvimento da Físico-Química, tornou-se conhecida como hipótese de Avogadro.

4.4 A Hipótese de Avogadro e as Leis de Gay-Lussac

Com a suposição de que "em volumes iguais de quaisquer gases, medidos à
mesma temperatura e sob a mesma pressão, existe o mesmo número de moléculas",
resulta possível a interpretação correta do que sucede nas reações entre certas
substâncias gasosas. Os exemplos seguintes ilustram a questão.

a) A experiência mostra que cloro e hidrogênio gasosos reagem entre si na
proporção volumétrica de 1:1 e produzem um volume de gás clorídrico igual à
soma dos volumes dos gases reagentes. Isto é, um volume qualquer V de

hidrogênio reage com um volume igual V de cloro, originando um volume $2V$ de gás clorídrico (todos esses volumes se supõem medidos nas mesmas condições).

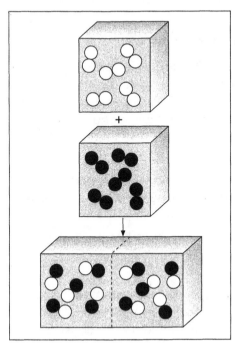

Figura 4.3

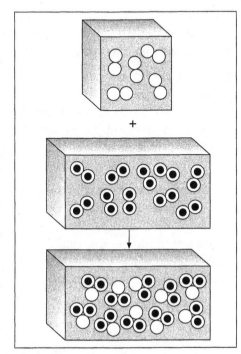

Figura 4.4

Seja n o número de moléculas contidas no volume V. Como, pela hipótese de Avogadro, esse número é independente da natureza do gás, segue-se que n moléculas de hidrogênio combinam-se com n moléculas de cloro e originam $2n$ moléculas de gás clorídrico. Ora, cada uma destas $2n$ moléculas de gás clorídrico deve conter, no mínimo, um átomo de cloro e um átomo de hidrogênio; portanto no volume $2V$ de gás clorídrico devem existir, no mínimo, $2n$ átomos de hidrogênio e $2n$ átomos de cloro. Assim sendo, cada uma das n moléculas de hidrogênio deve conter no mínimo $2n$ átomos desse elemento e, analogamente, cada uma das n moléculas de cloro deve encerrar $2n$ átomos de cloro. Isto significa, em resumo, que cada molécula de hidrogênio e cloro deve encerrar no mínimo 2 átomos. Quando cloro e hidrogênio reagem entre si, suas moléculas cindem-se em seus átomos, e cada átomo de hidrogênio se une a um átomo de cloro para produzir uma molécula de gás clorídrico (v. Fig. 4.3).

b) Assumindo, como o sugere o exemplo anterior, que a molécula de hidrogênio seja biatômica, isto é, constituída por dois átomos, torna-se imediatamente possível discutir a composição da molécula de oxigênio. De fato, é sabido que um volume qualquer V de oxigênio combina-se com um volume $2V$ de hidrogênio, para originar um volume $2V$ de vapor de água. Se n é o número de moléculas existentes no volume V, então n moléculas de oxigênio combinam-se com $2n$ moléculas de hidrogênio, originando $2n$ moléculas de água. Assim, cada molécula de oxigênio deve partir-se em dois, para que uma metade se una com uma molécula de hidrogênio e a outra metade com a segunda molécula de hidrogênio (v. Fig 4.4). Portanto, também a molécula de oxigênio deve ser, no mínimo, biatômica.

52 QUÍMICA GERAL

c) No caso da formação do óxido nítrico, discutida no item 4.3, basta admitir que cada uma das moléculas de oxigênio e de nitrogênio seja biatômica para que as leis de Gay-Lussac sejam justificadas.

4.5 O Conceito de Molécula — Substâncias Iônicas

A noção de molécula apresentada no item 4.3 é a que foi introduzida pela teoria atômico-molecular clássica e consagrada no Congresso de Karlsruhe há mais de um século. Investigações sobre a estrutura das substâncias, realizadas principalmente a partir de 1912 com auxílio dos raios X, vieram mostrar que a molécula, entendida como a menor porção de uma substância de existência individual, livre, nem sempre existe.

No estado gasoso, as moléculas existem como indivíduos independentes uns dos outros e com massa bem determinada. Nesse estado, embora em sua maioria sejam poliatômicas, as moléculas de algumas substâncias simples confundem-se com os próprios átomos, isto é, são monoatômicas; é o que sucede com os gases nobres (hélio, neônio, argônio, criptônio, xenônio e radônio) e os vapores metálicos (zinco, mercúrio, magnésio, etc.).

Muitas substâncias, quando no estado líquido, apresentam-se também no estado molecular. É o caso da água, do bromo, do tetracloreto de estanho, dos hidrocarbonetos, dos álcoois, etc. Algumas dessas substâncias tendem até a constituir associações moleculares, isto é, tendem a originar polímeros.

Já no estado sólido (no sentido usual do termo) a molécula, como indivíduo estrutural, existe apenas em alguns casos. Da constituição de numerosas substâncias sólidas não participam propriamente as moléculas, mas, sim, os íons.

Os íons, como as moléculas, são corpúsculos constituídos por um átomo ou por um grupo de átomos, mas, ao contrário das moléculas, que são eletricamente neutras, os íons são dotados de carga elétrica positiva (cátions) ou negativa (ânions). A carga de um cátion é sempre igual à de um próton ou a um múltiplo inteiro da mesma; analogamente, a carga de um ânion ou coincide com a de um elétron ou é um múltiplo inteiro dessa carga.

As substâncias de cuja estrutura participam os íons chamam-se *iônicas*. São exemplos de substâncias iônicas os cristais salinos (brometo de potássio, cloreto de sódio, fluoreto de cálcio) e outros (óxido de bário, óxido de alumínio) constituídos por um aglomerado de íons distribuídos no espaço de um modo geometricamente regular. Como se verá em diferentes itens desta publicação, as substâncias iônicas têm um comportamento bastante diferente do das substâncias moleculares.

CAPÍTULO 5

Massas Atômicas
e Massas Moleculares

5.1 As Massas Atômicas

Segundo Dalton, os átomos de um mesmo elemento teriam todos a mesma massa, característica desse elemento. Isso posto, compreende-se que com o aparecimento da teoria atômica tenha surgido o problema da determinação das massas dos átomos. Constatada a impossibilidade dessa determinação, na época em que o problema surgiu (princípios do século XIX), procuraram os químicos de então determinar, pelo menos, as massas relativas dos átomos; para tal procuravam estabelecer um conjunto de números adimensionais proporcionais às massas dos átomos dos elementos então conhecidos. O modo pelo qual o problema foi inicialmente abordado, as dificuldades encontradas na sua solução, a maneira pela qual essa solução foi encaminhada e o tratamento a ele dado atualmente serão examinados no correr deste capítulo, neste item e nos seguintes.

Sejam ε_i e ε_j dois elementos genéricos e α_i e α_j as massas, respectivamente, de um átomo de ε_i e ε_j. Sejam ainda A_i e A_j dois números quaisquer, mas tais que

$$\frac{A_i}{A_j} = \frac{\alpha_i}{\alpha_j}.$$

(5.1)

Esses números A_i e A_j proporcionais às massas dos átomos de ε_i e ε_j chamam-se, por definição, *massas atômicas* dos elementos considerados.

As massas atômicas dos elementos devem ser entendidas, portanto, como um conjunto de números proporcionais às massas dos átomos desses elementos.

54 Química Geral

A definição dada enseja algumas conclusões imediatas, bem como algumas observações importantes.

a) Da expressão (5.1) resulta

$$A_i = \frac{\alpha_i}{\alpha_j} A_j, \tag{5.2}$$

isto é: a massa atômica A_i de um elemento ε_i é o produto da razão $\dfrac{\alpha_i}{\alpha_j}$ entre a massa de um átomo desse elemento ε_i e a massa de um átomo de outro elemento ε_j, pela masssa atômica A_j desse outro elemento ε_j.

b) Uma vez fixada a massa atômica A_j de um elemento ε_j tomado como padrão e desde que seja possível determinar a razão $\dfrac{\alpha_i}{\alpha_j}$, resultará, pela (5.2), determinada a massa atômica A_i de qualquer outro elemento ε_i. Se, por exemplo, se escolhesse como elemento-padrão o fósforo ($\varepsilon_j \equiv P$) e se adotasse arbitrariamente $A_j = A_P = 100$, resultaria

$$A_i = \frac{\alpha_i}{\alpha_P} \times 100,$$

isto é, a massa atômica de um elemento qualquer seria 100 vezes a razão entre a massa de um átomo desse elemento e a de um átomo de fósforo. Em outros termos,

$$A_i = \frac{\alpha_i}{\dfrac{\alpha_P}{100}},$$

a massa atômica de um elemento exprimiria a razão existente entre a massa de um átomo desse elemento e 1 centésimo da massa de um átomo de fósforo.

c) Desde que a escolha do elemento-padrão ε_j é em princípio inteiramente arbitrária, como arbitrário também é o número A_j adotado como sua massa atômica, segue-se que a um mesmo elemento ε_i podem ser associadas inúmeras massas atômicas, cada uma delas definida em função de uma massa atômica padrão de um elemento também padrão.

Escolher um dado elemento (ε_j) como padrão e associar a ele uma massa atômica convencional (A_j) significa estabelecer uma *escala de massas atômicas*.

d) Durante grande parte do século XIX a escala de massas atômicas utilizada adotava como elemento-padrão o hidrogênio ($\varepsilon_j \equiv H$), cuja massa atômica era tomada como unitária ($A_j = A_H = 1$). Resultava, então, que, pela (5.2), para um elemento qualquer ε_i

$$A_i = \frac{\alpha_i}{\alpha_H} \tag{5.3}$$

MASSAS ATÔMICAS E MASSAS MOLECULARES **55**

e que a massa atômica de um elemento era entendida como a razão entre a massa de um átomo desse elemento e a massa de um átomo de hidrogênio. Afirmar, por exemplo, que a massa atômica do cloro nessa escala é 35,17 significa, então, que a massa de um átomo de cloro é 35,17 vezes a de um átomo de hidrogênio.

e) Em princípio do século XX, por motivos ligados à própria técnica de determinação das massas atômicas e à precisão dos resultados com que eram desejadas, a escala do hidrogênio foi substituída pela *escala do oxigênio*. Esta última adotava com elemento-padrão o oxigênio ($\varepsilon_j \equiv O$), cuja massa atômica era tomada convencionalmente como $16(A_j = A_O = 16)$. Desse modo, resultava para um elemento ε_i qualquer

$$A_i = \frac{\alpha_i}{\alpha_O} \times 16 \quad \text{ou} \quad A_i = \frac{\alpha_i}{\dfrac{\alpha_O}{16}}, \tag{5.4}$$

isto é, a massa atômica de um elemento passou a ser entendida como a razão entre a massa de um átomo desse elemento e 1 dezesseis avos da massa de um átomo de oxigênio; dizer que, nessa escala, a massa atômica do cloro é 35,457 significava afirmar que a massa de um átomo de cloro é 35,457 vezes a de 1 dezesseis avos da de um átomo de oxigênio.

f) Em tudo que acima foi dito a respeito das massas atômicas, foi suposto que a razão $\dfrac{\alpha_i}{\alpha_j}$ depende exclusivamente do par de elementos ε_i e ε_j considerados; em outras palavras, foi admitido que todos os átomos de um mesmo elemento têm a mesma massa. Essa suposição, que constituiu um dos princípios básicos da teoria atômico-molecular clássica, mostra-se entretanto discordante da realidade. A utilização a partir de 1913 do *espectrógrafo de massa* (v. item 9.10), que permite a determinação das massas dos átomos com precisão de $1:10^4$, veio mostrar que os átomos de um mesmo elemento não têm individualmente a mesma massa. Um dado elemento pode apresentar vários *isótopos*, isto é, variedades de átomos que encerram, em seus núcleos, diferentes números de nêutrons e que têm, por isso, diferentes massas (v. item 12.3).

Todos os átomos de oxigênio encerram 8 prótons; mas ao lado desses corpúsculos podem existir 8, 9 ou 10 nêutrons. Esse fato é responsável pela existência de três isótopos do oxigênio representados pelos símbolos $^{16}_{8}O$, $^{17}_{8}O$ e $^{18}_{8}O$, os números 16, 17 e 18 representando as somas $8 + 8$, $8 + 9$ e $8 + 10$ dos números de prótons e nêutrons existentes nos seus átomos.

Com a descoberta de que os átomos de oxigênio podem ter, individualmente, três massas diferentes, a escala de oxigênio exigiu uma revisão. Esta última levou ao estabelecimento, na verdade, de duas escalas de massas atômicas, antes apenas referidas ao *oxigênio*: a *escala física*, organizada com dados obtidos por meio do espectrógrafo de massa, e a *escala química*, com dados fornecidos por processos químicos.

56 Química Geral

Os físicos passaram a adotar como padrão de massa atômica o núcleo 16,000 0 para o isótopo mais abundante do oxigênio, isto é, $^{16}_{8}O$; nessas condições resultava para um elemento qualquer

$$A_i = \frac{\alpha_i}{\alpha_{^{16}_{8}O}} \times 16,000\ 0. \tag{5.5}$$

Os químicos passaram a adotar como 16,000 0 a massa atômica da mistura natural dos isótopos $^{16}_{8}O$, $^{17}_{8}O$ e $^{18}_{8}O$ do oxigênio, resultando então

$$A_i' = \frac{\alpha_i}{\alpha_O} \times 16,000\ 0. \tag{5.6}$$

O oxigênio comum, mistura natural dos três isótopos de oxigênio, encerra 99,759% de $^{16}_{8}O$, 0,037% de $^{17}_{8}O$ e 0,204% de $^{18}_{8}O$. Logo α_O, que representa a *massa média* de um átomo de oxigênio, é diferente de $\alpha_{^{16}_{8}O}$, porque

$$\alpha_O = 0,997\ 59\ \alpha_{^{16}O} + 0,000\ 37\ \alpha_{^{17}O} + 0,002\ 04\ \alpha_{^{18}O}.$$

Note-se que também α_i, que nas expressões (5.5) e (5.6) representa a massa de um átomo do elemento ε_i, deve, na verdade, ser entendida como designando a massa média de um átomo do elemento ε_i e definida para a mistura natural de isótopos desse mesmo elemento.

Efetuando o quociente de (5.5) por (5.6), membro a membro, obtém-se

$$\frac{A_i}{A_i'} = \frac{\alpha_O}{\alpha_{^{16}_{8}O}},$$

e, de dados fornecidos pela experiência, sabe-se que

$$\frac{\alpha_O}{\alpha_{^{16}_{8}O}} = 1,000\ 275,$$

logo $$\frac{A_i}{A_i'} = 1,000\ 275 \quad \text{ou} \quad A_i = 1,000\ 275\ A_i', \tag{5.7}$$

isto é: a conversão para a *escala física*, de uma massa atômica dada na *escala química*, é conseguida multiplicando esta última por 1,000 275.

Dessa maneira, a massa atômica da mistura natural de isótopos do oxigênio na escala física é

$$A_O = 16,000\ 0 \times 1,000\ 275 = 16,004\ 4,$$

enquanto a do isótopo $^{16}_{8}O$ na escala química resulta

$$A_O' = \frac{16,000\ 0}{1,000\ 275} = 15,995\ 6.$$

5.2 A Escala Unificada de Massas Atômicas

Embora as massas atômicas de um elemento nas escalas física e química não sejam muito diferentes uma da outra (v. Tab. 5.1), a utilização de duas escalas diferentes, ambas referidas ao mesmo elemento, foi causa de um sem-número de confusões. Em conseqüência, foram ambas recentemente abandonadas.

A partir de 1961, por uma resolução da União Internacional de Química Pura e Aplicada, uma nova escala de massas atômicas foi adotada internacionalmente. Essa escala, chamada *escala unificada de massas atômicas*, adota convencionalmente como massa atômica padrão o número 12,000 000 para o carbono $^{12}_{6}C$ (variedade isotópica do carbono, que encerra, no núcleo, 6 prótons e 6 nêutrons). Com essa convenção a massa atômica de um elemento ε_i passou a ser entendida como o número

$$A_i = \frac{\alpha_i}{\alpha_{^{12}_{6}C}} \times 12,000\ 000$$

ou

$$A_i = \frac{\alpha_i}{\dfrac{\alpha_{^{12}_{6}C}}{12}}, \tag{5.8}$$

ou seja, o número que exprime a razão existente entre a massa média de um átomo desse elemento e 1 doze avos da massa de um átomo de carbono.

O número A_i, assim definido, pode ter o seu significado expresso de outra maneira. De fato, fazendo na expressão (5.8)

$$\frac{\alpha_{^{12}_{6}C}}{12} = 1 \text{ unidade de massa},$$

resulta

$$A_i = \alpha_i \text{ (numericamente)},$$

isto é: a massa atômica de um elemento é o número que exprime a massa média de um átomo desse elemento, quando se adota como unidade de massa 1 doze avos da massa do átomo de carbono $^{12}_{6}C$.

Essa unidade de massa é chamada *unidade unificada de massa atômica* e deve ser representada pelo símbolo u. A equivalência entre essa unidade[*] e o grama é dada pela igualdade

$$u = 1,660\ 57 \times 10^{-24} \text{ g}.$$

---

[*] O nome e o símbolo dessa unidade foram oficializados, no Brasil, pelo Decreto Federal nº 52.423 de 31 de agosto de 1963.

58 QUÍMICA GERAL

TABELA 5.1

	Escala antiga	Escala química	Escala física	Escala unificada
H	1,000 0	1,008 0	1,008 3	1,007 97
^{12}C	11,91	12,000 52	12,003 82	12,000 00
C	11,92	12,011 6	12,014 97	12,011 15
^{16}O	15,86	15,995 6	16,000 0	15,994 01
O	15,87	16,000 0	16,004 4	15,999 4

Em resumo:

a) A massa atômica de um elemento é o número que exprime a massa média de um átomo desse elemento, quando se adota como unidade de massa a unidade unificada de massa atômica.

b) Dizer, por exemplo, que a massa atômica do cobre é 63,54 ou que a do cloro é 35,453 significa afirmar que a massa média de um átomo de cobre é

$$\alpha_{Cu} = 63,54 \quad u = 63,54 \times 1,660\ 57 \times 10^{-24}\ g,$$

enquanto a massa média de um átomo de cloro é

$$\alpha_{Cl} = 35,453 \quad u = 35,453 \times 1,660\ 57 \times 10^{-24}\ g.$$

Para um elemento qualquer ε_i, tem-se

$$\alpha_i = A_i u.$$

c) Em conseqüência da adoção dessa nova escala, as massas atômicas referidas ao oxigênio resultaram muito pouco alteradas (v. Tab. 5.1). Mas em alguns casos as alterações são suficientemente importantes para justificar a própria mudança de escala.

Observação

Chama-se *átomo-grama* de um elemento a massa desse elemento que, expressa em grama, é numericamente igual à sua massa atômica. De um modo genérico, se A_i é a massa atômica de um elemento e A_i^* é o seu átomo-grama, tem-se

$$A_i^* = A_i\ g.$$

5.3 O Problema da Determinação das Massas Atômicas

Atualmente o problema da determinação da massa atômica de um elemento praticamente não existe e as pesquisa relativas às massas atômicas se resumem, na verdade, em precisar seus valores. Cabe à Comissão de Massas Atômicas da União Internacional de Química Pura e Aplicada coordenar os trabalhos relativos às massas atômicas, verificando se as novas técnicas introduzidas em sua determinação podem levar a resultados mais precisos que os obtidos anteriormente. Periodicamente essa comissão faz publicar uma tabela de massas atômicas internacionais.

Embora as massa atômicas já sejam, então, com maior ou menor precisão, bem conhecidas, é interessante examinar a maneira pela qual os químicos do século XIX procuravam determiná-las e as dificuldades com que deparavam na consecução de seu objetivo.

O problema da determinação das massas atômicas, por métodos químicos, está intimamente ligado ao do estabelecimento da composição das moléculas; a solução de um deles implica a do outro. À procura dessa solução se dedicaram quase todos os químicos do século XIX e a resultados seguros só se chegou em 1860 com os trabalhos de Cannizzaro.

De acordo com o visto no item 5.1, a determinação da massa atômica de um elemento consiste, fundamentalmente, na determinação da razão $\dfrac{\alpha_i}{\alpha_j}$ entre a massa de um átomo desse elemento e a de um outro padrão. A título de exemplo, imaginemos que se queira determinar a massa atômica do oxigênio na escala em que a do hidrogênio é 1. Considerando duas massas m_O e m_H, de oxigênio e hidrogênio, e designando por n_O e n_H os números de átomos contidos nessas massas, temos, evidentemente,

$$m_O = n_O \alpha_O,$$
$$m_H = n_H \alpha_H,$$

isto é:

$$\frac{m_O}{m_H} = \frac{n_O}{n_H} \frac{\alpha_O}{\alpha_H} \quad \text{ou} \quad \frac{\alpha_O}{\alpha_H} = \frac{m_O}{m_H} \frac{n_H}{n_O},$$

e, assim sendo, a razão $\dfrac{\alpha_O}{\alpha_H}$ resultaria determinada, desde que conhecida fosse a razão entre os números de átomos de hidrogênio e de oxigênio contidos nas massas m_H e m_O. Com isso poderia ser determinado o quociente $\dfrac{n_H}{n_O}$.

A experiência mostra que o oxigênio e hidrogênio reagem entre si, para formar água, na proporção gravimétrica de 8:1, aproximadamente, isto é, 8 g de oxigênio reagem com 1 g de hidrogênio. Pela teoria atômico-molecular, no transcurso dessa reação, os átomos de hidrogênio existentes em 1 g devem se unir aos de oxigênio contidos em 8 g para produzir as moléculas de água. Se, porventura, uma molécula

60 QUÍMICA GERAL

de água fosse constituída por apenas um átomo de hidrogênio e um de oxigênio, então em 1 g de hidrogênio existiria o mesmo número de átomos que em 8 g de oxigênio $(n_H = n_O)$ e, nesse caso, seria $\dfrac{\alpha_O}{\alpha_H} = 8$, isto é, a massa atômica do oxigênio seria igual a 8.

Mas, se uma molécula de água encerrasse 1 átomo de oxigênio e 2 a hidrogênio, então em 1 g de hidrogênio existiria um número de átomos igual ao dobro do existente em 8 g de oxigênio $(n_H = 2n_O)$, e a massa atômica do oxigênio seria então igual a 16. Generalizando, se uma molécula de água contivesse 1 átomo de oxigênio e n átomos de hidrogênio $(n_H = nn_O)$, a massa atômica do oxigênio seria 8 n.

Resumindo: na hipótese de que, toda vez que um elemento formasse um composto com o hidrogênio, 1 átomo desse elemento se unisse a n átomos de hidrogênio, a massa atômica desse elemento seria n vezes a massa equivalente da substância simples correspondente. De fato, representando por E_H e E_i as massas equivalentes do hidrogênio e da substância elementar-problema, e por n_H e n_i os números de átomos contidos nessas massas, então

$$E_H = n_H \alpha_H,$$
$$E_i = n_i \alpha_i$$

e

$$\frac{E_H}{E_i} = \frac{n_H}{n_i} \frac{\alpha_H}{\alpha_i}.$$

Mas, pela hipótese feita, $\dfrac{n_H}{n_i} = n$ e, pela definição de massas atômicas,

$$\frac{\alpha_H}{\alpha_i} = \frac{A_H}{A_i},$$

portanto

$$\frac{E_H}{E_i} = n\frac{A_H}{A_i} \quad \text{ou} \quad A_i = n\frac{E_i}{E_H}A_H$$

e, finalmente, por ser $E_H = A_H = 1$, segue-se

$$A_i = nE_i. \tag{5.9}$$

Na impossibilidade de se conhecer, *a priori*, o número n, vários princípios foram propostos para determiná-lo para, assim, encontrar as massas atômicas. Desses princípios, alguns foram justificados *a posteriori*, mostrando-se válidos pelo menos em certos casos (regra de Dulong e Petit, por exemplo), enquanto outros, ao contrário, revelaram-se destituídos de fundamento. O próprio Dalton, para resolver o problema, adotou um princípio bastante usado na investigação científica: inexistindo qualquer informação em contrário, admitir a hipótese mais simples para, posteriormente, testar as suas conseqüências. No caso presente, essa hipótese simplificadora consistia em admitir que, se dois elementos formam, um com o outro,

MASSAS ATÔMICAS E MASSAS MOLECULARES **61**

um único composto, a molécula desse composto devia conter um único átomo de cada elemento. Também Wollaston sugeriu que se supusesse sempre $n = 1$, isto é, que se identificasse a massa atômica de um elemento com a massa equivalente da substância simples por ele constituída. Essa suposição levava, muitas vezes, a sérias dúvidas: no caso de uma mesma substância simples apresentar várias massas equivalentes, qual delas deveria ser a massa atômica do elemento correspondente?

Em resumo, a determinação das massas atômicas constituiu um dos mais intrincados problemas e, graças à grande arbitrariedade dos princípios propostos para sua solução, surgiram no século XIX várias tabelas atribuindo diferentes massas atômicas ao mesmo elemento. A solução definitiva da questão surgiu com os trabalhos de Cannizzaro, que mostrou ser possível determinar as massas atômicas a partir das massas moleculares. Em vista disso, o exame do problema da determinação das massas atômicas será neste ponto interrompido, passando-se a tratar, a seguir, das massas moleculares. A discussão sobre a determinação das massas atômicas será retomada no item 5.7.

5.4 As Massas Moleculares

Segundo a teoria atômico-molecular clássica uma molécula deve ser concebida como um agregado de átomos do mesmo elemento, ou não, conforme se trate de uma substância simples ou composta, e sua massa deve ser igual à soma das dos átomos que a constituem. Assim sendo, pode-se associar às moléculas das várias substâncias números proporcionais às suas massas; esses números, cuja conceituação lembra a das massas atômicas, chamam-se *massas moleculares*. Consideradas duas substâncias quaisquer S_i e S_j e designando por μ_i e μ_j as massas de cada uma de suas moléculas, respectivamente, as massas moleculares M_i e M_j dessas substâncias devem, então, satisfazer a condição

$$\frac{M_i}{M_j} = \frac{\mu_i}{\mu_j}$$

ou
$$M_i = \frac{\mu_i}{\mu_j} M_j. \qquad (5.10)$$

Portanto, para definir a massa molecular M_i de uma substância qualquer S_i, basta fixar convencionalmente a massa molecular M_j de uma outra S_j tomada como padrão. Sendo a escolha da substância-padrão inteiramente arbitrária, compreende-se o interesse em fazê-la de modo tal que a escala das massas moleculares seja a mesma que a das massas atômicas. Ora, a aplicação das leis volumétricas de Gay-Lussac à reação entre o hidrogênio e o oxigênio para a formação de água permite concluir (v. item 4.4) que tanto a molécula de hidrogênio quanto a de oxigênio são, mui provavelmente, biatômicas. Assim, para fazer coincidir a escala das massas moleculares com a das atômicas, basta eleger como substância-padrão o oxigênio e adotar como sua massa molecular o número 32 (ou $2 \times 15,999\ 4 = 31,998\ 8$ na

62　QUÍMICA GERAL

escala atual do carbono $^{12}_{6}C$). Com essa escolha resulta, pela (5.10), para uma substância S_i qualquer,

$$M_i = \frac{\mu_i}{\mu_O} 32, \tag{5.11}$$

ou seja: a massa molecular de uma substância é o número que exprime a razão entre a massa de uma molécula dessa substância e 1 trinta e dois avos da massa de um molécula de oxigênio.

5.4.1

Em virtude da existência dos isótopos, as massas das moléculas de uma mesma substância não são sempre as mesmas. Por isso, as massas das moléculas mencionadas como constante para uma mesma substância devem ser entendidas como as *massas médias*.

5.4.2

Uma vez estabelecida a coincidência entre as escalas das massas atômicas e moleculares, segue-se que a *massa molecular* de uma substância é a soma das massas atômicas dos seus constituintes.

5.4.3

A massa molecular M de uma substância é o número que exprime a massa média μ de uma molécula dessa substância, quando se adota como unidade de massa a *unidade unificada de massa atômica*, isto é:

$$\mu = M\,u. \tag{5.12}$$

Dizer que a massa molecular do álcool etílico é, aproximadamente, 46 significa dizer que uma molécula de álcool etílico tem uma massa média aproximadamente igual a 46 u, isto é:

$$\mu_{\text{álcool}} = 46\,u = 46 \times 1{,}660\ 32 \times 10^{-24}\ g\,.$$

5.4.4

Molécula-grama de uma substância é a massa dessa substância que, expressa em grama, é numericamente igual à sua massa molecular. De um modo geral, representando por M^* a molécula-grama de uma substância e por M a sua massa molecular, pode-se escrever

$$M^* = M\,g. \tag{5.13}$$

Para o álcool etílico, por exemplo,

$$M^*_{\text{álcool}} = 46\ g\,.$$

5.5 Determinação das Massas Moleculares de Substâncias Gasosas

Examinam-se a seguir alguns dos métodos que podem ser utilizados para a determinação das massas moleculares de substâncias gasosas.

5.5.1 Método das Densidades Relativas

Considerem-se dois recipientes da mesma capacidade V contendo duas substâncias gasosas G_1 e G_2, sob as mesmas temperatura e pressão. Pela hipótese de Avogadro, esses recipientes devem conter o mesmo número n de moléculas. Sejam m_1 e m_2 as massas de G_1 e G_2 confinadas nesses recipientes e μ_1 e μ_2 as massas (médias) de cada uma de suas moléculas. Então, evidentemente,

$$m_1 = n\mu_1,$$
$$m_2 = n\mu_2$$

e, por quociente, temos:

$$\frac{m_1}{m_2} = \frac{\mu_1}{\mu_2}.$$

Mas, se M_1 e M_2 são as massas moleculares de G_1 e G_2, então

$$\frac{\mu_1}{\mu_2} = \frac{M_1}{M_2}$$

e, por conseguinte,

$$\frac{M_1}{M_2} = \frac{m_1}{m_2}$$

ou
$$M_1 = \frac{m_1}{m_2} M_2. \tag{5.14}$$

A expressão obtida sugere a possibilidade de se calcular a massa molecular M_1 em função de M_2, uma vez que m_1 e m_2 podem ser medidas diretamente no correr de uma experiência.

Lembrando que o quociente $\dfrac{m_1}{m_2}$ é a densidade de G_1 em relação a G_2 $(d_{1,2})$, pode-se escrever

$$M_1 = d_{1,2} \cdot M_2, \tag{5.15}$$

isto é, a massa molecular de um gás qualquer é o produto de sua densidade em relação à de um outro pela massa molecular desse outro.

64   QUÍMICA GERAL

Admitindo, por exemplo, que o gás G_2 seja o oxigênio e fazendo $M_2 = 32$, resulta

$$M_1 = 32\frac{m_1}{m_O} \tag{5.16}$$

ou

$$M_1 = 32d_{1,O}. \tag{5.17}$$

Portanto, para determinar a massa molecular de um gás qualquer, basta determinar sua densidade em relação ao oxigênio e multiplicá-la por 32 ou, o que é o mesmo, multiplicar por 32 a razão existente entre a massa de um volume qualquer desse gás e a massa de igual volume de oxigênio, medidos ambos nas mesmas condições.

5.5.2 Método do Volume Molar

A expressão 5.16, deduzida a partir da hipótese de Avogadro, é válida, qualquer que seja o volume V inicialmente tomado. Assim sendo, imagine-se um volume particular V, tal que a massa de oxigênio nele existente seja igual a uma molécula-grama ($m_O = M_O^* = 32$ g). Nesse caso, da expressão mencionada, tirar-se-á

$$m_1 = M_1 \text{ g} = M_1^*, \tag{5.18}$$

isto é, a massa de gás G_1 contida nesse volume V será igual à própria molécula-grama desse gás.

Esse volume particular V, ocupado por uma molécula-grama de qualquer substância gasosa, chama-se *volume molar*. Como todo volume de gás, o volume molar depende da temperatura e da pressão em que é medido. No caso particular em que as condições de medida são as normais (0°C e 1 atm), a experiência mostra que o volume molar $\bar{V}$ é igual a 22,414 L. Portanto:

> **"Uma molécula-grama de qualquer[*] gás ocupa nas condições normais de temperatura e de pressão um volume constante e igual a 22,414 L."**

Tendo em conta que uma molécula-grama de qualquer substância gasosa ocupa um volume igual ao molar, para determinar a massa molecular de um gás, basta então medir a massa do gás-problema contida num volume igual ao molar. Essa massa é a molécula-grama M^* do gás e, portanto, numericamente igual à massa molecular procurada.

O que acaba de ser exposto contitui o fundamento do método de Regnault (1847) de determinação da massa molecular de um gás. Num balão vazio, de

---

[*] A rigor esse gás não pode ser *qualquer*; deve ser um gás perfeito ou ideal (v. item 5.5.4).

MASSAS ATÔMICAS E MASSAS MOLECULARES **65**

capacidade V conhecida, aprisiona-se o gás-problema. Com uma balança mede-se a massa m do gás nele contido e, com um manômetro e um termômetro, adaptados ao balão, determinam-se a pressão P e a temperatura T do gás confinado. A equação de estado dos gases perfeitos ou equação de Clapeyron (v. item 6.5)

$$PV = \frac{m}{M^*}RT \qquad (5.19)$$

permite calcular a molécula-grama do gás que é numericamente igual à sua massa molecular.

Exemplo

Sabe-se por experiência que, confinando 0,53 g de gás carbônico num balão de capacidade igual a 0,50 L, a sua pressão, a 27°C, resulta igual a 0,6 atm.

Segue-se daí que a molécula-grama do gás carbônico é

$$M^* = \frac{mRT}{PV} = \frac{0,53 \times 0,082 \times 300}{0,60 \times 0,50} = 43,5 \text{ g}$$

e sua massa molecular é aproximadamente 43,5.

5.5.2.1

Da equação (5.19) tira-se

$$\frac{m}{V} = \frac{PM^*}{RT} \quad \text{ou} \quad d = \frac{PM^*}{RT}, \qquad (5.20)$$

onde o quociente $\dfrac{m}{V}$ representa a massa específica d do gás.

Assim, em última análise, para determinar a massa molecular de um gás é suficiente determinar a sua massa específica d, em temperatura e sob pressão conhecidas, e aplicar a equação (5.20).

5.5.2.2

Lembrando que volumes iguais de quaisquer gases (medidos à mesma temperatura e sob a mesma pressão) encerram o mesmo número de moléculas, e que o volume molar é constante para todos os gases, conclui-se que:

66 QUÍMICA GERAL

> "Num volume igual ao molar de qualquer gás existe sempre o mesmo número de moléculas."

Esse número N_0, conhecido como *número de Avogadro* ou *mol*, de acordo com a experiência (v. item 5.8), é

$$N_0 = 6{,}022\ 52 \times 10^{23}.$$

5.5.3 Determinação da Massa Molecular de um Gás a partir de Sua Densidade em Relação ao Ar

Conhecida a densidade de um gás em relação ao ar, é possível calcular imediatamente a sua massa molecular; basta multiplicá-la por uma constante igual, aproximadamente, a 28,9. De fato, a densidade de um gás G_1 em relação ao ar é, por definição,

$$d_{1,\,ar} = \frac{m_1}{m_{ar}},$$

onde m_1 e m_{ar} são as massas de iguais volumes de gás G_1 e de ar, quaisquer que sejam esses volumes e desde que medidos à mesma temperatura e sob a mesma pressão. Supondo, em particular, que esses volumes sejam iguais ao volume molar $\bar{V}$, então, pela (5.18), $m_1 = M_1^*$ e $m_{ar} = \bar{V} \cdot \bar{m}$, onde $\bar{m}$ é a massa específica (ou densidade absoluta) do ar nas condições da experiência e, por conseguinte,

$$d_{1,\,ar} = \frac{M_1^*}{\bar{m} \cdot \bar{V}}$$

ou
$$M_1^* = \bar{m} \cdot \bar{V} \cdot d_{1,\,ar}.$$

Nas condições normais $\bar{V} = 22{,}414$ L e $\bar{m} = 1{,}293\ \frac{g}{L}$, isto é:

$$\bar{m}\bar{V} = 1{,}293 \times 22{,}4 \cong 28{,}9 \text{ g;}$$

logo
$$M_1 \cong 28{,}9\, d_{1,\,ar}. \tag{5.21}$$

Por uma decisão da 14.ª Conferência Geral de Pesos e Medidas, de 1971, no Sistema Internacional de Unidades, o número de Avogadro passou a ser aceito como o número de átomos existentes em 0,012 kg de carbono ou de unidades elementares (átomos, moléculas, íons, etc.) contidas numa quantidade de matéria igual a 1 mol.

Assim o *mol*, como unidade de *quantidade de matéria*, passou a ser uma das sete *unidades de base* do Sistema Internacional de Unidades, ao lado do *metro* (unidade de comprimento), do *quilograma* (unidade de massa), do *segundo* (unidade de tempo), do *ampère* (unidade de intensidade de corrente elétrica), do *kelvin* (unidade de temperatura termodinâmica) e da *candela* (unidade de intensidade luminosa).

5.5.3.1

Do confronto da (5.21) com a (5.15) infere-se que tudo se passa como se o número 28,9 fosse a *massa molecular* aproximada do ar. Essa massa molecular do ar é evidentemente fictícia, uma vez que o ar é uma mistura de vários gases e vapores e não uma substância pura. Entretanto, para efeito de cálculo, o ar se comporta como se fosse um gás de massa molecular aproximadamente igual a 28,9.

5.5.4 Determinação da Massa Molecular de um Gás a partir de Sua Densidade-limite

A aplicação da equação de Clapeyron sob a forma (5.19) ou (5.20) à determinação da massa molecular pressupõe que a substância-problema tenha o comportamento dos gases perfeitos, isto é, obedeça às leis de Boyle e Gay-Lussac, das quais deriva aquela equação (v. itens 6.4 e 6.5).

Se um determinado gás obedecesse às referidas leis, o diagrama representativo do quociente $\frac{d}{P}$ (de sua massa específica pela sua pressão) em função da pressão P deveria levar, para temperatura constante, a uma reta paralela ao eixo das abscissas, uma vez que pela (5.20) esse quociente deve ser $\frac{M^*}{RT}$. A experiência mostra, contudo, que isso não sucede: o quociente $\frac{d}{P}$ varia com a pressão (v. Fig. 5.1). Embora assim seja, as duas isotermas, a do *gás perfeito* e a do *gás real*, encontram o eixo das ordenadas no mesmo ponto. Isso significa que, sob altas pressões, um gás não tem, a rigor, o comportamento previsto pelas referidas leis e também não obedece ao princípio de Avogadro; a sua massa específica é então maior que a esperada pela equação de Clapeyron. Mas, à medida que sua pressão é reduzida, a massa específica do gás tende a zero e a razão tende a um valor-limite que é exatamente o característico do gás perfeito:

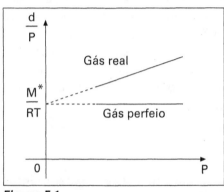

Figura 5.1

$$\lim_{P \to 0} \frac{d}{P} = \frac{M^*}{RT}. \tag{5.22}$$

Para determinar a massa molecular de um gás pelo método das densidades-limite (Daniel Berthelot, 1899), procede-se da seguinte maneira:

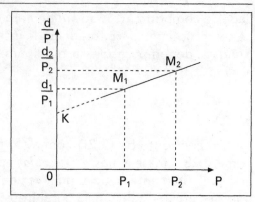

Figura 5.2

a) medem-se as massas específicas d_1 e d_2 do gás-problema à mesma temperatura, sob pressões diferentes P_1 e P_2;

b) num diagrama cartesiano, adotado um par de escalas convenientes, assinalam-se os pontos M_1 e M_2, cujas coordenadas são

$$M_1\left(P_1, \frac{d_1}{P_1}\right) \quad M_2\left(P_2, \frac{d_2}{P_2}\right);$$

c) traça-se uma reta passante pelos pontos M_1 e M_2 e procura-se a coordenada, do ponto K, em que ela encontra o eixo das ordenadas. Essa ordenada é o $\lim \dfrac{d}{P}$ procurado que deve satisfazer a igualdade (5.22).

5.6 Determinação das Massas Moleculares de Substâncias Vaporizáveis

De conformidade com o visto no item 5.5.2, para determinar a massa molecular de uma substância gasosa, procura-se, em última análise, conhecer a massa m dessa substância que ocupa um volume V conhecido, sob pressão P e temperatura T determinadas, para em seguida calcular a massa molecular-problema pela equação de Clapeyron. Quando a substância-problema se apresenta no estado líquido, ou mesmo sólido, mas pode facilmente ser levada ao estado de vapor sem sofrer decomposição, a massa molecular pode ser determinada realizando a vaporização de uma sua amostra e operando sobre o vapor obtido como se fosse um gás. Entre os métodos utilizados com tal objetivo destacam-se os de Dumas e de Victor Meyer. Pelo de Dumas a massa molecular é determinada por meio da medida da massa de uma porção da substância que, no estado de vapor, ocupa um dado volume, enquanto pelo de Victor Meyer mede-se, ao contrário, o volume ocupado, no estado de vapor, por uma dada massa da substância-problema.

5.6.1 Método de Victor Meyer

É empregado para substâncias que se vaporizam facilmente sem experimentar decomposição. Consiste em fazer vaporizar, num recipiente cheio de ar, uma

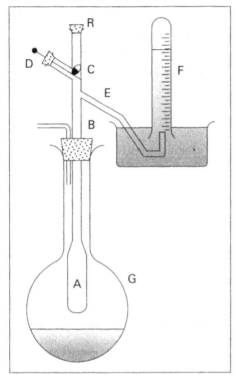

Figura 5.3

porção, de massa conhecida, da substância-problema e medir o volume de ar deslocado pelo vapor formado. O aparelho utilizado (v. Fig. 5.3), idealizado por Victor Meyer, é constituído por um recipiente de vidro *A*, de forma cilíndrica ou esférica, ligado a um tubo *B* disposto verticalmente e que o põe em comunicação com um reservatório *C* fechado por uma rolha *R*. Um dispositivo apropriado *D* permite abrir e fechar essa comunicação. O tubo *B* é ramificado lateralmente por outro *E* recurvado e imerso numa cuba contendo água ou mercúrio. Na cuba, quando o aparelho se encontra em regime, é emborcada uma proveta graduada *F* cheia com o mesmo líquido (água ou mercúrio). Mediante um envoltório *G*, o recipiente *A* e grande parte do tubo *B* podem ser aquecidos pelos vapores de água (ou outro líquido) fervente, nele contido.

Numa pequena ampola de vidro, de paredes frágeis, introduz-se uma massa conhecida *m* do líquido-problema; a ampola é levada ao reservatório *C*, mantendo-se fechada a comunicação de *C* com *A*. Aquece-se *G*, com um bico de gás, de maneira a provocar a ebulição do líquido nele contido e, portanto, o aquecimento do ar em *A* e *B*. Com a elevação da temperatura, o ar experimenta uma expansão e escapa pelo tubo lateral *E*. Quando o aparelho entra em regime, isto é, quando cessa o desprendimento de ar, emborca-se a proveta *F*. Por meio do dispositivo *D* deixa-se cair a ampola; esta, ao atingir o fundo de *A*, rompe-se pondo em liberdade o líquido que continha aprisionado, e este, por sua vez, devido à temperatura reinante em *A*, passa rapidamente ao estado de vapor. O vapor formado desloca um volume de ar igual ao seu próprio, o qual, escapando por *E*, é recolhido e tem seu volume *V* medido em *F*. A proveta *F*, funcionando como manômetro, permite conhecer a pressão *P* do ar recolhido. Assim, conhecida também a temperatura *T* em que é medido o volume *V*, resultam conhecidos todos os dados necessários para a aplicação da equação de Clapeyron.

Exemplo

A aplicação do método de Victor Meyer ao sulfeto de carbono forneceu os seguintes resultados: a) massa de sulfeto de carbono introduzida na ampola: 0,155 g; b) volume de ar deslocado, medido sobre água: 56,660 mL; c) temperatura em que foi medido esse volume: 27°C;

d) pressão do ar recolhido: 700 mm de mercúrio; e) tensão máxima do vapor de água a 27°C: 27,8 mm de mercúrio. Qual é a massa molecular do sulfeto de carbono?

Utilizando os símbolos que figuram na expressão (5.19), tem-se

$m = 0{,}155$ g,

$T = 27 + 273 = 300°K$,

$V = 56{,}660$ mL $= 5{,}666 \times 10^{-2}$ L

e $P = 700 - 27{,}8 = 672{,}2$ mm de mercúrio $= \dfrac{672{,}2}{760}$ atm.

Logo

$$M^* = \frac{mRT}{PV} = \frac{0{,}155 \times 0{,}082 \times 300 \times 760}{672 \times 5{,}666 \times 10^{-2}} \cong 76 \text{ g}$$

e $M \cong 76$.

5.6.2 Método de Dumas

Na determinação da massa molecular pelo método de Dumas, emprega-se um balão de vidro, de capacidade conhecida, munido de um gargalo estreito, recurvado, terminado por um capilar. Inicialmente, aquece-se o balão durante alguns minutos, em banho-maria (v. Fig. 5.4) entre 60°C e 70°C, visando a eliminar, por meio do capilar, uma parte do ar nele normalmente contido. Isso feito, mergulha-se o balão num recipiente contendo o líquido-problema, de maneira a manter imerso o capilar; o líquido é mantido, então, em temperatura inferior àquela a que tinha sido aquecido o balão. Assim, o ar remanescente no balão experimenta, por esfriamento, uma contração e provoca a entrada, para o interior do balão, de um pouco do líquido-problema. Retira-se então o balão do banho em que estava imerso e torna-se a aquecê-lo em banho-maria a uma temperatura superior à de vaporização do líquido-problema. Decorrido um certo intervalo de tempo, o líquido confinado no balão passa ao estado gasoso; o vapor formado expulsa o ar residual do balão e, aos poucos, passa a ser, ele próprio, eliminado por meio do capilar. Terminada a vaporização, vapor e banho entram em equilíbrio térmico; no instante em que cessa o desprendimento de vapor (a pressão no interior do balão é, então, igual à pressão ambiente), funde-se o capilar, de modo a aprisionar um volume de vapor igual à própria capacidade do recipiente. Uma vez

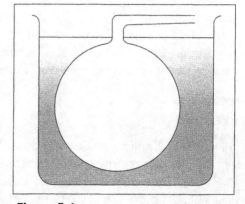

Figura 5.4

MASSAS ATÔMICAS E MASSAS MOLECULARES
71

esfriado, pesa-se o balão, determinando-se a massa m do vapor nele existente. Se P é a pressão ambiente durante a experiência, V a capacidade do balão, T a temperatura do banho (em equilíbrio térmico com o vapor), a equação de Clapeyron permite calcular a massa molecular procurada.

Exemplo

Na determinação da massa molecular de um líquido volátil, pelo método de Dumas, foram obtidos os seguintes resultados: a) massa do balão cheio com ar à temperatura ambiente: 32,538 g; b) massa do balão cheio com água à temperatura ambiente: 136,400 g; c) massa do balão cheio com o vapor do líquido: 32,671 g; d) temperatura do banho: 100°C; e) pressão ambiente: 760 mm de mercúrio; f) temperatura ambiente: 20°C; g) massa específica da água a 20°C: 0,998 g × mL^{-1}. Qual é a massa molecular do líquido em questão?

Solução

1. Massa de água contida o balão:
   com erro desprezível, essa massa é dada pela diferença
   136,400 − 32,538 = 103,862 g.

2. Capacidade do balão:
   é dada pelo volume de água nele contido

   $$V = \frac{103,862}{0,998} = 104,07 \text{ mL}.$$

3. Massa de ar contido no balão:
   104,07 × 0,001 204 = 0,125 g.

4. Massa do balão vazio:
   32,538 − 0,125 = 32,413 g.

5. Massa de vapor aprisionado no balão:
   m = 32,671 − 32,413 = 0,258 g.

   Aplicando a expressão (5.19), resulta

   $$M^* = \frac{mRT}{PV} = \frac{0,258 \times 0,082 \times 373}{1 \times 0,104\ 07} \cong 76 \text{ g}.$$

   e, portanto, $M \cong 76$.

5.6.2.1

Conforme o já mencionado no item 5.5.4, a equação de Clapeyron é válida apenas para os gases perfeitos. Nas condições habituais de experiência, de um modo geral os gases e os vapores não obedecem a essa equação, senão em primeira

72 QUÍMICA GERAL

aproximação. Assim, deve-se entender que as massas moleculares determinadas com base nessa equação são, em regra, apenas aproximadas.

5.6.2.2

Os métodos de determinação das massas moleculares examinadas nos itens 5.5 e 5.6 são os que habitualmente se utilizam para as substâncias gasosas e os líquidos voláteis. Para as substâncias sólidas aplicam-se, geralmente, métodos baseados nas propriedades coligativas das soluções, examinados em capítulo à parte.

5.7 Determinação das Massas Atômicas

Uma vez examinados alguns métodos de determinação das massas moleculares, o problema da determinação das massas atômicas, cuja discussão foi interrompida no item 5.3, pode ser agora retomado com o exame de alguns dos métodos clássicos que levaram à sua solução.

5.7.1 Método de Cannizzaro

As dificuldades enfrentadas pelos pesquisadores da primeira metade do século XIX, no que diz respeito à determinação das massas atômicas (v. item 5.3), foram superadas com a introdução do conceito de molécula, a aceitação da hipótese de Avogadro e o conseqüente encontro de um caminho seguro de solução desse problema. Esse caminho foi sugerido por Cannizzaro, em 1860, e baseia-se na seguinte proposição:

> "A molécula de uma substância deve conter sempre um número inteiro de átomos de cada um dos seus elementos constituintes."

Dessa asserção segue-se que:

> "A massa de um elemento existente numa molécula-grama de um seu composto é igual ao átomo-grama desse elemento ou a um seu múltiplo inteiro."

Ela será o próprio átomo-grama, no caso de a molécula do composto considerado encerrar apenas um átomo do elemento em questão, e um múltiplo do átomo-grama, se na molécula imaginada existir mais de um átomo do elemento visado.

Em outros termos, tomado um conjunto de substâncias compostas que encerram em comum um dado elemento e conhecidas as massas desse elemento existen-

MASSAS ATÔMICAS E MASSAS MOLECULARES   73

tes em uma molécula-grama de cada uma dessas substâncias, então o átomo-grama desse elemento será, provavelmente, o máximo divisor comum dessas massas.

Isso posto, para determinar a massa atômica de um elemento pelo método de Cannizzaro, procede-se do seguinte modo:

a) escolhe-se um conjunto numeroso de compostos que encerram o elemento-problema como constituinte;

b) determinam-se as massas moleculares desses compostos;

c) por processos apropriados de análise química quantitativa, determinam-se as massas do elemento considerado existentes em uma molécula-grama de cada um desses compostos;

d) extrai-se o máximo divisor comum dessas massas; o número obtido é igual à massa atômica procurada ou a um seu múltiplo inteiro.

Evidentemente, a possibilidade de o número encontrado representar a própria massa atômica é tanto maior quanto mais numerosa for a série de compostos inicialmente tomada, porque tanto mais provável será, então, a existência, nessa série, de um composto em cuja molécula exista um só átomo do elemento-problema.

A título de ilustração, resumem-se na Tab. 5.2 os resultados aproximados que seriam obtidos na determinação da massa atômica do bromo. Na primeira coluna figuram os nomes de vários compostos de bromo, na segunda são indicadas as moléculas-grama desses compostos determinadas experimentalmente por métodos apropriados e na terceira aparecem as massas de bromo existentes em um molécula-grama de cada uma dessas substâncias. Dos números tabelados, infere-se que a massa atômica provável do bromo é 80.

TABELA 5.2

Compostos de bromo	mol-g	m
Gás bromídrico	81 g	80 g
Bromofórmio	253 g	240 g
Tetrabromoetano	346 g	320 g
Bromoetano	109 g	80 g
Brometo de metila	95 g	80 g
Brometo de sódio	103 g	80 g
Brometo de metileno	174 g	160 g
Bromo (substância simples)	160 g	160 g

5.7.2 Método de Dulong e Petit

Em 1819, Dulong e Petit enunciaram uma proposição segunda a qual "o produto do átomo-grama de um elemento pelo calor específico da substância simples por ele formada[*], no estado sólido, é constante e sensivelmente próximo de 6,4 cal/°C".

Dulong e Petit mediram os calores específicos de vários metais e constataram que os valores obtidos variavam bastante de um metal para outro. Multiplicando esses valores pelos respectivos átomos-grama (confundidos então com os equivalentes-grama), verificaram que para alguns metais o produto obtido era muito próximo de uma constante. Com base nesse fato admitiram, por generalização, que esse produto deveria representar uma constante universal e que a não obediência a essa "lei" por alguns elementos deveria ser atribuída a uma incorreção em suas massas atômicas.

Partindo dessa proposição, para determinar a massa atômica de um elemento bastaria determinar previamente, mediante os processos calorimétricos comuns, o calor específico c correspondente e lembrar que

$$A^* \cdot c = 6,4 \frac{cal}{°C}. \qquad (5.23)$$

A observação dos dados constantes na Tab. 5.3 mostra que a igualdade (5.23) é apenas aproximada. Isso se compreende, uma vez que o calor específico de uma substância não é constante; ele depende, entre outros fatores, da temperatura.

O calor específico de uma substância, muito pequeno nas vizinhanças do zero absoluto, aumenta com a temperatura tendendo para um certo valor-limite. O produto $A^* \cdot c$ varia com a temperatura, no mesmo sentido (v. Fig. 5.5). Para os elementos de massa atômica elevada, que são, em regra, os que obedecem à lei de Dulong e Petit, o limite $A^* \cdot c = 6,4$ cal/°C é atingido em temperaturas relativamente baixas e compreendidas entre 0°C e 100°C. Para elementos "leves", esse limite só é atingido em temperaturas muito elevadas e, para

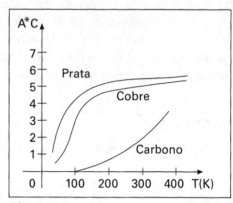

Figura 5.5

eles, o produto $A^* \cdot c$ se afasta de um modo sensível da constante 6,4 cal/°C. Em suma, a lei de Dulong e Petit é uma lei-limite.

Em resumo, devido ao grande número de exceções que a lei de Dulong e Petit comporta, o número a partir dela encontrado deve ser entendido apenas como indicativo da ordem de grandeza da massa atômica procurada. Contudo, a lei é de grande valia, pois permite:

---

[*] O produto $A^* \cdot c$ é constantemente chamado de *calor atômico*: ele representa a capacidade calorífica de um átomo-grama.

MASSAS ATÔMICAS E MASSAS MOLECULARES   75

a) verificar se o número encontrado pelo método de Cannizzaro é a massa atômica procurada ou um seu múltiplo;

b) decidir entre os vários múltiplos da massa equivalente qual deve ser o representativo da massa atômica.

TABELA 5.3

Elemento	$A^*(g)$	$c\left(\dfrac{cal}{°C}\right)$ a 20°C	$A^* \cdot c\left(\dfrac{cal}{°C}\right)$
Carbono	12,01	0,174	2,09
Enxofre	32,06	0,178	5,71
Cobre	63,54	0,091	5,78
Ferro	55,85	0,108	6,03
Prata	107,87	0,056	6,04
Ouro	196,97	0,031	6,11
Níquel	58,71	0,106	6,22
Platina	195,09	0,032	6,24
Chumbo	207,19	0,031	6,42
Urânio	238,03	0,027	6,43
Iodo	126,90	0,054	6,85

5.7.3 Determinação das Massas Atômicas a partir das Massas Equivalentes

A determinação das massas atômicas, com grande precisão, pode ser feita a partir das massas equivalentes. Para tal, procura-se verificar em que proporção gravimétrica o elemento-problema reage com outro de massa equivalente conhecida, e a partir dessa proporção deduz-se qual é a massa equivalente do elemento em questão. De acordo com o visto no item 5.3, a massa atômica procurada é igual a essa massa equivalente ou a um seu múltiplo inteiro. Uma vez que a partir do calor específico é possível conhecer a ordem de grandeza da massa atômica procurada, o confronto entre essa última e a massa equivalente pode levar à identificação da massa atômica com uma precisão tão grande quanto a conseguida na determinação da própria massa equivalente.

Um exemplo permitiria esclarecer a questão. O cromo forma com o oxigênio um óxido que, analisado, mostra-se constituído de 68,42% de cromo e 31,58% de oxigênio. A partir desses dados torna-se possível determinar, imediatamente, a massa equivalente E do cromo. De fato, o resultado da análise do óxido considerado sugere que 68,42 unidades de massa de cromo reagem com 31,58 unidades de massa do oxigênio. Logo, de acordo com o visto nos itens 3.6 e 3.6.3, tem-se pela lei de Proust:

$$\frac{68,42}{31,58} = \frac{E}{8,00} \quad \text{ou} \quad E = 17,33 \quad (\text{ou ainda } E^* = 17,33 \text{ g}),$$

e, por conseguinte, a massa atômica do cromo deve ser 17,33 ou um múltiplo inteiro de 17,33, isto é, 17,33 n.

Determinando o calor específico do cromo obtém-se, por outro lado,

$$c = 0,12 \frac{cal}{g \times {}^\circ C}.$$

Então, pela lei de Dulong e Petit, o átomo-grama de cromo é aproximadamente

$$A^* \cong \frac{6,4}{0,12} \cong 53 \text{ g}$$

e, devendo ser $A^* = nE^*$, com n inteiro, resulta

$$n = \frac{A^*}{E^*} \cong \frac{53}{17,33} \cong 3.$$

Logo $A^* = 3 \times 17,33 = 51,99$ g, isto é, a masssa atômica do cromo é 51,99.

5.7.4 Determinações Atuais das Massas Atômicas

Atualmente, o problema da determinação da massa atômica de um elemento desconhecido praticamente não existe e as pesquisas relativas às massas atômicas consistem no desenvolvimento de métodos que visam a precisar cada vez mais os seus valores. Entre os métodos utilizados com esse objetivo destacam-se:

a) método do *espectrógrafo de massa*, que se baseia no desvio experimentado por um feixe de íons positivos ao atravessar um campo elétrico e magnético;

b) método dos *espectros de absorção*, que se baseia no fato de a posição das raias dos espectros de absorção, produzidos por uma substância, ser função das massas dos átomos constituintes das moléculas dessa substância.

Tanto um como outro desses métodos mostra que um mesmo elemento químico não apresenta uma só, mas, sim, várias espécies de átomos, de massas individuais diferentes (isótopos), associados em proporções quase (mas não rigorosamente) constantes.

Conforme já observado, a Comissão de Massas Atômicas da União Internacional de Química Pura e Aplicada é o organismo coordenador dos novos trabalhos relativos às massas atômicas. Periodicamente, essa comissão publica uma tabela de massas atômicas internacionais.

MASSAS ATÔMICAS E MASSAS MOLECULARES

Nas páginas iniciais deste livro, encontram-se tabuladas as massas atômicas segundo dados publicados pela citada entidade em 1971, com algumas modificações, inclusive as aprovadas pela sua 29.ª Assembléia Geral, de 1977. Esses dados referem-se aos 103 elementos conhecidos no início da década de 60, o último dos quais, o laurêncio, tornou-se conhecido em 1961. Nessa tabela já figuram os elementos de números atômicos 104 e 105, sendo omitidos os de números 106, 107, 108 e 109. Esses últimos elementos são de identificação mais recente; foram obtidos artificialmente, a partir de 1964, por investigadores americanos da Universidade de Berkeley e, praticamente ao mesmo tempo, por pesquisadores russos do Instituto de Pesquisas Nucleares de Dubna.

O elemento 104, identificado nos Estados Unidos em 1965, foi aí denominado rutherfórdio (Rf), enquanto na Rússia é conhecido como kurchatóvio (Ku); o número de massa do seu isótopo mais estável é 261. O elemento de número atômico 105 foi descoberto em 1967; é conhecido como hâhnio (Ha), pelos americanos, e como dúbnio (Db), pelos russos. Foi obtido quase ao mesmo tempo na Rússia e nos Estados Unidos; seu isótopo mais estável tem número de massa 262. O elemento 106 teve sua descoberta noticiada em 1974 e, à semelhança de outros elementos transuranianos, foi obtido por Glenn Seaborg e Albert Ghiorso, por meio de uma reação nuclear realizada na Universidade da Califórnia, nos Estados Unidos. Os russos atribuem sua descoberta a Nikolai Nikolaievitch Bogoliubov.

5.8 O Número de Avogadro

Com base no exposto nos itens anteriores deste capítulo, podem-se demonstrar as três seguintes proposições:

a) Um átomo-grama de qualquer elemento contém sempre o mesmo número de átomos.

De fato, sejam ε_1 e ε_2 dois elementos quaisquer de massas atômicas, respectivamente, A_1 e A_2, e cujos átomos têm massas, individualmente, α_1 e α_2. Designando por A_1^* e A_2^* os átomos-grama de ε_1 e ε_2, pode-se escrever

$$A_1^* = n_1\alpha_1$$

e

$$A_2^* = n_2\alpha_2,$$

onde n_1 e n_2 representam os números de átomos contidos em A_1^* e A_2^*. Logo

$$\frac{A_1^*}{A_2^*} = \frac{n_1}{n_2}\frac{\alpha_1}{\alpha_2}. \qquad (I)$$

Tendo em vista que

$$\frac{A_1^*}{A_2^*} = \frac{A_1}{A_2} \qquad (II)$$

e lembrando que pela definição de massas atômicas

$$\frac{A_1}{A_2} = \frac{\alpha_1}{\alpha_2},$$ (III)

então, introduzindo (II) e (III) em (I), resulta

$$\frac{n_1}{n_2} = 1 \quad \text{ou} \quad n_1 = n_2.$$

b) Uma molécula-grama de qualquer substância contém sempre o mesmo número de moléculas.

A demonstração dessa proposição, no caso geral, é análoga à anterior e deixada a cargo do leitor. No caso particular de substâncias gasosas, a proposição decorre do visto no item 5.5.2.2.

c) O número de moléculas contidas em uma molécula-grama de qualquer substância é o mesmo que o de átomos existentes em um átomo-grama de qualquer elemento.

Considere-se uma substância qualquer da qual M é a massa molecular, μ a massa de uma molécula e M^* a molécula-grama. Designando por N o número de moléculas existentes em M^*, tem-se:

$$M^* = N\mu.$$

Do mesmo modo, considerando um elemento qualquer do qual A é a massa atômica, α a massa de um átomo e A^* o átomo-grama, e designando por n o número de átomos contidos em A^*, então

$$A^* = n\alpha$$

e, expressando por quociente membro a membro:

$$\frac{M^*}{A^*} = \frac{N}{n}\frac{\mu}{\alpha}.$$

Mas, por ser

$$\frac{M^*}{A^*} = \frac{M}{A},$$

segue-se

$$\frac{M}{A} = \frac{N}{n}\frac{\mu}{\alpha}$$

e, uma vez que as massas atômicas e moleculares são expressas na mesma escala,

$$\frac{M}{A} = \frac{\mu}{\alpha}$$

MASSAS ATÔMICAS E MASSAS MOLECULARES   **79**

resulta

$$\frac{M}{A} = \frac{N}{n}\frac{M}{A} \quad \text{ou} \quad N = n.$$

Portanto, numa molécula-grama de qualquer substância existem tantas moléculas quantos são os átomos contidos num átomo-grama de qualquer elemento.

Esse número chama-se *número de Avogadro* ou também *mol*. Representando-o por N_0 tem-se então

$$A^* = N_0\alpha$$

e
$$M^* = N_0\mu.$$

Conforme se verá, $N_0 = 6{,}023 \times 10^{23}$, aproximadamente.

5.8.1

A palavra mol, empregada por muitos, indevidamente, como sinônimo de molécula-grama, significa para o químico o mesmo que as palavras dúzia, vintena, centena ou milhar significam para o homem comum. Enquanto estes últimos vocábulos são empregados para designar, respectivamente, doze, vinte, cem ou mil unidades, a palavra mol significa $6{,}023 \times 10^{23}$ unidades. Por ser um número muito grande, em confronto, por exemplo, com a dúzia, o mol não é usado para exprimir o número de laranjas ou ovos comprados num supermercado; mas é utilizado para designar, por exemplo, o número de moléculas de açúcar existentes num açucareiro de mesa, ou o número de átomos existentes na água contida num copo. Assim é correto falar em um mol de átomos, um mol de moléculas, um mol de íons ou um mol de elétrons, para designar um número (de átomos, moléculas, íons ou elétrons) igual ao número de Avogadro.

Entretanto, falar em um mol de oxigênio é ambíguo, porque tanto pode significar um mol de moléculas (cuja massa é 32 g) quanto um mol de átomos (cuja massa é apenas 16 g).

5.8.2

De acordo com o visto no item 5.2, a massa atômica de um elemento é o número que exprime, em unidades unificadas de massa atômica, a massa média de um seu átomo

$$\alpha = A\,u,$$

enquanto o átomo-grama de um elemento é a massa desse elemento que, medida em grama, é numericamente igual à sua massa atômica:

$$A^* = A\,\text{g}.$$

Resulta daí que

$$N_0 = \frac{A^*}{\alpha} = \frac{A}{A}\frac{g}{u} = \frac{g}{1,660\ 57 \times 10^{-24}\ g} \cong 6,023 \times 10^{23},$$

isto é: o número de Avogadro é, aproximadamente, igual a $6,023 \times 10^{23}$.

5.8.3

Por uma resolução da 14ª Conferência Geral de Pesos e Medidas, realizada em 1971, o mol passou a constituir a unidade de quantidade de matéria, adotada, desde então, como unidade fundamental ou unidade de base do sistema internacional de unidades, com a seguinte definição:

> **"Um mol é a quantidade de matéria de um sistema contendo tantas unidades elementares quantos átomos existem em 0,012 quilograma de carbono 12."**

Para que a massa dessa quantidade de matéria resulte determinada, a natureza das unidades elementares (átomos, moléculas, íons, radicais, elétrons, etc.) deve ser especificada.

5.8.4

Pela seqüência adotada nesta exposição, o valor do número de Avogadro resultou determinado a partir da relação de equivalência, suposta conhecida, entre a unidade de massa atômica e o grama. No item seguinte ver-se-á que esse número pode ser determinado por numerosos métodos e, a partir dele, calculado o valor, em grama, da unidade unificada de massa atômica.

5.9 Determinação do Número de Avogadro

Mediante uma técnica rudimentar e com fundamento em algumas suposições simplificadoras, é possível deduzir, com relativa facilidade, a ordem de grandeza do número de Avogadro. Imagine-se, por exemplo, que sobre a superfície livre da água, contida numa grande bandeja, seja depositada uma gotícula de benzeno, líquido de massa molecular 78, não miscível com a água. Supondo que cada molécula de benzeno tenha a forma de uma pequenina esfera de raio r e que ao se espalharem sobre a água as moléculas nela depositadas constituam uma película circular de raio R e monomolecular (de espessura igual a $2r$), então, aproximadamente,

$$\pi R^2 \times 2r = V,$$

MASSAS ATÔMICAS E MASSAS MOLECULARES   **81**

onde V é o volume da gotícula. Tendo em conta que, de acordo com a experiência, para uma gotícula esférica de diâmetro 0,1 cm, $R = 50$ cm, então

$$\pi \times 50^2 \times 2r = \frac{4}{3}\pi \times 0,05^3$$

ou
$$r = 3,3 \times 10^{-8} \text{ cm},$$

o que dá para uma molécula de benzeno um volume

$$v = \frac{4}{3}\pi(3,3 \times 10^{-8})^3 = 1,5 \times 10^{-22} \text{ cm}^3.$$

Finalmente, representando por d a massa específica do benzeno ($d = 0,88$ g $\times$ cm^{-3}), pode-se escrever

$$N_0 v = \frac{M^*}{d}$$

ou
$$N_0 = \frac{M^*}{dv} = \frac{78}{0,88 \times 1,5 \times 10^{-22}} \cong 6 \times 10^{23}.$$

A determinação precisa do número de Avogadro pode ser conseguida por numerosos métodos, alguns dos quais são abordados em diferente itens desta publicação. Apenas para efeito de citação, relacionam-se a seguir alguns métodos que classicamente serviram para identificar esse número.

a) O primeiro cálculo do número de Avogadro foi realizado por Loschmidt (1865) com base na teoria cinética dos gases, a partir do diâmetro provável das moléculas de um gás e do seu "caminho livre". O resultado obtido foi $N_0 = 6 \times 10^{23}$.

b) Em 1899 lorde Rayleigh, interpretando a cor azul do céu como resultante da difração da luz solar pelas moléculas dos gases contidos no ar atmosférico, desenvolveu uma teoria que permitiu encontrar $N_0 = 6,03 \times 10^{23}$.

c) Einstein (1905) e Svedberg (1912), a partir do estudo das trajetórias descritas por pequeníssimas partículas em suspensão num líquido (movimento browniano), obtiveram como resultado $N_0 = 6,08 \times 10^{23}$.

d) Em 1909, Perrin, aplicando ao movimento browniano os princípios da teoria cinética dos gases, determinou o número de Avogadro a partir da diferente distribuição numa suspensão aquosa, em função da altura de pequeníssimos grãos de resina vegetal. Encontrou $N_0 = 6,09 \times 10^{23}$ (v. item 6.15).

e) A partir da teoria de Planck (1900) sobre a radiação emitida por um corpo negro, foi encontrado $N_0 = 6,2 \times 10^{23}$.

f) Em 1912, Millikan, após determinar a carga de um elétron pelo conhecido método da gota de óleo, obteve o valor de $N_0 = 6,03 \times 10^{23}$ (v. item 9.7).

82 QUÍMICA GERAL

g) Rutherford e Geiger (1908) determinaram o número de Avogadro pela contagem do número de partículas alfa emitidas, num dado intervalo de tempo, na desintegração de uma substância radioativa. Encontraram $N_0 = 6,14 \times 10^{23}$ (v. item 12.9).

h) A partir da observação e interpretação da estrutura fina das linhas espectrais, Sommerfeld (1916) obteve $N_0 = 6,08 \times 10^{23}$.

i) A difração, por um cristal, de raios X de comprimento de onda conhecido, permitiu a Compton (1922) e outros encontrarem N_0 $6,022 \times 10^{23}$.

Além desses métodos, e outros, o uso do espectrógrafo de massa permite determinar a massa (α) de um átomo de um elemento cujo átomo-grama A^* é conhecido; o quociente $\dfrac{A^*}{\alpha}$ identifica o número de Avogadro. No caso do $^{12}_{6}C$ tem-se $\alpha = 1,992\ 384 \times 10^{-23}$ g e $A^* = 12,000\ 000$ g. Logo:

$$N_0 = \frac{12,000\ 000}{1,992\ 384} \times 10^{23} \cong 6,023 \times 10^{23}.$$

A concordância observada entre os valores de N_0 obtidos por métodos tão diferentes é extraordinária; não podendo ser casual, ela constitui excelente prova da validade dos métodos seguidos na determinação do número de Avogadro e, também, da própria existência das moléculas e dos átomos.

5.9.1

Presentemente, em vista de resultados obtidos em determinações mais atuais, o número de Avogadro é conhecido com erro relativo de 2×10^{-5}, isto é, 1/50 000; adota-se para ele o valor

$$N_0 = 6,022\ 52 \times 10^{23}.$$

5.9.2

É muito difícil à mente humana conceber um número tão grande como o de Avogadro. Para que idéia se faça sobre sua magnitude é interessante lembrar uma comparação feita por Aston. Um copo, com capacidade igual a 300 cm^3, cheio com água, contém cerca de 300 g de água, isto é, cerca de $300/18 \times 6,02 \times 10^{23}$ moléculas. Imagine-se que essa água seja lançada ao mar, de modo que suas moléculas se misturem com as existentes em todos os mares e oceanos. Se, em seguida, se enchesse o mesmo copo com água colhida em qualquer mar, nele seriam encontradas cerca de 2 000 das moléculas primitivas! Isso significa que o número de moléculas existentes em um copo com água é cerca de 2 000 vezes o número de copos de água contidos em todos os mares...

A área da superfície do Brasil é cerca de 8 500 000 km^2. Se fosse possível distribuir uniformemente, por toda essa superfície, as moléculas existentes em apenas uma molécula-grama de água (18 g), em cada milímetro quadrado dessa superfície encontrar-se-iam 70 000 moléculas!

5.9.3

Tendo em vista que uma molécula-grama de substância gasosa ocupa 22,414 L (v. item 5.5.2) e encerra um mol de moléculas, então em 1 mL de gás, nas condições normais, existem

$$\frac{6,023\times10^{23}}{22\ 414} = 2,7\times10^{19} \text{ moléculas.}$$

O número $2,7 \times 10^{19}$ é conhecido como número de Loschmidt.

Supondo que um recipiente contendo um gás seja ligado a um bomba de vácuo que permita rarefazer o gás confinado até 10^{-10} atm (décimo de bilionésimo de atmosfera), o número de moléculas remanescentes em 1 mL ainda será $2,7 \times 10^{9}$, quase igual ao número total de habitantes do globo terrestre.

5.9.4

A partir do número de Avogadro é possível determinar, pelo menos aproximadamente, as dimensões de diferentes átomos e moléculas. Assim, a massa atômica do ferro, por exemplo, é aproximadamente 55,8 e a massa específica é $7,8 \text{ g}\times \text{cm}^{-3}$. Isso significa que o volume ocupado por um átomo-grama de ferro é

$$V = \frac{55,8}{7,8} \cong 7,2 \text{ cm}^3.$$

Como cada átomo-grama encerra $6,02 \times 10^{23}$ átomos, então a cada átomo corresponde um volume

$$v \cong \frac{7,2}{6,02}\times10^{-23} = 12\times10^{-24} \text{ cm}^3.$$

Admitindo, arbitrariamente, que esse volume seja o de um cubo, então o comprimento L de sua aresta seria

$$L \cong \sqrt[3]{12\times10^{-24}} \cong 2,3\times10^{-8} \text{ cm} = 2,3 \text{ Å,}$$

que seria também o diâmetro da esfera inscrita nesse cubo. Em outros termos, o diâmetro de um átomo é da ordem do angstrom.

Se todos os átomos existentes num átomo-grama (55,8 g) de ferro fossem justapostos segundo uma fila, esta atingiria um comprimento

$$L = 6,02 \times 10^{23} \times 2,3 \times 10^{-8} \text{ cm} = 1,38 \times 10^{16} \text{ cm} = 1,38 \times 10^{14} \text{ m} = 1,38 \times 10^{11} \text{ km,}$$

isto é, quase mil vezes a distância da Terra ao Sol!

5.9.5

Do fato de o número de Avogadro ser tão grande e de, portanto, serem extremamente pequenas as dimensões dos átomos e das moléculas, decorre uma importante conclusão para o químico: qualquer espécie de matéria, por mais pura que se mostre macroscopicamente, sempre contém um número apreciável de moléculas ou de átomos que a impurificam. Assim, uma amostra de apenas 1 g de silício altamente purificado, cujo grau de impureza seja de apenas $10^{-8}\%$ (um centésimo de milionésimo por cento), contém algumas centenas ou milhares de bilhões de átomos de outros elementos.

5.9.6

O conhecimento do número de Avogadro, N_0, implica, imediatamente, o conhecimento da massa α do átomo de um elemento cujo átomo-grama é A^*:

$$\alpha = \frac{A^*}{N_0}.$$

Assim, uma vez que a massa atômica do cobre é $A = 63,54$ g e seu átomo-grama é $A = 63,54$ g, a massa de um átomo de cobre é, em média,

$$\alpha_{Cu} = \frac{63,54}{6,022\ 52 \times 10^{23}} = 10,55 \times 10^{-23} \text{ g}.$$

Em particular, a massa de um átomo de $^{12}_{6}C$ é

$$\alpha_{^{12}_{6}C} = \frac{12,000\ 000}{6,022\ 52 \times 10^{23}} = 1,993 \times 10^{-23} \text{ g},$$

e a de um doze avos dessa massa, isto é, a unidade unificada de massa atômica (v. item 5.2), é

$$u = \frac{1}{6,022\ 52 \times 10^{23}} = 1,660 \times 10^{-24} \text{ g}.$$

O que se disse para os átomos é extensível às moléculas. A massa de uma molécula de uma substância cuja molécula-grama é M^* vale

$$\mu = \frac{M^*}{N_0},$$

e, em particular, a massa de uma molécula de água é, aproximadamente e em média,

$$\mu_{H_2O} = \frac{18}{6,022\ 52 \times 10^{23}} = 3 \times 10^{-23} \text{ g}.$$

CAPÍTULO

O Estado Gasoso Noções sobre a Teoria Cinética dos Gases

6.1 Propriedades dos Gases

É sabido, dos cursos elementares de ciências, que a matéria se apresenta comumente em três diferentes estados de agregação intercambiáveis: o gasoso, o líquido e o sólido[*]; cada um deles é regido por um conjunto de leis particulares, cuja validade vai sendo limitada à medida que a matéria, por alteração das condições físicas em que é mantida, se aproxima das condições de transição de um desses estados para outro.

Desses três estados de agregação, o gasoso apresenta importância particular por ter o seu estudo contribuído poderosamente para o desenvolvimento da Física e Química, seja porque por ele se iniciou o próprio estudo da constituição da matéria, seja porque a partir dele tornou-se possível avançar numerosas idéias sobre a estrutura dos líquidos e sólidos.

Ao contrário do que sucede com os sólidos e os líquidos, quando um gás é confinado num recipiente fechado e vazio ele passa a se espalhar por todo o recipiente de modo que, decorrido um certo lapso de tempo, em porções de igual volume desse recipiente passam a existir massas iguais desse gás.

Fenômeno semelhante se verifica quando um gás é introduzido num recipiente

---

[*] Sob condições adequadas, numerosas substâncias podem existir em um dos três estados de agregação. Mas, nas condições comuns de temperatura e pressão, apenas certos compostos covalentes e algumas substâncias simples não metálicas existem no estado gasoso.

86 Química Geral

contendo previamente ar, ou um outro gás; a difusão do gás adicionado realiza-se do mesmo modo, embora mais lentamente, e acaba por determinar seu espalhamento uniforme por todo o recipiente.

Enquanto os sólidos e os líquidos, praticamente incompressíveis, ocupam volumes que dependem, em primeira aproximação, apenas de sua temperatura, os gases são compressíveis e elásticos, e seu volume depende simultaneamente da pressão e temperatura em que se encontram. Os gases têm a faculdade de mudar seu volume quando a pressão sobre eles exercida é alterada; devido a uma propriedade elástica, seu volume responde rapidamente à variação de pressão. Quando a pressão a que estão submetidos é aumentada, seu volume diminui e reciprocamente. Por outro lado, uma substância gasosa quando aquecida tende a se expandir, e quando esfriada tende a se contrair.

Em virtude desse seu comportamento peculiar, o *estado* de uma dada massa gasosa é definido por três *variáveis de estado*: a pressão a que está submetida, o volume por ela ocupado e a temperatura em que se encontra; quando se modificam pelo menos duas dessas variáveis diz-se que o sistema gasoso experimenta uma *transformação*. Das inúmeras transformações que podem ser impostas a um sistema gasoso, apresentam particular importância as isotérmicas, as isobáricas e as isocóricas ou isométricas, caracterizadas por se realizarem, respectivamente, à temperatura constante, à pressão constante e a um volume constante.

Nos itens seguintes do presente capítulo, serão examinadas as leis que descrevem o comportamento de um sistema gasoso, nessas e em outras transformações; o conhecimento dessas leis é indispensável à compreensão de numerosos fenômenos físicos e químicos de que participam os gases, pelas muitas informações que aduzem sobre a conduta das moléculas e dos átomos.

6.2 Transformações Isotérmicas — Lei de Boyle

Observações realizadas por Robert Boyle entre 1660 e 1662 (e posteriormente por Edme Mariotte em 1674) sobre o comportamento de um sistema gasoso durante uma transformação isotérmica levaram ao enunciado de uma proposição conhecida como lei de Boyle ou lei de Boyle—Mariotte:

> **"Numa transformação em temperatura constante o volume *V* ocupado por uma dada massa gasosa é inversamente proporcional à pressão *P* a que está submetida."**

Essa lei pode ser traduzida pela expressão

$$PV = K,$$

(6.1)

onde K, para uma dada massa gasosa, é uma constante que depende da temperatura; ela cresce com a temperatura[*].

Em outra linguagem, representando por V_1 o volume ocupado por uma dada massa gasosa sob pressão P_1 e por V_2 o seu volume sob pressão P_2, desde que se mantenha constante a temperatura, teremos

$$\frac{V_1}{V_2} = \frac{P_2}{P_1} \quad \text{ou} \quad P_1V_1 = P_2V_2, \tag{6.2}$$

isto é, em temperatura constante, é constante o produto da pressão pelo volume de uma dada massa gasosa.

Note-se que, se m representa a massa do gás considerado, então a (6.2) pode também ser escrita

$$P_1\frac{V_1}{m} = P_2\frac{V_2}{m} \quad \text{ou} \quad \frac{P_1}{\dfrac{m}{V_1}} = \frac{P_2}{\dfrac{m}{V_2}}$$

ou

$$\frac{P_1}{d_1} = \frac{P_2}{d_2}, \tag{6.3}$$

onde $d_1 = \dfrac{m}{V_1}$ e $d_2 = \dfrac{m}{V_2}$ representam as massas específicas do gás considerado. Portanto, numa transformação isotérmica, a massa específica de um gás é proporcional à pressão que lhe é aplicada.

A lei de Boyle pode ser representada graficamente num diagrama cartesiano $P = f(V)$, chamado diagrama de Clapeyron, ou $PV = f(P)$, chamado diagrama de Amagat. No diagrama de Clapeyron representam-se no eixo das abscissas os volumes (V) e no das ordenadas as pressões (P), enquanto no diagrama de Amagat no eixo das abscissas são representadas as pressões P e no das ordenadas os produtos PV das pressões pelos volumes correspondentes. A linha representativa da transformação isotérmica, e que se chama isoterma, é no diagrama de Clapeyron uma hipérbole eqüilátera, cujas assíntotas são os próprios eixos (v. Fig. 6.I), e no diagrama de Amagat é uma reta paralela ao eixo das abscissas (v. Fig. 6.2). Para cada temperatura existe uma isoterma, num e no outro diagrama.

---

[*] As experiências de Boyle foram conduzidas em intervalos de pressão relativamente pequenos e os resultados por elas fornecidos não permitiram uma avaliação da precisão da lei correspondente. No início do século XIX, com o desenvolvimento das técnicas de obtenção de pressão mais elevada, numerosos pesquisadores procuraram comprovar a Lei de Boyle e concluíram pela existência de anomalias no seu cumprimento: em diversos itens deste capítulo é discutida a conduta dos *gases reais*.

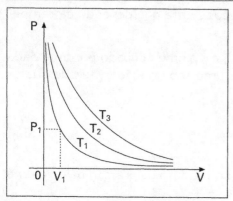

Figura 6.1   *Figura 6.2*

6.3 Transformações Isobáricas — Lei de Charles e Gay-Lussac

O estudo experimental do comportamento de uma massa gasosa mantida sob pressão constante e submetida a temperaturas variáveis foi realizado por Charles[*] (1787) e Gay-Lussac (1802). Os resultados por eles obtidos vieram mostrar que:

> a) O volume de uma dada massa gasosa, submetida a uma transformação isobárica, é função linear da temperatura.

Isto significa que, adotada como escala termométrica a escala Celsius, por exemplo, e representando por V_0 e V os volumes ocupados por uma mesma massa gasosa a 0°C e t°C, respectivamente, então (Fig. 6.3)

$$V = V_0(1+\alpha t), \qquad (6.4)$$

onde α é o coeficiente de dilatação térmica, sob pressão constante, do gás considerado.

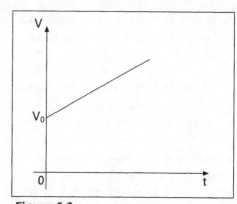

Figura 6.3

> b) O coeficiente de dilatação térmica sob pressão constante, independentemente do intervalo de temperatura considerado, é o mesmo para todos os gases e igual a $\dfrac{1}{273,165}$ °C^{-1}.

---

[*] Jacques Alexandre Cesar Charles (1746-1823).

Com a introdução da escala absoluta de temperaturas, ou escala de lorde Kelvin (1848), a lei de Charles—Gay-Lussac pode ser enunciada de outra forma.

De fato, se V_1 e V_2 representam os volumes de uma mesma massa gasosa nas temperaturas t_1 e t_2, então, pela equação (6.4)

$$V_1 = V_0(1+\alpha t_1),$$
$$V_2 = V_0(1+\alpha t_2)$$

e, portanto,

$$\frac{V_1}{V_2} = \frac{1+\alpha t_1}{1+\alpha t_2}. \tag{6.5}$$

Se as temperaturas t_1 e t_2 forem avaliadas na escala Celsius, então tendo em vista o valor numérico de α,

$$\frac{V_1}{V_2} = \frac{1+\dfrac{t_1}{273,165}}{1+\dfrac{t_2}{273,165}} = \frac{273,165+t_1}{273,165+t_2} = \frac{T_1}{T_2}$$

ou

$$\frac{V_1}{T_1} = \frac{V_2}{T_2}. \tag{6.6}$$

> "Numa transformação isobárica, os volumes de uma dada massa gasosa são proporcionais às temperaturas absolutas em que são medidos."

Uma transformação isobárica é representada no diagrama de Clapeyron por uma paralela ao eixo das abscissas (v. Fig. 6.4) e, no de Amagat, por uma paralela ao eixo das ordenadas (Fig. 6.5).

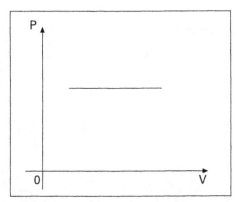

Figura 6.4

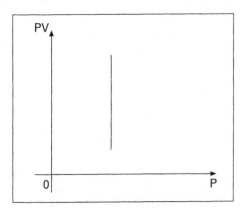

Figura 6.5

6.4 Equação Geral dos Gases Perfeitos

As leis de Boyle e de Charles—Gay-Lussac não traduzem rigorosamente o comportamento dos gases. De formulação bastante simples, essas leis são apenas aproximadas e regem tão-só o comportamento de um gás cujo estudo pode ser feito por equações pouco complicadas. Esse gás, ideal do ponto de vista de sua simplicidade, chama-se de *gás perfeito*.

O gás perfeito, por inexistir na natureza, constitui mera abstração; contudo suas propriedades são próximas das dos gases reais e, para efeito de cálculo, um gás real pode, muitas vezes, ser substituído por um gás perfeito.

Isso posto, trata-se, agora, de estabelecer uma correlação, entre as três variáveis de estado (P, V e T), aplicável a uma transformação qualquer de um gás perfeito.

Para tal, considere-se uma dada massa de gás perfeito que se encontra num estado representado no diagrama de Clapeyron pelo ponto A; as coordenadas P_1 e V_1 desse ponto (Fig. 6.6) definem a pressão e o volume dessa massa gasosa, enquanto a isoterma passante por A individualiza a sua temperatura T_1. Admita-se que o gás experimente uma transformação de modo a passar ao estado representado pelo ponto B e no qual suas variáveis de estado resultam P_2, V_2 e T_2. Para que possam ser aplicadas as leis de Boyle e

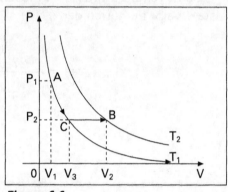

Figura 6.6

Gay-Lussac, imagine-se que o sistema gasoso considerado, partindo do estado A, atinja o estado B por duas transformações consecutivas, uma isotérmica AC e outra isobárica CB. Representando por V_3 o volume do gás no estado C, no qual a pressão é P_2 e a temperatura é T_1, ter-se-á:

na transformação isotérmica AC: $P_1 V_1 = P_2 V_3$;

na transformação isobárica CB: $\dfrac{V_3}{T_1} = \dfrac{V_2}{T_2}$;

e, por produto membro a membro das duas igualdades:

$$P_1 V_1 \frac{V_3}{T_1} = P_2 V_3 \frac{V_2}{T_2}$$

ou
$$\frac{P_1 V_1}{T_1} = \frac{P_2 V_2}{T_2}, \qquad (6.7)$$

que é a chamada *equação geral dos gases perfeitos*.

Note-se que, fazendo na (6.7) $V_1 = V_2$, resulta:

$$\frac{P_1}{T_1} = \frac{P_2}{T_2}. \tag{6.8}$$

> "Numa transformação isocórica, as pressões exercidas por uma dada massa gasosa sobre as paredes do recipiente que a contém são proporcionais às temperaturas absolutas."

Essa proposição que correlaciona a pressão e a temperatura de uma dada massa gasosa, mantida em volume constante, é conhecida como lei de Charles.

A Fig. 6.7 mostra uma transformação isocórica representada nos diagramas de Clapeyron a) e Amagat b).

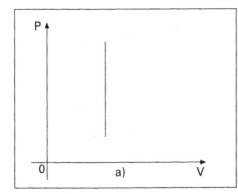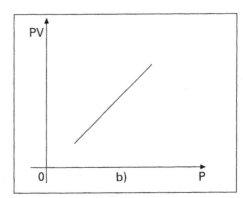

Figura 6.7

6.5 Equação de Estado dos Gases Perfeitos

Considere-se um recipiente de capacidade V contendo uma massa m de gás sob pressão P e à temperatura T. A equação geral dos gases perfeitos permite calcular qual seria o volume V_0 ocupado por esse gás nas condições normais ($P_0 = 1$ atm e $T_0 = 273,165$ K). De fato, pela (6.7) tem-se:

$$\frac{PV}{T} = \frac{P_0 V_0}{T_0}. \tag{6.9}$$

Por outro lado, segundo o exposto no item 5.5.2, pode-se escrever

$$\frac{M^*}{\overline{V}_0} = \frac{m}{V_0},$$

onde $\overline{V}_0$ representa o volume molar, nas condições normais, e M^* a molécula-grama do gás considerado.

Por produto, membro a membro, das duas igualdades anteriores vem

$$\frac{PV}{T}\frac{M^*}{\bar{V}_0} = \frac{P_0 V_0}{T_0}\frac{m}{V_0}$$

ou

$$PV = \frac{m}{M^*}\frac{P_0 \bar{V}_0}{T_0}.$$

Uma vez que P_0, $\bar{V}_0$ e T_0 são constantes, fazendo

$$\frac{P_0 \bar{V}_0}{T_0} = R, \tag{6.10}$$

segue-se

$$PV = \frac{m}{M^*}RT$$

ou

$$P\bar{V} = nRT, \tag{6.11}$$

onde $n = \dfrac{m}{M^*}$ é o número de moléculas-grama (mol-g) de gás contidos em V. A equação (6.11), que nada mais é do que a equação geral dos gases perfeitos apresentada sob outra forma, é conhecida como *equação de estado dos gases perfeitos* ou *equação de Clapeyron*.

A constante $R^{[*]}$ que figura na equação (6.11) é independente da natureza do gás considerado e conhecida como constante universal dos gases perfeitos. O seu valor numérico depende exclusivamente do sistema de unidades adotado para medir a pressão P e o volume V. Adotando como unidade de pressão a atmosfera (atm) e de volume o litro (L), tem-se $P_0 = 1$ atm, $T_0 = 273,165$ K e $\bar{V}_0 = 22,414$ L e, em consequência:

$$R = \frac{P_0 V_0}{T_0} = \frac{1 \times 22,414}{273,165} \cong 0,082 \text{ atm} \times L \times K^{-1}.$$

Quando se adota como unidade de volume o mililitro (mL), resulta

$$R \cong 82 \text{ atm} \times \text{mL} \times K^{-1}.$$

Esses dois valores de R são de utilização bastante cômoda nos cálculos que envolvem o emprego da equação de Clapeyron. Na Tab. 6.1 figuram alguns valores de R em outras unidades.

---

[*] Em homenagem a Regnault.

O Estado Gasoso — Noções sobre a Teoria Cinética dos Gases

TABELA 6.1

| Sistema | Unidades | | Valores de R |
	Pressão	Volume	
	atm	L	$0{,}082\ 05\quad atm \times L \times K^{-1}$
	atm	mL	$82{,}05\quad atm \times mL \times K^{-1}$
	mmHg	L	$62{,}358\quad mmHg \times L \times K^{-1}$
CGS	$dyn \times cm^{-2}$	cm^3	$8{,}314\ 3 \times 10^7\quad erg \times K^{-1}$
SI	$N \times m^{-2}$	m^3	$8{,}314\ 3\quad J \times K^{-1}$
MK*S	$kgf \times cm^{-2}$	m^3	$0{,}848\quad kgm \times K^{-1}$
Térmico			$1{,}987\ 2\quad cal \times K^{-1}$

Observações

1. As propriedades de um sistema, isto é, as peculiaridades que permitem descrevê-lo, são de duas ordens: *extensivas* e *intensivas*. Uma propriedade extensiva é toda aquela cujo valor é obtido por soma de seus valores para cada porção do sistema e é, portanto, proporcional à massa do sistema. Uma propriedade intensiva é a que, obtida por avaliação num ponto de um sistema (em equilíbrio), apresenta o mesmo valor em qualquer outro ponto do sistema. Como se verá em vários itens desta publicação, são propriedades extensivas a energia interna, a entalpia, a entropia, a energia livre, etc. São exemplos de propriedades intensivas a temperatura, a pressão, a densidade, a viscosidade, a permitividade elétrica, a permeabilidade magnética, etc.

2. A equação de Clapeyron relaciona entre si duas variáveis extensivas (n e V) com duas variáveis intensivas (P e T). Dividindo ambos os seus membros por n, tem-se

$$\frac{V}{n} = \frac{RT}{P} \quad ou \quad \overline{V} = \frac{RT}{P},$$

equação em que $\overline{V}$, volume molar, é uma constante. A equação dos gases perfeitos escrita sob a forma

$$P\overline{V} = RT, \tag{6.11 bis}$$

relacionando apenas variáveis intensivas, é útil porque permite discutir as propriedades dos gases perfeitos, independentemente das massas dos sistemas considerados.

6.6 Misturas de Gases — Lei de Dalton

Mui freqüentemente os sistemas gasosos que se oferecem ao exame são constituídos por misturas de duas ou mais substâncias gasosas que coexistem num mesmo recipiente. A conduta de tais misturas foi estudada por Dalton (1801); a ele se devem o estabelecimento do conceito de *pressão parcial* e a formulação da lei das misturas gasosas ou das pressões parciais.

Segundo Dalton, pressão parcial de um componente numa mistura de gases é a pressão que seria exercida por esse componente se, sozinho, ocupasse o volume da mistura, à mesma temperatura.

De acordo com as medicões efetuadas por Dalton:

> "A pressão de uma mistura gasosa é igual à soma das pressões parciais de todos os seus componentes."

Na Fig. 6.8 está representado esquematicamente um balão ligado a um manômetro que acusa a pressão do gás nele confinado. Em a) supõe-se aprisionado no balão um gás G_1 (oxigênio por exemplo); em b), o balão contém um gás G_2 (nitrogênio, por exemplo); em c) representa-se o mesmo balão contendo a mistura de G_1 e G_2 (oxigênio e nitrogênio).

Considere-se uma mistura de gases G_1, G_2, G_3 ... ocupando um volume V, sob pressão total P e à temperatura T, e sejam n_1, n_2, n_3 ... os números de moléculas-grama de cada um desses componentes contidos em V. Designando por P_i a pressão parcial de um componente genérico G_i dessa mistura, pela definição de pressão parcial, tem-se

$$p_i V = n_i RT \quad \text{ou} \quad p_i = \frac{n_i}{V} RT. \tag{6.12}$$

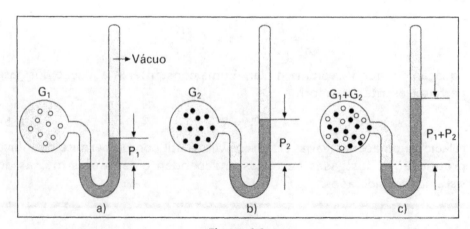

Figura 6.8

O Estado Gasoso — Noções sobre a Teoria Cinética dos Gases

Como, pela Lei de Dalton,

$$P = \sum p_i,$$

então

$$P = \sum \frac{n_i}{V} RT = \frac{RT}{V} \sum n_i \qquad (6.13)$$

ou

$$P = \frac{RT}{V} n, \quad \text{onde} \quad n = \sum n_i,$$

isto é: a equação de Clapeyron é aplicável a uma mistura de gases, desde que n represente o número total de moléculas-grama existentes na mistura.

Por outro lado, das equações (6.12) e (6.13),

$$\frac{p_i}{P} = \frac{n_i}{\Sigma n_i} \quad \text{ou} \quad p_i = P \frac{n_i}{\Sigma n_i}. \qquad (6.14)$$

O quociente $\dfrac{n_i}{\Sigma n_i}$, entre o número de moléculas-grama de G_i e o número total de moléculas-grama existentes na mistura, é chamado *fração molar* do componente G_i na mistura. Portanto:

> "A pressão parcial de um componente numa mistura gasosa é igual ao produto da pressão total pela fração molar desse componente na mistura em questão."

6.6.1

A lei de Dalton é mui freqüentemente aplicada para determinar a pressão parcial de um gás recolhido num tubo emborcado em água. Em virtude da vaporização de parte dessa água, o gás em questão contém sempre um pouco de vapor de água e, para conhecer a pressão do gás propriamente dito, é preciso subtrair da pressão medida (que é da mistura gás + vapor de água) a pressão parcial do vapor de água. Esta última, graças a um estado de equilíbrio que se estabelece entre a água no estado de vapor e no estado líquido, só depende da temperatura.

6.6.2

Para cada componente de uma mistura gasosa, define-se também o *volume parcial*: é o volume que seria ocupado por um componente isoladamente, sob pressão igual à da mistura e à temperatura desta. Deixa-se a cargo do leitor demonstrar que:

> "O volume ocupado por uma mistura gasosa é igual à soma dos volumes parciais de cada um de seus componentes (lei de Amagat)."

6.7 Difusão e Efusão de Gases

A experiência mostra que, estabelecida uma comunicação entre dois vasos contendo gases diferentes, decorrido um certo intervalo de tempo, esses gases acabam se mesclando nos dois recipientes. Uma observação desse tipo foi registrada por Dalton (1801), ao estabelecer comunicação por um longo tubo vertical entre um frasco A, cheio com gás carbônico, e outro B, cheio com hidrogênio, colocado acima do primeiro (Fig. 6.9); depois de algumas horas constatou que os gases se haviam misturado uniformemente nos dois frascos. Esse fenômeno de mistura espontânea de gases (mesmo contra a gravidade) chama-se *difusão*; ele decorre da migração das moléculas gasosas de A para B e de B para A, muito bem explicada pela teoria cinética dos gases (v. item 6.14).

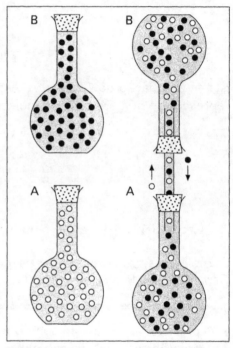

Figura 6.9

Considere-se um recipiente fechado contendo um gás, sob determinada pressão, e admita-se que num ponto qualquer de sua parede seja praticado um orifício de pequeno diâmetro (cerca de 0,01 mm). Por esse orifício estabelecer-se-á um processo de escoamento do gás do interior do recipiente para o meio ambiente. A esse processo pelo qual um gás atravessa um orifício de pequeno diâmetro (ou uma parede porosa), vindo de um recinto de pressão mais alta para outro de pressão mais baixa, chama-se *efusão*.

Se N é o número de moléculas de um gás existente num recinto num dado instante, chama-se de *velocidade de efusão* a grandeza v dada por

$$v = \frac{dN}{dt}. \tag{6.15}$$

Sob condições bem determinadas, a velocidade de efusão é uma propriedade característica de cada gás.

Para medi-la, o gás em exame é aprisionado num balão B (Fig. 6.10), ligado a um dispositivo dotado de um diafragma D e em comunicação com uma bomba de vácuo. À medida que o gás se escoa pelo orifício do diafragma, a pressão no seu

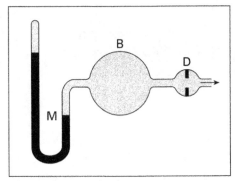

Figura 6.10

interior, controlada pelo manômetro M, diminui, de modo que a velocidade de efusão do gás pode ser avaliada pela velocidade

$V = \dfrac{dP}{dt}$ com que diminui a própria pressão

em B. Graham[*] (1832), por meio de um conjunto de experiências do tipo das descritas, mediu a velocidade de efusão para diversos gases à mesma temperatura e sob a mesma pressão. De suas observações concluiu que:

> "As velocidades de efusão de dois gases estão entre si como os recíprocos das raízes quadradas de suas massas específicas."

Se d_1 e d_2 são as massas específicas de dois gases e v_1 e v_2 suas velocidades de efusão, medidas à mesma temperatura, sob a mesma pressão e usando o mesmo orifício, então

$$\frac{v_1}{v_2} = \sqrt{\frac{d_2}{d_1}}. \tag{6.16}$$

Tendo em vista a equação (5.20)

$$d_2 = M_2^* \frac{P}{RT} \quad \text{e} \quad d_1 = M_1^* \frac{P}{RT},$$

então

$$\frac{v_1}{v_2} = \sqrt{\frac{M_2^*}{M_1^*}}, \tag{6.17}$$

isto é: "as velocidades de efusão de dois gases guardam entre si a mesma razão que as raízes quadradas de suas massas moleculares". Esta proposição, decorrente da lei de Graham, foi utilizada por Bunsen[**] (1857) para a determinação das massas moleculares de substâncias gasosas.

O fenômeno da difusão de um gás em outro obedece a uma lei semelhante à da efusão; as expressões (6.16) e (6.17) aplicam-se também à difusão.

---

[*] Thomas Graham (1805-1869).
[**] Robert Wilhelm Bunsen (1811-1899).

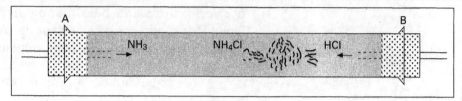

Figura 6.11

A verificação da lei da difusão pode ser realizada com um tubo de vidro, de cerca de 1 metro de comprimento, como o esquematizado na Fig. 6.11. Pelas suas extremidades *A* e *B* introduzem-se no tubo, simultaneamente, algumas gotas de amoníaco (*A*) e ácido clorídrico (*B*), líquidos que emitem, respectivamente, vapores de NH_3 e HCl. Esses vapores se difundem pelo ar, avançando ao longo do tubo em sentidos opostos, com velocidades diferentes. A amônia (NH_3) tem densidade menor que o gás clorídrico (HCl) e, por isso, o lugar em que ambos se encontram, marcado pela formação de um vapor branco de cloreto de amônio (NH_4Cl), é mais próximo da extremidade *B*.

As densidades da amônia e do gás clorídrico guardam entre si a relação 17/36,5 e suas velocidades de difusão, segundo a lei de Graham, atendem a expressão

$$\frac{V_{NH_3}}{V_{HCl}} = \sqrt{\frac{36,5}{17}} = 1,46,$$

que é também a razão entre as distâncias da extremidade *A* e da extremidade *B* do tubo até o lugar em que se forma o cloreto de amônia (v. item 6.14.6).

6.8 O Comportamento dos Gases Reais

No item 6.4 foi observado que as leis dos gases perfeitos ou ideais não exprimem rigorosamente o verdadeiro comportamento dos gases; é o que se constata, por exemplo, ao verificar que o volume molar $\overline{V}$ de um gás, medido com bastante precisão, não satisfaz à equação $P\overline{V} = RT$. Para pressões de algumas atmosferas, muitos gases, como nitrogênio, amônia, gás carbônico, gás sulfídrico, cianogênio e outros, mostram-se, em temperatura constante, mais compressíveis do que o previsto pela lei de Boyle, enquanto alguns outros, como hidrogênio e neônio, comportam-se de modo oposto, isto é, são menos compressíveis (v. Fig. 6.12). Observações nesse sentido foram registradas ainda em 1826 por Oersted e Schwenden ao submeterem diversos gases a compressões isotérmicas de até cerca de 70 atmosferas.

Experiências posteriores de Regnault, Natterer, Amagat, Cailletet e outros, com

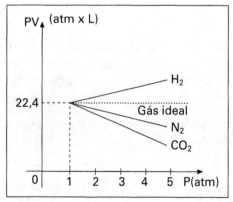

Figura 6.12

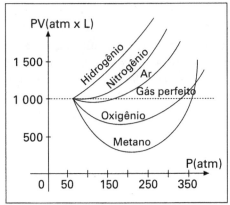

Figura 6.13

pressões de centenas de atmosferas, mostraram que, exceção feita para alguns poucos gases como o hidrogênio, o produto PV diminui com o crescer da pressão, e para cada gás existe uma pressão para a qual o produto PV passa por um mínimo (v. Fig. 6.13). Para pressões maiores que essa, os gases passam a ser menos compressíveis: o produto PV aumenta rapidamente.

Para caracterizar o desvio de comportamento de um gás real em relação ao do ideal, recorre-se ao *fator de compressibilidade*, definido convencionalmente pela relação Z entre o volume molar efetivo $\bar{V}$ do gás considerado e o volume molar $\bar{V}_{ideal}$, isto é:

$$Z = \frac{\bar{V}}{\bar{V}_{ideal}}. \qquad (6.18)$$

Uma vez que para o gás ideal

$$P\bar{V}_{ideal} = RT, \quad \text{então} \quad \bar{V}_{ideal} = \frac{RT}{P}$$

e, por conseguinte,

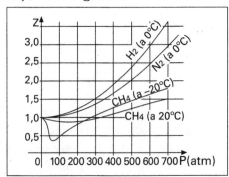

Figura 6.14

$$Z = \frac{P\bar{V}}{RT}. \qquad (6.19)$$

Para os gases ideais, $Z = 1$, independentemente da pressão e temperatura, enquanto para os gases reais, Z varia com a pressão e a temperatura, isto é: $Z = Z(P, T)$. Na Fig. 6.14 representa-se o fator de compressibilidade, em função da pressão, para vários gases em diferentes temperaturas.

6.9 As Isotermas de um Gás Real

De acordo com a lei de Boyle—Mariotte, ao se aumentar isotermicamente a pressão P de uma massa gasosa, o volume V por ela ocupado deve diminuir de maneira a se manter invariável o produto PV. A experiência mostra entretanto que, em temperatura suficientemente baixa, ao se aumentar gradativamente a pressão aplicada a um gás, seu volume se reduz até que, atingida uma dada pressão, ele começa a passar ao estado líquido.

Andrews, entre 1869 e 1872, realizou uma série de observações sobre a liquefação dos gases, por compressão, verificando que para cada substância gasosa existe uma certa temperatura t_c, acima da qual resulta impossível a sua liquefação por compressão isotérmica. Em temperaturas superiores àquela t_c é possível, por aumento conveniente da pressão, reduzir o volume do gás até o volume que teria se esse gás passasse ao no estado líquido, sem, contudo, que a substância em questão deixe de continuar no estado gasoso. Comprimindo entretanto aquela substância, isotermicamente, a uma temperatura inferior a t_c, o gás se liquefaz tanto mais facilmente quanto mais baixa for essa temperatura em relação a t_c. Essa temperatura-limite t_c chama-se *temperatura crítica*, e a pressão P_c do gás ao se liquefazer, à temperatura crítica, é chamada *pressão crítica*; o volume V_c da substância-problema quando sob pressão e temperatura críticas é dito *volume crítico*. O conjunto dos três parâmetros, P_c, V_c e t_c, define o *estado crítico* ou *ponto crítico*. A temperatura crítica e a pressão crítica são características para cada gás. O volume crítico varia com a massa de gás considerada; para uma dada massa gasosa, por exemplo, uma molécula-grama é também característico do gás.

Na Fig. 6.15 encontram-se esboçadas, no diagrama de Clapeyron, algumas isotermas relativas ao dióxido de carbono.

Submetendo uma certa massa dessa substância, mantida, por exemplo, a 10°C e sob pressão de uma atmosfera, a uma compressão isotérmica, o seu volume passa a diminuir conforme mostra o trecho MA da curva. Atingida, entretanto, uma certa pressão (cerca de 47 atm, para o dióxido de carbono a 10°C), o gás passa a se liquifazer (ponto A) e, a partir de então, a liquefação prossegue com uma redução progressiva de volume, embora sob pressão constante. O segmento retilíneo AB da isoterma representa a liquefação simultaneamente isotérmica e isobárica do dióxido de carbono. Um ponto N qualquer desse segmento representa o sistema constituído pela mistura de dióxido de carbono líquido e gasoso em equilíbrio, sob uma pressão chamada *pressão máxima de vapor*; o sistema no ponto B é constituído exclusivamente pelo dióxido de carbono no estado líquido. A partir de B, continuando a aumentar a pressão, nova redução de volume, embora muito pequena, passa a ser observada, mas agora exclusivamente do líquido (trecho BL da curva).

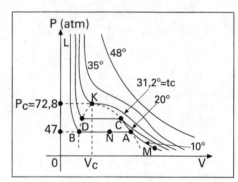

Figura 6.15

Se a operação de compressão fosse realizada em temperatura mais elevada (20°C, por exemplo), a liquefação iniciar-se-ia para uma pressão mais alta e para um volume menor (ponto C) e, por outro lado, cessaria para um volume maior (ponto D). À medida que aumenta a temperatura em que se realiza a compressão, o trecho retilíneo da isoterma vai diminuindo. A cerca de 31,2°C o patamar se reduz a um ponto K, no qual a tangente à isoterma é paralela ao eixo das abscissas. Esse ponto K é chamado *ponto crítico*.

O Estado Gasoso — Noções sobre a Teoria Cinética dos Gases **101**

Comprimindo o dióxido de carbono em temperatura superior a 31,2°C (35°C, por exemplo), não será conseguida sua liquefação. A isoterma correspondente apresentará apenas uma inflexão, que irá desaparecendo à medida que a temperatura for aumentando. Quanto mais alta for a temperatura, mais a isotermal irá tendendo para uma hipérbole eqüilátera característica do gás ideal.

Em resumo, 31,2°C é a temperatura crítica do dióxido de carbono, e 72,8 atm é sua pressão crítica. O volume crítico do dióxido de carbono, para uma molécula-grama, é 94,2 cm^3. Fenômenos semelhantes aos descritos para o dióxido de carbono se constatam para todas as outras substâncias gasosas ou líquidas, isto é, para todos os fluidos. A temperatura crítica, a pressão crítica e o volume crítico variam, entretanto, de um para outro (v. Tab. 6.2). Cada fluido tem o seu *estado crítico*, estado limite no qual o volume do líquido é igual ao de uma mesma massa do seu vapor, ou ainda, estado no qual a massa específica do líquido é igual à do vapor.

TABELA 6.2

Fluidos	$t_c(°C)$	$P_c(atm)$	$\bar{V}_c(L \times mol\text{-}g^{-1})$	$Z = \dfrac{P_c \bar{V}_c}{RT_c}$
Hélio	−267,7	2,26	0,057 8	0,300
Hidrogênio	−239,7	12,8	0,065 0	0,304
Neônio	−228,5	25,9	0,041 7	0,296
Nitrogênio	−146,9	33,5	0,090 1	0,292
Oxigênio	−118,6	49,7	0,0744	0,292
Metano	−82,3	45,8	0,099 0	0,290
Etileno	9,8	50,4	0,126 0	0,274
Dióxido de carbono	31,2	72,8	0,094 2	0,274
Etano	32,5	48,2	0,139 0	0,267
Acetileno	35,6	61,6	0,113 0	0,275
Propano	97	42,1	0,195 0	0,270
Amônia	132,5	112,2	0,072 0	0,243
Água	374,3	217,7	0,056 6	0,232

6.10 Massa Específica Crítica — Regra de Cailletet e Mathias

Imagine-se um recipiente fechado contendo certa quantidade de líquido em presença do seu vapor. A experiência mostra que as massas específicas d_l do líquido e d_v do vapor com ele coexistente, chamadas *ortobáricas*, são diferentes entre si $(d_l > d_v)$. Quando se eleva a temperatura do sistema, a massa específica do líquido diminui e a do vapor aumenta. Esse fato, pelo menos em parte, decorre da vaporização parcial do líquido e determina a diminuiçao da diferença $d_l - d_v$. Assim, é de esperar a existência de certa temperatura em que as massas específicas do líquido e do vapor se igualam entre si, isto é, temperatura em que deixe de existir qualquer distinção entre o líquido e o vapor com o desaparecimento, inclusive, da superfície de separação entre eles. A temperatura em que isso se verifica é a temperatura crítica e a massa específica do sistema nesse estado de continuidade líquido—vapor chama-se *massa específica crítica*.

A massa específica crítica, para cada substância pura, pode ser determinada pela regra de Cailletet e Mathias:

> "A média das massas específicas ortobáricas de uma mesma substância pura é função linear da temperatura."

Isto é:

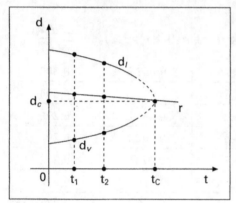

Figura 6.16

$$\frac{d_l + d_v}{2} = a + bt. \quad (6.20)$$

Para determinar a massa específica crítica, basta medir as massas específicas ortobáricas em duas temperaturas diferentes. Uma vez conhecidos, esses dados permitem traçar, no diagrama $d = f(t)$, a reta r representativa da equação anterior. A intersecção dessa reta com a paralela ao eixo das ordenadas, e que tem como abscissa o valor da temperatura crítica t_c, define a massa específica crítica (Fig. 6.16).

6.11 A Equação de Van der Waals

A equação de estado dos gases ideais, $PV = nRT$ ou $P\bar{V} = RT$, não se aplica aos gases reais, mormente quando se encontram em condições próximas das de seu estado crítico. Dezenas de equações têm sido propostas para exprimir o comportamento de um fluido real, mas nenhuma delas tem se mostrado capaz de fazê-lo para intervalos amplos de pressão e temperatura. Algumas representam satisfatoriamente o comportamento apenas do líquido, outras apenas do vapor e outras ainda exprimem razoavelmente a conduta do sistema líquido e do de vapor, mas para pequenos intervalos de pressão e temperatura. Muitas dessas equações são totalmente empíricas, embora outras tenham sido estabelecidas com fundamentos teóricos.

Uma das equações de estado mais conhecida é a de Van der Waals (1873), estabelecida a partir de duas idéias sugeridas pela teoria cinética dos gases:

O Estado Gasoso — Noções sobre a Teoria Cinética dos Gases 103

a) Quando se faz variar o volume oferecido a uma dada massa gasosa, o que varia, efetivamente, não é o volume ocupado pelo gás, mas, sim, o volume dos espaços livres entre suas moléculas. Nessas condições, o volume $\bar{V}$ que figura na equação de Clapeyron deve ser substituído pela diferença $\bar{V} - b$, onde b representa o volume vedado ao movimento das moléculas existentes, no caso, em uma molécula-grama do gás. A constante b chama-se *covolume* (v. item 6.14.9).

b) A pressão que se exerce num ponto considerado no seio da massa gasosa não é apenas a pressão P exercida pela parede do recipiente que a contém e que é medida por um manômetro, mas a soma $P + p_i$, isto é, a soma dessa pressão com uma outra p_i, decorrente de atrações mútuas entre as moléculas do fluido e chamada *pressão interna*.

Assim, a equação de estado para uma molécula-grama de um gás real deveria ser escrita

$$(P + p_i)(\bar{V} - b) = RT. \tag{6.21}$$

Segundo considerações teóricas desenvolvidas por Van der Waals, a pressão interna p_i, que dependeria do afastamento das moléculas entre si, deve ser independente da temperatura e proporcional ao recíproco do quadrado do volume:

$$p_i = \frac{a}{\bar{V}^2}.$$

Obtém-se, assim, a equação de Van der Waals:

$$\left(P + \frac{a}{\bar{V}^2}\right)(\bar{V} - b) = RT, \tag{6.22}$$

válida para uma molécula-grama de gás, ou

$$\left(P + \frac{n^2 a}{V^2}\right)(V - nb) = nRT, \tag{6.23}$$

aplicável para n moléculas-grama.

As constantes a e b que figuram nas duas últimas equações são variáveis com a natureza do fluido. Na Tab. 6.3 aparecem os valores de a e b, determinados empiricamente, para alguns fluidos comuns.

Para evidenciar o desvio de comportamento de um gás real em relação ao dos gases perfeitos, conforme o estabelecido por Van der Waals, calcula-se a seguir a pressão sob a qual deveria estar submetida uma molécula-grama de hidrogênio para, a 0°C, ocupar um volume de 22,4 L.

Pela equação (6.22) para uma molécula-grama de gás tem-se

104 QUÍMICA GERAL

$$\left(P + \frac{a}{\bar{V}^2}\right)(\bar{V} - b) = RT,$$

pela qual resulta

$$P = \frac{RT}{\bar{V} - b} - \frac{a}{\bar{V}^2}.$$

Segundo os dados da Tab. 6.3, para o hidrogênio, $a = 0{,}244\ 4\ \text{atm} \times \text{L}^2$ e $b = 0{,}026\ 6\ \text{L}$. Logo

$$P = \frac{0{,}082 \times 273}{22{,}414 - 0{,}026\ 6} - \frac{0{,}244\ 4}{22{,}414^2} \cong 1{,}01\ \text{atm},$$

sugerindo que, a 0°C, um certo número de moléculas-grama de hidrogênio exige que se lhe aplique uma pressão 1% acima da que seria exigida pelo mesmo número de moléculas-grama de um gás perfeito para ocupar o mesmo volume.

Na suposição de que a equação de Van der Waals se cumpra no estado crítico, essas constantes podem também ser expressas em função das constantes críticas do fluido considerado.

A equação (6.22) é, do ponto de vista algébrico, uma equação do 3.º grau em $\bar{V}$, que pode ser escrita sob a forma

$$\bar{V}^3 - \left(b + \frac{RT}{P}\right)\bar{V}^2 + \frac{a}{P}\bar{V} - \frac{ab}{P} = 0. \tag{6.24}$$

TABELA 6.3

Substância	a (atm · L²)	b (L)
Hélio	0,034 1	0,023 7
Hidrogênio	0,244 4	0,026 6
Oxigênio	1,360	0,031 8
Nitrogênio	1,390	0,039 1
Monóxido de carbono	1,485	0,039 9
Metano	2,253	0,042 8
Mercúrio	2,88	0,005 5
Dióxido de carbono	3,592	0,042 7
Amônia	4,170	0,037 1
Etileno	4,471	0,057 1
Água	5,464	0,030 5
Dióxido de enxofre	6,714	0,056 4

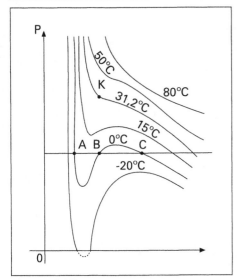

Figura 6.17

Portanto, para uma dada pressão e uma determinada temperatura, ela fornece três raízes para V. Para temperaturas baixas, isto é, quando o fator $\left(b + \dfrac{RT}{P}\right)$ assume valores suficientemente pequenos, as três raízes são reais. É o que sucede com algumas das isotermas de Van der Waals relativas ao dióxido de carbono e representadas na Fig. 6.17. A isoterma correspondente a 0°C é cortada por uma paralela ao eixo das abscissas em três pontos A, B e C. Em temperaturas elevadas só existe uma raiz real; as outras duas são imaginárias e não têm nenhum significado físico. Para baixas temperaturas, as isotermas têm o aspecto de um
S deformado. À medida que a temperatura se eleva, a forma da curva se modifica, até que, a uma temperatura bem determinada, $t_c = 31,2°C$, surge o ponto de inflexão K, que desaparece para temperaturas superiores.

Algebricamente, esse ponto K está caracterizado pelo fato de, nele, as três raízes, ainda reais, serem coincidentes. Sabendo-se que uma equação do 3.º grau, cujas raízes são α, β e γ, pode ser escrita sob a forma

$$(x-\alpha)(x-\beta)(x-\gamma) = 0$$

e, no caso de as três raízes serem coincidentes,

$$(x-\alpha)^3 = 0,$$

segue-se, no caso presente,

$$(\overline{V} - \overline{V}_c)^3 = 0$$

ou
$$\overline{V}^3 - 3\overline{V}_c\overline{V}^2 + 3\overline{V}_c^2\overline{V} - \overline{V}_c^3 = 0,$$

onde $\overline{V}_c$ representa o volume crítico, isto é, o valor para o qual coincidem as três raízes da equação de Van der Waals.

Por outro lado, pela equação (6.24) aplicada ao ponto crítico, tem-se

$$\overline{V}^3 - \left(b + \dfrac{RT_c}{P_c}\right)\overline{V}^2 + \dfrac{a}{P_c}\overline{V} - \dfrac{ab}{P_c} = 0$$

e, tendo em vista que nas duas últimas expressões devem ser iguais os coeficientes da mesma potência de $\overline{V}$, resulta o sistema de equações

$$\begin{cases} b + \dfrac{RT_c}{P_c} = 3\overline{V}_c \\[3mm] \dfrac{a}{P_c} = 3\overline{V}_c^{\,2} \\[3mm] \dfrac{ab}{P_c} = \overline{V}_c^{\,3}, \end{cases}$$

que resolvido fornece:

$$\overline{V}_c = 3b, \tag{6.25}$$

$$P_c = \frac{a}{27b^2}, \tag{6.26}$$

$$T_c = \frac{8a}{27bR}, \tag{6.27}$$

ou, se o que se pretende é determinar as constantes a e b:

$$R = \frac{8}{3}\frac{P_c\overline{V}_c}{T_c}, \tag{6.28}$$

$$a = 3P_c\overline{V}_c^{\,2} = \frac{27R^2T_c^2}{64P_c}, \tag{6.29}$$

$$b = \frac{\overline{V}_c}{3} = \frac{RT_c}{8P_c}. \tag{6.30}$$

6.11.1

As relações entre as constantes críticas e as de Van der Waals podem ser deduzidas também por outro caminho. De fato, tendo presente que no diagrama PV o coeficiente angular da isoterma crítica, no ponto crítico, deve ser nulo, então

$$\left(\frac{\partial P}{\partial V}\right)_{T=T_c} = 0. \tag{I}$$

Por outro lado, o ponto crítico é um ponto de inflexão da isoterma crítica; logo

$$\left(\frac{\partial^2 P}{\partial V^2}\right)_{T=T_c} = 0. \tag{II}$$

Ora, a equação de Van der Waals, para uma molécula-grama, pode ser escrita

$$P = \frac{RT}{\overline{V}-b} - \frac{a}{\overline{V}^2}. \tag{III}$$

Logo, pela equação (I),

$$\left(\frac{\partial P}{\partial V}\right)_T = -\frac{RT}{(\overline{V}-b)^2} + \frac{2a}{\overline{V}^3} = 0$$

e, pela equação (II),

$$\left(\frac{\partial^2 P}{\partial V^2}\right)_T = \frac{2RT}{(\overline{V}-b)} - \frac{6a}{\overline{V}^4} = 0.$$

As duas últimas igualdades, nas quais $\overline{V} = \overline{V}_c$ e $T = T_c$, fornecem

$$\frac{2a}{\overline{V}_c^3} = \frac{RT_c}{(\overline{V}_c-b)^2}$$

e

$$\frac{3a}{\overline{V}_c^4} = \frac{RT_c}{(\overline{V}_c-b)^3},$$

das quais, por quociente membro a membro, tira-se

$$\overline{V}_c = 3b$$

e, por substituição numa delas,

$$T_c = \frac{8a}{27bR}$$

e, finalmente, da equação (III),

$$P_c \frac{a}{27b^2}.$$

6.11.2

As relações entre as constantes de Van der Waals e as constantes críticas foram deduzidas partindo da suposição de que a equação de Van der Waals seja obedecida pelo fluido no ponto crítico. Sucede que essa equação descreve muito bem o comportamento de um fluido na região do líquido, na região do vapor e próximo e acima do ponto crítico. Quando aplicada ao ponto crítico deixa muito a desejar. De fato, das relações deduzidas pode-se determinar o fator de compressibilidade Z que deveria ter um fluido no estado crítico:

$$Z = \frac{P_c \overline{V}_c}{RT_c} = \frac{\dfrac{a}{27b^2} \times 3b}{R \times \dfrac{8a}{27bR}} = \frac{3}{8} = 0,375,$$

valor esse independente da natureza do fluido. Na verdade, não é o que sucede: o fator de compressibilidade calculado a partir dos valores experimentais das constantes críticas é menor que 0,375 e varia de fluido para fluido (v. Tab. 6.2).

108 QUÍMICA GERAL

Em resumo, os valores das constantes a e b determinados experimentalmente não coincidem com os valores dessas constantes calculadas a partir das constantes críticas, determinadas também experimentalmente.

6.12 Outras Equações de Estado dos Gases Reais

Exprimir o comportamento de um fluido por uma única equação, para limites amplos de pressão e de temperatura, tem-se mostrado impossível. Entre as numerosas equações propostas nos últimos cem anos, algumas totalmente empíricas e outras com algum fundamento teórico, podem ser mencionadas como substitutivas da de Van der Waals, as de Wohl, Callendar, Dieterici, Berthelot, Beattie—Bridgman e a dos coeficientes viriais. Em todas elas, sob a forma com que são apresentadas a seguir, V é o volume molar.

6.12.1 Equação de Wohl

Traduz, em certas condições, com aproximação razoável o comportamento dos gases reais. Formula-se:

$$P(V - b) = RT - \frac{a}{VT(V - b)} + \frac{c}{V^3 T^2} \tag{6.31}$$

e, portanto, introduz três constantes além de R.

6.12.2 Equação de Callendar

Utiliza apenas duas constantes

$$V - b = \frac{RT}{P} - \frac{a}{T^n}, \tag{6.32}$$

onde $n = \dfrac{10}{3}$. Aplica-se muito bem para vapores superaquecidos, mas não é válida para o ponto crítico ou na região do líquido—vapor.

6.12.3 Equação de Dieterici

Escreve-se

$$P = \frac{RT}{V - b} e^{-\frac{a}{RTV}}. \tag{6.33}$$

Partindo desta equação, deduz-se que

O Estado Gasoso — Noções sobre a Teoria Cinética dos Gases

$$P_c = \frac{a}{4e^2b^2},$$

$$V_c = 2b,$$

$$T_c = \frac{a}{4Rb}$$

e que, portanto,

$$Z = \frac{P_c V_c}{RT_c} = \frac{2}{e^2} \cong 0,33.$$

6.12.4 Equação de Berthelot

É:
$$P = \frac{RT}{V-b} - \frac{a}{V^2 T} \tag{6.34}$$

e a equação de Berthelot modificada

é
$$PV = RT\left[1 + \frac{9}{128} \frac{P}{P_c} \frac{T_c}{T}\left(1 - 6\frac{T_c^2}{T^2}\right)\right],$$

melhor que a de Van der Waals para pressões elevadas.

6.12.5 Equação de Beattie—Bridgman

Caracterizada por introduzir cinco constantes:

$$P = \frac{RT(1-\varepsilon)}{V^2}(V+B) - \frac{A}{V^2}, \tag{6.35}$$

onde

$$A = A_0\left(1 - \frac{a}{V}\right),$$

$$B = B_0\left(1 - \frac{b}{V}\right)$$

e
$$\varepsilon = \frac{c}{VT^3}.$$

Para o gás carbônico, por exemplo, $A_0 = 5,006\ 5$, $B_0 = 0,104\ 76$, $a = 0,071\ 32$, $b = 0,072\ 35$ e $c = 66 \times 10^4$ (para P em atmosferas e V em litros).

110 QUÍMICA GERAL

6.12.6 Equação dos Coeficientes Viriais

Introduzida pelos alemães Holborn e Otto:

$$\frac{PV}{RT} = A + BP + CP^2 + DP^3 + ..., \qquad (6.36)$$

onde A, B, C e D, que dependem apenas da temperatura e da massa do gás considerado, são conhecidos como *coeficientes viriais*; A é o primeiro coeficiente virial, B é o segundo, e assim por diante.

Segundo os autores da equação, os coeficientes viriais para o hélio são, para uma molécula-grama e para a pressão medida em atmosferas e o volume medido em litros, os que figuram na Tab. 6.4.

TABELA 6.4

t(°C)	A	B × 10³	C × 10⁶	D × 10⁶
−252,8	0,074 61	−0,124 8	10,702	−0,048 5
−208	0,238 52	0,418 6	1,377 0	−0,006 2
−150	0,450 71	0,509 2	0,259 3	
−100	0,633 63	0,531 2	0,164 6	
−50	0,816 56	0,532 0	0,094 1	
0	0,999 48	0,524 4		
50	1,182 40	0,523 5		
100	1,365 33	0,507 7		
200	1,731 18	0,493 5		

6.13 A Equação de Van der Waals Reduzida

A equação de Van der Waals

$$\left(P + \frac{a}{\overline{V}^2} \right)(\overline{V} - b) = RT$$

pode ser apresentada sob forma que omite as constantes a e b. Atendendo às relações existentes entre as constantes em questão e as constantes críticas, a equação acima pode ser escrita

$$\left(P + \frac{3\overline{V}^2 P_c}{\overline{V}^2} \right)\left(\overline{V} - \frac{V_c}{3} \right) = \frac{8}{3} \frac{P_c \overline{V}_c}{T_c} T$$

ou, dividindo ambos os membros por $P_c \overline{V}_c$,

$$\left(\frac{P}{P_c}+\frac{3\overline{V}_c^2 P_c}{\overline{V}^2 P_c}\right)\left(\frac{\overline{V}}{\overline{V}_c}-\frac{\overline{V}_c}{3\overline{V}_c}\right)=\frac{8}{3}\frac{T}{T_c}$$

ou

$$\left(\frac{P}{P_c}+3\frac{\overline{V}_c^2}{\overline{V}^2}\right)\left(\frac{\overline{V}}{\overline{V}_c}-\frac{1}{3}\right)=\frac{8}{3}\frac{T}{T_c}.$$

Fazendo

$$\frac{P}{P_c}=\pi, \quad \frac{V}{V_c}=\varphi \quad e \quad \frac{T}{T_c}=\theta,$$

resulta

$$\left(\pi+\frac{3}{\varphi^2}\right)(3\varphi-1)=8\theta, \tag{6.37}$$

que é a chamada *equação de estado reduzida*, por conter as variáveis π, φ e θ, conhecidas como pressão reduzida, volume reduzido e temperatura reduzida, quocientes da pressão, volume e temperatura pelos respectivos valores críticos. Esta equação é válida para todos os gases, uma vez que não contém parâmetros característicos do gás.

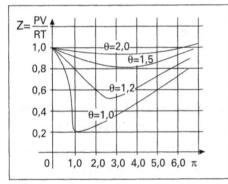

Figura 6.18

Segundo o visto no item 6.8, o fator de compressibilidade varia, diferentemente, de gás para gás, com a pressão e a temperatura. Quando entretanto se representa o fator Z em função da pressão reduzida, observa-se um fato interessante (Fig. 6.18): a curva $Z = f(\pi)$ é a mesma para gases diferentes, para uma mesma temperatura reduzida. Isso significa que o desvio, em relação ao comportamento ideal, de todos os gases reais depende exclusivamente da pressão e da temperatura reduzidas.

Esse fato, que introduz uma grande simplificação no estudo dos gases reais, constitui a chamada *lei dos estados correspondentes*.

Dois gases que se encontram à mesma temperatura reduzida e à mesma pressão reduzida dizem-se em *estados correspondentes*. Pela lei dos estados correspondentes:

> "À mesma temperatura reduzida e sob a mesma pressão reduzida, dois gases devem ocupar o mesmo volume reduzido (para o mesmo número de moléculas-grama)."

6.14 A Teoria Cinética dos Gases

O comportamento dos gases e as leis que o regem encontram explicação clara na *teoria cinética dos gases*. Trata-se de uma doutrina cujos fundamentos foram lançados por Daniel Bernoulli (1738); desenvolvida antes da formulação das teorias modernas sobre a estrutura da matéria, baseia-se em certas hipóteses que, embora discutíveis à luz dessas teorias, são extremamente úteis à interpretação das propriedades dos gases e à justificação de sua conduta em termos quantitativos.

Admite essa teoria que:

a) um sistema gasoso confinado num recipiente é formado por um aglomerado de pequeninos corpúsculos de volumes desprezíveis (que, segundo a teoria atômico-molecular clássica, seriam as moléculas) animados de um movimento desordenado em todas as direções. Na Fig. 6.19 está representada, ampliada muitas vezes, uma provável trajetória de uma molécula de gás;

b) a trajetória seguida por uma dada molécula desse aglomerado é determinada unicamente por uma probabilidade;

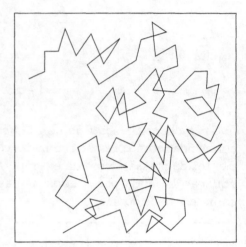

Figura 6.19

c) as únicas forças que agem sobre as moléculas são as que intervêm nos fenômenos de choque;

d) a pressão exercida por um gás contra as paredes do recipiente que o contém é devida ao bombardeio dessas paredes pelas moléculas em movimento;

e) o choque das moléculas entre si e contra a parede do recipiente é do tipo perfeitamente elástico, isto é, se dá sem variação de energia cinética;

f) os movimentos individuais das moléculas são regidos pelas mesmas leis sugeridas pelas experiências macroscópicas, isto é, as moléculas em movimento obedecem aos princípios fundamentais da mecânica newtoniana;

g) as velocidades individuais $u_1, u_2, ..., u_n$ das moléculas, embora variáveis de uma para outra, são tais que se distribuem estatisticamente em torno de uma velocidade média $\sqrt{\bar{u}^2}$, *velocidade média quadrática*[*], que satisfaz a condição

$$n\bar{u}^2 = u_1^2 + u_2^2 ... + u_n^2 \tag{6.38}$$

Partindo dessas hipóteses, várias proposições relativas à conduta dos gases tornam-se dedutíveis.

---

[*] A velocidade média quadrática, que é a raiz quadrada de $\bar{u}^2$, representa-se usualmente por $\sqrt{\bar{u}^2}$ e não por $\bar{u}$.

O Estado Gasoso — Noções sobre a Teoria Cinética dos Gases

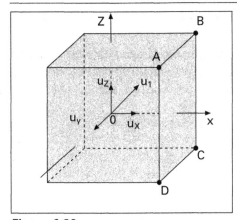

Figura 6.20

Imagine-se, em particular, um recipiente de forma cúbica, com aresta de comprimento L, contendo n moléculas de massa individual m. Destaque-se uma dessas moléculas e seja $\mathbf{u}_1$ sua velocidade num dado instante. Qualquer que seja sua direção, essa velocidade pode ser pensada como soma de três outras $\mathbf{u}_x$, $\mathbf{u}_y$ e $\mathbf{u}_z$ normais entre si e dirigidas, por exemplo, segundo três eixos paralelos às arestas do cubo (v. Fig. 6.20). Nessas condições

$$u_1^2 = u_x^2 + u_y^2 + u_z^2. \tag{6.39}$$

Admitindo que essa molécula se movesse na direção OX, portanto com velocidade $\mathbf{u}_x$, ao atingir a parede $ABCD$, ela teria uma quantidade de movimento mu_x e, num choque perfeitamente elástico, seria rechaçada com velocidade $-\mathbf{u}_x$ e quantidade de movimento $-mu_x$.

A variação da quantidade de movimento experimentado por essa molécula seria então $2mu_x$. Num intervalo de tempo Δt, essa molécula percorreria uma distância $u_x \Delta t$ e chocar-se-ia contra a parede $ABCD$ $\dfrac{u_x \Delta t}{2L}$ vezes (e contra essa e sua parede oposta $\dfrac{u_x \Delta t}{L}$ vezes). Portanto, essa molécula experimentaria, no intervalo de tempo Δt e na parede $ABCD$, uma variação de quantidade de movimento igual a

$$2mu_x \frac{u_x \Delta t}{2L} = 2mu_x^2 \frac{\Delta t}{2L} = mu_x^2 \frac{\Delta t}{L}.$$

Uma vez que, segundo os princípios da Mecânica, a variação da quantidade de movimento é igual ao impulso da força que a provoca, isto é, ao produto do valor médio dessa força pelo intervalo de tempo em que ela age, segue-se que a força média exercida pela molécula considerada, nesse intervalo de tempo, contra a parede $ABCD$ (força essa igual à exercida pela parede sobre a própria molécula), é

$$F = m \frac{u_x^2}{L}$$

e a pressão por ela exercida contra a parede $ABCD$ é

$$p = \frac{F}{S} = \frac{m \dfrac{u_x^2}{L}}{L^2} = \frac{mu_x^2}{L^3} = \frac{mu_x^2}{V},$$

onde V é o volume do recipiente.

114 QUÍMICA GERAL

Tendo em vista que a pressão de um gás é a mesma sobre todas as paredes do recipiente, a especificação contra a parede $ABCD$ é desnecessária. A expressão obtida dá a pressão exercida por uma molécula do gás em função da componente $\mathbf{u}_x$ de sua velocidade $\mathbf{u}_1$. É, contudo, mais interessante estabelecer uma equação em que figura a própria velocidade espacial $\mathbf{u}_1$. Atendendo à equação(6.39) e

supondo $u_x^2 = u_y^2 = u_z^2$, segue-se $u_1^2 = 3u_x^2$ ou $u_x^2 = \dfrac{u_1^2}{3}$

e, portanto,

$$p = \frac{1}{3}\frac{mu_1^2}{V}.$$

Finalmente, levando em conta que no recipiente imaginado existem n moléculas, cujas velocidades $\mathbf{u}_i$ podem, individualmente, ser diferentes entre si, e chamando de $\sqrt{\overline{u^2}}$ a velocidade média quadrática dessas moléculas definida pela (6.38), tem-se para todas elas

$$P = \frac{1}{3}n\frac{m\overline{u}^2}{V}$$

ou

$$PV = \frac{1}{3}n\,m\overline{u}^2, \tag{6.40}$$

ou, ainda,

$$PV = \frac{2}{3}n\frac{m\overline{u}^2}{2}, \tag{6.40 bis}$$

sugerindo que a pressão exercida por um gás contra as paredes do recipiente que o contém é proporcional ao número de moléculas nele contidas e ao valor médio da energia cinética associada ao movimento dessas moléculas.

6.14.1

A lei de Boyle pode ser considerada como decorrente da teoria cinética; basta admitir que a energia cinética média das moléculas só depende da temperatura e ter em conta a equação (6.40).

Lembrando, entretanto, que a conduta dos gases não é precisamente a prevista por essa lei, é razoável admitir que os desvios da lei de Boyle — que devem ser explicáveis teoricamente — decorram da incorreção das hipóteses em que se fundamenta a teoria cinética.

Em particular, devem merecer reparos as suposições de que são desprezíveis os volumes das moléculas e inexistentes as forças atrativas entre elas. Ambas não são rigorosamente corretas, mesmo em temperaturas e pressões comuns, e as correções correspondentes são tentadas, na equação de Van der Waals, com a introdução dos parâmetros a e b.

6.14.2

Particularmente interessantes são as conclusões que podem ser obtidas quando se compara a equação (6.40) com a equação dos gases perfeitos. Assim, de

$$PV = \frac{2}{3}n\frac{m\bar{u}^2}{2}$$

e de

$$PV = n^*RT,$$

onde n^* é o número de moléculas-grama contidas em V,

resulta

$$\frac{2}{3}n\frac{m\bar{u}^2}{2} = n^*RT$$

ou

$$\frac{m\bar{u}^2}{2} = \frac{3}{2}\frac{R}{N_0}T, \tag{6.41}$$

onde $N_0 = \dfrac{n}{n^*}$ representa o número de Avogadro. A expressão obtida revela que:

> "A energia cinética média do movimento de translação das moléculas de um gás perfeito depende unicamente de sua temperatura e lhe é proporcional."

6.14.3

Considerem-se dois gases A e B sob a mesma pressão P, ocupando o mesmo volume V e à mesma temperatura. Se n_A e n_B são os números de moléculas de A e B contidas em V, então, pela equação (6.40),

$$PV = \tfrac{1}{3}n_A m_A \bar{u}_A^2,$$
$$PV = \tfrac{1}{3}n_B m_B \bar{u}_B^2$$

e, em conseqüência,

$$n_A m_A \bar{u}_A^2 = n_B m_B \bar{u}_B^2.$$

Mas, se a temperatura dos dois gases é a mesma, uma vez postulado que a temperatura de um gás é proporcional à energia cinética média de suas moléculas, então

$$m_A \bar{u}_A^2 = m_B \bar{u}_B^2$$

e, portanto, também

$$n_A = n_B.$$

Dessa maneira, a hipótese de Avogadro ganha, na teoria cinética dos gases, uma base doutrinária.

116 QUÍMICA GERAL

Note-se, contudo, que o observado com os desvios da lei de Boyle estende-se às outras leis dos gases. Em particular, a hipótese de Avogadro não está correta, uma vez que pode ser deduzida a partir daquela lei que, por sua vez, repousa sobre suposições falsas... Com sua formulação usual a hipótese de Avogadro é provavelmente tanto mais correta quanto mais baixa a pressão do gás ao qual esteja sendo aplicada.

6.14.4

A equação (6.41) pode ser escrita

$$\frac{m\bar{u}^2}{2} = \frac{3}{2}kT, \tag{6.42}$$

onde

$$k = \frac{R}{N_0} \tag{6.43}$$

é a *constante de Boltzmann* e representa a constante dos gases perfeitos para uma molécula. Lembrando os valores numéricos de R e N_0, obtém-se

$$k = \frac{8,314 \times 10^7}{6,023 \times 10^{23}} = 1,38 \times 10^{-16} \text{ erg} \times \text{mol}^{-1} \times \text{K}^{-1}.$$

A expressão (6.42) permite encontrar, para cada temperatura, o valor da energia cinética média de uma molécula. A 27°C, por exemplo, tem-se para qualquer gás

$$\frac{m\bar{u}^2}{2} = \frac{3}{2} \times 1,38 \times 10^{-16} \times 300 = 6,21 \times 10^{-14} \text{ erg}.$$

6.14.5

Uma vez definida a velocidade quadrática média, como o foi pela igualdade (6.38), e visto que, para cada gás, ela pode ser calculada pela expressão (6.44), resulta oportuno observar que essa velocidade não pode ser a mesma para todas as moléculas de uma dada massa gasosa. Uma consideração simples permite compreender o fato: se em algum instante isso pudesse ter sido constatado em algum sistema, as colisões ocorridas depois desse instante, de acordo com as leis do choque perfeitamente elástico, teriam determinado uma alteração imediata dessas velocidades.

Deve-se a J. C. Maxwell (1860) o estudo da distribuição das velocidades moleculares com a conclusão de que, numa dada massa gasosa, todas as velocidades u compreendidas entre zero e as de mais alto valor são possíveis, embora não igualmente prováveis. Entre todos os possíveis valores de u, existe um certo valor u^* mais provável; muitas moléculas movem-se com velocidades próximas de u^*, embora velocidades próximas de zero e mesmo as iguais a muitas vezes u^* sejam também possíveis.

A função $f(u)$, que traduz a distribuição das velocidades moleculares, é

$$f(u) = \frac{dn}{n} \frac{1}{du}, \qquad (6.44)$$

onde $\frac{dn}{n}$ representa a fração das moléculas cujas velocidades estão compreendidas entre u e $u + du$. Essa função é dada pela equação de Maxwell—Boltzmann

$$f(u) = 4\pi \left(\frac{m}{2\pi kT}\right)^{\frac{3}{2}} e^{-\frac{mu^2}{2kT}} u^2, \qquad (6.45)$$

na qual k é a constante de Boltzmann, m a massa da molécula e T a temperatura do gás.

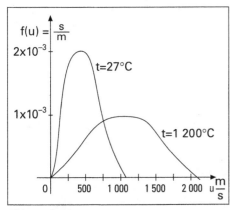

Figura 6.21

A curva representativa dessa função é semelhante à conhecida curva de Gauss de distribuição dos erros. Na Fig. 6.21 estão representadas as distribuições das velocidades, segundo Maxwell, para as moléculas de nitrogênio a 27°C e a 1 200°C. As curvas figuradas mostram como uma elevação de temperatura acarreta um incremento no valor de u^*, ao mesmo tempo que o número total de partículas cuja velocidade excede um valor crítico é incrementado quando comparado com o número de moléculas lentas.

No tocante à distribuição das velocidades das moléculas de um gás, demonstra-se ainda que a velocidade média u_m dessas moléculas, definidas pelo quociente

$$u_m = \frac{u_1 + u_2 + u_3 + \cdots + u_n}{n},$$

é dada pela equação

$$u_m = \sqrt{\frac{8RT}{\pi M^*}},$$

enquanto a *velocidade mais provável* u^* das moléculas, que corresponde aos pontos de máximo na Fig. 6.21, obedece à equação

$$u^* = \sqrt{\frac{2RT}{M^*}}.$$

Ainda para o nitrogênio a 27°C, tem-se

$$u_m = \sqrt{\frac{8 \times 8,31 \times 300}{\pi \times 28}} = 47,6 \times 10^3 \text{ cm} \times \text{s}^{-1} = 476 \text{ m} \times \text{s}^{-1}$$

e

$$u^* = \sqrt{\frac{2 \times 8,31 \times 300}{28}} = 42,2 \times 10^3 \text{ cm} \times \text{s}^{-1} = 422 \text{ m} \times \text{s}^{-1}.$$

Entenda-se: num recipiente contendo nitrogênio a 27°C, as moléculas do gás movem-se com a mais diferentes velocidades e a média destas é cerca de $476 \text{ m} \times \text{s}^{-1}$. No tocante a sua velocidade individual, a maioria (cerca de 60%) tem velocidade próxima de $400 \text{ m} \times \text{s}^{-1}$ (velocidade mais provável $422 \text{ m} \times \text{s}^{-1}$), um número apreciável (23%) tem velocidade entre 700 e 1 000 $\text{m} \times \text{s}^{-1}$ e um número menor (12%) tem velocidade entre 100 e 300 $\text{m} \times \text{s}^{-1}$; poucas são, relativamente, as moléculas com velocidade maior que 1 000 $\text{m} \times \text{s}^{-1}$ (5,3%), e apenas 0,5% são as que têm velocidade até 100 $\text{m} \times \text{s}^{-1}$.

À medida que aumenta a temperatura de um gás, há um incremento na abundância de moléculas mais energéticas; isso explica o aumento da velocidade das reações com a elevação da temperatura.

Observação

Outra maneira de apresentar a distribuição das velocidades de Maxwell consiste em escrever

$$dn = n \frac{4}{\sqrt{\pi} \, u^{*3}} e^{-\left(\frac{u}{u^*}\right)^2 u^2 du}$$

6.14.6

Uma propriedade molecular, estreitamente ligada com a energia cinética média, pode ser determinada a partir dela: a velocidade das moléculas, ou mais propriamente a velocidade quadrática média para cada gás em particular. Da (6.41) tira-se

$$N_0 \frac{m\bar{u}^2}{2} = \tfrac{3}{2} RT.$$

Como $N_0 m = M^*$ é a molécula-grama do gás, então

$$\frac{M^* \bar{u}^2}{2} = \frac{3}{2} RT$$

e

$$\sqrt{\bar{u}^2} = \sqrt{\frac{3RT}{M^*}}. \tag{6.46}$$

Essa velocidade, para um dado gás, depende da temperatura. Para o nitrogênio a 27°C, em unidades CGS, tem-se

$$\sqrt{\overline{u}^2} = \sqrt{\frac{3 \times 8,31 \times 10^7 \times 300}{28}} = 5,1 \times 10^4 \frac{cm}{s} = 1\,836 \frac{km}{hora}.$$

Embora o valor obtido, como o que resultaria calculado para outro gás, seja muito elevado, o deslocamento efetivamente experimentado por uma molécula, mesmo num intervalo de tempo apreciável, não é muito grande. Em virtude do grande número de choques por ela experimentados nesse intervalo (da ordem de 10^9 por segundo), essa molécula acaba ficando confinada a uma região de dimensões restritas. Isso explica por que a velocidade com que as moléculas de um gás avançam dentro de um recinto, como o de uma sala, por exemplo, é bem menor que a velocidade média de translação de suas moléculas. É por isto também que decorre um intervalo de tempo relativamente grande entre a abertura de um frasco de perfume num dos extremos de uma sala e a percepção do seu odor na outra extremidade.

6.14.7

Imagine-se um recipiente, como representado na Fig. 6.10, dotado de um pequeno orifício e ligado a um dispositivo com o qual se possa medir a velocidade de efusão de um gás. É lícito supor que a freqüência com que as moléculas do gás aprisionado no balão atingem o orifício do diafragma seja proporcional à sua velocidade quadrática média $\sqrt{\overline{u}^2}$ e, em conseqüência, a própria velocidade v de efusão do gás seja proporcional à velocidade $\sqrt{\overline{u}^2}$ de suas moléculas. Assim sendo, se v_1 e v_2 são as velocidades de efusão (ou de difusão) de dois gases de massas moleculares M_1 e M_2, pode-se escrever pela equação (6.46)

$$\frac{v_1}{v_2} = \frac{\sqrt{\overline{u}_1^2}}{\sqrt{\overline{u}_2^2}} = \frac{\sqrt{\dfrac{3RT}{M_1^*}}}{\sqrt{\dfrac{3RT}{M_2^*}}}$$

ou

$$\frac{v_1}{v_2} = \sqrt{\frac{M_2^*}{M_1^*}},$$

expressão que traduz a lei de Graham (v. item 6.7), a partir da qual se pode medir a massa molecular de uma substância gasosa em função da de outra.

6.14.8

A distância percorrida por uma molécula entre dois choques consecutivos é muito variável; isso não impede, entretanto, determinar seu valor médio chamado *percurso livre médio*. Imagine-se um recipiente contendo um gás e seja *n* o número de moléculas contidas em uma unidade de volume. Seja ainda *A* uma dessas moléculas, de diâmetro σ, em movimento com velocidade **u**, seguindo a direção indicada na Fig. 6.22. Admitindo, por simplificação, que todas as outras moléculas estejam em repouso, a molécula *A* chocar-se-á, num intervalo de tempo Δ*t*, com todas aquelas cujos centros estejam dentro do cilindro de altura *v*Δ*t* e de base circular de raio igual ao diâmetro molecular σ. Nesse cilindro, cujo volume é $\pi\sigma^2 u\Delta t$, o número de moléculas existentes é $\pi\sigma^2 u\Delta t n$. O percurso livre médio $\bar{L}$ deve ser o quociente do comprimento *u*Δ*t* pelo número de choques verificados, enquanto a molécula *A* percorre longitudinalmente o cilindro. Logo

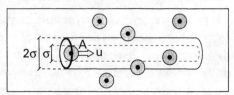

Figura 6.22

$$\bar{L} = \frac{u\Delta t}{\pi\sigma^2 u\Delta t n} \quad \text{ou} \quad \bar{L} = \frac{1}{\pi\sigma^2 n}. \tag{6.47}$$

Na verdade a expressão encontrada não é de todo correta, já que a molécula *A* não é a única em movimento. Para que o produto $\pi\sigma^2 u\Delta t n$ represente o número de choques experimentados por *A*, é preciso que a velocidade *u* que figura nesse produto seja a velocidade relativa de *A* com respeito às outras moléculas. Ora, essa velocidade relativa é $\sqrt{2}\,u$[*], logo o percurso livre médio, calculado com maior precisão, é:

$$\bar{L} = \frac{1}{\sqrt{2}\pi\sigma^2 n}. \tag{6.48}$$

Para uma molécula de hélio, σ = 2,18 × 10⁻⁸ cm, e nas condições normais,

$n = \dfrac{6{,}023\times 10^{23}}{22\,414} = 2{,}69\times 10^{19}$ moléculas/cm³. Logo

$$\bar{L} = 1{,}8\times 10^{-5} \text{ cm}.$$

A equação (6.48) pode, também, ser expressa sob outra forma. De fato, o número *n* de moléculas por unidade de volume é o produto

$$n = n_1 N_0,$$

---

[*] Quando duas moléculas se movem com a mesma velocidade *u* segundo direções que formam entre si um ângulo θ, a velocidade relativa u_r é dada pela expressão $u_r = \sqrt{2u^2 - 2u^2\cos\theta}$. Uma vez que cos θ pode assumir todos os valores compreendidos entre +1 e −1, com a mesma probabilidade, então, o valor médio de cos θ = 0 e a velocidade relativa média $u_r = u\sqrt{2}$.

onde n_1 é o número de mols por unidade de volume. Sucede que, pela equação de Clapeyron,

$$PV = nRT$$

e
$$\frac{n}{V} = \frac{P}{RT} = n_1.$$

Logo
$$n = \frac{P}{RT} N_0 = \frac{P}{Tk},$$

onde k é a constante de Boltzmann e, portanto,

$$\bar{L} = \frac{1}{\sqrt{2}\pi\sigma^2 \dfrac{P}{kT}}$$

ou
$$\bar{L} = \frac{kT}{\sqrt{2}\pi\sigma^2 P}. \qquad (6.48 \text{ bis})$$

6.14.9

Vários desvios de comportamento apresentados pelos gases reais, em relação ao dos gases perfeitos, podem ser explicados por meio de considerações da teoria cinética. É o que Van der Waals mostrou ao sugerir que, se um recipiente de capacidade V contém um certo número n de moléculas, o volume no qual essas moléculas podem mover-se livremente é menor que V. A existência de moléculas de tamanho finito faz com que uma parte de V, o chamado covolume b, seja vedada ao deslocamento das moléculas (v. item 6.11). Embora esse covolume seja uma constante determinada experimentalmente para cada gás, é possível relacioná-lo com as dimensões das moléculas. De fato, imagine-se que as moléculas sejam esféricas e que o seu diâmetro seja σ. O espaço dentro do qual não se podem mover os centros de duas moléculas é a esfera de raio σ, igual ao diâmetro molecular, esfera essa representada na Fig. 6.23 pelo círculo pontilhado. O covolume para um par de moléculas é então $\frac{4}{3}\pi\sigma^3$ e para uma só molécula é $\frac{2}{3}\pi\sigma^3$. Como o volume de uma molécula é $\frac{4}{3}\pi\left(\frac{\sigma}{2}\right)^3 = \frac{1}{3}\pi\frac{\sigma^3}{2}$,

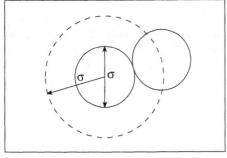

Figura 6.23

segue-se que o covolume de uma molécula é 4 vezes o volume dessa molécula. Para um mol de moléculas, isto é, para um número de moléculas igual ao número N_0 de Avogadro, tem-se então

$$b = 4N_0 \tfrac{4}{3}\pi\sigma^3. \qquad (6.49)$$

122 QUÍMICA GERAL

É interessante notar que, apesar da existência dessa relação, não é comum a sua aplicação para o cálculo do covolume a partir do diâmetro molecular. A constante b é determinada usualmente a partir de dados experimentais, que permitem encontrar para o covolume um valor que melhor se ajuste à equação de Van der Waals.

6.15 Determinação do Número de Avogadro pelo Método de Perrin

De conformidade com o visto no item 5.9, na determinação do número de Avogadro têm sido utilizados numerosos métodos. Neste item será descrito o de Jean Perrin (1909), baseado em considerações estritamente ligadas à teoria cinética dos gases.

Segundo essa teoria, as moléculas de um gás movem-se, no recipiente em que ele é confinado, com velocidade que só depende de sua temperatura. Na verdade, entretanto, essas moléculas estão também sujeitas ao campo gravitacional terrestre, em virtude do qual, além da agitação puramente térmica, também "caem". Lembrando que um corpúsculo em queda livre, partindo do repouso, adquire após um segundo de movimento uma velocidade da ordem de 9,8 m/s, independentemente de sua massa, e que a velocidade quadrática média de uma molécula em conseqüência de sua agitação térmica é de algumas centenas de m/s e, ainda, que, em virtude de o caminho livre médio ser extremamente pequeno, a molécula não chega a "cair" de uma altura apreciável mesmo durante um segundo, percebe-se que a influência do campo gravitacional é geralmente pequena. De qualquer modo, entretanto, os movimentos moleculares que se realizam no sentido descendente são reforçados e os que se efetuam no sentido ascendente são debilitados em virtude da ação do campo gravitacional.

Assim, os movimentos dirigidos no sentido ascendente originam choques, com a parede do recipiente, com impulsos algo menores do que os originados pelos choques produzidos no movimento descendente e, em conseqüência disso, na parte inferior do recipiente, passa a existir um número de moléculas maior que o existente na parte superior; mais precisamente, a densidade do gás resulta decrescente de baixo para cima, principalmente se as moléculas têm grande massa. É o que, aliás, sucede na atmosfera terrestre, na qual a pressão atmosférica é uma função da altitude. (Um centímetro quadrado da superfície terrestre recebe, por segundo, cerca de 10^{22} choques de moléculas.)

A partir dessa distribuição não uniforme das moléculas de um gás com a altitude, é possível desenvolver um método de determinação do número de Avogadro.

De fato, pela equação barométrica de Halley e Laplace, se p_0 e p_1 são as pressões atmosféricas em dois pontos entre os quais existe uma diferença de cotas h, então

$$\log_e \frac{p_0}{p_1} = \frac{M^* g}{RT} h, \tag{6.50}$$

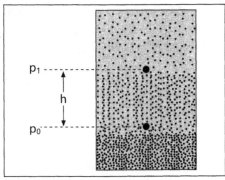

Figura 6.24

onde M^* representa a molécula-grama do ar ($M^* = 28,9$ g), g a aceleração local da gravidade, T a temperatura absoluta do ar e R a constante de Clapeyron. Embora essa equação tenha sido formulada para o ar atmosférico, é razoável supor a sua validade estendida a um gás qualquer, desde que M^* represente a molécula-grama desse gás. Assim, tendo em vista que pela equação (6.50) as pressões são proporcionais aos números de moléculas existentes no mesmo volume, designando por n_0 e n_1 os números de moléculas existentes por unidade de volume, por exemplo, nos dois níveis considerados (Fig. 6.24), resultará

$$\frac{p_0}{p_1} = \frac{n_0}{n_1}, \qquad (6.51)$$

que, introduzida na equação (6.50), dá

$$\log_e \frac{n_0}{n_1} = \frac{M^* g}{RT} h$$

ou, ainda, por ser $M^* = N_0 m$ (onde N_0 é o número de Avogadro e m a massa de uma molécula),

$$\log_e \frac{n_0}{n_1} = \frac{N_0 mgh}{RT}, \qquad (6.52)$$

equação que permitiria determinar N_0, se fossem conhecidos os valores das demais grandezas que nela figuram.

Na realização de uma experiência que tivesse por objetivo determinar N_0, evidentemente surgiriam dificuldades no tocante à determinação da massa m de uma molécula e na contagem de n_0 e n_1, ambas decorrentes das dimensões reduzidíssimas das moléculas.

Para contornar essas dificuldades, Perrin imaginou que algo semelhante ao descrito para os gases deveria ocorrer se, num líquido, fossem introduzidos pequenos corpúsculos que nele se mantivessem em suspensão. Por exemplo, numa suspensão em água, as esferazinhas de mastique (resina vegetal) devem tomar uma distribuição igual à descrita para as moléculas do ar na atmosfera. Efetivamente, ao microscópio, é possível observar o movimento de agitação tomado por essas esferazinhas, de raio igual ou menor que 10^{-4} cm, movimento esse tanto mais vivo quanto menores as suas dimensões.

Na realização da experiência Perrin empregou esferazinhas de mastique, de raio praticamente constante ($2,1 \times 10^{-5}$ cm), obtidas preparando uma solução de resina em álcool, emulsionando-a com água e submetendo a emulsão a uma

124   QUÍMICA GERAL

centrifugação fracionada. A suspensão assim obtida, mantida numa pequena proveta, foi observada por meio de um microscópio em diferentes níveis. Contando o número de esferazinhas, verificou, numa das suas observações, para uma diferença de nível $h = 1,1 \times 10^{-2}$ cm e a 20°C:

$$\frac{n_0}{n_1} = \frac{100}{12}.$$

Como as massas específicas do mastique e da água são respectivamente $1,19$ g $\times$ cm^{-3} e $1,00$ g $\times$ cm^{-3}, e m na equação (6.52) deve representar, no caso, a massa aparente da esferazinha, resulta

$$m = \tfrac{4}{3}\pi(2,1\times10^{-5})^3 \times (1,19-1,00) = 7,35\times10^{-15} \text{ g}$$

e
$$N_0 = \frac{RT}{mgh}\log_e \frac{n_0}{n_1} = \frac{8,31\times10^7\times293}{7,35\times10^{-15}\times980\times1,1\times10^{-2}}\times2,3\log\frac{100}{12} \cong 6,4\times10^{23}.$$

Como resultado médio de um conjunto de observações, Perrin encontrou como valor provável para o número de Avogadro $N_0 = 6,09 \times 10^{23}$.

CAPÍTULO

Fórmulas e Equações Químicas Estequiometria

7.1 O Conceito Clássico de Valência

De conformidade com o exposto no item 3.6, a cada substância é possível associar uma, ou eventualmente mais de uma, massa equivalente, determinada, em cada caso, por métodos apropriados. Por outro lado, no item 5.7 foram examinados alguns dos métodos de determinação das massas atômicas dos elementos.

Uma particularidade interessante é constatada quando se confrontam os resultados obtidos nas determinações das massas equivalentes e das massas atômicas: a massa equivalente E de uma substância simples é, pelo menos muito aproximadamente, um submúltiplo inteiro da massa atômia A do elemento (v. Tab. 7.1). Ou, mais precisamente, para cada elemento existe um número inteiro v tal que

$$A = vE$$

ou
$$v = \frac{A}{E}.$$
(7.1)

Esse número v, quociente da massa atômica de um elemento pela massa equivalente da substância simples por ele formada, chama-se *valência* desse elemento.

Um elemento é dito monovalente, divalente, trivalente, tetravalente, etc., conforme a sua valência seja, respectivamente, 1, 2, 3, 4, e asssim por diante.

A essas designações que utilizam os prefixos gregos (mono, di, tri, etc.), alguns

126 QUÍMICA GERAL

autores preferem as que empregam os prefixos latinos, recorrendo então aos nomes univalente, bivalente, tervalente, quadrivalente, etc., porque o vocábulo valência é de origem latina.

TABELA 7.1

Substância/elemento	A	E	A/E
Alumínio	26,98	8,99	3
Cloro	35,45	35,45	1
Ferro	55,85	27,93 18,61	2 3
Fósforo	30,97	10,32 6,19	3 5
Hidrogênio	1,008	1,008	1
Mercúrio	200,59	200,59 100,29	1 2
Oxigênio	16,00	8,00	2
Silício	28,09	7,02	4

Lembrando que a massa atômica de um dado elemento é uma constante e que a substância simples por ele formada pode apresentar mais de uma masssa equivalente, conclui-se que um mesmo elemento químico pode apresentar mais de uma valência. A massa atômica do elemento nitrogênio é aproximadamente 14,07 e as massas equivalentes da substância simples de mesmo nome, dependendo da reação de que parcitipa, podem assumir os valores: 14,07, 7,04, 4,66, 3,50 e 2,80. Isso se traduz dizendo que o nitrogênio, nos compostos que origina, pode ter valências 1, 2, 3, 4 ou 5.

Na Tab. 7.2 figuram as valências mais comuns de alguns elementos químicos.

TABELA 7.2

				Valências				
H	1	Cd	2	Cu	1, 2	P	3, 5
Li	1	Zn	2	Au	1, 3	W	4, 6
Na	1	O	2	Fe	2, 3	Cr	2, 3, 6
K	1	Al	3	Ni	2, 3	S	2, 4, 6
Ag	1	B	3	Pb	2, 4	Cl	1, 3, 5, 7
Ca	2	Bi	3	Pt	2, 4	Br	1, 3, 5, 7
Sr	2	C	4	Sn	2, 4	I	1, 3, 5, 7
Ba	2	Si	4	As	3, 5	N	1, 2, 3, 4, 5
Mg	2	Hg	1, 2	Sb	3, 5	Mn	2, 3, 4, 6, 7

7.2 Fórmulas Químicas

Segundo a teoria atômico-molecular clássica (v. item 4.3), todas as moléculas de uma dada substância pura têm a mesma composição qualitativa e quantitativa, isto é, têm a mesma composição quanto à espécie e ao número de átomos que as formam. Segundo esse modo de pensar, uma substância deve resultar perfeitamente definida quando conhecida a composição de uma de suas moléculas e, por conseguinte, para representá-la esquematicamente, é suficiente dar uma imagem da constituição de uma sua molécula.

A *fórmula química* é um esquema gráfico mediante o qual se representa a composição qualitativa e quantitativa da molécula de uma substância.

7.2.1 Substâncias Simples

Uma vez que as moléculas das substâncias simples são constituídas por átomos do mesmo elemento, as suas fórmulas são representadas pelo símbolo do elemento constituinte seguido de um índice numérico 2, 3, 4, etc., conforme a molécula seja diatômica, triatômica, tetratômica, e assim por diante. Dessa forma, enquanto o símbolo do elemento oxigênio é O, a fórmula da substância simples chamada oxigênio é O_2 e a da substância, simples também, chamada ozona é O_3. O símbolo do elemento mercúrio é Hg e a fórmula da substância mercúrio também é Hg, porque sua molécula é monoatômica.

No caso dos gases inertes, as moléculas são monoatômicas, e os símbolos He, Ne, Ar, Kr, Xe e Rn representam as próprias moléculas desses gases.

7.2.2 Substâncias Compostas

A composição qualitativa da molécula de substância composta é indicada pelos símbolos dos seus constituintes, e a quantidade pelos índices numéricos escritos à direita desses símbolos. Esses índices, que representam o número de átomos do respectivo elemento existentes na molécula considerada, são sempre inteiros e maiores que 1, uma vez que o símbolo escrito sem o respectivo índice, convencionalmente, já indica um átomo do elemento representado.

Assim, dizer que a fórmula do álcool etílico é C_2H_6O significa que: os elementos constituintes do álcool etílico são carbono, hidrogênio e oxigênio (composição qualitativa); cada molécula de álcool etílico é consituída por 2 átomos de carbono, 6 de hidrogênio e 1 de oxigênio (composição quantitativa).

Observe-se que a fórmula, assim escrita, exprime também alguns outros dados quantitativos relativos à substância considerada. No caso do álcool etílico:

a) uma vez que as massas atômicas do carbono, hidrogênio e oxigênio são respectivamene 12, 1 e 16, esses elementos estão combinados, na proporção gravimétrica $2 \times 12 : 6 \times 1 + 16 : 16$;

128 Química Geral

b) a massa molecular é a soma das massas atômica dos seus constituintes, isto é, $2 \times 12 + 6 \times 1 + 16 = 46$;

c) a massa de uma molécula é $46u = 46 \times 1,66 \times 10^{-24}$ g;

d) um mol de moléculas tem massa 46 g, isto é, a molécula-grama de álcool etílico é igual a 46 g.

Escrever a fórmula de uma substância fazendo figurar entre parênteses os símbolos de alguns elementos significa que o grupo de átomos, cujos símbolos estão entre esses parênteses, é repetido na molécula tantas vezes quantas indicar o índice que segue o parêntese. Por exemplo, a fórmula da glicerina, $C_3H_8O_3$, costuma ser escrita $C_3H_5(OH)_3$, significando que cada molécula dessa substância encerra 3 átomos de carbono, 5 átomos de hidrogênio e 3 pares de átomos de oxigênio e hidrogênio.

Observação

O que se disse acima refere-se a substâncias moleculares. Para esquematizar a constituição de uma substância iônica (v. item 4.5), usa-se indicar os íons que a formam. Para representar, por sua vez, um íon associam-se, ao símbolo do átomo ou do grupo de átomos que o constituem, tantos sinais + ou sinais – quantas vezes a sua carga for igual à do próton ou do elétron. Assim, o símbolo Zn^{++} ou Zn^{2+} representa um íon simples constituído por um átomo de zinco e dotado de carga positiva igual à de dois prótons. O símbolo HO^- representa um íon formado por um átomo de oxigênio e outro de hidrogênio, par esse dotado de carga negativa igual à de um elétron.

Uma substância iônica como o cloreto de sódio pode ser representada pela fórmula Na^+Cl^-, que, sem representar propriamente a molécula, inexistente no caso, sugere tratar-se de uma substância constituída por um aglomerado de cátions Na^+ a ânions Cl^-, aglomerado no qual para cada íon Na^+ existe associado um íon Cl^-.

Algumas confusões podem surgir no que tange às *massas moleculares* de substâncias iônicas. Embora para tais substâncias não existam propriamente as moléculas, são muito comuns as referências à massa molecular do cloreto de sódio, como se essa substância fosse constituída por moléculas NaCl. Nesse contexto a "massa molecular do NaCl" refere-se à massa dessa substância, que contém $6,02 \times 10^{23}$ íons Na^+ e outros tantos íons Cl^-, sem implicar a existência de moléculas no cristal.

Para evitar conflitos de conceitos, para uma substância iônica, a expressão *massa molecular* é substituída por *massa-fórmula*, e em lugar de *molécula-grama* fala-se em *fórmula-grama*.

FÓRMULAS E EQUAÇÕES QUÍMICAS — ESTEQUIOMETRIA **129**

7.3 Determinação da Fórmula de um Composto

A aplicação da hipótese de Avogadro à interpretação do que sucede durante a reação química entre substâncias gasosas permite, conforme o visto no item 4.4, determinar o número de átomos que participam da constituição de certas moléculas e, conseqüentemente, fornece dados que levam ao imediato conhecimento das fórmulas de algumas substâncias gasosas. Desse modo é possível deduzir as fórmulas de substâncias simples, como hidrogênio (H_2), oxigênio (O_2), nitrogênio (N_2), cloro (Cl_2), e também compostas, como gás clorídrico (HCl), óxido nítrico (NO), amônia (NH_3), etc.

Trata-se agora de examinar alguns outros métodos de determinação de fórmulas de substâncias não necessariamente gasosas.

Para que se possa estabelecer a fórmula de um composto é preciso conhecer, via de regra, além de sua composição qualitativa, também a quantitativa. Esta última é revelada por meio de processos apropriados de *análise quantitativa* e seus resultados são expressos geralmente pela *composição centesimal* da substância, isto é, pelas percentagens em massa com que cada um dos elementos comparece na substância analisada.

Tomando como exemplo a glicose, serão mostradas a seguir as várias etapas do cálculo que permitem estabelecer a fórmula de uma substância a partir de sua composição centesimal. A composição centesimal da glicose, conhecida por meio de sua análise quantitativa, é:

$$C \ldots 40,00\% \qquad H \ldots 6,66\% \qquad O \ldots 53,33\%.$$

7.3.1 Fórmula Centesimal

Quando se tem em vista exprimir apenas a proporção gravimétrica em que se encontram combinados os elementos constituintes da glicose, pode-se escrever

$$C_{40,00\%} \qquad H_{6,66\%} \qquad O_{53,33\%}.$$

Uma fórmula como esta, que indica apenas a composição percentual da substância, chama-se *fórmula centesimal*.

7.3.2 Fórmula Empírica

Dividindo pelas respectivas massas atômicas as percentagens com que cada elemento participa de uma substância, os quocientes obtidos estão entre si na mesma razão que os números existentes de átomos de cada elemento estão em 100 unidades de massa dessa substância. No caso da glicose tem-se

$$C \ldots \frac{40,00}{12} = 3,33 \qquad H \ldots \frac{6,66}{1} = 6,66 \qquad O \ldots \frac{53,3}{16} = 3,33,$$

130 QUÍMICA GERAL

e, para exprimir, unicamente, a proporção relativa entre os números de átomos de cada elemento constituinte dessa substância, pode-se usar a fórmula

$$C_{3,33} \qquad H_{6,66} \qquad O_{3,33},$$

chamada *empírica* porque determinada exclusivamente a partir de dados experimentais.

7.3.3 Fórmula Mínima

A fórmula empírica constitui uma primeira relação atômica, na qual os índices fracionários não exprimem os números de átomos contidos na molécula, uma vez que os átomos só podem participar da molécula em números inteiros. Em regra, para transformar esses índices fracionários em outros inteiros, basta dividi-los pelo menor deles. Obtém-se, assim, a mínima relação entre os números de átomos dos vários elementos contidos na substância, ou seja, a *fórmula mínima*, confundida por alguns autores com a fórmula empírica.

Para a glicose:

$$C \dots \frac{3,33}{3,33} = 1 \qquad H \dots \frac{6,66}{3,33} = 2 \qquad O \dots \frac{3,33}{3,33} = 1,$$

o que leva à fórmula mínima CH_2O.

A soma dos produtos dos índices da fórmula mínima pelas respectivas massas atômicas é chamada *massa da fórmula mínima*, designação não muito apropriada, mas que descreve a maneira de obtê-la: ela representa a massa molecular de uma substância geralmente fictícia, cuja fórmula coincidisse com a própria fórmula mínima. No caso da glicose, a massa da fórmula mínima é $12 + 2 \times 1 + 16 = 30$.

7.3.4 Fórmula Molecular

Em muitos casos, principalmente para as substâncias inorgânicas, a fórmula mínima exprime a verdadeira composição da molécula e constitui, portanto, a própria *fórmula molecular*. Em outros casos, entretanto, a fórmula molecular é um múltiplo inteiro na fórmula mínima e só resulta determinada quando se conhece a massa molecular da substância.

No caso da glicose, a fórmula molecular deve ser

$$(CH_2O)_n,$$

onde n é um número inteiro; quando conhecida a massa molecular M, o número n resulta determinado pelo quociente

$$n = \frac{M}{M_m},$$

onde M_m é a massa da fórmula mínima. Como para a glicose $M = 180$ e $M_m = 30$,

$$n = \frac{180}{30} = 6,$$

conduzindo à fórmula molecular

$$C_6H_{12}O_6.$$

É oportuno notar que existem numerosos exemplos de substâncias, principalmente orgânicas, que apresentam a mesma fórmula mínima e que diferem entre si pelo valor de n. Tais substâncias chamam-se genericamente *polímeros*. O aldeído fórmico, o ácido acético, o ácido láctico, o aldol, o ácido trioxivaleriânico e a glicose têm todos a mesma fórmula mínima CH_2O; em suas fórmulas moleculares n toma todos os valores inteiros de 1 a 6:

$$CH_2O, \ (CH_2O)_2, \ (CH_2O)_3, \ (CH_2O)_4, \ (CH_2O)_5 \ e \ (CH_2O)_6.$$

| Aldeído fórmico | Ácido acético | Ácido láctico | Aldol | Ácido trioxivaleriânico | Glicose |

7.4 Determinação da Fórmula a partir do Isomorfismo

Algumas peculiaridades reveladas por certas substâncias sólidas, no que diz respeito à maneira pela qual cristalizam, podem servir de guia para a determinação de suas fórmulas.

Duas substâncias são ditas *isomorfas* quando satisfazem simultaneamente a duas condições:

a) são homeomorfas, isto é, apresentam a mesma forma cristalina;

b) são sincristalizáveis, isto é, podem formar cristais mistos em proporções variáveis.

Segundo uma regra sugerida por Mitscherlich (1820):

> "Duas substâncias isomorfas apresentam fórmulas química semelhantes, vale dizer, fórmulas que se distinguem apenas pela substituição dos átomos de um dado elemento pelo mesmo número de átomos de um outro elemento."

São exemplos de substâncias desse tipo:

a) KCl e KBr;

b) KH_2PO_4 e KH_2AsO_4;

c) $Na_2HPO_4 \cdot 12H_2O$ e $Na_2HAsO_4 \cdot 12H_2O$;

d) $K_2SO_4 \cdot MgSO_4 \cdot 6H_2O$, $K_2SO_4 \cdot NiSO_4 \cdot 6H_2O$ e $K_2SO_4 \cdot ZnSO_4 \cdot 6H_2O$.

132 QUÍMICA GERAL

São particularmente interessantes como exemplos de substâncias isomorfas os alumens, substâncias que obedecem à fórmula geral.

$$X_2SO_4.Y_2(SO_4)_3.24H_2O,$$

onde X representa um metal monovalente (Na, K, Rb, Cs) ou o radical NH_4, e Y representa um metal trivalente (Al, Fe, Cr ou Mn).

Todos os alumens cristalizam no sistema cúbico. Da mistura de uma solução de alúmen comum $K_2SO_4.Al_2(SO_4)_3.24H_2O$, que é incolor, com uma solução de alúmen de cromo $K_2SO_4.Cr_2(SO_4)_3.24H_2O$, que é violeta, podem ser obtidos cristais octaédricos de cor variável com as proporções relativas dos dois alumens no cristal misto. Além disso, um cristal de alúmen comum, proveniente da primeira solução, imerso numa solução de alúmen de cromo, cobre-se de uma camada violeta, cuja espessura depende da duração da imersão. O cristal formado conserva a mesma forma cristalina; mergulhando-o alternadamente em uma e outra solução, é possível obter um cristal com várias camadas incolores e violeta, entre as quais não existe descontinuidade cristalina. É o que caracteriza os cristais mistos.

A regra de Mitscherlich constituiu, durante o século XIX, um recurso útil na fórmula de uma substância isomorfa de outra de fórmula previamente conhecida. Assim, sabendo-se que os óxidos de alumínio e de índio são isomorfos e que a fórmula do primeira é Al_2O_3, foi possível concluir que a fórmula do segundo é In_2O_3.

7.5 Dedução da Fórmula a partir das Valências

Quando uma substância composta é constituída de dois elementos X e Y, a sua fórmula provável pode ser escrita, *a priori*, a partir das valências desses elementos.

Se x e y são as valências de X e Y, respectivamente, a fórmula provável do composto deve ser

$$X_yY_x.$$

Essa regra decorre da lei dos equivalentes (v. itens 3.5 e 3.6) e do conceito de valência (v. item 7.1); a sua justificação é deixada a cargo do leitor.

Os exemplos seguintes ilustram a regra:

a) hidrogênio e cloro, cujas valências são 1 e 1, formam gás clorídrico (ou cloridreto), cuja fórmula é HCl;

b) a água, constituída de hidrogênio (valência 1) e oxigênio (valência 2), tem por fórmula H_2O;

c) a fórmula do óxido de ferro, constituído de oxigênio e ferro, de valências, respectivamente, 2 e 3, é Fe_2O_3;

d) a fórmula do carbeto de alumínio, cujos constituintes são carbono e alumínio, de valências 4 e 3, é C_3Al_4;

e) a amônia (ou gás amoníaco), constituída de hidrogênio e nitrogênio, cujas valências são 1 e 3, tem por fórmula NH_3.

FÓRMULAS E EQUAÇÕES QUÍMICAS — ESTEQUIOMETRIA **133**

Embora o conhecimento das valências dos elementos permita prever as fórmulas de grande número de possíveis substâncias compostas, isso não significa que todas essas substâncias existam efetivamente. De fato, a eventual formação de uma substância composta depende não só das propriedades das substâncias simples que devem originá-la, como também de uma série de condições físicas acessórias. Em vista disso, a dedução da fórmula de um composto a partir das valências só tem sentido quando de antemão houver certeza sobre a própria existência desse composto.

Com fundamento na regra em foco conclui-se que, sendo as valências do cloro, oxigênio, nitrogênio e carbono, respectivamente, 1, 2, 3 e 4, as fórmulas dos compostos de cada um deles com o hidrogênio, cuja valência é 1, devem ser

$$HCl, \qquad H_2O, \qquad H_3N \quad e \quad H_4C.$$

Do exame dessas quatro fórmulas, ressalta que os átomos dos diferentes elementos (Cl, O, N e C) têm diferente poder de associação com os de hidrogênio. Enquanto o átomo de cloro se une a apenas um átomo de hidrogênio, cada átomo de oxigênio, nitrogênio e carbono se une, respectivamente, a 2, 3 e 4 átomos de hidrogênio. Como as valências desses elementos são 1, 2, 3 e 4, segue-se que:

> "A valência de um elemento pode ser entendida como o número de átomos de hidrogênio suscetíveis de se unirem a um átomo desse elemento."

Como certos elementos (zinco, ferro, cobre, etc.) não se unem ao hidrogênio (pelo menos facilmente), mas fazem-no mais freqüentemente com o cloro (cuja valência é também 1), a sua valência pode ser entendida como o número de átomos de cloro que se unem a um de seus átomos. O sódio, o cálcio, o alumínio e o estanho, por exemplo, formam com o cloro compostos de fórmula

$$NaCl, \qquad CaCl_2, \qquad AlCl_3 \quad e \quad SnCl_4.$$

Isso significa, então, que suas valências nesses compostos[*] são, respectivamente, 1, 2, 3 e 4.

Dizer que o fósforo tem valência 3 ou 5 significa que cada átomo de fósforo pode se unir a 3 ou 5 átomos de cloro e, portanto, originar os compostos de fórmula PCl_3 e PCl_5.

7.6 Fórmulas Desenvolvidas ou Estruturais

As fórmulas químicas mencionadas nos itens anteriores, que representam apenas a composição qualitativa e quantitativa de uma substância, chamam-se *fórmulas*

---

[*] Esses compostos, na verdade, são iônicos e não moleculares e, com mais rigor, suas fórmulas devem ser escritas Na^+Cl^-, $Ca^{2+}Cl_2^-$, $Al^{3+}Cl_3^-$, $Sn^{4+}Cl_4^-$.

134 QUÍMICA GERAL

brutas. Historicamente foram as primeiras determinadas pelos químicos, e isso numa época em que nada se conhecia sobre o arranjo dos átomos na molécula, nem mesmo se sabia se esse arranjo particular efetivamente existia.

Sucede contudo que, com muita freqüência, encontram-se casos de duas ou mais substâncias diferentes que apresentam em comum a mesma fórmula bruta (a fórmula $C_6H_{12}O_6$ representa vários açúcares, além da glicose). Tais substâncias chamam-se *isômeras* e sua existência sugere que as propriedades de uma substância devem depender não só de sua composição qualitativa e quantitativa, mas também da maneira particular pela qual os átomos se distribuem na molécula, ou seja, da *estrutura* do edifício molecular.

Para distinguir as substâncias isômeras recorre-se às *fórmulas estruturais* ou *desenvolvidas*, com as quais se pretende representar a maneira pela qual os átomos se encotram ligados na molécula.

Visando a ilustrar o modo pelo qual os átomos se unem entre si, os químicos do passado imaginaram cada átomo dotado de um número de *ganchos* igual à sua valência; ao se unirem entre si, os átomos se prenderiam mutuamente por esses ganchos. Assim Frankland (1866) representava a molécula de água pelo esquema

$$(H) \longrightarrow (O) \longrightarrow (H)$$

Embora a existência desses ganchos nunca tenha sido confirmada, fala-se atualmente na existência de *uniões* ou *enlaces* ou *ligações* entre os átomos, interpretadas pelas teorias sobre a estrutura do átomo. Essas ligações são representadas graficamente por pequenos traços unindo entre si os símbolos dos átomos; o número de ligações de cada átomo é igual à sua valência. Seguem-se alguns exemplos de fórmulas estruturais:

$$H—Cl \qquad H—O—H \qquad H—\underset{\underset{}{|}}{\overset{\overset{H}{|}}{N}}—H \qquad O=C=O \qquad H—\underset{\underset{H}{|}}{\overset{\overset{H}{|}}{C}}—H$$

Gás clorídrico	Água	Amônia	Gás carbônico	Metano

As fórmulas estruturais têm sido estabelecidas por meio de um estudo detalhado das propriedades químicas das substâncias a que se referem, bem como das que a originam e das que dela derivam, e por aplicação, aos resultados, de um conjunto de regras baseadas na experiência e governadas pela lógica. Assim, no caso do ácido acético, cuja fórmula molecular bruta é $C_2H_4O_2$, sabe-se que um dos quatro átomos de hidrogênio da molécula difere dos outros três, pelo fato de poder ser substituído por um átomo de sódio para produzir acetato de sódio ($C_2H_3O_2Na$). Segue-se daí que a fórmula $C_2H_3O_2—H$ é mais esclarecedora que a $C_2H_4O_2$. Por meio de um estudo mais detalhado do comportamento do ácido acético, torna-se possível representar a sua molécula pela fórmula

$$
\begin{array}{ccc}
& H & OH \\
& | & / \\
H\!-\!\!& C & \!\!-\!\!C \\
& | & \backslash \\
& H & O \\
\end{array}
$$

em que cada um dos traços entre dois átomos figura como uma *união* ou *enlace* ou *ligação* entre eles.

Com auxílio das fórmulas estruturais, torna-se possível distinguir entre si os isômeros; os dois exemplos seguintes servem de ilustração.

1. Álcool etílico e éter metílico têm, ambos, a mesma fórmula bruta C_2H_6O. Em temperatura ambiente, o álcool etílico é um líquido digestível com característi- cas bem conhecidas, enquanto o éter metílico é um gás que deve ser esfriado a $-24°C$ para que se liquefaça e tem um conjunto de propriedades químicas e fi- siológicas bastante diferentes das do álcool. O estudo das propriedades quími- cas das duas substâncias leva a adotar para elas as seguintes fórmulas estru- turais:

Álcool etílico

Éter metílico

mostrando que o átomo de oxigênio tem, nas duas moléculas, diferentes posi- ções relativas.

2. Existem duas substâncias diferentes com a mesma fórmula bruta $C_2H_4Cl_2$; elas têm as fórmulas estruturais indicadas a seguir:

Na primeira, cada átomo de carbono está ligado a um átomo de cloro, enquanto na segunda os dois átomos de cloro estão unidos ao mesmo átomo de carbono.

Os conhecimentos modernos sobre a estrutura íntima das substâncias derivam da Físico-Química, ciência que trata das relações quantitativas entre as proprieda- des das substâncias e sua estrutura. Os métodos utilizados na investigação dessa estrutura, desenvolvidos depois de 1930, são muito delicados e os resultados por eles fornecidos são comumente de interpretação bastante complexa. Decorrem principalmente do estudo:

a) dos espectros de emissão e de absorção da luz visível e das radiações infravermelhas e ultravioleta;

b) da difração dos raios X e dos elétrons produzida pelas substâncias sólidas, líquidas e gasosas;

c) do comportamento das substâncias nos campos magnéticos;

d) da refratividade molecular;

e) dos espectros Raman, espectros resultantes da dispersão especial experimentada por uma radiação monocromática ao incidir sobre as moléculas.

A aplicação desses métodos conduz a numerosas informações sobre o modo pelo qual se agrupam os constituintes de uma substância, sobre as dimensões das moléculas, sobre as distâncias interatômicas dentro da molécula, permitindo concluir, por exemplo, que:

a) as moléculas de gás carbônico são lineares, as de água, triangulares e as de amônia, piramidais (v. Fig. 7.1);

b) a distância entre dois átomos é tanto menor quanto maior o número de ligações entre eles; a distância entre dois átomos de carbono é 1,54 Å, ou 1,34 Å ou ainda 1,20 Å, conforme esses átomos estejam unidos por uma só, por duas ou por três ligações (v. Fig. 7.2).

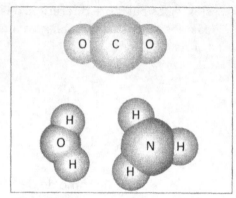

Figura 7.1

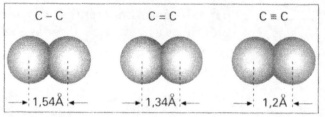

Figura 7.2

7.7 Reações e Equações Químicas

Segundo o visto no item 2.8, a reação química pode ser entendida como o fenômeno que se processa com uma ou mais substâncias (reagentes) e que acarreta sua transformação em uma ou mais outras (produtos da reação).

Esquematicamente, uma reação química é representada por uma equação química, na qual figuram, como termos, as fórmulas das substâncias reagentes e os produtos.

FÓRMULAS E EQUAÇÕES QUÍMICAS — ESTEQUIOMETRIA **137**

Para escrever uma equação química representam-se, separadas pelo sinal + e à esquerda de uma seta, indicativa do sentido da transformação, as fórmulas dos reagentes e, à direita dessa seta, as fórmulas dos produtos da reação, também separadas entre si pelo sinal +. Cada uma dessas fórmulas representa, convencionalmente, uma molécula (quando se trata de substância molecular).

Ora, à luz da teoria atômico-molecular clássica, uma reação química é apenas um processo pelo qual se modificam os arranjos dos átomos nas moléculas dela participantes; os átomos constituintes das moléculas dos reagentes, redistribuídos, passam a constituir as moléculas dos produtos. Assim, a equação química deve evidenciar que, na reação representada, o número de átomos de cada elemento é o mesmo antes e após a reação. Para tal, faz-se preceder cada uma das fórmulas por coeficientes numéricos determinados de maneira a satisfazer essa condição. Por exemplo, ao se queimar, o álcool etílico reage com oxigênio, originando gás carbônico e água. Essa reação pode ser esquematizada pela equação

$$C_2H_6O + 3O_2 \rightarrow 2CO_2 + 3H_2O,$$

ilustrando que uma molécula de álcool etílico, reagindo com três moléculas de oxigênio, origina duas moléculas de gás carbônico e três moléculas de água.

A equação representativa de uma reação química não exprime apenas a natureza dos reagentes e dos produtos que dela participam, mas também fornece uma série de informações úteis com respeito às massas relativas que nela intervêm. Assim, a equação mostra que:

a) o álcool etílico, em determinadas condições, reage com oxigênio para produzir gás carbônico e água;

b) toda vez que essa reação se processa, cada molécula de álcool etílico reage com três moléculas de oxigênio e produz duas moléculas de gás carbônico, além de três moléculas de água;

c) imaginando todos os coeficientes da equação multiplicados pelo número de Avogadro, então, um mol de moléculas de álcool etílico reage com três mols de moléculas de oxigênio, originando dois mols de moléculas de gás carbônico e três mols de moléculas de água;

d) como a massa de um mol de moléculas é uma molécula-grama (46 g para o álcool etílico, 32 g para o oxigênio, 44 g para o gás carbônico e 18 g para a água), então cada 46 g de álcool etílico exigem para a sua queima 3×32 g de oxigênio e produzem 2×44 g de gás carbônico, além de 3×18 g de água;

e) uma vez que, das substâncias que participam dessa reação, o oxigênio e o gás carbônico são normalmente gasosos, lembrando que uma molécula-grama de qualquer gás ocupa sempre o volume molar, então, ao queimarem, cada 46 g de álcool etílico consomem 3 volumes molares de oxigênio ($3 \times 22,4$ L nas condições normais) e produzem 2 volumes molares de gás carbônico ($2 \times 22,4$ L nas condições normais).

138 QUÍMICA GERAL

Observações

1. Uma equação química não traduz o mecanismo em si da reação que representa; esse mecanismo, na grande maioria dos casos, é desconhecido.

2. Uma equação química representa sempre o resultado de uma experiência e, portanto, nunca pode ser escrita *a priori*. Isso significa que ninguém, nem mesmo um químico experimentado, pode estar absolutamente seguro de que duas ou mais substâncias dadas possam, ou não, reagir entre si, a menos que ele próprio, ou alguém por ele, o tenha verificado experimentalmente. Entretanto, o conhecimento das propriedades de certas substâncias (por exemplo, os ácidos) permite prever, com relativa segurança, não só a possibilidade de sua reação com outras (as bases, por exemplo), como também a natureza dos produtos formados.

3. As regras utilizadas para a escrita das equações representativas de reações entre substâncias moleculares estendem-se àquelas das quais participam substâncias iônicas. As fórmulas deixam então de representar moléculas para representar íons.

Exemplo:

$$2MnO_4^- + 3SO_4^{--} + H_2O \rightarrow 2MnO_2 + 3SO_4^{--} + 2HO^-.$$

7.8 Tipos de Reações Químicas

Uma reação química apresenta, às vezes, no seu transcurso alguma característica que justifica sua designação por um nome particular. Assim, entre muitas outras, fala-se em reações de combinação, de decomposição, substituição, dupla substituição, polimerização, etc.

7.8.1 Reações de Combinação

São aquelas em que duas ou mais substâncias se unem para formar um nova substância de constituição mais complexa. Essas reações são representadas genericamente por uma equação do tipo $A + B \rightarrow AB$, onde A e B podem ser substâncias simples ou compostas. Exemplos:

$$S + O_2 \rightarrow SO_2,$$
$$N_2 + 3H_2 \rightarrow 2NH_3.$$

Quando pelo menos uma das substâncias reagentes é composta, a reação de combinação costuma também ser chamada de adição:

$$2CO + O_2 \rightarrow 2CO_2$$
$$BF_3 + NH_3 \rightarrow H_3NBF_3$$
$$SO_3 + H_2O \rightarrow H_2SO_4.$$

FÓRMULAS E EQUAÇÕES QUÍMICAS — ESTEQUIOMETRIA **139**

7.8.2 Reações de Decomposição

Nelas um reagente único origina, como produtos, duas ou mais substâncias distintas. Obedecem a uma equação do tipo $AB \to A + B$ e oferecem como exemplos as reações esquematizadas pelas equações:

$$NH_4NO_3 \to N_2O + 2H_2O$$
$$2KClO_3 \to 2KCl + 3O_2$$
$$2BaO_2 \to 2BaO + O_2$$
$$CaCO_3 \to CaO + CO_2$$
$$2HgO \to 2Hg + O_2.$$

7.8.3 Reações de Substituição

Nas reações de substituição, também chamadas de deslocamento ou de simples troca, um elemento constituinte de um composto é substituído por outro elemento. Podem ser representados genericamente pela equação $AB + C \to AC + B$. Exemplos:

$$CuSO_4 + Zn \to ZnSO_4 + Cu$$
$$2HCl + Fe \to FeCl_2 + H_2$$
$$2KI + Cl_2 \to 2KCl + I_2.$$

7.8.4 Reações de Dupla Substituição

Nas reações de dupla substituição ou de dupla troca, duas substâncias permutam entre si dois elementos, conforme o sugere a equação $AB + CD \to AC + BD$. Exemplos:

$$CaO + H_2SO_4 \to CaSO_4 + H_2O$$
$$BaCl_2 + Na_2CO_3 \to BaCO_3 + 2NaCl.$$

7.8.5 Reações de Polimerização

Consistem na transformação de uma dada substância (monômero) numa outra de massa molecular múltipla da primeira (polímero):

$$2NO_2 \to N_2O_4$$
$$3C_2H_2 \to C_6H_6$$
$$nC_2H_4 \to (C_2H_4)n.$$

As reações de polimerização têm particular importância industrial, uma vez que, por reação deste tipo, são obtidos os *altos polímeros* tecnicamente conhecidos como *plásticos* ou *resinas artificiais*. Entre eles são exemplos: os polietilenos obtidos a partir do etileno $H_2C=CH_2$, que fornece, conforme as condições em que a reação é conduzida, polímeros de massa molecular variável de 13 000 a 23 000, os po-

140 QUÍMICA GERAL

liestirenos, obtidos a partir do estireno $C_6H_5CH{=}CH_2$, com massa molecular de 100 000 a 200 000, e também o PVC ou cloreto de polivinila, obtido por polimerização do cloreto de vinila $H_2C{=}CHCl$.

7.8.6 Transformações Isoméricas

São as reações em que uma dada substância se transforma numa outra diferente por uma redistribuição dos átomos na molécula, sem alteração de sua composição centesimal e da massa molecular. Em outros termos, são as reações em que uma substância passa de uma dada estrutura molecular a outra isômera. Exemplo clássico é o da transformação do isocianato de amônio em uréia, segundo a equação

$$NH_4NCO \rightarrow CO(NH_2)_2.$$

7.8.7 Transformações Alotrópicas

A experiência ensina que uma reação é geralmente acompanha de uma troca de energia com o meio externo. É que as moléculas de cada substância, em virtude de sua estrutura particular, possuem uma certa reserva de energia. Quando essas moléculas, participando de uma reação, se transformam em outras, pode suceder que as moléculas dos produtos formados possuam energia maior ou menor que a das moléculas de que provieram. Se a energia das moléculas formadas é maior que a das reagentes, então durante a reação verifica-se uma absorção de energia de alguma fonte externa. Geralmente essa energia é absorvida sob a forma de calor e a reação é então dita *endotérmica*. Quando, entretanto, os produtos da reação possuem menos energia que os reagentes, o excesso de energia é desprendido pelo sistema durante a reação; quando o é sob a forma de calor a reação é dita *exotérmica*.

Existem certas substância simples que, embora formadas pelo mesmo elemento químico, se distinguem pela quantidade de energia desprendida ou absorvida nas reações de que participam e pela velocidade com que essas reações se processam. Tais substâncias são ditas *formas alotrópicas* do mesmo elemento.

O oxigênio (O_2) e a ozona (O_3) são formas alotrópicas do mesmo elemento (O). Tanto oxigênio como ozona reagem com hidrogênio e originam água; é impossível distinguir a água proveniente do oxigênio da oriunda da ozona. Contudo, na formação de uma molécula-grama de água, a partir do oxigênio, desprendem-se cerca de 69 000 calorias, e a partir da ozona desprendem-se aproximadamente 86 000 calorias.

O fenômeno da alotropia observa-se com os elementos que originam moléculas com diferente número de átomos ou que originam cristais de duas ou mais formas cristalinas diferentes.

O enxofre existe em várias formas alotrópicas distintas: duas líquidas, chamadas $S\lambda$ e $S\mu$ (enxofre lambda e enxofre mu), e duas sólidas, conhecidas como enxofre rômbico e enxofre monoclínico.

FÓRMULAS E EQUAÇÕES QUÍMICAS — ESTEQUIOMETRIA **141**

O fósforo apresenta três formas alotrópicas: o fósforo branco (também chamado incolor), o fósforo violeta (também chamado vermelho) e o fósforo negro.

Uma transformação alotrópica é a que ocasiona a passagem de uma substância de uma forma alotrópica para outra. Por exemplo:

$$3O_2 \rightarrow 2O_3.$$

7.8.8 Reações de Precipitação

Chamam-se assim as reações que, realizadas em presença de um líquido, conduzem à formação de uma substância insolúvel. Por exemplo: quando, num vaso contendo uma solução aquosa de nitrato de prata ($AgNO_3$) junta-se uma solução de cloreto de sódio ($NaCl$), observa-se a formação de uma substância branca, praticamente insolúvel, que se deposita no fundo do recipiente. A substância insolúvel chama-se genericamente *precipitado*; no caso do exemplo, o precipitado é constituído de cloreto de prata ($AgCl$). O líquido claro que sobrenada o precipitado contém dissolvido o nitrato de sódio ($NaNO_3$). A equação representativa dessa reação é

$$NaCl + AgNO_3 \rightarrow NaNO_3 + AgCl\downarrow,$$

a seta indicando que o $AgCl$ é o *precipitado*.

Na verdade, tanto o cloreto de sódio quanto o nitrato de prata são substâncias iônicas e em suas soluções aquosas existem os íons Na^+ e Cl^-, no primeiro caso, e Ag^+ e NO_3^- no segundo. A reação verificada ao se juntarem as duas soluções é então mais bem representada pela equação

$$Na^+ + Cl^- + Ag^+ + NO_3^- \rightarrow AgCl\downarrow + Na^+ + NO_3^-,$$

com a vantagem de mostrar que na solução final encontram-se íons Na^+ e NO_3^- e não propriamente moléculas de $NaNO_3$, que não existem.

A primeira dessas equações, a que ignora a existência dos íons participantes da reação, representa-a sob a forma molecular, e a segunda, sob a forma iônica.

7.9 Determinação dos Coeficientes de uma Equação Química

Segundo o exposto no item 7.7, a fim de pôr uma equação química de acordo com as leis da conservação das massas e dos elementos químicos, deve-se fazer preceder cada uma das fórmulas que nela figuram por um coeficiente adequado. A determinação desses coeficientes, ou seja, o balanceamento da equação, pode ser feita por vários métodos. Neste item será examinado apenas o dos *coeficientes indeterminados* ou *algébrico*.

Imagine-se que o problema consiste no balanceamento da equação

$$I_2 + HNO_3 \rightarrow HIO_3 + NO + H_2O.$$

Designando por x, y, z, u e v os coeficientes procurados, isto é, admitindo-se que a equação seja

$$xI_2 + yHNO_3 \rightarrow zHIO_3 + uNO + vH_2O,$$

a solução do problema resulta simples: basta estabelecer um sistema de equações lineares, aplicando o princípio de que devem ser iguais os números de átomos de cada elemento nos dois membros da equação dada. Para cada um dos elementos (I, H, N e O) que participam da reação esquematizada, o princípio impõe as igualdades:

$$2x = z$$
$$y = z + 2v$$
$$y = u$$
$$3y = 3z + u + v.$$

Obtém-se assim um sistema indeterminado de quatro equações a cinco incógnitas. Sucede que, pela lei das proporções definidas, uma vez fixa a quantidade de um dos reagentes que participa de uma dada reação, resultam determinadas as quantidades dos demais produtos e reagentes que nela intervêm. Assim sendo basta fixar arbitrariamente o valor de um qualquer dos cinco coeficientes para que resultem determinados os outros por meio do sistema já estabelecido. Fazendo então, arbitrariamente, $x = 1$ resulta o sistema:

$$2x = z$$
$$y = z + 2v$$
$$y = u$$
$$3y = 3z + u + v$$
$$x = 1,$$

que, resolvido, dá a solução

$$x = 1 \qquad y = \frac{10}{3} \qquad z = 2 \qquad u = \frac{10}{3} \qquad v = \frac{2}{3}.$$

Multiplicando todos esses números por 3, para que resultem coeficientes todos inteiros, obtêm-se:

$$x' = 3 \qquad y' = 10 \qquad z' = 6 \qquad u' = 10 \qquad v' = 2$$

e a equação balanceada

$$3I_2 + 10HNO_3 \rightarrow 6HIO_3 + 10NO + 2H_2O.$$

No exemplo acima, e em muitos outros casos, o método dos coeficientes indeterminados leva a um sistema indeterminado de n incógnitas a $n - 1$ equações que se resolvem como no exemplo dado. Há casos, entretanto, nos quais o método leva a um sistema de n incógnitas com $n - 2$ ou $n - 3$ equações. Nesses casos, a fixação arbitrária de dois ou mais coeficientes pode levar a resultados em desacordo com os obtidos na experiência.

Por exemplo, para a reação esquematizada pela equação

$$x KMnO_4 + y H_2SO_4 + z H_2O_2 \rightarrow u MnSO_4 + v K_2SO_4 + p H_2O + q O_2,$$

obtém-se um sistema de 5 equações a 7 incógnitas:

$$x = 2v$$
$$x = u$$
$$4x + 4y + 2z = 4u + 4v + p + 2q$$
$$2y + 2z = 2p$$
$$y = u + v.$$

Fazendo arbitrariamente $x = 2$ e $z = 1$ e resolvendo o sistema, obtém-se a equação

$$2KMnO_4 + 3H_2SO_4 + H_2O_2 \rightarrow 2MnSO_4 + K_2SO_4 + 4H_2O + 3O_2,$$

evidentemente balanceada, mas não concordante com os resultados da experiência.

Uma das inúmeras soluções do sistema, aquela que seria obtida para $x = 2$ e $z = 5$, leva à verdadeira equação

$$2KMnO_4 + 3H_2SO_4 + 5H_2O_2 \rightarrow 2MnSO_4 + K_2SO_4 + 8H_2O + 5O_2.$$

Em outro capítulo desta publicação será examinado outro método de balanceamento, o da *oxirredução*, que permite, nesses casos, a determinação desses coeficientes de um modo mais seguro.

7.10 Estequiometria

O conhecimento das fórmulas e equações química permite resolver uma série de problemas relativos às quantidades de reagentes que desaparecem e aos produtos que se formam no correr de uma reação. O conjunto de cálculos que levam à solução desses problemas e que têm seu fundamento na interpretação quantitativa de uma equação química chama-se *estequiometria*.

O exemplo seguinte ilustra o modo pelo qual se efetuam os cálculos estequiométricos.

A experiência mostra que o zinco e o ácido clorídrico (solução aquosa de cloridreto) reagem entre si para formar o cloreto de zinco, com desprendimento de hidrogênio, segundo a equação:

$$Zn + 2HCl \rightarrow ZnCl_2 + H_2.$$

Isso posto, deseja-se saber:
a) que massa de cloreto de zinco pode ser obtida a partir de 13,08 g de zinco;
b) que massa de cloridreto será consumida nessa reação;
c) que massa de hidrogênio será obtida na mesma reação;
d) que volume seria ocupado por esse hidrogênio, se medido fosse a $27°C$, sob pressão de 570 mm de mercúrio.

144 QUÍMICA GERAL

Supõem-se conhecidas as massas atômicas aproximadas do hidrogênio $(1,0)$, do cloro $(36,5)$ e do zinco $(65,4)$.

A equação representativa da reação mostra que cada átomo-grama $(65,4\ g)$ de zinco reage com 2 moléculas-grama de HCl $(2 \times 36,5\ g)$, originando 1 molécula-grama de cloreto de zinco[*] $(136,4\ g)$ e uma molécula-grama de hidrogênio $(2,0\ g)$.

Assim sendo, associados à equação em questão os dados, em massa, pode-se resolver o problema:

$$Zn\ +\ 2HCl\ \rightarrow\ ZnCl_2 +\ H_2\ ,$$
$$\underset{65,4\ g}{}\quad\underset{73,0\ g}{}\quad\underset{136,4\ g}{}\quad\underset{2,0\ g}{}$$

a) posto que cada $65,4\ g$ de zinco, reagindo com a quantidade adequada de HCl, originam $136,4\ g$ de cloreto de zinco, pela lei das proporções definidas, $13,08\ g$ de zinco devem originar uma massa de cloreto de zinco m_1 tal que seja satisfeita a proporção

$$\frac{65,4}{13,08} = \frac{136,4}{m_1},$$

logo $\qquad\qquad m_1 = 27,3\ g;$

b) se $65,4\ g$ de zinco reagem com $73,0\ g$ de HCl, então, para reagir com $13,08\ g$ de zinco, deve ser utilizada uma massa de HCl m_2 tal que se tenha

$$\frac{65,4}{13,08} = \frac{73,0}{m_2}$$

ou $\qquad\qquad m_2 = 14,6\ g;$

c) como $65,4\ g$ de zinco produzem na reação considerada $2,0\ g$ de hidrogênio, então, ainda pela mesma lei, $13,08\ g$ de zinco devem originar uma massa de hidrogênio m, relacionada com os demais dados pela proporção

$$\frac{65,4}{13,08} = \frac{2,0}{m},$$

isto é, $\qquad\qquad m = 0,4\ g;$

d) para calcular o volume que seria ocupado pelo hidrogênio nas condições indicadas basta aplicar a equação de Clapeyron

$$PV = \frac{m}{M^*}RT\ ,$$

que dá $\qquad V = \frac{m}{M^*}\frac{RT}{P} = \frac{0,4}{2 \times \dfrac{570}{760}} \times 0,082 \times 300 = 6,6\ L.$

---

[*] O cloreto de zinco é uma substância iônica para a qual o conceito de molécula não tem significado. Em vista disso, também não se aplicam, no caso, os conceitos de massa molecular e molécula-grama, que devem com mais rigor ser substituídos pelos de *massa-fórmula* e *fórmula-grama*, respectivamente.

C A P Í T U L O

8

A Tabela Periódica dos Elementos

8.1 Os Precursores da Classificação Periódica

A Química, incluída atualmente entre as ciências físicas, teve no passado características de uma ciência natural e, como tal, recorria com muita freqüência às classificações das substâncias. Visava assim a, levando em conta as analogias existentes entre as propriedades das substâncias, distribuí-las em grupos, de maneira a facilitar seu estudo comparativo. No século XIX, com o estabelecimento do conceito de substância simples, começaram a surgir as primeiras classificações dos elementos químicos, com fundamento nos mais variados princípios.

As primeiras tentativas de classificação sistemática dos elementos apareceram pouco depois da formulação da teoria atômica de Dalton, quando começaram a ser conhecidas as primeiras massas atômicas.

Em 1817 Dobereiner[*], professor da Universidade de Viena, mostrou ser possível a distribuição de alguns elementos químicos em grupos de três, de forma que, ordenados os de um mesmo grupo segundo suas massas atômicas crescentes[**], a massa atômica do elemento central seria, aproximadamente, a média aritmética das dos elementos extremos. Esses grupos de três elementos tornaram-se conhecidos como *tríadas de Dobereiner*.

---

[*] Johann Wolfang Dobereiner (1780-1849).
[**] Naquela época confundidas com massas equivalentes (v. item 5.3).

146 QUÍMICA GERAL

Constituem exemplos de tríadas os seguintes grupos:

a) cloro 35,5
bromo.................. 80
iodo 127

b) lítio 7
sódio 23
potássio 39

c) enxofre 32
selênio 79
telúrio............... 128

d) cálcio 40
estrôncio.......... 88
bário 137

Com Dobereiner surgia a idéia de que as propriedades dos elementos estariam intimamente ligadas às massas atômicas. Vários pesquisadores voltaram então sua atenção para o assunto.

Em 1859 Dumas[*], desenvolvendo as idéias de Dobereiner, reconheceu a existência de *famílias* com um número maior de *membros*, cujas massas atômicas (às vezes, massas equivalentes, porque então ainda não se distinguiam bem umas das outras) apresentavam curiosas correlações, como as ilustradas nos exemplos abaixo:

a)
F 19 .... $= 19$
Cl $19 + 16,5$ .... $= 35,5$
Br $19 + 2 \times 16,5 + 28$ .... $= 80$
I $19 + 2 \times 16,5 + 2 \times 28 + 19$ $= 127$

b)
O 8.................................... $= 8$
S $8 + 8$.............................. $= 16$
Se $8 + 4 \times 8$ .... $= 40$
Te $8 + 7 \times 8$ .... $= 64$

c)
N 14 .... $= 14$
P $14 + 17$ .... $= 31$
As $14 + 17 + 44$ .... $= 75$
Sb $14 + 17 + 2 \times 44$ .... $= 119$

d)
Mg 12 .... $= 12$
Ca $12 + 8$ .... $= 20$
Sr $12 + 4 \times 8$ .... $= 44$
Ba $12 + 7 \times 8$ .... $= 68$

Essas correlações parciais não poderiam conduzir, como de fato não conduziram, a algum resultado geral, uma vez que se desconheciam ainda as verdadeiras massas atômicas. Mesmo assim, começou a ganhar corpo a idéia de que as propriedades dos elementos deveriam, de algum modo, depender de suas massas atômicas.

Em 1862 Chancourtois, partindo do princípio de que as "propriedades das espécies químicas são as propriedades dos números", apresentou um trabalho no qual

---

[*] Jean-Baptiste Dumas (1800-1884).

os elementos, ordenados segundo suas massas atômicas crescentes, estavam distribuídos ao longo de uma hélice (por ele chamada "telúrica") que se desenvolvia sobre um cilindro circular. Embora original, em muitos aspectos, o trabalho apresentado à Academia de Ciências da França foi ridicularizado por muitos de seus membros.

Pouco depois, em 1864, o inglês Newlands[*] organizou uma tabela em que dispunha alguns dos elementos então conhecidos em ordem crescente de suas massas atômicas, ou seja, na seqüência

H	Li	Be	B	C	N	O
1	2	3	4	5	6	7
F	Na	Mg	Al	Si	P	S
8	9	10	11	12	13	14
Cl	K	Ca	Cr	Ti	Mn	Fe
15	16	17	18	19	20	21

e chamou a atenção para o fato de o oitavo elemento, a partir de um primeiro qualquer, ser uma espécie de repetição à semelhança do que ocorre na escala musical, em que a oitava nota lembra a primeira.

Em resumo: ordenando os elementos segundo suas massas atômicas crescentes e atribuindo um número de ordem a cada um deles, aparecem algumas analogias entre os de números de ordem 1, 8, 15, etc., como também entre os de números 2, 9, 16, e assim por diante.

Tal regularidade, embora nem sempre marcante, tornou-se conhecida como a *lei das oitavas de Newlands*. Em alguns casos, positivamente não é obedecida; as propriedades do ferro não são parecidas com as do enxofre e as do oxigênio, e nem o comportamento do manganês lembra o do fósforo ou o do nitrogênio: enquanto o manganês e o ferro são elementos metálicos, duros e bons condutores térmicos e elétricos, o fósforo e o enxôfre não têm características metálicas, são relativamente moles e maus condutores de calor e de cargas elétricas[**].

Apesar de ter um caráter mais sistemático que o trabalho de Dobereiner e de constituir um grande passo para o estabelecimento definitivo da classificação periódica dos elementos, o trabalho de Newlands não encontrou receptividade entre os químicos da época. Conta-se mesmo que, na ocasião em que Newlands exibia sua tabela perante os membros da London Chemical Society, o físico Carey Foster teria perguntado a Newlands se este, por acaso, não teria descoberto também alguma lei, distribuindo os elementos na ordem alfabética das iniciais de seus nomes...

[*] John A. R. Newlands (1837-1898).
[**] Mais uma vez chama-se a atenção do leitor: as propriedades acima citadas como referentes aos elementos, na verdade dizem respeito às substâncias simples homônimas.

148 Química Geral

8.2 A Classificação Periódica

Cerca de cinco anos após sua exposição, as idéias de Newlands foram confirmadas pelos trabalhos de dois químicos que, embora pesquisando independentemente um do outro, chegaram quase simultaneamente ao mesmo resultado: a Tabela Periódica dos Elementos. Foram eles Dmitri Ivánovich Mendeléiev[*] e Julius Lothar Meyer. A tabela de Mendeléiev foi publicada em 1869, em russo, alguns meses antes do aparecimento, em alemão, da de Lothar Meyer. O fato de, correntemente, a autoria dessa tabela ser atribuída a Mendeléiev deve-se à circunstância de ser da autoria deste a lei geral que rege sua construção: a lei periódica dos elementos. Pelo enunciado original dessa lei:

> "As propriedades das substâncias simples, como também os tipos e as propriedades dos compostos que originam, são função periódica das massas atômicas dos correspondentes elementos químicos."

Na verdade, esse enunciado traduz apenas com alguma aproximação a lei periódica, uma vez que o periodismo das propriedades é, a rigor, mais pronunciado quando expresso em função dos números atômicos e não propriamente em função das massas atômicas.

Segundo essa proposição, no conjunto dos elementos ordenados segundo suas massas atômicas crescentes ou, mais precisamente, segundo seus números atômicos crescentes, existem períodos ao longo dos quais uma dada propriedade varia até adquirir um valor comum à do elemento que se encontra no início do período.

Embora muitas propriedades das substâncias simples variem com o número atômico, nem todas o fazem periodicamente. Por exemplo: a freqüência dos raios X produzidos por um elemento de número atômico Z depende de Z e com ele cresce, mas não periodicamente.

São propriedades periódicas a energia de ionização, o volume e o raio atômicos, o raio iônico, as temperaturas de fusão e de ebulição, a eletronegatividade, a mobilidade iônica, o calor de formação de certos compostos, a dureza, a condutividade térmica, a condutividade elétrica, a parácora, etc. Essas propriedades estão intimamente correlacionadas à configuração eletrônica dos átomos; elas, bem como essa correlação, serão tratadas em diferentes itens desta publicação.

Na Fig. 8.1 encontra-se o diagrama representativo da energia de ionização em função do número atômico; com seus pontos de máximo e de mínimo, esse diagrama ilustra o periodismo dessa propriedade que mede a energia a ser suprida ao átomo para dele extrair o primeiro elétron (v. item 13.8).

---

[*] Entre as diferentes grafias com que costumeiramente aparece o nome deste célebre pesquisador russo, adotou-se nesta publicação aquela com que figura nos livros em espanhol publicados na antiga URSS.

A Tabela Periódica dos Elementos

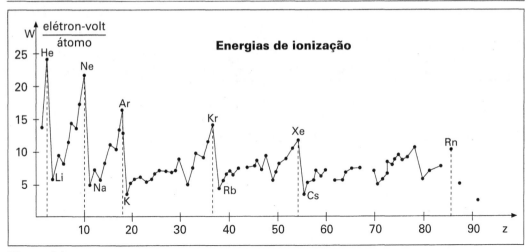

Figura 8.1

Propriedade periódica interessante é também o *raio atômico*, definido como a metade da distância entre dois átomos adjacentes na substância elementar, em sua forma molecular ou cristalina. Essa grandeza é tratada no item 9.15, e a Fig. 9.30 ilustra a correlação entre os raios atômicos e os números atômicos dos elementos.

O diagrama da Fig. 8.3 evidencia a periodicidade de uma importantíssima propriedade química dos elementos, a *valência* — entendida como o número de átomos de hidrogênio que se unem a um átomo de um dado elemento.

A Fig. 8.2 mostra a oscilação de outra propriedade periódica, o *volume atômico*, relação $\dfrac{A^*}{\mu}$ entre o átomo-grama de um elemento e sua massa específica.

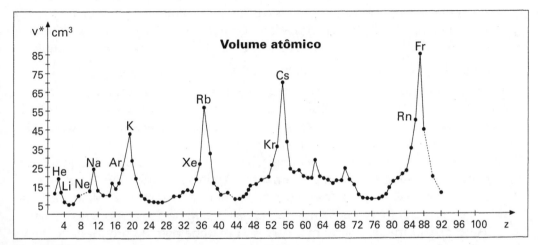

Figura 8.2

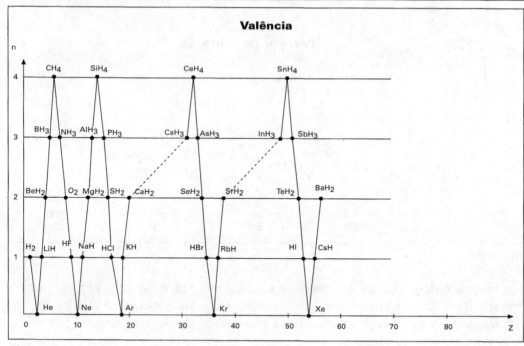

Figura 8.3

Por sua vez, a Tab. 8.1 é uma versão modernizada — sem ser a mais recente — da de Mendeléiev, ampliada, inclusive, com muitos elementos descobertos após o aparecimento da primeira tabela periódica.

As Tabs. 8.1, 8.2 e 8.3 evidenciam, no conjunto ordenado de elementos químicos, a existência de 7 períodos, dos quais o primeiro contém apenas 2 elementos, o segundo e terceiro têm 8 elementos cada; o quarto e o quinto períodos encerram 18 elementos cada, enquanto o sexto inclui 32 elementos e o sétimo é incompleto.

Na Tab. 8.1, salvo algumas exceções, os elementos encontram-se ordenados segundo suas massas atômicas crescentes (mais precisamente segundo seus números atômicos crescentes). Os elementos que apresentam algumas semelhanças de propriedades aparecem distribuídos numa mesma coluna ou *grupo*, identificado por um número de I a VIII. Excluído o oitavo, cada grupo é subdividido em dois subgrupos A e B, de modo que os elementos de um mesmo subgrupo apresentem uma acentuada analogia de comportamento. Assim, no subgrupo A do grupo I figuram os elementos conhecidos pelo nome genérico de metais alcalinos (Li, Na, K, Rb, Cs e Fr) muito parecidos entre si, ao passo que no subgrupo B aparecem o Cu, o Ag e o Au, que apresentam, entre si, uma analogia de propriedades mais acentuada que com os elementos do subgrupo A.

TABELA 8.1

Período	Grupos															
	I A	I B	II A	II B	III A	III B	IV A	IV B	V A	V B	VI A	VI B	VII A	VII B	VIII	0
1	H 1															He 2
2	Li 3		Be 4		B 5		C 6		N 7		O 8		F 9			Ne 10
3	Na 11		Mg 12		Al 13		Si 14		P 15		S 16		Cl 17			Ar 18
4	K 19	Cu 29	Ca 20	Zn 30	Ga 31	Sc 21	Ge 32	Ti 22	As 33	V 23	Se 34	Cr 24	Br 35	Mn 25	Fe 26 Co 27 Ni 28	Kr 36
5	Rb 37	Ag 47	Sr 38	Cd 48	In 49	Y 39	Sn 50	Zr 40	Sb 51	Nb 41	Te 52	Mo 42	I 53	Tc 43	Ru 44 Rh 45 Pd 46	Xe 54
6	Cs 55	Au 79	Ba 56	Hg 80	Tl 81	Terras raras 57-71	Pb 82	Hf 72	Bi 83	Ta 73	Po 84	W 74	At 85	Re 75	Os 76 Ir 77 Pt 78	Rn 86
7	Fr 87		Ra 88			Ac 89	Th 90		Pa 91		U 92					

Terras raras	La 57	Ce 58	Pr 59	Nd 60	Pm 61	Sm 62	Eu 63	Gd 64	Tb 65	Dy 66	Ho 67	Er 68	Tm 69	Yb 70	Lu 71

O grupo VIII apresenta uma anomalia: inclui 3 tríadas nas quais a semelhança de propriedades aparece horizontalmente e não verticalmente.

Na tabela originalmente organizada por Mendeléiev figuravam apenas pouco mais de sessenta elementos; nela, entre outros, não constavam, por não serem ainda conhecidos, os elementos nobres (He, Ne, Ar, Kr, Xe e Rn). Quando tais elementos foram descobertos, constatou-se que formavam um conjunto com propriedades tão semelhantes a ponto de poderem constituir um novo grupo a ser incorporado à tabela. Este, chamado de grupo 0 por alguns e VIII-*B* por outros, é colocado à direita do grupo VIII ou à esquerda do grupo I.

O conjunto de elementos compreendidos entre dois elementos nobres, excluído o primeiro e incluído o segundo, constitui um *período*. Sete são os períodos. O primeiro inclui apenas o H e o He. Os demais, excluindo o sétimo, principiam por um metal alcalino e terminam por um elemento nobre.

152 Química Geral

> ## Observação
>
> Conforme já insinuado no item 8.2, os historiadores não são unânimes em apontar quem teria sido o autor da primeira tabela periódica, Dmitri Mendeléiev ou Lothar Meyer. Ao que parece, foi Meyer o primeiro a construir um diagrama que relaciona os volumes atômicos dos elementos com seus números atômicos, do qual o da Fig. 8.2 é uma versão moderna. Não obstante as muitas lacunas existentes no diagrama que construiu, porque ainda desconhecidos numerosos elementos que só depois vieram a ser descobertos, Meyer pôde observar que:
>
> a) os elementos alcalinos (Li, Na, K) encontram-se nos picos de máximo do diagrama;
>
> b) os elementos constituintes das substâncias simples gasosas encontram-se nos ramos ascendentes do gráfico (O, N, F...);
>
> c) nos ramos ascendentes encontram-se também os elementos eletronegativos e os de baixo ponto de fusão (S, Se, P...);
>
> d) nos ramos descendentes do diagrama e em seus vales situam-se os elementos eletropositivos de alto ponto de fusão (B, Al, Co, Ru, Os...).

8.3 A Tabela Periódica Desenvolvida

Entre as diferentes formas com que tem sido apresentada a tabela periódica, acabou se consagrando a tabela sob a forma longa ou desenvolvida. Por seu intermédio tem sido feito, ultimamente, todo o estudo comparativo das propriedades dos elementos e, em particular, o da correlação existente entre as configurações eletrônicas dos átomos e a lei periódica. Nela (v. Tab. 8.2), como na mencionada anteriormente, cada período se inicia, em regra, com um metal alcalino e termina com um elemento nobre. Os subgrupos são eliminados e substituídos por grupos que conservam sua designação anterior.

Conforme se verá posteriormente, a adoção da tabela sob a forma longa é particularmente interessante quando se tem em vista correlacionar as propriedades dos elementos com a estrutura de seus átomos.

A seguir examinam-se algumas peculiaridades da Tabela Periódica, observadas independentemente da forma sob a qual ela se apresenta.

8.3.1

O primeiro período dito *muito curto,* inclui só dois elementos: o hidrogênio (1) e o hélio (2).

Os primeiros sete elementos do segundo período, que vão do lítio (3) ao flúor (9), bem como os componentes do terceiro período, que vão do sódio (11) ao cloro (17), estão dispostos em sete grupos designados como I A, II A, III A, IV A, V A, VI A e VII A; esses períodos (segundo e terceiro) são denominados *curtos.*

A Tabela Periódica dos Elementos   **153**

TABELA 8.2 TABELA PERIÓDICA DOS ELEMENTOS

Grupos																	
IA	IIA	IIIB	IVB	VB	VIB	VIIB	VIII			IB	IIB	IIIA	IVA	VA	VIA	VIIA	0
1 H																	2 He
3 Li	4 Be											5 B	6 C	7 N	8 O	9 F	10 Ne
11 Na	12 Mg	↓	Elementos de transição →						↓			13 Al	14 Si	15 P	16 S	17 Cl	18 Ar
19 K	20 Ca	21 Sc	22 Ti	23 V	24 Cr	25 Mn	26 Fe	27 Co	28 Ni	29 Cu	30 Zn	31 Ga	32 Ge	33 As	34 Se	35 Br	36 Kr
37 Rb	38 Sr	39 Y	40 Zr	41 Nb	42 Mo	43 Tc	44 Ru	45 Rh	46 Pd	47 Ag	48 Cd	49 In	50 Sn	51 Sb	52 Te	53 I	54 Xe
55 Cs	56 Ba	57 a 71 La - Lu	72 Hf	73 Ta	74 W	75 Re	76 Os	77 Ir	78 Pt	79 Au	80 Hg	81 Tl	82 Pb	83 Bi	84 Po	85 At	86 Rn
87 Fr	88 Ra	89 a 103 Actinídeos	104 Ku	105 Ha													

Terras raras ou lantanídeos	57 La	58 Ce	59 Pr	60 Nd	61 Pm	62 Sm	63 Eu	64 Gd	65 Tb	66 Dy	67 Ho	68 Er	69 Tm	70 Yb	71 Lu
Actinídeos	89 Ac	90 Th	91 Pa	92 U	93 Np	94 Pu	95 Am	96 Cm	97 Bk	98 Cf	99 Es	100 Fm	101 Md	102 No	103 Lr

O quarto e o quinto períodos são denominados *longos*; cada um deles é constituído por 18 elementos. O primeiro dos períodos longos vai do potássio (19) ao criptônio (36) e o segundo estende-se do rubídio (37) ao xenônio (54).

O sexto período inclui 32 elementos e é, por isto, denominado *muito longo*. O primeiro desses elementos é o césio (55) e o último é o radônio (86). Em particular, os elementos de números atômicos de 57 (lantânio) a 71 (lutécio) figuram reunidos no mesmo grupo, em virtude da grande analogia de suas propriedades. Esses elementos são conhecidos como *lantanídeos*, por terem propriedades que lembram as do lantânio, e também como *metais das terras raras*, pela circunstância de serem encontrados na natureza como constituintes de certas areias muito pouco comuns, como as areias monazíticas, por exemplo.

O sétimo período, constituído de 19 elementos (excluídos os de descoberta mais recente), presume-se que esteja incompleto e que, como o sexto, deva conter 32 elementos. Por ser o actínio (89) o primeiro de um conjunto de 14 elementos assemelhados, estes são denominados *actinídeos* ou *segundas terras raras*. Os primeiros quatro elementos desse conjunto (Ac, Th, Pa e U) são naturais. Os seguintes, denominados transuranianos, são obtidos artificialmente (v. item 12.14).

154 QUÍMICA GERAL

8.3.2

Os seis elementos nobres (He, Ne, Ar, Kr, Xe e Rn) figuram na tabela desenvolvida no fim de cada um dos seis primeiros períodos. Em conjunto esses elementos constituem o *grupo zero* do sistema periódico.

O grupo zero não figurou na tabela original de Mendeléiev, que não previu sua existência. Os elementos que o constituem, *os elementos nobres*, foram todos descobertos depois de 1895 e formam um grupo natural, uma vez que apresentam, entre si, grande analogia de comportamento; todos eles são muito estáveis e somente com muita dificuldade unem-se a outros elementos.

8.3.3

Alguns elementos que figuram em cada um dos períodos longos e muito longos têm algumas propriedades peculiares que os tornam conhecidos como *elementos de transição*; sua caracterização decorre da maneira peculiar pela qual se distribuem seus elétrons nos últimos níveis energéticos de seus átomos (v. item 10.15). Para alguns autores são de transição

a)   no quarto período: do Sc (21) ao Zn (30), conhecidos como *elementos de transição do grupo do ferro*;

b)   no quinto período: do Y (39) ao Cd (48), denominados *elementos de transição do grupo do paládio*;

c)   no sexto período: do La (57) ao Hg (80), que são os *elementos de transição do grupo da platina*;

d)   no sétimo período: do Ac (89) em diante.

Dentro desse critério são de transição todos os elementos que na tabela desenvolvida pertencem aos grupos *B*, bem como os do grupo VIII. Há, contudo, quem não considere como de transição os elementos do grupo II *B* (Zn, Cd, Hg).

8.3.4

Na ordenação dos elementos segundo as massas atômicas crescentes existem algumas inversões: vários elementos de massas atômicas maiores precedem a outros de massas atômicas menores. Tais inversões podem ser observadas nos pares Co-Ni, Ar-K, Te-I e Th-Pa. Interessante é que essas inversões, segundo Mendeléiev, teriam sido feitas para que a lei periódica, com seu enunciado original, pudesse ser obedecida; por outro lado foram justificadas pela suposição de que as massas atômicas então adotadas eram imprecisas e que determinações posteriores deveriam retificá-las. Sucede que essa previsão não se cumpriu, e as inversões passaram a ser justificadas por um outro critério de ordenação fundamentado na estrutura do átomo: o *número atômico*. Conforme já observado no item 8.2, as propriedades físicas e químicas dos elementos não são função periódica de suas massas atômicas, mas, sim, de seus *números atômicos*.

A Tabela Periódica dos Elementos **155**

Quando Mendeléiev construiu sua tabela, nela reservou alguns lugares para elementos até então desconhecidos, mas cuja existência previa com fundamento na própria lei periódica. Considere-se, por exemplo, o caso do Zn e do As, cujas massas atômicas eram tidas, então, como 65,2 e 75. Mendeléiev não conhecia nenhum elemento cuja massa atômica estivesse compreendida entre esses números. Assim, o As deveria ser colocado no grupo III, logo depois do Zn, que figura no grupo II. Acontece, entretanto, que, pelas suas propriedades, o As deveria figurar no grupo V, com cujos integrantes apresenta algumas semelhanças. Em vista disso, Mendeléiev admitiu que, entre o Zn e o As, deveriam existir dois outros elementos aos quais chamou de *eka-alumínio* e *eka-silício*; com esses nomes procurou enfatizar que se tratava de elementos semelhantes ao alumínio e ao silício, respectivamente. Levando em conta as analogias observadas na tabela, Mendeléiev chegou a prever as propriedades desses elementos com uma precisão espantosa. É o que se constatou posteriormente, quando Boisbaudran descobriu o gálio (1875), que correspondia ao eka-alumínio, e Winkler (1886) descobriu o germânio, eka-silício de Mendeléiev. Para destacar a precisão com que Mendeléiev com fundamento na lei periódica previu as propriedades de alguns elementos transcrevem-se no quadro seguinte as características previstas por Mendeléiev para o eka-silício (representado por Es) e as do germânio descoberto por Winkler.

Eka-silício previsto por Mendeléiev em 1871	**Germânio** descoberto por Winkler em 1886
1) massa atômica = 72;	1) massa atômica = 72,6;
2) massa específica = 5,5 g/cm^3;	2) massa específica = 5,36 g/cm^3;
3) o elemento será cinza-escuro, e por calcinação dará um pó branco de EsO_2;	3) o elemento é branco-acinzentado e por aquecimento dá um óxido branco de GeO_2;
4) o elemento decomporá o vapor de água com dificuldade;	4) o elemento não decompõe o vapor de água;
5) a ação do sódio sobre o EsO_2 ou sobre o EsK_2F_6 dará o elemento;	5) o germânio é obtido por redução do GeO_2 pelo carvão, ou do GeK_2F_6 pelo sódio;
6) o óxido EsO_2 será refratário e terá uma densidade 4,7. Será menos básico que o TiO_2 e o SnO_2 e mais básico que o SiO_2;	6) o óxido GeO_2 é refratário e de densidade 4,7. É muito pouco básico;
7) o cloreto $EsCl_4$ será um líquido com ponto de ebulição da ordem de 90°C com densidade 1,9 (a 0°C);	7) o cloreto de germânio $GeCl_4$ é líquido, tem ponto de ebulição 86,5°C e densidade 1,88 (a 20°C);
8) o volume atômico do eka-silício deve estar compreendido entre o do silício (13 cm^3) e o do estanho (16 cm^3);	8) o volume atômico do germânio é, aproximadamente, 13,3 cm^3;
9) por causa de sua semelhança com o sulfeto de estanho, o sulfeto de eka-silício deverá ser solúvel no sulfeto de amônio.	9) o GeS_2 é solúvel no sulfeto de amônio.

156 Química Geral

Essa previsão tão acertada, juntamente com a adaptação à tabela periódica do grupo 0, mostrava que essa classificação se baseava numa lei natural; desde então a tabela de Mendeléiev passou a ser utilizada como importantíssimo instrumento para o estudo sistemático dos elementos.

8.3.5

Consoante o exposto no item 2.10, muitas das propriedades que aqui se mencionam como características dos elementos químicos referem-se, na verdade, às substâncias simples homônimas desses elementos, numa aparente confusão entre os conceitos de substâncias simples e elementos. Com esse procedimento pretende-se apenas, embora com sacrifício da precisão conceitual, não fugir à regra observada pela maioria dos autores de outras publicações deste gênero.

8.3.6

Segundo Mendeléiev, se três elementos R_1, R_2 e R_3 pertencem a um mesmo grupo, e no mesmo período a que pertence o elemento R_2 se encontram dois outros Q e T, que o precede e segue respectivamente, então as propriedades de R_2 são determinadas pelas de R_1, R_3, Q e T. Assim, por exemplo, a massa atômica de R_2 é 1/4 da soma das massas atômicas dos outros quatro elementos. Para o Se, que figura no grupo VI entre o S e o Te, de massas atômicas 32 e 128, e que pertence ao quarto período, no qual é precedido pelo As e seguido pelo Br, de massas atômicas 75 e 80, a massa atômica deve ser

$$\frac{1}{4}(32+128+75+80)=78,7,$$

valor muito próximo do real (78,96).

Essa proposição fez com que, durante um certo tempo, a tabela periódica se constituísse um guia importante na determição das massas atômicas de alguns elementos. É o que sucedeu, por exemplo, com o índio, cuja massa atômica, calcula-da a princípio como 76, a partir da fórmula errada do seu óxido, foi corrigida pelo próprio Mendeléiev, em virtude da posição que cabe a esse elemento na tabela periódica.

8.3.7

É interessante o fato de o número do grupo ao qual pertence um elemento e o número de sua valência estarem, às vezes, correlacionados entre si. A correlação é estabelecida pelas regras de Abbeg, que se referem à valência máxima do elemento:

1. a valência de um elemento no seu óxido coincide com o número do grupo a que pertence;

2. a valência de um elemento no seu cloreto: a) coincide com o número do grupo

A Tabela Periódica dos Elementos **157**

a que pertence, se esse grupo estiver compreendido entre o I e o IV; b) é a diferença entre 8 e o número de ordem do grupo a que pertence, se esse grupo estiver compreendido entre o IV e o VII;

3. a valência de um elemento no seu hidreto é igual à diferença entre 8 e o número de ordem do grupo em que figura o elemento. Essa regra só é obedecida do grupo IV em diante; os elementos dos três primeiros grupos só formam hidretos em condições especiais.

Representando por E o símbolo de um elemento genérico, as fórmulas do seu óxido, cloreto e hidreto, de acordo com as regras de Abbeg, passam a ser

I	II	III	IV	V	VI	VII
E_2O	EO	E_2O_3	EO_2	E_2O_5	EO_3	E_2O_7
ECl	ECl_2	ECl_3	ECl_4	ECl_3	ECl_2	ECl
			EH_4	EH_3	EH_2	EH

Note-se que as regras de Abbeg aplicam-se particularmente aos chamados elementos representativos, isto é, aos que pertencem aos subgrupos A e que apresentam aquele crescimento progressivo de valência que serviu de fundamento às primeiras classificações dos elementos.

8.4 A Tabela Periódica sob a Forma Desdobrada

A Tab. 8.3 é uma outra versão moderna da classificação periódica dos elementos: a tabela sob a forma desdobrada ou separada. Na parte superior encontram-se, além dos elementos nobres, os elementos representativos de cada grupo, os quais, na tabela sob a forma longa, constituem os subgrupos A.

Nos trechos intermediário e inferior da tabela estão reunidos os elementos de transição, cuja conceituação, intimamente relacionada com a entrada do elétron diferenciador, é estabelecida no item 10.15. São os elemento que, na tabela sob a forma longa, integram os subgrupos B. Os elementos do subgrupo do zinco são, às vezes, classificados como representativos, pois têm algumas características desses.

8.5 Metais e Não–Metais

Embora o estudo comparativo e sistemático dos elementos se desenvolva atualmente com fundamento na tabela periódica, ainda é usual o emprego de designações anteriores aos trabalhos de Mendeléiev para caracterizar certos grupos de elementos que apresentam características comuns. É o que sucede, por exemplo, com os grupos conhecidos como metais, não-metais e semimetais.

158　QUÍMICA GERAL

8.5.1 Metais

Assim são chamados os elementos os cujos átomos têm pequena energia de ionização (v. item 12.3.2), tendendo a se converter em íons positivos ou cátions, e, ao se unirem ao oxigênio, formam uma categoria de compostos denominados *óxidos básicos*. Seus compostos com o hidrogênio, os *hidretos metálicos*, são de obtenção difícil e instáveis. As substâncias simples por eles constituídas apresentam-se, normalmente, no estado sólido e revelam um brilho característico, o brilho metálico, pelo menos nas superfícies recentemente cortadas; têm estrutura cristalina, e os cristais, que na maioria dos casos pertencem ao sistema cúbico, são do tipo

TABELA 8.3

Elementos representativos

IA	IIA	IIIA	IVA	VA	VIA	VIIA	0
H 1							He 2
Li 3	Be 4	B 5	C 6	N 7	O 8	F 9	Ne 10
Na 11	Mg 12	Al 13	Si 14	P 15	S 16	Cl 17	Ar 18
K 19	Ca 20	Ga 31	Ge 32	As 33	Se 34	Br 35	Kr 36
Rb 37	Sr 38	In 49	Sn 50	Sb 51	Te 52	I 53	Xe 54
Cs 55	Ba 56	Tl 81	Pb 82	Bi 83	Po 84	At 85	Rn 86
Fr 87	Ra 88						

Elementos de transição

IIIB	IVB	VB	VIB	VIIB		VIII		IB	IIB
Sc 21	Ti 22	V 23	Cr 24	Mn 25	Fe 26	Co 27	Ni 28	Cu 29	Zn 30
Y 39	Zr 40	Nb 41	Mo 42	Tc 43	Ru 44	Rh 45	Pd 46	Ag 47	Cd 48
La 57	Hf 72	Ta 73	W 74	Re 75	Os 76	Ir 77	Pt 78	Au 79	Hg 80
Ac 89									

Elementos de transição interna

Ce 58	Pr 59	Nd 60	Pn 61	Sm 62	Eu 63	Gd 64	Tb 65	Dy 66	Ho 67	Er 68	Tm 69	Yb 70	Lu 71
Th 90	Pa 91	U 92	Np 93	Pu 94	Am 95	Cn 96	Bk 97	Cf 98	Es 99	Fm 100	Md 101	No 102	Lw 103

atômico. Os metais são muito bons condutores térmicos e elétricos e bastante dúcteis, maleáveis e tenazes; seus vapores são monoatômicos. São metais: Li, Na, K, Rb, Cs, Fr, Cu, Ag, Au, Hg, Ca, Sr, Ba, Ra, Fe, Co, Ni, Os, Ir, Pt, Ru, Rh, Pd. Na tabela desenvolvida, os metais encontram-se nas regiões central e esquerda (v. Tab. 8.4), mas as propriedades metálicas são mais pronunciadas para os elementos do canto inferior esquerdo.

8.5.2 Não-metais

São elementos cujos átomos têm afinidade eletrônica positiva, tendendo a se converter em íons negativos ou ânions, e, ao se unirem ao oxigênio, formam os compostos chamados *óxidos ácidos*. Com o hidrogênio produzem compostos estáveis. As substâncias simples correspondentes apresentam-se, normalmente, num dos três estados de agregação (gasoso, líquido ou sólido) e refletem mal a luz. São maus condutores térmicos e elétricos. Suas moléculas no estado gasoso são poliatômicas. São não-metais: O, F, Cl, Br, I, S, Se, N, P, C. Encontram-se na região direita da tabela; as propriedades não metálicas são mais pronunciadas para os elementos do canto superior direito (excluídos os elementos nobres).

8.5.3 Semimetais

São elementos localizados na tabela periódica entre os metais e os não-metais e que lembram, pelo seu comportamento, os metais. Com propriedades mecânicas e elétricas totalmente diferentes das dos metais, revelam, entretanto, algumas de suas propriedades ópticas e químicas. Lembram os não-metais pelo fato de originarem óxidos ácidos, mas distinguem-se dos não-metais típicos por serem usualmente sólidos e apresentarem algum brilho metálico. Antigamente chamados metalóides, incluem o B, Si, Ge, As, Sb, Te, Po e At: ocupam na tabela uma *região diagonal* que se estende das proximidades do centro ao canto inferior direito.

TABELA 8.4

IA																	0
H	IIA											IIIA	IVA	VA	VIA	VIIA	He
Li	Be											B	C	N	O	F	Ne
Na	Mg	IIIB	IVB	VB	VIB	VIIB		VIII			IB	IIB	Al	Si	P	S	Cl	Ar
K	Ca	Sc	Ti	V	Cr	Mn	Fe	Co	Ni	Cu	Zn	Ga	Ge	As	Se	Br	Kr
Rb	Sr	Y	Zr	Nb	Mo	Tc	Ru	Rh	Pd	Ag	Cd	In	Sn	Sb	Te	I	Xe
Cs	Ba	[*]	Hf	Ta	W	Re	Os	Ir	Pt	Au	Hg	Tl	Pb	Bi	Po	At	Rn
Fr	Ra	[**]	Ku	Ha													

[*] Lantanídeos. [**] Actinídeos. Em destaque, os semimetais.

CAPÍTULO 9

Origens do Conhecimento sobre a Complexidade do Átomo

9.1 A Evidência da Complexidade do Átomo

Durante grande parte do século XIX o átomo tal como concebido por Dalton foi imaginado como a menor partícula constituinte da matéria e por conseguinte indivisível.

A maioria dos indícios de que o átomo é um agregado de outros corpúsculos surgiu alguns anos antes do início do século XX. Contudo, em 1815, o médico inglês William Prout[*] adiantava uma suposição sobre a complexidade do átomo, mostrando que, uma vez adotada como unitária a massa atômica do hidrogênio, grande número de elementos tinha suas massas atômicas expressas por números inteiros: isso decorreria da circunstância de os átomos de todos os elementos serem constituídos por agregados de átomos de hidrogênio.

A idéia de Prout, defendida por alguns, como Thomas Thomson[**], e combatida por muitos, entre eles o famoso Berzelius, acabou sendo abandonada: determinações mais rigorosas das massas atômicas, como principalmente as realizadas entre 1860 e 1865 pelo químico belga Stas, vieram mostrar que ao contrário do suposto por Prout a maioria dos elementos apresentava massas atômicas sensivelmente diferentes de números inteiros. Com isso, mantinha-se a crença da indivisibilidade do átomo, praticamente firmada em fins do século XIX.

Quando a idéia de que o átomo seria mesmo indivisível, parecia consagrada a interpretação de vários fenômenos até então mal conhecidos, e a descoberta de numerosos outros até então totalmente ignorados voltou a agitar o problema da complexidade do átomo.

---

[*] William Prout (1785-1850).
[**] Thomas Thomson (1773-1852).

Assim, um novo indício dessa complexidade surgiu com o aparecimento da tabela periódica dos elementos. A lei periódica, revelando uma variação gradativa das propriedades dos elementos em cada período, parecia sugerir que os átomos, longe de serem indivisíveis, deveriam ter estrutura discreta variável, com alguma regularidade, de um elemento para o seguinte na tabela.

Os conhecimentos modernos a propósito da estrutura do átomo têm sua origem no estudo das descargas elétricas através dos gases na descoberta dos raios catódicos, canais e X, na interpretação dos fenômenos radioativos, na observação dos espectros ópticos e raios X, nos efeitos Zeeman, Stark e outros; tudo isso tem chamado a atenção de numerosos homens de ciência, nos últimos 90 anos.

9.2 A Condutividade Elétrica dos Gases

Os gases de um modo geral, e o ar em particular, são normalmente maus condutores elétricos. Esse fato pode ser constatado com o auxílio de um circuito constituído por uma bateria de baixa tensão B, um galvanômetro G e um par de placas P, metálicas, planas e paralelas, separadas pelo ar e funcionando como capacitor plano (Fig. 9.1a). A imobilidade do ponteiro do galvanômetro revela a inexistência de corrente elétrica no circuito e, portanto, de qualquer descarga entre as placas.

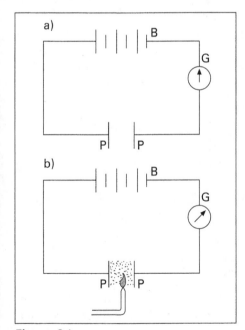

Figura 9.1

Em condições particulares, entretanto, pela intervenção de certos agentes, um gás qualquer pode se tornar condutor. Assim, se do capacitor mencionado aproxima-se a chama de uma vela ou bico de gás, permitindo a passagem dos gases de combustão entre suas placas, constata-se uma deflexão do ponteiro do galvanômetro (Fig. 9.1 b) acusadora de uma descarga elétrica através do ar. Fenômeno semelhante pode ser constatado introduzindo entre as placas do capacitor um fragmento de substância radioativa ou dirigindo entre elas um feixe de raios X ou ultravioleta.

Observações desse tipo foram realizadas, entre outros, por J. J. Thomson[*] em 1895, com a constatação ainda de que o gás, tornado condutor nas condições mencionadas, deixa de sê-lo quando obrigado a atravessar as malhas muito finas de uma rede metálica ligada à terra ou quando filtrado, por exemplo, com lã de vidro.

---

[*] Joseph John Thomson (1856-1940).

Para explicar como se torna condutor um gás nas condições descritas, J. J. Thomson postulou que a condutividade elétrica dos gases deve ser atribuída aos *íons gasosos*; estes desempenhariam função análoga à dos corpúsculos aos quais se deve, segundo Arrhenius, a condução eletrolítica. As chamas, as radiações emitidas pelas substâncias radioativas, os raios X e os ultravioleta seriam *agentes ionizantes*, isto é, fariam com que as moléculas dos gases existentes entre as placas experimentassem uma cisão, originando íons positivos e negativos.

Muito discutida, a existência dos íons gasosos acabou sendo confirmada pelas experiências de C. T. R. Wilson, que vieram mostrar que esses íons podem servir como núcleos de condensação de gotas d'água numa atmosfera supersaturada de vapor; desse modo os íons gasosos puderam ser observados e até mesmo fotografados.

Os íons gasosos, uma vez formados, sob a ação do campo elétrico existente entre as placas, passam a ter seu movimento orientado; os íons positivos, em movimento no próprio sentido das linhas de força, e os negativos em sentido oposto, determinam a descarga através do circuito. Como a velocidade dos íons deve crescer com a intensidade do campo elétrico entre as placas, e portanto também com a diferença de potencial estabelecida entre elas, é de esperar que, ao se fazer variar a diferença de potencial $\Delta\mu$ entre as placas, a intensidade i da corrente estabelecida no circuito cresça com $\Delta\mu$. É o que de fato sucede segundo o que ilustra o trecho $0A$ do diagrama $i = f(\Delta\mu)$ esboçado com dados colhidos na experiência (Fig. 9.2). Se o agente ionizante funciona com certa regularidade, de modo a originar um número constante de íons por unidade de tempo, verifica-se uma proporcionalidade entre i e $\Delta\mu$, quando a diferença de potencial $\Delta\mu$ não é muito grande. Aumentando entretanto a tensão entre as placas, a intensidade da corrente atinge um valor máximo i_S chamado *corrente de saturação* (trecho AB), cujo aparecimento se justifica tendo em vista que o número de íons que, num dado intervalo de tempo, se dirigem para as placas só pode ser igual, no máximo, ao dos que nesse mesmo intervalo são produzidos pelo agente ionizante. Atingido esse máximo, por mais que se aumente a diferença de potencial entre as placas, não pode haver aumento na intensidade da corrente.

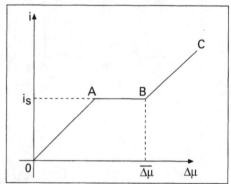

Figura 9.2

Um fenômeno interessante, entretanto, se observa quando a diferença de potencial aplicada ultrapassa um certo valor $\overline{\Delta\mu}$: a intensidade da corrente passa a aumentar novamente em virtude do estabelecimento da *descarga semi-espontânea* (trecho BC do diagrama). Esse fenômeno é atribuído ao aparecimento, entre as placas, de uma quantidade suplementar de íons além dos produzidos pelo agente ionizante; esses íons, em virtude da grande energia que adquirem no campo bastante intenso existente entre as placas, ao colidirem com moléculas neutras, produzem sua *ionização por choque*. Desse modo, aos íons gerados pelo ionizador agregam-se os produzidos por choque, e a intensidade da corrente experimenta um novo incremento com o aumento da diferença de potencial.

Fenômenos como os descritos são os que se processam quando a tensão aplicada às placas é baixa, isto é, de alguns volts ou algumas poucas dezenas de volts. Diferentes são os eventos quando a tensão utilizada é alta, isto é, de alguns milhares de volts. Nesse caso, mesmo na ausência de um agente especificamente empregado como ionizador, a descarga através de um gás pode ser obtida desde que a diferença de potencial disponível seja suficientemente alta. Uma descarga assim obtida é chamada *espontânea*, uma vez que dela participam íons gerados por fenômenos inteiramente ligados ao próprio mecanismo da condução.

Após grande número de observações, J. J. Thomson e outros concluíram que essas descargas se iniciam pela presença prévia no gás de alguns íons gerados pela ação de numerosos agentes ionizantes, inclusive os raios cósmicos, desde que a diferença de potencial aplicada seja igual a ou maior que a diferença de potencial explosiva ou disruptiva.

A experiência mostra que a diferença de potencial explosiva $\Delta\mu$ depende apenas do produto $p \cdot d$ da pressão do gás pela distância entre os dois eletrodos. Esse fato conhecido como lei de Paschen sugere que, para um gás sob uma dada pressão, a diferença de potencial explosivo só depende da distância entre os dois eletrodos; quanto menor for aquela pressão, maior será essa distância. A forma da curva que representa a função $\overline{\Delta\mu} = f(p \cdot d)$ é mostrada na Fig. 9.2 bis.

No caso do ar, sob pressão normal, a diferença de potencial explosiva é da ordem de 30 000 V para uma distância de 1 cm entre as placas.

Uma vez aplicada ao gás uma tensão não menor que a explosiva, os íons nele presentes, acelerados pelo campo elétrico intenso, determinam a ionização por choque das moléculas que encontram em sua trajetória e a descarga prossegue. Em alguns casos ela é silenciosa, sendo conhecida como eflúvio; em outros, ela vem acompanhada de emissão de luz e de um estalido semelhante a uma detonação, constituindo então a descarga em centelha, ou chispa, ou faísca. Uma vez que os choques experimentados pelos íons determinam freqüentes deflexões em seu movimento, a centelha ou faísca acaba exibindo a forma arborescente que lhe é característica.

Em resumo, o que acaba de ser exposto a propósito das descargas através dos gases sugere que a existência de cargas elétricas está intimamente associada à de matéria; mais particularmente, as moléculas e também os átomos devem encerrar componentes portadores de carga.

Figura 9.2 bis

9.3 Descargas Elétricas através de Gases Rarefeitos

Os fenômenos descritos no item precedente são os que se desenrolam numa descarga através do ar, ou de um outro gás, sob pressão da ordem de uma atmosfera.

Particularmente interessantes e importantes, pela contribuição que trouxeram ao estudo da complexidade do átomo, são certos fenômenos que se desenrolam durante as descargas efetuadas através de um gás rarefeito. Esses fenômenos, observados por Plucker (1859) e Hittorf (1869), foram minuciosamente estudados por Crookes (1878) e J. J. Thomson (1895); podem ser constatados com auxílio de um tubo de vidro, de cerca de 40 cm de comprimento e 5 cm de diâmetro, no qual se aprisiona um gás qualquer. Entre dois eletrodos nele instalados é aplicada, com uma bobina de Ruhmkorff, uma tensão de algumas dezenas de milhares de volts (Fig. 9.3). Por meio de uma conexão adequada, o tubo é ligado a uma bomba de vácuo destinada a rarefazer gradativamente o gás confinado.

Descrevem-se a seguir, resumidamente, alguns dos fenômenos que se passam no interior do tubo à medida que se reduz a pressão do gás nele contido.

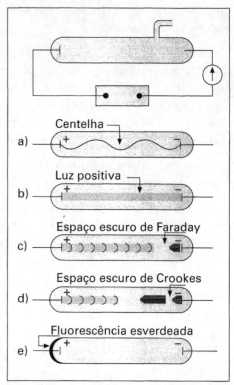

Figura 9.3

a) Quando a pressão, a princípio da ordem de uma atmosfera, começa a ser reduzida, surge no tubo um longo traço luminoso, azulado, unindo os dois eletrodos; é a *centelha* que, inicialmente inconstante e sinuosa, se vai tornando cada vez mais estável e retilínea. A pressão no interior do tubo é então da ordem de 1 cm de mercúrio (Fig. 9.3 a).

b) Diminuindo progressivamente a pressão, a faísca ou centelha se alarga e aos poucos se transforma numa coluna de luz unindo os dois eletrodos. A cor dessa *coluna positiva* depende do gás confinado no tubo; ela é rósea para o ar ou para o nitrogênio, vermelha para o hidrogênio, vermelho-alaranjada para o neônio, azulada para o vapor de iodo e assim por diante. A pressão no interior do tubo é então cerca de 1 mm de mercúrio (Fig 9.3 b).

c) Quando a pressão no interior do tubo se torna próxima de 0,1 mm de mercúrio, a coluna positiva se destaca do catodo ao mesmo tempo que se extratifica em camadas com a concavidade voltada para o anodo (Fig. 9.3 c). O catodo aparece envolvido por uma auréola de luz que se alonga rumo ao anodo e se chama *coluna negativa*. As colunas positiva e negativa aparecem separadas por uma região escura: o *espaço escuro de Faraday*.

d) Continuando a diminuir a pressão do gás, a coluna positiva se retrai, a luz negativa se destaca do catodo e o espaço escuro de Faraday se aproxima do anodo; o catodo aparece envolvido por uma bainha catódica delgada e luminosa, separada da luz negativa por uma nova região escura: o *espaço escuro de Crookes* (Fig. 9.3 d). A pressão no interior do tubo é então da ordem de 0,01 mm de mercúrio.

e) Atingida uma pressão de alguns milésimos de milímetro de mercúrio, a luz negativa desaparece, o espaço escuro de Crookes toma conta do tubo e um fenômeno interessante então se constata: a parede do tubo voltada para o catodo passa a exibir uma fluorescência esverdeada ou azulada conforme o tubo seja de vidro comum ou pirex. Tudo se passa como se algo invisível, aparentemente vindo do catodo, se propagasse pelo tubo e atingindo a parede da ampola, excitasse sobre ela a fluorescência. Esse algo, verdadeira rajada de corpúsculos portadores de carga elétrica negativa, chama-se *raios catódicos*.

Em todos os casos descritos, um microamperímetro, ou galvanômetro ligado em série com o tubo, acusa a existência no circuito de uma corrente de alguns microampères. Quando, entretanto, a pressão no interior do tubo é reduzida a abaixo do milésimo de milímetro de mercúrio, os raios catódicos não aparecem e o instrumento deixa de acusar qualquer descarga no circuito. Contudo, curiosamente, a descarga através do tubo e os raios catódicos poderão ser observados se:

a) o catodo for mantido a uma temperatura bastante elevada (efeito termoeletrônico);

b) o catodo for atingido por um feixe de radiações de alta freqüência (efeito fotoelétrico).

9.4 Os Raios Catódicos

Para a produção e observação dos raios catódicos utiliza-se freqüentemente a ampola de Crookes, que difere basicamente do tubo descrito no item anterior por apresentar o anodo instalado lateralmente em relação ao catodo, de modo a permitir a passagem livre dos raios catódicos. Com o seu auxílio podem ser evidenciadas algumas das propriedades dos raios catódicos mencionadas a seguir.

a) *Fenômenos de fluorescência* Uma vez realizada a descarga, a parede da ampola situada diante do catodo (Fig. 9.4) passa a exibir uma fluorescência verde, se o tubo é de vidro comum, ou azul, se é um pirex. Por outro lado, certas substâncias interpostas no trajeto dos raios catódicos tornam-se também fluorescentes ao serem por eles atingidas: o giz e a cal exibem uma fluorescência amarela, enquanto a do diamante é verde e a da alumina é avermelhada.

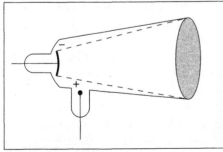

Figura 9.4

b) *Propagação retilínea* De vários modos é possível constatar que os raios catódicos propagam-se em linha reta, normalmente à superfície do catodo.

  I. Para que se excite a fluorescência de um corpo é preciso que ele seja colocado diante do catodo.

  II. Um corpo metálico interposto no caminho de propagação do feixe catódico tem a sua sombra projetada sobre a parede da ampola que fica diante do catodo. Se esse corpo, de alumínio, apresentado nos modelos didáticos como uma cruz de Malta, for montado sobre um suporte basculante (Fig. 9.5 a), constatar-se-á o reaparecimento da fluorescência ao se retirar esse corpo do trajeto dos raios catódicos.

  III. No interior do tubo é instalado um anteparo fluorescente de modo que o seu plano contenha o eixo do tubo. Utilizando um catodo esférico côncavo constata-se, pela fluorescência excitada sobre o anteparo, uma convergência do feixe para o centro do catodo (Fig. 9.5 b).

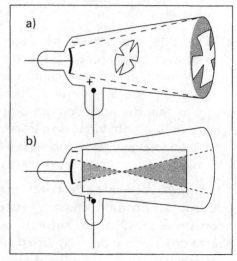

Figura 9.5

c) *Energia cinética* Que os raios catódicos são dotados de energia cinética, pode-se constatar interpondo no trajeto de propagação do feixe um pequeno molinete; sob o impacto dos raios sobre suas pás, o molinete põe-se em movimento. Os raios catódicos comportam-se como um feixe de corpúsculos em movimento que, ao golpear as pás do molinete, transfere-lhes sua energia cinética (Fig. 9.6).

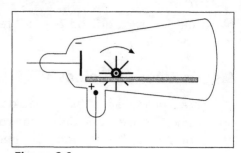

Figura 9.6

d) *Carga elétrica* Os corpúsculos constituintes dos raios catódicos transportam cargas elétricas negativas. Esse fato pode ser constatado com o aparelho de J. J. Thomson, esquematizado na Fig. 9.7. No interior do tubo de descarga instalam-se um ou mais diafragmas D, que devem deixar passar apenas um feixe estreito de raios para a região compreendida entre duas placas A e B, planas e paralelas, que funcionam como armaduras de um capacitor plano. Estando essas placas descarregadas, o feixe catódico encontra um anteparo fluorescente no ponto P. Estabelecida, entretanto, uma tensão entre A e B o ponto de impacto resulta deslocado para Q. O sentido do desvio experimentado pelo feixe ao atravessar o campo existente entre A e B revela que os corpúsculos que o constituem são portadores de carga negativa. À mesma conclusão chega-

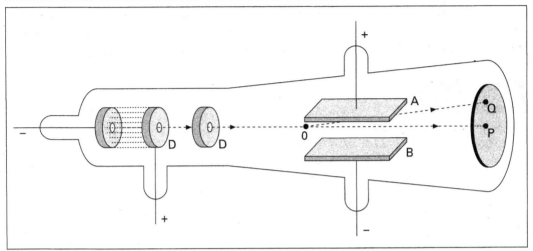

Figura 9.7

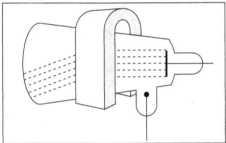

Figura 9.8

se também observando o comportamento do feixe catódico ao atravessar um campo magnético como o existente entre as duas regiões polares de um ímã em U: o feixe é desviado e o sentido do desvio (v. Fig. 9.8) sugere que as cargas por ele transportadas são negativas.

9.5 O Elétron

O comportamento dos raios catódicos sugere serem eles constituídos por um feixe de corpúsculos extremamente pequenos, portadores de cargas negativas e que se deslocam rapidamente pelo tubo, como se proviessem do eletrodo negativo. Que corpúsculos são esses? Como se originam?

Deve-se a J. J. Thomson (1897) a explicação do mecanismo pelo qual se geram os raios catódicos e, portanto, da maneira pela qual aparecem esses corpúsculos. Segundo ele, o campo elétrico intenso existente entre os eletrodos determina o aparecimento de pequeníssimas partículas provenientes da fragmentação, inicialmente, dos átomos do gás residual existente na ampola e, depois, dos átomos do próprio catodo; são essas partículas, aceleradas pelo mesmo campo, que constituem os raios catódicos. Chamados a princípio de corpúsculos negativos ou átomos de eletricidade negativa, as partículas constituintes dos raios catódicos receberam depois o nome de *elétrons*, sugerido pelo físico G. Johnstone Stoney para designar a unidade natural de carga elétrica, cuja existência inferia das leis de Faraday relativas à eletrólise.

As características dos elétrons revelam-se independentes da natureza do gás contido no tubo e da do metal constituinte do catodo. Constatado isso, passou-se a aceitar, com J. J. Thomson, que o elétron é um constituinte universal do átomo.

Observação

Os elétrons que surgem numa ampola de Crookes provêm fundamentalmente de dois distintos processos: a) *ionização por campo*, isto é, desmembramento de átomos ou moléculas do gás residual, provocado pelo campo elétrico intenso existente entre os eletrodos; b) *ionização por choque*, já mencionada no item 9.2. Em ambos os casos surgem na ampola também íons positivos (v. item 9.9). Esses íons positivos fazem com que a diferença de potencial ΔV entre um ponto P, da região compreendida entre os dois eletrodos, e um ponto do catodo C não cresça uniformemente à medida que o ponto P se aproxima do anodo. Essa diferença de potencial varia com a distância de P ao catodo segundo a curva indicada na Fig. 9.9; ela atinge um valor máximo, igual ao da própria tensão entre os eletrodos, para um ponto P situado na imediata vizinhança do catodo. Essa é a razão pela qual os raios catódicos não têm alterada sua direção de propagação pela mudança de posição do anodo.

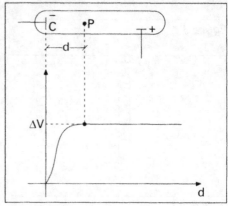

Figura 9.9

9.6 Medida da Carga Específica do Elétron

A aceitação da idéia de que os raios catódicos são constituídos por um feixe de elétrons trouxe consigo um problema: o da determinação da magnitude da carga e e da massa m do elétron. Vários métodos foram então idealizados para determinar não propriamente os valores de e e m, mas, sim, a razão $\dfrac{e}{m}$ conhecida como *carga específica* do elétron. Descrever-se-á a seguir o método desenvolvido por J. J. Thomson, com base na observação do comportamento de um estreito feixe de elétrons ao atravessar ora um campo elétrico, ora um campo magnético.

A) *Comportamento de um elétron num campo elétrico*

Considere-se o aparelho esquematizado na Fig. 9.7. Um elétron pertencente ao feixe catódico, ao penetrar pelo ponto 0 no campo elétrico uniforme existente entre as placas A e B, tem sua velocidade dirigida normalmente às linhas de força desse campo e, por conseguinte, passa a executar um movimento curvilíneo. As

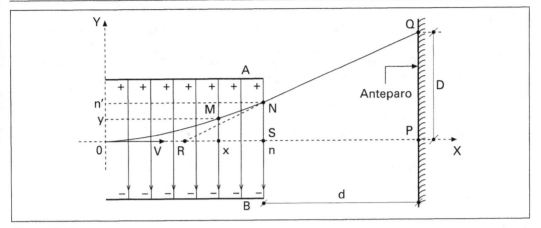

Figura 9.10

equações finitas desse movimento podem ser facilmente estabelecidas. De fato, adotando como referencial um sistema de eixos ortogonais 0X e 0Y orientados como o mostra a Fig. 9.10, as coordenadas x e y de um ponto M genérico da trajetória obedecem às equações

$$x = vt \qquad (\text{I})$$

e
$$y = \frac{1}{2}at^2, \qquad (\text{II})$$

onde v é a velocidade do életron em 0 e a é a aceleração comunicada ao elétron, segundo o eixo 0Y, pela força de campo. Representando então por F a intensidade dessa força, por m a massa do elétron e por E a intensidade do campo estabelecido entre A e B, resulta

$$a = \frac{F}{m} = \frac{eE}{m}$$

e, portanto,

$$y = \frac{1}{2}\frac{e}{m}E\,t^2. \qquad (\text{II bis})$$

Eliminando a variável t entre (I) e (II bis) vem

$$y = \frac{1}{2}\frac{e}{m}E\frac{x^2}{v^2}, \qquad (\text{III})$$

que é a equação da trajetória descrita pelo elétron: equação de uma parábola com vértice no ponto 0. Dela tira-se

$$\frac{e}{m}\frac{1}{v^2} = \frac{2y}{Ex^2}, \qquad (9.1)$$

mostrando que, uma vez conhecida a intensidade E do campo criado entre as placas e as coordenadas de um ponto qualquer M da parábola, resulta possível calcular o produto $\dfrac{e}{m} \cdot \dfrac{1}{v^2}$. Ora, a medida de E não oferece dificuldade. Quanto aos valores de x e y, uma vez que se referem a um ponto qualquer da parábola, podem ser feitos iguais, respectivamente, a n e n' coordenadas do ponto N em que o elétron abandona o campo. Para medir n', anota-se a posição do ponto Q em que o feixe catódico, defletido pelo campo, atinge o anteparo fluorescente. Ao emergir do campo, o elétron segue a reta NQ, tangente à parábola em N, reta que corta $0X$ (tangente à parábola em 0) no ponto R. Por uma bem conhecida propriedade da parábola, o ponto R é médio do segmento $0S$. Assim, da semelhança dos triângulos RNS e RQP, resulta:

$$\frac{\overline{NS}}{\overline{QP}} = \frac{\overline{RS}}{\overline{RP}} \quad \text{ou} \quad \frac{n'}{D} = \frac{\dfrac{n}{2}}{\dfrac{n}{2} + d},$$

ou, ainda,

$$n' = D\,\frac{n}{n + 2d},$$

que, introduzida na expressão (9.1), dá

$$\frac{e}{m}\frac{1}{v^2} = \frac{2D}{En(n + 2d)}, \tag{9.2}$$

equação que permite calcular o produto $\dfrac{e}{m} \cdot \dfrac{1}{v^2}$, uma vez que as grandezas que figuram no segundo membro são todas mensuráveis.

B) *Comportamento de um elétron num campo magnético*

Segundo as leis do eletromagnetismo, sobre um corpúsculo portador de carga negativa e, que se desloca com velocidade **v** num campo magnético de indução **B**, age uma força de campo dirigida normalmente ao plano determinado por **B** e **v** (Fig. 9.11) e de módulo

$$F = B\,e\,v\,\operatorname{sen}\alpha,$$

onde α é o ângulo formado por **v** e **B**.

Nessas condições, imagine-se um campo magnético de indução uniforme cujas linhas são normais ao plano da figura e dirigidas do leitor para o plano desta folha. Se um elétron, pertencente a um feixe de raios catódicos, penetrar nesse campo pelo ponto 0 normalmente às linhas de campo (Fig. 9.12), sobre ele passará a atuar uma força **F** normal a **v** e a **B** e de módulo $F = Bev$. Em conseqüência, o elétron descreverá um arco de circunferência, de raio R tal que

$$F = \frac{mv^2}{R}$$

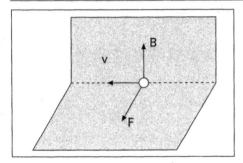

Figura 9.11

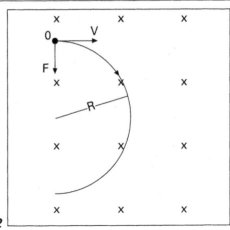

Figura 9.12

ou
$$Bev = \frac{mv^2}{R}.$$

Daí resulta
$$\frac{e}{m}\frac{1}{v} = \frac{1}{BR}, \qquad (9.3)$$

expressão que apresenta no primeiro membro as mesmas grandezas incógnitas que figuram na equação (9.2). Uma vez que através de instrumentos adequados é possível medir a indução magnética do campo produzido, por exemplo, com duas bobinas e, por outro lado, é possível fotografar a trajetória do feixe catódico nesse campo e avaliar seu raio R, segue-se que com os dados colhidos experimentalmente as expressões (9.2) e (9.3) constituem um sistema de duas equações a duas incógnitas, $\frac{e}{m}$ e v. Resolvendo esse sistema, encontra-se

$$\frac{e}{m} = 1{,}758\ 9 \times 10^8 \frac{C}{g} \cong 1{,}76 \times 10^{11} \frac{C}{kg}. \qquad (9.4)$$

Quanto à velocidade v com que se propaga o feixe catódico, a experiência mostra que ela depende da tensão ΔV aplicada aos eletrodos. Nas condições usuais essa velocidade pode variar entre 10^4 km × s^{-1} e 10^5 km × s^{-1}, isto é, entre $\frac{1}{30}$ e $\frac{1}{3}$ da velocidade da luz.

A correlação entre a velocidade atingida por um elétron e a diferença de potencial ΔV a que ele é submetido num tubo de raios catódicos pode ser facilmente estabelecida. De fato, para um elétron que parte do repouso e se desloca livremente no vácuo, deve ser

$$\frac{mv^2}{2} = e\Delta V,$$

172 Química Geral

onde m e e representam a massa e a carga do elétron. Logo,

$$v = \sqrt{2\frac{e\Delta V}{m}}$$

e, como $\dfrac{e}{m} = 1,76 \times 10^{11}$ C$\times$kg^{-1}, tem-se

$$v = \sqrt{2 \times 1,76 \times 10^{11}\Delta V} = 5,93 \times 10^5 \sqrt{\Delta V} \text{ m} \times \text{s}^{-1}.$$

Por exemplo, para $\Delta V = 10\ 000\ V$, vem

$$v = 5,93 \times 10^7 \text{ m} \times \text{s}^{-1} = 59\ 300 \text{ km} \times \text{s}^{-1},$$

portanto, cerca de 20% da velocidade da luz.

Na verdade, a velocidade efetivamente atingida pelos elétrons é menor do que a assim calculada, uma vez que, por mais baixa que seja a pressão do gás confinado no tubo, esses corpúsculos não se movem livremente e também porque no cálculo não se levou em conta a variação da massa com a velocidade, que, no caso, não é desprezível.

Observação

A partir dos resultados colhidos por Thomson, tornou-se possível avaliar as ordens de grandeza da massa e da carga do elétron, efetivamente medidas muito mais tarde por R. Millikan. Das leis de Faraday relativas à eletrólise sabia-se que a relação existente entre a carga q e a massa de um íon hidrogênio H$^+$ é

$$\frac{q}{m_{H^+}} \cong 96\ 500\frac{C}{g} = 9,65 \times 10^7 \frac{C}{kg}.$$

Logo,

$$\frac{\dfrac{e}{m}}{\dfrac{q}{m_{H^+}}} \cong \frac{1,76 \times 10^{11}}{9,65 \times 10^7} \cong 1\ 830.$$

Admitindo-se que fosse $e = q$, seguia-se

$$m \cong \frac{1}{1\ 830}m_{H^+}, \tag{9.5}$$

isto é: a massa do elétron deveria ser cerca de 1/1 830 da massa do íon hidrogênio!

9.7 Medida da Carga do Elétron

A determinação da carga do elétron, conseguida somente alguns anos depois da medida de sua carga específica, pode ser realizada por vários métodos. Um dos mais interessantes, desenvolvido por Robert Millikan em 1909, baseia-se na observação do movimento, num campo elétrico, de partículas líquidas eletrizadas.

Se um gás qualquer for exposto à ação de um agente ionizante, como um feixe de raios X, em conseqüência do processo de ionização de algumas de suas moléculas, deverá surgir nesse gás certo número de elétrons livres. Se, por outro lado, nesse gás ionizado for produzido um grande número de gotículas de um dado líquido, haverá certa probabilidade de a uma dessas gotículas em queda se agregar um, ou mais de um, elétron. Se isto ocorrer com várias gotículas, então, cada uma delas deverá adquirir uma carga negativa igual ou múltipla da do elétron e, uma vez medidas as cargas de várias gotículas carregadas, o máximo divisor comum dos resultados obtidos será provavelmente a carga de um elétron.

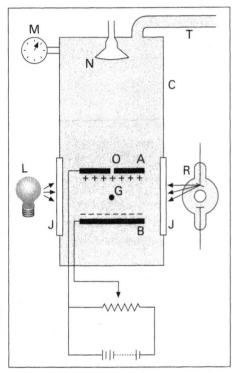

Figura 9.13

O equipamento utilizado por Millikan na execução do que idealizara está esquematizado na Fig. 9.13. No interior de um recipiente termostático, não figurado, encontra-se uma câmara C contendo ar; a pressão desse ar, mantida constante, é controlada pelo manômetro M e por uma bomba ligada à câmara pela tubuladura T. Duas placas metálicas A e B, planas e paralelas, funcionando como armaduras de um capacitor plano, estão ligadas a uma fonte de tensão variável e conhecida (circuito potenciométrico); a região entre elas é iluminada lateralmente através de uma janela J e pode ser observada com o auxílio de um microscópio, não representado, cujo eixo é dirigido normalmente ao plano da figura e aos raios de luz dirigidos para o interior da câmara pela lâmpada L. Um nebulizador N permite pulverizar um óleo no interior da câmara, de modo que algumas gotículas, através do orifício O existente na placa A, acabem penetrando no campo elétrico existente entre A e B. Mediante um tubo R produtor de raios X ioniza-se o ar compreendido entre as placas, de modo a provocar a eletrização das gotículas em queda; essas gotículas são observadas através do microscópio mencionado e, a partir de dados registrados no seu movimento, calculam-se sua massa e sua carga.

Considere-se uma dessas gotículas G em queda (Fig. 9.14) quando a tensão entre as placas A e B é nula. Sobre ela atuam então três forças: seu peso P, o empuxo I determinado pela lei de Arquimedes e a resistência viscosa do ar f dada pela lei de Stokes. Uma vez que I e f dependem das condições físicas reinantes no interior da câmara, é sempre possível ajustar essas condições de modo a se realizar uma queda uniforme; isso conseguido, ter-se-á

$$P = I + f$$

ou

$$mg = \mu vg + 6\pi\eta ru, \qquad (9.6)$$

onde m, v, r e u representam respectivamente a massa, o volume, o raio e a velocidade da gotícula, enquanto μ e η designam a massa específica e o coeficiente de viscosidade do gás contido na câmara.

Designando por μ_0 a massa específica do óleo constituinte da gotícula, a igualdade anterior fornece

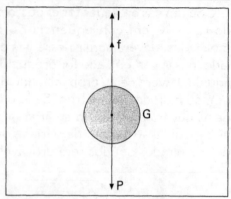

Figura 9.14

$$\mu_0 \frac{4}{3}\pi r^3 g = \mu \frac{4}{3}\pi r^3 g + 6\pi\eta ru$$

ou

$$r^2(\mu_0 - \mu)g = \frac{9}{2}\eta u,$$

ou, ainda,

$$r = \sqrt{\frac{9\eta u}{2(\mu_0 - \mu)g}}. \qquad (9.7)$$

A observação da gotícula através de uma objetiva munida de retículo apropriado, permitindo medir sua velocidade de queda u, torna possível o cálculo do raio da gotícula e, portanto, sua massa m.

O conhecimento da massa de uma gotícula permite o cálculo de sua carga. De fato, uma vez aplicada uma tensão ΔU entre as placas A e B, separadas por uma distância d, surge entre elas um campo elétrico uniforme de intensidade $E = \dfrac{\Delta U}{d}$ e sobre uma gotícula de carga negativa q passa a agir uma força de campo, dirigida segundo a vertical ascendente, de intensidade $F = qE$, e desde que essa tensão seja convenientemente ajustada torna-se possível manter a gotícula em repouso. Conseguido isso, então

$$F + I = P$$

ou

$$qE + \mu vp = mg,$$

ou, ainda,

$$q\frac{\Delta U}{d} + \mu \frac{m}{\mu_0} g = mg$$

e, portanto,

$$q = \frac{d}{\Delta U} mg \left(1 - \frac{\mu}{\mu_0}\right), \qquad (9.8)$$

ORIGENS DO CONHECIMENTO SOBRE A COMPLEXIDADE DO ÁTOMO **175**

expressão que permite calcular a carga elétrica de uma gotícula. O máximo divisor comum dos valores obtidos para q, numa série numerosa de observações, representa o valor provável da carga e do elétron. Aceita-se atualmente

$$e = 1,602\ 1 \times 10^{-19}\ \text{coulomb}$$

ou
$$e = 4,804\ 0 \times 10^{-10}\ \text{statcoulomb}. \tag{9.9}$$

Observações

1. A carga de um elétron pode ser determinada por considerações e caminhos diferentes dos seguidos por Millikan. Sem a preocupação de examiná-los com detalhes e tão-somente para mencionar os princípios em que essas considerações são fundamentadas, citam-se, a seguir, algumas:

   a) pela determinação da carga de uma partícula alfa (v. item 9.18); é o caso do método de Regener, baseado na observação do número de partículas alfa emitidas, num dado intervalo de tempo, por uma fonte radioativa — polônio, por exemplo —, cuja carga é medida com um cilindro de Faraday;

   b) pela determinação do comprimento de onda da radiação X emitida por um dado anticatodo (v. item 10.10); é o caso dos métodos de Compton e Bearden.

2. O conhecimento da carga do elétron constitui informação importantíssima para a Físico-Química; a partir dela pode-se determinar, em particular, o número de Avogadro. De fato, pelas leis de Faraday relativas à eletrólise, a carga $\mathfrak{F}$ de um equivalente-grama de um íon qualquer é, em valor absoluto, igual a 96 500 coulombs. Raciocinando, a título de exemplo, com o íon Cl^- (cloreto), isso significa que todos os íons Cl^- contidos em um equivalente-grama (cerca de 35,5 g) têm, em conjunto, a carga $\mathfrak{F}$. Como a carga de cada íon Cl^- é a de um elétron e o número de íons Cl^- existentes em uma equivalente-grama é o número de Avogadro (N_0), segue-se

$$N_0 = \frac{\mathfrak{F}}{e} = \frac{96\ 500}{1,602 \times 10^{-19}} = 6,02 \times 10^{23}.$$

3. Em experimentos do tipo do descrito, realizados ao longo de grande parte do século XX, nunca se constatou a existência de qualquer carga menor que a do elétron; pelo contrário, o que se tem verificado é que toda carga suficientemente pequena para que possa ser comparada com a do elétron é igual ou múltipla desta. Isso sugere que a carga elétrica é de estrutura discreta e que o elétron é a unidade natural de carga negativa.

   Não obstante, trabalhos realizados entre 1974 e 1975 por Gell-Mann e George Zweig levaram a admitir a existência de corpúsculos com carga menor que a de um elétron; os *quarks*, com carga igual a 1/3 da do elétron, são um exemplo.

176 QUÍMICA GERAL

9.8 Massa e Raio do Elétron

Dos valores conhecidos da carga específica e da carga do elétron, é possível determinar a massa do elétron. De

$$\frac{e}{m} = 1,758\ 9 \times 10^8\ C \times g^{-1},$$ [v. equação (9.4)]

$$e = 1,602\ 1 \times 10^{-19}\ C,$$ [v. equação (9.9)]

tira-se $$m = \frac{1,602\ 1 \times 10^{-19}}{1,758\ 9 \times 10^8} = 9,1 \times 10^{-28}\ g$$ (9.10)

ou, adotando como unidade de massa a unidade unificada de massa atômica e lembrando que

$$1u \cong 1,66 \times 10^{-24}\ g,$$

vem $$m \cong \frac{9,1 \times 10^{-28}}{1,66 \times 10^{-24}} \cong 5,5 \times 10^{-4}\ u.$$

Essa é a chamada *massa própria* do elétron ou *massa em repouso*, calculada na suposição de que a sua velocidade seja desprezível em confronto com a da luz. Segundo as teorias relativistas, a massa m do elétron, como a de qualquer outro corpúsculo, deve variar com a sua velocidade v segundo a equação

$$m = \frac{m_0}{\sqrt{1 - \left(\frac{v}{c}\right)^2}},$$ (9.11)

onde m_0 é a massa em repouso dada pela equação (9.10) e c é a velocidade de propagação no vácuo das radiações eletromagnéticas e, em particular, da luz

$$c = 2,997\ 925 \times 10^{10}\ cm.$$

Conhecida a massa do elétron torna-se possível determinar seu *raio*. De fato, supondo que a carga e do elétron esteja distribuída dentro de uma esfera de raio R, demonstra-se, pelas equações da eletrostática, que a energia do elétron deve ser

$$W = \frac{3}{5} \frac{e^2}{4\pi\varepsilon_0 R}.$$ (9.12)

Admitindo, entretanto, que essa carga esteja distribuída na superfície dessa esfera, então

$$W = \frac{1}{2} \frac{e^2}{4\pi\varepsilon_0 R}.$$ (9.13)

Suposto, como até aqui se tem, que o elétron seja um corpúsculo, então sua massa m e sua carga e devem ser entendidas como indissociáveis. Assim, a energia W do elétron devida à sua carga e confunde-se com a equivalente à sua massa m_0 em repouso, ou seja, com a energia intrínseca do elétron. Portanto, fazendo

$$W = m_0 c^2,$$

resulta, no primeiro caso,

$$R = \frac{3}{5} \frac{1}{4\pi\varepsilon_0} \frac{e^2}{m_0 c^2} = \frac{3}{5} \frac{4,80^2 \times 10^{-20}}{9,1 \times 10^{-28} \times 2,998 \times 10^{20}} \cong 1,69 \times 10^{-13} \text{ cm}$$

e, no segundo,

$$R = \frac{1}{2} \frac{1}{4\pi\varepsilon_0} \frac{e^2}{m_0 c^2} = \frac{1}{2} \frac{4,80^2 \times 10^{-20}}{9,1 \times 10^{-28} \times 2,998 \times 10^{20}} \cong 1,41 \times 10^{-13} \text{ cm.}$$

Como nenhum dos modelos corresponde à realidade, é costume, por definição, adotar, como raio do elétron a quantidade

$$R = \frac{1}{4\pi\varepsilon_0} \frac{e^2}{m_0 c^2} \cong 2,82 \times 10^{-13} \text{ cm,}$$

conhecida como *raio convencional* ou *raio clássico* do elétron.

O conhecimento do raio R convencional do elétron e o da massa m desse corpúsculo permitem determinar a massa específica μ do elétron. Tem-se:

$$\mu = \frac{m}{\frac{4}{3}\pi R^3} = \frac{9,1 \times 10^{-28}}{\frac{4}{3}\pi \times 2,82^3 \times 10^{-39}} = 10^{10} \text{ g} \times \text{cm}^{-3}.$$

Observação

Da equação de Einstein que exprime a massa de um corpo em função de sua velocidade é possível deduzir a sua conhecida equação de equivalência entre massa e energia. Para tal, calcule-se a variação de massa experimentada por um corpo cuja velocidade passa de um valor v_1 para outro v_2, ambos bem menores que c. Tem-se

$$\Delta m = m_2 - m_1 = \frac{m_0}{\sqrt{1 - \left(\frac{v_2}{c}\right)^2}} - \frac{m_0}{\sqrt{1 - \left(\frac{v_1}{c}\right)^2}} = m_0 \left(\frac{1}{\sqrt{1 - \left(\frac{v_2}{c}\right)^2}} - \frac{1}{\sqrt{1 - \left(\frac{v_1}{c}\right)^2}} \right).$$

Lembrando que, por uma conhecida regra de cálculo aproximado, se α é um número muito menor que 1, então

$$\frac{1}{\sqrt{1-\alpha}} \cong 1 + \frac{\alpha}{2}$$

e, desde que $\frac{v_1}{c}$ e $\frac{v_2}{c}$ sejam, como usualmente acontece, bem menores que a unidade, vem

$$\Delta m = m_0 \left[\left(1 + \frac{1}{2} \left(\frac{v_2}{c} \right)^2 \right) - \left(1 + \frac{1}{2} \left(\frac{v_1}{c} \right)^2 \right) \right],$$

igualdade que simplificada dá

$$\Delta m = m_0 \left(\frac{v_2^2}{2c^2} - \frac{v_1^2}{2c^2} \right) = \frac{1}{c^2} \left(\frac{m_0 v_2^2}{2} - \frac{m_0 v_1^2}{2} \right).$$

Como $\frac{m_0 v_1^2}{2}$ e $\frac{m_0 v_2^2}{2}$ são, respectivamente, as energias cinéticas E_1 e E_2 do corpo de massa m_0 quando em movimento com as velocidades v_1 e v_2, tem-se

$$\Delta m = \frac{1}{c^2} (E_2 - E_1)$$

ou, para $E_2 - E_1 = \Delta E$,

$$\Delta m = \frac{\Delta E}{c^2},$$

ou, ainda,
$$\Delta E = \Delta m \cdot c^2,$$

onde ΔE é a variação de energia cinética do corpo ao passar da velocidade v_1 para v_2. Ao admitir que a equivalência entre massa e energia é estabelecida por essa equação, a teoria de Einstein estende sua validade a quaisquer formas de energia, e não apenas à energia cinética.

9.9 Os Raios Positivos

Segundo o exposto nos itens precedentes, a descoberta dos raios catódicos e o estudo do seu comportamento vieram mostrar que o elétron, corpúsculo negativo, deve ser um constituinte universal do átomo. Levando em conta que os corpos, tais como existem na natureza, se apresentam em regra como se fossem eletricamente neutros, é lícito supor que os átomos que os formam não sejam constituídos apenas por elétrons; ao lado dos constituintes negativos devem existir componentes positivos. Admitindo então que os átomos do gás existente num tubo de Crookes sejam eletricamente neutros e que os elétrons formadores dos raios catódicos provenham desses átomos, segue-se que o desmembramento de elétrons deve acarretar o aparecimento de corpúsculos positivos, restos dos átomos ou moléculas dos quais eles se destacaram. Esses corpúsculos, uma vez estabelecida uma tensão entre os eletrodos, devem se deslocar no tubo de descarga em sentido oposto ao dos raios catódicos.

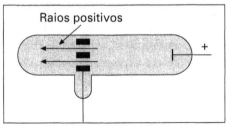

Figura 9.15

A existência desses corpúsculos positivos foi comprovada experimentalmente em 1886 por Goldstein, ao proceder a descarga através de um gás rarefeito num tubo de Crookes, cujo catodo era perfurado em forma de canais (Fig. 9.15). Verificou então que esses canais são atravessados por um feixe de raios acompanhados de uma fraca luminosidade, que, atingindo a parede da ampola atrás do catodo, nela provoca uma tênue fluorescência. Esses raios, graças à maneira pela qual foram observados, foram chamados raios canais e atualmente são conhecidos como *raios positivos*.

Os raios positivos experimentam deflexões em campos elétricos e magnéticos, embora menores e de sentido oposto ao das observadas nas mesmas condições com os raios catódicos. Por meio de técnicas semelhantes às utilizadas para os elétrons, pode-se medir a relação entre a carga e a massa dos corpúsculos positivos. Os resultados obtidos revelam que a carga específica desses corpúsculos depende da natureza do gás contido no tubo, mas é sempre menor que a do elétron.

No caso particular do hidrogênio, a razão entre a carga q e a massa m dos corpúsculos positivos é, na maioria dos casos,

$$\frac{q}{m} = 96\ 485\ C \times g^{-1}.$$

Por outro lado, os raios positivos são obtidos quando a pressão do gás confinado no tubo é de alguns milésimos de milímetro de mercúrio; quando se rarefaz mais o gás, a observação dos raios canais resulta prejudicada.

Tudo isso sugere que os raios positivos procedem do próprio gás e não do anodo. Ao se produzir o feixe de raios catódicos, os elétrons constituintes desse feixe, em virtude de sua alta velocidade e energia cinética, provocam a eliminação de um ou mais elétrons dos átomos do gás, com os quais colidem, dando origem aos corpúsculos positivos. Esses corpúsculos, que nada mais são senão os *íons positivos* já mencionados no item 9.2, acelerados pelo campo elétrico existente entre os eletrodos, constituem os raios positivos.

Cabe observar que, embora a existência de corpúsculos positivos tenha sido detectada através dos raios positivos, a produção desses corpúsculos não se vincula a descargas elétricas através de gases. Tais corpúsculos podem ser obtidos, por exemplo, por evaporação e ionização de metais e, também, por evaporação de sais.

9.10 O Espectrógrafo de Massa

As primeiras determinações de cargas específicas de corpúsculos positivos efetuadas por Wilhelm Wien (1898) e J. J. Thomson (1906), pela mesma técnica utilizada para a medida da carga específica do elétron, levaram a resultados pouco precisos. Atualmente essa medida é realizada por meio dos *espectrógrafos de massa*, aparelhos que permitem, também, dado um feixe de raios positivos, agrupar, separadamente, os íons de mesma carga específica. Sob esse último aspecto tais aparelhos lembram os *espectrógrafos de radiações*, que permitem a separação ou decomposição de um feixe de radiações policromáticas em tantos outros feixes quantos são os diferentes comprimentos de onda das radiações que o formam.

O primeiro espectrógrafo de massa foi idealizado pelo próprio Thomson (1913) e posteriormente aperfeiçoado por F. W. Aston (1919) na Inglaterra e por Dempster e Bainbridge (1921) nos Estados Unidos. Na Fig. 9.16 representa-se esquematicamente um espectrógrafo do tipo Dempster-Bainbridge. P_1 e P_2 são duas placas metálicas planas e paralelas, dotadas cada uma delas de uma fenda bem estreita (a e b); mediante um gerador não figurado é criado entre essas placas um campo elétrico uniforme. P_3 e P_4 representam duas outras placas, dispostas perpendicularmente a P_1 e P_2, e entre as quais existem dois campos de força cruzados: um campo elétrico uniforme **E**, cujas linhas são normais às do campo entre P_1 e P_2 e outro magnético, de indução uniforme **B**, cujas linhas são normais ao plano da figura e dirigidas desse plano para o leitor. Finalmente P_5 representa uma placa paralela a P_1 e P_2 e dotada de uma fenda c, rigorosamente alinhada às fendas a e b. Além dessa placa existe um campo magnético de indução uniforme **B'** dirigido paralelamente a **B** e, no caso da figura, do observador para o plano do papel.

Os íons positivos são lançados para o interior do aparelho através da fenda a, segundo a própria direção do campo estabelecido entre P_1 e P_2; sem sofrer qualquer deflexão experimentam uma aceleração e acabam atingindo a fenda b com velocidade maior que a que possuíam ao penetrar no aparelho.

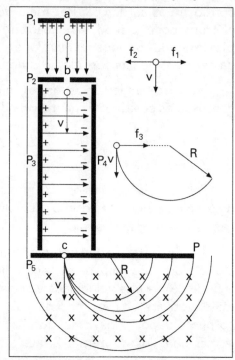

Figura 9.16

Considere-se um dos inúmeros íons que atravessam a fenda b e penetram na região compreendida entre P_3 e P_4. Sobre esse íon, representado em destaque na Fig. 9.16, passam a atuar então duas forças: uma $\mathbf{f}_1$ de origem elétrica, de intensidade

$$f_1 = qE,$$

e outra $\mathbf{f}_2$, de campo magnético, de intensidade

$$f_2 = Bqv,$$

onde v representa a velocidade do íon ao passar por b. As duas forças de mesma direção, têm sentidos opostos. Logo, a condição para que o íon considerado possa atingir a fenda c, isto é, seguir sem desvio, é de que $f_1 = f_2$,

ou
$$qE = Bqv,$$

ou
$$v = \frac{E}{B}, \tag{9.14}$$

isto é, a velocidade necessária para que um íon possa atravessar sem desvio os dois campos cruzados depende apenas da relação $\frac{E}{B}$. Se a velocidade do íon for diferente da dada pela (9.14), ele será desviado para P_3 ou P_4, não atravessando a fenda c. Conclui-se então que, se existirem entre os íons que penetram no aparelho corpúsculos com diferentes velocidades, somente atravessarão a fenda aqueles que tiverem a velocidade dada por (9.14). O sistema constituído pelos dois campos cruzados funciona como verdadeiro seletor ou filtro de velocidades.

O íon que atravessa a fenda c sob ação do campo $\mathbf{B}$ fica sujeito a uma força de intensidade

$$f_3 = B'qv$$

e passa a descrever um arco de circunferência de raio R tal que

$$f_3 = \frac{mv^2}{R}.$$

Portanto,

$$B'qv = \frac{mv^2}{R}$$

ou, tendo em vista a equação (9.14),

$$\frac{q}{m} = \frac{E}{BB'R}. \tag{9.15}$$

A expressão (9.15) sugere que a carga específica de um íon resulta conhecida quando, para valores determinados de E, B e B', se conhece o raio R da circunferência por ele descrita. Esse raio pode ser determinado com auxílio de uma chapa fotográfica estendida sobre a placa P_5 e que resulta impressionada no ponto de impacto.

Note-se que, se no feixe de corpúsculos lançados no aparelho existirem íons com diferentes cargas específicas, então, a partir da fenda c, eles serão dispersados segundo circunferências de raios diferentes e irão incidir na chapa fotográfica a diferentes distâncias dessa fenda. Como o feixe que penetra no aparelho tem a forma de uma fita ou cinta, sobre a chapa aparecerão gravados tantos traços distintos quantas forem as diferentes cargas específicas dos íons presentes no feixe original; a distância de cada um desses traços à fenda é o diâmetro da trajetória em que se move cada íon. Por lembrar um espectroscópio de prisma, que dispersa a luz, esse aparelho que dispersa um feixe de íons em um espectro de massas é chamado de *espectrógrafo de massa*.

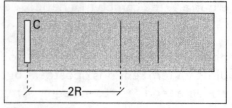

Figura 9.17

Observe-se que, se os íons formadores do feixe tiverem todos a mesma carga, só poderão dar origem a vários traços no espectro os que tiverem massas diferentes. Esse fato dá ao espectrógrafo de massa uma de suas mais importantes aplicações: a identificação e o estudo dos isótopos de um elemento químico (v. item 12.3).

9.11 Os Raios X

No correr de uma série de experiências relativas a descargas elétricas através de gases rarefeitos, realizadas em fins de 1895, o físico alemão Wilhelm C. Röntgen observou que, interpondo ao caminho de propagação dos raios catódicos um corpo metálico, este passava a emitir um feixe de radiações de propriedades bastante diferentes das dos raios catódicos e positivos, até então conhecidos. Essas radiações, que, pela sua natureza então incógnita, Röntgen denominou *raios X*, têm grande poder penetrante, podendo atravessar corpos opacos à luz, não iluminam os corpos sobre os quais incidem, mas podem excitar a fluorescência de certas substâncias, A fluorescência que produzem, por exemplo, no platinocianeto de bário é verde, enquanto a produzida sobre o tungstato de cádmio é azul.

Conforme já observado, profundamente diferente dos raios catódicos e positivos, os raios X não se refletem em campos elétricos ou magnéticos, mas são poderosos agentes ionizantes dos gases, particularmente do ar, e impressionam as chapas fotográficas.

A pesquisa sobre seu comportamento mostra que, do mesmo modo que a luz, os raios X pertencem à família das radiações eletromagnéticas: nascem da transição de elétrons de um nível energético a outro, de nível mais baixo, próximo do núcleo atômico, e se propagam no espaço através de dois campos, um elétrico e outro magnético. Sua freqüência é de 10 000 a 100 000 vezes a da luz visível e, portanto, seu comprimento de onda está compreendido entre 10^{-9} m e 10^{-13} m, enquanto o da luz visível é da ordem de 10^{-7} m (v. Tab. 10.3). Os de menor comprimento de onda são mais penetrantes e são denominados *duros*, em oposição aos de maior comprimento de onda, conhecidos como *brandos*.

Resumindo: os raios X, como todas as radiações eletromagnéticas, propagam-se por ondas transversais, podem ser refletidos, refratados, difratados, difundidos e polarizados; seu índice de refração é próximo de 1 (um) para qualquer espaço de matéria, têm efeitos nocivos sobre os órgãos e tecidos vivos, efeitos esses que são cumulativos.

Os raios X produzem a emissão de elétrons pela matéria que atravessam. Esse fenômeno, que nada mais é senão um caso particular do efeito fotoelétrico (v. item 9.3), evidencia uma troca de energia entre as radiações eletromagnéticas e a matéria. Ele sugere uma conclusão interesssante: o aparecimento de raios X, quando um feixe de elétrons suficientemente rápidos incide sobre um corpo sólido, constitui uma espécie de *efeito fotoelétrico inverso*.

Os raios X podem ser produzidos fazendo incidir um feixe de elétrons sobre uma placa metálica interposta em seu caminho de propagação. Da energia cinética dos elétrons, no instante em que colidem com a placa, cerca de 1 milésimo se converte em radiações X, enquanto o restante é transformado em calor que aquece o anticatodo.

Fundamentalmente um tubo produtor de raios X nada mais é que uma ampola de raios catódicos munida de um anticatodo, que pode ser o próprio anodo. Utilizando um catodo côncavo, consegue-se concentrar os raios catódicos numa região do anticatodo de área bastante reduzida, de modo a obter uma fonte quase puntiforme de raios X. As ampolas assim construídas são denominadas *tubos focus* (v. Fig. 9.18).

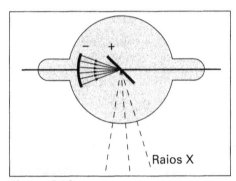

Figura 9.18

Tubos mais modernos para a produção de raios X são do tipo Coolidge; neles o vácuo é quase absoluto e o feixe catódico é de origem termoeletrônica, isto é, produzido por um catodo incandescente, geralmente um filamento de tungstênio percorrido por uma corrente elétrica suprida por um gerador de baixa tensão.

9.11.1 Intensidade de Raios X

Considere um feixe de raios X incidentes sobre uma superfície plana, disposta normalmente à direção de sua propagação, e seja E a quantidade de energia que, num intervalo de tempo Δt, incide sobre uma porção de área S dessa superfície (Fig. 9.19). Adotada essa simbologia, denomina-se intensidade do feixe considerado a grandeza I, dada pela expressão

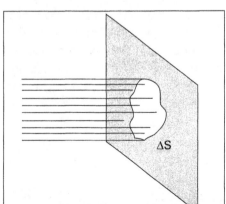

Figura 9.19

$$I = \frac{E}{S \cdot \Delta t}, \qquad (9.16)$$

e que, no sistema internacional, é medida em watt por metro quadrado ($W \times m^{-2}$).

Quando um feixe de raios X atravessa um

meio material, a intensidade do feixe dele emergente é menor que a do nele incidente, em conseqüência da absorção, pelo meio em questão, de parte da energia por ele transportada. No caso de os raios X atravessarem uma parede de faces planas e paralelas de espessura x (Fig.9.20), a intensidade I do feixe dela emergente obedece a uma equação do tipo

$$I = I_0 e^{-kx}, \qquad (9.17)$$

onde I_0 é a intensidade do feixe incidente, e representa a base dos logaritmos neperianos e k é denominado *coeficiente de absorção linear* ou *coeficiente de atenuação linear*. Esse coeficiente, além de depender do comprimento de onda dos raios X considerados, é função, também, das peculiaridades do ma-

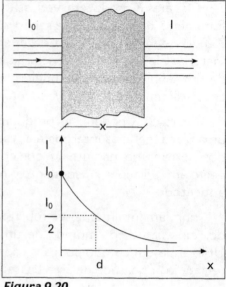

Figura 9.20

terial constituinte da parede, particularmente de sua massa específica; ele cresce à medida que aumentam a densidade desse material e, também, o comprimento da onda dos raios X utilizados.

O quociente

$$k_m = \frac{k}{\mu} \qquad (9.18)$$

do coeficiente k de absorção linear de um dado material pela sua massa específica μ é conhecido como *coeficiente de absorção mássica*, ou *coeficiente de absorção específica* desse material.

9.11.2 Camada de Meia Absorção

Para caracterizar o poder de absorção dos raios X por um determinado material, define-se a *camada de meia absorção* (*half-value layer*, em inglês). Como tal, é entendida a espessura d de uma camada desse material que, por absorção parcial da energia radiante recebida, reduz à metade a intensidade do feixe de raios X que o atravessa. Para estabelecer a correlação entre k e d, basta fazer, na expressão (9.17), $I = \dfrac{I_0}{2}$. Isso feito, vem

$$\frac{I_0}{2} = I_0 e^{-kd},$$

ou, tomando os logaritmos neperianos[*] dos dois membros da igualdade,

---

[*] O logaritmo referido de um número x é, indiferentemente, designado por $\log_e x$ ou $\ln x$ ou $Lg\, x$.

$$ln\frac{1}{2} = ln\, e^{-kd}$$

ou

$$ln\, 2 = kd,$$

ou, ainda,

$$d = \frac{0,69}{k}.\qquad(9.19)$$

O chumbo, metal de grande massa específica ($\mu = 11,3\ g \times cm^{-3}$), tem um elevado coeficiente de absorção linear e, portanto, uma relativamente pequena camada de meia absorção. Na Tab. 8.1 estão indicados os valores do coeficiente k e da espessura d de uma parede de chumbo atravessada por feixes de raios X de diferentes comprimentos de onda λ. A tabela evidencia que, para uma parede constituída de um determinado material, o coeficiente de absorção linear cresce e, portanto, a espesssura da camada de meia absorção decresce, à medida que cresce o comprimento de onda dos raios X.

TABELA 9.1

Comprimento de onda λ (Å)	Coeficiente de absorção k (cm^{-1})	Camada de meia absorção d (cm)
0,1	43	0,016 0
0,3	108	0,006 4
0,5	663	0,001 0
0,7	1 512	0,000 5
0,9	1 592	0,000 4
1,0	2 013	0,000 3

9.11.3 Dosimetria de Raios X

Em certos casos, por exemplo, para fins médicos, é importante conhecer a intensidade de raios X que atravessam tal ou qual corpo, ou são por ele absorvidos. O ramo da radiologia (estudo das radiações, particularmente, das de tipo X) que trata dos métodos de dosagem de radiações é denominado *dosimetria*.

A dose física de uma radiação X, conhecida como dose de exposição, é definida pela razão

$$D = \frac{E}{V},\qquad(9.20)$$

entre a energia E de radiação absorvida e o volume V do corpo ou do meio que a absorveu.

Uma vez que a medição direta da energia E absorvida por um dado meio, ar, por exemplo, apresenta dificuldades consideráveis, a dose física de raios X (e, de

186 QUÍMICA GERAL

modo geral, de todas as radiações da mesma natureza das dos raios X) é medida pela ação ionizante dessa radiação.

Como unidade de dose físicas de raios X, adota-se o roentgen (símbolo R) Por definição:

> "Um roentgen é a dose de radiação que, atravessando 1 cm³ de ar, sob pressão e em temperaturas normais, produz tantos íons positivos e negativos quantos necessários para que as cargas de uns e de outros, separadamente, sejam iguais a um statcoulomb."

Como conseqüência dessa definição, a unidade de intensidade de raios X é o roentgen × segundo^{-1} (R × s^{-1}), embora se utilize também, freqüentemente, o roentgen × minuto (R × min^{-1}).

Tendo em conta que a carga de um íon monovalente, positivo ou negativo, é, aproximadamente, $1,602 \times 10^{-19}$ C $= 4,8 \times 10^{-10}$ stC, segue-se que um roentgen é a dose de radiação que produz, em 1 cm³ de ar, nas condições normais, $\dfrac{1}{4,8 \times 10^{-10}} = 2,08 \times 10^{9}$ pares de íons, positivos e negativos, monovalentes.

Medições apuradas mostram que a energia média absorvida na formação de um par de íons monovalentes, no ar sob condições normais, é 33 elétrons-volt, ou seja, $33 \times 1,602 \times 10^{-12}$ erg. Portanto, um roentgen equivale a

$$33 \times 1,602 \times 10^{-12} \times 2,08 \times 10^{9} = 0,11 \text{ erg} \times \text{cm}^{-3}$$

ou a

$$33 \times 2,08 \times 10^{9} = 68,6 \times 10^{9} \ \frac{eV}{\text{cm}^3} = 6,86 \times 10^{4} \ MeV \times \text{cm}^{-3}.$$

Assim, o *roentgen* pode ser definido:

a) como a dose de radiação que origina, em 1 cm³ de ar, nas condições normais, $2,08 \times 10^{9}$ pares de íons monovalentes;

b) como a dose de radiação que determina a absorção de 0,11 erg de energia (ou $6,86 \times 10^{4}$ *MeV*) em 1 cm³ de ar nas condições normais;

c) como a dose de radiação capaz de produzir $2,58 \times 10^{-4}$ C de carga positiva, e outro tanto de carga negativa, por quilograma de ar seco, nas condições normais de temperatura e pressão.

Para que o leitor tenha idéia sobre a magnitude de um roentgen, cabe registrar que ele mede, aproximadamente, a dose de raios X a que se submete um paciente durante uma radiografia de pulmão. Já uma dose de 450 R tem 50% de probabilidade de causar a morte de um ser humano.

9.11.3.1 Outras Unidades de Dose

Pelo que acaba de ser visto, o roentgen é uma unidade importante para a medida do efeito que a radiação X (ou outra radiação ionizante, como a gama) produz no ar. Uma outra unidade de dose, o *rad*, estende a definição daquela unidade a outros materiais.

> "Um rad (*radiation absorbed dose*) é a quantidade de radiação que deposita 100 erg de energia por grama de material irradiado, ou, o que é o mesmo, 10^{-2} J por kg de material."

O rad e o roentgen são sensivelmente equivalentes.

Uma outra unidade de dose, particularmente usada para avaliar o efeito biológico produzido sobre o ser humano por qualquer radiação ionizante é o *rem*.

> "Um *rem* (*roentgen equivalent in man*) é a dose de radiação ionizante que produz o mesmo efeito biológico que o devido a um roentgen de raios X."

O homem normalmente está exposto a cerca de 10 milirém/mês, sob a forma de raios cósmicos e de radiações gama emitidas pelos materiais radioativos naturais existentes na crosta terrestre. Dado os efeitos nocivos produzidos sobre o homem pelas radiações ionizantes, nos Estados Unidos só se admite o trabalho em ambientes em que a dose incidente sobre o ser humano seja não maior que 100 milirém/mês.

9.11.4 Efeitos dos Raios X sobre o Ser Humano

Sobre o organismo humano, os raios X produzem queimaduras na pele — as radiodermites —, além de anemia, por diminuição do número de glóbulos vermelhos no sangue. De um modo geral, os efeitos dos raios X sobre o ser humano se manifestam tanto por acarretarem ionização da água contida no organismo, como pelas alterações que provocam nos fatores genéticos; grandes doses de radiação produzem uma marcante ionização e afetam sensivelmente os órgãos de reprodução, podendo causar a esterilidade. A medula óssea, muito sensível à radiação, é um sistema biológico fundamental: ela produz hemácias, cuja vida dura aproximadamente um mês e que devem ser continuamente renovadas. Uma dose de radiação de cerca de 500 roentgen provoca dano na medula, reduzindo sua capacidade em, aproximadamente, 50%.

Os tecidos gástrico e intestinal e o sistema nervoso são, respectivamente, duas e quatro vezes mais resistentes. Os tecidos cancerosos são destruídos mais rapidamente que os tecidos sãos, e daí o uso dos raios X na radioterapia ou roentgen-

188 Química Geral

terapia: grandes doses localizadas de raios X são utilizadas para, seletivamente, destruir os tecidos doentes, como, por exemplo, os tumores. De um modo muito sucinto, indicam-se a seguir alguns dos efeitos produzidos no ser humano por doses crescentes de raios X, medidas em roentgen.

Até 100	— enjôo e efeitos microscópicos nas células
100 a 200	— enfermidades leves, radiodermites
200 a 400	— enfermidades graves e eventual morte
400 a 800	— morte em 50% dos casos
Acima de 800	— morte certa

9.11.5 Aplicações dos Raios X

Nos dias que correm, são inúmeras as aplicações práticas dos raios X. No que tange a aplicações industriais, a radiometalografia permite registrar, por via fotográfica, defeitos não perceptíveis a olho nu, como, por exemplo, fendas ou cavidades existentes no interior de uma peça produzida pela indústria metalúrgica, ou problemas em uma unidade operacional da própria máquina. Ainda no campo industrial, os raios X permitem a análise de metais e ligas, análise essa que possibilita tanto determinar as formas cristalinas existentes no interior de um lingote, quanto acompanhar os efeitos desses raios após tratamento térmico ou mecânico a que tenha sido submetida uma peça. Permitindo fixar a natureza e a disposição das partículas constituintes de um cristal, pelos diagramas de Laue (v. pág 189), os raios X ensejam descobrir a natureza e a disposição das partículas constituintes de um cristal e, por conseguinte, determinar a natureza discreta da matéria.

No campo médico a aplicação dos raios X estende-se desde a radiografia e a radioscopia até o tratamento de enfermidades cutâneas e algumas formas de câncer. Nesse campo, a máxima utilização dos raios X reside, provavelmente, na área do diagnóstico.

9.12 A Natureza Ondulatória dos Raios X

Após a descoberta dos raios X surgiram a respeito de sua natureza duas correntes de opinião. Segundo alguns, os raios X, à semelhança dos catódicos e canais, seriam corpusculares, porém mais penetrantes que esses outros por serem desprovidos de cargas; segundo outros, seriam de natureza ondulatória, à semelhança da luz, porém de freqüência bem mais alta.

Um exame apurado do comportamento dos raios X, feito por meio de um sem-número de experiências, veio consagrar a teoria ondulatória. Para tal contribuiu decisivamente a descoberta de Von Laue, em colaboração com Friedrich e Knipping

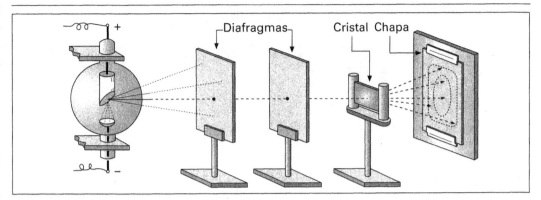

Figura 9.21

(1912), da possibilidade de os raios X experimentarem difração. Laue admitiu que todo corpo cristalino deveria apresentar uma ordenação tridimensional de seus átomos, moléculas ou íons, dentro de certa regularidade geométrica, e que as malhas formadas pelo reticulado cristalino poderiam funcionar como rede de difração para os raios X. Para confirmar sua suposição, dirigiu sobre uma lâmina de cristal um feixe cilíndrico e estreito de raios X duros, limitado por diafragmas de chumbo (v. Fig. 9.21).

O feixe emergente da lâmina era recebido sobre uma chapa fotográfica. Constatou então Laue que, além do feixe central que atravessa a lâmina sem desvio e produz um ponto enegrecido no centro da chapa, muitos outros feixes menos intensos emergem da lâmina em diversas direções e impressionam a chapa em outros pontos. É que, ao incidir sobre o cristal, os raios X primários vindos do anticatodo experimentam difração nos átomos (ou moléculas ou íons) que compõem o cristal, originando raios X secundários; estes saem pela outra face do cristal e interferindo entre si originam as mancha observadas na película fotográfica.

A figura formada por todos os pontos (ou manchas) apresenta sempre pronunciada simetria e é chamada figura ou diagrama de Laue ou, ainda, *lauegrama*. A distribuição dos pontos na figura de Laue varia com a natureza do cristal utilizado, com a distância do cristal à película fotográfica, com o comprimento de onda dos raios X empregados e com a direção do feixe incidente em relação aos eixos de simetria do cristal. Na Fig. 9.22 mostra-se o aspecto das figuras de Laue para algumas substâncias cristalinas.

As experiências de Laue confirmaram as suposições que o levaram à sua realização: os raios X são de natureza ondulatória como a luz, mas de comprimento de onda mais curto, e os átomos (ou moléculas ou íons) de um cristal estão ordenados dentro de uma rede tridimensional. Além disso tornaram possível a medição do comprimento de onda dos raios X, bem como o estudo das estruturas cristalinas pela sua difração. Pela interpretação dos lauegramas pode-se deduzir qual a disposição espacial particular dos corpúsculos no sólido examinado e até obter informações sobre a natureza dessas partículas. Um pequeno número de pontos

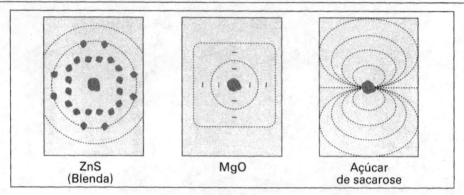

ZnS (Blenda)   MgO   Açúcar de sacarose

Figura 9.22

indica uma estrutura cristalina relativamente simples como no caso do MgO, ZnS, NaCl, etc. e um grande número de pontos sugere uma estrutura mais complexa (como no caso do açúcar).

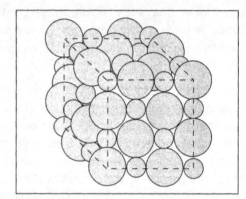

O sal comum constitui um exemplo de cristal simples que contém íons Na^+ e Cl^-, em igual número, dispostos segundo os nós de um retículo tridimensional cúbico. Na fig. 9.23 representa-se a disposição dos íons Na^+ e Cl^- no cloredo de sódio cristalino, esquematizando pelas esferas maiores os íons Cl^- e pelas menores os íons Na^+. Note-se que essa disposição é tal que não oferece nenhuma razão para associar dois determinados íons Cl^- e Na^+ e dizer que eles formam uma molécula. Em outro termos: não se podem

Figura 9.23

distiguir moléculas individuais de NaCl. Na figura 9.24 está representada uma secção transversal de um cristal de cloreto de sódio, sem respeitar as proporções entre os diâmetros desses íons. Os círculos escuros representam os íons Na+ e os claros, os íons Cl^-, alternados em duas das três direções segundo as quais efetivamente se distribuem no espaço. As linhas (l), (2) e (3) representam três dos numerosos planos cristalinos, interceptados pelo plano da figura e todos eles perpendiculares ao plano do papel. Os pontos do diagrama de Laue são determinados pela reflexão, seguida de interferência, de alguns raios X incidentes em alguns desses numerosos planos cristalinos.

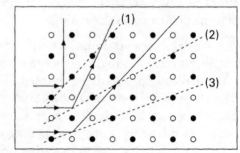

Figura 9.24

9.13 Resultados da Análise de Cristais por meio dos Raios X

A análise dos raios X, feita com auxílio dos diagramas de Laue, revela que os nós das redes cristalinas são ocupados por átomos ou moléculas ou íons situados em pontos determinados das faces, ou das arestas, ou no interior dos alvéolos em que a rede divide o espaço. O cristal todo se comporta como se fosse uma molécula gigante (v. item 13.14).

O cloreto de sódio, conforme visto no item anterior, apresenta uma rede cúbica em cujos nós se situam os íons Na^+ e Cl^-. A distribuição desses corpúsculos é tal que cada íon Na^+ é rodeado por seis íons Cl^- e reciprocamente. As duas redes formadas separadamente pelos íons Cl^- e Na^+ são iguais e dispostas de modo que os nós de uma delas ocupam os pontos médios das arestas da outra.

Para caracterizar a distribuição espacial dos constituintes de um cristal, recorre-se ao *número de coordenação*, conceito introduzido por Goldschmidt (1927), para indicar o número de corpúsculos mais próximos e igualmente distantes que, nesse cristal, rodeiam um dado componente. No cristal de cloreto de sódio o número de coordenação é 6, porque cada íon Cl^- é envolvido por seis íons Na^+ e vice-versa.

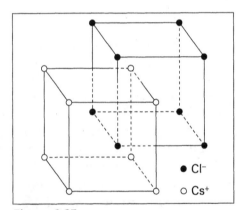

Figura 9.25

O cloreto de césio tem uma estrutura tal que os íons Cs^+ formam uma rede cúbica simples, como o é também a rede formada pelos íons Cl^-, mas os íons estão distribuídos de maneira tal que os nós de uma dessas redes ocupam os centros das malhas cúbicas da outra. Nessa rede (v. Fig. 9.25) cada íon Cs^+ encontra-se rodeado por oito íons Cl^-, como também cada íon Cl^- está rodeado por oito íons Cs^+. Em outros termos, o número de coordenação na rede de cloreto de césio é igual a 8, e a rede é dita *centrada no cubo*.

Muitas substâncias simples, principalmente as metálicas, apresentam uma rede cristalina cúbica, na qual os átomos constituintes, além de ocuparem os vértices, também aparecem localizados nos centros das faces da malha cúbica. Essa rede é denominada rede cúbica de faces centradas ou, ainda, *centrada nas faces* e apresenta um número de coordenação igual a 12 (v. Fig. 9.26).

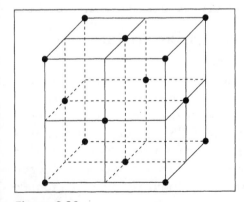

Figura 9.26

Na Fig. 9.27 encontra-se representada esquematicamente a estrutura de um cristal de grafite, na qual cada ponto representa um átomo de carbono. Essa figura procura mostrar a estrutura laminar da grafite, constituída por superposição de capas atômicas, cada uma com rede hexagonal. Note-se que os hexágonos das sucessivas capas não se superpõem em correspondência, isto é, um deles não é a projeção, no seu plano, de um hexágono da capa superior. As linhas traçadas verticalmente na figura servem de guias para pôr em evidência esse fato.

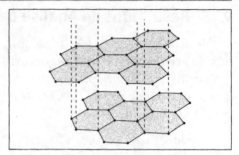

Figura 9.27

Observação

Existem substâncias iônicas que apresentam uma variação nos números relativos de íons participantes de seus cristais. Essas substâncias que apresentam composição atômica ou iônica variável são chamadas *não estequiométricas*. Exemplos típicos dessas substâncias encontram-se entre os sulfetos e óxidos dos metais de transição.

A composição do sulfeto cuproso pode variar de $Cu_{1,7}S$ (ou $Cu^+_{1,7}S^{--}$) a Cu_2S (ou $Cu^+_2S^{--}$). No caso do óxido de titânio é possível preparar cristais com a relação atômica ou iônica 1/1, enquanto, mudando as condições de preparação, podem ser obtidos cristais desde $Ti_{0,75}O$ até $TiO_{0,69}$. Todos eles ensaiados pelos raios X revelam o mesmo arranjo espacial de íons. Dependendo entretanto do modo de preparar esses cristais, alguns íons O^{--} ou Ti^{++} podem estar ausentes na rede cristalina nos lugares que lhes são reservados. Essa variação na composição nem sempre altera as propriedades químicas do cristal, uma vez que este não contém as moléculas discretas e apresenta sempre a mesma estrutura. Em compensação, as propriedades elétricas (condutividade ou resistividade) e ópticas (cor) do cristal variam com essa composição.

9.14 Cálculo da Distância Inter-Reticular de um Cristal

Estando determinada a forma da rede cristalina, resulta possível, muitas vezes, o cálculo da distância inter-reticular de um cristal, isto é, a distância entre os planos reticulares adjacentes do cristal. Considere-se, por exemplo, o caso do cristal de cloreto de sódio. Pela interpretação do correspondente diagrama de Laue, sabe-se que esse cristal apresenta uma rede cúbica (v. Fig. 9.28) na qual se alternam os íons Cl^- e Na^+, de modo que nos vértices de cada alvéolo cúbico de aresta d se localizam 8 íons (4 íons Cl^- e 4 íons Na^+). Representando por V o volume ocupado por um cristal de cloreto de sódio de massa igual a uma fórmula-grama M^*, tem-se

$$M^* = V\mu,$$

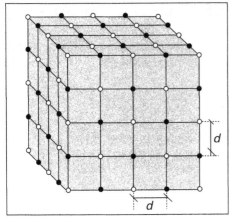

Figura 9.28

$\mu = 2{,}16 \dfrac{g}{cm^3}$, resulta

onde μ é a massa específica desse cristal. Por outro lado, como em uma fórmula-grama de NaCl existem $2N_0$ íons (N_0, representando o número de Avogadro) e para cada íon o volume médio ocupado na rede é d^3, segue-se que

$$V = 2 N_0 d^3$$

e, portanto, $M^* = 2N_0 d^3 \mu$ ou

$$d = \sqrt[3]{\dfrac{M^*}{2N_0\mu}}.$$

Como $M^* = 58{,}46$ g, $N_0 = 6{,}02 \times 10^{23}$ e

$$d = 2{,}81 \times 10^{-8} \text{ cm} = 2{,}81 \text{ Å}.$$

9.15 Raios Atômicos e Raios Iônicos

O conhecimento da distância d entre dois corpúsculos contíguos de uma rede cristalina permite abordar a questão relativa às dimensões dos próprios átomos e dos íons que a formam. De fato, admitindo que a forma geométrica desses corpúsculos seja a esférica, a distância d pode ser considerada como a soma dos raios de dois deles contíguos. Quando as duas partículas são idênticas — como no caso de estruturas metálicas —, o raio de cada uma delas deve ser $\dfrac{d}{2}$. Vai daí que, uma vez determinada a distância inter-reticular d de um cristal do tipo atômico, resulta determinado o raio $R = \dfrac{d}{2}$ dos átomos que o constituem. Veja um exemplo.

Pela difração de raios X, sabe-se que a rede cristalina do cobre é cúbica, de face centrada, e o comprimento da unidade cristalina (*unit cell*) é 3,615 Å. Conforme mostrado na Fig. 9.29 esse comprimento é igual ao do cateto de um triângulo retângulo ABC, cuja hipotenusa $\overline{AB} = 4R$, onde R é o raio do átomo de cobre. Portanto

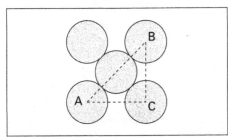

Figura 9.29

$$4R = \sqrt{2 \times \overline{AC}^2} = \overline{AC}\sqrt{2} = 3{,}615\sqrt{2} = 5{,}12 \text{ Å}.$$

Logo, $R = \dfrac{5{,}12}{4} = 1{,}28 \text{ Å}$.

194 QUÍMICA GERAL

De modo análogo, podem ser calculados os raios atômicos de outros elementos, principalmente os metálicos. Na Tab. 9.2 são indicados os raios atômicos de alguns elementos e na Fig. 9.30 mostra-se, mediante um diagrama cartesiano, como varia o raio atômico de um elemento em função de seu número atômico.

TABELA 9.2

Período	Elemento	Número atômico	Raio atômico (Å)
1	H	1	0,50
	He	2	0,40
2	Li	3	1,50
	Be	4	0,90
	B	5	0,88
	C	6	0,77
	N	7	0,70
	O	8	0,66
	F	9	0,64
	Ne	10	0,70
3	Na	11	1,86
	Mg	12	1,60
	Al	13	1,43
	Si	14	1,17
	P	15	1,10
	S	16	1,04
	Cl	17	1,14
	Ar	18	0,94
4 (incompleto)	K	19	2,31
	Ca	20	1,97
	Sc	21	1,60
	Ti	22	1,46
	V	23	1,31
	Cr	24	1,25
	Mn	25	1,29
	Fe	26	1,26
	Co	27	1,25
	Ni	28	1,24
	Cu	29	1,28
	Zn	30	1,33

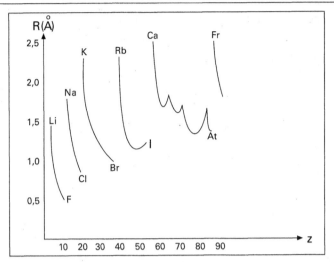

Figura 9.30

Os menores raios atômicos são os dos elementos do primeiro período: H (0,50 Å) e He (0,4 Å). No segundo período o raio atômico varia de 1,5 Å, para o Li, a 0,7 Å para o Ne. No início do terceiro período o raio em questão chega bruscamente a 1,86 Å, para o Na, e logo decresce gradualmente a 0,94 Å, para o Ar.

O comportamento do raio atômico nos períodos mais longos é mais complexo: ele decresce gradativamente de 2,31 Å para o K até um mínimo de 1,24 Å para o Ni.

Em regra, na tabela periódica, ao longo de um mesmo período, da esquerda para a direita, os raios atômicos diminuem; já no mesmo grupo eles crescem com o período. Com o crescer do número atômico, os raios atômicos diminuem, aumentam bruscamente, tornam a diminuir, voltam a crescer, etc.

Em suma, há um crescimento no tamanho do átomo a partir do canto superior direito para o canto inferior esquerdo da tabela periódica.

O problema da determinação dos raios dos corpúsculos integrantes de uma dada estrutura cristalina complica-se no caso de essa estrutura ser a de um composto iônico — como a do cloreto de sódio —, uma vez que os raios R_c do cátion e R_a do ânion são geralmente diferentes entre si, embora satisfaçam à igualdade

$$R_c + R_a = d.$$

Assim, desde que seja possível determinar um desses raios iônicos, resultará determinado o outro.

Os primeiros íons que tiveram seus raios medidos foram os íons F⁻ (fluoreto) e O^{-2} (óxido). Por métodos ópticos, cujo exame escapa ao objeto desta publicação, obtiveram-se, respectivamente, $R_{F^-} = 1,33$ Å e $R_{O^{-2}} = 1,32$ Å. A partir da medida de d para os diferentes cristais constituídos por esses íons e outros, tornou-se possível determinar os raios dos íons-problema. Na Tab. 9.3 são indicados os valores de alguns raios iônicos.

TABELA 9.3

Valores de alguns raios iônicos em Å

Na^+	0,98	Mg^{+2}	0,78	Al^{+3}	0,57	Si^{+4}	0,39	F^-	1,33	O^{-2} 1,32
K^+	1,33	Ca^{+2}	1,06	Cr^{+3}	0,65	Ti^{+4}	0,69	Cl^-	1,81	S^{-2} 1,74
Cu^+	1,27	Zn^{+2}	0,83	Fe^{+3}	0,67	Sn^{+4}	2,15	Br^-	1,96	
Cs^+	1,65	Sr^{+2}	1,27	As^{+3}	0,69	Mo^{+4}	0,68	I^-	2,20	
		Fe^{+2}	0,83	Sb^{+3}	0,90	W^{+4}	0,68			
		Co^{+2}	0,82			U^{+4}	1,05			

9.16 O Espectrógrafo de Raios X

Conhecidos os resultados das pesquisas de Laue e seus colaboradores, numerosos trabalhos sobre difração dos raios X foram realizados, entre outros, por William Henry Bragg (1862-1942) e seu filho William Lawrence Bragg (1890-1971), aos quais se deve o desenvolvimento do espectrógrafo de raios X. Esse aparelho, esquematizado na Fig. 9.31, consta de uma ampola A produtora de raios X e de um cristal C, que recebe as radiações vindas da ampola e as envia para uma película fotográfica B. Dois anteparos M e N de chumbo, dotados de fendas bem

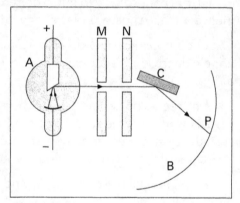

Figura 9.31

estreitas e paralelas, permitem limitar a abertura do feixe utilizado. O cristal, que funciona como se fosse um espelho, é móvel, de modo a permitir tanto a variação do ângulo de incidência dos raios X sobre o próprio cristal, como também a posição do traço P em que o feixe refletido atinge a película fotográfica. Exposta a película fotográfica, durante um certo intervalo de tempo, à ação dos raios X, aparecem sobre a película várias riscas negras[*]. Essas riscas, denominadas raias espectrais ou linhas espectrais, aparecem reunidas em séries designadas pelas letras K, L, M, etc., segundo a ordem crescente dos seus comprimentos de onda. O seu aparecimento sugere que, para certos ângulos de orientação do cristal, os raios refletidos são extraordinariamente intensos, enquanto para outros a intensidade dos raios refletidos é praticamente nula.

---

[*] O espectro de raios aparece, na realidade, sobreposto a um espectro contínuo, cuja origem, bem como a do das raias, é explicada no item 10.10.

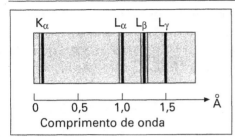

Figura 9.32

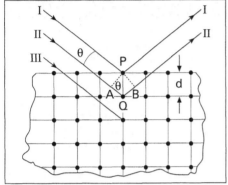

Figura 9.33

Na Fig. 9.32 estão assinaladas as raias espectrais que aparecem no espectro obtido quando o anticatodo utilizado é de tungstênio. As raias mais nítidas se designam por $K_\alpha, L_\alpha, L_\beta$ e L_γ.

O aparecimento dessas raias espectrais pode ser compreendido com o auxílio da Fig. 9.33, na qual se representam três raios de um feixe paralelo de radiações incidentes sobre um cristal, de modo que o ângulo por ele formado com a face de incidência é θ. Para que possa ocorrer no cristal uma reflexão dos raios X de certo comprimento de onda, deve existir uma relação bem determinada entre o ângulo θ e a distância d entre as capas atômicas (ou iônicas) do retículo cristalino, relação essa que deve garantir a impossibilidade da ocorrência de interferência destrutiva entre os raios refletidos nas distintas capas adjacentes desse retículo. Essa relação conhecida como *regra de Bragg*, impõe que as ondas incidam sobre a face do cristal, formando com ela um ângulo θ tal que a distância adicional AQB percorrida pelo raio (II), em relação à percorrida pelo raio (I), seja exatamente igual a um comprimento de onda λ da radiação utilizada (ou um múltiplo inteiro de λ).

Para estabelecer a relação de Bragg basta observar qualquer um dos triângulos retângulos APQ ou BPQ, nos quais se cumpre a igualdade

$$\overline{AQ} = \overline{QB} = \overline{PQ} \operatorname{sen} \theta,$$

ou, por ser

$$\overline{AQ} = \overline{QB} = \lambda/2,$$
$$\lambda = 2d \operatorname{sen} \theta, \tag{9.21}$$

expressão que traduz a relação de Bragg que, a rigor deveria ser escrita

$$n\lambda = 2d \operatorname{sen} \theta, \tag{9.22}$$

com n designando um número inteiro.

Tendo em conta que para um dado cristal deve ser constante a distância d entre duas camadas atômicas adjacentes, segue-se que para um feixe de raios X de comprimento de onda único (*monocromático*), só existe um valor de θ que permite realizar a interferência construtiva dos raios refletidos. Ajustando θ de modo que essa condição seja satisfeita para os raios I e II, todos os outros raios, como o III, que pertencem ao mesmo feixe incidente serão refletidos pelas capas subjacentes do cristal, de modo a se propagarem sempre em fase com os dois primeiros.

198　**QUÍMICA GERAL**

Se o tubo de raios X emitir radiações de um único comprimento de onda, a relação de Bragg cumprir-se-á para um único valor de θ e, nessas condições, sobre a película fotográfica aparecerá uma única raia escura. O comprimento de onda dessa raia poderá ser calculado desde que se conheça d (que é 2,81 Å para o cloreto de sódio) e se meça o ângulo θ.

Uma vez que, como mostra a Fig. 9.32, no mesmo espectro podem aparecer várias raias, isso significa que o mesmo tubo de raios X, ou com maior rigor o mesmo anticatodo, pode emitir raios X de diferentes comprimentos de onda.

Nota

Na expressão que traduz a condição de Bragg figuram duas variáveis: o comprimento de onda λ dos raios X utilizados e a distância d entre os planos reticulares adjacentes do cristal. Por conseguinte, se fosse conhecido o comprimento de onda dos raios X produzidos por um certo anticatodo, poder-se-ia medir a distância d para o cristal utilizado e, reciprocamente, operando com uma rede cristalina para a qual se conhecesse d, resultaria possível medir o comprimento de onda dos raios X. Ora, de conformidade com o visto no item 9.14, existe, em alguns casos pelo menos, a possibilidade de se determinar d independentemente do conhecimento do comprimento de onda da radiação X empregada. Assim, partindo do sabido que para o cloreto de sódio $d = 2,81$ Å, foi possível obter alguns comprimentos de onda de radiações X; com estes puderam ser obtidos os valores de d de uma série de outros cristais que, por sua vez, permitiram medir os comprimentos de onda dos raios X entre seus limites mais extremos.

9.17 Os Números Atômicos e a Lei de Moseley

A observação dos espectros dos raios X emitidos por anticatodos constituídos por elementos diferentes revela que todo elemento emite séries diferentes de raias, mas essas séries apresentam uma estrutura análoga. Para um mesmo elemento as séries se distinguem bastante pelo comprimento de onda, em virtude do que aparecem no espectro, bem separadas uma da outra. Conforme ressaltado no item 9.16, a série K é a de comprimento de onda mais curto. Ela consta de três grupos de linhas, relativamente fáceis de distinguir com um bom espectroscópio: são os grupos K_α, K_β, e K_γ. Esses grupos, por sua vez, podem ser resolvidos em certo número de raias isoladas. Assim, por exemplo, no grupo K_α podem ser reconhecidas as raias $K_{\alpha 1}$, $K_{\alpha 2}$, $K_{\alpha 3}$, etc. A série seguinte a K, portanto de comprimento de onda maior, é a série L; nela já se observaram até 14 raias, embora não para todos os elementos. A série que segue a L é a M, bastante mais complexa que as anteriores e constituída de um grande número de raias.

Nos elementos de maior massa atômica encontram-se algumas raias da série N de comprimento de onda ainda maior. As séries seguintes, de comprimento de onda muito grande, encontram-se fora do espectro dos raios X.

Na Fig. 9.34 encontram-se representadas, conjuntamente, as posições das séries de raias espectrais para vários elementos. É de notar que, com o crescimento do número atômico, as raias espectrais se deslocam com grande regularidade para

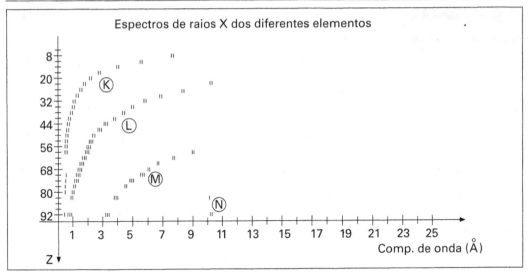

Figura 9. 34

a região do espectro de menor comprimento de onda (de maior freqüência). Essa regularidade de deslocamento das raias, da série *K*, por exemplo, ao se passar de um elemento para outro, aparece evidenciada quando se representa, num diagrama cartesiano, a raiz quadrada da freqüência de uma dada raia em função do número atômico *Z* do elemento que a produz.

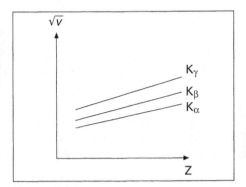

Figura 9.35

Os gráficos obtidos, como o mostrou Henry Moseley (1913), são sensivelmente retilíneos (Fig. 9.35), sugerindo, portanto que:

"A raiz quadrada da freqüência de uma dada raia no espectro de raios X de um elemento varia linearmente com o número atômico desse elemento."

Essa proposição, conhecida como lei de Moseley, pode ser traduzida pela expressão

$$\sqrt{v} = a(Z - b) \tag{9.23}$$

ou

$$v = A(Z - b)^2, \tag{9.24}$$

na qual *a* e *b* (ou *A* e *b*) são duas constantes características da raia considerada, *v* a freqüência dessa raia e *Z* o número de ordem, na tabela periódica, do elemento constituinte do anticatodo, isto é, o número atômico do elemento.

200 QUÍMICA GERAL

Observações

1. Em particular para a raia K_α, tem-se aproximadamente
$$A = 2,47 \times 10^{15} \quad e \quad b = 1,$$
de modo que
$$v = 2,47 \times 10^{15} (Z - 1)^2 \text{ s}^{-1} \tag{9.25}$$
e
$$\sqrt{v} = 4,97 \times 10^7 (Z - 1) \text{ s}^{-\frac{1}{2}}.$$

2. Em vez da freqüência v, recorre-se usualmente, para caracterizar uma dada raia, ao recíproco do seu comprimento de onda λ, isto é, $\bar{v} = \dfrac{1}{\lambda}$, que se chama *número de ondas* e cujo conhecimento, a partir de λ, é independente do conhecimento do valor da velocidade c de propagação da radiação. Nessas condições, tem-se ainda para a raia K_α:
$$\bar{v} = \frac{1}{\lambda} = 82\ 305(Z - 1)^2 \text{ cm}^{-1}. \tag{9.26}$$

3. A rigor, a lei de Moseley não é totalmente correta; o diagrama $\sqrt{v} = f(Z)$ não é rigorosamente retilíneo e a linha obtida revela uma ligeira convexidade voltada para o eixo das abscissas.

4. A possibilidade de obtenção do espectro de um dado elemento, do modo como o descrito, exige evidentemente a possibilidade de construir um anticatodo com esse elemento, o que nem sempre é realizável (oxigênio, cloro, nitrogênio, etc.). A obtenção dos espectros desses elementos é conseguida utilizando anticatodos constituídos por seus compostos; as raias então obtidas são as mesmas que resultariam obtidas nos espectros de cada um dos elementos desse composto.

5. A lei de Moseley permite identificar o número atômico de um elemento pela determinação do comprimento de onda, ou da freqüência, de uma dada raia no seu espectro de raios X. Desse modo resultam justificadas as posições dos elementos químicos na tabela periódica, ordenados na verdade segundo a ordem crescente de seus números atômicos e não propriamente de suas massas atômicas, como o pretendeu Mendeléiev. Em outros termos, as inversões realizadas por Mendeléiev na tabela periódica são explicadas pela lei de Moseley.

6. A descoberta de Moseley constituiu um grande passo dado rumo à elucidação da estrutura do átomo. A existência de uma correlação entre o espectro de raios X de um elemento e seu número atômico sugere que este último não indica apenas a posição do elemento na tabela periódica, mas deve ter um significado físico, de modo a traduzir alguma propriedade do átomo.

Na Fig. 9.34 encontram-se representadas, conjuntamente, as posições das séries de raias espectrais produzidas por vários elementos, e na Tab. 9.4 estão indicadas algumas características (comprimento de onda λ, freqüência v e raiz quadrada da freqüência $\sqrt{v}$) da raia k_α produzidas por alguns elementos, em função de seus números atômicos Z.

TABELA 9.4   Raia K

Z	Elemento	$\lambda(\text{Å})$	$\nu(H_2)$	$\sqrt{\nu}\left(H_z^{\frac{1}{z}}\right)$
20	Ca	3,35	$0,9 \times 10^{18}$	$0,95 \times 10^9$
21	Sc	3,03	$0,99 \times 10^{18}$	$0,99 \times 10^9$
22	Ti	2,75	$1,09 \times 10^{18}$	$1,04 \times 10^9$
23	V	2,50	$1,20 \times 10^{18}$	$1,10 \times 10^9$
24	Cr	2,30	$1,30 \times 10^{18}$	$1,14 \times 10^9$
25	Mn	2,10	$1,43 \times 10^{18}$	$1,20 \times 10^9$
26	Fe	1,94	$1,55 \times 10^{18}$	$1,24 \times 10^9$
27	Co	1,80	$1,67 \times 10^{18}$	$1,29 \times 10^9$
28	Ni	1,67	$1,80 \times 10^{18}$	$1,34 \times 10^9$
29	Cu	1,54	$1,95 \times 10^{18}$	$1,40 \times 10^9$

9.18 A Radioatividade

Logo após a descoberta e a identificação de algumas propriedades dos raios X, vários pesquisadores dirigiram seus trabalhos no sentido de verificar a existência de alguma substância natural capaz de emitir radiações do tipo das X, mesmo não bombardeada por raios catódicos. A propósito, uma hipótese chegou a ser levantada pelo famoso matemático e filósofo Henri Poincaré (1854-1912): a produção de raios X seria inseparável da fluorescência que os raios catódicos determinam num sem-número de materiais, particularmente no vidro das paredes dos tubos de Crookes. A ser verdadeira essa hipótese, a produção de raios X decorreria da própria fluorescência e, desde que esta pudesse ser produzida de outra forma qualquer, ela causaria a emissão de raios X. Para testar tal hipótese, tratou-se de verificar se a fluorescência, ou fosforescência, provocada pela luz solar incidente sobre certos cristais é, ou não, acompanhada da emissão de raios X.

Em 1896, Henri Becquerel, que já havia observado tal fosforescência, constatou que de um fragmento de um mineral contendo urânio emana um feixe de radiações capaz de impressionar um filme fotográfico envolvido em papel negro, e mais:

a) a emissão dessas radiações se dá, tenha ou não o mineral sido exposto previamente à luz solar;

b) o fenômeno se repete em qualquer composto de urânio, mesmo que não fosforescente, pelos menos de maneira visível.

Essas observações levaram ao abandono da hipótese de Poincaré, que se mostrava inverossímil, e conduziram a uma outra idéia: a de que os efeitos registrados deveriam decorrer de uma propriedade, até então desconhecida, característica do elemento urânio: a *radioatividade*.

202 QUÍMICA GERAL

A observação posterior de que certos minerais de urânio, no que tange às radiações emitidas, eram muitas vezes mais ativos do que o próprio metal levou o casal Pierre e Marie Curie (1898) a suspeitar da existência nesses minerais de algum elemento muito mais ativo do que o próprio urânio. Operando com a calcolita, mineral que contém fosfato de cobre e urânio — $(PO_4)_2(UO_2)_2CU.8H_2O$ —, e, principalmente, com a pechblenda, cujo componente essencial é um óxido de urânio (U_3O_8), de composição bastante complexa, já que contém um grande número de metais, os Curie, após um longo e infatigável trabalho de separação de seus componentes, descobriram dois novos elementos radioativos:

a) um, que aparecia nas frações contendo bismuto e se mostrava centenas de vezes mais radioativo que o urânio, foi denominado *polônio* ($Z = 84$), em homenagem ao país de origem de Marie Curie;

b) outro, que se localizava nas frações contendo bário e que acabou revelando uma atividade cerca de mil vezes a do urânio, foi denominado *rádio* ($Z = 88$).

À descoberta desses elementos seguiram-se as de outros, também radioativos, localizados todos na tabela periódica depois do chumbo ($Z = 82$).

A radioatividade deixou, assim, de ser considerada como propriedade característica do urânio e foi estendida aos elementos que ocupam os últimos lugares na tabela periódica.

Investigações sobre o comportamento das radiações emitidas pelos elementos radioativos, por alguns denominadas *raios Becquerel*, revelaram que elas são de três espécies diferentes (α, β e γ), cada uma delas lembrando uma das três variedades de raios observados num tubo de Crookes (raios catódicos, positivos e X).

9.18.1

Os raios α constituem um feixe de corpúsculos dotados de cargas positivas e que, por isto, lembram os raios canais ou positivos. Do mesmo modo que as outras radiações β e γ, os raios α produzem a luminescência de algumas substâncias sobre as quais incidem e, das três espécies, são os de menor poder penetrante; uma folha de papel adequadamente espessa é suficiente para, por absorção, eliminá-los do feixe de raios Becquerel.

No ar, podem ter um alcance de alguns centímetros (cerca de 4 cm para os raios α emitidos pelo polônio), alcance esse que aumenta com a rarefação de ar.

Rutherford determinou a carga específica das partículas α $\left(\frac{q}{m} = 4,7 \times 10^4 \frac{C}{g}\right)$ e mostrou que elas são os mesmos corpúsculos constituintes dos raios positivos, quando o gás contido no tubo de Crookes é o hélio. Em outros termos: a partícula α é um hélion, ou seja, um átomo de hélio carregado positivamente com carga igual à de dois elétrons em valor absoluto, isto é, um átomo de hélio desprovido de dois elétrons.

A velocidade das partículas α, no instante de sua emissão, é da ordem de 10^7 m × s^{-1}, dependendo da fonte radioativa que as expele, e, não raro, pode alcançar 20 000 km × s^{-1}, ou seja, 2×10^7 m × s^{-1}. Tendo em conta que a massa de uma partícula α é $m = 4,0026 \mu = 4,0026 \times 1,66 \times 10^{-27}$ kg, segue-se que, com essa velocidade, a energia cinética de uma partícula α é

$$W = \frac{mv^2}{2} = \frac{4 \times 1,66 \times 10^{-27}(2 \times 10^7)^2}{2} = 13,28 \times 10^{-13} \text{ J} = \frac{13,28 \times 10^{-13}}{1,6 \times 10^{-19}} = 8,3 \times 10^6 eV = 8,3 MeV.$$

9.18.2

Os raios β, também corpusculares, são um feixe de corpúsculos idênticos aos que constituem os raios catódicos, isto é, um feixe de elétrons. Como tais, são fortemente desviados ao atravessar um campo magnético, e o sentido de sua deflexão, oposto ao dos raios α, mostra que transportam cargas negativas. Quando esse campo é criado normalmente à sua direção de pro-

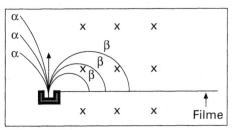

Figura 9.36

pagação **v** (dirigido do leitor para o plano de propagação, na Fig. 9.36), as partículas formadoras dos raios β passam a descrever trajetórias circulares em sentido oposto ao das descritas pelas partículas α, cujo raio depende de sua carga, massa e velocidade (v. item 9.6).

Colocando um pouco de sal de rádio no fundo de um recipiente de chumbo dotado de uma estreita abertura, obtém-se um feixe, também estreito, de raios que, ao penetrar num campo magnético gerado, por exemplo, por um eletro-ímã, perpendicularmente ao plano da Fig. 9.36, produz sobre um filme fotográfico um conjunto de imagens que acabam identificando sua trajetória.

Examinando o fenômeno, como no item 9.6, chega-a à expressão

$$\frac{q}{m} \times \frac{1}{v} = \frac{1}{BR} \quad \text{ou} \quad v = \frac{qBR}{m},$$

que sugere algumas conclusões. Admitindo que todos os corpúsculos tenham a mesma carga específica, deve-se concluir que suas velocidades são muito variáveis ou, mais especificamente, são função das substâncias radioativas que os emitem. Estas, normalmente maiores que as dos raios catódicos e as dos próprios raios α, alcançam quase a velocidade da luz: 250 000 km × s^{-1}.

Por causa dessa velocidade, assim grande, e apesar de sua massa ser bem menor que a das partículas α, as partículas β são dotadas de energias bem maiores do que as das partículas α, justificando, assim, seu maior poder de penetração. Produzem efeitos apreciáveis, mesmo após terem atravessado uma placa de alumínio de 1 cm de espessura, e podem atravessar camadas de ar de alguns metros de espessura.

9.18.3

Os raios γ, que normalmente não exibem características corpusculares, são de mesma natureza que os raios X, dos quais se distinguem pela freqüência muito alta e, por conseguinte, pelo comprimento de onda bem mais baixo (da ordem de 10^{-11} m a 10^{-13} m).

A circunstância de os raios γ serem, à semelhança dos X, de natureza eletromagnética e de comprimento de onda bem mais curto que o destes últimos confere-lhes um poder penetrante nos vários materiais, bem mais pronunciado que o apresentado pelos raios X. A sua absorção pela matéria segue uma lei semelhante à dos raios X (v. item 9.11.2), mas a camada de meia absorção dos raios γ é sensivelmente maior. Na Tab. 9.5 indicam-se os valores da camada de meia absorção do ar, da água e do chumbo para raios γ de diferentes comprimentos de onda.

TABELA 9.5

λ (Å)	Ar (cm)	Água (cm)	Chumbo (cm)
$12,5 \times 10^{-3}$	$1,23 \times 10^4$	14,29	1,33
$25,0 \times 10^{-3}$	$0,90 \times 10^4$	10,42	0,60
$125,0 \times 10^{-3}$	$0,51 \times 10^4$	5,81	0,17

9.18.4

As partículas alfa e beta, bem como as radiações gama, têm sua origem nas partes mais internas dos átomos que as emitem; sua emissão constitui manifestação da ocorrência de transformações nucleares nesses átomos.

A detecção dos corpúsculos emitidos pelos elementos radioativos pode ser conseguida por vários meios. No passado recorria-se, para detectá-los, ao seu poder de excitar a fluorescência em certas substâncias. Essas substâncias, das quais o ZnS é exemplo marcante, têm aptidão de absorver energia, graças à qual seus elétrons mais externos são promovidos a níveis de energia mais elevados; ao retornarem a seus níveis de partida, esses elétrons emitem luz visível. Com um anteparo recoberto de ZnS, consegue-se então tornar visível o impacto sobre ele de uma partícula α pelo clarão ou lampejo então produzido.

O espintariscópio é um instrumento constituído por um tubo de paredes opacas à luz e recoberto internamente de ZnS ou outra substância fluorescente. A amostra do material radioativo é introduzida no recipiente; as partículas por ela emitidas, ao golpearem a parede do tubo, produzem lampejos observáveis através de uma lente.

Dispositivos mais aperfeiçoados de detecção de radioatividade são a *câmara de Wilson* (v. item 12.1) e o *contador Geiger-Müller*. Este último, cujo funcionamento

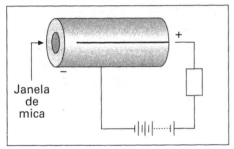

Figura 9.37

se baseia no poder ionizante dos raios Becquerel, é constituído por um cilindro metálico, contendo um gás sob baixa pressão, no interior do qual, isolada de suas paredes e disposta segundo o seu eixo, é fixada uma haste metálica. Mediante um gerador adequado, uma tensão da ordem de 1 000 V é aplicada entre a haste e a parede do tubo. Apesar da alta tensão aplicada, o gás, por não ser normalmente condutor, não permite a descarga através de si. Quando, entretanto, através da janela de mica, alguma partícula ou radiação ionizante penetra no aparelho, sua passagem através do gás determina a formação de vários íons por arrancamento de elétrons dos átomos do gás. A movimentação no campo elétrico dos íons e elétrons assim originados determina uma descarga que pode ser detectada por um galvanômetro intercalado no circuito ou por um dispositivo de registro que acenda uma luz, produza um som audível ou faça funcionar um contador mecânico toda vez que penetra no aparelho o agente ionizante.

Modernamente, para detectar os raios α, β e γ, são utilizados os *cintilômetros*, mais sensíveis que os contadores Geiger convencionais; eles funcionam aproveitando o fato de um cristal de iodeto de sódio, ativado com tálio, cintilar quando atingido pelos raios Becquerel.

9.19 Efeitos Biológicos das Radiações Becquerel

Do mesmo modo que os raios X, as radiações Becquerel têm marcante poder de destruição dos tecidos vivos, fato estudado pelos médicos e biólogos, mediante exame sistemático de sua ação biológica sobre os diversos animais.

No interior dos organismos os raios α produzem lesões que podem ser mortais, uma vez que destroem as células vivas. Contudo, em pequeníssimas doses, produzem certos efeitos estimulantes, o que explica certas reações benéficas sobre o organismo provocadas pelas águas minerais denominadas radioativas, que contém apenas traços de elementos radioativos.

A sensibilidade às radiações Becquerel não é a mesma para todas as células; as mais sensíveis são as de rápida reprodução, como as células cancerosas. Estas são as que, preferencialmente, são destruídas, quando expostas a um feixe de radiações convenientemente dosado.

O exame do diagrama da Fig. 9.20, embora apresentado para os raios X, aplica-se também a um feixe de raios γ ao atravessar uma parede e sugere que nunca é possível interceptar toda a radiação incidente sobre um objeto e, por conseguinte, tampouco é possível armazenar qualquer material radioativo em condições seguras. Mas isso, embora pudesse ser desejável, não é indispensável à proteção do ser humano contra o efeito nocivo das radiações γ, uma vez que, pelo menos dentro de certos limites, o homem está acostumado a receber uma certa quantidade de radiações, sob a forma de raios cósmicos; a dose de radiação cósmica normal a que está exposto o ser humano é da ordem de 1,1 roentgen por ano. Além disso, no organismo humano existem, normalmente, pequeninas quantidades de carbono 14 e potássio 40, que são isótopos radioativos.

A dose de radiação necessária para matar um ser humano é estimada em 600 roentgen; a ela o homem é exposto, por exemplo, durante a explosão de uma bomba nuclear. Para pessoas que, por forças de suas atividades profissionais, trabalham em laboratórios de ensaios ou de pesquisas, em hospitais ou usinas nucleares onde se expõem às radiações, as doses toleráveis são da ordem de 1/3 de roentgen por semana.

Finalmente, ainda sob o aspecto de seus efeitos biológicos, as radiações gama, do mesmo modo que as X, têm efeitos genéticos sobre células de reprodução; incrementam o número de mutações, alterações repentinas na constituição genética hereditária. Em conseqüência, ou a célula não consegue se desenvolver, ou seu desenvolvimento conduz à geração de um filho com alguma malformação corporal ou mental, isto é, disforme ou deficiente. Algumas mutações são recessivas, isto é, manifestam-se ostensivamente quando o filho recebe a mesma mutação dos dois progenitores.

CAPÍTULO

10

Os Modelos Atômicos Nuclerares

10.1 Os Constituintes do Átomo

De conformidade com o exposto em itens anteriores, o estudo das descargas elétricas através dos gases, além de revelar a complexidade do átomo, veio sugerir a existência do elétron como constituinte do átomo. Por outro lado, a emissão de radiações corpusculares pelos elementos radioativos, cuja descoberta constituiu historicamente a segunda evidência daquela complexidade, veio confirmar que o elétron deve participar da composição de todos os átomos. Mas o átomo não é constituído exclusivamente por elétrons; de sua estrutura participam também componentes positivos. Embora os raios canais e α revelem a existência de corpúsculos positivos, não permitem identificar um constituinte positivo universal, cuja existência é plausível admitir. Com a finalidade de detectar esse corpúsculo e de determinar suas características, intensificaram-se, a partir do início do século XX, as pesquisas visando a explorar o interior dos átomos; delas não só resultou a confirmação da existência desse corpúsculo positivo, como também o reconhecimento de várias outras partículas elementares. Atualmente são conhecidas mais de oitenta partículas diferentes observadas nos processos de desintegração atômica. A maioria delas é instável, tem uma vida de apenas uma fração de segundo e um *status* no átomo não bem conhecido. Três são consideradas fundamentais: o elétron, já mencionado anteriormente, o próton e o nêutron.

208 Química Geral

10.1.1 Os Prótons

Segundo o visto no item 9.9, a carga específica das partículas constituintes dos raios positivos não é sempre a mesma; depende da natureza do gás através do qual se realiza a descarga. Quando esse gás é o hidrogênio, os corpúsculos positivos apresentam a maior carga específica,

$$\frac{q}{m} = 9{,}65 \times 10^4 \frac{C}{g},$$

ou, mais precisamente, cada corpúsculo positivo do hidrogênio é dotado de carga igual à do elétron, em valor absoluto, enquanto sua massa é aproximadamente 1 840 vezes a do elétron[*]. Já para um outro gás a massa do corpúsculo positivo é sensivelmente um múltiplo da do íon hidrogênio e sua carga é igual à desse íon ou a um múltiplo inteiro da mesma.

Esse fato, ao que parece, levou sir Ernest Rutherford a admitir que o íon hidrogênio deveria ser a unidade de carga positiva e, como tal, um constituinte universal do átomo, que passou a ser chamado próton (primeiro, em grego).

A confirmação da existência dos prótons, em outros átomos que não o de hidrogênio, foi conseguida pelo próprio Rutherford (1919) ao verificar que, bombardeando o nitrogênio gasoso, ou um sólido como o nitreto de sódio ou nitreto de boro, por partículas α, processa-se uma reação nuclear com emissão daqueles corpúsculos (v. item 12.13.1). Desde então o próton tem sido admitido como um dos constituintes universais do átomo.

Determinações mais recentes levam a atribuir ao próton a massa

$$m_p = 1{,}672\ 49 \times 10^{-24}\ g = 1{,}007\ 276\ 47\ u.$$

10.1.2 Os Nêutrons

A existência de um corpúsculo desprovido de carga e constituinte do núcleo atômico, embora prevista desde 1920, somente foi confirmada em 1930, quando os físicos alemães Bothe e Becker descobriram que as partículas α emitidas espontaneamente pelo polônio, ao atingirem certos elementos leves como lítio, berílio ou boro, provocam a emissão de uma radiação extremamente penetrante. Confundida a princípio com a radiação γ, a verdadeira natureza dessa radiação foi estabelecida pelo inglês James Chadwick (1932), que a identificou como constituída por um feixe de corpúsculos desprovidos de carga elétrica que receberam o nome de nêutrons[**].

---

[*] Na verdade, com o espectrógrafo de massa é possível identificar a existência de três diferentes corpúsculos positivos de hidrogênio, dos quais o acima citado é apenas o mais comum. Os outros dois, com a mesma carga do primeiro, têm massas sensivelmente iguais ao dobro ou ao triplo da massa citada.
[**] A descoberta dos nêutrons deu-se pela reação nuclear
$$^{9}_{4}Be + ^{4}_{2}\alpha \rightarrow ^{12}_{6}C + ^{1}_{0}n.$$

Os Modelos Atômicos Nucleares   **209**

O estudo das características dos nêutrons, devido principalmente ao casal Curie-Joliot, mostrou que sua massa pode ser determinada seja a partir de dados colhidos no transcurso de reações nucleares que os originam, levando em conta as massas e as energias de todos os corpúsculos que intervêm nessas reações, seja por aplicação da teoria do choque central à colisão entre nêutrons e núcleos atômicos.

A massa do nêutron, ligeiramente superior à do próton, é

$$m_n = 1,674\ 82 \times 10^{-24}\ \text{g} = 1,008\ 665\ 4\ u.$$

10.1.3 Os Pósitrons

O próton, cuja carga em valor absoluto é igual à do elétron, difere profundamente deste último pela sua massa. Assim, embora a descoberta do próton tenha vindo confirmar a suposição da existência de um constituinte positivo universal do átomo, houve quem admitisse que deveria existir um corpúsculo dotado de carga positiva e de mesma massa que a do elétron. Durante muito tempo procurou-se, sem sucesso, reconhecer a existência dessa partícula simétrica do elétron. Em 1931, Paul Dirac desenvolveu uma teoria físico-matemática que postulava a existência desse corpúsculo, descoberto efetivamente em 1933 por Anderson, em Chicago, e Blackett, em Cambridge, numa série de pesquisas sobre raios cósmicos. Ainda em 1933 os *antielétrons* foram obtidos por Skobelzyn, em Leningrado, e por Frédéric Joliot e Irène Curie, em Paris; receberam o nome de *pósitrons* ou elétrons positivos, em oposição aos elétrons negativos, que passaram a ser chamados também de *négatons*.

Observação

A cada partícula elementar, os físicos associam atualmente uma *antipartícula*, que tem a mesma massa (e *spin*) dessa partícula, mas características eletromagnéticas, tais como carga e momento magnético, opostas. O pósitron, considerado como antipartícula do elétron, foi, historicamente, a primeira antipartícula observada.

10.1.4 Outras Partículas Elementares

Além do próton, nêutron e elétron, aos quais se recorre usualmente para explicar a estrutura dos átomos e de seus núcleos, são conhecidas atualmente muitas outras *partículas elementares* e suas *antipartículas*. Dessas, mais de trinta são relativamente estáveis, com vida média maior que 10^{-10} s, enquanto outras (mais de cinqüenta) são de vida extremamente curta, com vida média menor que 10^{-21} s. A descoberta dessas partículas tem sido ensejada pela construção de aceleradores que permitem obter partículas de energia muito alta (vários GeV), como também pelo emprego de técnicas especiais que utilizam as câmaras de névoa, de bolha e

210 QuÍMICA GERAL

de chispa, emulsões fotográficas e diferentes dispositivos de detecção, como os contadores Geiger-Müller, de cintilação, e outros.

Na Tab. 10.1 constam algumas das características de várias dessas partículas; suas massas são referidas à do elétron igual a $5,5 \times 10^{-4}u$.

TABELA 10.1

	Partícula	Símbolo	Massa em repouso	Energia em repouso (MeV)	Carga
Núcleons	Próton	p^+, p, ^1_1H	1 836,2	938,3	$+e$
	Nêutron	n^0, n, ^1_0n	1 838,7	939,6	0
Híperons	Lambda	Λ^0	2 184	1 116	0
	Sigma	Σ^+	2 327	1 189	$+e$
		Σ^0	2 333	1 192	0
		Σ^-	2 342	1 197	$-e$
Mésons	Psion	π^+	273,9	140	$+e$
		π^0	264,2	135	0
	Kaon	k^+	966,7	494	$+e$
		k^0	974,6	498	0
	η-méson	η^0	1 074	549	0
Léptons	Neutrino	ν	0	0	0
	Elétron	e^-, β^-	1	0,511	e
	Pósitron	e^+, β^+	1	0,511	$+e$
	Múon	μ^-	206,8	105,7	$-e$
Fótons	Fóton	γ	0	0	0

10.2 O Modelo Atômico de Thomson

Nos parágrafos precedentes foi visto que vários fatos experimentais sugerem a existência, no átomo, de elétrons e de constituintes positivos. De que modo se distribuem esses componentes no interior do átomo? Antes de discutir essa questão é oportuno observar que as várias figuras, tão familiares do leitor, utilizadas para representar a arquitetura de um átomo constituem apenas uma esquematização do que se chama modelo atômico. O termo modelo pretende significar que cada uma dessas figuras, longe de constituir imagem do que existe efetivamente no átomo, representa apenas um guia que orienta o pensamento do homem em sua busca de novos conhecimentos a respeito do próprio átomo.

Vários modelos atômicos têm sido sugeridos desde que se iniciaram as pesquisas de atomística. O exame de alguns desses modelos constitui o objetivo de vários dos itens seguintes.

Em 1898, J. J. Thomson, à luz dos conhecimentos de que dispunha na época, imaginou o que teria sido o primeiro modelo atômico. Segundo Thomson, a carga positiva do átomo estaria distribuída, uniformemente, numa esfera, cujo raio seria da ordem do angstrom. Este raio pode ser avaliado a partir do volume associado a um átomo de substância sólida, pelo conhecimento de sua massa atômica, de sua massa específica e do número de Avogadro, grandezas essas já conhecidas na época. Por exemplo, o alumínio, cuja massa atômica é aproximadamente 27, apresenta no estado sólido massa específica igual a 2,7 g × cm^{-3}. Como um átomo-grama de alumínio, cujo volume é então $\frac{27}{2,7} = 10$ cm^3, encerra um número de átomos igual ao de Avogadro, segue-se que o volume associado a um átomo de alumínio é da ordem de

$$\frac{10}{6,02} \times 10^{-23} = 1,6 \times 10^{-23} \text{ cm}^3,$$

e admitindo que esse átomo seja esférico, então o seu raio R deve ser tal que

$$\frac{4}{3}\pi R^3 = 1,6 \times 10^{-23},$$

isto é, $\qquad R \cong 1,6 \times 10^{-8}$ cm $= 1,6$ Å.

Para explicar a neutralidade elétrica do átomo, Thomson imaginou-o contendo certo número de elétrons incrustados na superfície da esfera positiva e, para garantir a estabilidade do sistema, os elétrons estariam em repouso em relação à esfera positiva (Fig. 10.1). Pela sua conformação, o modelo de Thomson passou à história com o nome pitoresco de pudim com passas.

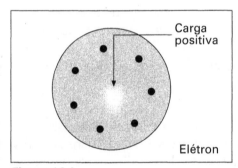

Figura 10.1

Para que um modelo atômico possa ser aceito, é preciso que permita explicar ou interpretar fatos ou fenômenos não considerados na sua própria concepção mas que com ela se correlacionam intimamente. O modelo atômico de Thomson, concebido no fim do século XIX, foi logo abandonado porque não conseguia explicar fenômenos cuja origem, já então, se admitia ligada à estrutura do átomo; é o caso, por exemplo, da emissão de luz pelos corpos aquecidos e o aspecto dos espectros ópticos descontínuos produzidos pelos sólidos incandescentes. Ademais, o modelo de Thomson não permitiu interpretar os resultados observados nas experiências relativas ao espalhamento de partículas alfa pelas lâminas metálicas.

10.3 O Espalhamento das Partículas Alfa e o Núcleo Atômico

Entre 1909 e 1911, Rutherford e seus discípulos, Geiger e Marsden, realizaram uma série de experiências relativas à passagem de partículas alfa através de lâminas metálicas e que se tornaram conhecidas como experiências do *espalhamento* (*scattering*) das partículas α. Consistiam em dirigir um feixe estreito dessas partículas sobre uma lâmina metálica de alguns micrômetros (μm) de espessura e verificar se conseguiam atravessá-la. Para tal, uma tela recoberta de sulfeto de zinco era disposta atrás da lâmina, de modo a detectar as partículas α sobre ela incidentes através dos lampejos produzidos pelo impacto dessas partículas sobre o sulfeto de zinco.

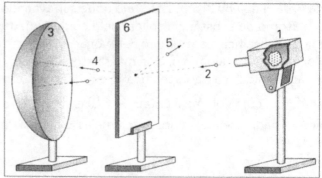

Figura 10.2 *1. Substância radioativa; 2. partículas alfa; 3. anteparo fluorescente; 4. partículas alfa desviadas; 5. partículas alfa reenviadas para trás; 6. lâmina metálica*

Esses lampejos são observáveis, a olho nu ou através de uma lupa, com relativa facilidade, num recinto escuro. Operando desse modo, Rutherford e seus colaboradores constataram que, na maior parte, as partículas α lançadas contra a lâmina atravessavam-na sem modificar sensivelmente sua trajetória, enquanto algumas, ao atravessar a lâmina, sofriam um desvio apreciável e outras eram reenviadas para trás, sem atravessá-la (v. Fig. 10.2). Para cada milhão de partículas α incidentes sobre a lâmina, cerca de 50 experimentavam desvio apreciável e apenas uma era reenviada para trás; as restantes atravessavam a lâmina sem desvio perceptível. Tratava-se, então, de justificar os fatos observados. Como a lâmina é constituída por um número elevadíssimo de átomos justapostos, seria impossível admitir que as partículas α pudessem atravessá-la passando unicamente pelos interstícios que deixam entre si os átomos. Por outro lado, o número de partículas α que sofriam grandes deflexões era muito superior ao que se poderia esperar na hipótese de que o desvio fosse produzido pela carga positiva distribuída pela esfera atômica toda.

Admitiu Rutherford que elas devem atravessar os próprios átomos, que não seriam então maciços, mas apresentariam uma estrutura lacunar; os constituintes atômicos devem ocupar, dentro do átomo, regiões de dimensões extremamente reduzidas em confronto com as do próprio átomo. Para justificar o desvio experimentado por algumas das partículas que atravessam a lâmina, uma vez que a massa do elétron é muito pequena em confronto com a de um corpúsculo α e, assim sendo, não seria admissível atribuir esse desvio a um choque da partícula α com um elétron, Rutherford imaginou a existência no átomo de um corpúsculo positivo, no qual se concentraria praticamente toda a massa do átomo e que exerceria uma força repulsora sobre a partícula α que dele se aproximasse (v. Fig. 10.3). Esse corpúsculo positivo passou a ser

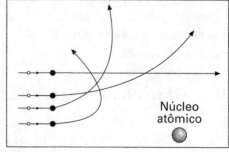

Figura 10.3

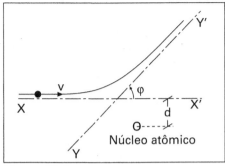

Figura 10.4

chamado *núcleo atômico*. Uma partícula α disparada contra um átomo conseguiria atravessá-lo sem desvio se passasse distante do núcleo; quanto mais próxima ao núcleo chegasse, maior seria o desvio por ela experimentado. Admitida a existência do núcleo, Rutherford mostrou ser possível calcular sua carga a partir do desvio produzido numa partícula α que passasse nas suas proximidades.

Imagine-se um núcleo atômico de carga Q do qual se aproxima uma partícula α seguindo uma reta XX', situada a uma distância d do núcleo. Em conseqüência da força repulsora sobre ela exercida, a partícula tem sua trajetória desviada, passando a descrever uma curva (v. Fig. 10.4). O exame do movimento dessa partícula, pelas leis da Mecânica, permite concluir que: a) essa curva é um arco de hipérbole, do qual um dos focos é ocupado pelo núcleo; b) se φ é o ângulo formado por XX' com YY', assíntotas dessa hipérbole, então é válida a equação

$$\operatorname{tg}\frac{\varphi}{2} = \frac{1}{4\pi\varepsilon_0}\frac{Qq}{mv^2 d}, \qquad (10.1)$$

onde m é a massa da partícula α, q é sua carga e v, a velocidade com que ela é disparada contra a lâmina. Tendo em vista que $q = 2e$ (a carga da partícula α é, em valor absoluto, o dobro da do elétron) e adotando o sistema CGS eletrostático de unidades ($4\pi\varepsilon_0 = 1$), a expressão anterior poderá ser escrita

$$\operatorname{tg}\frac{\varphi}{2} = \frac{2Qe}{mv^2 d}, \qquad (10.2)$$

mostrando que o desvio φ será tanto maior quanto menor for o chamado *parâmetro de impacto d* (v. Fig. 10.4a). Essa expressão sugere ainda que, uma vez fixado um valor particular θ para o desvio φ, só poderão ser desviados de um ângulo igual a θ, ou maior que θ, aquelas partículas que passarem a uma distância do núcleo não maior que

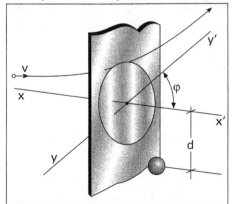

Figura 10.4 a

$$d = \frac{2Qe}{mv^2 \operatorname{tg}\dfrac{\theta}{2}}. \qquad (I)$$

Os núcleos, que produzem esse desvio, funcionam então como se tivessem um contorno aparente de raio d, desviando, no mínimo de um ângulo igual a θ, todas as partículas que atingem o círculo de área πd^2.

Ora, se L representar a espessura da lâmina bombardeada, S a área da superfície atravessada (área da secção transversal do feixe de partículas α incidentes sobre a lâmina) e n o número de átomos existentes por unidade de volume do metal constituinte dessa lâmina, o número de átomos existentes na região atravessada será nsL. Admitindo que cada átomo tenha apenas um núcleo, esse será também o número de núcleos na região atravessada. E, se existem nsL núcleos no percurso de todo o feixe incidente, só poderiam experimentar um desvio igual a θ (no mínimo) aquelas partículas α que atingissem

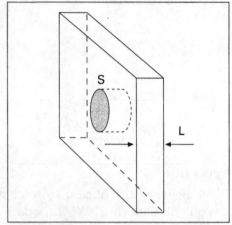

Figura 10.5

sobre o anteparo uma superfície de área $S = nsL\pi d^2$. De todo o feixe incidente, cuja área de secção transversal é s, só pode ser desviada, no máximo, a fração que incidiu sobre a área S. A fração do feixe assim desviado é então $\frac{S}{s}$, ou seja

$$\frac{nsL\pi d^2}{s} = nL\pi d^2. \qquad (II)$$

Por outro lado, designando por n_1 o número de partículas α emitidas num dado intervalo de tempo pela fonte radioativa, e contadas pelo número de lampejos produzidos sobre o anteparo fluorescente sem a interposição da lâmina, e por n_2 o número de lampejos produzidos no mesmo intervalo de tempo e segundo a direção θ, quando a lâmina é interposta, a fração do feixe desviada é também $\frac{n_2}{n_1}$. Logo,

$$nL\pi d^2 = \frac{n_2}{n_1}. \qquad (III)$$

Finalmente, se A^* representa o átomo-grama do metal constituinte da lâmina e μ sua massa específica, então $\frac{A^*}{\mu}$ é o volume ocupado por $N_0=1$ mol de átomos, e o número n de átomos existentes por unidade de volume do metal em questão é

$$n = \frac{N_0}{\frac{A^*}{\mu}} = N_0 \frac{\mu}{A^*}. \qquad (IV)$$

Introduzindo a expressão (IV) na (III), vem

$$N_0 \frac{\mu}{A^*} L\pi d^2 = \frac{n_2}{n_1} \quad \text{ou} \quad d = \sqrt{\frac{n_2 A^*}{N\mu L \pi n_1}}$$

e considerando também a expressão (I):

$$Q = \frac{mv^2}{2e} \text{tg}\frac{\theta}{2} \sqrt{\frac{n_2 A^*}{\pi n_1 N \mu L}} .$$ (10.3)

Graças a dessa expressão Rutherford conseguiu medir a carga Q dos núcleos de vários elementos, constatando que

$$Q = Z'e,$$

onde Z' é um número próximo da metade da massa atômica A (quando essa não é muito elevada) e muito próxima do número atômico Z do elemento constituinte da lâmina.

Para o cobre, a prata e o ouro, Rutherford obteve:

	Z'	Z
Cobre	29,3	29
Prata	46,3	47
Ouro	77,4	79

e, por generalização desses resultados, concluiu pela igualdade entre o número atômico Z e a carga do núcleo atômico, quando adotada como unitária a carga do elétron, isto é, $Z = \frac{Q}{e}$.

Observações

1. Na verdade, quando da realização dos trabalhos de Rutherford, o conceito de número atômico ainda não estava estabelecido e, na tabela periódica, os elementos encontravam-se ordenados, em regra, segundo suas massas atômicas crescentes. Os resultados obtidos por Rutherford mostraram que o número $Z = \frac{Q}{e}$, sempre inteiro, é, para os elementos leves, muito próximo da metade de sua massa atômica $Z \cong \frac{A}{2}$ e nem sempre coincide com o correspondente número de ordem naquela tabela.

   Foi A. Van den Broek (1911) quem sugeriu que o número Z passasse a ser, com o nome de *número atômico*, o número ordinal dos elementos no sistema periódico.

2. Uma vez que a lei de Moseley permite identificar o número atômico Z de um elemento, número coincidente, pelo que acaba de ser visto, com o que mede a carga do núcleo (quando a unidade de carga é a do elétron), segue-se que a carga do núcleo também pode ser determinada pela mesma lei.

216 QUÍMICA GERAL

3. Desde que se admita para o núcleo uma forma esférica, é possível, por experiências do tipo das de espalhamento de partículas α, concluir que seu raio, variável de um átomo para outro, é da ordem de 10^{-13} cm (v. item 12.4).

Como o raio do próprio átomo é da ordem de 10^{-8} cm, a razão entre este e o núcleo é, aproximadamente,

$$\frac{10^{-8}}{10^{-13}} = 10^5.$$

Lembrando que o raio do Sol mede cerca de $6,9 \times 10^5$ km e o da órbita de Plutão é, aproximadamente, $5,9 \times 10^9$ km, a razão entre eles é

$$\frac{5,9 \times 10^9}{6,9 \times 10^5} \cong 0,9 \times 10^4,$$

isto é, o núcleo, num átomo, ocupa proporcionalmente um volume menor que o ocupado pelo Sol no sistema solar.

10.4 O Modelo Atômico de Rutherford

Pelo que foi visto no item anterior as experiências de espalhamento das partículas α sugerem a existência, no átomo, de um núcleo dotado de carga positiva Ze e cujo raio é da ordem de 10^{-13}cm. Ora, admitindo que o átomo seja um sistema eletricamente neutro, é lícito admitir que, ao seu núcleo, exista associado um número de elétrons extranucleares igual a Z. Como o raio do átomo (calculado, por exemplo, a partir da teoria cinética da matéria) é da ordem de 10^{-8} cm, segue-se que os elétrons extranucleares devem estar confinados numa esfera cujo raio tem esta ordem de grandeza. Qual seria a situação desses elétrons em relação ao núcleo? Estariam eles em repouso? Por que, sendo atraídos pelo núcleo, não se precipitam sobre ele ?

Ora, as teorias da Eletrostática ensinam que qualquer disposição de cargas elétricas puntiformes, em repouso, é instável (teorema de Ernshaw). Sucede, entretanto, que a estabilidade das cargas subatômicas, à semelhança do que se verifica no sistema solar, poderia ser obtida se se admitisse que os elétrons descrevem órbitas circulares ao redor do núcleo, com velocidades adequadas. O átomo lembraria então, pela sua constituição, uma miniatura do sistema solar com o núcleo fazendo o papel de Sol e os elétrons representando os planetas. É o que caracteriza o chamado modelo atômico de Rutherford.

Aceito o modelo de Rutherford, torna-se possível calcular a velocidade provável do elétron em sua órbita, como também sua energia. De fato designando por R o raio da órbita do elétron e por v a sua velocidade escalar, a força centrípeta a que

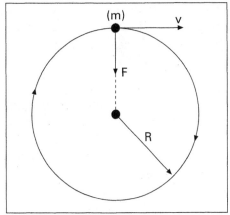

Figura 10.6

deve ficar submetido o elétron em movimento é, em módulo,

$$F = \frac{mv^2}{R}.$$

Por outro lado, a força atrativa sobre ele exercida pelo núcleo tem módulo

$$F = \frac{1}{4\pi\varepsilon_0}\frac{Ze^2}{R},$$

e para que o elétron possa descrever a sua órbita é necessário então que

$$\frac{mv^2}{R} = \frac{1}{4\pi\varepsilon_0}\frac{Ze^2}{R^2},$$

isto é,
$$R = \frac{1}{4\pi\varepsilon_0}\frac{Ze^2}{mv^2}, \qquad (10.4)$$

ou, operando no sistema CGS eletrostático de unidades no qual $4\pi\varepsilon_0 = 1$ para o vácuo:

$$R = \frac{Ze^2}{mv^2}, \qquad (10.5)$$

expressão que, relacionando o raio R da órbita descrita pelo elétron com sua velocidade v, mostra que esta última é maior nas órbitas mais próximas do núcleo do que nas mais afastadas.

Quanto à energia W do elétron, soma da sua energia cinética com a potencial, tem-se

$$W = \frac{mv^2}{2} - \frac{1}{4\pi\varepsilon_0}\frac{Ze^2}{R} = \frac{mv^2}{2} - \frac{Ze^2}{R},$$

ou, uma vez que, pela expressão (10.5), é $mv^2 = \frac{Ze^2}{R}$, então:

$$W = \frac{Ze^2}{2R} - \frac{Ze^2}{R},$$

ou, ainda,
$$W = -\frac{Ze^2}{2R}, \qquad (10.6)$$

isto é: a energia de um elétron, num dado átomo, depende apenas do raio da órbita na qual gravita; ela cresce com o raio da órbita.

218 QUÍMICA GERAL

Em resumo, pelo modelo de Rutherford, os elétrons de um átomo gravitariam ao redor do núcleo, segundo circunferências, com velocidades variáveis conforme seus raios, e a energia de um elétron numa órbita seria tanto maior quanto menor fosse seu raio.

Sucede, entretanto, que esse modelo, arquitetado de modo a satisfazer as leis da Física clássica, apresenta contradições com a teoria de Maxwell relativa à origem das radiações eletromagnéticas. De fato, segundo essa teoria, toda carga elétrica dotada de uma aceleração é centro emissor de energia radiante; o elétron, efetuando um movimento circular, apresentaria uma aceleração radial dirigida para o núcleo e, portanto, irradiaria constantemente energia sob a forma de ondas eletromagnéticas (luz, radiações ultravioleta, radiações X, etc.). Assim, a energia própria do elétron, diminuindo progressivamente, implicaria uma diminuição gradativa do raio da órbita e, ao fim, o colapso do próprio átomo. Não só isto: como resultado da redução gradativa do raio da órbita, a energia irradiada pelo átomo deveria se manifestar por uma série contínua de radiações de diferentes comprimentos de onda; o espectro atômico, como o de hidrogênio, por exemplo, deveria ser contínuo, isto é, suas raias deveriam corresponder a todos os comprimentos de onda possíveis. Não é, entretanto, o que sucede. Esse espectro, como se verá no item seguinte, é descontínuo, ou seja, constituído por um conjunto de raias de comprimentos de onda bem determinados

10.5 O Espectro do Hidrogênio

É sabido que, dirigindo um feixe de luz, através de uma estreita fenda, sobre um prisma e recebendo o feixe emergente sobre um anteparo branco, nele aparece desenhado o *espectro visível* da luz utilizada (v. Fig. 10.7). Quando a fonte que envia a luz ao prisma é um sólido ou um líquido incandescente, o espectro obtido é *contínuo*, isto é, caracterizado por uma sucessão contínua de cores que, no caso da luz solar, se estende do vermelho ao violeta, com passagem lenta de uma para outra[*]. Quando, entretanto, a fonte em questão é constituída por um gás ou vapor, do qual a luz emitida é devida ou à sua alta temperatura (como no caso da chama de um bico de Bunsen, à qual se incorpora um fragmento de uma substância volátil), ou então a uma descarga elétrica nele realizada, o espectro obtido resulta *descontínuo*, isto é, constituído por um número limitado, às vezes grande e às vezes pequeno, de linhas brilhantes e de cores determinadas. Essas linhas são chamadas *raias espectrais*. Quando o gás ou o vapor cujo espectro se examina é monoatômico, as diferentes raias que aparecem são, em geral, bastante distantes entre si e o espectro é dito de *raias* (Fig. 10.8 a). Para os gases ou vapores poliatômicos observa-se o aparecimento de um número de raias maior que no caso anterior, raias essas que aparecem reunidas em grupamentos denominados *bandas* (Fig. 10.8 b).

Cada raia espectral é caracterizada por uma freqüência e um comprimento de onda. Constitui fato experimental de grande importância o de cada elemento

---

[*] Ver espectro da luz branca na página 219.

Os Modelos Atômicos Nucleares 219

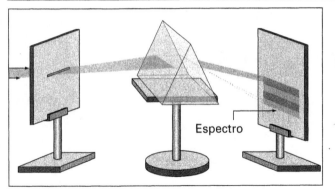

Figura 10.7

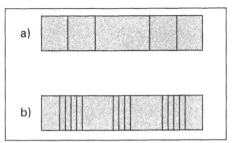

Figura 10.8

químico originar raias espectrais cujos comprimentos de onda lhe são característicos. Por exemplo, o sódio produz duas raias amarelas brilhantes, próximas uma da outra; são as raias D_1 e D_2 de comprimento de onda 5 896 Å (D_1) e 5 890 Å (D_2). Essas raias aparecem quando a luz, dirigida para o prisma, provém tanto da descarga elétrica realizada numa ampola que contém vapor de sódio, como também da chama de um bico de Bunsen, na qual se tenha introduzido um fragmento de cloreto de sódio.

Particularmente interessante, pela contribuição que gerou ao estudo da estrutura do átomo, é o espectro do hidrogênio atômico, do qual o trecho visível é representado esquematicamente na Fig. 10.9 com os comprimentos de onda λ em angstrom, medidos experimentalmente, de algumas de suas raias.

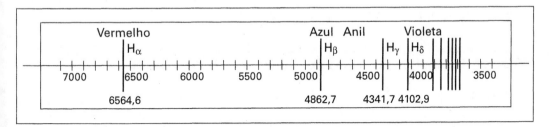

Figura 10.9

Em 1885 Balmer, estudando o espectro do hidrogênio, descobriu que os números de onda $\left(\bar{v} = \frac{1}{\lambda}\right)$ correspondentes às raias observadas satisfazem à equação

$$\bar{v} = \mathcal{R}\left(\frac{1}{2^2} - \frac{1}{n^2}\right), \qquad (10.7)$$

onde n é um número inteiro maior que 2 (n = 3, 4, 5,...) e $\mathcal{R}$ é a chamada constante de Rydberg, que tem por valor (para hidrogênio)

$$\mathcal{R} = 109\ 677{,}581\ \text{cm}^{-1},$$

e é uma das constantes físicas conhecidas com maior precisão.

220 QUÍMICA GERAL

Assim, fazendo nessa equação $n = 3$, resulta

$$\bar{v} = 109\ 677,581 \left(\frac{1}{2^2} - \frac{1}{3^2} \right) = 15\ 232,997\ cm^{-1}$$

e, uma vez que o comprimento de onda λ é o recíproco do número de onda $\bar{v}$, obtém-se:

$$\lambda = \frac{1}{15\ 232,997} = 6,564\ 6 \times 10^{-5}\ cm = 6\ 564,6\ \text{Å}$$

que é o comprimento de onda da raia H_α. Analogamente, para $n = 4$, $n = 5$, etc., resultam definidas todas as raias da chamada série de Balmer.

Após as pesquisas de Balmer, outras raias foram descobertas no espectro do hidrogênio, além e aquém do espectro visível, ou seja, na região do ultravioleta e do infravermelho; elas obedecem a uma expressão mais geral que a de Balmer, estabelecida em 1908 por Ritz:

$$\bar{v} = \mathcal{R} \left(\frac{1}{n_1^2} - \frac{1}{n_2^2} \right) \tag{10.8}$$

com n_1 e n_2 inteiros e $n_2 > n_1$. Lyman descobriu na região do ultravioleta a série de raias que leva o seu nome e obedece à expressão de Ritz, com $n_1 = 1$. Paschen descobriu outra série, na região do infravermelho, ainda obedecendo à expressão geral com $n_1 = 3$, e assim por diante (v. Tab. 10.2).

TABELA 10.2 Séries de raias no espectro do hidrogênio

Série de	Ano de observação	n_1	n_2	Região do espectro
Lyman	1906	1	2, 3, 4,...	ultravioleta
Balmer	1895	2	3, 4, 5,...	visível
Paschen	1908	3	4, 5, 6,...	infravermelho
Brackett	1922	4	5, 6, 7,...	infravermelho
Pfund	1925	5	6, 7, 8,...	infravermelho

Por exemplo, para $n_1 = 4$ (série de Brackett) e $n_2 = 7$ (terceira raia), corresponde o número de ondas

$$\bar{v} = 109\ 677,581 \left(\frac{1}{4^2} - \frac{1}{7^2} \right) = 4\ 616,5\ cm^{-1}$$

Os Modelos Atômicos Nucleares **221**

e, portanto, um comprimento de onda

$$\lambda = \frac{1}{\bar{\nu}} = \frac{1}{4\ 616,5} = 2,166 \times 10^{-4} \text{ cm}.$$

Outras séries de raias são observadas nos espectros atômicos de outros elementos químicos: são espectros mais complicados. Para os metais alcalinos (sódio, potássio, rubídio e césio), as diversas raias que aparecem costumam ser grupadas em quatro séries. Dessas, três são conhecidas por nomes que lembram sua aparência: a série *sharp* ou *fina* (s), a *principal* (p), muito brilhante, e a *difusa* (d). A quarta é dita *fundamental* (f).

Esses espectros de raias, evidenciando que as radiações emitidas pelos átomos têm freqüências bem determinadas, características dos átomos que as emitem, não podem ser explicados tomando como ponto de partida o modelo atômico de Rutherford. De fato, segundo este, o elétron girando ao redor do núcleo deveria emitir energia continuamente, sendo de esperar que a energia irradiada originasse um espectro com raias de todas as freqüências possíveis (pelo menos dentro de certos limites); no entanto, as raias de Balmer, Lyman, etc. sugerem exatamente o oposto...

10.6 A Teoria dos *Quanta*

Tendo em vista justificar a distribuição da energia entre as diferentes radiações do espectro da luz emitida por um corpo negro, Max Planck (1900) formulou uma suposição segundo a qual uma fonte de energia radiante só pode emitir energia por quantidades discretas, isto é, por quantidades múltiplas de uma mínima chamada *quantum* (*quanta* no plural). Segundo as idéias de Planck, estendidas por Einstein à propagação e absorção da radiação, a quantidade de energia W de um *quantum* emitido, propagado ou absorvido é proporcional à freqüência dessa radiação e tem por valor

$$W = h\nu, \tag{10.9}$$

onde h é uma constante[*] de proporcionalidade chamada *constante de Planck* ou constante de ação, cujo valor é

$$h = 6,625\ 6 \times 10^{-27} \text{ erg} \times \text{s}.$$

Com auxílio dessa expressão é possível calcular, por exemplo, a energia do *quantum* de uma radiação vermelha cuja freqüência é 400×10^{12} Hz. Resulta aproximadamente

$$W = 6,625\ 6 \times 10^{-27} \times 400 \times 10^{12} = 26,1 \times 10^{-13} \text{ erg} \cong 1,6\ eV$$

---

[*] As dimensões da constante h são as de uma *ação*, isto é, as do produto de uma quantidade de movimento por um comprimento.

TABELA 10.3

Radiações eletromagnéticas		Freqüência (Hz)	Comprimento de onda	Número de ondas (cm^{-1})	Energia
Ondas de rádio	Ondas longas	10^6	300 m	$3,3 \times 10^{-5}$	4×10^3 erg × mol^{-1}
	Ondas curtas	10^7	30 m	$3,3 \times 10^{-4}$	4×10^4 erg × mol^{-1}
	TV				
	UHF	10^8	3 m	$3,3 \times 10^{-3}$	4×10^5 erg × mol^{-1}
Microondas		10^9	30 cm	$3,3 \times 10^{-2}$	4×10^6 erg × mol^{-1}
		10^{10}	3 cm	$3,3 \times 10^{-1}$	4 joule × mol^{-1}
Infravermelho	longínquo	10^{11}	0,3 cm	$3,3$	40 joule × mol^{-1}
		10^{12}	300 μ	$33,3$	4×10^2 joule × mol^{-1}
		10^{13}	30 μ	$3,3 \times 10^2$	4×10^3 joule × mol^{-1}
	próximo	10^{14}	3 μ	$3,3 \times 10^3$	4×10^4 joule × mol^{-1}
Luz visível	vermelho/violeta	10^{15}	0,3 μ	$3,3 \times 10^4$	4 eV
Ultravioleta	próximo	10^{16}	300 Å	$3,3 \times 10^5$	40 eV
	longínquo	10^{17}	30 Å	$3,3 \times 10^6$	4×10^2 eV
Raios X		10^{18}	3 Å	$3,3 \times 10^7$	4×10^3 eV
		10^{19}	0,3 Å	$3,3 \times 10^8$	4×10^4 eV
		10^{20}	0,03 Å	$3,3 \times 10^9$	4×10^5 eV
		10^{21}	0,003 Å	$3,3 \times 10^{10}$	4×10^6 eV
Raios γ		10^{22}	0,000 3 Å	$3,3 \times 10^{11}$	4×10^7 eV

Na Tab. 10.3 estão indicadas, em correspondência com suas freqüências, as energias dos *quanta* para todo o espectro das radiações eletromagnéticas. Para as radiações de maior comprimento de onda a energia assinalada refere-se a um mol de *quanta*.

Segundo a Mecânica relativista, a um *quantum* de radiação de energia hv está associada uma massa

$$m = \frac{hv}{c^2} \qquad (10.10)$$

e uma quantidade de movimento

$$p = mc = \frac{hv}{c}$$

ou

$$p = \frac{h}{\lambda}, \qquad (10.11)$$

também conhecidas como massa e quantidade de movimento do fóton correspondente.

Para a radiação vermelha, considerada no exemplo acima, tem-se

$$m \cong \frac{26{,}1 \times 10^{-13}}{(3 \times 10^{10})^2} = 2{,}9 \times 10^{-33} \text{ g}$$

e $\qquad p = 2{,}9 \times 10^{-33} \times 3 \times 10^{10} = 8{,}7 \times 10^{-23}$ g × cm × s^{-1}.

A teoria dos *quanta* não só explica a distribuição da energia no espectro de um corpo negro em diferentes temperaturas, como também permite interpretar as leis que regem o efeito fotoelétrico, a dispersão dos raios X por elétrons livres (efeitos Compton) e a dispersão da luz visível por moléculas (efeito Raman).

10.6.1 O Efeito Fotoelétrico

A teoria de Planck obteve grande sucesso quando Einstein mostrou que, em termos de *quanta*, é possível explicar o efeito fotoelétrico.

Quando um feixe de luz incide sobre uma placa metálica, verifica-se, em determinadas condições, uma emissão de elétrons da placa irradiada. De acordo com a Física clássica, à medida que a intensidade do feixe incidente fosse aumentando, a energia cinética dos elétrons emitidos (fotoelétrons) deveria aumentar também. A experiência mostra, contudo, que essa energia depende da freqüência da radiação incidente e não de sua intensidade (v. Fig. 10.10). Mais especificamente: *a energia cinética do fotoelétron varia linearmente com a freqüência da radiação excitadora da emissão* (lei de Lenard).

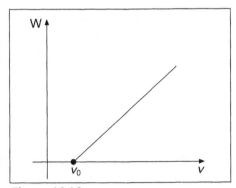

Figura 10.10

Segundo Einstein, para que haja emissão de um elétron é necessário despender um certo trabalho W_0; este, que depende do metal, é conhecido como sua *energia de ionização*. Quando o fóton incidente tem energia $h\nu$ maior que W_0, a diferença $h\nu - W_0$ passa a ser a energia cinética do elétron emitido, isto é:

$$h\nu = W_0 + \tfrac{1}{2}mv^2. \qquad (10.12)$$

Desde que a emissão se produza, então $\tfrac{1}{2}mv^2$ é necessariamente positivo e $h\nu > W_0$. Como W_0 depende do metal utilizado, o mesmo deve suceder com ν. Em outros termos: para cada metal a emissão só se dá quando a radiação tem freqüência superior a um certo valor crítico ν_0 ou comprimento de onda menor que um certo λ_0. No caso do zinco, por exemplo, $\lambda_0 = 3\,500$ Å (luz violeta).

O número de elétrons emitidos, por sua vez, não depende do comprimento de onda, mas, sim, do número de fótons incidentes sobre o metal, vale dizer, da intensidade da radiação incidente.

10.6.2 O Efeito Compton

Uma outra contribuição bastante importante para a consolidação da teoria dos *quanta* surgiu em 1923 com as experiências de Compton e Debye sobre o espalhamento de raios X. Fazendo incidir um feixe desses raios sobre blocos de parafina e grafite, Compton verificou que, para ângulos de incidência menores que 90°, ao lado de raios espalhados normalmente, aparecem feixes espalhados com comprimentos de onda maiores que o da radiação incidente. Esse fenômeno, que não pode ser compreendido por meio de nenhuma teoria ondulatória, foi explicado por Compton, que o considerou semelhante ao que ocorre na colisão de duas esferas elásticas, representadas, no caso, uma pelo fóton e outra pelo elétron do átomo sobre o qual se faz incidir a radiação.

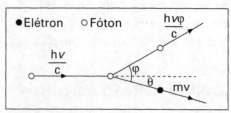

Figura 10.11

O fóton incidente, de energia $h\nu$ e de quantidade de movimento $\frac{h\nu}{c}$, transfere parte de sua quantidade de movimento (e de sua energia) ao elétron que adquire a quantidade de movimento mv (e energia $\frac{mv^2}{2}$); em conseqüência, o fóton é desviado com uma quantidade de movimento $\frac{h\nu_\varphi}{c}$ (e energia $h\nu_\varphi$) menor e, portanto, com comprimento de onda maior (v. Fig. 10.11).

De fato, imagine-se que um fóton de energia $h\nu$ (e quantidade de movimento $\frac{h\nu}{c}$) incida sobre um elétron inicialmente em repouso de massa m_0 e admita-se que, após a colisão, o fóton disperso mova-se segundo uma direção que forma um ângulo φ com a direção que seguia antes da colisão (Fig. 10.12a). Seja $h\nu'$ a energia do fóton após o choque. O elétron, que recebe uma certa quantidade de energia do fóton, passa a se deslocar com velocidade v na direção que forma um ângulo θ com a direção inicial do movimento do fóton.

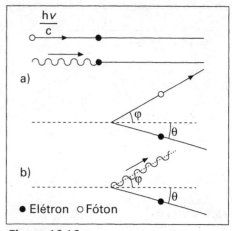

Figura 10.12

O diagrama vetorial das quantidades de movimento (Fig. 10.12) mostra que a quantidade de movimento mv adquirida pelo elétron é, vetorialmente, a diferença entre as quantidades de movimento $\frac{h\nu}{c}$ do fóton incidente e $\frac{h\nu'}{c}$ do fóton desviado.

Assim, pela lei dos cosenos,

$$(mv)^2 = \left(\frac{h\nu}{c}\right)^2 + \left(\frac{h\nu'}{c}\right)^2 - 2\frac{h^2}{c^2}\nu\nu'\cos\varphi, \qquad (I)$$

onde m é a massa do elétron em movimento.

Pelo princípio da conservação de energia, em termos relativísticos, a soma das energias do fóton e do elétron permanece constante durante o choque; então

$$hv + m_0c^2 = hv' + mc^2 \qquad \text{(II)}$$

e, como

$$m = \frac{m_0}{\sqrt{1 - \dfrac{v^2}{c^2}}},$$

resulta

$$m^2 - \frac{m^2v^2}{c^2} = m_0^2$$

ou

$$m^2v^2 = (m^2 - m_0^2)c^2. \qquad \text{(III)}$$

Introduzindo a expressão (III) na (I)

$$(m^2 - m_0^2)c^2 = \left(\frac{hv}{c}\right)^2 + \left(\frac{hv'}{c}\right)^2 - 2\frac{h_2}{c_2}vv'\cos\varphi$$

ou

$$m^2c^4 - m_0^2 c^4 = (hv)^2 + (hv')^2 - 2h^2 vv' \cos \varphi.$$

Mas, pela expressão II

$$mc^2 = m_0c^2 + hv - hv'$$

e, por elevação ao quadrado de ambos os membros,

$$m^2c^4 = m_0^2c^4 + h^2(v - v')^2 + 2m_0c^2h(v - v')$$

e, ainda, por simplificacão,

$$m_0c^2hv - m_0c^2hv' = h^2vv' - h^2vv'\cos\varphi,$$

$$m_0c^2(v - v') = hvv'(1 - \cos\varphi),$$

$$v - v' = \frac{hvv'}{m_0c^2}(1 - \cos\varphi).$$

Como

$$v = \frac{c}{\lambda} \quad \text{e} \quad v' = \frac{c}{\lambda'},$$

então

$$c\left(\frac{1}{\lambda} - \frac{1}{\lambda'}\right) = h\frac{c^2}{\lambda\lambda'}\frac{1}{m_0c^2}(1 - \cos\varphi)$$

ou

$$\lambda' - \lambda = \frac{h}{m_0c}(1 - \cos\varphi),$$

226 QUÍMICA GERAL

mostrando que $\lambda' - \lambda$ é independente do comprimento de onda da radiação incidente. Em particular para $\varphi = 90°$, tem-se

$$\lambda' - \lambda = \frac{h}{m_0 c} = \frac{6\,625 \times 10^{-27}}{9{,}1 \times 10^{-28} \times 3 \times 10^{10}} = 0{,}024 \times 10^{-8} \text{ cm} = 0{,}024 \text{ Å},$$

grandeza conhecida como *comprimento de onda de Compton, do elétron*.

10.7 Os Postulados de Bohr

Em 1913, Niels Bohr, visando a conciliar as idéias de Rutherford com a teoria das radiações, propôs um modelo para o átomo de hidrogênio, com o qual não só conseguiu explicação satisfatória para o aparecimento das raias no espectro do hidrogênio, como também sugeriu um modelo para a estrutura de todos os demais átomos. Imaginou Bohr que os elétrons poderiam girar ao redor do núcleo, sem irradiar, desde que permanecessem em órbitas determinadas e correspondentes a certos estados energéticos. Por outro lado, um elétron emitiria uma radiação, sob a forma de um *quantum*, sempre que caísse de uma órbita de energia elevada a outra de energia menor; inversamente, um elétron, para passar de uma órbita de baixa energia a outra superior, deveria absorver energia do meio externo, isto é, deveria ser excitado. As órbitas descritas pelos elétrons sem emissão de energia são chamadas *órbitas estacionárias* ou *permitidas*; cada uma delas é caracterizada por um *nível energético*.

As suposições de Bohr podem ser resumidas nos seguintes postulados:

10.7.1 Postulado Mecânico

> As órbitas permitidas ao movimento de um elétron são aquelas para as quais o seu momento [*] angular é um múltiplo inteiro de $\dfrac{h}{2\pi}$.

Lembrando que o momento angular de um corpúsculo que descreve uma circunferência com velocidade angular (ω) é o produto $I\omega$, onde I é o seu momento de inércia, então para as órbitas permitidas deve ser

$$I\omega = n\frac{h}{2\pi}, \tag{10.13}$$

---

[*] O momento angular é também conhecido como *momento da quantidade de movimento* ou *quantidade de movimento angular* ou *momento cinético*.

Os Modelos Atômicos Nucleares **227**

onde n é um número inteiro ($n = 1, 2, 3,...$) chamado *número quântico* ou, mais precisamente, *número quântico principal*. Mas se R é o raio da circunferência descrita e v a velocidade escalar do elétron, então $I = mR^2$, $\omega = \frac{v}{R}$ e, portanto,

$$mR^2 \frac{v}{R} = n \frac{h}{2\pi}$$

ou, ainda, $\qquad\qquad 2\pi Rmv = nh,$ (10.14)

o que sugere outro enunciado para esse postulado:

Ao movimento de um elétron ao redor do núcleo, somente são permitidas aquelas órbitas para as quais o produto do seu comprimento ($2\pi R$) pela quantidade de movimento do elétron (mv) seja igual a um múltiplo inteiro da constante de Planck.

Observação

Esse postulado de Bohr tem sua razão de ser. A energia de um elétron que gravita ao redor do núcleo, de acordo com a expressão (10.6), é dada, em valor absoluto, por

$$W = \frac{Ze^2}{2R}.$$

Sucede que essa energia mede o trabalho W' a ser realizado sobre o elétron para extraí-lo do átomo. Esse trabalho, por sua vez, pode ser determinado experimentalmente (v. energia de ionização, item 13.3) e, no caso do hidrogênio, é igual a 13,6 elétrons-volt. Isso permite calcular o raio da órbita presumivelmente descrita pelo elétron no átomo de hidrogênio. Tem-se

$$R = \frac{Ze^2}{2W'} = \frac{(4,8 \times 10^{-10})^2}{2 \times 13,6 \times 1,602 \times 10^{-12}} = 5,29 \times 10^{-9} \text{ cm}$$

e para comprimento da órbita

$$2\pi R = 2\pi \times 5,29 \times 10^{-9} = 3,32 \times 10^{-8} \text{ cm.}$$

Por outro lado, de acordo com De Broglie (v. item 11.3) a um corpúsculo de massa m animado de velocidade v é possível associar uma onda de comprimento λ, tal que

$$\lambda = \frac{h}{mv}.$$ (10.15)

228 QUÍMICA GERAL

Dentro dessa ordem de idéias, conhecida a velocidade com que o elétron descreve sua órbita, é possível determinar o comprimento de onda a ele associado. Como para o movimento considerado é

$$mv^2 = \frac{Ze^2}{R},$$

segue-se que a velocidade do elétron na órbita considerada é

$$v = e\sqrt{\frac{Z}{mR}} = 4,8 \times 10^{-10} \sqrt{\frac{1}{0,91 \times 10^{-27} \times 5,29 \times 10^{-9}}}$$

e, portanto,

$$\lambda = \frac{6,625 \times 10^{-27}}{0,91 \times 10^{-27} \times 2,19 \times 10^{8}} = 3,32 \times 10^{-8} \text{ cm}.$$

Esse resultado mostra que o comprimento da órbita do elétron, no átomo de hidrogênio, é igual ao comprimento de onda associado a esse elétron, isto é:

$$2\pi R = \frac{h}{mv}.$$

Com seu postulado, Bohr apenas admitiu que as órbitas permitidas a um elétron são aquelas cujo comprimento $(2\pi R)$ contém um número inteiro de comprimentos de onda (λ) da onda concatenada.

10.7.2 Postulado Óptico

> Se um elétron que gravita numa órbita estacionária de energia W_1 for excitado de modo a passar a outra, estacionária também, na qual sua energia é $W_2 > W_1$, então ao retornar da segunda à primeira emitirá um *quantum* de energia radiante (ou fóton) de freqüência v, tal que
>
> $$W_2 - W_1 = hv. \tag{10.16}$$

A aplicação dos postulados de Bohr permite calcular os raios das órbitas permitidas, a energia de um elétron numa órbita permitida e a freqüência da radiação emitida em virtude do "salto" do elétron de uma órbita de maior para outra de menor energia.

a) *Raios das órbitas permitidas*
Conforme o visto anteriormente a condição mecânica de subsistência do elétron na sua órbita exige que seja

$$\frac{mv^2}{R} = \frac{Ze^2}{R^2}. \tag{I}$$

Os Modelos Atômicos Nucleares **229**

Por outro lado, pelo primeiro postulado de Bohr, deve ser

$$2\pi R\, mv = nh$$

ou, por elevação ao quadrado de ambos os membros dessa igualdade

$$4\pi^2 R^2 m^2 v^2 = n^2 h^2. \tag{II}$$

Feito o quociente membro a membro da igualdade (II) pela (I),

$$4\pi^2 Rm = \frac{n^2 h^2}{Ze^2}$$

ou
$$R = \frac{n^2 h^2}{4\pi^2 m Ze^2}. \tag{10.17}$$

Como m, h e e são constantes universais e Z é uma característica do átomo considerado, a expressão obtida sugere que, para um dado átomo, os raios das sucessivas órbitas permitidas crescem com n segundo o quadrado dos números inteiros. Para $n = 1$ obtém-se o raio R_1 da órbita mais próxima do núcleo, também chamada órbita K. Para $n = 2$ obtém-se o raio da órbita L: $R_2 = 4R_1$. Para as órbitas seguintes (M, N, O,...), $n = 3$, 4, 5,... e $R_3 = 9R_1$, $R_4 = 16R_1$, $R_5 = 25R_1$,...

No caso particular do átomo de hidrogênio ($Z = 1$) tem-se

$$R_1 = 5,29 \times 10^{-9} \text{cm} = 0,529\text{Å}.$$

b) *Energia do elétron numa órbita permitida*
Lembrando que, numa circunferência de raio R, a energia do elétron é

$$W = \frac{Ze^2}{2R}$$

e, tendo em vista que o raio de uma órbita estacionária é dado pela igualdade (10.17), segue-se

$$W = \frac{2\pi^2 m e^4}{n^2 h^2} Z^2, \tag{10.18}$$

mostrando que, para um dado valor de Z, a energia do elétron cresce com o número quântico n, definidor da órbita permitida. Para $n = 1$ tem-se a órbita de menor energia, isto é, a mais estável.

c) *Freqüência da radiação emitida no trânsito de um elétron de uma órbita estacionária para outra*

Imagine-se um elétron numa órbita permitida definida pelo número quântico $n = n_1$, na qual a sua energia é W_1, e admita-se que lhe seja fornecida energia do meio exterior (sob forma de luz, calor, raios X, choque com outro elétron,

230 QUÍMICA GERAL

etc.), de modo a levá-lo a outra órbita caracterizada pelo número quântico $n = n_2$, na qual sua energia é $W_2 > W_1$. Uma vez excitado o átomo, o elétron, retornando à órbita de partida, mais estável que a segunda por ser de energia mais baixa, deve emitir uma quantidade de energia $W_2 - W_1$ sob forma de radiação monocromática de freqüência v, tal que

$$W_2 - W_1 = hv.$$

Logo
$$v = \frac{W_2 - W_1}{h}.$$

Mas, de acordo com a igualdade (10.18),

$$W_1 = -\frac{2\pi^2 me^4}{n_1^2 h^2} Z^2 \quad \text{e} \quad W_2 = -\frac{2\pi^2 me^4}{n_2^2 h^2} Z^2,$$

então
$$W_2 - W_1 = \frac{2\pi^2 me^4 Z^2}{h^2} \left(\frac{1}{n_1^2} - \frac{1}{n_2^2} \right)^2$$

e, portanto,

$$v = \frac{2\pi^2 me^4 Z^2}{h^3} \left(\frac{1}{n_1^2} - \frac{1}{n_2^2} \right), \tag{10.19}$$

que dá a freqüência da radiação emitida no salto do elétron de uma órbita $n = n_2$ para outra $n = n_1$. Tal freqüência, para um dado valor de Z, só depende das órbitas de partida (n_2) e de chegada (n_1). O conhecimento da freqüência dessa radiação implica o conhecimento também de seu comprimento de onda $\lambda = \frac{c}{v}$ (onde c é constante no vácuo para todas as radiações eletromagnéticas e igual a $2,998 \times 10^{10}$ cm $\times$ s^{-1} ou, aproximadamente, 3×10^{10} cm $\times$ s^{-1}), assim como no do correspondente número de ondas $\bar{v} = \frac{v}{c}$. Tem-se

$$\bar{v} = \frac{2\pi^2 me^4 Z^2}{h^3 c} \left(\frac{1}{n_1^2} - \frac{1}{n_2^2} \right). \tag{10.20}$$

Observação

As expressões (10.17), que define os raios das órbitas estacionárias, e as que dela foram deduzidas são aproximadas, valendo na verdade quando a massa do núcleo é suposta infinitamente grande em confronto com a do elétron. A rigor, deveria ser levado em conta que o conjunto núcleo—elétron gira ao redor do seu centro de massa, não coincidente com o centro do próprio núcleo; por isso, a massa do elétron deveria ser substituída naquelas expressões pela *massa reduzida μ* do sistema, dada por

$$\mu = \frac{mM}{m+M},$$

onde M é a massa do núcleo e m a do elétron. No caso do átomo de hidrogênio, ter-se-ia

$$\mu = \frac{99{,}93}{100}m,$$

valor muito próximo de m.

10.8 A Teoria de Bohr e o Espectro do Hidrogênio

As expressões estabelecidas no item anterior para um átomo de número atômico Z podem ser particularizadas para o de hidrogênio, com $Z = 1$. Os resultados então obtidos para as várias órbitas estacionárias são os constantes da Tab. 10.4.

TABELA 10.4

Órbita	n	R (em angstrom)	W (em elétron-volt)
K	1	0,527	–13,60
L	2	2,108	–3,40
M	3	4,743	–1,51
N	4	8,432	–0,85
O	5	13,175	–0,544
P	6	18,972	–0,378
Q	7	25,823	–0,277

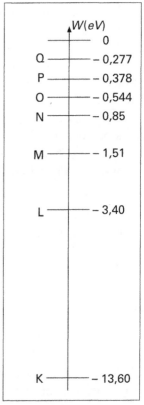

Figura 10.13

Como se observa, a energia do elétron nas sucessivas órbitas permitidas, cada vez mais distantes do núcleo, é crescente, mas cada vez mais lentamente. Essa energia tende a zero para o elétron a uma distância infinita do núcleo, isto é, para o átomo ionizado (v. Figs. 10.13 e 10.14).

Aplicando, por outro lado, a expressão (10.20) é possível calcular o número de ondas e, portanto, também o comprimento de onda, da radiação que deveria ser emitida no salto de um elétron de uma órbita de energia W_2 para outra de energia W_1. Fazendo $n_1 = 2$, e $n_2 = 3$, e assim sucessivamente, obtêm-se os comprimentos de onda constantes na Tab. 10.5. A aproximação entre eles e os

TABELA 10.5

Níveis entre os quais transita o elétron		Série de Balmer (λ observado)	Série de Balmer (λ calculado pela equação 10.20)
(n_2)	(n_1)		
3	2	6 564,6 Å	6 564,8 Å
4	2	4 862,7 Å	4 862,8 Å
5	2	4 341,7 Å	4 341,8 Å
6	2	4 102,9 Å	4 103,0 A

das raias constituintes da série de Balmer é extraordinária e leva imediatamente a aceitar cada uma dessas raias como produzida na queda do elétron, de um nível energético superior para o nível $L(n = 2)$.

Admitindo que o elétron transite de qualquer órbita permitida para a primeira ($n_1 = 1$), encontram-se, pela equação (10.20), as raias que definem a série de Lyman, as quais, por terem comprimento de onda menor que as da de Balmer, encontram-se na região do ultravioleta. Analoga-

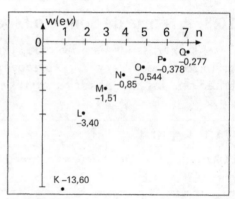

Figura 10.14

mente, para $n_1 = 3$ e $n_2 \geq 4$ resultam determinadas, na região do infravermelho, as raias da série de Paschen, para $n_1 = 4$ e $n_2 \geq 5$ surgem as raias de Brackett e para $n_1 = 5$ e $n_2 \geq 6$ aparecem as raias de Pfund, situadas também na região do infravermelho (v. Fig. 10.15).

Resumindo, tudo isto significa que, para o hidrogênio, a constante de Rydberg está correlacionada com várias constantes universais e pode ser calculada pela expressão

$$\mathcal{R} = \frac{2\pi^2 me^4}{h^3 c}, \qquad (10.21)$$

que conduz ao valor

$$\mathcal{R} = 109\ 670\ \text{cm}^{-1}.$$

Esse resultado representa o grande triunfo da teoria de Bohr e constitui um suporte sólido aos postulados em que ela se baseia.

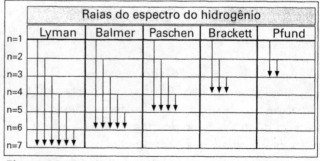

Figura 10.15

10.9 A Molécula de Hidrogênio, segundo Bohr

Foi a partir de suas concepções sobre o átomo de hidrogênio que Bohr chegou a uma interessante inferência sobre a estrutura da molécula de hidrogênio H_2, constituída por dois átomos, isto é, por dois prótons e dois elétrons.

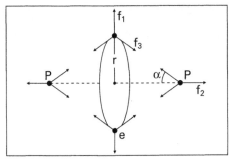

Figura 10.16

Para criar um modelo para essa molécula, Bohr imaginou que os dois elétrons percorreriam a mais estável de suas órbitas ($n = 1$) e determinou as condições necessárias para manter os dois prótons, imóveis, um de cada lado do plano da órbita. Seja r o raio da órbita comum dos dois elétrons, $2d$ a distância entre os dois prótons dispostos simetricamente em relação ao plano dessa órbita e D a distância entre um próton e um elétron. A intensidade da força de repulsão exercida por um dos elétrons sobre o outro é

$$f_1 = \frac{1}{4\pi\varepsilon_0} \frac{e^2}{4r^2},$$

a da força atuante entre os prótons é

$$f_2 = \frac{1}{4\pi\varepsilon_0} \frac{e^2}{4d^2},$$

enquanto a da força atrativa entre um próton e um elétron vale

$$f_3 = \frac{1}{4\pi\varepsilon_0} \frac{e^2}{D^2}.$$

Para que cada próton permaneça em equilíbrio é preciso que seja nula a resultante das três forças sobre ele agentes, isto é,

$$f_2 = 2f_3 \cos \alpha$$

ou, em vista das igualdades anteriores,

$$\frac{e^2}{4d^2} = 2\frac{e^2}{D^2} \cos\alpha,$$

ou, ainda, por ser

$$\cos\alpha = \frac{d}{D},$$

$$\frac{1}{4d^2} = 2\frac{1}{D^2}\frac{d}{D},$$

234 QUÍMICA GERAL

isto é,

$$8d^3 = D^3 \quad \text{ou} \quad D = 2d.$$

Portanto $\alpha = 60°$ e, por conseguinte,

$$r = d\sqrt{3},$$

que exprime uma condição geométrica para o equilíbrio dos prótons.

No caso do elétron, as três forças que sobre ele agem devem determinar, como resultante, a força centrípeta, isto é,

$$2f_3 \, \text{sen} \, \alpha - f_1 = \frac{mv^2}{r}$$

ou

$$2\frac{1}{4\pi\varepsilon_0}\frac{e^2}{D^2}\frac{r}{D} - \frac{1}{4\pi\varepsilon_0}\frac{e^2}{4r^2} = \frac{mv^2}{r}.$$

Fazendo $4\pi\varepsilon_0 = 1$ e levando em conta que $D = \frac{2r}{\sqrt{3}}$, vem

$$e^2\left(\frac{6\sqrt{3}}{8r^2} - \frac{1}{4r^2}\right) = \frac{mv^2}{r},$$

portanto

$$\frac{e^2}{4r^2}\left(3\sqrt{3} - 1\right) = \frac{mv^2}{r}$$

ou

$$\frac{mv^2}{r} = 1,05\frac{e^2}{r^2}.$$

Finalmente, introduzindo o postulado de Bohr

$$2\pi \, rmv = nh$$

e resolvendo o sistema constituído pelas duas últimas equações, resulta

$$r = \frac{n^2h^2}{4\pi^2m^2e^2}\frac{1}{1,05},$$

igualdade que dá, para $n = 1$,

$$r = 0,95 \, R_1,$$

onde R_1 é o raio mínimo das órbitas possíveis para o hidrogênio.

Como $R_1 = 0,53$ Å, então

$$r = 0,50 \text{ Å}.$$

O curioso é que daí resulta

$$d = \frac{r\sqrt{3}}{3} = \frac{0,50\sqrt{3}}{3} = 0,28 \text{ Å},$$

que é o raio covalente do hidrogênio (v. item 13.9).

Os Modelos Atômicos Nucleares   **235**

10.10 A Origem dos Raios X

O modelo atômico de Bohr permite uma explicação para a origem dos raios X, como também para o aparecimento das raias das quais trata a lei de Moseley.

De fato, estudando o espectro dos raios X emitido por um anticatodo com auxílio de um bom espectrógrafo, verifica-se, na realidade, a existência, sobre a película fotográfica, de dois espectros sobrepostos: um contínuo, que depende da tensão aplicada aos eletrodos do tubo no qual se produzem os raios X, e outro descontínuo, constituído por um conjunto de raias, que depende da natureza do elemento constituinte do anticatodo. A origem desses dois espectros, contínuo e descontínuo, não é a mesma.

10.10.1 Espectro Contínuo

Ao se chocarem com o anticatodo, os elétrons do feixe catódico são bruscamente freados e, em conseqüência disso, origina-se uma onda eletromagnética cujo comprimento de onda, e também freqüência, depende da energia cinética e, portanto, da velocidade dos elétrons detidos. Como essa velocidade não é a mesma para todos os elétrons do feixe incidente, as freqüências se distribuem de um modo contínuo para cada um dos valores que possam adquirir, em virtude da diferença de potencial aplicada aos elétrons. Os raios X assim obtidos são ditos de *frenação* (*bremsstrahlung*, em alemão).

A diferença de potencial ΔV que deve ser aplicada aos eletrodos, para obter raios X de determinado comprimento de onda, pode ser facilmente calculada. De fato, representando por W_1 a energia cinética adquirida pelo elétron, em virtude da ação do campo a que está sujeito, e por W_2 sua energia após o choque com o anticatodo, a energia transformada em radiante e que deve se propagar sob a forma de raios X é

$$W_1 - W_2 = \frac{mv_0^2}{2} - \frac{mv^2}{2}.$$

Por outro lado, tendo em vista a teoria de Planck, deve ser

$$W_1 - W_2 = h\nu,$$

logo
$$\frac{mv_0^2}{2} - \frac{mv^2}{2} = h\nu.$$

Assumindo $v = 0$, caso em que a energia transformada em radiante é máxima, tem-se

$$\frac{mv_0^2}{2} = h\nu \quad e \quad \nu = \frac{mv_0^2}{2h}.$$

No caso em que $\nu = \nu_0$, tem-se $v = 0$. Portanto, a freqüência da radiação X emitida varia entre 0 e $\frac{mv_0^2}{2h}$.

Mas se ΔV é a tensão aplicada aos eletrodos, a energia cinética do elétron ao atingir o anticatodo é tal que

$$\frac{mv_0^2}{2} = e\Delta V,$$

logo
$$v = \frac{e\Delta V}{h}$$

é a freqüência máxima dos raios X emitidos; a mínima é zero.

Quanto a $\lambda = \frac{c}{v}$, comprimento de onda desses raios,

$$\lambda_{min} = \frac{hc}{e\Delta V}$$

Lembrando que $h = 6,625 \times 10^{-27}$ erg $\times$ s $= 6,625 \times 10^{-34}$ J $\times$ s

e
$$e = 1,6 \times 10^{-19} \text{ C},$$
$$c = 3 \times 10^5 \text{ km} \times \text{s}^{-1} = 3 \times 10^8 \text{ m} \times \text{s}^{-1},$$

vem:
$$\lambda_{min} = \frac{6,625 \times 10^{-34} \times 3 \times 10^8}{1,6 \times 10^{-19} \times \Delta V} = \frac{12,4 \times 10^{-7}}{\Delta V},$$

onde ΔV é expresso em volt e λ em metro. Ou, então,

$$\lambda_{min} = \frac{12,4 \times 10^3}{\Delta V}, \qquad (10.22)$$

para λ medido em angstrom e ΔV em volt.

É interessante notar que a intensidade das diferentes radiações do espectro contínuo não é uniforme. Iniciando-se para um comprimento de onda determinado, o espectro contínuo de raios X cresce em intensidade com o crescer do comprimento de onda, passa por um máximo e, em seguida, decresce sensivelmente (Fig. 10.17).

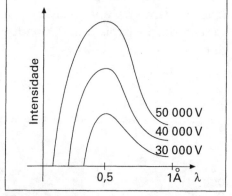

Figura 10.17

10.10.2 Espectro Descontínuo

O espectro descontínuo, ou de *raias*, é devido aos átomos do anticatodo e atribuído a uma perturbação produzida pelos elétrons incidentes no equilíbrio dos elétrons constituintes dos átomos do anticatodo. A freqüência dessas raias depende exclusivamente da natureza dos elementos de que é constituído o anticatodo, independentemente do composto de que eventualmente participem. Esses são os chamados *raios X característicos*.

Do mesmo modo que a luz visível, os raios X característicos surgem em virtude do salto de um elétron de uma órbita permitida a outra, menos energética, por um mecanismo que pode ser resumido da seguinte forma: os elétrons provenientes do catodo, graças à sua grande velocidade (da ordem de um décimo da da luz), ao atingirem o anticatodo, penetram nos átomos superficiais que o constituem e, por impacto, determinam a expulsão de um elétron de um nível próximo do núcleo, por exemplo, do nível K. A saída de um elétron do nível K determina a queda, para o lugar vago, de outro elétron proveniente do nível energético mais externo, L nesse exemplo, queda essa que, segundo Bohr, acarreta a emissão de um fóton de energia hv e determina (por um processo análogo em milhões de átomos bombardeados) o aparecimento das raias K no espectro do anticatodo bombardeado.

Uma vez que o nível L resulta desfalcado de um elétron (que passou para o nível K), um outro, do nível M, pode saltar para o lugar vago, originando a emissão de nova radiação X, mas agora de freqüência diferente, responsável pelas raias L. O processo descrito pode continuar até o nível mais externo, do qual a saída de um elétron determina a emissão de uma radiação visível.

Observação

O exame da expressão (10.20) revela que, para um par de valores n_1 e n_2, a freqüência da radiação emitida é proporcional a Z^2. Isso sugere imediatamente que a raiz quadrada dessa freqüência deve ser função linear de Z. Assim, o modelo atômico de Bohr não só explica a origem dos raios X, como também justifica a própria lei de Moseley.

10.11 O Modelo Atômico de Bohr–Sommerfeld

A interpretação dada por Bohr para a estrutura do átomo de hidrogênio foi, pela sua simplicidade, genial, uma vez que permitia caracterizar o estado do elétron no átomo por meio de um só parâmetro: o número quântico n. Uma vez fixado um valor para n, resultariam determinados o raio da órbita descrita pelo elétron e sua energia nessa órbita. Em conseqüência, bastaria conhecer os números quânticos n_1 e n_2 de duas órbitas permitidas para que resultasse determinada a freqüência, ou o número de ondas, da raia emitida pela queda do elétron de uma dessas órbitas para a outra.

Sucede entretanto que, com um só parâmetro n, é possível explicar o espectro do átomo de hidrogênio e também o dos íons do tipo hidrogenóide, como He^+, Li^{++}, Be^{+++}, que têm apenas um elétron. Os espectros desses íons, obtidos pela produção de chispas elétricas através dos vapores dos respectivos elementos, revelam estrutura semelhante à do espectro do hidrogênio, embora as diversas raias apareçam deslocadas para a região de menor comprimento de onda. Isso, aliás, é conseqüência da correlação estabelecida pela equação (10.19) entre a freqüência e o número atômico do núcleo. Já para o hélio não ionizado, como também para todos os demais elementos com mais de um elétron externo, um só parâmetro se mostra insuficiente. Assim, um bom espectroscópio revela que as raias espectrais consistem, na verdade, de grupos ou séries de linhas bastante próximas (estrutura fina), não previstas pela teoria de Bohr. Na análise dos espectros dos metais alcalinos, por exemplo, distinguem-se quatro séries, com números de onda dados pelas expressões:

$$\bar{v} = \Re \left[\frac{1}{(1+s)^2} - \frac{1}{(m+p)^2}\right], \text{ com } m = 2, 3, 4, \ldots: \textit{principal series};$$

$$\bar{v} = \Re \left[\frac{1}{(2+p)^2} - \frac{1}{(m+d)^2}\right], \text{ com } m = 3, 4, \ldots: \textit{diffuse series};$$

$$\bar{v} = \Re \left[\frac{1}{(2+p)^2} - \frac{1}{(m+s)^2}\right], \text{ com } m = 2, 3, \ldots: \textit{sharp series};$$

$$\bar{v} = \Re \left[\frac{1}{(3+d)^2} - \frac{1}{(m+f)^2}\right], \text{ com } m = 4, 5, \ldots: \textit{fundamental series},$$

onde $\Re$ é a constante de Rydberg e s, p, d e f são certos parâmetros com valores constantes para cada grupo definido de níveis energéticos de um dado elemento.

O aparecimento dessas linhas espectrais sugere a existência de um número de órbitas permitidas, ou estados estacionários, bem maior que o previsto pelos diferentes valores assumidos pelo número quântico n.

Além disso, as concepções mecânicas do modelo de Bohr, que admite o elétron gravitando ao redor do núcleo segundo uma circunferência, exigem também uma revisão. De fato, segundo as leis da Mecânica, o movimento de um corpúsculo ao redor de outro, pelo qual é atraído com força de módulo proporcional ao recíproco do quadrado da distância que os separa, deve ter como trajetória uma cônica que, fechada, seria uma elipse (v. Fig. 10.18).

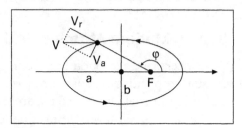

Figura 10.18

Deve-se a Arnold Sommerfeld (1916) a extensão da teoria de Bohr a outros átomos, com a aceitação das órbitas elípticas e a conseqüente introdução, para caracterizar o estado de um elétron num átomo, de um segundo parâmetro chamado *número quântico secundário*. Com a introdução deste, que daí por diante será representado por l, o número n, chamado até então "número quântico", passou a ser conhecido como *número quântico principal*.

Quando um elétron descreve uma elipse, sua velocidade v instantânea pode ser considerada como a soma vetorial das velocidades radial V_r e azimutal V_a, às quais estão associadas as quantidades de movimento

e
$$p_r = mv_r = m\frac{dr}{dt}$$
$$p_a = mv_a = mr\frac{d\varphi}{dt}.$$

Considerações desenvolvidas por Sommerfeld a propósito da quantização dos momentos dessas quantidades de movimento, e que aqui, por brevidade, se omitem, levaram a relacionar os comprimentos dos semi-eixos *a* e *b* dessas órbitas permitidas com os números *n* e *l* por meio das expressões

$$a = n^2 R,$$
$$b = n(l + 1)R,$$

e, portanto,
$$\frac{b}{a} = \frac{l+1}{n}, \qquad (10.23)$$

onde *R* é o raio de Bohr, isto é, o raio da órbita para o estado normal do átomo, calculado segundo Bohr (para o hidrogênio $R = 0{,}529$ Å), e *l* é um número que, para um dado *n*, pode assumir todos os valores inteiros compreendidos entre 0 e $n-1$ inclusive[*]. Isto significa que, para um dado valor de *a*, não existe uma única órbita permitida, como o admitia Bohr, mas, sim, *n* órbitas diferentes, todas com semi-eixo maior $a = n^2 R$ de mesmo comprimento e semi-eixos menores $b = n(l+1)R$ diferentes entre si. O conjunto dessas *n* órbitas constitui uma *camada* ou um *nível*. Nos casos mais freqüentes, um nível ou camada apresenta apenas quatro dessas órbitas ou subníveis ou subcamadas, caracterizadas por

$$l = 0, \qquad l = 1, \qquad l = 2, \qquad l = 3,$$

identificadas, respectivamente, pelas letras *s, p, d, f*, isto é, pelas iniciais dos quatro adjetivos ingleses *sharp*, *principal*, *diffuse* e *fundamental*, pelas quais, em espectroscopia, se caracterizam as quatro séries de raias geralmente encontradas nos espectros dos diversos elementos.

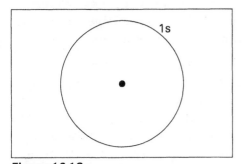

Figura 10.19

Para $n = 1$ existe uma única órbita permitida; aquela para a qual $l = 0$, ou seja,

$$a = R$$
e $$b = (0 + 1)R = R,$$

uma circunferência de raio igual à primeira órbita permitida de Bohr (v. Fig. 10.19). Em outras palavras, na camada *K* existe apenas uma órbita permitida, designada por $l = 0$.

---

[*] Os números quânticos associados ao modelo de Sommerfeld nesta publicação não são os originalmente utilizados por aquele autor, mas os que resultam da Mecânica Quântica moderna. Para Sommerfeld, por exemplo, o número quântico azimutal era o número $k = l + 1$; para autores mais modernos pelo mesmo nome se designa o número $k = \sqrt{l(l+1)}$.

Para $n = 2$, existem duas órbitas permitidas, que formam a camada ou nível L; uma delas é definida por $l = 0$ e a outra por $l = 1$ (v. Fig. 10.20).

Quando $l = 0$, tem-se

$$a = 4R$$
e $$b = 2(0 + 1)R = 2R,$$

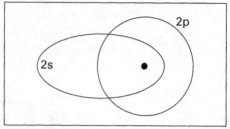

Figura 10.20

resultando definida uma elipse (2s), e quando $l = 1$

$$a = 4R$$
e $$b = 2(1 + 1)R = 4R,$$

valores que definem uma circunferência (2p).

Para $n = 3$ existem três órbitas, caracterizadas respectivamente por $l = 0$, $l = 1$ e $l = 2$ (v. Fig. 10.21). Dessas três órbitas que

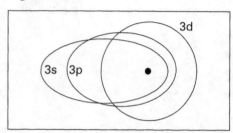

Figura 10.21

constituem a camada M, duas são elípticas (3s e 3p) e uma é circunferencial (3d).

Em cada nível existe sempre uma órbita circunferencial; é aquela para a qual $l = n - 1$.

No que diz respeito à energia do elétron nos diferentes subníveis de um dado nível, as considerações desenvolvidas por Sommerfeld, no que se pode considerar como teoria quântica primitiva, distinguiam dois casos:

a) Para um elétron em movimento num campo de simetria esférica, o nível energético seria o mesmo para todas as órbitas elípticas de mesmo semi-eixo maior que a e igual ao da órbita circular de raio a. Isto é, a energia de um elétron que gravita ao redor do núcleo dependeria apenas do número quântico principal n e todas as órbitas de mesmo n seriam de mesma energia, qualquer que fosse l. Por exemplo, para $n = 2$, as duas órbitas $l = 0$ e $l = 1$ seriam de mesma energia, fato que se traduziria dizendo que esse nível é duplamente degenerado. Isto tudo ocorreria para átomos ou íons com um único elétron em movimento.

b) No caso de um átomo com mais de um elétron (lítio, por exemplo) sucederia algo diferente; a posição de cada um dos elétrons dependeria, a cada instante, das posições dos outros. O campo em que se move um elétron, nesse caso, não apresenta simetria esférica e, por conseguinte, para as órbitas elípticas, a energia não seria mais a mesma que para a órbita circular de mesmo n; ela dependeria da excentricidade da órbita. Nesse caso, para um dado nível, a energia é menor para a órbita mais achatada ($l = 0$) e maior para a órbita circular ($l = n - 1$).

Com a introdução da correção relativista devida à variação de massa do elétron com sua velocidade em diferentes pontos da elipse, Sommerfeld mostrou que a energia de um elétron numa órbita estacionária é

$$W = -\frac{2\pi^2 m Z^2 e^4}{n^2 h^2}\left[1 + \frac{4\pi^2 Z^2 e^4}{n^2 h^2 c^2}\left(\frac{1}{l+1} - \frac{3}{4n}\right)\right]. \qquad (10.24)$$

Dentro dessa ordem de idéias, o número de raias que surgiriam, na passagem de um elétron de um nível energético a outro mais baixo, deveria ser maior que o previsto pelo modelo de Bohr. Na queda, por exemplo, de um elétron do nível $n = 3$ para o $n = 2$, poderiam ocorrer as transições (v. Fig. 10.22)

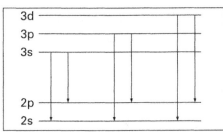

Figura 10.22

$3s \rightarrow 2s$,
$3s \rightarrow 2p$,
$3p \rightarrow 2s$,
$3p \rightarrow 2p$,
$3d \rightarrow 2s$,
$3d \rightarrow 2p$,

o que significa o aparecimento de seis raias no espectro. Entretanto a espectroscopia revela apenas três raias para esse caso.

Para ajustar a teoria de Sommerfeld à realidade foi introduzido o *princípio da seleção*.

> Somente são possíveis saltos eletrônicos nos casos de os números quânticos secundários das órbitas envolvidas diferirem de uma unidade, isto é, $\Delta l = \pm 1$.

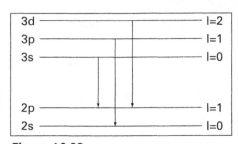

Figura 10.23

Aceito esse princípio, na passagem de um elétron do nível $n = 3$ para o $n = 2$, seriam possíveis apenas três transições (v. Fig. 10.23):

$3s \rightarrow 2p$,
$3p \rightarrow 2s$,
$3d \rightarrow 2p$.

10.12 O Modelo Atômico Vetorial

O modelo atômico de Bohr—Sommerfeld, examinado no item precedente, pressupõe que a situação de um elétron num átomo pode ser definida por dois números quânticos: o principal n, que caracteriza o nível energético, e o secundário l, que descreve a conformação especial da órbita. O modelo em questão não cogita da orientação das órbitas eletrônicas no espaço. É evidente que, na ausência de um sistema de referência, externo ao próprio átomo, é impossível definir essa orientação. Quando entretanto se considera o átomo situado num campo magnético, essa definição, em relação às linhas de força desse campo, não só é possível, como também necessária à explicação de certos fenômenos; é o que se verifica quando se pretende explicar o desdobramento das raias espectrais sob ação de um campo magnético (efeito Zeeman) ou de um campo elétrico (efeito Stark).

De considerações a propósito desses efeitos surgiu um modelo atômico semi-clássico que se tornou conhecido como modelo atômico vetorial. Nesse modelo, além dos dois números quânticos já conhecidos, são introduzidos mais dois: o número quântico magnético orbital m_l e o número quântico magnético de spin m_s.

Antes de tratar desses novos parâmetros, são oportunas algumas considerações sobre duas grandezas cuja existência é ligada ao movimento orbital do elétron: o momento magnético e o momento angular.

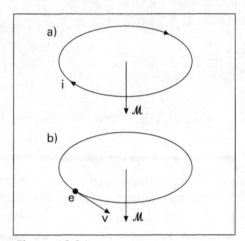

Figura 10.24

Deve ser do conhecimento do leitor que uma espira percorrida por uma corrente elétrica de intensidade i comporta-se como um dipolo magnético cujo momento magnético $\vec{M}$, dirigido normalmente ao seu plano (Fig. 10.24a), tem módulo $M = iS$, em que S é a área delimitada pela espira. Ora, quando se imagina um elétron em movimento ao redor do núcleo atômico, com período T, a órbita por ele descrita se comporta como uma espira percorrida por uma corrente de intensidade $i = \frac{e}{T}$ e de sentido oposto ao do movimento do elétron (Fig. 10.24b). Nessas condições, o elétron em movimento é responsável por um momento magnético orientado conforme Fig. 10.24b e de módulo

$$M = iS = \frac{e}{T}S$$

ou, levando em conta que para uma elipse de semi-eixos a e b é $S = \pi ab$,

$$M = e\frac{\pi ab}{T}.$$

Ora, $\frac{\pi ab}{T}$ exprime a velocidade areolar do elétron, isto é, a velocidade com que o raio vetor, que une o núcleo ao elétron, varre a área da elipse; como essa velocidade é também dada pelo produto $\frac{1}{2}\omega r^2$, onde ω é a velocidade angular do elétron e r sua distância ao núcleo, segue-se que

$$M = \frac{1}{2}\omega r^2 e.$$

Lembrando que, por uma das leis de Kepler relativas ao movimento de um planeta ao redor do Sol e que se supõe aplicável ao movimento considerado, a

Os Modelos Atômicos Nucleares **243**

velocidade areolar do elétron é constante, conclui-se que o momento magnético do dipolo gerado pelo movimento do elétron é constante.

Por outro lado, para um corpúsculo de massa m, animado de velocidade angular ω, define-se um momento angular **L**, ou quantidade de movimento angular dirigido segundo a regra da mão direita (Fig. 10.24a) e de módulo

$$L = m\omega r^2$$

Portanto $\vec{\mathcal{M}}$ e **L**, com a mesma direção e sentidos opostos, têm módulos tais que

$$\frac{\mathcal{M}}{L} = \frac{\frac{1}{2}\omega r^2 e}{m\omega r^2} = \frac{e}{2m},$$

isto é,
$$\mathcal{M} = L\frac{e}{2m}. \tag{10.25}$$

O quociente $\frac{e}{2m}$ é chamado *razão giromagnética* ou *razão magnetomecânica orbital* do elétron.

Uma vez que segundo Sommerfeld o momento angular L é quantizado segundo a expressão

$$L = l\frac{h}{2\pi}, \tag{10.26}$$

resulta
$$\mathcal{M} = l\frac{h}{2\pi}\frac{e}{2m}$$

ou
$$\mathcal{M} = l\mathcal{M}_B, \tag{10.27}$$

onde $\mathcal{M}_B$ é o chamado *magneton de Bohr*, dado por

$$\mathcal{M}_B = \frac{he}{4\pi m} = \frac{6,625\times10^{-27}\times 4,8\times10^{-10}}{4\times 3,14\times 0,91\times10^{-27}} = 2,75\times10^{-10}\frac{erg\times s\times stc}{g},$$

mostrando, portanto, que também o momento magnético resulta quantizado.

10.12.1 Número Quântico Magnético Orbital

Pelas leis do eletromagnetismo clássico, quando abandonada num campo magnético uniforme **H**, uma espira percorrida por uma corrente elétrica tende a se orientar dirigindo seu momento magnético $\vec{\mathcal{M}}$ segundo **H**. Que sucederia com a órbita descrita por um elétron, sob ação de um campo magnético exterior? Seria orientada essa órbita de maneira a dirigir o momento magnético $\vec{\mathcal{M}}$ segundo **H**, e, portanto, o momento angular em sentido oposto (Fig. 10.25a)?

Detalhes da teoria quântica primitiva sugerem que a orientação dessa órbita não é livre, mas limitada a certo número de posições definidas pelos ângulos θ (Fig. 10.25b) que satisfazem a condição

$$\cos\theta = \frac{m_l}{l}, \qquad (10.28)$$

onde m_l é um número inteiro que pode assumir todos os $2l+1$, valores compreendidos entre $+l$ e $-l$. Assim, para um dado l, $\cos\theta$ poderia assumir $2l+1$ valores distintos, inclusive os extremos ± 1. Para $l = 2$, por exemplo, pode assumir os valores $-2, -1, 0, +1$ e $+2$, os quais tornam $\cos\theta$, respectivamente, $-1, -\frac{1}{2}, 0, +\frac{1}{2}$ e $+1$.

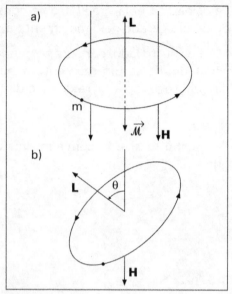

Figura 10.25

Note-se que fixar os valores de m_l e, portanto, os de $\cos\theta$ implica quantizar as projeções de L e, portanto, também as de $\vec{\mathcal{M}}$ sobre um eixo dirigido segundo **H**. Essas projeções resultam

$$L\cos\theta = m_l \frac{h}{2\pi}. \qquad (10.29)$$

Na Fig. 10.26 encontram-se representadas as diferentes orientações possíveis do vetor L, no espaço, para $l = 1$ e para $l = 2$.

Observação

Para Sommerfeld, o momento angular L é quantizado segundo a igualdade

$$L = l\frac{h}{2\pi},$$

e, por assim ser, a espressão (10.29) pode ser escrita

$$l\frac{h}{2\pi}\cos\theta = m_l\frac{h}{2\pi},$$

vindo, em conseqüência, $\cos\theta = \frac{m_l}{l}$.

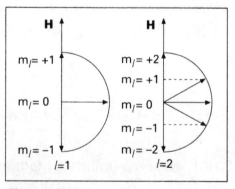

Figura 10.26

De conformidade com a Mecânica Quântica atual, a igualdade que traduz a quantização de L é

$$L = \sqrt{l(l+1)}\frac{h}{2\pi} \qquad (10.30)$$

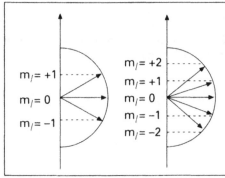

Figura 10.27

e, por conseguinte, as orientações possíveis do vetor **L** passam a ser definidas por

$$\cos\theta = \frac{m_l}{\sqrt{l(l+1)}}. \qquad (10.31)$$

A Fig. 10.27 mostra as novas orientações no espaço do vetor **L**, para $l = 1$ e $l = 2$.

10.12.2 O Número Quântico Magnético de *Spin*

A Terra, além do seu movimento orbital ao redor do Sol, é dotada também de movimento ao redor do seu eixo (*spinning*, em inglês). Em conseqüência disso, o momento angular da Terra é o vetor soma do seu momento angular orbital com o seu momento angular de *spin*.

Por analogia, pode-se imaginar que o elétron num átomo tenha um comportamento semelhante, embora não seja possível exprimir o momento angular de *spin* do elétron, como o da Terra, em função de seu raio e velocidade angular.

A idéia do *spin* eletrônico foi proposta no ano de 1926 por G. Uhlenbeck e S. Goudsmith, para justificar certos fatos ligados aos espectros (por exemplo, o fato de nos espectros dos metais alcalinos cada linha ou raia ser constituída por um par de linhas muito próximas entre si) e por vários indícios de origem experimental (experiência de Stern—Gerlach, 1924).

Se **S** é o momento angular de *spin* de um elétron e **L** seu momento angular orbital, o seu momento angular total é

$$\mathbf{J} = \mathbf{L} + \mathbf{S}. \qquad (10.31)$$

O módulo de **J** depende, portanto, não só dos módulos de L e S, como também de sua orientação relativa.

Sendo o elétron um corpúsculo carregado, o *spin* eletrônico determina também a existência de um dipolo magnético, cujo momento magnético $\vec{\mathcal{M}}_s$ tem módulo relacionado com o de **S** pela expressão

$$\mathcal{M}_s = 2\frac{e}{2m}S, \qquad (10.32)$$

onde
$$S = \frac{\sqrt{3}}{2}\frac{h}{2\pi}.$$

Observa-se que essa relação não é a mesma que a existente entre $\mathcal{M}$ e L e traduzida pela expressão (10.25), porque o elétron não se comporta, na verdade, como um corpo rígido, carregado, em rotação. Em conseqüência, o momento magnético total, considerados seus movimentos orbital e de *spin*, é

$$\vec{\mathcal{M}} = \vec{\mathcal{M}}_{orbital} + \vec{\mathcal{M}}_s = -\frac{e}{2m}(\mathbf{L} + 2\mathbf{S}). \tag{10.33}$$

As experiências de Stern—Gerlach sobre a deflexão de átomos hidrogenóides em campos magnéticos não uniformes vieram sugerir que o momento angular de *spin* **S** de um elétron pode ter apenas duas orientações em relação ao campo magnético externo. Essas orientações são ilustradas na Fig. 10.28; são as que determinam projeções de **S** sobre **H** de valor algébrico:

$$S_H = m_s \frac{h}{2\pi},$$

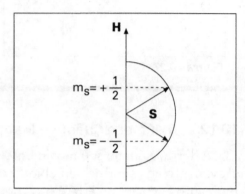

Figura 10.28

onde m_S só pode assumir os valores $m_s = \pm \frac{1}{2}$. Esse parâmetro m_s chama-se *número quântico magnético de spin*. Quando $m_s = \frac{1}{2}$, a projeção de **S** sobre **H** é paralela a **H** e, quando $m_S = -\frac{1}{2}$, essa projeção é antiparalela.

Por brevidade, as duas posições ou orientações do vetor **S** são comumente referidas como *spin* ascendente (↑) e *spin* descendente (↓), embora o vetor em questão nunca esteja dirigido segundo o eixo que contém **H**.

10.13 O Princípio de Exclusão de Pauli

De acordo com o visto nos itens precedentes, a cada elétron, num átomo, encontram-se associados quatro números quânticos definidores, em conjunto, do *estado quântico* desse elétron. Segundo o modelo atômico vetorial, o número quântico *n*, que pode assumir qualquer valor inteiro ($n = 1, 2, 3,...$), define o nível energético ou camada eletrônica em que se localiza o elétron considerado. Os elétrons que têm o mesmo *n* pertencem, portanto, ao mesmo nível ou à mesma camada e têm a mesma energia média. O número quântico secundário *l* caracteriza uma órbita (trajetória elíptica de determinada excentricidade) ou um subnível[*]; para um dado *n*, o número *l* pode assumir todos os *n* valores inteiros compreendidos entre 0 e *n* – 1. Para os átomos polieletrônicos a energia do elétron cresce com *l*.

---

[*] Ver-se-á posteriormente que a imagem de órbitas eletrônicas não se ajusta bem às doutrinas modernas da Mecânica Ondulatória. Esta localiza o elétron numa região do espaço e, pela terminologia que introduz, chama de *orbital* a região reservada ao elétron.

TABELA 10.6

Nível	Números quânticos				Número máximo de elétrons possíveis	
	n	l	m_l	m_s	Subnível	Nível
K	1	0	0	$+\,^1/_2$	2	2
	1	0	0	$-\,^1/_2$		
L	2	0	0	$+\,^1/_2$	2	8
	2	0	0	$-\,^1/_2$		
	2	1	-1	$+\,^1/_2$	6	
	2	1	-1	$-\,^1/_2$		
	2	1	0	$+\,^1/_2$		
	2	1	0	$-\,^1/_2$		
	2	1	$+1$	$+\,^1/_2$		
	2	1	$+1$	$-\,^1/_2$		
M	3	0	0	$+\,^1/_2$	2	18
	3	0	0	$-\,^1/_2$		
	3	1	-1	$+\,^1/_2$	6	
	3	1	-1	$-\,^1/_2$		
	3	1	0	$+\,^1/_2$		
	3	1	0	$-\,^1/_2$		
	3	1	$+1$	$+\,^1/_2$		
	3	1	-1	$-\,^1/_2$		
	3	2	-2	$+\,^1/_2$	10	
	3	2	-2	$-\,^1/_2$		
	3	2	-1	$+\,^1/_2$		
	3	2	-1	$-\,^1/_2$		
	3	2	0	$+\,^1/_2$		
	3	2	0	$-\,^1/_2$		
	3	2	$+1$	$+\,^1/_2$		
	3	2	$+1$	$-\,^1/_2$		
	3	2	$+2$	$+\,^1/_2$		
	3	2	$+2$	$-\,^1/_2$		

Os elétrons de mesmos n e l distribuem-se em órbitas de mesma excentricidade, mas diferentemente orientadas no espaço em relação a um campo magnético externo. Os números m_l, variáveis entre $-l$ e $+l$, definem as distintas orientações dessas órbitas. Para cada valor de m_l, o elétron pode revelar o número quântico magnético de *spin* m_S, com dois valores diferentes $(+\frac{1}{2}$ e $-\frac{1}{2})$.

Tendo em vista explicar o espectro óptico e de raios X de diversos elementos, bem como justificar a própria ordenação dos elementos na tabela periódica, Wolfgang Pauli (1925) formulou uma proposição conhecida como *princípio de exclusão*. Essa proposição, de demonstração teórica impossível, estabelece que:

> Em um átomo qualquer não podem existir dois elétrons
> no mesmo estado quântico.

248 QUÍMICA GERAL

Isso significa que dois elétrons de um mesmo átomo devem diferir entre si, pelo menos por um de seus quatro números quânticos. Por conseguinte, dados os valores dos quatro números quânticos, só pode existir um elétron por eles identificado.

Dentro desse modo de pensar, dados os números n, l e m, existem dois elétrons possíveis com esses números quânticos e diferentes pelo número m_s.

Por outro lado, com o par n e l de números, existem $2(2l+1)$ elétrons possíveis, que diferem entre si pelos pares de valores m_l e m_s, enquanto, com o número quântico n dado, podem existir, no máximo, $2n^2$ elétrons.

Na Tab. 10.6 indicam-se os números máximos de elétrons possíveis para valores de $n = 1$, 2 e 3.

10.14 Configuração Eletrônica dos Átomos

A distribuição dos elétrons ao redor dos núcleos atômicos não é bem conhecida para todos os átomos. Contudo, para muitos, as informações experimentais colhidas na espectroscopia e o conhecimento do comportamento químico permitem ajuizar com bastante seguranca a propósito de sua configuração eletrônica. Uma vez encontrada essa distribuição, verifica-se que, na maioria dos casos, a ela é também possível chegar por aplicação de um conjunto de regras a um processo fictício de construção dos átomos. Esse processo consiste em supor que, de um átomo de número atômico Z, seja possível obter outro de número atômico $Z +1$, por adição ao primeiro de um elétron, o *elétron diferenciador*, e por simultânea elevação da carga nuclear.

As regras que se supõem obedecidas estabelecem que:

1. num mesmo átomo não podem existir dois elétrons com os mesmos valores para os quatro números quânticos; é o princípio de Pauli, já examinado no item anterior;

2. para garantir maior estabilidade ao átomo, os elétrons devem pertencer aos mais baixos níveis e subníveis energéticos permitidos.

A observação dos espectros ópticos e de raios X, bem como a avaliação dos raios atômicos e das energias de excitação e de ionização dos átomos, sugerem que, para um átomo polieletrônico:

a) a energia de um elétron cresce com a soma $n + l$ de seus números quânticos principal e secundário, isto é, o subnível mais estável é aquele para o qual a soma $n + l$ é a mais baixa[*];

b) apresentando a mesma soma $n + l$, é mais estável o elétron que tem o mais baixo valor de n.

---

[*] Essa afirmativa tem sua validade restrita aos átomos de pequena carga nuclear, isto é, pequeno número atômico.

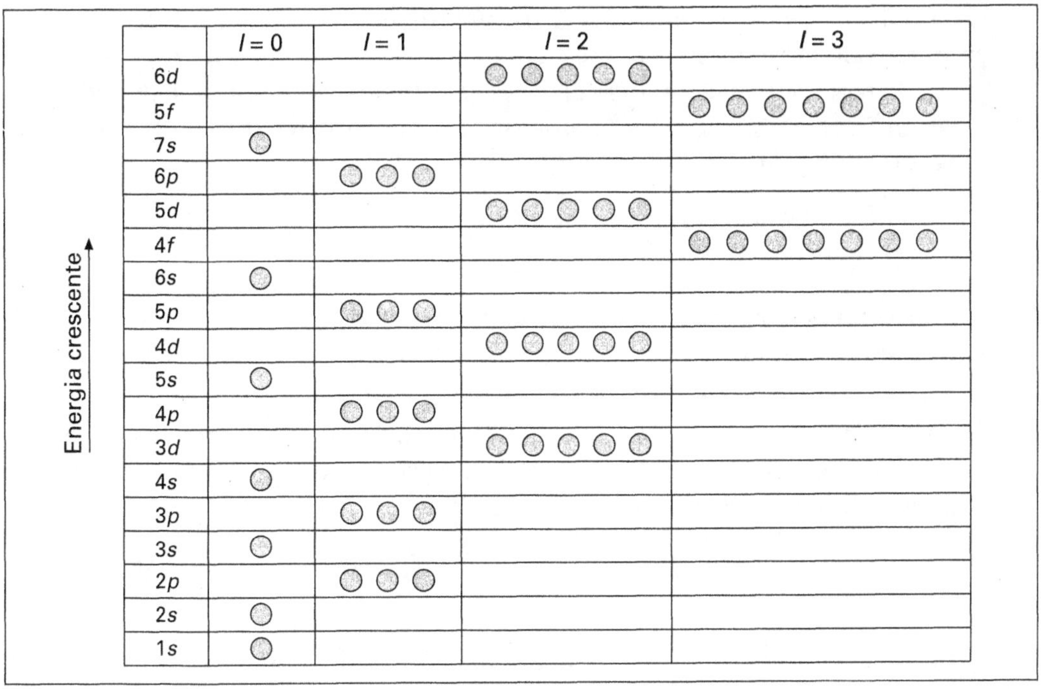

	$l=0$	$l=1$	$l=2$	$l=3$
6d			◯ ◯ ◯ ◯ ◯	
5f				◯ ◯ ◯ ◯ ◯ ◯ ◯
7s	◯			
6p		◯ ◯ ◯		
5d			◯ ◯ ◯ ◯ ◯	
4f				◯ ◯ ◯ ◯ ◯ ◯ ◯
6s	◯			
5p		◯ ◯ ◯		
4d			◯ ◯ ◯ ◯ ◯	
5s	◯			
4p		◯ ◯ ◯		
3d			◯ ◯ ◯ ◯ ◯	
4s	◯			
3p		◯ ◯ ◯		
3s	◯			
2p		◯ ◯ ◯		
2s	◯			
1s	◯			

(Eixo vertical: Energia crescente ↑)

Figura 10.29

Assim, o subnível $4s$ ($n + l = 4 + 0 = 4$) é de menor energia que o subnível $3d$ ($n + l = 3 + 2 = 5$). Entretanto, o subnível $3p$ ($n + l = 3 + 1 = 4$) é de menor energia, ou seja, mais estável que o subnível $4s$.

Na Fig. 10.29 encontram-se ordenados os diversos subníveis segundo a ordem crescente de energia; o diagrama não é quantitativo, mas permite mostrar que alguns subníveis são de energia mais baixa que outros de nível quântico inferior. Cada círculo representa uma órbita (ou orbital, segundo a terminologia moderna) que pode conter, no máximo, um par de elétrons; segundo o princípio de Pauli os dois elétrons desse par devem ter *spins* opostos.

Tendo em conta as regras acima enunciadas, resulta possível prever a distribuição dos elétrons nos átomos eletricamente neutros em seu estado normal (de menor energia). Essa distribuição é descrita sumariamente, a seguir, para alguns elementos.

H No átomo de hidrogênio o único elétron existente deve ocupar, normalmente, o nível $n = 1$, que é o de mais baixa energia. Os valores de l e m_l para esse elétron são, necessariamente, $l = 0$ e $m_l = 0$, enquanto o número quântico de spin m_s pode valer $+ \frac{1}{2}$ ou $- \frac{1}{2}$. Utilizando a notação espectral, a configuração eletrônica do átomo de hidrogênio é representada por

$$1s^1,$$

onde o algarismo 1, usado à guisa de expoente, indica a existência de um elétron no subnível 1s. Esquematicamente, essa configuração também pode ser representada por um pequeno círculo para designar o subnível 1s (ou orbital 1s, segundo a terminologia moderna), envolvendo uma pequena seta dirigida para cima (↑) ou para baixo (↓), representativa da orientação do momento magnético de *spin*:

1s

He No caso do átomo de hélio os dois elétrons devem pertencer ao nível $n = 1$, usualmente chamado nível K ou camada K. Para um desses elétrons $n = 1$, $l = 0$, $m_l = 0$ e $m_s = +\frac{1}{2}$, enquanto para o outro $n = 1$, $l = 0$, $m_l = 0$ e $m_s = -\frac{1}{2}$. Dessa maneira o nível K resulta completo, uma vez que, pelo princípio de exclusão, não podem existir mais de dois elétrons com $n = 1$. A configuração eletrônica do hélio é representada por

$1s^2$ ou   ⇅
              1s

Li Posto que o princípio de Pauli veda a existência de mais de dois elétrons no orbital 1s, no átomo de lítio o elétron diferenciador (o terceiro) deve ocupar o orbital disponível seguinte ao 1s, que é o 2s. Com isso a configuração do lítio resulta

$1s^2 2s^1$ ou   ⇅ ↑
                   1s 2s

Be Como o orbital 2s pode conter dois elétrons, o átomo de berílio deve ter a configuração

$1s^2 2s^2$ ou   ⇅ ⇅
                   1s 2s

B Uma vez completos os orbitais 1s e 2s com dois elétrons cada, o quinto elétron do átomo de boro (o elétron diferenciador) passa ao subnível ou orbital seguinte, que é o 2p. Portanto a distribuição dos elétrons no átomo de boro pode ser representada por

$1s^2 2s^2 2p^1$ ou   ⇅ ⇅ ↑○○
                        1s 2s 2p

Note-se que as órbitas do subnível 2p (ou os orbitais 2p) admitem três orientações distintas, definidas por $m_l = -1$, $m_l = 0$ e $m_l = +1$; todas elas entretanto são de mesma energia.

C No caso do átomo de carbono, que teria ao todo 6 elétrons, o elétron diferenciador pelo princípio da construção deve entrar no subnível 2p, que deve conter, então, 2 elétrons. Sucede contudo que os 2 elétrons admitem nesse subnível várias disposições possíveis. Entre outras, são admissíveis, pelo princípio de exclusão, as estruturas

I ⓃⓃ ⓉⓉ○
  1s 2s 2p

II ⓃⓃ ⓉⓊ○
  1s 2s 2p

III ⓃⓃ Ⓝ○○
  1s 2s 2p

Considerações sobre a estabilidade dessas estruturas conduzem, para efeito de escolha, à regra de F. Hund (1927):

> No preenchimento dos orbitais de energia equivalente, a localização dos elétrons se realiza de modo que o número de elétrons solitários com *spins* paralelos seja o maior possível.

Segundo a regra de Hund, a configuração eletrônica para o átomo de carbono é, então,

$$1s^2 2s^2 2p^2 \quad ou \quad Ⓝ\ Ⓝ\ Ⓣ\ Ⓣ\ ○$$
$$1s \quad 2s \qquad 2p$$

N   No átomo de nitrogênio cujo número atômico é 7, a configuração eletrônica mais estável, segundo a regra de Hund, é

$$1s^2 2s^2 2p^3 \quad ou \quad Ⓝ\ Ⓝ\ Ⓣ\ Ⓣ\ Ⓣ$$
$$1s \quad 2s \qquad 2p$$

Para os átomos de números atômicos imediatamente seguintes, as configurações são

O $1s^2 2s^2 2p^4$ ⓃⓃⓃ ⓉⓉ
                        1s 2s 2p

F $1s^2 2s^2 2p^5$ ⓃⓃⓃⓃ Ⓣ
                        1s 2s 2p

Ne $1s^2 2s^2 2p^6$ ⓃⓃⓃⓃⓃ
                        1s 2s 2p

Com os seis elétrons no subnível $2p$ do neônio, completa-se esse subnível, como também o próprio nível L, já então, com 8 elétrons.

TABELA 10.7

Período	Elemento	n=1 K 1s	n=2 L 2s	2p	n=3 M 3s	3p	3d	n=4 N 4s	4p	4d	4f	n=5 O 5s	5p	5d	5f	n=6 P 6s	6p	6d	6f	n=7 Q 7s	
1	1 H	1																			
	2 He	2																			
2	3 Li	2	1																		
	4 Be	2	2																		
	5 B	2	2	1																	
	6 C	2	2	2																	
	7 N	2	2	3																	
	8 O	2	2	4																	
	9 F	2	2	5																	
	10 Ne	2	2	6																	
3	11 Na	2	2	6	1																
	12 Mg	2	2	6	2																
	13 Al	2	2	6	2	1															
	14 Si	2	2	6	2	2															
	15 P	2	2	6	2	3															
	16 S	2	2	6	2	4															
	17 Cl	2	2	6	2	5															
	18 Ar	2	2	6	2	6															
4	19 K	2	2	6	2	6		1													
	20 Ca	2	2	6	2	6		2													
	21 Sc	2	2	6	2	6	1	2													1.ª série de transição
	22 Ti	2	2	6	2	6	2	2													
	23 V	2	2	6	2	6	3	2													
	24 Cr	2	2	6	2	6	5	1													
	25 Mn	2	2	6	2	6	5	2													
	26 Fe	2	2	6	2	6	6	2													
	27 Co	2	2	6	2	6	7	2													
	28 Ni	2	2	6	2	6	8	2													
	29 Cu	2	2	6	2	6	10	1													
	30 Zn	2	2	6	2	6	10	2													
	31 Ga	2	2	6	2	6	10	2	1												
	32 Ge	2	2	6	2	6	10	2	2												
	33 As	2	2	6	2	6	10	2	3												
	34 Se	2	2	6	2	6	10	2	4												
	35 Br	2	2	6	2	6	10	2	5												
	36 Kr	2	2	6	2	6	10	2	6												
5	37 Rb	2	2	6	2	6	10	2	6			1									
	38 Sr	2	2	6	2	6	10	2	6			2									
	39 Y	2	2	6	2	6	10	2	6	1		2									2.ª série de transição
	40 Zr	2	2	6	2	6	10	2	6	2		2									
	41 Nb	2	2	6	2	6	10	2	6	4		1									
	42 Mo	2	2	6	2	6	10	2	6	5		1									
	43 Tc	2	2	6	2	6	10	2	6	6		1									
	44 Ru	2	2	6	2	6	10	2	6	7		1									
	45 Rh	2	2	6	2	6	10	2	6	8		1									
	46 Pd	2	2	6	2	6	10	2	6	10											
	47 Ag	2	2	6	2	6	10	2	6	10		1									
	48 Cd	2	2	6	2	6	10	2	6	10		2									
	49 In	2	2	6	2	6	10	2	6	10		2	1								
	50 Sn	2	2	6	2	6	10	2	6	10		2	2								

Período	Elemento	n=1 K 1s	n=2 L 2s	2p	n=3 M 3s	3p	3d	n=4 N 4s	4p	4d	4f	n=5 O 5s	5p	5d	5f	n=6 P 6s	6p	6d	6f	n=7 Q 7s	
	51 Sb	2	2	6	2	6	10	2	6	10		2	3								
	52 Te	2	2	6	2	6	10	2	6	10		2	4								
	53 I	2	2	6	2	6	10	2	6	10		2	5								
	54 Xe	2	2	6	2	6	10	2	6	10		2	6								
6	55 Cs	2	2	6	2	6	10	2	6	10		2	6			1					
	56 Ba	2	2	6	2	6	10	2	6	10		2	6			2					
	57 La	2	2	6	2	6	10	2	6	10		2	6	1		2					
	58 Ce	2	2	6	2	6	10	2	6	10	2	2	6			2					
	59 Pr	2	2	6	2	6	10	2	6	10	3	2	6			2					
	60 Nd	2	2	6	2	6	10	2	6	10	4	2	6			2					
	61 Pm	2	2	6	2	6	10	2	6	10	5	2	6			2					
	62 Sm	2	2	6	2	6	10	2	6	10	6	2	6			2					
	63 Eu	2	2	6	2	6	10	2	6	10	7	2	6			2					
	64 Gd	2	2	6	2	6	10	2	6	10	7	2	6	1		2					3.ª série de transição
	65 Tb	2	2	6	2	6	10	2	6	10	9	2	6			2					
	66 Dy	2	2	6	2	6	10	2	6	10	10	2	6			2					
	67 Ho	2	2	6	2	6	10	2	6	10	11	2	6			2					
	68 Er	2	2	6	2	6	10	2	6	10	12	2	6			2					
	69 Tm	2	2	6	2	6	10	2	6	10	13	2	6			2					
	70 Yb	2	2	6	2	6	10	2	6	10	14	2	6			2					
	71 Lu	2	2	6	2	6	10	2	6	10	14	2	6	1		2					
	72 Hf	2	2	6	2	6	10	2	6	10	14	2	6	2		2					
	73 Ta	2	2	6	2	6	10	2	6	10	14	2	6	3		2					
	74 W	2	2	6	2	6	10	2	6	10	14	2	6	4		2					
	75 Re	2	2	6	2	6	10	2	6	10	14	2	6	5		2					
	76 Os	2	2	6	2	6	10	2	6	10	14	2	6	6		2					
	77 Ir	2	2	6	2	6	10	2	6	10	14	2	6	9							
	78 Pt	2	2	6	2	6	10	2	6	10	14	2	6	9		1					
	79 Au	2	2	6	2	6	10	2	6	10	14	2	6	10		1					
	80 Hg	2	2	6	2	6	10	2	6	10	14	2	6	10		2					
	81 Tl	2	2	6	2	6	10	2	6	10	14	2	6	10		2	1				
	82 Pb	2	2	6	2	6	10	2	6	10	14	2	6	10		2	2				
	83 Bi	2	2	6	2	6	10	2	6	10	14	2	6	10		2	3				
	84 Po	2	2	6	2	6	10	2	6	10	14	2	6	10		2	4				
	85 At	2	2	6	2	6	10	2	6	10	14	2	6	10		2	5				
	86 Rn	2	2	6	2	6	10	2	6	10	14	2	6	10		2	6				
7	87 Fr	2	2	6	2	6	10	2	6	10	14	2	6	10		2	6			1	
	88 Ra	2	2	6	2	6	10	2	6	10	14	2	6	10		2	6			2	
	89 Ac	2	2	6	2	6	10	2	6	10	14	2	6	10		2	6	1		2	
	90 Th	2	2	6	2	6	10	2	6	10	14	2	6	10		2	6	2		2	
	91 Pa	2	2	6	2	6	10	2	6	10	14	2	6	10	2	2	6	1		2	
	92 U	2	2	6	2	6	10	2	6	10	14	2	6	10	3	2	6	1		2	
	93 Np	2	2	6	2	6	10	2	6	10	14	2	6	10	5	2	6			2	4.ª série de transição (incompleta)
	94 Pu	2	2	6	2	6	10	2	6	10	14	2	6	10	6	2	6			2	
	95 Am	2	2	6	2	6	10	2	6	10	14	2	6	10	7	2	6			2	
	96 Cm	2	2	6	2	6	10	2	6	10	14	2	6	10	7	2	6	1		2	
	97 Bk	2	2	6	2	6	10	2	6	10	14	2	6	10	8	2	6	1		2	
	98 Cf	2	2	6	2	6	10	2	6	10	14	2	6	10	10	2	6			2	
	99 Es	2	2	6	2	6	10	2	6	10	14	2	6	10	11	2	6			2	
	100 Fm	2	2	6	2	6	10	2	6	10	14	2	6	10	12	2	6			2	
	101 Md	2	2	6	2	6	10	2	6	10	14	2	6	10	13	2	6			2	
	102 No	2	2	6	2	6	10	2	6	10	14	2	6	10	14	2	6			2	
	103 Lr	2	2	6	2	6	10	2	6	10	14	2	6	10	14	2	6	1		2	

O elemento seguinte ao neônio é o sódio, com o qual se iniciam o terceiro período e o aparecimento de elétrons no nível $M(n = 3)$. A distribuição dos elétrons nos átomos desse período é semelhante à descrita para os do período anterior:

Na	$1s^2 2s^2 2p^6 3s^1$	
Mg	$1s^2 2s^2 2p^6 3s^2$	
Al	$1s^2 2s^2 2p^6 3s^2 3p^1$	
Si	$1s^2 2s^2 2p^6 3s^2 3p^2$	
P	$1s^2 2s^2 2p^6 3s^2 3p^3$	
S	$1s^2 2s^2 2p^6 3s^2 3p^4$	
Cl	$1s^2 2s^2 2p^6 3s^2 3p^5$	
Ar	$1s^2 2s^2 2p^6 3s^2 3p^6$	

No átomo de argônio, último do terceiro período, encontram-se completos os subníveis $3s$ e $3p$ e totalmente desocupados os cinco subníveis, $3d$. Embora assim seja, no átomo de potássio, elemento com o qual se inicia o quarto período e que tem um elétron a mais que o de argônio, o elétron diferenciador se localiza no subnível $4s$ e não no $3d$. Isso se deve ao fato de o subnível $4s$ ser de energia mais baixa que o $3d$. Assim, as configurações do potássio e do cálcio resultam:

$$K \quad 1s^2 2s^2 2p^6 3s^2 3p^6 4s^1$$
$$Ca \quad 1s^2 2s^2 2p^6 3s^2 3p^6 4s^2$$

Uma vez completo o subníbel $4s$, inicia-se a ocupação do subnível $3d$, de energia imediatamente superior. Isso acontece no átomo de escândio, vigésimo primeiro elemento da tabela, e prossegue nos elementos seguintes. Veja:

$$Sc \quad 1s^2 2s^2 2p^6 3s^2 3p^6 3d^1 4s^2$$
$$Ti \quad 1s^2 2s^2 2p^6 3s^2 3p^6 3d^2 4s^2$$

As configurações eletrônicas de todos os elementos estão indicadas na Tab. 10.7.

10.15 Configuração Eletrônica e Tabela Periódica

De conformidade com o visto no subitem 8.3.4, Mendeléiev, ao organizar sua tabela periódica, embora pretendendo ordenar os elementos segundo suas massas atômi-cas crescentes, inverteu as posições de alguns, de modo a reunir no mesmo grupo aqueles com propriedades análogas.

Os Modelos Atômicos Nucleares **255**

A tabela periódica, nascida com essas inversões, permaneceu durante muito tempo inexplicada quanto à sua estrutura; a lei periódica que lhe dera origem foi usada como princípio empírico.

Uma justificativa para as inversões surgiu quando os trabalhos de Rutherford e Moseley mostraram que os elementos encontram-se ordenados naquela tabela segundo suas cargas nucleares crescentes. Com isso firmou-se o princípio de que as propriedades de um elemento não dependem propriamente de sua massa atômica, mas, sim, de seu número atômico Z, entendido tanto como seu número de ordem na tabela, quanto como a relação $\frac{Q}{e}$ entre a carga de seu núcleo e a do elétron (em valor absoluto).

Esclarecido, desde as pesquisas de Moseley, o critério de ordenação dos elementos, a estrutura da tabela periódica, no que toca ao periodismo das propriedades dos elementos, só foi aclarado com o estabelecimento dos princípios que regem a configuração eletrônica dos átomos, particularmente o princípio de Pauli, associado à idéia de que o estado mais estável de um átomo (estado fundamental) é aquele em que os elétrons se encontram nos níveis energéticos mais baixos.

Para um átomo eletricamente neutro, o número atômico Z representa o número de elétrons extranucleares, e, assim, é de se prever que deva existir — como de fato existe — uma estreita correlação entre a configuração eletrônica dos átomos e suas propriedades, de modo que a analogia de configurações eletrônicas de dois átomos implique uma analogia entre suas propriedades.

O exame da tabela das configurações eletrônicas e o seu relacionamento com uma das curvas que representam uma propriedade periódica em função de Z (energia de ionização, por exemplo, conforme Fig. 8.1) mostram que cada período é encabeçado por um elemento, em que se inicia um novo subnível s, e é encerrado por um elemento cujo elétron diferenciador preenche um subnível p (exceto no primeiro período, para o qual não existe o subnível $1p$). É o que se põe em destaque na Tab. 10.8.

Os primeiros elementos desses períodos formam em conjunto a família dos metais alcalinos (o H não incluído).

TABELA 10.8

Período	Primeiro elemento	Configuração eletrônica	Último elemento	Configuração eletrônica
1	H	$1s^1$	He	$1s^2$
2	Li	$1s^2 2s^1$	Ne	$1s^2 2s^2 2p^6$
3	Na	$1s^2 2s^2 2p^6 3s^1$	Ar	$1s^2 2s^2 2p^6 3s^2 3p^6$
4	K	$1s^2 2s^2 2p^6 3s^2 3p^6 4s^1$	Kr	$1s^2 2s^2 2p^6 3s^2 3p^6 3d^{10} 4s^2 4p^6$
5	Rb	$1s^2 2s^2 2p^6 3s^2 3p^6 3d^{10} 4s^2 4p^6 5s^1$	Xe	$1s^2 2s^2 2p^6 3s^2 3p^6 3d^{10} 4s^2 4p^6 4d^{10} 5s^2 5p^6$
6	Cs	$1s^2 2s^2 2p^6 3s^2 3p^6 3d^{10} 4s^2 4p^6 4d^{10} 5s^2 5p^6 6s^1$	Rn	$1s^2 2s^2 2p^6 3s^2 3p^6 3d^{10} 4s^2 4p^6 4d^{10} 4f^{14} 5s^2 5p^6 5d^{10} 6s^2 6p^6$
7	Fr	$1s^2 2s^2 2p^6 3s^2 3p^6 3d^{10} 4s^2 4p^6 4d^{10} 4f^{14} 5s^2 5p^6 5d^{10} 6s^2 6p^6 7s^1$		

256 QUÍMICA GERAL

Os últimos elementos dos períodos integram o grupo dos elementos chamados inertes[*], em virtude de sua pequena reatividade.

O número de níveis energéticos em que se distribuem os elétrons de um átomo, em seu estado normal, coincide com o do período ao qual pertence esse átomo. A essa regra fazem exceção apenas o paládio e o irídio, que pertencem respectivamente ao quinto e ao sexto períodos, mas têm elétrons apenas em quatro e cinco níveis.

Tendo em conta sua configuração eletrônica, distinguem-se os tipos de elementos mencionados na Tab. 10.9.

A) *Elementos nobres*

Também chamados inadequadamente *inertes*, são os elementos do grupo 0: He, Ne, Ar, Kr, Xe e Rn. Com exceção do hélio ($Z = 2$), todos apresentam no último nível a configuração ns^2np^6, com oito elétrons ao todo; a essa configuração atribui-se a muito pequena reatividade desses elementos. Excluídos o hélio e o neônio, não têm o último nível completo.

B) *Elementos representativos*

Conhecidos também pela designação *típicos*, figuram nos subgrupos *A* dos grupos I a VII. Apresentam o último nível eletrônico incompleto e completos todos os outros (respeitada a ordem crescente de energia dos vários subníveis). O número de elétrons existentes no último nível de um elemento representativo coincide com o número do grupo ao qual pertence esse elemento. O elétron diferenciador encontra-se num subnível *s* ou *p*.

C) *Elementos de transição*[**]

Caracterizam-se por sua *construção interna*: o elétron diferenciador entra no subnível *d* do penúltimo nível. Pertencem aos subgrupos *B* e ao grupo VIII, do quarto, quinto e sexto períodos. Incluem:

no quarto período, do Sc ($Z = 21$) ao Cu ($Z = 29$);
no quinto período, de Y ($Z = 39$) à Ag ($Z = 47$);
no sexto período, do La ($Z = 57$) ao Au ($Z = 79$).

Têm todos de 9 a 18 elétrons no penúltimo nível e não mais de dois no último.

---

[*] Designação atualmente inadequada (v. item 13.17f).
[**] O critério de definição de elementos de transição tem sido usado com alguma elasticidade pelos vários autores. Assim, há quem inclua entre os elementos de transição também o Zn, o Cd e o Hg, enquanto outros não consideram como tais o Cu, a Ag e o Au.

D) *Elementos de transição interna*

Apresentam o elétron diferenciador no subnível f do antipenúltimo nível. Encontram-se no subgrupo IIIB e incluem duas séries de "terras raras", pertencentes, uma ao sexto período (lantanídeos) e a outra ao sétimo período (actinídeos). A série dos lantanídeos é constituída pelos 14 elementos que seguem ao lantânio ($Z = 57$) e a dos actinídeos pelos 14 elementos que seguem ao actínio ($Z = 89$). Entre os últimos figuram os elementos transuranianos.

Resumindo, do estudo das peculiaridades reveladas por várias famílias de elementos, conclui-se que existe uma sensível correlação entre o comportamento de um elemento químico e a distribuição eletrônica apresentada pelos seus átomos. Em particular:

> Ordenados os elementos segundo sua carga nuclear crescente, a reprodução periódica de suas propriedades é conseqüência do aparecimento periódico de configurações eletrônicas análogas nos níveis mais externos dos respectivos átomos.

TABELA 10.9

	a) Elementos representativos							Elementos nobres
	1	2	3	4	5	6	7	8
					Grupo			
Período	IA	IIA	IIIA	IVA	VA	VIA	VIIA	0
1	H 1							He 2
2	Li 2 1	Be 2 2	B 2 3	C 2 4	N 2 5	O 2 6	F 2 7	Ne 2 8
3	Na 2 8 1	Mg 2 8 2	Al 2 8 3	˙Si 2 8 4	P 2 8 5	S 2 8 6	Cl 2 8 7	Ar 2 8 8
4 2 8	K 8 1	Ca 8 2	Ga 18 3	Ge 18 4	As 18 5	Se 18 6	Br 18 7	Kr 18 8
5 2 8 18	Rb 8 1	Sr 8 2	In 18 3	Sn 18 4	Sb 18 5	Te 18 6	I 18 7	Xe 18 8
6 2 8 18 18	Cs 8 1	Ba 8 2	Tl 32 18 3	Pb 32 18 4	Bi 32 18 5	Po 32 18 6	At 32 18 7	Rn 32 18 8
7 2 8 18 32 18	Fr 8 1	Ra 8 2						

TABELA 10.9

b) Elementos de transição

Período	III B	IV B	V B	VI B	VII B	VIII	VIII	VIII	I B	II B
						Grupo				
4 2 8	Sc 9 2	Ti 10 2	V 11 2	Cr 13 1	Mn 13 2	Fe 14 2	Co 15 2	Ni 16 2	Cu 18 1	Zn 18 2
5 2 8 18	Y 9 2	Zr 10 2	Nb 12 1	Mo 13 1	Tc 14 1	Ru 15 1	Rh 16 1	Pd 18	Ag 18 1	Cd 18 2
6 2 8 18	La* 18 9 2	Hf 32 10 2	Ta 32 11 2	W 32 12 2	Re 32 13 2	Os 32 14 2	Ir 32 17	Pt 32 17 1	Au 32 18 1	Hg 32 18 2
7 2 8 18 32	Ac** 18 9 2									

TABELA 10.9

c) Elementos de transição interna

* Lanta- nídeos 2 8 18	Ce 20 8 2	Pr 21 8 2	Nd 22 8 2	Pm 23 8 2	Sm 24 8 2	Eu 25 8 2	Gd 25 9 2	Tb 27 8 2	Dy 28 8 2	Ho 29 8 2	Er 30 8 2	Tm 31 8 2	Yb 32 8 2	Lu 32 9 2
** Acti- nídeos 2 8 18 32	Th 18 10 2	Pa 20 9 2	U 21 9 2	Np 23 8 2	Pu 24 8 2	Am 25 8 2	Cm 25 9 2	Bk 27 8 2	Cf 28 8 2	Es 29 8 2	Fm 30 8 2	Md 31 8 2	No 32 8 2	Lr 32 9 2

CAPÍTULO 11

Concepção Mecânico–Ondulatória do Elétron

11.1 O Elétron segundo as Teorias Modernas

Conforme o visto em itens precedentes, o tratamento dado por Bohr ao átomo de hidrogênio não pode ser aplicado a muitos outros átomos sem profundas e, às vezes, desconcertantes modificações, e os modelos atômicos que se seguiram historicamente ao de Bohr têm também alcance muito restrito. Basicamente isso se deve à circunstância de as leis da Física clássica utilizadas na formulação daqueles modelos não conseguirem descrever o comportamento dos corpúsculos do mundo subatômico. As leis comuns da Mecânica e do Eletromagnetismo, embora descrevam de modo satisfatório os fenômenos comuns do macrocosmos, mostram-se inaplicáveis, pelo menos sem modificações substanciais, aos elétrons e aos núcleos atômicos. Isso não deve significar que existam duas classes de leis, uma para o grande e outra para o pequeno universo. O que sucede é que as leis da Física clássica constituem apenas uma aproximação, e as incorreções resultantes de sua aplicação não aparecem nas investigações que envolvem os sistemas de grandes dimensões; mas, quando a atenção se volta para os corpúsculos, os erros de aproximação cometidos tornam-se importantes a ponto de invalidar as próprias leis.

Assim, no estudo de fenômenos corriqueiros como o movimento de um corpo, a expansão de um gás, a reflexão da luz, etc., pouca ou nenhuma atenção se dispensa ao princípio da incerteza de Heisenberg, que admite ser impossível, para um dado corpo, determinar com exatidão, simultaneamente, sua posição e velocidade; quanto maior a precisão com que se conhece a posição do corpo, maior a incerteza existente sobre sua velocidade e vice-versa. Tal proposição pode causar espécie a

260 Química Geral

quem, tendo algum conhecimento de Mecânica, imagina que o corpo em questão seja, por exemplo, um automóvel, cuja posição e velocidade costumam ser especificados para cada instante. Sucede, contudo, que o modo de pensar seguido no caso de um automóvel não pode ser estendido ao caso de um elétron.

Com o estabelecimento desse e de outros princípios, a partir da terceira década do século XX, os modelos atômicos desenvolvidos sobre a idéia de que o movimento de um elétron se realiza ao longo de uma órbita bem determinada foram substituídos por outro, em que esse movimento é descrito em termos de probabilidades e ondas.

11.2 O Princípio de Heisenberg

É sabido que um objeto qualquer se torna visível a um observador graças a um feixe de luz que, recebido de alguma fonte, é refletido para o olho desse observador. Mas, para que a imagem do objeto seja nítida, a luz sobre ele dirigida não pode ser qualquer: é necessário que o seu comprimento de onda seja menor que o objeto em questão. Para objetos menores que o comprimento de onda da luz usada, a luz passa como se o objeto não existisse; quando as dimensões do objeto são da mesma ordem de grandeza do comprimento de onda da luz, verifica-se uma difração, com aparecimento de uma sucessão de bandas escuras e brilhantes reproduzindo o contorno do objeto.

O microscópio comum funciona com luz visível, cujo comprimento de onda varia entre $0,4\,\mu$ e $0,8\,\mu$ e, portanto, produz imagens nítidas de objetos de cerca de 2 a 3 μ de diâmetro. Trata-se de examinar o que sucederia se se tentasse visualizar um elétron, dirigindo sobre ele uma radiação adequada.

Uma vez que o diâmetro de um elétron é da ordem de um bilionésimo do comprimento de onda da luz visível, para visualizá-lo deveríamos empregar, por exemplo, uma radiação γ. Qual seria o efeito dessa radiação sobre o elétron?

Para tal discussão, imagine-se primeiramente um pequeno grão de poeira de diâmetro da ordem do mícron, de massa $m = 10^{-12}$ g, em movimento no campo de um microscópio com velocidade $v = 1$ mm/s e dotado, portanto, de uma quantidade de movimento $mv = 10^{-12} \times 0,1 = 10^{-13}$ g $\times$ cm $\times$ s^{-1}. Admita-se que sobre esse grão seja dirigido um feixe de luz de comprimento de onda $\lambda = 0,5\,\mu$ (que corresponde aproximadamente ao da luz verde) e cujos fótons têm quantidade de movimento

$$p = \frac{h}{\lambda} = \frac{6,625 \times 10^{-27}}{0,5 \times 10^{-4}} \cong 1,3 \times 10^{-22} \text{ g} \times \text{cm} \times \text{s}^{-1}$$

Como essa quantidade de movimento é cerca de um bilionésimo da do grão de areia, é de esperar que o impacto de um fóton sobre esse grão não venha a produzir algum efeito observável sobre este último; é o que efetivamente sucede.

Considere-se agora um elétron cuja massa é $m = 9,1 \times 10^{-28}$ g e imagine-se que a sua velocidade, como limite superior, seja da ordem da da luz, isto é, $v = 10^{10}$ cm $\times$ s^{-1}.

A quantidade de movimento desse elétron seria então

$$mv = 9,1 \times 10^{-28} \times 10^{10} \cong 10^{-17} \text{ g} \times \text{cm} \times \text{s}^{-1}.$$

Se esse elétron fosse "iluminado" com um feixe de raios γ com comprimento de onda 6×10^{-13} cm e quantidade de movimento

$$p = \frac{h}{\lambda} = \frac{6,625 \times 10^{-27}}{6 \times 10^{-13}} \cong 10^{-14} \text{ g} \times \text{cm} \times \text{s}^{-1},$$

portanto mil vezes a do elétron em sua colisão com um fóton da radiação γ, ocorreria algo como no choque entre um carrinho de bebê e um caminhão: uma profunda alteração do movimento do elétron.

Compreende-se assim que, quanto maior for a energia do fóton da radiação utilizada, maior será a incerteza quanto à velocidade, e também quanto à energia, do elétron após o impacto.

Resulta do exposto que as possibilidades dos instrumentos de medida no mundo do ultrapequeno são limitadas...

Não é possível medir, a não ser com imprecisão, as grandezas que intervêm no movimento de uma partícula. Quais são as incertezas que afetam essas medidas? A resposta a essa pergunta foi dada em 1927 por Heisenberg pela *relação de incerteza*

$$\Delta x \cdot \Delta v_x \geq \frac{h}{2\pi m}, \tag{11.1}$$

onde Δx é a incerteza sobre a posição (coordenada) da partícula, Δv_x é a incerteza sobre sua velocidade na direção em que se mede x, m é a massa da partícula e h, a constante de Planck.

Cumpre, nesse ponto, chamar a atenção do leitor para o que lhe pode parecer estranho: se fosse possível medir a posição de uma partícula com precisão absoluta, então a incerteza Δx seria zero e, em conseqüência, a incerteza sobre a velocidade Δv_x resultaria infinita. Inversamente, se, num certo instante, se medisse a velocidade de um corpúsculo com absoluta precisão, não haveria condições para reconhecer a posição em que se situaria a partícula nesse instante.

A título de ilustração, aplique-se a relação de Heisenberg ao antes imaginado grão de poeira e também ao elétron.

No caso do grão, $m = 10^{-12}$ g e, portanto,

$$\Delta x \cdot \Delta v_x \geq \frac{6,625 \times 10^{-27}}{2 \times 3,14 \times 10^{-12}}$$

ou, por aproximação,

$$\Delta x \cdot \Delta v_x \geq 10^{-15} \text{ cm} \times \text{cm} \times \text{s}^{-1}.$$

Admita-se que a velocidade v desse grão, suposta igual a $0,1$ cm $\times$ s^{-1}, fosse conhecida com incerteza relativa de 10^{-5}.

Então, $\dfrac{\Delta v}{v} = 10^{-5}$, $\Delta v = 0,1 \times 10^{-5} = 10^{-6}$ cm $\times$ s^{-1}, isto é, a referida velocidade seria conhecida com uma incerteza de 1 milionésimo de cm $\times$ s^{-1} e, assim,

$$\Delta x \ge \frac{10^{-15}}{10^{-6}} = 10^{-9} \text{ cm,}$$

a incerteza sobre a posição do grãozinho na direção do seu movimento, seria, a cada instante, no mínimo igual a 10^{-9} cm. Como o diâmetro do grão é $1\ \mu = 10^{-4}$ cm, a relação entre Δx e o diâmetro do grão seria

$$\frac{10^{-9}}{10^{-4}} = 10^{-5},$$

menor, portanto, que a relação entre o diâmetro de um átomo e o do grão.

Esta é a razão pela qual usualmente, ao se medir velocidades e posições de partículas, como as da poeira imaginada e as de outras de maior massa, não se cogita aplicar o princípio da incerteza.

No caso do elétron, a situação se modifica profundamente. Tendo em vista que sua massa é $m = 9,1 \times 10^{-28}$ g,

$$\Delta x \cdot \Delta v_x \ge \frac{6,625 \times 10^{-27}}{2 \times 3,14 \times 9,1 \times 10^{-28}},$$

o que dá, em ordem de grandeza,

$$\Delta x \cdot \Delta v_x \ge 1.$$

Como existem infititos pares de valores que satisfazem a essa relação, admita-se que a incerteza relativa sobre a velocidade do elétron seja a mesma com que era conhecida a do grão de poeira, isto é,

$$\frac{\Delta v}{v} = 10^{-5},$$

e imagine-se que esse elétron seja o que descreve a primeira órbita permitida, segundo Bohr, no átomo do hidrogênio: segundo o visto no item 10.7.1, a velocidade desse elétron é $v = 2,20 \times 10^{8}$ cm $\times$ s^{-1}, o que dá para ele

$$\Delta v \cong 2,20 \times 10^{8} \times 10^{-5} = 2,20 \times 10^{3} \text{ cm} \times \text{s}^{-1}$$

e, por conseguinte,

$$\Delta x \ge \frac{1}{2,2 \times 10^{3}} = 4,5 \times 10^{-4} \text{ cm.}$$

CONCEPÇÃO MECÂNICO–ONDULATÓRIA DO ELÉTRON **263**

Como o diâmetro do elétron é da ordem de $5,6 \times 10^{-13}$ cm, a relação entre Δx e esse diâmetro é

$$\frac{4,5 \times 10^{-4}}{5,6 \times 10^{-13}} = 8 \times 10^8 \text{ (no mínimo)},$$

isto é, a incerteza sobre a posição do elétron seria de centenas de milhões de vezes o seu diâmetro.

Lembrando que, ainda segundo Bohr, o diâmetro da órbita que seria descrita por aquele elétron deve ser $2 \times 5,29 \times 10^{-9}$ cm, segue-se

$$\frac{4,5 \times 10^{-4}}{2 \times 5,29 \times 10^{-9}} = 4,2 \times 10^4,$$

isto é, a incerteza sobre a posição do elétron deveria ser de dezenas de milhares de vezes o diâmetro da órbita por ele descrita.

Diante desse resultado, deixa de ter significado a idéia de que a posição de um elétron num átomo possa ser confinada a uma órbita bem determinada...

Nota

O princípio de Heisenberg relaciona entre si não só as incertezas sobre a posição e a velocidade de uma partícula, como também as sobre sua energia E total e o tempo t. Ele é expresso então por

$$\Delta E \times \Delta t \geq \frac{h}{2\pi} \tag{11.2}$$

11.3 As Idéias de De Broglie e a Imagem Mecânico–Ondulatória do Elétron

De conformidade com o visto no item 10.7, a cada *quantum* de radiação de energia $W = h\nu$ está associada uma massa

$$m = \frac{W}{c^2} = \frac{h\nu}{c^2},$$

de modo que toda onda eletromagnética pode exibir certas características corpusculares.

Por volta de 1925, tendo em vista conciliar na teoria da radiação os pontos de vista corpuscular e ondulatório, Louis de Broglie postulou que também todo corpúsculo de massa m animado de velocidade v tem concatenada uma onda, cujo comprimento λ é dado pela equação

$$\lambda = \frac{h}{mv}, \tag{11.3}$$

em tudo semelhante à expressão (10.15).

264 QUÍMICA GERAL

Segundo esse modo de pensar, qualquer corpo em movimento, independentemente de suas peculiaridades, deve exibir características ondulatórias que, em determinadas condições, poderiam ser até observadas. A um foguete de massa $m = 120$ t $= 120 \times 10^6$ g, animado de velocidade $v = 36\ 000$ km $\times h^{-1} = 10^6$ cm $\times$ s^{-1}, deve estar associada uma onda, para a qual

$$\lambda = \frac{6,625 \times 10^{-27}}{120 \times 10^6 \times 10^6} = 5,5 \times 10^{-41} \text{ cm},$$

por demais curta para que possa ser detectada pelas técnicas disponíveis. Isso explica por que não são observadas as características dos fenômenos ondulatórios ligados ao movimento dos corpos "grandes".

Já para um elétron, cuja massa é $m = 9,1 \times 10^{-28}$ g, animado de uma velocidade $v = 10\ 000$ km/s $= 10^9$ cm $\times$ s^{-1},

$$\lambda = \frac{6,625 \times 10^{-27}}{9,1 \times 10^{-28} \times 10^9} = 0,7 \times 10^{-8} \text{ cm} = 0,7 \text{ Å},$$

que é o comprimento de onda de uma radiação do tipo X, que pode ser detectada.

A relação de De Broglie pode ser aplicada, em particular, ao movimento de um elétron ao redor do núcleo atômico. Se, nesse caso, se admitir que o comprimento da órbita por ele descrita deve ser um múltiplo inteiro do comprimento de onda associado a esse movimento, resultará, como conseqüência, o que no modelo de Bohr constituía um postulado, isto é, que a quantidade de movimento angular é quantificada. De fato, de

$$2\pi R = n\lambda, \quad \text{uma vez que} \quad \lambda = \frac{h}{mv},$$

tira-se $\qquad 2\pi R = n\dfrac{h}{mv} \quad \text{ou} \quad 2\pi R mv = nh!$

Experiências realizadas em 1927 por Davisson e Germer e em 1928 por Thomson[*] e Reid mostraram que um feixe de elétrons incidente sobre um cristal experimenta os efeitos de difração e interferência, fenômenos que só podem ser interpretados atribuindo aos elétrons propriedades ondulatórias. Essas experiências e a constatação de que os comprimentos de onda observados eram exatamente os previstos pela relação de De Broglie vieram comprovar que os elétrons exibem propriedades associadas com o movimento ondulatório.

As idéias de De Broglie serviram de fundamento para o desenvolvimento da Mecânica Ondulatória ou Quântica, que, por sua vez, partindo do pressuposto de que as leis da Mecânica clássica são inaplicáveis ao movimento do elétron no átomo,

---

[*] George Paget Thomson (1892-1975).

procura substituí-las por equações representativas da probabilidade de localizá-lo numa ou noutra região do espaço. A definição dessa probabilidade se realiza em termos puramente matemáticos, com auxílio da famosa equação de Schrödinger.

Quanto à maneira de visualizar o elétron à luz dessa equação, existem, basicamente, dois modos distintos de pensar: o de Born e o de Schrödinger (v. item 11.5).

Segundo Born, o elétron continua sendo imaginado como um pequenino corpúsculo em movimento rápido numa região relativamente extensa ao redor do núcleo, mas permanecendo a maior parte do tempo nas regiões de mais alta probabilidade. Na Fig. 11.1, na qual se procura representar essas regiões, cada um dos pontos assinalados não representa individualmente um elétron. As regiões em que esses pontos são numerosos marcam os lugares nos quais freqüentemente se encontram os elétrons, e as regiões em que os pontos são mais escassos marcam os lugares onde é pouco provável a existência de elétrons.

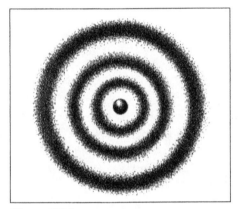

Figura 11.1

Outros autores, acompanhando o modo de pensar de Schrödinger, preferem imaginar o elétron como uma espécie de nuvem de carga negativa envolvendo o núcleo, nuvem essa que é mais densa nas regiões de alta probabilidade e mais tênue nas regiões de baixa probabilidade.

Embora a experiência não tenha conseguido confirmar nenhuma dessas duas interpretações, é muito mais adotada a concepção da nuvem.

11.4 A Equação de Schrödinger

Considere-se um meio homogêneo e isótropo e admita-se que num de seus pontos seja provocada uma perturbação, isto é, uma modificação nas suas condições físicas, como, por exemplo, um deslocamento, uma variação de densidade, de pressão, de campo elétrico, etc. Admita-se ainda que essa perturbação, produzida no ponto O, se propague ao longo de um eixo OX com velocidade c. O valor dessa perturbação no ponto O será, num instante qualquer, dado por uma equação do tipo $\psi_0 = f(t)$. Um ponto qualquer P, situado a uma distância x de O, seria atingido pela perturbação após um intervalo $\theta = \dfrac{x}{c}$, contado a partir do instante de sua produção em O e, num instante qualquer, o valor da perturbação em P será dado por

$$\psi = f\left(t - \frac{x}{c}\right). \tag{11.4}$$

266 QUÍMICA GERAL

Essa expressão que permite conhecer, para cada instante, o valor da perturbação num ponto qualquer do meio ao longo de OX chama-se *equação da onda*.

No caso particular em que $f(t)$ é uma função senoidal, a onda chama-se senoidal e a equação da onda toma a forma

$$\psi = a \operatorname{sen} \omega\left(t - \frac{x}{c} \right), \tag{11.5}$$

que pode também ser escrita

$$\psi = a \operatorname{sen} 2\pi v\left(t - \frac{x}{c} \right)$$

ou
$$\psi = a \operatorname{sen} 2\pi\left(vt - \frac{vx}{c} \right),$$

ou, ainda, por ser $\dfrac{v}{c} = \dfrac{1}{\lambda}$,

$$\psi = a \operatorname{sen} 2\pi\left(vt - \frac{x}{\lambda} \right). \tag{11.6}$$

Diferenciando a função ψ duas vezes, em relação a x, obtém-se

$$\frac{\partial^2 \psi}{\partial x^2} = - 4\pi^2 \frac{a}{\lambda^2} \operatorname{sen} 2\pi\left(vt - \frac{x}{\lambda} \right)$$

ou
$$\frac{\partial^2 \psi}{\partial x^2} = -\frac{4\pi^2}{\lambda^2} \psi, \tag{11.7}$$

que é a outra forma da equação (11.6) para uma onda *monodimensional*, isto é, que se propaga segundo uma direção OX definida. Trata-se de uma equação diferencial de 2.ª ordem, da qual a equação (11.6) é uma solução.

A equação geral mais importante da Mecânica Quântica tem a mesma forma da (11.7), que rege a propagação de um movimento ondulatório. Por isso tal equação é conhecida como *equação da onda* — e a Mecânica Quântica é também chamada de Mecânica Ondulatória, não obstante descreva a conduta de todas as pequenas partículas, na escala atômica, e em partícular também a dos elétrons.

Para aplicar a equação (11.7) a uma onda material, imagine-se um elétron em movimento com velocidade v. Representando por U a energia potencial desse elétron e por E sua energia total, então

$$E = U + \frac{mv^2}{2}$$

e, portanto,

$$v = \sqrt{\frac{2(E - U)}{m}}.$$

CONCEPÇÃO MECÂNICO-ONDULATÓRIA DO ELÉTRON **267**

Segundo a equação de De Broglie, o comprimento de onda associado a esse elétron é

$$\lambda = \frac{h}{mv} = \frac{h}{\sqrt{2m(E-U)}} .$$

Introduzindo esse valor na equação (11.7) tem-se:

$$\frac{\partial^2 \psi}{\partial x^2} = -\frac{4\pi^2}{\dfrac{h^2}{2m(E-U)}}\psi$$

ou

$$\frac{\partial^2 \psi}{\partial x^2} = -\frac{8\pi^2 m}{h^2}(E-U)\psi. \qquad (11.8)$$

Na hipótese de que essa onda seja tridimensional, isto é, que se trate de uma onda esférica, a equação acima passa a ser escrita

$$\frac{\partial^2 \psi}{\partial x^2} + \frac{\partial^2 \psi}{\partial y^2} + \frac{\partial^2 \psi}{\partial z^2} + \frac{8\pi^2 m}{h^2}(E-U)\psi = 0 \qquad (11.9)$$

ou

$$\nabla^2 \psi + \frac{8\pi^2 m}{h^2}(E-U)\psi = 0, \qquad (11.10)$$

na qual o símbolo $\nabla^2 \psi$ é usado para representar a soma $\dfrac{\partial^2 \psi}{\partial x^2} + \dfrac{\partial^2 \psi}{\partial y^2} + \dfrac{\partial^2 \psi}{\partial z^2}$. Tanto a

igualdade (11.9) como a (11.10) exprimem a famosa *equação de Schrödinger*[*].

Embora a ela se tenha chegado a partir da equação da onda e da relação de De Broglie, o caminho seguido não constitui uma dedução da equação de Schrödinger; esta última é *fundamental*, no sentido de que não pode ser deduzida. A sua aceitação é postulada dentro da Mecânica Quântica.

11.5 O Significado Físico do Psi Quadrado

Uma vez aceita a equação de Schrödinger, surge como razoável a pergunta: "Qual é o significado físico da função de onda ψ?" Entre as diferentes opiniões expendidas a propósito dessa questão, predomina a de que é impossível atribuir a essa função um significado físico. Contudo, o mesmo não acontece com o quadrado dessa função, ao qual se emprestam classicamente duas acepções.

Para compreender uma das interpretações dadas a ψ^2 é oportuno lembrar que, pela teoria eletromagnética sobre a propagação das radiações, a intensidade de uma radiação num ponto é medida pelo quadrado da amplitude da onda nesse ponto, enquanto que, pela teoria quântica, a intensidade de uma radiação num ponto é

---

[*] Erwin Schrödinger (1887-1961).

representada pela densidade de fótons nesse ponto e, portanto, relacionada com a probabilidade de se encontrar um fóton num dado volume. Combinando as duas idéias, a probabilidade de que um fóton se encontre num dado volume deve estar relacionada com o quadrado da amplitude da onda a ele concatenada.

Max Born sugeriu que, no tocante à situação de um elétron no átomo, ψ^2 fosse interpretado de modo semelhante. Assim, o produto $\psi^2 \cdot dv (= \psi^2 dx \cdot dy \cdot dz)$ deve ser tomado como medida da probabilidade de encontrar o elétron em um elemento de volume dv tomado ao redor do ponto definido pelas coordenadas x, y e z[*].

No átomo de hidrogênio, por exemplo, para o elétron no orbital 1s, a probabilidade de existência do elétron é dada por (v. item 11.8)

$$\psi^2 = \left[2\left(\frac{Z}{a_0}\right)^{\frac{3}{2}} e^{-\frac{ZR}{a_0}} \cdot \left(\frac{1}{4\pi}\right)^{\frac{1}{2}} \right]^2 = \frac{1}{\pi}\left(\frac{Z}{a_0}\right)^3 e^{-\frac{2ZR}{a_0}},$$

onde $Z = 1$ e $a_0 = 0,529 \times 10^{-8}$ cm. Avaliando essa expressão numericamente, para um dado valor de R, obtém-se a probabilidade de encontrar o elétron 1s em uma unidade de volume à distância R do núcleo. Do aspecto dessa expressão, por si só, pode-se verificar que tal probabilidade diminui à medida que cresce R.

Esse fato é ilustrado na Fig. 11.2 mostrando que a probabilidade de encontrar o elétron 1s muito perto do núcleo é praticamente zero; ela é máxima a cerca de 0,5 Å (a rigor a 0,529 Å), para em seguida tender a zero novamente.

Outra interpretação, a de Schrödinger, considera que o elétron se encontra disperso numa nuvem de densidade variável; nesse caso, $\psi^2 dv$ representa a medida da densidade dessa nuvem no volume dv.

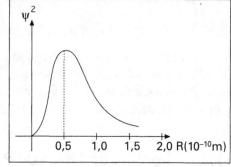

Figura 11.2

Dentro dessa concepção, a curva da Fig. 11.2 representa também a densidade da nuvem eletrônica em diferentes pontos do espaço. Ela é zero nas proximidades do núcleo, aumenta gradativamente até atingir um máximo a 0,529 Å, para em seguida diminuir tendendo a zero. Isso significa que o diâmetro exterior da nuvem eletrônica não pode ser definido com exatidão.

---

[*] Desse modo, a integral $\psi^2 dv$ para o espaço todo deve ser igual a 1, uma vez que a probabilidade de encontrar o elétron no espaço deve ser $\int \psi^2 dv = 1$.

11.6 O Problema do Elétron na Caixa

Segundo Schrödinger, o comportamento de uma partícula, o elétron, por exemplo, é dado como conhecido, quando é possível estabelecer certas funções algébricas ou trigonométricas que são soluções da equação diferencial que leva o seu nome.

Os dados que se introduzem na equação de Schrödinger, para cada problema específico, são a massa m da partícula considerada (o elétron, no caso em vista) e os que caracterizam a função U energia potencial. As informações que se procuram por meio da equação são os valores permitidos da energia da partícula e a probabilidade de localizá-la em algum lugar.

Para uma melhor compreensão da equação de Schrödinger pode-se aplicá-la a um caso simples, embora puramente hipotético, de um elétron que se encontra em movimento de vaivém unidirecional, entre as paredes de uma caixa. O objetivo dessa aplicação consiste em:

a) verificar como é resolvida a citada equação quando o movimento de uma partícula está sujeito a determinadas restrições;

b) estudar as características das soluções dessas equações, tais como a limitação da energia da partícula a certos valores unicamente;

c) comparar a precisão da Mecânica Quântica com a da Mecânica newtoniana.

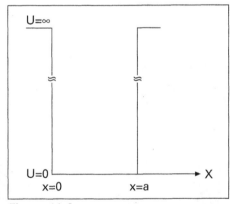

Figura 11.3

Pode-se especificar o movimento da partícula supondo que ele seja restrito ao eixo dos X, entre os pontos $x = 0$ e $x = a$, no interior de um poço ou caixa limitada por paredes extremamente duras. A colisão da partícula com essas paredes se realiza sem perda de energia.

Do ponto de vista formal da Mecânica Quântica, para que a partícula não possa escapar de dentro para fora, deve-se admitir que sua energia potencial é infinita no exterior da caixa, enquanto é constante no interior (por conveniência tomar-se-á $U = 0$ no interior). Uma vez que a partícula não pode ter uma energia infinita, ela não pode existir fora da caixa, e assim sua função de onda ψ deve ser zero para $x \leq 0$ e $x \geq a$. Trata-se de procurar ψ para $0 < x < a$ (Fig. 11.3).

Dentro da caixa, a equação de Schrödinger dá, para $U = 0$,

$$\frac{\partial^2 \psi}{\partial x^2} + \frac{8\pi^2 mE}{h^2}\psi = 0, \qquad (11.11)$$

que é uma equação diferencial linear de 2.ª ordem, do tipo

$$\frac{d^2y}{dx^2} + k^2y = 0,$$

onde $k^2 = \frac{8\pi^2 mE}{h^2}$. Essa equação tem como soluções possíveis

$$y = A \cos kx \quad e \quad y = B \operatorname{sen} kx$$

e, como solução geral,

$$y = A \cos kx + B \operatorname{sen} kx.$$

Assim sendo, as soluções possíveis da equação (11.11) são

$$\psi = A \cos \sqrt{\frac{8\pi^2 mE}{h^2}} x$$

e

$$\psi = B \operatorname{sen} \sqrt{\frac{8\pi^2 mE}{h^2}} x,$$

o que também poderia ser verificado por substituição. Sua soma também é uma solução. A e B são constantes a determinar. Essas soluções devem satisfazer a condição de ser $\psi = 0$ para $x = 0$ e $x = a$. Como cos $0 = 1$, a primeira solução não pode descrever o comportamento da partícula, a não ser que seja $A = 0$.

Como por outro lado sen $0 = 0$, a segunda solução sempre dá $\psi = 0$ para $x = 0$. Mas ψ deve ser zero também para $x = a$, e isso só é possível se

$$\sqrt{\frac{8\pi^2 mE}{h^2}} a = \pi, \ 2\pi, \ 3\pi, \ \ldots$$

ou

$$\sqrt{\frac{8\pi^2 mE}{h^2}} a = n\pi \quad (n = 1, 2, 3 \ldots).$$

Daí conclui-se que a energia da partícula pode ter apenas valores determinados que constituem seus *níveis energéticos*. Esses valores podem ser obtidos da expressão anterior, por elevação ao quadrado de ambos os seus membros:

$$\frac{8\pi^2 mE}{h^2} a^2 = n^2 \pi^2$$

ou

$$E = \frac{n^2 h^2}{8ma^2}. \tag{11.12}$$

CONCEPÇÃO MECÂNICO–ONDULATÓRIA DO ELÉTRON

Observações

1. A energia de uma partícula confinada numa caixa não pode assumir quaisquer valores; o seu confinamento leva a restrições em sua função de onda, restrições essas que acabam lhe permitindo apenas a energia dada pela equação (11.12). Para cada valor de n, o valor permissível de E não depende da posição da partícula.

2. É importante observar que o elétron não pode ter energia zero; se isso acontecesse, a função de onda seria zero em todos os pontos no interior da caixa e isso significaria que o elétron não estaria aí presente. A exclusão de $E = 0$ como um valor possível para a energia de um elétron confinado e a limitação de E a um conjunto discreto de valores definidos é um resultado ditado pela Mecânica Quântica e que nada tem de semelhante na Mecânica clássica, na qual todas as energias são possíveis, inclusive a nula.

3. O número inteiro n que figura na equação (11.12) e define o nível energético é o *número quântico principal*. Ao contrário do que sucedia no modelo de Bohr, ele aqui não é introduzido por postulado, mas aparece naturalmente na resolução da equação de Schrödinger.

4. Note-se que se, na expressão

$$\psi = B \operatorname{sen} \sqrt{\frac{8\pi^2 mE}{h^2}} x,$$

for substituído E pelas possíveis energias

$$E = \frac{n^2 h^2}{8ma^2},$$

ter-se-á

$$\psi = B \operatorname{sen} \frac{n\pi x}{a}. \tag{11.13}$$

Na Fig. 11.4 estão representadas as funções de onda ψ_1, ψ_2, ψ_3 e ψ_4 e também os seus quadrados $\psi_1^2, \psi_2^2, \psi_3^2$ e ψ_4^2, que exprimem as probabilidades de encontrar a partícula no ponto de abscissa x. Em cada caso, para $x = 0$ e $x = a$, que definem os limites da caixa, tem-se $\psi^2 = 0$. Num ponto particular da caixa a probabilidade da presença da partícula pode ser bem diferente para diferentes números quânticos. Por exemplo, ψ_1^2 tem seu máximo valor para $x = \dfrac{a}{2}$, isto é, no meio da caixa, enquanto nesse ponto $\psi_2^2 = 0$. O fato é interessante: uma partícula em um nível de energia mais baixo ($n = 1$) é mais provavelmente encontrada no meio da caixa, enquanto a mesma partícula no nível de energia imediatamente seguinte nunca está aí. Pela Mecânica clássica, a probabilidade de encontrar essa partícula seria a mesma para qualquer ponto da caixa.

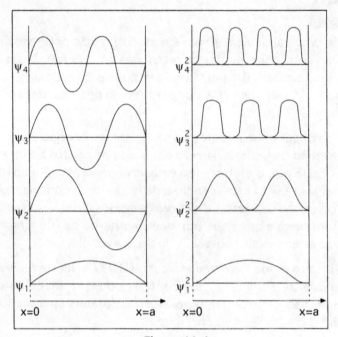

Figura 11.4

5. Observe-se ainda que as funções de onda ilustradas na Fig. 11.4 lembram as vibrações transversais de uma corda fixa em suas extremidades. Isso é uma conseqüência do fato de as ondas numa corda tensa e a onda associada ao movimento de uma partícula obedecerem a equações da mesma forma.

6. Do ponto de vista quântico o comportamento de um elétron num átomo se assemelha ao do elétron confinado numa caixa de alguns poucos angstrons de largura. Tomando, por exemplo, $a = 2,5$ Å e tendo em conta que

$$h = 6,625 \times 10^{-27} \text{ erg} \times \text{s}$$
e
$$m = 9,11 \times 10^{-28} \text{ g},$$
obtém-se

$$E = \frac{n^2 h^2}{8ma^2} = n^2 \frac{6,625^2 \times 10^{-54}}{8 \times 9,1 \times 10^{-28} \times 2,5^2 \times 10^{-16}} = 9,6 \times 10^{-12} n^2 \text{ erg}.$$

A energia emitida por um elétron que transitasse do nível $n = 2$ para o nível $n = 1$ seria

$$\Delta E = E_2 - E_1 = 9,6 \times 10^{-12}(2^2 - 1^2) = 28,8 \times 10^{-12} \text{ erg}$$

e o comprimento de onda da radiação emitida nesse trânsito seria dado pela relação de Planck

$$\Delta E = h\nu, \quad \text{onde} \quad \nu = \frac{c}{\lambda}.$$

Logo

$$\lambda = \frac{hc}{\Delta E} = \frac{6,625 \times 10^{-27} \times 3 \times 10^{10}}{28,8 \times 10^{-12}} = 6,8 \times 10^{-6} \text{ cm} = 680 \text{ Å},$$

que é o comprimento de onda de uma radiação ultravioleta. Esse resultado sugere que o modelo da caixa é satisfatório, uma vez que os átomos, ordinariamente, emitem radiações nessa região do espectro.

11.7 A Equação de Schrödinger e o Átomo de Hidrogênio

A aplicação da equação de Schrödinger a quaisquer átomos e moléculas leva a dificuldades de solução muitas vezes intransponíveis. Apenas para os sistemas mais simples, como é o caso do átomo de hidrogênio ou de um íon hidrogenóide, é possível desenvolver o cálculo de forma razoavelmente correta; nos demais casos procura-se adaptar as descrições propiciadas pela Mecânica Ondulatória para o átomo de hidrogênio.

Imagine-se um sistema atômico simples constituído por um único elétron de carga $-e$ situado à distância R de um núcleo de carga $+Ze$. A energia potencial do elétron, para $4\pi\varepsilon_0 = 1$, é

$$U = -\frac{Ze^2}{R},$$

o que, por substituição na equação (11.9), dá

$$\frac{\partial^2 \psi}{\partial x^2} + \frac{\partial^2 \psi}{\partial y^2} + \frac{\partial^2 \psi}{\partial z^2} + \frac{8\pi^2 m}{h^2}\left(E + \frac{Ze^2}{R}\right)\psi = 0. \tag{11.14}$$

Essa é uma equação diferencial de 2.ª ordem que, para a determinação de ψ, deve ser resolvida pelos procedimentos normais.

Sucede que, conforme é do conhecimento do leitor, as equações diferenciais admitem um grande número de soluções e, segundo o que mostrou Dirac[*], cada solução da equação (11.14) para os sistemas atômicos mais simples é definida fixando valores numéricos particulares para três parâmetros, que, no caso, são os números quânticos.

Para chegar às soluções da equação (11.14) é conveniente substituir as coordenadas cartesianas x, y e z pelas coordenadas esféricas R, θ e φ, relacionadas com as primeiras pelas expressões

$$x = R \text{ sen } \theta \cos \varphi,$$
$$y = R \text{ sen } \theta \text{ sen } \varphi$$

e
$$z = R \cos \theta,$$

facilmente obtidas a partir da Fig. 11.5.

[*] Paul Dirac (1902-1984) recebeu, junto com Schrödinger, o Prêmio Nobel de 1933 pelos seus trabalhos pioneiros em Mecânica Quântica.

A substituição, na equação (11.14), das coordenadas cartesianas pelas esféricas e a resolução da equação obtida envolvem uma série penosa de passagens e operações dispensáveis num curso de Química Geral. Basta aceitar que as funções de onda resultante $\psi(R, \theta, \varphi)$, expressas em função das novas coordenadas introduzidas, só existem para valores da energia determinados pelas expressões

$$E = -\frac{2\pi^2 m Z^2 e^4}{n^2 h^2} \quad (\text{com } n = 1, 2, 3, \ldots)$$

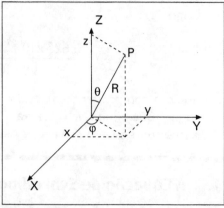

Figura 11.5

e, no caso particular do átomo de hidrogênio, com $Z = 1$,

$$E = \frac{2\pi^2 m e^4}{n^2 h^2},$$

que nada mais é senão a já vista expressão (10.18). A equação de Schrödinger leva, portanto, no caso do átomo de hidrogênio, às mesmas energias permitidas aos elétrons que as estabelecidas por Bohr, sem, entretanto, recorrer aos seus postulados.

11.8 As Funções de Onda do Átomo de Hidrogênio

Uma vez introduzidas as coordenadas esféricas, as funções de onda $\psi = \psi(R, \theta, \varphi)$, que satisfazem à equação de Schrödinger, podem ser formuladas como produto de três outras funções $f_1, f_2,$ e f_3 respectivamente das variáveis R, θ e φ:

$$\psi = \psi(R, \theta, \varphi) = f_1(R) \cdot f_2(\theta) \cdot f_3(\varphi). \tag{11.15}$$

Cada uma das soluções representadas pela equação (11.15) contém três números quânticos, um para cada uma dessas três funções.

Um desses números, representado por n, o mesmo que figura na expressão da energia permitida para o elétron, é o que aparece na parte $f_1(R)$, conhecida como *parte radial* da função de onda; esse número desempenha um papel semelhante ao do número quântico no modelo de Bohr, isto é, define a distância média do elétron ao núcleo atômico. Pode assumir unicamente valores inteiros $n = 1, 2, 3, \ldots$

O *número quântico secundário* l aparece na correlação entre a função de onda e a variável θ, portanto na função $f_2(\theta)$, enquanto o *número quântico magnético* m_l surge na função $f_3(\varphi)$, isto é, na dependência da função de onda com a variável φ. Os valores desses dois números quânticos não afetam a energia do elétron. Para um dado n, o primeiro pode assumir todos os valores de 0 a $n - 1$, ao passo que o segundo pode tomar, para um dado l, todos os $2l + 1$ valores inteiros compreendidos entre $-l$ e $+l$.

Quando esses três números são especificados, diz-se definida ou especificada a função de onda ou o orbital atômico[*]. Em outras palavras, a função de onda identificada por meio dos três números quânticos chama-se *orbital atômico*.

Os orbitais são representados pela simbologia referida no item 10.11. Por exemplo, o símbolo 3p refere-se a todos os orbitais para os quais $n = 3$ e $l = 1$.

Os orbitais com o mesmo número quântico n são considerados pertencentes à mesma camada ou ao mesmo nível quântico, designado pelas letras $K, L, M, N, ...$, conforme seja $n = 1, 2, 3, 4,...$ O conjunto de orbitais com os mesmos valores de n e l constitui uma subcamada ou um subnível.

Na Tab. 11.1 estão indicadas algumas das funções de onda que são soluções da equação de onda do átomo de hidrogênio, ou melhor, de todos os átomos do tipo hidrogenóide com um só elétron ao redor de um núcleo de carga $+Ze$. A constante a_0 que figura nessas funções representa o *raio de Bohr* $a_0 = 0,529$ Å.

O quadrado ψ^2 dessas funções, conforme o visto no item 11.5, exprime segundo Born, a probabilidade de encontrar o elétron num elemento de volume dv unitário na posição de coordenadas R, θ e φ (ou x, y e z).

As configurações eletrônicas são mais bem compreendidas por diagramas representativos, em separado, das partes radial e angular da função de onda.

Na Fig. 11.6 é mostrada a forma da parte radial $f_1(R)$ da função de onda, para os níveis energéticos mais baixos $n = 1$, $n = 2$ e $n = 3$. As abscissas são expressas

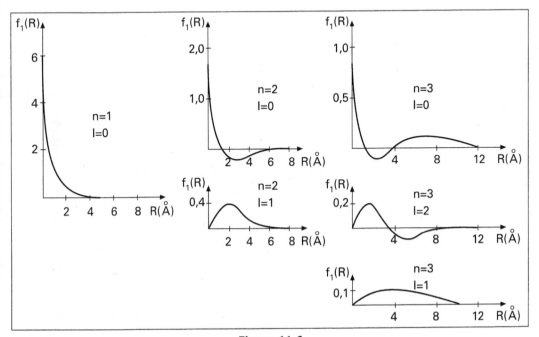

Figura 11.6

[*] Os três primeiros números quânticos só definem o orbital. A definição do elétron exige a definição do quarto, o número quântico magnético de *spin*.

TABELA 11.1

n	l	Parte radial da função de onda $f_1(R)$	m_l	Parte angular da função de onda $f_2(\theta) \cdot f_3(\varphi)$	Símbolo da função de onda
1	0	$2\left(\dfrac{Z}{a_0}\right)^{\frac{3}{2}} e^{-\frac{ZR}{a_0}}$	0	$\left(\dfrac{1}{4\pi}\right)^{\frac{1}{2}}$	$1s$
2	0	$\left(\dfrac{z}{2a_0}\right)^{\frac{3}{2}}\left(2-\dfrac{ZR}{a_0}\right) e^{-\frac{ZR}{2a_0}}$	0	$\left(\dfrac{1}{4\pi}\right)^{\frac{1}{2}}$	$2s$
	1	$\left(\dfrac{1}{\sqrt{3}}\right)\left(\dfrac{Z}{2a_0}\right)^{\frac{3}{2}}\left(\dfrac{ZR}{a_0}\right) e^{-\frac{ZR}{2a_0}}$	$+1$	$\left(\dfrac{3}{4\pi}\right)^{\frac{1}{2}} \operatorname{sen} \theta \operatorname{sen} \varphi$	$2p_x$
			0	$\left(\dfrac{3}{4\pi}\right)^{\frac{1}{2}} \cos \theta$	$2p_z$
			-1	$\left(\dfrac{3}{4\pi}\right)^{\frac{1}{2}} \operatorname{sen} \theta \operatorname{sen} \varphi$	$2p_y$
3	0	$\dfrac{1}{9\sqrt{3}}\left(\dfrac{Z}{a_0}\right)^{\frac{3}{2}}\left(6-4\dfrac{ZR}{a_0}+\dfrac{4Z^2R^2}{9a_0^2}\right) e^{-\frac{ZR}{3a_0}}$	0	$\left(\dfrac{1}{4\pi}\right)^{\frac{1}{2}}$	$3s$
	1	$\dfrac{1}{9\sqrt{6}}\left(\dfrac{Z}{a_0}\right)^{\frac{3}{2}} \dfrac{2ZR}{3a_0}\left(4-\dfrac{2ZR}{3a_0}\right) e^{-\frac{ZR}{3a_0}}$	$+1$	$\left(\dfrac{3}{4\pi}\right)^{\frac{1}{2}} \operatorname{sen} \theta \cos \varphi$	$3p_x$
			0	$\left(\dfrac{3}{4\pi}\right)^{\frac{1}{2}} \cos \theta$	$3p_z$
			-1	$\left(\dfrac{3}{4\pi}\right)^{\frac{1}{2}} \operatorname{sen} \theta \operatorname{sen} \varphi$	$3p_y$
	2	$\dfrac{1}{9\sqrt{30}}\left(\dfrac{Z}{a_0}\right)^{\frac{3}{2}} \dfrac{4Z^2R^2}{9a_0^2} e^{-\frac{ZR}{3a_0}}$	$+2$	$\left(\dfrac{15}{4\pi}\right)^{\frac{1}{2}} \operatorname{sen}^2 \theta \cos 2\varphi$	$3d_{x^2,y^2}$
			$+1$	$\left(\dfrac{15}{4\pi}\right)^{\frac{1}{2}} \operatorname{sen} \theta \cos \theta \cos \varphi$	$3d_{x,z}$
			0	$\left(\dfrac{5}{16\pi}\right)^{\frac{1}{2}} (3 \cos^2 \theta -1)$	$3d_{z^2,R^2}$
			-1	$\left(\dfrac{15}{4\pi}\right)^{\frac{1}{2}} \operatorname{sen} \theta \cos \theta \operatorname{sen} \varphi$	$3d_{y,z}$
			-2	$\left(\dfrac{15}{4\pi}\right)^{\frac{1}{2}} \operatorname{sen}^2 \theta \operatorname{sen} 2\varphi$	$3d_{x,y}$

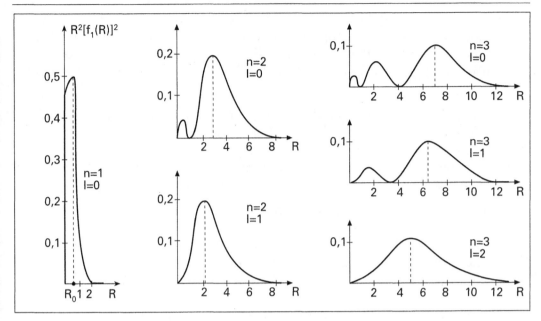

Figura 11.7

em Å e as ordenadas em Å$^{-3/2}$. As curvas figuradas permitem uma visualização da distribuição radial das funções de onda e mostram que, para valores crescentes de R, e também de n, a função de onda diminui rapidamente para tomar valores praticamente nulos. Entretanto, uma percepção melhor dessa distribuição pode ser obtida pelo confronto das probabilidades de se localizar o elétron a diferentes distâncias do núcleo. Para tal, é interessante construir a curva representativa do quadrado da parte radial da função de onda ou, mais precisamente, do produto $R^2[f_1(R)]^2$ do quadrado dessa função pelo quadrado de R.

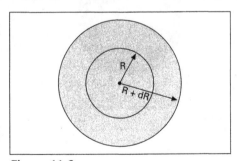

Figura 11.8

De fato, segundo o visto no item 11.5, o produto $\psi^2 dv$ exprime a probabilidade de encontrar o elétron num elemento de volume dv. Assim, a probabilidade de o elétron estar situado a uma distância do núcleo compreendida entre R e R + dR, ou seja, num elemento anelar de volume à distância R do núcleo, é $4\pi R^2 dR$ vezes a probabilidade correspondente a uma unidade de volume. Como esta última é ψ^2 e portanto proporcional a $[f_1(R)]^2$, então o produto $R^2[f_1(R)]^2$ é proporcional à probabilidade de localizar o elétron num elemento de volume anelar dv à distância R do núcleo.

Essas novas curvas (Fig. 11.7), melhor que as anteriores, ilustram o modo pelo qual varia com R a probabilidade de localizar o elétron numa dada região. No caso, por exemplo, do orbital 1s ($n = 1, l = 0$), a maior probabilidade de se localizar o elétron encontra-se para $R_0 = 0,53$ Å, que é o raio de Bohr. Já para o orbital 2s ($n = 2, l = 0$), os valores de R para os quais $R^2[f_1(R)]^2$ é nulo são os que assinalam os nós esféricos, isto é, as camadas nas quais a probabilidade de encontrar o elétron é nula, e a maior probabilidade de se localizar o elétron existe para uma distância do núcleo aproximadamente igual a 2,2 Å e que corresponde à segunda órbita permitida de Bohr.

Contudo, os químicos preferem como forma mais intuitiva para representar, com R, a variação da probabilidade de encontrar o elétron, figurar a superfície-limite da região em que tal probabilidade é alta. Para compreender como isso pode ser conseguido, é importante lembrar que, segundo a equação (11.15), a função de onda ψ é produto da parte radial $f_1(R)$ pelas funções $f_2(\theta), f_3(\varphi)$, o que torna possível, por conseguinte, representar a forma da própria função ψ.

Segundo a Tab. 11.1 as funções de onda 1s, 2s e 3s são independentes de θ e φ. Isso significa que, nesses casos, a função ψ não depende da direção, e as curvas representativas de $f_1(R)$ constituem uma descrição completa da distribuição das órbitas eletrônicas. A constância da parte angular pode então ser representada pela esfera da Fig. 11.9 na qual a função de onda total é, em qualquer direção em relação ao núcleo, o produto da parte radial por uma constante independente de θ e φ. Essa função é então esfericamente simétrica, isto é, ψ tem o mesmo valor em todas as direções em que seja medido R; a superfície-limite é então uma superfície esférica tendo o núcleo como centro.

Todos os orbitais atômicos s, isto é, todas as soluções da equação de onda quando $l = 0$, possuem essa simetria esférica, porém R_0 cresce com o número quântico principal, e os orbitais se tomam mais difusos.

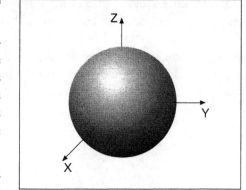

O mesmo já não sucede com as mencionadas soluções quando $n = 2$ e $l = 1$; nesse caso o número quântico m_l pode assumir os valores -1, 0 e $+1$ e existem, portanto, três orbitais atômicos 2p diferentes que têm as correspondentes soluções da equação de onda representadas na Tab. 11.1.

Esses orbitais não apresentam simetria esférica, mas cada um deles tem um eixo de simetria coincidente com um dos três eixos cartesianos 0X, 0Y, 0Z. Na Fig. 11.10 aparecem representadas as conformações das superfícies-limite correspondentes a ψ^2 ou, o que é o mesmo, aos quadrados dos produtos $[f_2(\theta) \cdot f_3(\varphi)]$; cada uma delas delimita uma região do espaço na qual a

Figura 11.9

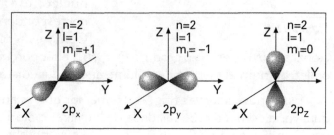

Figura 11.10

probabilidade de se localizar o elétron é de cerca de 95%. Os planos normais a cada um dos eixos de simetria são superfícies de probabilidade zero, chamadas *planos nodais*.

A forma dessas superfícies, nos três casos, é a mesma, como decorrência de ser, para todas elas, $l = 1$; a sua orientação é variável com m_l. Quando $m_l = 0$, a parte angular da função de onda

$$f_2(\theta) \cdot f_3(\varphi) = \left(\tfrac{3}{4}\right)^{\tfrac{1}{2}} \cos\theta$$

ou o seu quadrado

$$[f_2(\theta) \cdot f_3(\varphi)]^2 = \tfrac{3}{4}\cos^2\theta$$

não dependem de ψ. Isso sugere que esse produto, como também ψ^2, é simétrico em relação ao eixo $0Z$. Por outro lado, a fixação de alguns valores particulares de θ permite identificar que o produto em questão, como também ψ^2, tem a forma da superfície de um haltere estendido ao longo do eixo $0Z$. Por isso, o orbital $2p$ definido com $m_l = 0$ é representado por $2p_z$.

A dependência de θ e φ dos dois outros orbitais chamados $2p_x$ e $2p_y$ leva, por outro lado, a concluir que as superfícies consideradas têm também forma de haltere, porém são simétricas em relação aos eixos $0X$ e $0Y$, respectivamente.

Para $n = 3$ existem nove orbitais possíveis, dos quais o $3s$ admite uma simetria esférica, enquanto os $3p$ admitem uma superfície-limite semelhante à dos $2p$.

Já para $n = 3$ e $l = 2$, isto é, para os orbitais $3d$, existem cinco superfícies-limite diferentes. Uma delas, a do orbital $3d_z$, tem a forma de um haltere enlaçado por um anel toroidal; o seu eixo de simetria (v. Fig. 11.11) coincide com o eixo $0Z$. As demais superfícies, todas com a forma de quatro lóbulos, estão diferentemente orientadas no espaço. O orbital representado por $3d_{x^2y^2}$ tem dois desses lóbulos distribuídos ao redor do eixo $0X$ e os outros dois ao redor do eixo $0Y$. Nos três orbitais restantes, os eixos de simetria dos lóbulos encontram-se:

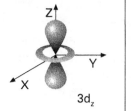

a) no plano $0XZ$, entre os eixos (orbital $3d_{xz}$);

b) no plano $0XY$, entre os eixos (orbital $3d_{xy}$);

c) no plano $0YZ$, entre os eixos (orbital $3d_{yz}$).

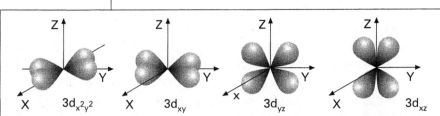

Figura 11.11

CAPÍTULO 12

O Núcleo Atômico

12.1 O Núcleo Atômico

Segundo o exposto no item 10.3, uma prova convincente da existência do núcleo atômico foi obtida, entre 1909 e 1911, com as experiências sobre o espalhamento das partículas α através de lâminas metálicas. Contudo, a idéia de que o átomo deve apresentar uma estrutura lacunar encontra também apoio nos fatos observados por Rutherford ao estudar as trajetórias descritas por partículas α através de um gás.

A observação dessas trajetórias pode ser realizada com auxílio de uma câmara de Wilson, recipiente contendo um gás saturado de vapor de água. As partículas α, ao atravessar o recipiente, provocam a ionização das moléculas que se encontram no seu percurso. Procedendo a uma expansão brusca do gás, o esfriamento por ela causado determina a condensação do vapor de água sobre os íons formados, o que torna as trilhas descritas por aquelas partículas observáveis sobre uma fotografia obtida por ocasião da expansão.

As fotografias mostram que as trajetórias das partículas α, na maioria das vezes, são retilíneas em quase toda a sua extensão; algumas vezes revelam um ligeiro desvio e apenas raramente exibem, na sua extremidade, uma brusca inflexão (Fig. 12.1). Isso sugere que os átomos devem apresentar grandes regiões vazias, que são atravessadas pelas partículas α, pois, se assim não fosse, uma partícula, que num pequeno lapso de tempo encontra milhares de átomos, deveria, no choque com eles, experimentar uma mudança de direção e, em conseqüência, descrever

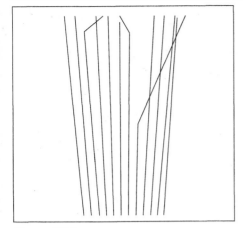

Figura 12.1

uma linha em ziguezague. Os pronunciados desvios que uma partícula experimenta ocasionalmente devem ser produzidos por poderosas forças de repulsão, devidas à ação de cargas concentradas em regiões de volume bastante reduzido em confronto com o do próprio átomo. Essas regiões são os núcleos atômicos, cuja carga Rutherford mediu (v. item 10.3).

12.2 Constituição do Núcleo

Segundo as experiências de Rutherford, o número que mede a carga do núcleo, quando como unidade de carga é adotada a do elétron, é expresso pelo número atômico desse elemento, isto é, $Q = Ze$. Isso sugere, imediatamente, que o núcleo de um átomo de número atômico Z deve encerrar Z prótons. Assim, o núcleo de fósforo, elemento para o qual $Z = 15$, tem carga equivalente à de 15 prótons. Sucede, entretanto, que a massa de um átomo de fósforo é aproximadamente igual a 31 u, enquanto a do próton é cerca de 1 u; isto sugere, por sua vez, que o núcleo de fósforo deve encerrar 31 prótons. Tendo em conta, então, simultaneamente suas massa e carga, parece razoável supor que o núcleo de um átomo de fósforo seja constituído por 31 prótons e 16 elétrons.

Segundo esse modo de pensar, tradutor das primeiras idéias de Rutherford a propósito da constituição do núcleo, excetuando o átomo de hidrogênio, cujo núcleo seria constituído apenas por um próton, todos os núcleos apresentariam certo número n_1 de prótons ao lado de um número n_2 de elétrons; os números n_1 e n_2 deveriam satisfazer simultaneamente as condições

$$n_1 \cong A$$
e
$$n_1 - n_2 = Z,$$

com A representando a massa atômica do elemento.

Após a descoberta dos nêutrons (1932), as idéias sobre a constituição do núcleo se modificaram; deixou-se de aceitar a existência de elétrons nucleares, para considerar os núcleos constituídos de prótons e nêutrons designados, indistintamente, pelo nome de núcleons.

No caso do átomo de fósforo, o núcleo seria constituído por 15 prótons e 16 nêutrons. Uma vez que as massas do próton e do nêutron são ambas próximas de 1 u, a massa de um átomo de fósforo seria próxima de 15 u + 16 u = 31 u, e a carga do seu núcleo seria igual à de 15 prótons.

282 QUÍMICA GERAL

Para um átomo qualquer de número atômico Z, o núcleo é integrado por Z prótons e um número N de nêutrons, tal que a soma $Z + N$, chamada *número de massa*, seja um número inteiro próximo da massa atômica A.

Nos átomos conhecidos, Z varia de 1 a 104, e N de 0 a 155, aproximadamente.

12.3 Isótopos

Um núcleo atômico é identificado pelo número atômico Z e o número de massa $Z + N$. Todos os núcleos que têm em comum Z e N, e portanto também $Z + N$, dizem-se pertencentes ao mesmo nuclídeo ou núclide. Do mesmo modo que todos os átomos de mesmo Z se dizem do mesmo elemento, todos os núcleos de mesma composição são ditos do mesmo nuclídeo.

Para representar um dado nuclídeo, associam-se ao símbolo do elemento químico em questão dois números colocados à sua esquerda, dos quais o debaixo é o número atômico e o de cima, o de massa:

$$\ _{3}^{7}\text{Li}, \quad _{6}^{12}\text{C}, \quad _{53}^{127}\text{I}, \quad _{92}^{238}\text{U}.$$

Embora existam 92 elementos naturais e mais alguns artificiais, são conhecidas aproximadamente 1 440 variedades de nuclídeos, dos quais mais de 75% são artificiais e apenas 20% são estáveis.

Os nuclídeos com o mesmo número de prótons e diferentes números de massa chamam-se *isótopos*. Tendo presente que a característica identificadora do elemento químico é seu número atômico, os isótopos são *nuclídeos do mesmo elemento*.

O número de isótopos naturais varia de um elemento para outro de maneira imprevisível. O flúor apresenta apenas uma variedade natural de nuclídeo,

$$_{9}^{19}\text{F},$$

enquanto o carbono tem três isótopos naturais,

$$_{6}^{12}\text{C}, \quad _{6}^{13}\text{C}, \quad _{6}^{14}\text{C},$$

além de outros cinco artificiais

$$_{6}^{9}\text{C}, \quad _{6}^{10}\text{C}, \quad _{6}^{11}\text{C}, \quad _{6}^{15}\text{C}, \quad _{6}^{16}\text{C}.$$

Já o iodo apresenta ao todo 17 isótopos conhecidos, que vão de $_{53}^{117}\text{I}$ até $_{53}^{133}\text{I}$. Deles, só é natural o $_{53}^{127}\text{I}$.

A estabilidade de um núcleo está intimamente ligada à sua constituição, isto é, ao número Z de prótons e N de nêutrons que nele existem; para um dado Z, ela depende da relação $\frac{N}{Z}$.

Nos núcleos leves, que vão do hélio ($Z = 2$) ao cálcio ($Z = 20$), a estabilidade é alcançada com $\frac{N}{Z}$ praticamente igual a 1, isto é, com um número de nêutrons praticamente igual ao de prótons. Em regra, são instáveis os núcleos com mais de 83 prótons, como também os que têm número de massa maior que 209.

Nos núcleos de número atômico médio e elevado, a estabilidade é, com o crescer de Z, atingida com $\frac{N}{Z}$ compreendido entre 1 e 1,5 aproximadamente.

Para cada valor de Z entre 2 e 83 existe um pequeno intervalo de variação do quociente $\frac{N}{Z}$ dentro do qual o núcleo é estável. No caso do Sn ($Z = 50$) todos os isótopos estáveis, cujos números de massa variam de 112 a 124, têm $\frac{N}{Z}$ compreendido entre 1,24 e 1,48. Um núcleo com $\frac{N}{Z}$ externo a esse intervalo é instável e tende a se desintegrar, por expulsão de algum corpúsculo; é dito radioativo.

Além disso, o exame cuidadoso dos números de massa e atômicos dos isótopos estáveis revela, entre eles, uma marcante predominância de número par de nêutrons: cerca de 60% dos núcleos estáveis contêm número par de nêutrons. Por outro lado, aproximadamente 86% dos núcleos existentes na crosta terrestre, excluídas as águas e a atmosfera, têm número de massa par.

Conhecem-se apenas quatro núcleos estáveis que têm simultaneamente números ímpares de prótons e nêutrons:

$$^{2}_{1}\text{H}, \qquad ^{6}_{3}\text{Li}, \qquad ^{10}_{5}\text{B}, \qquad ^{14}_{7}\text{N}.$$

São poucos os elementos (apenas 23) que não têm isótopos estáveis; esses elementos, chamados *puros*, têm, com exceção do hélio, número atômico ímpar. São puros os elementos de número atômico: 7, 9, 11, 13, 15, 21, 25, 27, 33, 39, 41, 45, 53, 55, 59, 65, 67, 69, 73, 79, 83, 89 e 91. Os elementos que não são puros são chamados *mistos*.

Os isótopos estáveis de um mesmo elemento são usualmente designados pelo mesmo nome. Contudo, no caso dos três isótopos do hidrogênio,

$$^{1}_{1}\text{H}, \qquad ^{2}_{1}\text{H}, \qquad ^{3}_{1}\text{H},$$

emprega-se uma nomenclatura própria. O primeiro deles é o *próton*, o segundo é o *dêuteron* e o último é o *tríton*. Os átomos eletricamente neutros a eles correspondentes são chamados, respectivamente, *hidrogênio leve*, *deutério* e *trítio*.

Em primeira aproximacão, as proporções em que são encontrados os diferentes isótopos de um mesmo elemento são sensivelmente constantes, qualquer que seja a fonte, terrestre ou extraterrestre, em que se encontram. Os isótopos do hidrogênio, na ordem em que foram mencionados, encontram-se no hidrogênio comum na proporção ponderal de 99,98% para 0,02% e 0,000 000 07%.

A identificação dos isótopos se faz por meio do espectrógrafo de massa, mas sua separação pode ser conseguida por aplicação de qualquer processo cujo desenvolvimento dependa da massa das partículas: difusão comum e difusão térmica, difusão conjugada com centrifugação, destilação fracionada, evaporação, migração iônica, cromatografia gasosa, etc. Em particular, o método da difusão gasosa baseia-se na lei de Graham (v. item 6.7).

No caso, por exemplo, do urânio natural, que é constituído por uma mistura de isótopos em que predominam $^{238}_{92}\text{U}$ (99,3%) e $^{235}_{92}\text{U}$ (0,7%), provoca-se a sua

284 QUÍMICA GERAL

reação com flúor, de modo a originar o hexafluoreto de urânio, constituído por uma mistura de $^{238}_{92}UF_6$ e $^{235}_{92}UF_6$, cujas massas moleculares são 352 e 349. Dirigindo a mistura dos vapores através de um orifício de pequena abertura, o menos denso atravessa-o mais rapidamente que o outro; em conseqüência, a mistura que emerge contém uma fração maior do componente de menor número de massa que a mistura original. A repetição dessa operação milhares de vezes leva à separação desejada.

Observação

Segundo designação introduzida por Stwart (1918), *isóbaros* são os nuclídeos que têm o mesmo número de massa $(Z + N)$, embora difiram pelo seu número atômico Z e também pelo seu número N de nêutrons. Por exemplo,

$$^{11}_5B \quad e \quad ^{11}_6C$$

são *isóbaros*, uma vez que para ambos $Z + N = 11$.

Os nuclídeos que têm o mesmo número N de nêutrons, mas diferentes números atômicos, chamam-se *isótonos*. São exemplos de isótonos, com $N = 7$,

$$^{13}_6C, \quad ^{14}_7N \quad e \quad ^{15}_8O.$$

12.4 O Raio do Núcleo Atômico

Por experiências sobre a deflexão de partículas α, do tipo das descritas no item 10.3, tendo em conta os desvios máximos por elas experimentados ao atravessar uma lâmina, torna-se possível avaliar os valores mínimos de d e, conseqüentemente, com alguma aproximação, o raio de um núcleo atômico. Efetivamente, a equação (10.2) mostra que, para $d \to 0$, deve o desvio φ tender para 180°, isto é, uma partícula α disparada precisamente contra o centro de um núcleo deverá ser reenviada para trás, em concordância, aliás, com o que seria de esperar para um choque do tipo central. Ora, num tipo de choque como esse, a partícula α deve aproximar-se do núcleo até uma distância r para a qual a sua energia potencial $q\dfrac{Q}{r}\dfrac{1}{4\pi\varepsilon_0}$ resulte igual à sua energia cinética $\frac{1}{2}mv^2$. Assim, a equação

$$\frac{1}{4\pi\varepsilon_0}q\frac{Q}{r} = \frac{1}{2}mv^2$$

permite calcular a distância mínima r, do núcleo, que pode ser atingida por uma partícula α. De fato, supondo que a lâmina bombardeada seja constituída por um elemento de número atômico Z, então $Q = Ze$, e tendo em conta que $q = 2e$, resulta

$$r = \frac{4Ze^2}{4\pi\varepsilon_0 mv^2}. \tag{12.1}$$

Admitindo que a lâmina bombardeada seja de ouro ($Z = 79$) e lembrando também que $e = 4,8 \times 10^{-10}$ statcoulomb, $m = 6,6 \times 10^{-24}$ g (massa da partícula α) e $v = 1,6 \times 10^9$ cm $\times$ s^{-1} (velocidade das partículas α emitidas na desintegração natural do rádio), resulta

$$r = \frac{4 \times 79 \times 4,8^2 \times 10^{-20}}{6,6 \times 10^{-24} \times 1,6^2 \times 10^{18}} \cong 4 \times 10^{-12} \text{ cm}.$$

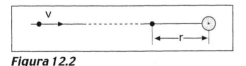

Figura 12.2

Posto que uma partícula α pode chegar a cerca de 10^{-12} cm do núcleo, e ainda ser repelida (v. Fig. 12.2), o núcleo propriamente dito deve ter raio menor que o r calculado.

Resultados como esse, colhidos numa série de outras experiências, com partículas mais rápidas, levam a concluir que a carga positiva de um núcleo se distribui por uma "esfera", cujo raio é da ordem de 10^{-13} cm. Um valor aproximado para o raio do núcleo atômico pode ser determinado, por uma fórmula empírica, em função do número $Z + N$ de núcleons que o constituem. Considerando o núcleo como uma esfera compacta de raio R, em que se fundem Z prótons e N nêutrons, ambos de mesmo raio r, então

$$\frac{4}{3}\pi R^3 = (Z+N)\frac{4}{3}\pi r^3$$

ou
$$R = r\sqrt[3]{Z+N}.$$

Como o valor de r tem sido estimado em $1,5 \times 10^{-13}$ cm, então

$$R = 1,5 \times 10^{-13}\sqrt[3]{Z+N} \text{ cm}, \qquad (12.2)$$

expressão não obedecida pelos núcleos muito leves.

O conhecimento do raio de um núcleo permite avaliar sua massa específica. De fato, a massa de um núcleo é aproximadamente $m = (Z+N)u$ e, como seu volume é $\frac{4}{3}\pi R^3$, então sua massa específica é

$$\mu \cong \frac{(Z+N)\,1,66 \times 10^{-24}}{\frac{4}{3}\pi\left(1,5 \times 10^{-13}\sqrt[3]{Z+N}\right)^3} \cong 1,2 \times 10^{14} \frac{\text{g}}{\text{cm}^3}.$$

Essa massa específica é tão elevada que, se o globo terrestre, cuja massa é aproximadamente 6×10^{24} kg, tivesse a mesma densidade, seu volume seria 5×10^{13} cm^3, ou seja, o de uma esfera de aproximadamente 220 m de raio.

É de ressaltar, finalmente, que o conceito de raio do núcleo deve ser entendido em termos, porque o núcleo não deve ser pensado como uma esferazinha de raio, superfície e volume bem definidos. Na verdade, a densidade da matéria nuclear varia com a distância ao centro do núcleo segundo uma curva com a forma indicada na Fig. 12.3, na qual os números assinalados correspondem aproximadamente aos relativos ao ouro.

O raio do núcleo pode ser então definido como a distância ao centro do núcleo para a qual a densidade da matéria nuclear é reduzida à metade.

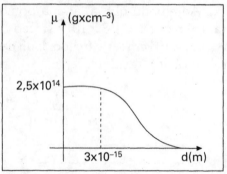

Figura 12.3

Segundo uma curva parecida varia também a densidade da carga nuclear em função da distância ao centro do núcleo; isso sugere que o raio do núcleo também pode ser definido como a distância para a qual essa densidade de carga é reduzida à metade.

Tanto num caso como no outro, conclui-se que esse raio é dado por uma expressão do tipo

$$R = r_0 \sqrt[3]{Z+N} \qquad (12.3)$$

Mas, enquanto no primeiro caso, pela análise do espalhamento de um feixe de nêutrons, se obtém

$$r_0 = 1,4 \times 10^{-13} \text{ cm},$$

no segundo, estudando o comportamento, diante do núcleo, de um feixe de elétrons rápidos, obtém-se

$$r_0 = 1,2 \times 10^{-13} \text{ cm}.$$

12.5 Defeito de Massa e Energia de União

De conformidade com o exposto no item 12.3, todo núcleo atômico, excluído apenas o de hidrogênio leve $_1^1H$, é constituído por certo número N de nêutrons ligados a Z prótons. Com relação às massas desses corpúsculos e às dos núcleos por eles formados, verifica-se um fato interessante: a massa m do núcleo é menor que a soma Σm_i das massas de seus núcleos constituintes. A diferença

$$\Delta m = \Sigma m_i - m$$

entre a massa real do núcleo e a que se obteria por soma das massas de seus constituintes chama-se *defeito de massa*; ela representa a perda de massa verificada na formação de um núcleo a partir de seus núcleons.

A massa, por exemplo, do núcleo de deutério $_1^2H$ é $m = 2,013\ 554\ u$, enquanto a soma das massas do próton e do nêntron que o constituem é

$$\Sigma m_i = 1,007\ 277 + 1,008\ 665 = 2,015\ 942\ u$$

e, portanto,

$$\Delta m = 2,015\ 942 - 2,013\ 554 = 0,002\ 388\ u = 3,96 \times 10^{-27} \text{ g}.$$

TABELA 12.1

Nuclídeo	Z	N	$\sum m_i(u)$	$m(u)$	$\Delta m(u)$	$\Delta E(MeV)$	$\dfrac{\Delta E}{Z+N}$
^1_1H	1	0	1,007 277	1,007 277	0	0	0
^2_1H	1	1	2,015 942	2,013 554	0,002 388	2,2	1,1
^3_1H	1	2	3,024 604	3,015 498	0,009 109	8,5	2,8
^3_2He	2	1	3,023 219	3,014 930	0,008 289	7,7	2,6
^4_2He	2	2	4,031 884	4,001 505	0,030 280	28,3	7,1
^5_2He	2	3	5,040 549	5,011 209	0,029 340	27,3	5,5
^6_2He	2	4	6,049 214	6,017 783	0,031 431	29,3	4,9
^5_3Li	3	2	5,039 161	5,017 15	0,022 011	20,5	4,1
^6_3Li	3	3	6,047 826	6,013 472	0,034 354	32,0	5,3
^7_3Li	3	4	7,056 491	7,014 363	0,042 128	39,3	5,6
^8_3Li	3	5	8,065 156	8,020 823	0,044 333	41,3	5,2
^7_4Be	4	3	7,055 103	7,014 718	0,040 385	37,6	5,4
^8_4Be	4	4	8,063 768	8,003 11	0,060 658	56,5	7,1
^9_4Be	4	5	9,072 433	9,009 99	0,062 443	58,2	6,5
$^{10}_4\text{Be}$	4	6	10,081 098	10,011 351	0,069 747	65,0	6,5
^8_5B	5	3	8,062 380	8,021 36	0,041 020	38,2	4,8
^9_5B	5	4	9,071 045	9,010 60	0,060 445	56,3	6,3
$^{10}_5\text{B}$	5	5	10,079 710	10,010 192	0,069 518	64,8	6,5
$^{11}_5\text{B}$	5	6	11,088 375	11,006 565	0,081 810	76,2	6,9
$^{12}_5\text{B}$	5	7	12,097 040	12,011 625	0,085 415	79,6	6,6
$^{10}_6\text{C}$	6	4	10,078 328	10,013 72	0,064 608	60,2	6,0
$^{11}_6\text{C}$	6	5	11,086 987	11,008 146	0,078 841	73,4	6,7
$^{12}_6\text{C}$	6	6	12,095 652	11,996 71	0,098 942	92,2	7,7
$^{13}_6\text{C}$	6	7	13,104 317	12,963 323	0,140 994	131,4	10,1
$^{14}_6\text{C}$	6	8	14,112 982	13,999 945	0,113 037	105,4	7,5
$^{15}_6\text{C}$	6	9	15,121 697	15,006 309	0,115 388	107,2	7,1

A ocorrência dessa perda de massa é compreensível tendo em conta que, ao se aproximarem dois núcleons a uma distância da ordem de 10^{-13} cm, passam a atuar entre eles forças de atração extremamente intensas e que, durante o processo de formação do núcleo, é liberada uma certa quantidade de energia ΔE. Essa energia, equivalente à perda de massa verificada no processo, chama-se *energia de união do núcleo* ou *energia nuclear de ligação*; ela é igual à energia que seria despendida para dissociar o núcleo em seus constituintes e calcula-se por

$$\Delta E = \Delta m \cdot c^2.$$

No caso do núcleo de deutério,

$$\Delta E = 3,96 \times 10^{-27} \times 9 \times 10^{20} = 35,64 \times 10^{-7} \text{ erg} = \frac{35,64 \times 10^{-7}}{1,6 \times 10^{-12}} eV = 2,2 \, MeV,$$

o defeito de massa e a energia de união constituem uma medida da estabilidade do núcleo. Para avaliá-la de maneira mais precisa, tendo em conta o número de núcleons que formam o núcleo, costuma-se dividi-la por esse número. Obtém-se assim a *energia de união por núcleon*, que os anglo-saxões designam por *packing fraction*. Para o núcleo de deutério ela é $\frac{2,2}{2} = 1,1 \, MeV$/núcleon.

Isso significa que, uma vez formado o núcleo de deutério, são necessários mais de 2 milhões de elétrons-volt para separar o par nêutron—próton que o forma. A confirmação desse fato tem sido conseguida experimentalmente pelo *efeito fotoelétrico nuclear*. Um fóton de energia $h\nu$ é absorvido ao passar nas proximidades do núcleo; parte W dessa energia é empregada em extrair um próton ou nêutron do núcleo e o resto é comunicado à partícula extraída sob a forma de energia cinética. O trabalho

$$W = h\nu - \frac{1}{2}mv^2$$

representa a energia necessária para criar a massa extra do núcleon livre. No caso do deutério, os raios γ de 2,2 MeV ou mais de energia conseguem romper núcleos de deutério em seus constituintes, enquanto os raios de energia mais baixa não o conseguem. Para a maioria dos outros núcleos, em média, $W = 8 \, MeV$.

O exame da Tab. 12.1, em que figuram os defeitos de massa e a energia de união para vários nuclídeos, revela que, em regra, ambos crescem com o número de massa. Entretanto, a energia de união por núcleon, varia com $Z + N$, aproximadamente, segundo a curva indicada na Fig. 12.4: essa variação é irregular, mas a curva passa por um máximo, cerca de 8,7 Mev/núcleon, para os núcleos cujos números de massa são próximos de 50, e em seguida diminui para atingir cerca de 7,5 MeV/núcleon para o urânio. Em média, para a maioria dos núcleos, a energia de união por núcleon é 8 MeV.

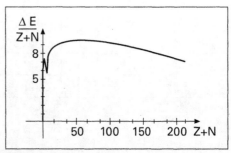

Figura 12.4

O NÚCLEO ATÔMICO **289**

São os núcleos com números de massa compreendidos entre 90 e 200 os mais estáveis, porque para formá-los os núcleons perdem a maior fração de sua massa.

Existem certos núcleos cuja energia de união não é suficiente para "cimentar" seus núcleons. Esses núcleos são, por isso, instáveis; emitem alguma partícula de maneira a originar outros núcleos estáveis. Assim, o núcleo $^{17}_{8}O$, que é instável, emite um nêutron e se transforma em $^{16}_{8}O$:

$$^{17}_{8}O \rightarrow {}^{16}_{8}O + {}^{1}_{0}n.$$

12.6 Radioatividade Natural

Em 1896, um ano após a descoberta dos raios X, pouco ou nada se sabia do processo que os originam. Ligando sua produção ao aparecimento da fluorescência no vidro, provocada pelos raios catódicos (v. item 9.4), houve quem pensasse que os raios Roentgen nasceriam dessa própria fluorescência. Tal suposição, ao que parece, levou Henri Becquerel a estudar o comportamento de alguns minerais que resultam fluorescentes quando irradiados com luz solar. No correr de suas observações Becquerel descobriu que, mesmo não irradiado, um certo mineral contendo um sal de urânio emitia espontânea e continuamente um feixe de *radiações* que, além de impressionar as películas fotográficas e de conferir propriedades condutoras aos gases, apresentavam acentuada analogia com os raios obtidos por descarga através dos gases rarefeitos. A princípio confundidas pelo seu descobridor com os raios X, essas radiações tiveram suas características investigadas por vários pesquisadores da época, tornando-se conhecidas como *raios urânicos* ou *raios Becquerel*.

A propriedade de emissão espontânea de raios Becquerel foi, durante algum tempo, atribuída por Marie Curie a uma propriedade peculiar do átomo de urânio à qual chamou de *radioatividade*. Não demorou muito, entretanto, para que a própria Marie Curie constatasse que essa propriedade, longe de ser privativa do átomo de urânio, era revelada por grande número de elementos, alguns dos quais então recém-descobertos, localizados todos na tabela periódica depois do chumbo ($Z = 82$). Desses elementos radioativos Marie e Pierre Curie descobriram o rádio ($Z = 88$) e o polônio ($Z = 84$), enquanto Debierne descobria o actínio ($Z = 89$) e Rutherford e Soddy davam a conhecer um isótopo radioativo do rádio chamado tório X.

Como resultado de uma extensa série de observações, realizadas principalmente por Rutherford e seus colaboradores, tornou-se possível concluir que os raios emitidos pelos elementos radioativos são de três espécies: α, β e γ (v. item 9.18). As partículas α, constituintes dos raios de mesmo nome, identificam-se, pelas suas características, com os hélions (He^{++}), isto é, com os núcleos $^{4}_{2}He$ de hélio, enquanto os corpúsculos β, negativos, se confundem com os elétrons[*]. As radiações γ são de natureza ondulatória, mas de freqüência bem mais alta que a dos raios X; seu comprimento de onda é da ordem de 10^{-4} Å.

---

[*] As partículas α e β são representadas indiferentemente pelo símbolos α, $^{4}_{2}\alpha$, $^{4}_{2}He$, He^{++} e β^{-}, $^{0}_{-1}\beta$, $^{0}_{-1}e$, β.

Enquanto os raios γ se propagam com a velocidade da luz, as partículas α são emitidas com velocidades definidas, compreendidas entre $1/100$ e $1/10$ da da luz, e dependentes da fonte que as expele. As partículas β são emitidas com velocidades cuja oscilação vai desde 0 até um limite determinado pela natureza do átomo de que emanam.

Para evidenciar a existência dessas três espécies de raios, o feixe emitido pela fonte radioativa é dirigido através do campo elétrico existente entre as duas placas A e B de um capacitor plano (Fig. 12.5) ou através de um campo magnético uniforme (cujas linhas deveriam ser dirigidas normalmente ao plano da figura e desse plano para o leitor, para produzir o mesmo efeito que o do campo elétrico, representado). Uma película fotográfica pode ser disposta em C de maneira a receber os três feixes de raios. Enquanto os raios γ atravessam o campo sem desvio, as partículas α são defletidas no sentido do campo e as β são desviadas em sentido oposto.

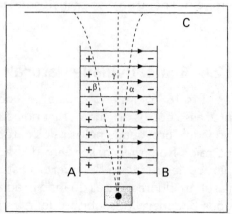

Figura 12.5

A investigação das circunstâncias em que se realiza a emissão das três variedades de raios mostra sua simultaneidade com um desprendimento de energia. Esse fato, surpreendente por ocasião de sua descoberta, só começou a ser compreendido quando Pierre Curie atribuiu a origem dessa emissão de energia a um processo de *transmutação* dos átomos radioativos. Essa suposição, por sua vez contrária ao princípio então solidamente estabelecido da constância das espécies químicas, só foi aceita quando Rutherford e Soddy, estudando o tório X, mostraram a possibilidade de um elemento radioativo se transformar espontaneamente em outro de massa atômica menor. Tal processo, chamado de *transformação radioativa*, *desintegração*, *transmutação* ou *decaimento*, desenrola-se no núcleo atômico: a energia desprendida no seu transcurso é proveniente de alterações de massa que acompanham o processo.

Na transmutação, por exemplo, de um átomo de rádio cuja massa é

$$226{,}032\ u,$$

por emissão de uma partícula α ($m = 4{,}001\ 5\ u$), origina-se um átomo de radônio ($m = 222{,}025\ u$), com uma diminuição de massa

$$\Delta m = 226{,}032\ u - (222{,}025 + 4{,}001\ 5)u = 0{,}005\ 5\ u = 0{,}005\ 5 \times 1{,}66 \times 10^{-24}\ g = 9{,}13 \times 10^{-27}\ g.$$

A energia equivalente a essa massa é

$$\Delta E = \Delta m c^2 = 9{,}13 \times 10^{-27} \times 9 \times 10^{20} = 82{,}17 \times 10^{-7}\ \text{erg} = 5{,}1\ MeV,$$

valor concordante com o obtido numa medida direta.

O NÚCLEO ATÔMICO **291**

12.7 Transformações Radioativas — Leis de Soddy e Fajans

Pelo que acaba de ser visto, um elemento radioativo é aquele cujos átomos, ou mais precisamente os núcleos, emitem partículas α ou β e, em conseqüência, se transformam em outras espécies químicas.

Quando um núcleo de rádio ($Z = 88$) emite uma partícula α, ele origina um núcleo de radônio ($Z = 86$), segundo um processo esquematizado pela equação

$$^{226}_{88}Ra \rightarrow {}^{222}_{86}Rn + \alpha$$

ou
$$^{226}_{88}Ra \rightarrow {}^{222}_{86}Rn + {}^{4}_{2}He.$$

Quando o núcleo de tório B (isótopo de chumbo) emite uma partícula β, origina-se um núcleo de tório C (isótopo de bismuto), com a emissão de radiação γ:

$$^{212}_{82}ThB \rightarrow {}^{212}_{81}ThC + \beta$$

ou
$$^{212}_{82}Pb \rightarrow {}^{212}_{81}Bi + {}^{0}_{-1}\beta.$$

Conhecida na tabela periódica a posição do elemento que sofre a transmutação, resulta possível determinar a posição do elemento dela resultante, por aplicação das leis do deslocamento enunciadas simultaneamente por Soddy e Fajans:

I - Quando um átomo ou um núcleo, de número atômico Z e número de massa $Z + N$, emite uma partícula α, origina-se um outro átomo, ou núcleo, de número atômico $Z - 2$ e número de massa $Z + N - 4$.

II - Da emissão de uma partícula β por um átomo, ou por um núcleo, de número atômico Z e número de massa $Z + N$, origina-se um outro átomo, ou núcleo, de número atômico $Z + 1$ e mesmo número de massa $Z + N$.

A primeira dessas leis decorre de a partícula α ser constituída por dois prótons e dois nêutrons. A segunda é conseqüência de a emissão de uma partícula β ser resultante da transformação de um nêutron nuclear em um próton:

$$^{1}_{0}n \rightarrow {}^{1}_{1}p + {}^{0}_{-1}\beta.$$

Em alguns casos particulares, um próton nuclear pode originar um nêutron, com eliminação de um pósitron:

$$^{1}_{1}p \rightarrow {}^{1}_{0}n + {}^{0}_{+1}\beta.$$

Nesse caso, o número atômico do núcleo resultante é diminuído de uma unidade:

$$^{30}_{15}P \rightarrow {}^{30}_{14}Si + {}^{0}_{+1}\beta.$$

Das duas leis examinadas resulta ainda que, se um átomo emitir uma partícula α e, em seguida, duas partículas β, os átomos final e inicial acabarão tendo o mesmo

292 QUÍMICA GERAL

número atômico, isto é, serão *isótopos radioativos*:

$$^{238}_{92}UI \rightarrow {}^{234}_{90}UX_1 + {}^{4}_{2}\alpha,$$

$$^{234}_{90}UX_1 \rightarrow {}^{234}_{91}UX_2 + {}^{0}_{-1}\beta,$$

$$^{234}_{91}UX_2 \rightarrow {}^{234}_{92}UII + {}^{0}_{-1}\beta.$$

12.8 Famílias Radioativas

Foi Rutherford quem descobriu que, se um núcleo radioativo se desintegra emitindo uma partícula α ou β, o núcleo resultante é, em regra, também radioativo e, mais cedo ou mais tarde, acaba expulsando alguma partícula para converter-se em outro núcleo, e assim por diante, até terminar num núcleo estável, isto é, não radioativo.

TABELA 12.2 Família do urânio

	Nome do isótopo	Elemento	Número atômico	Número de massa	Período
UI	Urânio I	U	92	238	$4,67 \times 10^9$ anos
UX$_1$	Urânio X$_1$	Th	90	234	24,5 dias
UX$_2$	Urânio X$_2$	Pa	91	234	1,14 min
UZ	Urânio Z	Pa	91	234	6,7 h
UII	Urânio II	U	92	234	$2,7 \times 10^5$ anos
Io	Iônio	Th	90	230	$8,3 \times 10^4$ anos
Ra	Rádio	Ra	88	226	1 590 anos
Rn	Radônio	Rn	86	222	3,82 dias
Ra A	Rádio A	Po	84	218	3,05 min
Ra B	Rádio B	Pb	82	214	26,8 min
RaC	Rádio C	Bi	83	214	19,7 min
RaC′	Rádio C′	Po	84	214	$1,5 \times 10^{-4}$ s
RaC″	Rádio C″	Tl	81	210	1,32 min
RaD	Rádio D	Pb	82	210	22,3 anos
RaE	Rádio E	Bi	83	210	5 dias
RaF	Rádio F	Po	84	210	140 dias
RaG	Rádio G	Pb	82	206	∞

O Núcleo Atômico   293

TABELA 12.3   Família do tório

	Nome do isótopo	Elemento	Número atômico	Número de massa	Período
Th ↓α	Tório	Th	90	232	$1,4 \times 10^{10}$ anos
Ms Th I ↓β	Mesotório I	Ra	88	228	6,7 anos
Ms Th II ↓β	Mesotório II	Ac	89	228	6,13 h
Ra Th ↓α	Radiotório	Th	90	228	1,9 ano
Th X ↓α	Tório X	Ra	88	224	3,64 dias
Tn ↓α	Torônio	Rn	86	220	54,5 s
Th A ↓α	Tório A	Po	84	216	0,14 s
Th B ↓β	Tório B	Pb	82	212	10,6 h
Th C	Tório C	Bi	83	212	1,01 h
β↙ Th C′ ↘α	Tório C′	Po	84	212	$< 10^{-6}$ s
α↘ Th C″ ↙β	Tório C″	Tl	81	208	3,1 min
Th D	Tório D	Pb	82	208	∞

TABELA 12.4   Família do actínio

Ac U ↓α	Actínio-Urânio	U	92	235	$7,1 \times 10^{8}$ anos
U Y ↓β	Urânio Y	Th	90	231	1,02 dia
Pa ↓α	Protoactínio	Pa	91	231	$3,2 \times 10^{4}$ anos
Ac β↙	Actínio	Ac	89	227	13,5 anos
Ra Ac ↘α	Rádio-Actínio	Th	90	227	18,9 dias
α↘ Ac K ↙β	Actínio K	Fr	87	223	21 min
Ac X ↓α	Actínio X	Ra	88	223	11,2 dias
An ↓α	Actinônio	Rn	86	219	3,92 s
Ac A ↓α	Actínio A	Po	84	215	2×10^{-3} s
Ac B ↓β	Actínio B	Pb	82	211	36 min
Ac C	Actínio C	Bi	83	211	2,16 min
β↙ Ac C′ ↘α	Actínio C′	Po	84	211	5×10^{-3} s
α↘ Ac C″ ↙β	Actínio C″	Tl	81	207	4,76 min
Ac D	Actínio D	Pb	82	207	∞

294 QUÍMICA GERAL

O estudo das características das numerosas variedades de núcleos formados por essas sucessivas transmutações permite encontrar os traços de união entre muitos desses núcleos e reconhecer a existência de verdadeiras famílias ou séries radioativas. Uma dessas séries ou famílias inicia-se sempre por um núcleo radioativo, apresenta vários descendentes gerados por sucessivas desintegrações e termina com um descendente estável, geralmente um dos isótopos estáveis do chumbo ($Z = 82$).

Existem pelo menos 4 séries ou famílias radioativas: a do *urânio*, a do *tório*, a do *actínio* e a do *netúnio*. A família do urânio, que se inicia com o urânio I, compreende entre seus descendentes o rádio e termina com um isótopo do chumbo de número de massa 206. A família do tório termina com um isótopo do chumbo de número de massa 208, enquanto a do actínio, tem por termo final também um isótopo do chumbo de número de massa 207. A família do netúnio principia com o plutônio, tendo como último descendente um isótopo de bismuto de número de massa 209.

Nas Tabs. 12.2 a 12.5 estão representadas as 4 famílias radioativas.

TABELA 12.5 Família do netúnio

	Elemento	Número atômico	Número de massa	Período
Pu ↓β	Plutônio	94	241	...
Am ↓α	Amerício	95	241	500 anos
Np ↓α	Netúnio	93	237	$2,3 \times 10^6$ anos
Pa ↓β	Protoactínio	91	233	27,4 dias
U ↓α	Urânio	92	233	$1,6 \times 10^5$ anos
Th ↓α	Tório	90	229	7×10^3 anos
Ra ↓β	Rádio	88	225	14,8 dias
Ac ↓α	Actínio	89	225	10 dias
Fr ↓α	Frâncio	87	221	4,8 min
At ↓α	Astatínio	85	217	0,018 s
Bi ↓β	Bismuto	83	213	47 min
Po ↓α	Polônio	84	213	10^{-6} s
Pb ↓β	Chumbo	82	209	3,3 h
Bi	Bismuto	83	209	∞

O Núcleo Atômico   **295**

12.9 Velocidade de Desintegração

A observação do que se passa no correr da desintegração revela que ela não se verifica simultaneamente em todos os núcleos; enquanto alguns se desintegram, outros permanecem inalterados.

Imagine-se um conjunto de n núcleos radioativos, todos da mesma espécie, e seja Δn o número dos que, num dado lapso de tempo Δt, sofrem desintegração. A experiência mostra que a *velocidade instantânea de desintegração* dessa espécie, definida por

$$v = \lim_{\Delta t \to 0} \frac{\Delta n}{\Delta t} \quad \text{ou} \quad v = \frac{dn}{dt}, \tag{12.4}$$

é, a cada instante, proporcional ao número n. Esse fato pode ser traduzido pela igualdade

$$v = \lambda n$$

ou

$$\frac{dn}{dt} = \lambda n, \tag{12.5}$$

na qual λ é um coeficiente de proporcionalidade chamado *constante radioativa* ou *constante de desintegração*.

Ao contrário do que sucede com a velocidade de uma reação química, a de uma transformação radioativa é independente de qualquer agente físico ou químico. A constante radioativa é uma característica para cada variedade de núcleo, ou seja, para cada nuclídeo. Para o núcleo $^{226}_{88}Ra$, por exemplo, é $\lambda = \frac{1}{2300}$ ano^{-1}, enquanto para o $^{228}_{88}Ra$ é $\lambda = \frac{1}{9,71}$ ano^{-1} e para o $^{228}_{90}Th$ é $\lambda = \frac{1}{2,75}$ ano^{-1}.

Para estabelecer o significado de λ, basta observar que da equação (12.5) tira-se

$$\lambda = \frac{1}{n}\frac{dn}{dt},$$

que, em termos de diferenciais, pode ser escrita também

$$\lambda = \frac{dn}{dt}\frac{1}{dt}, \tag{12.6}$$

mostrando que a constante radioativa de um dado nuclídeo exprime numericamente a fração do número de núcleos desse nuclídeo que se desintegra por unidade de tempo.

No caso do $^{226}_{88}Ra$ a constante $\lambda = \frac{1}{2300}$ ano^{-1} significa que, por ano, de cada 2 300 núcleos $^{226}_{88}Ra$, um é desintegrado.

A partir da (12.5), por integração, conclui-se que se num dado instante, tomado como origem ($t = 0$), o número de núcleos presentes num dado sistema é n_0, então, num instante qualquer t, o número de núcleos existentes será

$$n = \frac{n_0}{e^{\lambda t}} \quad \text{ou} \quad n = n_0 e^{-\lambda t}. \tag{12.7}$$

Representando a igualdade (12.7) num par de eixos cartesianos, obtém-se uma curva com o aspecto indicado na Fig. 12.6.

Embora o fenômeno da desintegração não seja periódico, costuma-se definir para cada nuclídeo o *período de semidesintegração* ou *período radioativo*: é o intervalo de tempo necessário para que se desintegre a metade do número de núcleos existentes num sistema.

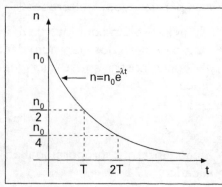

Figura 12.6

Segundo a igualdade (12.7), representando o período por T, para $t = T$, deve ser $n = \frac{n_0}{2}$. Logo

$$\frac{n_0}{2} = \frac{n_0}{e^{\lambda T}}$$

ou
$$e^{\lambda T} = 2. \tag{12.8}$$

Aplicando os logaritmos decimais vem

$$\lambda T \log e = \log 2$$

ou
$$T = \frac{\log 2}{\lambda \log e},$$

ou, como $\log 2 = 0{,}30$ e $\log e = 0{,}43$,

$$T = \frac{0{,}69}{\lambda}, \tag{12.9}$$

expressão que permite calcular o período T a partir da constante radioativa. Para o $^{226}_{88}$Ra, $T = 0{,}69 \times 2\,300 \cong 1\,590$ anos.

Os períodos de semidesintegração, conforme o mostram as Tabs. 12.2 a 12.5, variam entre limites muito amplos; enquanto o do tório $^{232}_{90}$Th é $1{,}4 \times 10^{10}$ anos, o do tório C′ ($^{212}_{84}$Po) é menor que 10^{-6} s.

O recíproco da constante radioativa de um nuclídeo,

$$\theta = \frac{1}{\lambda} = \frac{T}{0{,}69} = 1{,}44 T, \tag{12.10}$$

O Núcleo Atômico **297**

é chamado convencionalmente *vida média*. Ela apresenta, em média, a duração de um núcleo da variedade considerada. Se para o rádio ($^{226}_{88}$Ra)

$$\lambda = \frac{1}{2\ 300}\ \text{ano}^{-1}, \quad \text{então} \quad \theta = 2\ 300\ \text{anos},$$

isto é, em média cada átomo de rádio "vive" 2 300 anos.

• Nota

O conhecimento do número de partículas α emitidas por um elemento radioativo num dado intervalo de tempo constitui um ponto de partida para a determinação do número de Avogadro.

Sabe-se, por observação, que a partir de 1 g de $^{226}_{88}$Ra obtêm-se, ao fim de um ano, 170 mm^3 de hélio sob pressão e em temperatura normais. Tendo em conta, por outro lado, que 1 g de rádio emite cerca de $1,4 \times 10^{11}$ partículas α por segundo, conclui-se que em um ano desprendem-se $1,4 \times 10^{11} \times 365 \times 24 \times 60 \times 60 \cong 4,4 \times 10^{18}$ partículas.

Portanto em 170 mm^3 de hélio existem aproximadamente $4,4 \times 10^{18}$ átomos e num volume molar (22 400 cm^3) deve existir um número N_0 tal que

$$\frac{4,4 \times 10^{18}}{N_0} = \frac{0,170}{22\ 400},$$

isto é: $\qquad\qquad N_0 \cong 6 \times 10^{23}.$

12.10 Equilíbrio Radioativo

Dos isótopos do rádio, o que tem menor constante radioativa, e portanto o maior período de semidesintegração, é o $^{226}_{88}$Ra. Como para ele $T = 1\ 590$ anos, então a cada 1 590 anos a quantidade de rádio ($^{226}_{88}$Ra) inicialmente presente é reduzida à metade. Tendo presente que a idade da Terra é estimada em $2,5 \times 10^9$ anos, por maior que tenha sido a quantidade desse elemento presente quando da

formação da Terra, atualmente, decorridos $\frac{2,5 \times 10^9}{1\ 590} = 1,57 \times 10^6$ vezes o período de

semidesintegração, o rádio praticamente já não deveria existir no globo terrestre. Entretanto, não só existe esse elemento, como a análise revela que o rádio e o urânio ($^{238}_{92}$U) são encontrados nos mesmos minerais numa proporção constante.

A explicação para o fato encontra-se na transmutação sucessiva de uns núcleos em outros, o que leva ao *equilíbrio radioativo*.

Para fixação de idéias, considerem-se as duas primeiras transmutações possíveis na família do urânio, representadas pelas equações

$$^{238}_{92}\text{U} \rightarrow\ ^{234}_{90}\text{Th} +\ ^4_2\alpha$$

e $\qquad\qquad ^{234}_{90}\text{Th} \rightarrow\ ^{234}_{91}\text{Pa} +\ ^{\ 0}_{-1}\beta,$

e imagine-se que, num intervalo de tempo Δt extremamente curto, um certo número Δn_I de núcleos de urânio I ($^{238}_{92}$U) se desintegra, originando outros tantos núcleos de urânio X_I ($^{234}_{90}$Th). Se n_I é o número de núcleos de urânio I existentes num certo instante desse intervalo e λ_I, a sua constante radioativa, então

$$\frac{\Delta n_I}{\Delta t} = \lambda_I n_I$$

ou
$$\Delta n_I = \lambda_I \, n_I \, \Delta t.$$

Por outro lado, se nesse mesmo instante existem n_2 núcleos de urânio X_I ($^{234}_{90}$Th), então, para a segunda transmutação,

$$\frac{\Delta n_2}{\Delta t} = \lambda_2 n_2,$$

isto é,
$$\Delta n_2 = \lambda_2 \, n_2 \, \Delta t.$$

Como Δn_I e Δn_2 são, respectivamente, os números de núcleos de urânio X_I formados e transformados no mesmo intervalo de tempo, se for

$$\Delta n_I = \Delta n_2,$$

então
$$\lambda_I \, n_I \, \Delta t = \lambda_2 \, n_2 \, \Delta t$$

e
$$\frac{\lambda_I}{\lambda_2} = \frac{n_2}{n_I}, \qquad (12.11)$$

isto é, a razão $\frac{n_2}{n_I}$ será uma constante. Toda vez que esta condição é satisfeita, é dado como estabelecido o *equilíbrio radioativo*.

Compreende-se facilmente que, decorrido um tempo suficientemente longo, o equilíbrio radioativo se estabelece entre todos os elementos da família, com exceção do rádio G ($^{206}_{82}$Pb), que é estável.

Representando os diversos nuclídeos ativos de qualquer família pelos índices 1, 2, 3,..., tem-se, no equilíbrio,
$$\lambda_I \, n_I = \lambda_2 \, n_2 = \lambda_3 \, n_3 = \ldots$$

ou
$$\frac{n_I}{T_I} = \frac{n_2}{T_2} = \frac{n_3}{T_3} = \ldots, \qquad (12.12)$$

expressão que pode ser aplicada a dois quaisquer dos membros de uma dada família radioativa, permitindo relacionar as quantidades que coexistem em equilíbrio.

No caso, por exemplo, do $^{226}_{88}$Ra e $^{238}_{92}$U, tem-se:

$$\frac{n_{Ra}}{1\,590} = \frac{n_U}{4,67 \times 10^9}$$

ou
$$\frac{n_{Ra}}{n_U} = \frac{1}{2,93 \times 10^6}.$$

12.11 Radioatividade Artificial

Em 1933, Irène Curie e Frédéric Joliot observaram que uma lâmina de alumínio, não radioativo, exposta a um feixe de partículas α, torna-se emissora de nêutrons e pósitrons, aparentemente em conseqüência de uma transformação do tipo

$$^{27}_{13}Al + {}^{4}_{2}\alpha \rightarrow {}^{30}_{14}Si + {}^{1}_{0}n + {}^{0}_{+1}\beta.$$

A constatação de que a emissão desses corpúsculos, mormente a dos pósitrons, prosseguia durante um certo tempo depois de cessada a incidência das partículas α levou o casal Curie-Joliot a admitir que a ação das partículas α sobre o alumínio dá origem a um elemento radioativo (*radioelemento, radioisótopo* ou *isótopo radioativo*) que, por ser instável, se transforma emitindo pósitrons.

Assim, a transformação acima transcorreria em duas etapas:

$$^{27}_{13}Al + {}^{2}_{2}\alpha \rightarrow {}^{30}_{15}P + {}^{1}_{0}n$$

e
$$^{30}_{15}P \rightarrow {}^{30}_{14}Si + {}^{0}_{+1}\beta.$$

Na primeira, o núcleo de alumínio, interagindo com uma partícula α, expele um nêutron e origina um núcleo de fósforo de número de massa 30; na segunda etapa, esse núcleo, por ser instável, emite um pósitron para gerar um núcleo estável de silício.

Logo depois das observações dos Curie-Joliot, Enrico Fermi e outros conseguiram excitar artificialmente a radioatividade de diversos elementos, bombardeando-os com nêutrons.

A natureza dos corpúsculos expelidos pelos radioisótopos assim produzidos varia muito com o número atômico dos elementos bombardeados:

a) os átomos mais leves produzem partículas alfa e elétrons negativos:

$$^{27}_{13}Al + {}^{1}_{0}n \rightarrow {}^{24}_{11}Na + {}^{4}_{2}\alpha$$

e
$$^{24}_{11}Na \rightarrow {}^{24}_{12}Mg + {}^{0}_{-1}\beta;$$

b) os medianamente pesados produzem prótons e elétrons negativos:

$$^{56}_{26}Fe + {}^{1}_{0}n \rightarrow {}^{56}_{25}Mn + {}^{1}_{1}p$$

e
$$^{56}_{25}Mn \rightarrow {}^{56}_{26}Fe + {}^{0}_{-1}\beta;$$

c) os átomos mais pesados emitem apenas elétrons negativos:

$$^{127}_{53}I + {}^{1}_{0}n \rightarrow {}^{128}_{53}I$$

e
$$^{128}_{53}I \rightarrow {}^{128}_{54}Xe + {}^{0}_{-1}\beta.$$

Partindo dessas transformações provocadas por partículas α e nêutrons, a obtenção de átomos radioativos, e portanto a desintegração artificial dos núcleos, passou a ser realizada também por meio de bombardeios com prótons, dêuterons e fótons. Com auxílio de aceleradores adequados (aceleradores de Van der Graaf, cíclotrons, etc.), imprimem-se, aos corpúsculos projéteis, as velocidades necessárias

300 QuíMICA GERAL

para fazê-los chegar aos núcleos bombardeados; em virtude de *reações nucleares*, alterações que se processam na constituição dos núcleos, originam-se novos núcleos, muitos dos quais são radioativos. A formação do $^{11}_{6}C$ a partir do $^{11}_{5}B$ é um exemplo:

$$^{11}_{5}B + ^{1}_{1}p \rightarrow ^{11}_{6}C + ^{1}_{0}n,$$
$$^{11}_{6}C \rightarrow ^{11}_{5}B + ^{0}_{+1}\beta.$$

Com procedimentos desse gênero tornou-se possível, de 1934 para cá, a produção de centenas de variedades de núcleos radioativos. Atualmente, todos os elementos químicos têm pelo menos um isótopo radioativo conhecido, natural ou artificial.

12.12 Traçadores Radioativos

O fato de os isótopos de um mesmo elemento terem o mesmo comportamento químico aliado à circunstância de um deles poder ser facilmente detectado faz com que este último seja extremamente útil no estudo de certas reações químicas. É o que sucede com o $^{14}_{6}C$, isótopo radioativo do carbono.

Admita-se, por exemplo, que se queira verificar se um certo composto de ferro pode ser utilizado por um dado organismo animal para formação de hemoglobina de seu sangue. Basta alimentar o animal com esse composto, do qual participe, em pequena proporção, o ferro radioativo. Depois de um certo lapso de tempo, basta examinar a radioatividade do sangue; se revelar algum indício de radioatividade, poder-se-á concluir que nele se armazenou o ferro ingerido. Experiências desse tipo são chamadas *traçado*.

Um exemplo interessante de emprego de traçadores é fornecido pelo estudo do mecanismo da reação de esterificação. Durante algum tempo acreditou-se que a esterificação de um álcool por um ácido carboxílico envolvia a união de um H do ácido com o grupo OH do álcool, segundo o esquema:

$$C_2H_5 \boxed{OH+H} OOCCH_3 \rightarrow CH_3COOC_2H_5 + H_2O ,$$

à semelhança do que sucede na formação de um sal e água numa reação entre ácido e base. Para comprová-lo pode-se preparar um álcool que contenha oxigênio pesado e proceder à sua reação com um ácido. Como a experiência mostra que o éster formado pode conter oxigênio pesado, conclui-se que, na reação de formação de água, o grupo OH vem do ácido e só o hidrogênio vem do álcool:

$$C_2H_5O \boxed{H+HO} OCCH_3 \rightarrow CH_3COOC_2H_5 + H_2O .$$

Nesse exemplo, imagina-se a experiência conduzida com $^{18}_{8}O$, que não é radioativo, mas pode mesmo assim ser usado como *traçador*.

12.13 Tipos de Reações Nucleares

Pelas considerações feitas nos itens anteriores, a emissão de radiações pelos elementos radioativos tem sua origem na instabilidade de seus núcleos e, conforme seja uma ou outra a causa dessa instabilidade, tal a natureza da radiação emitida. Um elemento radioativo é aquele cujo núcleo, de constituição instável, emite algum corpúsculo, de maneira a tender para um outro núcleo de constituição estável; este último tem número de massa ou número atômico, ou ambos, diferindo de poucas unidades em relação aos do núcleo original.

Embora as desintegrações radioativas naturais sejam exoenergéticas (v. item 12.6), a energia liberada no correr das transmutações espontâneas não encontra aplicação prática, porque a velocidade de desintegração dos isótopos radioativos é muito pequena. Mais precisamente, embora em cada desintegração seja liberada uma quantidade de energia relativamente apreciável, o número de núcleos que se desintegram naturalmente por unidade de tempo é tão pequeno que a potência disponível resulta desprezível.

O aumento da potência emitida se consegue submetendo os núcleos a transformações artificiais provocadas pela incidência sobre eles de partículas elementares adequadamente aceleradas. Essas transformações, conhecidas como reações nucleares, permitem a obtenção da *energia nuclear* em escala industrial.

Como projéteis disparados contra os núcleos, para provocar as reações nucleares, podem ser utilizados corpúsculos α, prótons, dêuterons, nêutrons, fótons de raios γ e outros núcleos.

Os exemplos seguintes ilustram como varia a natureza dos produtos obtidos numa reação nuclear, de conformidade com a natureza dos núcleos bombardeados e dos projéteis utilizados.

Eventualmente a partir do mesmo núcleo podem resultar diferentes produtos conforme a velocidade, e portanto energia, do corpúsculo contra ele lançado.

12.13.1 Reações Provocadas por Partícula α

a) Com emissão de prótons:

$$^{14}_{7}N + ^{4}_{2}\alpha \rightarrow ^{17}_{8}O + ^{1}_{1}p,$$

$$^{27}_{13}Al + ^{4}_{2}\alpha \rightarrow ^{30}_{14}Si + ^{1}_{1}p;$$

b) com emissão de nêutrons ou nêutrons e prótons:

$$^{14}_{7}N + ^{4}_{2}\alpha \rightarrow ^{17}_{9}F + ^{1}_{0}n,$$

$$^{107}_{47}Ag + ^{4}_{2}\alpha \rightarrow ^{109}_{48}Cd + ^{1}_{0}n + ^{1}_{1}p,$$

$$^{107}_{97}Ag + ^{4}_{2}\alpha \rightarrow ^{107}_{48}Cd + 3^{1}_{0}n + ^{1}_{1}p;$$

c) com ruptura em vários núcleos:

$$^{235}_{92}U + ^{4}_{2}\alpha \rightarrow \text{vários núcleos.}$$

302 QUÍMICA GERAL

12.13.2 Reações Provocadas por Dêuterons

a) Com emissão de prótons:

$$_{12}^{26}Mg + _{1}^{2}H \rightarrow _{12}^{22}Mg + _{1}^{1}p;$$

b) com emissão de nêutrons:

$$_{11}^{23}Na + _{1}^{2}H \rightarrow _{12}^{22}Mg + _{0}^{1}n$$

$$_{34}^{82}Se + _{1}^{2}H \rightarrow _{35}^{82}Br + 2_{2}^{1}n;$$

c) com emissão de núcleos de trítio:

$$_{4}^{9}Be + _{1}^{2}H \rightarrow _{4}^{8}Be + _{1}^{3}H;$$

d) com emissão de partículas α:

$$_{10}^{20}Ne + _{1}^{2}H \rightarrow _{9}^{18}F + _{2}^{4}\alpha;$$

e) com emissão de partículas α e nêutrons:

$$_{3}^{7}Li + _{1}^{2}H \rightarrow 2_{2}^{4}\alpha + _{0}^{1}n;$$

f) com emissão de partículas α e prótons:

$$_{79}^{197}Au + _{1}^{2}H \rightarrow _{77}^{194}Ir + _{2}^{4}\alpha + _{1}^{1}p;$$

g) com ruptura em vários núcleos:

$$_{92}^{235}U + _{1}^{2}H \rightarrow \text{vários núcleos.}$$

12.13.3 Reações Provocadas por Prótons

a) Com emissão de nêutrons:

$$_{34}^{82}Se + _{1}^{1}p \rightarrow _{35}^{82}Br + _{0}^{1}n;$$

b) com emissão de dêuterons:

$$_{4}^{9}Be + _{1}^{1}p \rightarrow _{4}^{8}Be + _{1}^{2}H;$$

c) com emissão de partículas α:

$$_{9}^{19}F + _{1}^{1}p \rightarrow _{8}^{16}O + _{2}^{4}\alpha;$$

d) com emissão de fótons de raios γ:

$$_{3}^{7}Li + _{1}^{1}p \rightarrow _{4}^{8}Be + \gamma;$$

e) com emissão de prótons e nêutrons:

$$_{29}^{65}Cu + _{1}^{1}p \rightarrow _{29}^{64}Cu + _{1}^{1}p + _{0}^{1}n;$$

f) com ruptura em vários núcleos:

$$_{92}^{235}U + _{1}^{1}p \rightarrow \text{vários núcleos.}$$

O Núcleo Atômico **303**

12.13.4 Reações Provocadas por Nêutrons

a) Com emissão de prótons:

$$^{31}_{15}P + ^{1}_{0}n \rightarrow ^{31}_{14}Si + ^{1}_{1}p;$$

b) com emissão de nêutrons:

$$^{39}_{19}K + ^{1}_{0}n \rightarrow ^{39}_{19}K + 2^{1}_{0}n;$$

c) com emissão de partículas α:

$$^{55}_{25}Mn + ^{1}_{0}n \rightarrow ^{52}_{23}V + ^{4}_{2}\alpha;$$

d) com captura:

$$^{191}_{77}Ir + ^{1}_{0}n \rightarrow ^{192}_{77}Ir;$$

e) com ruptura em vários núcleos:

$$^{235}_{92}U + ^{1}_{0}n \rightarrow \text{vários núcleos.}$$

12.13.5 Reações Provocadas por Radiações γ

a) Com emissão de nêutrons:

$$^{63}_{29}Cu + \gamma \rightarrow ^{62}_{29}Cu + ^{1}_{0}n;$$

b) com emissão de prótons:

$$^{26}_{12}Mg + \gamma \rightarrow ^{25}_{11}Na + ^{1}_{1}p;$$

c) com ruptura em vários núcleos:

$$^{232}_{90}Th + \gamma \rightarrow \text{vários núcleos.}$$

12.13.6 Reações Provocadas por Partículas β

$$^{9}_{4}Be + ^{0}_{-1}\beta \rightarrow ^{8}_{4}Be + ^{1}_{0}n + ^{0}_{-1}\beta$$

De um modo muito esquemático, pode-se imaginar uma reação nuclear desenrolada, geralmente, em duas etapas:

a) a partícula disparada contra o núcleo une-se a ele, originando um núcleo intermediário;

b) o núcleo intermediário em estado de excitação, após um lapso de tempo extremamente curto, experimenta uma nova transformação, originando o núcleo definitivo.

Dependendo do que sucede na segunda fase, distinguem-se diferentes tipos de reações nucleares.

I O núcleo intermediário pode emitir uma partícula idêntica à utilizada como projétil, permanecendo invariável a soma das energias cinéticas dos corpúsculos

304 QUÍMICA GERAL

em jogo. Nesse caso diz-se ter ocorrido uma *dispersão elástica*; caracterizada por vir desacompanhada de qualquer emissão ou absorção de energia, a dispersão elástica é marcada por uma redistribuição das energias cinéticas dos corpúsculos em choque.

Supondo, por exemplo, que se realize um choque entre um nêutron em movimento e um núcleo de hidrogênio leve em repouso, pode suceder que toda a energia do nêutron seja transmitida a esse núcleo, determinando uma perda total de velocidade do nêutron. Com núcleos mais pesados, a perda de energia experimentada pelo nêutron será menor. Assim, quando um nêutron colide com um núcleo de carbono, cuja massa é cerca de 12 vezes a sua, a perda de energia do nêutron é da ordem de 15% de sua energia inicial.

As reações nucleares costumam ser esquematizadas indicando depois do núcleo bombardeado (núcleo alvo), entre parêntesis, a partícula contra ele disparada, bem como os corpúsculos eliminados do núcleo intermediário e em seguida o núcleo obtido (núcleo produto). Assim, a dispersão elástica do exemplo dado pode ser representada por

$$^{12}C(n, n)\ ^{12}C$$

ou
$$^{12}_{6}C(^{1}_{0}n, ^{1}_{0}n)\ ^{12}_{6}C.$$

II O núcleo intermediário pode emitir uma partícula idêntica à utilizada como projétil, mas de modo tal que a energia cinética das partículas que colidem resulte, no fim do choque, menor que a energia cinética inicial. Nesse caso diz-se que ocorre uma *dispersão inelástica*; ela é acompanhada da emissão de energia sob a forma de radiação γ. A energia emitida não é nuclear, isto é, não provém de qualquer modificação na estrutura do núcleo bombardeado; ela é a diferença entre as energias cinéticas dos corpúsculos que participam do processo, antes e depois da colisão. Uma dispersão inelástica pode acontecer, por exemplo, no choque de um nêutron rápido com o núcleo $^{238}_{92}U$:

$$^{238}_{92}U\ (^{1}_{0}n, ^{1}_{0}n\ \gamma)\ ^{238}_{92}U.$$

III O núcleo bombardeado pode reter a partícula contra ele disparada, de modo que o núcleo intermediário acabe se tornando também núcleo-produto. A reação, neste caso, é dita de captura; a energia de excitação do núcleo é emitida sob a forma de radiação.

A *reação de captura* pode se dar paralelamente à dispersão elástica. Quando, por exemplo, se bombardeia o hidrogênio leve com nêutrons, em alguns dos choques verificados o nêutron pode ser capturado pelo próton, originando o núcleo de deutério:

$$^{1}_{1}H\ (^{1}_{0}n, \gamma)\ ^{2}_{1}H$$

ou
$$^{1}_{1}H + ^{1}_{0}n\ \alpha \rightarrow \gamma + ^{2}_{1}H.$$

Uma reação de captura é acompanhada de uma variação de massa Δm. No caso da formação do dêuteron, é $\Delta m = 0{,}002\ 39\ u$ o que acarreta um desprendimento de energia $\Delta E \cong 3{,}57 \times 10^{-6}$ erg. Supondo desprezíveis as variações de energia cinética verificadas no processo, ΔE deve ser a energia W do fóton de radiação γ emitido, e a freqüência dessa radiação pode ser calculada pela equação (10.9)

$$\Delta E = h\nu,$$

de onde
$$\nu = \frac{\Delta E}{h} = \frac{3{,}57 \times 10^{-6}}{6{,}625 \times 10^{-27}} = 5{,}3 \times 10^{20}\ Hz.$$

IV O núcleo intermediário pode emitir uma partícula diferente da utilizada como projétil. Nesse caso a reação verificada é de *transmutação* e o núcleo-produto tem constituição diferente da do núcleo-alvo. É o que sucede, por exemplo, na colisão entre os núcleos de trítio ${}^{3}_{1}H$ e deutério ${}^{2}_{1}H$: o núcleo intermediário de número atômico 2 e número de massa 5 expele um nêutron originando ${}^{4}_{2}He$:

$${}^{3}_{1}H({}^{2}_{1}H,\ {}^{1}_{0}n){}^{4}_{2}He.$$

O balanço energético dessa reação pode ser estabelecido a partir das massas das partículas dela participantes. Tem-se:

$$\Delta m = 3{,}015\ 498 + 2{,}013\ 554 - (1{,}008\ 665 + 4{,}001\ 505) =$$
$$= 0{,}018\ 882\ u = 3{,}13 \times 10^{-26}\ g,$$

variação de massa à qual corresponde uma energia

$$\Delta E = \Delta m \cdot c^{2} = 3{,}13 \times 10^{-26} \times 9 \times 10^{20} = 28{,}2 \times 10^{-6}\ \text{erg} \cong 18\ MeV,$$

que aparece sob a forma de energia cinética do nêutron e do hélion.

Nem todas as reações de transmutação se dão com perda de massa e liberação de energia; existem as que se efetuam com absorção e, por conseguinte, com materialização da energia. É o caso da reação

$${}^{7}_{3}Li({}^{1}_{1},\ {}^{1}_{0}n){}^{7}_{4}Be,$$

em que a soma das massas do ${}^{7}_{3}Li$ e ${}^{1}_{1}p$ é

$$7{,}014\ 363 + 1{,}007\ 277 = 8{,}021\ 640\ u,$$

enquanto a soma das massas do ${}^{1}_{0}n$ e ${}^{7}_{4}Be$ é

$$1{,}008\ 665 + 7{,}014\ 718 = 8{,}023\ 383\ u\ .$$

Então $\qquad \Delta m = 8{,}021\ 640 - 8{,}023\ 383 = -0{,}001\ 743\ u$

e, em conseqüência, $\qquad \Delta E = -1{,}63\ MeV.$

Se o próton ao atingir o núcleo de lítio tiver energia igual ou superior a $1{,}63\ MeV$, a reação dar-se-á com absorção dessa energia. Se, entretanto, no instante da colisão, a energia do próton for inferior a $1{,}63\ MeV$, a reação não se poderá produzir.

V Em algumas reações o núcleo intermediário atinge uma excitação tal que acaba se fragmentando em dois outros de massas não muito diferentes entre si. É o que acontece nas reações de *fissão* características dos núcleos mais pesados.

Os núcleos obtidos nas reações de fissão têm uma energia de união por núcleon maior que a dos núcleos pesados e são, portanto, mais estáveis que estes últimos. Por isso, também, as reações de fissão são acompanhadas de desprendimento de energia.

Exemplo típico de fissão é oferecido pela fragmentação do urânio bombardeado por nêutrons. Essa fragmentação produz, de modo geral, pares de núcleos de elementos situados na região central da tabela periódica, embora com maior freqüência sejam originados pares de núcleos de números atômicos próximos, com eliminação de um a cinco nêutrons.

Exemplo:

$$^{235}U\ (n,\ 2n)\ ^{95}Rb\ ^{139}Cs$$

ou $\quad ^{235}_{92}U + ^{1}_{0}n \rightarrow ^{95}_{37}Rb + ^{139}_{55}Cs + 2\ ^{1}_{0}n.$

A proporção dos diferentes pares de núcleos formados nessa fissão é ilustrada no diagrama semilogarítmico esboçado na Fig. 12.7. Nele estão representados em abscissas os números de massa dos núcleos originados e em ordenadas, em escala logarítmica, os números desses núcleos produzidos.

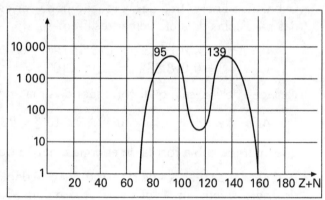

Figura 12.7

12.14 Obtenção dos Elementos Transuranianos

Aplicações interessantes das reações nucleares encontram-se na produção de elementos transuranianos, isto é, elementos de seguem o urânio na tabela periódica, cujos números atômicos, portanto, são maiores que 92 (v. item 8.3.1). Esses elementos são todos radioativos, com períodos de vida variáveis entre dezenas de milhões de anos (214 × 10⁶ anos para o $^{237}_{93}Np$) e, apenas, frações de segundo (0,3 s para o $^{260}_{104}Rf$). Deles, apenas o einstênio e o férmio foram encontrados na natureza, em quantidades insignificantes, nas cinzas de uma explosão nuclear realizada no Oceano Pacífico em 1952. Todos podem ser obtidos artificialmente por reações nucleares e, por isso, são considerados como *elementos artificiais* ou *sintéticos*.

Os primeiros trabalhos relativos à obtenção de elementos transuranianos datam de 1934, quando, na Universidade de Roma, Enrico Fermi, Emílio Segre e colaboradores bombardearam núcleos de urânio com nêutrons livres; examinando os produtos obtidos, julgaram ter encontrado, entre eles, elementos de números atômicos maiores que 92, isto é, admitiram ter conseguido uma reação de fusão e, portanto, a produção artificial de um elemento de número atômico 94 ou 96. Após discutir os resultados desses trabalhos, Otto Hahn e Fritz Strassman, em 1938, mostraram que, entre os produtos das reações nucleares provocadas pelo grupo de Fermi, não existiam elementos transurianos, mas, isto sim, isótopos radioativos de bário, lantânio, iodo, etc., cujos números de massa são bem menores que os dos supostos elementos transuranianos. Assim, as primeiras tentativas feitas no sentido de provocar uma reação de fusão do urânio conduziram, na verdade, a uma reação de fissão.

A tarefa de produzir artificialmente o primeiro elemento transuraniano, o netúnio ($Z = 93$), coube aos americanos McMillan e Abelson, em 1940. Expondo óxido de urânio ao bombardeio por um feixe de nêutrons, esse pesquisadores conseguiram uma reação nuclear esquematizada pelas equações

$$^{238}_{92}U + ^{1}_{0}n \rightarrow ^{239}_{92}U + \gamma$$

e

$$^{239}_{92}U \rightarrow ^{239}_{93}Np + ^{0}_{-1}\beta.$$

Na primeira etapa da reação, o núcleo de urânio captura um nêutron, eleva seu número de massa em uma unidade e emite um fóton de raios gama. Na segunda etapa, o núcleo de urânio expele espontaneamente uma partícula β, ou seja, um elétron, e origina um núcleo de netúnio. Assim, tudo se passa, no processo, como se o nêutron capturado se transformasse num próton, retido pelo núcleo, e num elétron por ele emitido.

À síntese do netúnio seguiram-se, com relativa rapidez, as de outros elementos transuranianos. Assim, já em 1941, os químicos americanos Glenn T. Seaborg, J. W. Kennedy e Arthur C. Wahl conseguiram identificar o plutônio ($Z = 94$), a cuja produção chegaram por bombardeio de núcleos de urânio com dêuterons:

$$^{238}_{92}U + ^{2}_{1}H \rightarrow ^{238}_{93}Np + 2\,^{1}_{0}n$$

e

$$^{238}_{93}Np \rightarrow ^{238}_{94}Pu + ^{0}_{-1}\beta.$$

À obtenção dos elementos seguintes apareceram ligados os nomes de vários pesquisadores, também americanos, além do próprio Seaborg, a cuja participação ativa se deve a obtenção do nobélio ($Z = 102$), e de A. Ghiorso, co-autor da produção de vários elementos transuranianos, que em 1963 já chegavam a 11 (de $Z = 93$ a $Z = 103$).

O elemento de número atômico 104, denominado rutherfórdio pelos americanos e conhecido como kurchatóvio pelos russos, foi obtido em 1969 por Ghiorso e colaboradores, nos Estados Unidos, pelo bombardeio do califórnio por íons carbono:

$$^{249}_{98}Cf + ^{12}_{6}C \rightarrow ^{257}_{104}Rf + 4\,^{1}_{0}n,$$

308 QUÍMICA GERAL

e, em 1964, por G. N. Flerov, na Rússia, por bombardeio do plutônio por íons neônio:

$$^{242}_{94}Pu + ^{22}_{10}Ne \rightarrow ^{260}_{104}Ku + 4\,^{1}_{0}n.$$

O mesmo Flerov e colaboradores, em 1968, bombardeando amerício com íons neônio, conseguiram sintetizar o elemento de número atômico $Z = 105$, denominado dúbnio (Db), na Rússia:

$$^{243}_{95}Am + ^{22}_{10}Ne \rightarrow ^{260}_{105}Db + 5\,^{1}_{0}n,$$

enquanto, em 1970, Ghiorso e outros obtiveram o mesmo elemento 105, por eles denominado hâhnio (Ha), bombardeando o califórnio com íons nitrogênio:

$$^{249}_{98}Cf + ^{15}_{7}N \rightarrow ^{260}_{105}Ha + 4\,^{1}_{0}n.$$

Ainda Seaborg e Ghiorso conseguiram obter o elemento 106 pelo bombardeio, em 1974, do califórnio com íons oxigênio:

$$^{249}_{98}Cf + ^{18}_{8}O \rightarrow ^{263}_{106}? + 4\,^{1}_{0}n.$$

12.15 Origem da Energia Solar

Medições feitas da energia solar incidente sobre a Terra mostram que, em média, cada metro quadrado da superfície terrestre recebe $1,35 \times 10^3$ J/s, já descontada a energia absorvida pela atmosfera. Embora a potência assim recebida pelo globo terrestre seja extremamente elevada — em confronto com a potência gerada por todos os geradores instalados na Terra —, ela constitui uma ínfima fração da fantástica potência total irradiada pelo Sol para o espaço que o envolve, avaliada em $3,8 \times 10^{26}$ J/s. De onde provém essa energia?

A emissão de energia pelo Sol é atribuída a uma seqüência de reações nucleares que, muito provavelmente, ocorrem nesse astro e, em última análise, envolvem a tranformação de hidrogênio em hélio. A perda de massa verificada nessa reação seria a responsável pela emissão de energia.

As reações nucleares responsáveis pela emissão de energia solar foram estudadas nos Estados Unidos, em 1938, por Hans Bethe, com fundamento na potência emitida pelo Sol e nos resultados colhidos na análise espectrográfica das radiações solares. Segundo Bethe, o processo responsável pela produção da energia solar não se limita a uma reação nuclear única, mas consiste numa cadeia cíclica de reações que, após um conjunto de seis etapas, reconduz o sistema à etapa inicial. Os principais participantes da seqüência de reações são os núcleos de carbono, os de nitrogênio e os de hidrogênio (prótons), que com eles colidem.

A análise desse ciclo de reações, partindo, por exemplo, do carbono comum $^{12}_{6}C$, mostra que os núcleos de carbono e os de nitrogênio são constantemente regenerados, enquanto como produto aparece o núcleo de hélio:

$$^{12}_{6}\text{C} + ^{1}_{1}\text{p} \rightarrow ^{13}_{7}\text{N} + \gamma$$

$$^{13}_{7}\text{N} \rightarrow ^{13}_{6}\text{C} + ^{0}_{1}\beta$$

$$^{13}_{6}\text{C} + ^{1}_{1}\text{p} \rightarrow ^{14}_{7}\text{N} + \gamma$$

$$^{14}_{7}\text{N} + ^{1}_{1}\text{p} \rightarrow ^{15}_{8}\text{O} + \gamma$$

$$^{15}_{8}\text{O} \rightarrow ^{15}_{7}\text{N} + ^{0}_{1}\beta$$

$$\underline{^{15}_{7}\text{N} + ^{1}_{1}\text{p} \rightarrow ^{12}_{6}\text{C} + ^{4}_{2}\alpha}$$

$$4\,^{1}_{1}\text{p} \rightarrow ^{4}_{2}\alpha + 2\,^{0}_{1}\beta + 3\gamma$$

É interessante observar que o ciclo integral das reações indicadas requer cerca de 5 milhões de anos; no fim desse período os núcleos de carbono e nitrogênio, inicialmente consumidos na reação, são integralmente reconstituídos.

A formação de um núcleo de hélio ($^{4}_{2}\alpha$) a partir de quatro núcleos de hidrogênio (4 $^{1}_{1}\text{p}$) se dá com uma perda de massa de cerca de 0,03 u, e a energia emitida pelo Sol em um segundo ($3,8 \times 10^{26}$ J) corresponde a uma perda de massa

$$\Delta m = \frac{\Delta E}{c^2} = \frac{3,8 \times 10^{26}}{(3 \times 10^8)^2} = 4,2 \times 10^9 \text{ kg}.$$

Em suma, a energia emitida pelo Sol provém de reações nucleares que se dão com diminuição de massa e, em um segundo, a massa do Sol é reduzida em quatro milhões e duzentas mil toneladas!

Por incrível que possa parecer, esse número na escala cósmica pouco significado tem. De fato, pela proporção indicada, a massa do Sol, avaliada em $1,98 \times 10^{27}$ t, deve, a cada milhão de anos, perder $1,33 \times 10^{20}$ t, menos que um décimo de milhonésimo de sua massa total.

310

C A P Í T U L O

13

As Ligações Químicas

13.1 Teorias Eletrônicas da Valência

No item 7.1 a valência de um elemento foi definida como a razão entre sua massa atômica e a massa equivalente da substância simples que o forma; no item 7.5 foi observado que, assim definida, a valência pode ser interpretada como o número de átomos de hidrogênio ou cloro suscetíveis de se unirem a um átomo do elemento considerado.

Tendo em vista interpretar a maneira pela qual os átomos se unem entre si para constituir as numerosas substâncias conhecidas, como também esclarecer a natureza dessas uniões, o conceito de valência tem sido, ultimamente, ampliado. Com fundamento nos conhecimentos sobre a estrutura do átomo e, mais especificamente, sobre a distribuição dos elétrons ao redor de seu núcleo, surgiram as teorias eletrônicas da valência com os conceitos de *eletrovalência*, *covalência*, *número de coordenação*, *número de oxidação*, etc.

De um modo geral, as teorias eletrônicas da valência — ou teorias das ligações químicas — admitem a existência de uma correlação entre os fenômenos químicos e elétricos, em vista de um modo particular de se estruturarem as diferentes substâncias que neles intervêm. Assim, desde o início do século passado, é sabido que, no tocante à possibilidade de conduzir cargas elétricas:

a) existem substâncias que, tanto no estado sólido como no líquido (em fusão), revelam alta condutividade elétrica; é o que sucede com os metais;

As Ligações Químicas **311**

b) outras substâncias existem que são más condutoras no estado sólido, mas têm alta condutividade quando fundidas; nessa categoria está incluída a grande maioria dos sais (NaCl, K_2CO_3, $MgCl_2$), como também dos óxidos (MgO, K_2O, Al_2, O_3) e hidróxidos (NaOH, KOH, etc.);

c) há substâncias que não conduzem corrente elétrica, estejam no estado sólido ou líquido; é o que sucede com os não-metais, com seus compostos com oxigênio e com outros não-metais, como também com os ácidos (anidros) e a maior parte das substâncias orgânicas;

d) algumas substâncias normalmente não condutoras originam, por dissolução em água ou outros solventes particulares, soluções condutoras.

Além disso, os fenômenos que acompanham a passagem da corrente elétrica através de um sal fundido (ou dissolvido) são profundamente diferentes dos observados através de um metal; enquanto num condutor metálico se constata apenas um aquecimento, num sal fundido (ou dissolvido) a corrente acarreta algumas alterações profundas, manifestadas pelo aparecimento, junto aos eletrodos imersos no líquido, dos produtos de sua decomposição.

Não seria tudo isso conseqüência do modo particular de se unirem entre si os átomos formadores das diferentes substâncias? É o que admitem e procuram explicar as teorias eletrônicas da valência.

Em resumo, essas teorias supõem que os átomos dos elementos quimicamente ativos têm tendência de ceder, ou adquirir, ou dispor em comum com outros átomos um ou mais elétrons, de modo que:

a) em muitos casos, para os átomos que cedem elétrons,
b) sempre, para os átomos que adquirem elétrons,
c) geralmente, para os átomos que compartilham elétrons entre si,

os elétrons periféricos resultam 2 (um *dieto*), como no átomo de hélio, ou 8 (um *octeto*), como nos átomos dos demais elementos nobres.

13.2 As Idéias de Kossel

Entre as inúmeras substâncias conhecidas, muitas apresentam uma propriedade interessante: dissolvidas em água, originam soluções iônicas, reconhecidas como tais por se revelarem condutoras da corrente elétrica. Examinando a natureza dos átomos formadores dessas substâncias e a dos íons por elas originados, algumas particularidades resultam patentes. Assim:

a) os elementos que na tabela periódica precedem a elementos nobres (F, Cl, Br, I) formam compostos em que funcionam com valência I (CaF_2, NaCl, $AlBr_3$, KI); quando esses compostos são dissolvidos em água, átomos dos halogênios originam íons negativos portadores de um elétron excedente (F^-, Cl^-, Br^-, I^-);

312 QUÍMICA GERAL

b) os elementos que na tabela periódica precedem de dois lugares os elementos nobres (O, S, Se, Te) originam compostos nos quais revelam valência 2; esses compostos, em solução aquosa, geram íons negativos cuja carga é a de dois elétrons ($O^{--}, S^{--}, Se^{--}, Te^{--}$);

c) os elementos seguintes aos nobres originam compostos que, por dissolução aquosa, desprendem íons positivos dotados de uma (Na^+, K^+, Li^+), duas ($Mg^{++}, Ca^{++}, Sr^{++}, Ba^{++}$) ou três ($Al^{+++}, B^{+++}, Ga^{+++}$) cargas positivas, conforme ocupem, na tabela periódica, um, dois ou três lugares seguintes aos dos elementos nobres.

Do exame desses fatos e atendendo à pronunciada inércia química dos elementos nobres, W. Kossel (1916) foi levado a formular uma teoria para explicar o modo pelo qual se unem os átomos para a formação dos compostos. Em resumo, Kossel admitiu que, nos compostos capazes de libertar íons, os átomos constituintes já se encontram no estado iônico. Esse estado seria atingido graças a uma transferência de elétrons de uns átomos para outros, em virtude de suas tendências de atingir configurações eletrônicas iguais às dos elementos nobres. Em outros termos, segundo Kossel:

1. os átomos dos elementos nobres teriam sua inércia química devida à particular distribuição dos elétrons no seu último nível energético (2 para o hélio e 8 para os demais);

2. os átomos dos elementos não nobres seriam quimicamente ativos por apresentarem, no último nível, configurações eletrônicas instáveis;

3. em conseqüência dessa instabilidade, esses átomos teriam uma tendência a ajustar o número de elétrons nos seus níveis exteriores, de maneira a atingirem a citada configuração estável dos elementos nobres;

4. esse ajustamento seria conseguido por um átomo que capturasse ou cedesse elétrons;

5. a captura ou a perda de elétrons por um átomo levaria à formação de um íon que possuiria uma estrutura análoga à de um átomo de elemento nobre.

As idéias de Kossel, que originaram a teoria da eletrovalência, encontram justificação física pelas considerações de *energia de ionização* e *afinidade eletrônica* introduzidas no próximo item.

13.3 Energia de Ionização e Afinidade Eletrônica

De acordo com o visto em capítulo anterior, os elétrons constituintes de um átomo estão distribuídos, ao redor do núcleo, em diversos níveis, e sua energia é crescente, de um nível para outro, com o número quântico principal que o define. Dentro dessa ordem de idéias, um elétron, que se encontra num nível em que sua energia é W_1, pode ser excitado de modo a passar a outro nível mais externo, em que sua energia resulte $W_2 > W_1$. Em particular, um elétron pertencente ao nível

As Ligações Químicas   **313**

energético mais distante do núcleo pode, desde que para tal receba energia suficiente, ser expulso do átomo, convertendo-se então este último em íon positivo.

A energia que deve ser suprida a um átomo para que dele se destaque um
elétron é chamada *energia de ionização* desse átomo. Ela costuma ser medida
indiretamente a partir de dados fornecidos pela espectroscopia e é usualmente
expressa em elétron-volt ($1\ eV = 1,6 \times 10^{-12}$erg).

Na Tab. 13.1 encontram-se os valores da energia de ionização para alguns
átomos, referentes ao primeiro elétron extraído ($X \rightarrow X^+ + e^-$), e na Fig. 8.1 eles
são representados em correspondência com os números atômicos dos elementos.

A observação dessa figura mostra que a energia de ionização é máxima para
os elementos nobres e mínima para os alcalinos. Com mais precisão, ao longo de
um mesmo período, a energia de ionização, salvo algumas irregularidades, cresce
do elemento que inicia esse período (metal alcalino) para o elemento que o fecha
(elemento nobre). Enquanto é relativamente fácil extrair um elétron de um átomo
de Li, Na, K, Rb ou Cs, é extremamente difícil deslocá-lo de um átomo de He, Ne,
Ar, Kr, Xe ou Rn. Como, por outro lado, os elementos nobres apresentam grande
inércia química, isto é, grande estabilidade, enquanto os alcalinos, pelo contrário,

TABELA 13.1

		Energia de ionização eV/átomo	Afinidade eletrônica eV/átomo
1	H	13,6	0,7
2	He	24,6	
3	Li	5,4	0,5
4	Be	9,3	
5	B	8,3	0,3
6	C	11,3	1,1
7	N	14,5	0,2
8	O	13,8	2,2
9	F	17,4	4,12
10	Ne	21,6	
11	Na	5,1	0,7
12	Mg	7,6	
13	Al	6,0	0,4
14	Si	8,2	1,9
15	P	11,0	0,8
16	S	10,4	2,8
17	Cl	13,0	3,8
18	Ar	15,8	
19	K	4,4	
20	Ca	6,1	

314 QUÍMICA GERAL

revelam elevada reatividade, é razoável justificar o diferente comportamento dessas duas categorias de elementos pela sua energia de ionização: os elementos nobres são estáveis porque têm grande energia de ionização e os alcalinos têm grande reatividade devido à sua baixa energia de ionização, ou seja, à facilidade com que perdem elétrons do último subnível s.

É importante notar que a energia de ionização de um átomo cresce para os sucessivos elétrons que dele se destacam. Esse fato é ilustrado, na Tab. 13.2, na qual se representam as energias, em elétron-volt, que devem ser supridas a um átomo para que dele se destaquem os sucessivos elétrons. No caso, por exemplo, do átomo de Li, que tem 3 elétrons, devem ser fornecidos 5,4 elétrons-volt para que dele se destaque o primeiro elétron ($2s$), ou seja, para que ocorra a transformação

$$Li \rightarrow Li^+ + e^-.$$

A extração do segundo elétron ($1s$), isto é, a transformação

$$Li^+ \rightarrow Li^{++} + e^-,$$

exige o suprimento de 75,6 elétrons-volt, consideravelmente maior que a primeira. A expulsão do terceiro elétron, que converteria o íon Li^{++} em Li^{+++}, exigiria 122,4 elétrons-volt.

Para um dado átomo a energia de ionização cresce com os sucessivos elétrons extraídos e, uma vez formado um íon com a configuração eletrônica de um elemento nobre (que no caso do exemplo dado é o hélio), a expulsão de um novo elétron torna-se sumamente difícil.

TABELA 13.2

		Elétrons extraídos									
		1º	2º	3º	4º	5º	6º	7º	8º	9º	10º
1	H	13,6									
2	He	24,6	54,4								
3	Li	5,4	75,6	122,4							
4	Be	9,3	18,2	153,9	217,9						
5	B	8,3	25,2	38	259	338,5					
6	C	11,3	24,4	47,9	64,2	290,1	489				
7	N	14,5	29,6	47,4	77,1	97,4	551	663			
8	O	13,8	35,2	54,9	77	109,2	137	733	866		
9	F	17,4	35,0	62,7	86,7	113,7	156	184	946	1 098	
10	Ne	21,6	41,1	64	97	126	158	207	263	840	1 356
11	Na	5,1	47	72	99	139	172	208	264		

As Ligações Químicas **315**

A reatividade dos átomos, relacionada com sua energia de ionização, pode também ser traduzida pela sua tendência de capturar elétrons e conseqüente conversão em íons negativos $(X + e^- \to X^-)$, ou seja, pela sua *afinidade eletrônica*. A afinidade eletrônica de um átomo é medida pela quantidade de energia liberada na captura de um elétron.

Quando um átomo de cloro, eletricamente neutro, captura um elétron, desprendem-se $3,8\,eV$:

$$Cl^0 + e^- \to Cl^- + 3,8\,eV.$$

Esses $3,8\,eV$ medem a afinidade eletrônica do átomo de cloro.

É evidente que a afinidade eletrônica de um átomo é igual em valor absoluto, e de sinal oposto, à energia de ionizacão do íon formado. Assim, $3,8\,eV$ tanto medem a afinidade eletrônica do átomo de cloro (Cl^0), como também a energia que seria absorvida por um íon Cl^- para expulsar um elétron:

$$Cl^- \to Cl^0 + e^- - 3,8\,eV,$$

isto é, a energia de ionização do íon Cl^-.

Na Tab. 13.1 figuram as afinidades eletrônicas de alguns elementos; a grande dificuldade existente na sua medida torna desconhecida a afinidade eletrônica da grande maioria dos átomos. É oportuno observar que os elementos halogênios

flúor $4,12\,eV$,
cloro $3,8\,eV$,
bromo $3,55\,eV$
iodo $3,22\,eV$

e

têm afinidade eletrônica particularmente elevada; isso justifica a grande tendência de seus átomos de capturarem elétrons, transformando-se nos respectivos ânions.

Observações

1. As afinidades eletrônicas constantes na Tab. 13.1 referem-se à energia liberada por um átomo eletricamente neutro na captura de um único elétron; como tais, essas afinidades podem ser consideradas como positivas. A experiência mostra, contudo, que a captura de dois elétrons por alguns átomos, ou seja, a transformação $X + 2e^- \to X^{--}$, vem acompanhada de uma absorção de energia. É o que sucede com os átomos dos elementos do $6.^\circ$ grupo, como oxigênio, enxofre e selênio, que têm afinidades eletrônicas negativas. Isso se explica admitindo que, embora a formação do íon simples (X^-) venha acompanhada de uma liberação de energia, a adição de um segundo elétron para a formação do íon X^{--} deve exigir o suprimento de energia externa para vencer a repulsão de origem elétrica oferecida pelo íon simples.

316 QUÍMICA GERAL

2. Os elementos cujos átomos têm energia de ionização pequena, isto é, revelam grande tendência em ceder elétrons de modo a formar íons positivos, são os *metais*. Pelo contrário, os elementos cujos átomos têm afinidade eletrônica positiva, ou seja, têm tendência a formar íons negativos, são os *não-metais*.

13.4 A Eletrovalência

As considerações feitas no item anterior permitem uma interpretação para o mecanismo de formação de certas substâncias compostas. A tendência de alguns átomos de capturar elétrons, medida pela sua afinidade eletrônica, e a de outros de ceder elétrons, avaliada pela sua energia de ionização, explica a transferência de elétrons dos segundos para os primeiros, com a conseqüente formação de íons; a atração eletrostática entre esses íons dá lugar a um *composto*.

Considere-se, por exemplo, o que provavelmente sucede quando átomos de sódio são postos em presença de átomos de cloro. Nos átomos de sódio os 11 elétrons obedecem à configuração $1s^2 2s^2 2p^6 3s^1$, enquanto os 17 elétrons dos átomos de cloro seguem a distribuição $1s^2 2s^2 2p^6 3s^2 3p^5$. Uma vez que a afinidade eletrônica do cloro é positiva e a energia de ionização do sódio é pequena, deve haver uma transferência de um elétron do segundo para o primeiro. Em outras palavras, o átomo de sódio deve perder o elétron $3s^1$, que passa para o átomo de cloro, fixando-se no subnível $3p$. Em virtude dessa transferência do elétron, o átomo de cloro transforma-se no íon cloreto (Cl^-), enquanto o de sódio converte-se no íon sódio (Na^+), respectivamente isoeletrônicos com o Ne e o Ar, porque suas configurações

$$Cl^- \qquad 1s^2 2s^2 2p^6 3s^2 3p^6 \qquad (Ar)$$

e $\qquad\qquad Na^+ \qquad 1s^2 2s^2 2p^6 \qquad (Ne)$

são respectivamente as dos átomos de argônio e neônio. Como os íons Cl^- e Na^+ têm cargas de sinais opostos, é de esperar o aparecimento entre eles de uma força atrativa que, mantendo-os unidos um ao outro, origina o *cloreto de sódio*.

A formação do cloreto de sódio não resulta, então, da união direta entre os átomos de sódio e cloro, mas é precedida por uma transformação desses átomos nos respectivos íons. Na suposição de que dessa transformação só podem participar elétrons pertencentes aos últimos níveis (*M*, no caso do sódio, e *N*, no caso do cloro), a reação entre ambos pode ser representada pelo esquema

$$Na + \cdot \overset{..}{Cl} : \ \rightarrow Na^+ \, [: \overset{..}{\underset{..}{Cl}} :]^-$$

no qual, no primeiro membro, segundo a notação introduzida por Lewis (1916), o símbolo do sódio aparece com seu elétron $3s^1$ e o do cloro é envolvido pelos 7 elétrons do nível *N* ($3s^2 \, 3p^5$); esses elétrons são representados pelos pontos que circundam os símbolos dos elementos.

As Ligações Químicas **317**

A condição necessária para que resulte formado o composto estável é que a energia do sistema constituído pelo par de íons Cl^- e Na^+ unidos seja menor que a energia total do sistema constituído pelos átomos Cl e Na, porque, se isso não ocorresse, o elétron excedente do íon Cl^- seria transferido ao íon Na^+, com a regeneração dos dois átomos neutros. É possível mostrar que essa condição é satisfeita no caso da molécula NaCl. De fato: imagine-se um átomo de sódio e outro de cloro bastante distantes um do outro. Para destacar o elétron do átomo Na e convertê-lo no íon Na^+, deve-lhe ser suprida uma energia igual a $5,1\,eV$, isto é:

$$Na + 5,1\,eV \rightarrow Na^+ + e^-.$$

Por outro lado, quando esse elétron é transferido ao átomo de Cl, de modo a completar seu octeto, uma energia igual a $3,8\,eV$ é liberada:

$$Cl + e^- \rightarrow Cl^- + 3,8\,eV.$$

Pela soma das duas equações resulta

$$Na + Cl + 1,3\,eV \rightarrow Na^+ + Cl^-,$$

significando que na verdade a passagem de um elétron do sódio para o cloro absorve uma energia igual a $1,3\,eV$.

Sucede contudo que a formação da "molécula" NaCl não envolve apenas o trânsito de um elétron de um átomo para outro, mas também a aproximação entre os íons formados do infinito até uma distância da ordem de 3Å (v. item 9.14). Nessa aproximação as forças atrativas entre os íons realizam trabalho positivo W igual, em valor absoluto, à energia potencial do sistema de cargas e^+ e e^-, distantes cerca de 3Å uma da outra. Isto é:

$$W = \frac{1}{4\pi\varepsilon_0}\frac{e^2}{d},$$

o que dá, no sistema CGS eletrostático,

$$W \cong \frac{4,8^2 \times 10^{-20}}{3 \times 10^{-8}} = 7,7 \times 10^{-12}\ erg \cong 4,8\,eV.$$

De um modo esquemático, tem-se nessa aproximação:

$$Na^+ \quad + \quad Cl^- \quad \rightarrow \quad Na^+Cl^- \quad + 4,8\,eV$$
$$\leftarrow \cdots\cdots\infty\cdots\cdots \rightarrow \qquad \rightarrow 3Å \leftarrow$$

Por conseguinte, o processo todo de formação de uma "molécula" de NaCl pode ser representado esquematicamente do seguinte modo:

a)
$$Na \quad + \quad Cl \quad + \quad 1,3\,eV \quad \rightarrow \quad Na^+ \quad + \quad Cl^-$$
$$\leftarrow \cdots\cdots\infty\cdots\cdots \rightarrow \qquad\qquad \leftarrow \cdots\cdots\infty\cdots\cdots \rightarrow$$

b)
$$Na^+ \quad + \quad Cl^- \quad \rightarrow \quad Na^+Cl^- \quad + \quad 4,8\,eV$$
$$\leftarrow \cdots\cdots\infty\cdots\cdots \rightarrow \qquad \rightarrow 3Å \leftarrow$$

318 QUÍMICA GERAL

e, por soma membro a membro,

$$Na \quad + \quad Cl \quad \rightarrow \quad Na^+Cl^- \quad + \quad 3,5\,eV$$
$$\leftarrow \cdots \infty \cdots \rightarrow \qquad \rightarrow 3\text{Å} \leftarrow$$

mostrando que efetivamente a energia do sistema $Na^+\ Cl^-$ é menor que a do formado pelos átomos Na e Cl separados e que, portanto, a "molécula" de NaCl é estável.

O que acaba de ser dito para o cloreto de sódio pode ser estendido a grande número de outros compostos. Na formação do sulfeto de magnésio, pode-se admitir que o átomo de magnésio ($1s^2 2s^2 2p^6 3s^2$) cede dois de seus elétrons ($3s^2$) ao de enxofre ($1s^2 2s^2 2p^6 3s^2 3p^4$). Em virtude dessa transferência o átomo Mg converte-se no íon Mg^{++} (com a configuração $1s^2\ 2s^2\ 2p^6$ do neônio), enquanto o átomo S transforma-se no íon S^{--} (com a configuração $1s^2 2s^2 2p^6 3s^2 3p^6$ do argônio). Os íons, positivo Mg^{++} e negativo S^{--}, unem-se então devido ao aparecimento entre eles de uma força atrativa de origem eletrostática:

$$Mg : + \overset{\cdot\cdot}{\underset{\cdot\cdot}{S}} : \rightarrow Mg^{++}[: \overset{\cdot\cdot}{\underset{\cdot\cdot}{S}} :]^{--}$$

Outros exemplos:

$$2K + \overset{\cdot}{\underset{\cdot\cdot}{S}} : \rightarrow K^+ [: \overset{\cdot\cdot}{\underset{\cdot\cdot}{S}} :]^{--} K^+ \qquad \text{(ou } K_2S, \text{ sulfeto de potássio);}$$

$$2Na + \overset{\cdot}{\underset{\cdot\cdot}{O}} : \rightarrow Na^+ [: \overset{\cdot\cdot}{\underset{\cdot\cdot}{O}} :]^{--} Na^+ \qquad \text{(ou } Na_2O, \text{ óxido de sódio);}$$

$$Ca : + \cdot \overset{\cdot\cdot}{\underset{\cdot\cdot}{Cl}} : \rightarrow [: \overset{\cdot\cdot}{\underset{\cdot\cdot}{Cl}} :]^- Ca^{++}[: \overset{\cdot\cdot}{\underset{\cdot\cdot}{Cl}} :]^- \qquad \text{(ou } CaCl_2, \text{ cloreto de cálcio).}$$

De um modo geral, quando a união entre átomos se realiza em virtude de transferência de elétrons de uns para outros, diz-se que entre eles se estabelece uma união ou enlace por *eletrovalência*. A substância obtida ($NaCl$, K_2O, MgO, $CaCl_2$, Na_2O) é dita *eletrovalente*, *heteropolar* ou *iônica*.

Os elétrons pertencentes ao nível exterior de energia e que participam de uma união eletrovalente são chamados *elétrons de valência*.

De um átomo que, para participar de uma ligação eletrovalente, cede elétrons, diz-se que funciona com *valência positiva*. Por outro lado, funciona com *valência negativa* aquele átomo que recebe elétrons. O número de elétrons cedidos ou recebidos por um átomo constitui seu número de valência (positiva ou negativa, respectivamente) no enlace de que participa. Em outras palavras, a *valência de um* _íon_ é determinada pela sua _carga elétrica_; ela é positiva ou negativa e igual ao número de elétrons cedidos ou capturados pelo átomo correspondente:

$$Na^+ \quad +1 \qquad Cl^- \quad -1$$
$$Mg^{++} \quad +2 \qquad S^{--} \quad -2$$
$$K^+ \quad +1 \qquad O^{--} \quad -2$$
$$Ca^{++} \quad +2 \qquad I^- \quad -1$$

13.5 Propriedades dos Compostos Eletrovalentes

Do modo particular pelo qual se constituem, é de prever que as substâncias iônicas devem apresentar um conjunto de propriedades comuns que possam distingui-las de outras que não o sejam; algumas dessas propriedades são abordadas nos subitens seguintes.

13.5.1

É de esperar que os cátions e ânions, formados graças à transferência de elétrons de uns átomos para outros, se aproximem entre si, até que a repulsão entre seus núcleos e entre os próprios envoltórios eletrônicos equilibre a força atrativa existente. Como, por outro lado, essa força atrativa se estende a todas as direções no espaço, pode-se prever que cada íon positivo (ou negativo) acabe sendo circundado por certo número de íons negativos (ou positivos), obedecendo a certa regularidade e simetria geométrica. Esse fato, que é confirmado pelo exame feito por raios X, sugere que as substâncias eletrovalentes não são constituídas por moléculas; a ordenação dos seus íons produz um reticulado cristalino, e cada cristal pode ser considerado como uma "molécula" gigante. As fórmulas $NaCl$, MgS, K_2S, Na_2O, $CaCl_2$, etc. não representam propriamente moléculas, que não existem[*], mas indicam a proporção numérica entre os correspondentes íons nos respectivos cristais. Assim, a fórmula $NaCl$, que a rigor deveria ser escrita $Na^+ Cl^-$, ilustra que no cristal de cloreto de sódio existe um íon Na^+ associado a cada íon Cl^- e reciprocamente, enquanto a fórmula Na_2O exprime que no óxido de sódio existem dois íons Na^+ para cada íon O^{--}, e assim por diante.

13.5.2

Embora todas as substâncias iônicas devam originar cristais, é evidente que a forma desses cristais, e portanto o número de coordenação da rede formada, vai depender das cargas e dos raios dos íons que dela participam (v. item 9.13).

13.5.3

Tendo presente que as forças, de origem eletrostática, que mantêm os íons ligados à rede são relativamente intensas, os cristais iônicos devem oferecer uma

---

[*] A rigor essas moléculas podem existir quando as substâncias se encontram no estado de vapor.

resistência considerável ao corte, e essa resistência para o mesmo cristal deve ser maior ou menor, conforme a orientação do plano de corte. No caso do cloreto de sódio, por exemplo, é fácil cortar o cristal por um plano paralelo às faces dos cubos e no qual se localizam sempre íons Na^+ e Cl^- alternados. É muito difícil, entretanto, cortá-lo segundo um plano diagonal que viesse a separar duas superfícies, uma constituída só por íons Na^+ e outra contendo apenas íons Cl^-.

13.5.4

Os íons constituintes do reticulado cristalino, pela teoria cinética, não estão fixos na rede, mas oscilam ou vibram ao redor de suas posições de equilíbrio, com amplitude média que depende da temperatura. Ao se elevar a temperatura do cristal, por um suprimento de energia sob a forma de calor, deve aumentar a amplitude média das oscilações desses íons até que, atingida dada temperatura e vencidas as forças que mantinham os íons ordenados dentro da rede, se produza o desmoronamento do edifício cristalino. Essa destruição do edifício cristalino constitui a fusão; para cada cristal ela deve ocorrer, como realmente ocorre, a uma temperatura determinada. Atendendo à elevada intensidade das forças eletrostáticas que mantêm os íons ligados à rede, as temperaturas de fusão das substâncias iônicas devem ser elevadas.

13.5.5

Uma substância iônica, no estado sólido, deve revelar baixíssima condutividade elétrica, mas uma vez fundida deve ser condutora, isto é, sob ação de um campo elétrico que lhe seja aplicado, deve ter orientado o movimento de seus íons de modo a se estabelecer através do líquido uma corrente elétrica.

13.5.6

O desmoronamento do reticulado iônico, que constitui a *dissolução iônica*, deve ocorrer também quando a substância iônica for posta em presença de água, ou algum outro líquido particular. De fato, as moléculas de água (que não é substância iônica), por motivos que serão examinados no item 13.10, comportam-se como pequenos dipolos elétricos, isto é, como corpúsculos dotados de cargas positiva e negativa, localizadas em duas regiões opostas (Fig. 13.1). Quando um cristal de uma substância iônica é introduzido em água, os dipolos do líquido, que se encontram em contínua agitação, chocam-se com a superfície do cristal e tomam orientação determinada pela carga do íon mais próximo. Os íons negativos passam a atrair os extremos positivos dos dipolos de água, enquanto os extremos negativos desses dipolos são atraídos pelos íons positivos do cristal.

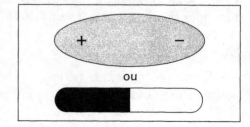

Figura 13.1

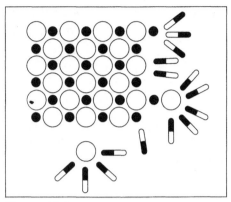

Figura 13.2

A atração exercida pelos dipolos do solvente sobre os íons, combinada com a agitação dos dipolos devida à sua energia cinético-molecular (agitação térmica), faz com que os íons sejam arrancados do cristal. Esse mecanismo da dissolução é esquematizado na Fig. 13.2, na qual se representam por círculos pretos e brancos os íons positivos e negativos constituintes do cristal, usando-se a mesma convenção para representar as cargas positivas e negativas dos dipolos do solvente.

13.5.7

Os íons arrancados do retículo cristalino, ao entrarem em solução, resultam mais ou menos fortemente unidos a moléculas polares do solvente (Fig.13.3a). Esse fenômeno constitui a *solvatação*, e os íons envolvidos por moléculas do solvente são ditos solvatados. Quando, em particular, o solvente é a água, o aglomerado formado por um íon com as moléculas de água que o envolvem é chamado hidrato do íon. Um exemplo de íon hidratado é o íon hidrônio:

$$H^+ + H_2O \to H_3O^+.$$

Em virtude da solvatação dos íons, a dissolução de uma substância iônica em água deveria ser representada por uma equação do tipo

$$Na^+ Cl^- + (x+y) H_2O \to Na^+ (H_2O)_x + Cl^- (H_2O)_y.$$

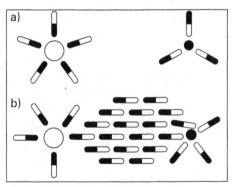

Figura 13.3

As moléculas de solvente vizinhas das que envolvem os íons solvatados se orientam também voltando os seus pólos para os de sinal contrário das que estão unidas aos íons. Essa orientação dos dipolos do solvente na região compreendida entre dois íons de sinais opostos determina a diminuição da intensidade da força atrativa entre esses íons, à semelhança do que sucede quando entre as duas armaduras de um capacitor carregado, inicialmente separadas pelo vazio, se interpõe uma substância polar.

Diminuída assim a atração entre os íons de sinais opostos, resulta diminuída também a tendência de reconstrução do cristal a partir deles.

13.5.8

Diante da explicação dada para o mecanismo de dissolução de um composto iônico em água, ou outro líquido polar, é de esperar que as substâncias iônicas não

322 QUÍMICA GERAL

sejam solúveis em solventes não polares (benzeno, tetracloreto de carbono, sulfeto de carbono). Esse fato, com muito poucas exceções, é confirmado pela experiência[*].

13.5.9

A possibilidade de as forças de atração entre os íons, dentro de alguns reticulados cristalinos, serem extremamente intensas explica o fato de certas substâncias, embora iônicas, serem praticamente insolúveis, inclusive na água (cloreto de prata $Ag^+ Cl^-$, sulfeto de chumbo $Pb^{++}S^{--}$ e outras).

13.6 A Covalência

A suposição de que a união entre os átomos resulta da transferência prévia de elétrons de uns para outros não permite explicar a formação de todas as substâncias. De fato:

a) inúmeras substâncias existem, como, por exemplo, CO_2, $P_2 O_5$, NH_3, CH_4 e a grande maioria dos compostos orgânicos, que não se revelam constituídas por íons; elas não se dissociam por fusão ou dissolução;

b) não se pode aceitar a formação das moléculas de substâncias simples (N_2, O_2, Cl_2, H_2) por transferência de elétrons, uma vez que esta não pode ocorrer entre átomos de mesma energia de ionização e afinidade eletrônica;

c) muitos íons que participam da constituição de substâncias eletrovalentes são poliatômicos, isto é, são eles próprios constituídos por grupos de átomos que mantêm sua integridade nas reações de que participam; é o caso dos íons NO_3^-, CO_3^{--}, SO_4^{--}, NH_4^+;

d) em muitas moléculas a soma dos números de elétrons existentes nos últimos níveis energéticos (elétrons de valência) é diferente de 8 ou de um múltiplo de 8. No Cl_2S essa soma é: $2 \times 7 + 6 = 20$; no H_2O_2 é $2 \times 1 + 2 \times 6 = 14$, etc.

Tudo isso parece sugerir que os átomos podem unir-se entre si por forças que não sejam de origem eletrostática e, quiçá, mais intensas que as que unem entre si os íons nas substâncias heteropolares.

Logo após a divulgação das idéias de Kossel sobre a eletrovalência, Gilbert Newton Lewis (1916) mostrou que a união entre átomos poderia ser explicada partindo de sua tendência de adquirir a configuração eletrônica estável própria dos elementos nobres, mas sem a transferência e, sim, com o condomínio de elétrons.

---

[*] Por outro lado, é difícil explicar como certos líquidos tipicamente polares como o HCN (cuja constante dielétrica e o momento dipolar são maiores que os da água) não conseguem dissolver o NaCl.

As Ligações Químicas   323

Segundo Lewis, quando dois ou mais átomos se unem para formar uma molécula, eles distribuem seus elétrons exteriores de maneira que, compartilhando mutuamente um ou mais pares de elétrons, possam esses átomos adquirir a configuração eletrônica dos elementos nobres que lhes são mais próximos na tabela periódica.

O átomo de hidrogênio, por exemplo, que tem um único elétron, para atingir a configuração eletrônica do He (elemento nobre mais próximo) deveria apresentar 2 elétrons no último e único nível. Segundo Lewis dois átomos de hidrogênio poderiam, simultaneamente, atingir essa configuração, pondo cada um deles o seu elétron à disposição do outro, de modo a surgir um par de elétrons comum aos dois átomos. Esse fato pode ser representado esquematicamente figurando cada elétron por um ponto (.) ao lado do símbolo do átomo a que pertence: H . + · H → H : H ou H — H

A formação das moléculas Cl_2, O_2 e N_2, ou seja, das moléculas constituídas por átomos que possuem respectivamente 7, 6 e 5 elétrons no último nível, pode ser representada pelos esquemas:

$$: \overset{..}{\underset{..}{Cl}} \cdot + \cdot \overset{..}{\underset{..}{Cl}} : \rightarrow : \overset{..}{\underset{..}{Cl}} : \overset{..}{\underset{..}{Cl}} : \quad \text{ou} \quad Cl — Cl,$$

$$\overset{.}{\underset{.}{:O:}} + \overset{.}{\underset{.}{:O:}} \rightarrow \overset{.}{\underset{.}{:O::O:}} \quad \text{ou} \quad O = O^{[*]},$$

$$: N : + : N : \rightarrow : N :: N : \quad \text{ou} \quad N \equiv N,$$

pondo em evidência que, no primeiro caso, os dois átomos de cloro compartilham um par de elétrons, no segundo, dois átomos de oxigênio dispõem em comum dois pares de elétrons e, no terceiro, dois átomos de nitrogênio aparecem ligados por três pares de elétrons. Em todos os casos, cada um dos átomos se comporta como se estivesse envolvido por um octeto de elétrons.

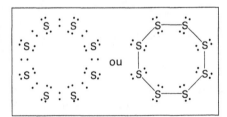

Figura 13.4

Um caso interessante de estrutura por covalência de substância simples é o do enxofre, para o qual a experiência revela uma massa molecular 256, sugerindo, portanto, uma fórmula S_8. Esses 8 átomos formariam a molécula S_8 dispondo-se segundo um anel (Fig. 13.4).

Confrontando essas figuras ou *fórmulas eletrônicas* com as *fórmulas estruturais* clássicas, ressalta que cada par de elétrons comuns (:) que nelas aparece é representado nas fórmulas estruturais por um traço (—) indicativo de uma valência; essa valência, graças à terminologia introduzida por Langmuir (1919), é dita agora *covalência*.

---

[*] V. no item 13.17 a estrutura mais provável para a molécula de oxigênio.

324 QUÍMICA GERAL

A suposição de que pares de elétrons, sendo compartilhados por dois átomos (isto é, servindo a dois núcleos), possam ser a razão da formação de uma ligação tem sua justificação na Mecânica Ondulatória. Os dois núcleos carregados positivamente podem ser considerados como um único com uma carga maior que a de cada um deles. Um elétron movendo-se ao redor de um tal complexo nuclear é mais intensamente solicitado do que o seria se o fizesse ao redor de cada núcleo original. A nova órbita do elétron na molécula é chamada *órbita molecular*. O movimento de um elétron numa órbita molecular obedece ao mesmo princípio de Pauli válido para a órbita atômica. Em conseqüência, não podem existir mais que dois elétrons na mesma órbita molecular e estes não podem ter o mesmo número quântico de *spin*. Por isso, cada ligação covalente deve ser formada por um único par de elétrons.

Os exemplos dados até aqui são os de formação, por covalência, de moléculas de substâncias simples. As ligações covalentes podem também ocorrer em moléculas de substâncias compostas. O átomo de oxigênio, por exemplo, que apresenta 6 elétrons no último nível, pode completar seu octeto com os elétrons de dois átomos de hidrogênio, os quais, por sua vez, atingem a configuração eletrônica do hélio, isto é, completam seus pares, com elétrons do oxigênio. Forma-se assim a molécula de água:

$$2H^0 + \overset{\displaystyle \cdot}{\underset{\displaystyle \cdot}{\cdot}O\cdot} \rightarrow \overset{H}{\underset{\displaystyle \cdot\cdot}{:O:H}} \quad \text{ou} \quad \overset{H}{\underset{\displaystyle \cdot\cdot}{:O-H}}$$

esquema com o qual se procura evidenciar que a molécula em questão é angular e não linear.

O átomo de nitrogênio que tem 5 elétrons no último nível, analogamente, pode completar seu octeto com os elétrons de três átomos de hidrogênio, originando a molécula de amônia NH_3:

$$\cdot \overset{\displaystyle \cdot\cdot}{\underset{\displaystyle \cdot}{N}}\cdot + 3H\cdot \rightarrow \overset{\displaystyle \cdot\cdot}{\underset{\displaystyle H}{H:N:H}} \quad \text{ou} \quad \overset{\displaystyle \cdot\cdot}{\underset{\displaystyle H}{H-N-H}}$$

Já o átomo de carbono, que apresenta apenas 4 elétrons periféricos, pode completar seu octeto com os elétrons de quatro átomos de hidrogênio, para originar uma molécula de CH_4, ou com os de dois átomos de oxigênio, para formar uma molécula de CO_2:

$$\cdot \overset{\displaystyle \cdot}{\underset{\displaystyle \cdot}{C}}\cdot + 4H\cdot \rightarrow \overset{\displaystyle H}{\underset{\displaystyle H}{H:C:H}} \quad \text{ou} \quad \overset{\displaystyle H}{\underset{\displaystyle H}{H-C-H}}$$

$$:C: + 2\overset{\displaystyle \cdot\cdot}{\underset{\displaystyle \cdot\cdot}{O}} \rightarrow \overset{\displaystyle \cdot}{\underset{\displaystyle \cdot\cdot}{O}}::C::\overset{\displaystyle \cdot}{\underset{\displaystyle \cdot\cdot}{O}} \quad \text{ou} \quad \overset{\displaystyle \cdot}{\underset{\displaystyle \cdot\cdot}{O}}=C=\overset{\displaystyle \cdot}{\underset{\displaystyle \cdot\cdot}{O}}$$

As Ligações Químicas   **325**

Outros exemplos de ligações covalentes são esquematizados a seguir:

a) cloridreto HCl $\qquad$ H : $\ddot{\text{C}}$l :   ou   H—$\ddot{\text{C}}$l :

b) monoclorometano CH_3Cl

c) eteno ou etileno C_2H_4

d) etino ou acetileno C_2H_2 H : C :: C : H   ou   H—C≡C—H

e) peróxido de hidrogênio H_2O_2

f) sulfeto de hidrogênio H_2S

g) dicloreto de enxofre SCl_2

h) íon hidróxido HO^- [: $\ddot{\text{O}}$: H]$^-$ ou   [: $\ddot{\text{O}}$—H]$^-$

13.7 Covalência Dativa

A união por covalência tal como a ilustrada pelos exemplos do item anterior é dita *covalência simples* ou *covalência normal*; o que a caracteriza é o fato de os elétrons constituintes de cada par compartilhado por dois átomos serem originários um de cada um desses átomos. No caso do HCl, por exemplo, o par de elétrons comum aos átomos de H e Cl é constituído por um elétron vindo do átomo de H e um vindo do átomo de Cl. No C_2H_4 cada um dos dois pares de elétrons comuns aos dois átomos de C é formado por elétrons vindos de um e de outro desses átomos, e assim por diante.

Pode suceder, entretanto, que os dois elétrons do par responsável pela ligação covalente entre dois átomos sejam originários de um só desses átomos, isto é, pode acontecer de um átomo colocar um par de seus elétrons periféricos à disposição de outro átomo, permitindo a este completar seu octeto. Quando a união entre dois átomos se realiza dessa maneira, diz-se que entre eles se estabelece uma ligação por *covalência coordenada* ou *dativa* ou, ainda, *semipolar*. Nesse tipo de ligação, costuma-se distinguir o átomo que põe um par de seus elétrons à disposição de

326 QUÍMICA GERAL

outro, chamando-o de *doador*; o átomo a cuja disposição o par eletrônico é colocado pelo doador é chamado *receptor*. Nas fórmulas estruturais, uma ligação covalente dativa é representada por uma seta dirigida do átomo doador para o receptor. Alguns exemplos serão examinados a seguir.

a) O átomo de fósforo, que tem 5 elétrons no último nível, une-se a três átomos de cloro para formar uma molécula de PCl_3 (tricloreto de fósforo). Nessa molécula, três dos cinco elétrons do fósforo resultam compartilhados com três elétrons pertencentes a outros tantos átomos de cloro, de modo que dois dos cinco elétrons do fósforo continuam a pertencer apenas ao octeto deste último:

$$: \overset{..}{\underset{..}{Cl}} : $$
$$: \overset{.}{\underset{.}{P}} \cdot + 3 : \overset{..}{\underset{..}{Cl}} \cdot \rightarrow : \overset{..}{\underset{..}{P}} : \overset{..}{\underset{..}{Cl}} : \qquad ou \qquad : P—Cl$$
$$: \overset{..}{\underset{..}{Cl}} : $$

com os grupos Cl acima e abaixo do P na estrutura da direita.

Quando o tricloreto de fósforo é posto em presença de oxigênio, processa-se uma reação de formação de $POCl_3$. Nessa reação, provavelmente, o par de elétrons solitários do fósforo é posto à disposição do átomo de oxigênio

$$: \overset{..}{\underset{..}{Cl}} : \qquad : \overset{..}{\underset{..}{Cl}} :$$
$$: \overset{..}{\underset{..}{O}} + : \overset{..}{\underset{..}{P}} : \overset{..}{\underset{..}{Cl}} : \rightarrow : \overset{..}{\underset{..}{O}} : \overset{..}{\underset{..}{P}} : \overset{..}{\underset{..}{Cl}} : \qquad ou \qquad O \leftarrow P—Cl$$
$$: \overset{..}{\underset{..}{Cl}} : \qquad : \overset{..}{\underset{..}{Cl}} :$$

O par de elétrons que estabelece a ligação entre o oxigênio e o fósforo provém então de um único desses átomos; o átomo de fósforo é o doador e o de oxigênio o receptor.

b) Uma estrutura semelhante à do exemplo anterior encontra-se na molécula de hidroxilamina NH_3O; o átomo de nitrogênio, cujo octeto é completo com os elétrons dos três átomos de hidrogênio, põe, à disposição do átomo de oxigênio, os seus dois elétrons solitários:

$$\begin{array}{c} N \\ H : \overset{..}{N} : H \\ : \overset{..}{O} : \end{array} \qquad ou \qquad \begin{array}{c} H \\ | \\ H—N—H \\ \downarrow \\ : \overset{..}{O} : \end{array}$$

c) Um exemplo importante de ligação covalente dativa é oferecido pelo cátion hidrônio H_3O^+, encontrado nas soluções aquosas dos ácidos. O cloridreto HCl, como aliás todas as substâncias vulgarmente chamadas de ácidos, ao ser dissolvido em água, reage com ela: o próton, unido por covalência ao átomo de cloro, destaca-se da molécula de HCl e passa a se unir ao átomo de oxigênio da água por um dos seus pares solitários de elétrons. Surge assim o íon H_3O^+, restando livre o cloro sob a forma de íon Cl^-:

$$:\overset{\cdot\cdot}{\underset{\cdot\cdot}{Cl}}:H+:\overset{\cdot\cdot}{\underset{\cdot\cdot}{O}}:H \rightarrow \left[H:\overset{\overset{\displaystyle H}{\cdot\cdot}}{\underset{\cdot\cdot}{O}}:H \right]^{+} + [:\overset{\cdot\cdot}{\underset{\cdot\cdot}{Cl}}:]^{-}$$

ou

$$Cl\!-\!H + \overset{\displaystyle H}{\underset{\displaystyle |}{O}}\!-\!H \rightarrow \left[H\!\leftarrow\!\overset{\displaystyle H}{\underset{\displaystyle |}{O}}\!-\!H \right]^{+} + Cl^{-}$$

d) Outro exemplo de ligação covalente coordenada que merece destaque é o existente na estrutura do íon amônio NH_4^+ originado na reação da amônia com a água:

$$H:\overset{\overset{\displaystyle H}{\cdot\cdot}}{N}:H + :\overset{\cdot\cdot}{\underset{\cdot\cdot}{O}}:H \rightarrow \left[H:\overset{\overset{\displaystyle H}{\cdot\cdot}}{\underset{\displaystyle H}{N}}:H \right]^{+} + [:\overset{\cdot\cdot}{O}:H]^{-}$$

ou

$$H\!-\!\overset{\displaystyle H}{\underset{\displaystyle |}{N}}\!-\!H + \overset{\displaystyle H}{\underset{\displaystyle |}{O}}\!-\!H \rightarrow \left[H\!-\!\overset{\overset{\displaystyle H}{\displaystyle |}}{\underset{\underset{\displaystyle H}{\downarrow}}{N}}\!-\!H \right]^{+} + O\!-\!H^{-}$$

Nesse caso, ao contrário do que sucederia no exemplo anterior, um próton (H^+) destaca-se da molécula de água e passa a se unir ao átomo de nitrogênio da amônia pelo seu par solitário de elétrons.

De modo semelhante origina-se também o íon NH_4^+ a partir do NH_3 e HCl:

$$H\!-\!\overset{\displaystyle H}{\underset{\displaystyle |}{N}}\!-\!H + H\cdot Cl \rightarrow \left[H\!-\!\overset{\overset{\displaystyle H}{\displaystyle |}}{\underset{\underset{\displaystyle H}{\downarrow}}{N}}\!-\!H \right]^{+} + Cl^{-}$$

e) Também apresentam ligações covalentes dativas os ânions dos oxiácidos: SO_4^{--}, SO_3^{--}, ClO_4^-, ClO_3^-, ClO^-, PO_4^{---}, etc., nos quais os elétrons que conferem a carga ao íon se supõem fixos nos átomos de enxofre, cloro, fósforo, etc.:

$$SO_4^{--} \quad \left[\overset{\overset{\displaystyle :\overset{\cdot\cdot}{O}:}{\displaystyle}}{:\overset{\cdot\cdot}{O}:\overset{\cdot\cdot}{\underset{\cdot\cdot}{S}}:\overset{\cdot\cdot}{O}:}\atop{:\overset{\cdot\cdot}{O}:} \right]^{--} \quad ou \quad \left[\overset{\overset{\displaystyle O}{\uparrow}}{O\!\leftarrow\!\overset{\downarrow}{S}\!\rightarrow\!O}\atop{O} \right]^{--}$$

328 — Química Geral

SO_3^{--} (estrutura de Lewis)   ou   (estrutura com ligações dativas)

ClO_4^- (estrutura de Lewis)   ou   (estrutura com ligações dativas)

ClO_3^- (estrutura de Lewis)   ou   (estrutura com ligações dativas)

ClO^- (estrutura de Lewis)   ou   (estrutura com ligações dativas)

PO_4^{---} (estrutura de Lewis)   ou   (estrutura com ligações dativas)

HPO_3^{--} (estrutura de Lewis)   ou   (estrutura com ligações dativas)

$H_2PO_2^-$ (estrutura de Lewis)   ou   (estrutura com ligações dativas)

f)   Nas moléculas dos oxiácidos, ao lado de ligações covalentes normais, existem também ligações covalentes dativas:

ácido sulfúrico H_2SO_4 (estrutura de Lewis)   ou   (estrutura com ligações dativas)

As Ligações Químicas **329**

ácido sulfuroso	H_2SO_3	estrutura de Lewis	ou estrutura com ligações
ácido clórico	$HClO_3$		
ácido fosfórico	H_3PO_4		
ácido nítrico	HNO_3		

g) Exemplo interessante de ligação covalente coordenada é oferecido pelo monóxido de carbono CO. O átomo de carbono, que tem 4 elétrons periféricos, e o átomo de oxigênio, que tem 6, completam seus octetos mediante 3 pares de elétrons comuns. Dois desses pares são constituídos por elétrons do carbono e oxigênio e o terceiro par é de elétrons postos à disposição do carbono (átomo receptor) pelo oxigênio (átomo doador).

$$: C : \overset{..}{O} : \rightarrow : C :: O : \quad ou \quad : C \equiv O :$$

13.8 A Ligação Covalente e a Mecânica Ondulatória

Ao expor suas idéias sobre a união entre átomos com condomínio de elétrons, Lewis não formulou nenhuma explicação para a natureza da ligação assim originada, como também nenhuma conjectura fez a propósito da distância entre os átomos ligados, ou da *intensidade* da ligação, nem tampouco de sua orientação espacial.

A interpretação teórica das ligações covalentes surgiu posteriormente com fundamento na Mecânica Ondulatória e em particular na equação de Schrödinger; a resolução dessa equação, constituindo problema extremamente complexo e somente conseguida, em alguns casos, por métodos apropriados de aproximação, torna aquela interpretação bem mais complicada que a das ligações eletrovalentes.

Segundo o visto no item 11.8 a aplicação da *equação da onda* ao átomo de hidrogênio conduz a várias funções de onda ψ, ou orbitais, cuja descrição é conseguida com os três números quânticos n, l e m_l. Cada uma dessas funções ψ varia com a distância ao núcleo (R) e a direção (θ e φ); seu quadrado, ψ^2, num dado ponto do espaço, mede, segundo alguns, a probabilidade de nele ser encontrado o elétron ou, segundo outros, a densidade da nuvem eletrônica (v. item 11.5). No que tange à sua conformação, os orbitais *s* são esféricos, enquanto os orbitais p_x, p_y e p_z, em forma de halteres, têm seus eixos de simetria mutuamente perpendiculares e coincidentes, respectivamente, com os eixos cartesianos OX, OY e OZ.

Dois caminhos diferentes podem ser seguidos para explicar, em termos de Mecânica Ondulatória, a formação da ligação covalente: o dos enlaces de valência e o dos orbitais moleculares.

13.8.1 Método dos Enlaces de Valência

Nesse método, desenvolvido por Heitler e London (1927), imaginam-se os dois átomos, de hidrogênio por exemplo, e calcula-se a função de onda ψ correspondente aos dois elétrons determinantes da ligação, lembrando que, por serem ambos indiscerníveis, é possível imaginar não só cada um deles pertencendo ao seu correspondente núcleo, como também ao do outro. Desse modo, obtêm-se, na verdade, duas funções de onda:

a) uma que identifica a ligação entre os átomos e exige que os *spins* dos dois elétrons sejam antiparalelos;

b) outra que caracteriza uma repulsão entre os dois átomos, crescente à medida que diminui a distância entre eles, quando os *spins* dos dois elétrons são paralelos.

Calculando, em função da distância internuclear r, a energia potencial U do sistema constituído pelos dois núcleos e dois elétrons da molécula de hidrogênio, vários pesquisadores chegaram a resultados, como os esquematizados na Fig. 13.5 pelas curvas *a* e *b*; essas curvas correspondem, respectivamente, aos casos em que os dois elétrons têm os *spins* antiparalelos e paralelos.

Essas curvas mostram que, nos dois casos, quando a distância entre os dois núcleos é muito grande, a energia U do sistema é praticamente nula. Mas, à medida que se aproximam os dois núcleos, quando os *spins* dos dois elétrons são paralelos (curva *b*), a energia potencial do conjunto

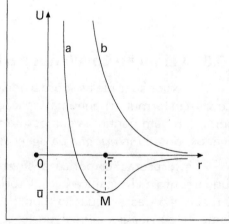

Figura 13.5

As Ligações Químicas **331**

cresce, isto é, os átomos se repelem e o sistema considerado torna-se cada vez mais instável. Quando, entretanto, os *spins* são antiparalelos, à medida que diminui a distância internuclear, a energia potencial do sistema diminui até atingir o mínimo representado pelo ponto M, para uma distância $r = \bar{r}$.

A diferença ΔU entre as energias dos dois átomos quando extremamente afastados entre si ($U = 0$) e a energia U quando $r = \bar{r}$ chama-se *energia de ligação* entre os átomos.

No caso da molécula de hidrogênio, segundo o que mostram os cálculos, quando $r = \bar{r} = 0{,}86$ Å, tem-se $\bar{U} = -3{,}6\ eV$, isto é,

$$\Delta U = 0 - (-3{,}6) = 3{,}6\ eV,$$

valor bastante próximo, embora inferior, de $4{,}5\ eV$, que é a energia de ligação H—H medida experimentalmente.

Em suma, segundo Heitler e London, para que exista a possibilidade de formação de uma ligação covalente entre dois átomos, deve haver em cada um deles um elétron solitário em condições de emparelhar-se com o outro de *spin* antiparalelo[*]; cada elétron do par compartilhado provém de um átomo diferente. Dessa maneira a interpretação dada para a ligação covalente exclui a possibilidade das ligações covalentes coordenadas, como também a ocorrência de ligações com número ímpar de elétrons.

13.8.2 Método dos Orbitais Moleculares

Nesse método, desenvolvido por Hund e Millikan, supõem-se os núcleos dos dois átomos a certa distância entre si, formando-se os orbitais moleculares por *sobreposição* ou *interpenetração* dos orbitais atômicos. Os orbitais moleculares são bicêntricos (em geral pluricêntricos) e suas funções de onda são calculadas por combinação linear dos orbitais atômicos. No curso desse cálculo aparecem os números quânticos moleculares principal n e secundário λ, este último correlacionado com a projeção do momento angular orbital sobre o eixo internuclear. Os estados eletrônicos para os quais

$$\lambda = 0,\ 1,\ 2,\ \ldots$$

são designados, respectivamente, pelas letras $\sigma,\ \pi,\ \delta,\ \ldots$

Numa linguagem simplificada, o enlace covalente, associado com a interpenetração das duas funções de onda, determina, como conseqüência da superposição dos orbitais atômicos, uma modificação na *densidade eletrônica*; esta acaba resultando particularmente elevada na região sobreposta, ou seja, entre os núcleos dos átomos ligados.

---

[*] Isso explica por que os átomos dos elementos nobres, que não têm elétrons solitários, não se unem entre si para formar moléculas poliatômicas.

O processo de sobreposição dos orbitais atômicos vem acompanhado da liberação de certa quantidade de energia que é a *energia de ligação* da união estabelecida. Quanto mais profunda a interpenetração, maior é a energia de ligação e, por conseguinte, mais rígida a união e mais estável a molécula formada.

A conformação dos orbitais moleculares e sua orientação espacial dependem dos orbitais atômicos que os originam. Conforme já visto, os orbitais *s* apresentam simetria esférica, enquanto os orbitais *p*, *d* e *f* têm orientação, no espaço, função de θ e φ. Em decorrência disso, as ligações de que só participam orbitais *s* não são direcionais, enquanto os orbitais *p* tendem a produzir ligações diferentemente dirigidas no espaço. Em suma, o fato de os orbitais *p*, *d* e *f* serem direcionais explica a direção, no espaço, das ligações covalentes por eles originadas.

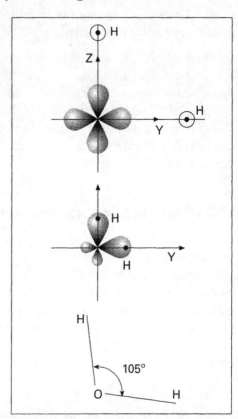

Figura 13.6

A formação da água se dá por interpenetração dos orbitais *s* dos dois átomos de hidrogênio com os dois orbitais $2p$ ($2p_y$ e $2p_z$) dos elétrons solitários do átomo de oxigênio (Fig. 13.6).

Analogamente a formação da molécula de amônia resulta da interpenetração dos orbitais *s* dos três átomos de hidrogênio com os três orbitais $2p$ ($2p_x$, $2p_y$ e $2p_z$) dos elétrons solitários do átomo de nitrogênio.

Em conseqüência disso, as duas ligações O—H na molécula de água e as três ligações N—H na molécula de amônia deveriam formar ângulos de 90° entre si. Tal, na verdade, não sucede: a repulsão entre os átomos de hidrogênio (ou, mais precisamente, entre seus núcleos) explica por que esses ângulos são de 105° na água e 107° na amônia.

Ligações do tipo das existentes nas moléculas de água e amônia, decorrentes da interpenetração de orbitais *s* e *p*, são chamadas *ligações* σ.

Nota

Em alguns casos simples é possível compreender, em termos puramente eletrostáticos, de que maneira um elétron compartilhado por dois átomos tende a mantê-los unidos; basta raciocinar sobre as forças exercidas por esse elétron sobre os núcleos desses átomos.

Considere-se como exemplo o caso da mais simples das moléculas diatômicas, a molécula íon H_2^+ constituída por dois prótons e um único elétron compartilhado

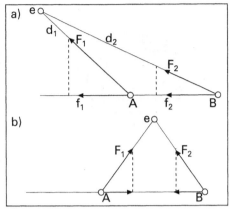

Figura 13.7

por ambos. Se esse elétron ocupasse em relação aos dois núcleos uma posição como a indicada na Fig. 13.7a, a intensidade da força F_1 por ele exercida sobre o núcleo de hidrogênio situado em A seria maior que a da força F_2 exercida sobre o núcleo situado em B, porque $d_1 < d_2$ e, dependendo dessa posição, as componentes f_1 e f_2 dessas forças na direção do eixo internuclear, de diferentes intensidades, tenderiam a deslocar os dois núcleos ao longo desse eixo de maneira a separá-los. Se, entretanto, o elétron se encontrasse na região entre os dois núcleos, as mencionadas componentes tenderiam a aproximar os núcleos conforme Fig. 13.7b.

É fácil perceber que as ligações iônica e covalente se assemelham do ponto de vista de que ambas resultam de uma redistribuição da densidade eletrônica que causa a diminuição da energia total do sistema. A diferença entre ambas está no fato de na ligação iônica se poder caracterizar facilmente essa redistribuição por uma transferência de um elétron de um átomo para outro, enquanto na ligação covalente a redistribuição é muito mais sutil e complicada para descrever.

13.8.3 Hibridização de Orbitais

Se a explicação da formação das moléculas de água e amônia, bem como de sua configuração espacial, é tão simples, o mesmo não sucede com a da molécula de metano CH_4 (ou com a de silano SiH_4), com suas quatro ligações iguais dirigidas para os vértices de um tetraedro. De fato, os 6 elétrons do carbono, pelo *princípio da construção* e pela *regra de Hund* (v. item 10.14), devem obedecer à distribuição

$$1s^2 2s^2 2p^2 \quad (\mathord{\uparrow\downarrow}) \; (\mathord{\uparrow\downarrow}) \; (\uparrow) \; (\uparrow) \; (\bigcirc)$$
$$ \; 1s \quad 2s \quad 2p_x \; 2p_y \; 2p_z$$

e, em conseqüência disso, o átomo de carbono deveria ser normalmente divalente. Para explicar sua tetravalência, pode-se imaginar que um dos elétrons $2s$ passa ao orbital vago $2p_z$ e os quatro orbitais dos elétrons solitários, um orbital esférico $2s$ e três orbitais $2p_x$, $2p_y$, e $2p_z$, mutuamente perpendiculares, se compõem dando origem a quatro novos orbitais, representados por sp^3 (Fig. 13.8), e dirigidos do centro para os quatro vértices de um tetraedro; são esses quatro orbitais resultantes que intervêm nos enlaces do átomo de carbono.

As operações de cálculo, sugeridas pela Mecânica Ondulatória, que permitem, a partir dos orbitais originais, encontrar as funções de onda que descrevem esses quatro orbitais, chamam-se de *hibridização* ou *hibridação* e os orbitais resultantes são ditos *híbridos*.

Quando se hibridiza o orbital *s* com um só dos orbitais *p*, obtêm-se dois orbitais híbridos *sp* dirigidos linear e perpendicularmente aos eixos dos outros dois orbitais *p*. A hibridização sp^2 leva a três orbitais, formando um conjunto trigonal plano, perpendicular ao eixo do outro orbital *p*.

Os tipos de orbitais híbridos mais comumente encontrados estão relacionados na Tab. 13.3.

A hibridização sp^2 intervém na formação da dupla ligação, enquanto a *sp* na da tripla ligação.

Na formação da molécula de etileno C_2H_4 verifica-se primeiro hibridização sp^2 em cada um dos átomos de carbono, seguida de uma interpenetração frontal dos dois orbitais sp^2 dos dois átomos de carbono (enlace σ). Em seguida dá-se uma interpenetração lateral dos orbitais *p* (enlace π), surgindo assim a dupla ligação (Fig. 13.9).

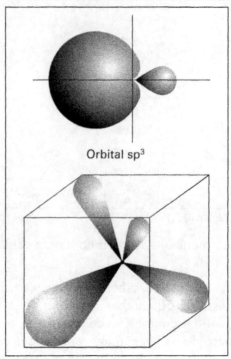

Orbital sp³

Figura 13.8

TABELA 13.3

Orbitais híbridos	Orbitais de formação	Configurações geométricas		Exemplos
sp	1 orbital *s* 1 orbital *p*	linear	180°	$Ag(NH_3)_2^+$
sp^2	1 orbital *s* 2 orbitais *p*	trigonal plano	120° 120° 120°	BF_3
sp^3	1 orbital *s* 3 orbitais *p*	tetraédrico		CH_4
dsp^2	1 orbital *d* 1 orbital *s* 2 orbitais *p*	quadrado plano		$Fe(CN)_6^{---}$

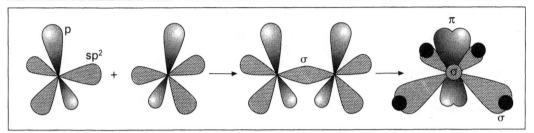

Figura 13.9

13.9 Raios Covalentes

Embora não seja sempre possível atribuir a um átomo uma determinada forma geométrica, é muito comum considerar os átomos como pequenas esferas cujos raios se conhecem com alguma aproximação. Nessas condições, ao se tratar das ligações entre os átomos, pensa-se, naturalmente, nas uniões que se estabelecem entre esferas muito próximas entre si. No caso particular da união entre dois átomos por enlaces covalentes, tudo se passa como se as esferas não permanecessem tangentes entre si, mas, sim, se interpenetrassem, tanto mais quanto maior fosse o número de enlaces entre eles (v. Fig. 13.10). Quando dois átomos de um mesmo elemento se unem por um enlace covalente simples, a distância d entre seus centros, ou seus núcleos, é menor que o diâmetro D do átomo livre.

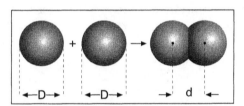

Figura 13.10

A metade dessa distância d chama-se *raio covalente* do átomo, enquanto a própria distância d é dita *comprimento da ligação*. No caso do hidrogênio, por exemplo, o diâmetro do átomo é $D_H = 1,2$ Å, já na molécula H_2, $d = 0,74$ Å, isto é, o raio covalente do átomo de hidrogênio é $\frac{0,74}{2} = 0,37$ Å.

Os raios covalentes são, em geral, conhecidos a partir dos estudos da difração de elétrons, da difração de raios X e, às vezes, da espectroscopia. Desse modo, constata-se que o raio covalente de um átomo depende muitas vezes da molécula de que ele participa. O raio covalente do átomo de hidrogênio combinado com átomos de outros elementos (como no HCl, por exemplo) é 0,28 Å, sensivelmente diferente do deduzido a partir da molécula H_2 (0,37 Å).

Já no caso do cloro, o raio covalente $\frac{d}{2} = 1,0$ Å, deduzido da distância entre os centros dos dois átomos da molécula Cl_2, apresenta também um valor de diferença bastante razoável se comparado ao do raio do átomo de cloro em todos os compostos covalentes de que participa. O mesmo sucede com os outros átomos (O, F, N, etc.) que formam moléculas diatômicas.

336 QUÍMICA GERAL

No caso de elementos cujos átomos podem apresentar entre si vários enlaces, o raio covalente diminui com o número de ligações entre eles (v. Tab. 13.4)

TABELA 13.4

Elemento	Ligação X—X	Ligação X=X	Ligação X≡X
C	0,77 Å	0,665 Å	0,60 Å
N	0,73 Å	0,60 Å	0,55 Å
O	0,74 Å	0,55 Å	
S	1,02 Å	0,94 Å	

Além disso, a distância entre dois átomos adjacentes pode variar com as variedades alotrópicas da substância, como também, para a mesma variedade alotrópica, pode ser diferente para diferentes direções no espaço.

Os valores que figuram na Tab. 13.5 constituem médias que representam com alguma aproximação os raios covalentes dos átomos num grande número de compostos.

A energia necessária para a ruptura da ligação covalente é chamada *calor de dissociação*. Deve coincidir numericamente com a energia de ligação. Ela é dada na Tab. 13.5 em kcal/mol de moléculas, no caso supostas biatômicas. No caso do O_2 e N_2 os valores particularmente elevados devem-se à existência, entre os átomos de oxigênio, de duplos enlaces e, no caso do nitrogênio, de triplos enlaces.

TABELA 13.5

Átomo	Raio covalente (Å)	Ligação	Energia de dissociação (kcal/mol)
H	0,28 a 0,38	H_2	103,2
B	0,79	B_2	69
N	0,73	N_2	226
O	0,74	O_2	118
F	0,71	F_2	37
Si	1,12	Si_2	42
P	1,10	P_2	51
S	0,94	S_2	51
Cl	0,99	Cl_2	58
As	1,20	As_2	32
Se	1,08	Se_2	44
Br	1,14	Br_2	46
Te	1,29	Te_2	33
I	1,33	I_2	36

Observações

1. O exame de uma tabela mais extensa em que figurassem dados relativos a maior número de elementos permitiria verificar que:

    a) nos períodos curtos o raio covalente diminui dos metais alcalinos para os halogênios;

    b) uma variação análoga se observa, com algumas exceções, nos períodos longos;

    c) no mesmo grupo, entretanto, o raio covalente aumenta com o número atômico, embora esse aumento seja cada vez menor à medida que se desce no grupo.

2. Com os valores dos raios covalentes que figuram na Tab. 13.5 pode-se calcular, por soma, os *comprimentos das ligações covalentes*. Assim no caso do HF o comprimento da ligação deve ser a soma dos raios covalentes do H e do F, isto é: 0,28 + 0,71 = 0,99 Å, portanto, aproximadamente, a distância interatômica no HF. Evidentemente um cálculo como esse não pode ser estendido às moléculas entre cujos átomos existem múltiplos enlaces.

13.10 Ligações Covalentes Polares

De conformidade com o exposto nos itens anteriores, ao se estabelecer uma ligação covalente entre dois átomos, dois ou mais pares de elétrons se dispõem de modo a serem compartilhados por esses átomos. Nas moléculas homodiatômicas, como H : H, e entre átomos idênticos com vizinhos idênticos, como os dois C do etano $H_3C:CH_3$, a situação dos elétrons compartilhados, entre os átomos ligados, é a mesma, uma vez que ambos são igualmente solicitados pelos respectivos núcleos. Quando entretanto os dois átomos ligados são distintos, como no caso H : Cl, ou são idênticos, mas seus vizinhos não o são, como no caso $H_3C : CCl_3$, os elétrons em condomínio, por não serem igualmente atraídos pelos dois núcleos, acabam mais deslocados para um átomo que para outro. Em virtude desse fato, um dos átomos adquire certa carga negativa, o outro, que a perde, adquire carga positiva e o enlace, embora covalente, acaba conferindo à molécula um certo caráter polar. Em outras palavras, mercê da assimetria estabelecida na distribuição dos elétrons compartilhados, a molécula passa a se comportar como um pequeno dipolo elétrico:

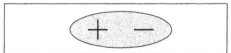

Figura 13.11

As cargas positiva e negativa de uma molécula polar são representadas pelos símbolos δ^+ e δ^-; elas são, em valor absoluto, menores que a carga de um elétron.

Na molécula de HCl, por exemplo, tendo em conta que o átomo de cloro é mais "ávido" pelos elétrons que o de hidrogênio, o dipolo pode ser esquematizado por

$$\delta^+ \quad \delta^-$$
$$H—Cl$$

Ligações covalentes desse tipo são chamadas *polares* para distingui-las das ligações do tipo Cl : Cl, H : H, H$_3$C : CH$_3$, que são ditas *não polares* ou *homeopolares*.

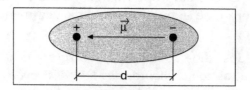

Figura 13.12

Para avaliar o caráter polar de uma ligação, recorre-se ao momento dipolar $\vec{\mu}$ (v. Fig. 13.12), grandeza vetorial cuja direção é a do eixo do dipolo, orientado do pólo negativo para o positivo e de módulo igual ao produto qd da carga q de um dos pólos pela distância d entre os centros de carga.

Como a carga q é uma fração da carga do elétron, igual a $4,8 \times 10^{-10}$ stC, e a distância d é da ordem de um angstrom (1 Å = 10^{-8} cm), os momentos dipolares, variáveis de uma substância para outra, são da ordem de

$$10^{-10} \times 10^{-8} = 10^{-18} \text{ stC} \times \text{cm}.$$

O produto 10^{-18} stC × cm é chamado *debye* (D) e é tomado como unidade de medida dos momentos dipolares.

O momento dipolar é uma grandeza vetorial e como tal é somado: numa molécula em que existem várias ligações covalentes, o momento dipolar é a soma vetorial dos momentos de cada uma delas. O momento dipolar de uma ligação H—O é $\mu_l = 1,51\ D$ e o da molécula O$\underset{H}{\overset{H}{\diagdown}}$, na qual as duas ligações formam um ângulo $\alpha = 105°$, é

$$\mu = \sqrt{2\mu_l^2 + 2\mu_l^2 \cos\alpha} = 1,84\ D.$$

Embora definido pelo produto qd, o momento dipolar é usualmente determinado a partir da constante dielétrica ε, com a qual está correlacionado. Os detalhes dessa determinação escapam ao nível e objetivo desta publicação, mas, em princípio, baseiam-se no fato de, uma vez submetida uma substância polar à ação de um campo elétrico existente, por exemplo, entre as armaduras de um capacitor plano, as moléculas dessa substância tenderem a experimentar uma orientação (Fig.13.13). Essa tendência leva a aumentar a constante dielétrica ε ou permitividade elétrica,

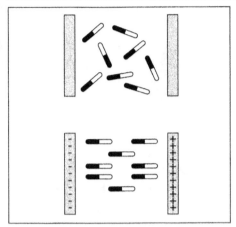

Figura 13.13

que é entretanto diminuída com a elevação da temperatura *T*, em vista de a agitação térmica tender a orientar as moléculas ao acaso. Pelo cálculo, mostra-se que, para uma dada substância,

$$\varepsilon = f(\mu, T),$$

de modo que uma medida de ε, em diferentes temperaturas, permite calcular μ.

Na Tab. 13.6 estão indicados os momentos dipolares de algumas substâncias; eles variam de 0 a 11 *D*. As moléculas simétricas têm momento dipolar nulo e as de pronunciado caráter polar, como as moléculas dos haletos de potássio no estado de vapor, têm momentos dipolares próximos de 11 *D*.

TABELA 13.6

Substância	μ (D)	Substância	μ(D)
H—H	0	CH$_4$	0
O=O	0	O$_3$	0,52
N≡N	0	H$_2$O	1,84
HF	1,91	H$_2$S	0,93
HCl	1,08	NH$_3$	1,47
HBr	0,79	PH$_3$	0,55
HI	0,38	AsH$_3$	0,15
KF	8,62	SO$_2$	1,61
KCl	10,60	CO	0,11
KBr	10,85	C$_2$H$_6$O	1,74
KI	11,05	CHCl$_3$	1,22
CO$_2$	0	C$_6$H$_5$NO$_2$	4,01
S$_2$C	0	C$_6$H$_5$OH	1,45

O momento dipolar do HCl é 1,08 *D*; isto indica uma pequena mas, contudo, marcante separação de carga, o que leva a afirmar que a molécula HCl é polar. As moléculas HBr e HI têm momentos dipolares menores: isso deve significar que, subsistindo tudo o mais constante, os átomos de maior porte exercem uma atração menor sobre os elétrons da ligação covalente que os átomos de porte menor.

Uma ligação covalente entre dois átomos diferentes tem, sempre, algum caráter polar. Mas isso não significa que a molécula que contém essa ligação seja necessariamente polar. Por exemplo, o metano tem momento dipolar nulo, embora a ligação H—C tenha certamente alguma polaridade. A razão disso reside no fato de os átomos H estarem, na molécula CH$_4$, distribuídos simetricamente em relação ao átomo C, ocupando os vértices de um tetraedro em cujo centro está o átomo C (Fig.13.14a).

O mesmo não sucede, por exemplo, com as moléculas H$_2$O e NH$_3$, cujas estruturas são

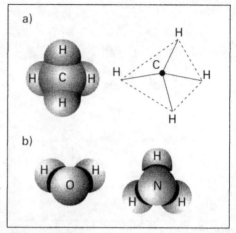

Figura 13.14

H—O—H   e   H—N—H
                   |
                   H

respectivamente angular e piramidal (Fig. 13.14b).

13.11 O Caráter Iônico das Ligações Covalentes Eletronegatividade

Por motivos compreensíveis à luz do exposto no item 13.10, os dois tipos de ligações, eletrovalente e covalente, constituem casos-limite de enlaces dos quais os exemplos conhecidos são pouco numerosos. Em sua maioria, as ligações químicas não são totalmente eletrovalentes nem covalentes. Na maior parte dos enlaces covalentes os elétrons compartilhados estão mais próximos de um dos átomos que do outro, dando à ligação um caráter parcialmente iônico. Em uma extensão muito menor, os elétrons transferidos, associados a uma união iônica, podem flutuar entre sua posição no octeto do átomo eletronegativo e o domínio do átomo eletropositivo de que provieram, conferindo à ligação uma parte de caráter covalente.

A avaliação do caráter iônico de uma ligação covalente pode ser conseguida a partir do momento dipolar da molécula considerada. No caso, por exemplo, da molécula HF, cujo momento dipolar observado é 1,91 D, na falta de informação mais precisa sobre o comprimento do dipolo, pode-se confundi-lo, em primeira aproximação, com a soma dos raios covalentes do hidrogênio e do flúor (0,28 Å e 0,71 Å, respectivamente) e, por conseguinte, obter como valor da carga de cada pólo da molécula

$$q = \frac{\mu}{d} = \frac{1,91 \times 10^{-18}}{0,98 \times 10^{-8}} \cong 1,95 \times 10^{-10} \text{ stC}.$$

As Ligações Químicas **341**

Como a carga de um elétron é $4,8 \times 10^{-10}$ stC, o valor encontrado representa a fração

$$\frac{1,95 \times 10^{-10}}{4,8 \times 10^{-10}} \cong 0,41 = 41\%$$

da carga eletrônica. Tudo se passa então como se na ligação H—F o átomo de hidrogênio cedesse cerca de 41% do seu elétron ao átomo de flúor, além do recebido desse, ou como se o átomo de hidrogênio cedesse 70,5% do seu elétron ao átomo de flúor e recebesse 29,5% do elétron a ele parcialmente cedido pelo átomo do flúor.

Calculadas desta maneira, figuram na Tab. 13.7 as percentagens de caráter iônico dos quatro haletos de hidrogênio.

Diversas escalas têm sido estabelecidas pelos químicos com objetivo de representar o poder de atração de cada átomo sobre os elétrons de um enlace covalente. Cada uma dessas escalas associa a um elemento um número chamado *eletronegatividade,* em função do qual é possível prever a natureza da ligação química originada pelos seus átomos.

TABELA 13.7

Substância	Caráter iônico
HF	41%
HCl	18%
HBr	12%
HI	5%

Infelizmente os químicos não adotam critérios uniformes na conceituação da eletronegatividade, nem tampouco na maneira de exprimi-la numericamente.

Alguns autores procuram estabelecer a escala em função da razão entre a energia de ionização e a afinidade eletrônica (nem sempre conhecida, além de determinação difícil), outros baseiam-se na rigidez dos enlaces entre os átomos, nas distâncias entre os átomos num composto, nos momentos dipolares, etc.

A Tab. 13.8 é um extrato da tabela de eletronegatividades organizada por Linus Pauling a partir de vários dados, entre os quais os calores de formação das substâncias. Com relação aos números nela constantes, cumprem-se as seguintes regras:

a) os metais têm eletronegatividades abaixo de 1,8;

b) os elementos não metálicos têm eletronegatividades compreendidas entre 2,5 (iodo) e 4,1 (flúor);

342 Química Geral

c) para os semimetais a eletronegatividade varia entre 1,8 e 2,4;

d) átomos de baixa eletronegatividade originam, entre si, ligações metálicas; isso pode suceder entre átomos do mesmo elemento, como no sódio metálico ou na prata, como também entre átomos de elementos diferentes, como em ligas e compostos intermetálicos;

e) átomos de alta eletronegatividade originam entre si ligações covalentes (Cl_2, HI, HCl, ICl, etc.);

f) átomos de elevada eletronegatividade unidos a outros de baixa eletronegatividade originam ligações eletrovalentes (MgO, NaCl, CsF, CaH_2, etc.);

g) quando a diferença entre as eletronegatividades de dois átomos é 1,7 o enlace tem 50% de caráter iônico; quando maior que 1,7 é cabível uma estrutura iônica para o composto formado, e quando menor que 1,7 é mais adequado considerar o composto formado como covalente.

TABELA 13.8

Eletronegatividade segundo Pauling

Cs	0,70	Al	1,50	Pb	1,80	Se	2,40
K	0,80	Be	1,50	Ag	1,90	I	2,50
Ba	0,90	Ti	1,50	Hg	1,90	S	2,50
Na	0,90	Zn	1,60	Bi	1,90	C	2,50
Li	1,00	Cd	1,70	B	2,00	Br	2,80
Ca	1,00	Ge	1,80	As	2,00	Cl	3,00
Sr	1,00	Sn	1,80	Te	2,10	N	3,00
Mg	1,20	Si	1,80	P	2,10	O	3,50
Sc	1,30	Sb	1,80	H	2,10	F	4,10

13.12 Ligações de Van der Waals

Além das ligações entre átomos e entre íons, já examinadas nos itens anteriores, são também conhecidas as ligações intermoleculares; imperceptíveis nos gases, elas ganham grande importância nos líquidos e sólidos moleculares. Essas ligações, chamadas *ligações de Van der Waals* em homenagem ao físico holandês que foi o primeiro a preconizar sua existência, são de origem elétrica.

Considerem-se duas moléculas de pronunciado caráter polar, como, por exemplo, H_2O, e admita-se que se aproximem bastante uma da outra. Tendo em vista que cada uma dessas moléculas constitui um dipolo elétrico estável, é muito provável que ambas, em virtude das atrações entre seus pólos heterônimos, acabem se dispondo, de modo a unir seus extremos de carga oposta, conforme Fig. 13.15.

Atrações deste tipo explicam a causa da aglomeração espacial das moléculas polares num cristal no qual, conforme esquematizado na Fig. 13.16, as moléculas

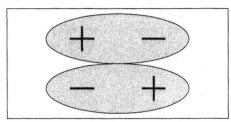

Figura 13.15

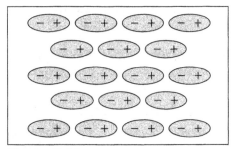

Figura 13.16

se ordenam conforme sua própria interação.

Que sucederia se se aproximassem entre si duas moléculas não polares? Para compreender esse fato é oportuno lembrar que qualquer molécula é um conjunto de núcleos positivos envolvidos por outro de elétrons negativos com as duas espécies de carga não uniformemente distribuídas dentro da molécula. Quando a molécula é simétrica, o excesso de carga, de dado sinal, existente num lado da molécula é exatamente contrabalançado por outro excesso de carga, de mesmo sinal, existente no outro lado. O sulfeto de carbono constitui exemplo típico; na molécula

$$S=C=S,$$

que é linear, os dois extremos estão carregados negativamente, enquanto no átomo central existe carga positiva. Como, entretanto, a molécula é simétrica, o seu momento dipolar acaba sendo nulo.

Quando se aproximam duas moléculas dessas uma dada região de uma delas pode resultar mais próxima da parte negativa que da positiva da outra. Em conseqüência, as atrações e repulsões que surgem entre ambas podem acabar deformando essas moléculas e alterando a distribuição das cargas, inicialmente simétrica, em cada uma delas. As moléculas assim deformadas convertem-se em *dipolos induzidos* e passam a se comportar, isto é, a se atrair, como as moléculas dipolares originais.

Atrações desse tipo, seja entre dipolos originais de moléculas assimétricas, como também entre dipolos induzidos de moléculas inicialmente simétricas, constituem as ligações de Van der Waals. A elas se devem as atrações entre as moléculas causadoras da condensação dos vapores e da solidificação dos líquidos.

Quanto maior e mais complexa a conformação de uma molécula, mais fácil resulta alterar sua distribuição de cargas e, em decorrência, mais intensas as forças de atração entre elas e maior a energia necessária para separá-las. É por isso que as substâncias de elevada massa molecular têm geralmente temperaturas de fusão e ebulição também elevadas.

Não se conclua daí que as moléculas mais simples não apresentam também alguma atração entre si. Ela existe, embora pequena, e por isso a mais simples de todas as moléculas, o átomo de hélio, com um núcleo e 2 elétrons, está sujeita a uma ligeira polarização por deformação e forma enlaces de Van der Waals entre os átomos, tão fracos, contudo, que são rompidos quando o hélio é posto a ferver a cerca de −270°C.

344 Química Geral

As forças de atração entre moléculas, decorrentes da interação entre seus dipolos, permanentes, induzidos ou resultantes do movimento de elétron, são conhecidas como *forças de Van der Waals*.

13.13 Ligações Metálicas

Existem duas propriedades características dos metais cuja justificação deve estar intimamente vinculada ao tipo de ligação existente entre seus átomos:

a) os metais são ótimos condutores elétricos;

b) os metais originam cristais com número de coordenação muito alto: para o cubo centrado na face o número de coordenação é 12 e para o centrado no corpo esse número chega a 14.

A primeira dessas propriedades sugere que nos metais devem existir numerosos elétrons condutores que, por não estarem firmemente ligados a determinados núcleos, são relativamente livres para se mover através do cristal. A segunda faz pensar numa estrutura com elétrons errantes, uma vez que a formação de 12 ou mais ligações fixas é inverossímil. É o que, basicamente, se admite com relação à estrutura dos metais, profundamente diferente da dos não-metais, nos quais inexistem elétrons livres.

Em termos de eletronegatividade e energia de ionização pode-se chegar a conclusões semelhantes. Os átomos metálicos, por terem baixa energia de ionização e pequena eletronegatividade, ao serem postos um diante de outro, tendem a transferir mutuamente seus elétrons de valência; estes, que não encontram condições em que se possam distribuir estavelmente, ficam vagando de um átomo para outro, como se pertencessem simultaneamente a qualquer um deles. Pela distribuição de suas *nuvens eletrônicas*, pode-se imaginar que o par de átomos de zinco, por exemplo, toma um aspecto parecido ao da Fig. 13.17, na qual os dois círculos representam os átomos de zinco, núcleo e elétrons, excluídos os elétrons de valência figurados pelos pontos. Cada ponto não pretende representar um elétron, mas a região na qual há muitos pontos é aquela em que é muito provável a existência de elétrons, ou é mais densa a nuvem eletrônica, enquanto a zona de poucos pontos é aquela em que não é tão provável a existência de elétrons.

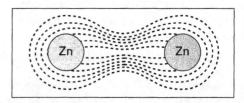

Figura 13.17

A Fig. 13.18 é uma representação esquemática do corte, pelo plano desta folha, de um cristal metálico, zinco, por exemplo, mostrando a nuvem eletrônica contínua,

Figura 13.18

As Ligações Químicas **345**

embora não uniforme, que impregna toda massa cristalina; dentro dela, indo de uma região para outra, movem-se continuamente os elétrons livres, mas sempre por regiões de grande densidade eletrônica ou de grande probabilidade.

Todo conjunto de átomos metálicos, qualquer que seja seu número e sua natureza, se comporta do mesmo modo e, *ipso facto*, a ligação que entre eles se estabelece não é nem covalente nem eletrovalente. Essa ligação, chamada metálica, é devida à carga negativa errante e comum que aglutina o conjunto de íons metálicos positivos. Os elétrons em trânsito que respondem pela ligação metálica são também os responsáveis pela condutividade elétrica e térmica dos metais.

A interpretação física da ligação metálica baseia-se na *teoria das faixas de elétrons*, desenvolvida a partir de 1928 por Felix Bloch, Leon Brillouin e outros; seu exame, por envolver considerações mais profundas sobre orbitais moleculares, transcende ao nível desta publicação.

13.14 A Estrutura Cristalina e as Ligações Químicas

Embora os cristais sejam usualmente classificados de acordo com o arranjo geométrico dos seus constituintes — átomos, íons ou moléculas —, é também possível classificá-los segundo o tipo de ligacão existente entre esses corpúsculos.

A cada um dos quatro tipos de ligações químicas, eletrovalentes, covalentes, de Van der Waals e metálicas, corresponde um tipo de cristal.

13.14.1 Cristais Iônicos

São os originados pelas ligações eletrovalentes entre íons positivos e negativos distribuídos nos nós do reticulado cristalino. Desse tipo são os cristais produzidos pelos sais ($NaCl$, $CuSO_4$, $CaCO_3$, etc.), por muitos óxidos (BaO, ZnO, Al_2O_3 e outros) e eventualmente algumas outras substâncias (v. item 13.1).

Evidentemente, a espécie de reticulado determinado pelos íons depende do tamanho relativo dos íons e da magnitude de suas cargas. As forças que mantêm unidos os íons no reticulado são de origem eletrostática e, por causa de sua grande intensidade, a energia reticular desses cristais é elevada. Pelo mesmo motivo, conforme já ressaltado no exame das propriedades das substâncias eletrovalentes (v. item 13.1), os cristais iônicos apresentam altos pontos de fusão (801°C para o $NaCl$, 784°C para o CaI_2, 1 423°C para CaF_2, etc.) e, embora duros, são quebradiços. Quando submetidos a um golpe numa direção adequada ou, mais precisamente, a um esforço de cisalhamento, a superfície que contém os íons golpeados passa de uma posição de mútua atração (Fig. 13.19a) para outra de mútua repulsão (Fig. 13. 19b).

Os cristais iônicos são maus condutores de cargas porque os corpúsculos carregados que os constituem têm suas posições, no sólido, praticamente imutáveis.

Entretanto, quando fundidos, os íons ganham liberdade de movimento pelo líquido obtido e, em conseqüência, tornam-se bons condutores (v. item 13.5.5).

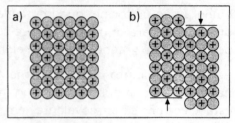

Figura 13.19

Dependendo das dimensões de seus corpúsculos, existem cristais em que um íon positivo é rodeado por seis ou oito íons negativos, e reciprocamente. Imagine-se o caso de um cristal, como o de NaCl, cujo número de coordenação é 6, isto é, no qual cada cátion é envolvido por 6 ânions (v. item 9.13). Na Fig. 13.20, que representa uma seção transversal do cristal no qual o cátion Na⁺, cujo raio é 0,98Å, aparece localizado no espaço vazio compreendido entre 6 ânions Cl⁻ de raio 1,81 Å, os dois ânions faltantes na figura encontram-se, respectivamente, abaixo e acima do plano da figura. Sendo R_a o raio do ânion, o comprimento da diagonal do quadrado representado é

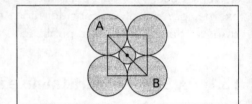

Figura 13.20

$$\overline{AB} = 2R_a\sqrt{2}.$$

Admitindo que o cátion seja tocado por todos os ânions, então o raio R_C do cátion deve ser tal que

$$2R_c = 2R_a\sqrt{2} - 2R_a = 2R_a(\sqrt{2}-1)$$

e

$$\frac{R_c}{R_a} = \sqrt{2} - 1 = 0,41.$$

Quando o raio do cátion é maior que o do ânion, para o mesmo tipo de estrutura, tem-se

$$\frac{R_c}{R_a} = \frac{1}{\sqrt{2}-1} = 2,41.$$

Em resumo: as razões 0,41 e 2,41 são os valores-limite, inferior e superior, de estabilidade da estrutura, cujo índice de coordenação é 6. No caso do NaCl efetivamente

$$\frac{R_c}{R_a} = \frac{0,98}{1,81} = 0,54.$$

Visando ao exame do que sucede num cristal de estrutura diferente da que acaba de ser examinada, considere-se um cristal de número de coordenação 8. É o caso do cristal de CsCl, no qual cada cátion Cs⁺ é envolvido por 8 ânions Cl⁻,

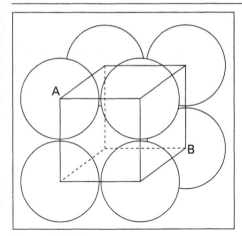

Figura 13.21

vistos na Fig. 13.21. Trata-se de calcular a razão $\frac{R_c}{R_a}$ entre o raio do cátion e do ânion, tendo em vista que o cátion (não representado) deve estar alojado no espaço vazio entre esses 8 ânions.

A diagonal AB do cubo determinado pelos centros dos 8 ânions é, obviamente,

$$\overline{AB} = 2R_a\sqrt{3},$$

e o diâmetro do cátion, situado entre os 8 ânions, no máximo pode ser tal que

$$2R_c = 2R_a\sqrt{3} - 2R_a = 2R_a(\sqrt{3}-1)$$

e, portanto:

$$\frac{R_c}{R_a} = \sqrt{3} - 1 = 0,73.$$

Essa é, portanto, a razão entre os raios do cátion e do ânion num cristal do tipo do de CsCl, isto é, do sistema cúbico de corpo centrado, na hipótese de que o cátion seja tocado por todos os ânions que o envolvem.

Um raciocínio como o ora desenvolvido permite concluir que, em geral, quando a razão entre os raios dos dois íons está compreendida entre 0,41 e 0,73, isto é, entre $\sqrt{2}-1$ e $\sqrt{3}-1$, a estrutura do cristal é do tipo da do NaCl, em que cada íon é envolvido por 6 outros de carga heterônima, e quando essa razão é maior que 0,73, cada íon do reticulado é rodeado por 8 outros de carga de sinal oposto. No caso do CsCl, $R_c = 1,65$ Å, $R_a = 1,81$ Å e $\frac{R_c}{R_a} = \frac{1,65}{1,81} = 0,91$.

13.14.2 Cristais Covalentes

Os cristais covalentes têm como unidades estruturais os átomos unidos entre si por ligações covalentes e são peculiares a certas substâncias simples, como diamante, bem como a outras, compostas, como SiC, AlN, B_4C entre outras. No caso do diamante, cada átomo de carbono está unido por ligações covalentes a quatro outros (Fig. 13.22).

Por causa da estrutura compacta determinada pelas suas ligações, os cristais covalentes apresentam pontos de fusão muito elevados (1 610°C para o SiO_2,

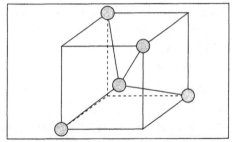

Figura 13.22

348 QuÍMICA GERAL

TABELA 13.9

Cristais	Composição	Ponto de fusão	Dureza
Iônicos	AgI	558°C	2,5
	NaCl	801°C	2,1
	MgSO$_4$	1 124°C	3,5
	CaF$_2$	1 423°C	4,0
	ZnO	1 975°C	4,0
	MgO	2 852°C	5,5
Moleculares	O$_2$	–218°C	
	HCl	–114,8°C	
	PCl$_3$	–112°C	
	Cl$_2$	–100,1°C	
	NH$_3$	–77,7°C	
	CO$_2$	–56°C	
	H$_2$O	0°C	
	I$_2$	113,5°C	1,1
Covalentes	SiO$_2$ (quartzo)	1 610°C	7,0
	AlN	~2 200°C	
	B$_4$C	2 350°C	
	CSi	~2 700°C	9,5
	C (diamante)	~3 500°C	10,0
Metálicos	Na	97,8°C	0,4
	Li	180,5°C	0,6
	Al	660,3°C	2,9
	Ca	839°C	1,5
	Fe	1 536°C	4,0
	W	3 410°C	8,3

2 200°C para o AlN, 3 500°C para o diamante, etc.) e são, comumente, muito duros. Por sinal, o diamante é o mais duro dos cristais conhecidos; a ele corresponde na escala de Mohs, por convensão, a dureza 10 (v. Tab. 13.9).

Pelo fato de os elétrons participantes de ligações covalentes serem localizados e não livres, os cristais covalentes são maus condutores de cargas elétricas.

13.14.3 Cristais Moleculares

Os cristais moleculares apresentam como peculiaridade o fato de terem os nós de suas grades cristalinas determinados por moléculas unidas entre si por ligações de Van der Waals (v. item 13.12); essas moléculas são ligeiramente polares (H_2O, PCl_3) ou não polares (CO_2, CCl_4) e, portanto, formadas, por sua vez, por ligações covalentes.

As forças que mantêm unidas as moléculas num cristal molecular são muito menos intensas do que as responsáveis pelas uniões coralentes existentes no interior das próprias moléculas. Em cristais constituídos por moléculas polares, como SO_2, por exemplo, as forças dominantes são resultantes das atuações dipolo—dipolo, enquanto em outros, como o gelo (H_2O), as moléculas mantêm-se unidas

As Ligações Químicas   **349**

por ligações ou pontes de hidrogênio. Essas forças são sempre muito menos intensas do que as agentes nos cristais iônicos e covalentes. Em conseqüência, a energia necessária para superar as forças atrativas entre as moléculas constituintes de um cristal molecular é relativamente baixa e, por isso, esse cristal tem, geralmente, baixo ponto de fusão.

Dada a natureza dos corpúsculos que os constituem, compreende-se que os cristais moleculares não devem ser condutores de corrente elétrica.

13.14.4 Cristais Metálicos

Os cristais metálicos são originados pelas ligações metálicas existentes entre suas partículas constituintes. Eles apresentam íons positivos localizados nos nós da rede cristalina e numerosos elétrons livres, com grande mobilidade, constituindo verdadeiras nuvens disseminadas nos espaços que separam os nós. Do mesmo modo que nos cristais iônicos e covalentes, nos cristais metálicos não existem moléculas; cada cristal, ou seu fragmento, pode ser considerado como uma gigantesca molécula.

A rigidez do cristal é determinada pelas forças de atração de origem elétrica entre os íons positivos que ocupam os nós do reticulado e a espécie de nuvem ou mar de elétrons entre eles espalhados.

A circunstância de esses elétrons poderem mover-se facilmente confere aos metais a alta condutividade elétrica que os caracteriza. Por outro lado, seu ponto de fusão varia entre limites muito amplos: desde $-38,4°C$ para o mercúrio até $3\,410°C$ para o tungstênio. Algo semelhante ocorre com sua dureza, que cresce de um cristal para outro com seu ponto de fusão. Isto faz supor que nos cristais metálicos existem, embora em pequena extensão, certas ligações metálicas.

Nota

As diferenças entre esses quatro tipos de cristais decorrem, então, do tipo de corpúsculos que os constituem e da natureza das ligações entre eles. As forças coulombianas que agem entre íons localizados nas grades iônicas dão lugar a uniões muito mais rígidas entre esses corpúsculos que as determinadas pelas forças de Van der Waals entre as moléculas eletricamente neutras de um cristal molecular. Essa é a razão de a temperatura de fusão e a dureza dos cristais iônicos serem normalmente mais elevadas que as dos cristais formados por moléculas polares ou não polares. De um modo geral, as propriedades físicas de um cristal estão em estreita relação com o tipo de sua grade e, portanto, também com a natureza da ligação entre suas unidades estruturais. É o que ilustra a Tab. 13.10.

A rigidez das ligações entre as partículas formadoras de um cristal costuma ser medida pelo trabalho que deve ser despendido para romper a rede cristalina e afastar suas partículas constituintes a distâncias tão grandes entre si que a interação entre elas resulte desprezível. Esse trabalho é chamado *energia reticular* ou *energia de coesão* do cristal. Para um cristal do tipo Na^+Cl^- a energia reticular é o *calor de reação* (ou *entalpia de reação*), relativo à equação

$$MX(s) \rightarrow M^+(g) + X^-(g),$$

350 QUÍMICA GERAL

na qual os símbolos (s) e (g) indicam os estados sólido e gasoso, respectivamente, da substância e íon correspondentes.

Quando se conhecem as energias postas em jogo em algumas outras reações, a energia absorvida nessa reação pode ser determinada pelo ciclo de Haber-Born, conforme o ilustrado abaixo.

No caso do NaCl pode-se imaginar que a formação de um cristal, de massa igual a uma fórmula-grama (58,5 g), a partir de 0,5 molécula-grama de cloro gasoso e 1,0 átomo-grama de sódio metálico, tenha lugar mediante os seguintes processos sucessivos:

a) dissociação, em átomos, de meio mol de moléculas de cloro, no correr do que são absorvidos 28 800 cal;

b) sublimação de um mol de átomos de sódio, que absorve 26 000 cal;

c) expulsão dos elétrons de valência pelos átomos de sódio, já no estado gasoso; nesse processo são absorvidos 5,1 eV/átomo ou 118 100 cal por mol de átomos;

d) captura dos elétrons de valência pelos átomos de cloro, que se dá com desprendimento de 3,8 eV/átomo ou 87 700 cal por mol de átomos;

e) atração dos íons, por forças coulombianas, até a formação do cristal com o desprendimento da energia ΔE.

Esses processos podem ser esquematizados pelas equações:

$$\tfrac{1}{2}Cl_2(g) \rightarrow Cl(g) - 28\ 800 \text{ cal,}$$
$$Na(s) \rightarrow Na(g) - 26\ 000 \text{ cal,}$$
$$Na(g) \rightarrow Na^+(g) + e^-(g) - 118\ 100 \text{ cal,}$$
$$Cl(g) + e^-(g) \rightarrow Cl^-(g) + 87\ 700 \text{ cal,}$$
$$Na^+(g) + Cl^-(g) \rightarrow Na^+Cl^-(s) + E,$$

que, somadas membro a membro, dão

$$\tfrac{1}{2}Cl_2(g) + Na(s) \rightarrow Na^+Cl^-(s) - 85\ 200 \text{ cal} + E.$$

Tendo em conta que, segundo a experiência, o calor de formação (ou entalpia de formação) do NaCl(s) é 98 300 cal, então

$$- 85\ 200 + E = 98\ 300,$$

o que dá

$$E = 183\ 500 \text{ cal}$$

significando que a energia reticular do NaCl deve ser

$$E = -183\ 500 \text{ cal/fórmula-grama}^{[*]}.$$

Esse método de cálculo, baseado no balanço energético do processo global de formação do cristal considerado, na verdade não costuma ser utilizado para calcular

---

[*] Essa energia refere-se a uma fórmula-grama de cloreto de sódio cristalizado e é, por isso, diferente da calculada no item 13.4 para o cloreto de sódio "gasoso".

As Ligações Químicas   **351**

a energia reticular, mas, sim, para a avaliação da afinidade eletrônica cuja determinação direta é muito difícil.

Os valores constantes na Tab. 13.10 evidenciam que as forças de Van der Waals são consideravelmente mais débeis que as coulombianas, uma vez que as energias reticulares dos cristais moleculares são muito menores que as dos cristais iônicos. Exatamente porque a energia necessária para a separação das moléculas individuais é assim pequena é que os cristais moleculares tendem a ser mais voláteis e apresentam pontos de fusão e ebulição baixos. Contudo, dependendo da polaridade das moléculas, as forças de Van der Waals podem variar muito em intensidade e, em decorrência, embora um sólido volátil seja provavelmente um cristal molecular, nem todos os cristais moleculares são voláteis.

Finalmente uma observação importante se impõe: assim como existem ligações covalentes com caráter iônico, também existem as uniões intermediárias entre outros tipos de enlace e, portanto, também, os cristais intermediários. O silício

TABELA 13.10

	Cristais iônicos	Cristais moleculares formados por moléculas		Cristais covalentes	Cristais metálicos
		Polares	Não polares		
Corpúsculos constituintes	íons positivos e negativos	moléculas polares	moléculas não polares ou átomos	átomos	íons positivos e elétrons não localizados
Tipo de ligação	eletrovalente	de Van der Walls		covalente	metálica
Pontos de fusão e ebulição	altos	baixos	muito baixos	muito altos	extremamente altos
Condutividade elétrica no estado líquido	alta	baixa	extremamente baixa	baixa	muito alta
Outras propriedades	duros, quebradiços, mais solúveis nos solventes polares que nos não polares	pequena dureza, usualmente solúveis nos solventes polares	muito moles, solúveis em líquidos não polares e ligeiramente polares	usualmente muito duros, insolúveis na maioria dos solventes	maleáveis, dúcteis, alta condutividade térmica, insolúveis nos solventes usuais
Exemplos	$NaCl$, CaI_2 CaF_2, MgO, BaO, $MgSO_4$	H_2O, PCl_3, HCl, NH_3, C_6H_5COOH	O_2, Cl_2, N_2, CO_2, CCl_4, CH_4 $C_{12}H_{22}O_{11}$	diamante, SiC, AlN, B_4C	todos os metais e suas ligas
Energia reticular (em kcal/mol-g ou kcal/fórmula-g)	$CaCl_2$ 148,9 $NaCl$ 184 $AgCl$ 216 ZnO 964	Ar 1,56 CH_4 1,96 Cl_2 4,88 CO_2 6,03		diamante 170 Si 105 SiO_2 433	Li 38 Ca 42 Al 77 Fe 99 W 200

352 QUÍMICA GERAL

elementar, por exemplo, forma cristais covalentes, mas apesar disso é bom condutor; isso sugere que as ligações existentes no cristal de silício são parcialmente covalentes e parcialmente metálicas.

13.15 Ligação de Hidrogênio

Pelo fato de as ligações de Van der Waals entre as moléculas dos sólidos e líquidos covalentes serem relativamente débeis, as substâncias moleculares têm baixos pontos de fusão e ebulição, como também baixos calores latentes de mudanças de fase.

Entretanto, quando se confrontam as constantes físicas da água com as de outros compostos moleculares, particularmente outros hidretos não metálicos, percebe-se que são relativamente elevadas suas temperaturas de fusão e ebulição, como também seus calores latentes de fusão e vaporização. Para explicar esse comportamento térmico anômalo, admite-se a existência na água sólida e líquida de ligações intermoleculares estabelecidas pelos átomos de hidrogênio.

Um átomo de hidrogênio, embora já participando na molécula de água, da qual faz parte, por uma ligação covalente com um átomo de oxigênio, é capaz de tomar parte em outra ligação com o átomo de oxigênio de outra molécula:

$$H—\overset{\overset{\displaystyle H}{|}}{\underset{\cdot\cdot}{O}}: \cdots\cdots\cdots\cdots\cdots H—\underset{\underset{\displaystyle H}{|}}{\overset{\cdot\cdot}{O}}:$$

A ligação representada em pontilhado é fundamentalmenle de origem eletrostática; nela intervém o hidrogênio relativamente positivo, de uma molécula, com o átomo O relativamente negativo de uma molécula adjacente:

$$\overset{\displaystyle H \quad \delta^{+}}{\underset{\displaystyle |}{O}}—H \cdots\cdots\cdots\cdots\cdots \overset{\displaystyle \delta^{-}}{\underset{\underset{\displaystyle H}{|}}{O}}—H$$

Uma ligação desse tipo, chamada ligação ou ponte de hidrogênio, só existe nas moléculas que têm o átomo H preso a átomos muito eletronegativos como O, F e N. Sua intensidade é apenas uma pequena fração da de uma ligação covalente comum, mas é suficiente para dificultar a separação das moléculas de água durante o processo de vaporização. Esse processo exige uma temperatura mais elevada e um dispêndio maior de energia que no caso de substâncias, como o H_2S, nas quais a ligação de hidrogênio é menos importante.

A existência das pontes de hidrogênio em algumas moléculas contribui para sua polimerização. No caso do HF a ponte de hidrogênio é tão intensa que ela subsiste mesmo no estado de vapor, originando moléculas dímeras

$$\overset{\delta^+}{:\!\ddot{\underset{..}{F}}\!-\!H} \cdots\cdots\cdots\cdots \overset{\delta^-}{:\!\ddot{\underset{..}{F}}\!-\!H}$$

e, às vezes, mais longas. Por isso a medida da densidade de vapor do fluoridreto leva a uma massa molecular duas ou mais vezes o número 20 esperado para a molécula HF.

Ainda no caso da água, a existência das ligações de hidrogênio explica as variações anômalas de sua densidade, seja no processo de fusão do gelo, seja ao se elevar a temperatura da água líquida, a partir de seu ponto de fusão.

Cada molécula de água tem dois átomos de hidrogênio e, no átomo de oxigênio, dois pares de elétrons não compartilhados que podem orientar diferentes átomos de hidrogênio; cada molécula de água pode formar então quatro ligações de hidrogênio. O conjunto se dispõe no espaço formando uma estrutura tetraédrica na qual cada átomo de oxigênio aparece rodeado por quatro átomos H, que por sua vez se ligam a novas moléculas, e assim por diante (Fig.13.23).

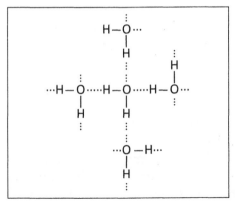

Figura 13.23

Os quatro átomos de hidrogênio que rodeiam o mesmo átomo de oxigênio estão a diferentes distâncias desse último. Enquanto cada H ligado por covalência está a 0,96 Å, cada H ligado por ponte encontra-se a 1,80Å do oxigênio, de modo que cada molécula H_2O mantém sua individualidade na estrutura.

Essa disposição, com consideráveis vazios intermoleculares, existe no gelo e é, em parte, destruída no processo de fusão; em conseqüência, a água líquida, na qual as moléculas resultam mais condensadas, acaba tendo massa específica maior que a do gelo. Ao elevar-se a temperatura da água até 4°C, alguns dos agregados moleculares remanescentes vão se rompendo e, com o prosseguimento da condensação, verifica-se o aumento progressivo da densidade do líquido. Atingida a temperatura de 4°C, a água passa a se comportar normalmente, no que se refere à dilatação, por ter vencido totalmente o efeito das ligações de hidrogênio.

13.16 Ressonância ou Mesomeria

Dado que a estrutura eletrônica de uma molécula ou de um íon deve não apenas concordar com a teoria das ligações químicas como também explicar satisfatoriamente todas as propriedades dessa molécula ou íon, compreende-se que a identificação dessa estrutura para uma dada substância não é sempre um problema fácil.

354 QUÍMICA GERAL

Considere-se o caso do N_2O. Dentro da regra do octeto, existem duas estruturas possíveis para essa molécula:

a) $\ddot{N} :: N :: \ddot{O}:$ ou $N{=}N{=}O$;

b) $: N \vdots\vdots N : \ddot{O}:$ ou $N{\equiv}N{-}O$.

Para decidir qual dessas estruturas é a correta pode-se comparar os comprimentos das ligações calculadas, para cada uma delas, com os comprimentos medidos experimentalmente. Assim, a partir dos raios covalentes indicados na Tab. 13.5 pode-se verificar que os comprimentos das ligações correspondentes a essas estruturas deveriam ser

$$N{=}N \qquad d = 1,20 \text{ Å};$$
$$N{=}O \qquad d = 1,15 \text{ Å};$$
$$N{\equiv}N \qquad d = 1,10 \text{ Å};$$
$$N{-}O \qquad d = 1,47 \text{ Å}.$$

A medida desses comprimentos, pela técnica da difração molecular desenvolvida por R. Wierl (1931), mostra que o comprimento efetivo da ligação entre os dois átomos de nitrogênio é 1,12 Å (maior que o da ligação $N{\equiv}N$ e menor que o da união $N{=}N$), enquanto o da ligação entre o átomo de nitrogênio e o de oxigênio é 1,19 Å (menor que em $N{-}O$ e maior que em $N{=}O$). Esse resultado é incompatível com as citadas estruturas a) e b)...

De conformidade com os conceitos de ressonância, a constituição de certas moléculas ou íons não pode ser descrita por meio de estruturas como as de Lewis, no caso incorretas, e exige a suposição da existência de uma estrutura intermediária entre elas. Para o N_2O, a ligação entre os átomos N e O não é do tipo $N{=}O$, como o sugere a fórmula estrutural a), nem do tipo $N{-}O$, como o mostra a fórmula b), mas deve ser intermediária entre ambas. As duas estruturas do N_2O, apontadas como possíveis à luz da regra do octeto, são ambas incorretas e chamam-se *estruturas contribuintes* ou *de ressonância*. Para ressaltar que a estrutura verdadeira do óxido N_2O não pode ser representada por uma fórmula eletrônica de Lewis, diz-se que ela ressoa entre as duas estruturas contribuintes ou que ela é um híbrido das estruturas contribuintes.

A afirmação da existência de uma ressonância não significa que as duas estruturas coexistem, nem tampouco que se processa uma rápida transformação de uma para outra (esta, se ocorresse, seria um caso de tautomeria); significa unicamente que a distribuição eletrônica na molécula, ou íon, só pode ser representada por um híbrido (produto do cruzamento) das estruturas contribuintes.

A ressonância é indicada por um pequeno traço terminado por uma seta em cada uma das extremidades ($\longleftrightarrow$), situado entre as estruturas contribuintes.

$$N{=}N{=}O \longleftrightarrow N{\equiv}N{-}O.$$

Alguns autores representam entre parênteses as estruturas contribuintes separadas por uma vírgula:

As Ligações Químicas   355

$$N_2O \qquad (N{=}N{=}O, \quad N{\equiv}N{-}O).$$

O fenômeno da ressonância é bastante freqüente e ocorre em numerosos casos de substâncias bem conhecidas.

a) À ozona, cuja molécula é angular, atribui-se normalmente a estrutura

indicando que um átomo de oxigênio está unido aos outros dois por um enlace covalente dativo e por um duplo enlace. Na realidade, é impossível distinguir, um do outro, os átomos de oxigênio extremos, isto é, as ligações de ambos com o átomo central são iguais e a ozona tem uma estrutura híbrida das estruturas

b) Para o íon CO_3^{--} a estrutura corrente

faz supor que um átomo de oxigênio esteja unido ao C por uma dupla ligação e que os dois outros, com a carga negativa do elétron adicional, estejam ligados ao C por enlaces simples. O exame dos carbonatos mediante raios X mostra que os três átomos de oxigênio são eqüidistantes do de carbono. A estrutura do íon carbonato é então um híbrido de ressonância de três estruturas contribuintes

c) O íon nitrato NO_3 tem três estruturas contribuintes, cada uma das quais, isoladamente, representa de modo incorreto a sua constituição, uma vez que implica a aceitação de duas ligações do tipo N—O de mesmo comprimento e uma N=O mais curta. Na verdade os três comprimentos das ligações de N com O são iguais; é impossível distinguir dos três átomos O qual está unido por uma dupla ligação ao N. Cada átomo O participa de uma ligação dupla, fato que se traduz escrevendo

$$\left[\begin{array}{c} O = N \begin{array}{c} O \\ \\ O \end{array} \end{array} \right]^- \longleftrightarrow \left[\begin{array}{c} O - N \begin{array}{c} O \\ \\ O \end{array} \end{array} \right]^- \longleftrightarrow \left[\begin{array}{c} O - N \begin{array}{c} O \\ \\ O \end{array} \end{array} \right]^-$$

d) Um outro exemplo de ressonância é oferecido pelo íon nitrito NO_2^-, cuja estrutura é um híbrido das formas

$$N \begin{array}{c} O \\ \\ O^- \end{array} \longleftrightarrow N \begin{array}{c} O^- \\ \\ O \end{array}$$

e) Uma estrutura de ressonância é encontrada no benzeno

e, ao escrever as duas estruturas contribuintes, pretende-se indicar que nenhuma das ligações duplas figuradas é fixa entre um par de carbonos adjacentes.

13.17 Exceções à Regra do Octeto

Embora sejam inúmeras as substâncias cujas estruturas seguem a regra do octeto, existem não poucas moléculas constituídas por átomos com menos e, às vezes, mais de oito elétrons.

a) Um exemplo desses compostos anômalos é oferecido pelo trifluoreto de boro, cujas moléculas, covalentes, têm uma estrutura na qual o átomo de boro aparece com 6 elétrons:

$$\dot{B} \cdot + 3 : \ddot{\underset{..}{F}} \cdot \longrightarrow : \ddot{\underset{..}{F}} : \ddot{\underset{..}{B}} : \ddot{\underset{..}{F}} :$$

O fato de não estar completo o octeto de elétrons no átomo de boro constitui,

As Ligações Químicas **357**

provavelmente, a razão da tendência revelada pelo BF_3 de reagir com NH_3, com cujo N passa a compartilhar dois elétrons numa ligação covalente dativa

$$F : \overset{F}{\underset{F}{\overset{..}{B}}} + : \overset{H}{\underset{H}{\overset{..}{N}}} : H \longrightarrow F : \overset{F}{\underset{F}{\overset{..}{B}}} : \overset{H}{\underset{H}{\overset{..}{N}}} : H$$

b) O óxido nítrico NO tem uma molécula para a qual é impossível construir uma estrutura de octetos completos; isso se evidencia pelo fato de existir nessa molécula um número ímpar de elétrons de valência: 5 associados originalmente ao nitrogênio e 6 ao oxigênio. Isso significa que na molécula NO um dos dois átomos deve ter menos que 8 elétrons. Admitindo que isso suceda com o N, por ser menos eletronegativo que o O, nasce a estrutura

$$: \overset{.}{N} :: \overset{..}{O} : \quad \text{ou} \quad : \overset{.}{N} = \overset{..}{O} .$$

com o átomo de nitrogênio apresentando um elétron não emparelhado, o que é confirmado pelo fato de o óxido nítrico ser paramagnético[*].

c) Também no dióxido de nitrogênio NO_2, o átomo de nitrogênio é envolvido por apenas 7 elétrons

$$\cdot \overset{:\overset{..}{O}:}{\underset{:\overset{..}{O}:}{N}} \quad \text{ou} \quad \cdot N \overset{\diagup O}{\underset{\diagdown O}{}}$$

dos quais um não é emparelhado. Isso explicaria a dimerização experimentada por esse óxido em baixa temperatura

$$\overset{O}{\underset{O}{\diagdown}} N \cdot + \cdot N \overset{\diagup O}{\underset{\diagdown O}{}} \longrightarrow \overset{O}{\underset{O}{\diagdown}} N : N \overset{\diagup O}{\underset{\diagdown O}{}}$$

d) Para a molécula de oxigênio é possível imaginar uma estrutura eletrônica compatível com a regra do octeto

$$: \overset{..}{O} :: \overset{..}{O} : \quad \text{ou} \quad O = O$$

Sucede, contudo, que a molécula O_2 é paramagnética, o que leva a admitir a existência, nessa molécula, de elétrons não emparelhados. Pela teoria dos orbitais moleculares conclui-se que, para justificar seu paramagnetismo, a molécula de oxigênio deve apresentar entre seus átomos um enlace covalente simples e mais dois enlaces de três elétrons:

$$: \overset{.}{O} :\!\vdots\!\vdots\!: \overset{.}{O} : \quad \text{ou} \quad : \overset{.}{O} \!\div\!\!\div\! \overset{.}{O} :$$

Com isso, cada átomo de oxigênio passa a estar rodeado de 10 elétrons.

---

[*] Um estudo muito aprofundado dos orbitais moleculares mostra que toda substância cujas moléculas têm um ou mais elétrons não emparelhados é paramagnética.

358 QUÍMICA GERAL

e) Os átomos dos elementos pertencentes aos 5 últimos períodos da tabela podem empregar, nas ligações de que participam, mais de 8 elétrons. É o que se verifica no íon hexafluoreto de silício SiF_6^{--} e nas moléculas PCl_5, SF_6 e ICl_3, que, conforme o caso, têm átomos rodeados por 10 ou 12 elétrons:

Hexafluoreto de silício

Pentacloreto de fósforo

Hexafluoreto de enxofre

Tricloreto de iodo

É possível que algumas dessas exceções à regra do octeto possam ser explicadas admitindo que nem todas as ligações figuradas sejam covalentes, mas que existam também ligações iônicas. Por exemplo, no PCl_5 podem ser imaginadas quatro ligações covalentes e uma iônica:

f) O comportamento químico aparentemente inerte dos elementos nobres foi durante muito tempo razão da suposição de que tais elementos não poderiam originar compostos, fato que chegou a constituir, em sua origem, o fundamento das próprias idéias de Kossel. Essa suposição foi abandonada a partir de 1962, quando se conseguiu obter o hexafluorplatinato de xenônio, por adição de quantidades equimoleculares de Xe e vapores de PtF_6:

$$: \overset{..}{\underset{..}{Xe}} : + PtF_6 \longrightarrow \left[: \overset{..}{\underset{..}{Xe}} : \right]^+ \left[PtF_6 \right]^-$$

Além disso, o tetrafluoreto de xenônio, sólido amarelo cristalino, tem sido obtido em reação direta do Xe com flúor:

$$: \overset{..}{\underset{..}{Xe}} : + 2F_2 \longrightarrow \underset{F \nearrow \overset{..}{\underset{..}{Xe}} \nwarrow F}{\overset{F \nwarrow \quad \nearrow F}{}}$$

Nesse composto, o átomo de xenônio tem 12 elétrons envoltórios.

C A P Í T U L O

As Soluções

14.1 Características das Soluções

O exame, embora superficial, de numerosas espécies de matéria, naturais ou artificiais, permite, via de regra, reconhecê-las como misturas aparentemente homogêneas de duas ou mais substâncias. É o que sucede, por exemplo, com a areia, a madeira, a água do mar, o leite, o vinho, as tintas comuns, etc. A separação dos componentes dessas misturas pode ser conseguida, mais ou menos facilmente, pelos processos de análise imediata (v. item 2.6).

Contudo, existem misturas cujos componentes são tão intimamente mesclados que suas partículas, embora separáveis, resistem aos processos mecânicos usuais de fracionamento (levigação, decantação, centrifugação, etc.) e, devido às suas pequenas dimensões, não podem ser visualizadas a olho nu ou através de instrumentos de grande poder de ampliação. De suma importância, na Química, essas misturas constituem as *soluções*.

As soluções diferem das misturas comuns por serem homogêneas e distinguem-se das substâncias compostas por não terem seus componentes associados em proporções definidas. Respeitados certos limites, a composição de uma solução pode variar de modo contínuo.

A isso acresce que, numa mistura comum, por mais finamente pulverizados que estejam os constituintes, é sempre possível evidenciar-se a heterogeneidade, porque as propriedades específicas de seus componentes subsistem inalteradas no sistema. Isso é totalmente impossível de se verificar num composto, graças à

360 QUÍMICA GERAL

dificuldade de se identificarem as propriedades das substâncias de que procede; já numa solução, as propriedades dos constituintes, particularmente as físicas, em decorrência da dispersão em estado molecular ou iônico de uns nos outros, revelam alterações mais ou menos acentuadas, algumas das quais serão examinadas nos itens subseqüentes.

O fato de uma mistura poder ser considerada como solução está intimamente ligado às dimensões de suas partículas constituintes. Uma solução é um *sistema disperso* particular, caracterizado pelo fato de as partículas dispersas terem dimensões comparáveis com as das moléculas ou íons, isto é, menores que 10 Å (v. item 19.3).

Em resumo, uma solução é uma mistura dispersa constituída por duas ou mais substâncias, simples ou compostas, cuja composição pode variar de um modo contínuo — pelo menos dentro de certos limites — e cujos componentes não são separáveis pelos processos mecânicos comuns.

14.2 Tipos de Soluções

Em sentido amplo, o conceito de solução não envolve qualquer consideração particular quanto aos estados de agregação de seus componentes e da solução propriamente dita. Esta pode ser constituída tanto por uma mistura gasosa como por um sistema sólido. Contudo, tendo em conta a maneira pela qual as soluções se apresentam, é usual classificá-las em gasosas, líquidas e sólidas.

As primeiras, soluções gasosas, representadas pelas misturas de gases, obedecem às leis de Dalton (das pressões parciais) e de Amagat (dos volumes parciais).

As segundas, soluções líquidas, são obtidas pela dissolução, num líquido apropriado, de uma substância gasosa (nitrogênio, gás carbônico) ou líquida (álcool, éter) ou sólida (açúcar, cloreto de sódio).

As últimas, soluções sólidas, são produzidas pela dissolução de:

a)   um gás num sólido (hidrogênio ocluído em platina ou paládio);

b)   um líquido num sólido (mercúrio dissolvido em cobre);

c)   um sólido em outro sólido (ouro dissolvido em chumbo).

Excetuando o que sucede nos sistemas sólidos, as soluções formam-se, via de regra, espontaneamente, quando seus componentes são postos uns em contato com outros. Entretanto, não é suficiente pôr um sólido num líquido para se obter uma solução, pois, para que as moléculas ou íons formadores do sólido se dispersem no líquido, é necessário que as forças de atração que agem entre as moléculas ou íons do soluto sejam vencidas pelas de atração existentes entre esses corpúsculos e os do solvente. Contrariamente, se as moléculas de um sólido forem mais forte- mente atraídas pelas do líquido do que pelas do mesmo sólido, diz-se que este último

As Soluções   **361**

é solúvel no líquido considerado; assim sendo, o simples contato do sólido com o líquido é bastante para produzir uma solução.

Por exemplo, quando o açúcar é posto na água, suas moléculas se destacam dos cristais e se dispersam na água, de modo que, atingindo o equilíbrio, as moléculas de açúcar acabam uniformemente espalhadas no líquido. Diz-se, então, que o açúcar se encontra molecularmente disperso na água.

Essas partículas, porém, nem sempre são moléculas simples. Numa solução de cloreto de sódio em água, como decorrência da dissociação iônica, não há moléculas, mas íons. Já numa solução de ácido acético ($C_2H_4O_2$) em benzeno (C_6H_6), as partículas dispersas são *moléculas complexas* ($C_2H_4O_2$), resultantes da associação de duas moléculas de ácido acético.

As moléculas complexas, numa solução verdadeira, são normalmente constituídas pela associação de pequeno número de moléculas simples; quando isso não acontece, a mistura adquire características diferentes das de uma solução propriamente dita e passa a constituir um *sistema coloidal* (v. item 17.4).

Correntemente, e em sentido restrito, o termo solução é empregado para designar unicamente o sistema obtido pela dissolução de um sólido num líquido; quando esse é água, a solução é dita aquosa.

A não ser que se faça menção expressa do contrário, as soluções referidas nos itens seguintes serão sempre consideradas líquidas.

Nota

Um dos muitos critérios considerados na classificação de um sistema disperso é o que leva em conta as dimensões das partículas dispersas no solvente. Segundo esse critério, pelo menos três grandes sistemas podem ser identificados:

a) *sistema grosseiramente disperso,* quando o diâmetro das partículas em suspensão é superior a $1 \mu m = 10^{-4}$ cm;

b) *sistema finamente disperso ou sistema coloidal,* com partículas em suspensão de diâmetro menor que $1 \mu m = 10^{-4}$ cm;

c) *solução propriamente dita,* quando as dimensões das partículas dispersas são as das moléculas ou íons, isto é, da ordem de 1 nm $= 10^{-9}$ m $= 10^{-7}$ cm.

14.3 Soluto e Solvente

Os termos *soluto* e *solvente* ou *dissolvente* são usualmente utilizados para designar os componentes de uma solução. Quando esta resulta da dissolução de uma substância sólida num líquido, chama-se a primeira de soluto e o segundo de solvente; quando a solução resulta da mistura de dois gases, ou dois sólidos, é comum considerar-se solvente o componente que, em números de moléculas, predomina na mistura.

362 QUÍMICA GERAL

Pretende-se, com esses dois vocábulos, sempre que possível, distinguir a substância dispersa do meio de dispersão. Assim, soluto e solvente são palavras de significado convencional, cujo uso é recomendável apenas em contextos em que não criem ambigüidades.

14.4 Concentração de uma Solução

Por concentração de uma solução entende-se, genericamente, toda referência indicadora da proporção em que se encontram misturados seus componentes. É expressa de várias maneiras; entre elas destacam-se o *título*, a *percentagem em massa*, a *percentagem*, a *concentração por litro*, a *fração molar*, a *molaridade* e a *molalidade*.

A molaridade é muito usada na análise volumétrica e a percentagem em massa é empregada geralmente nos casos em que a massa molecular do soluto não é conhecida. A fração molar e a molalidade são muito usadas em Físico-Química; a primeira, principalmente, no estudo das misturas gasosas. Recorre-se à *normalidade* (v. item 18.9.2) para definir a composição de soluções de ácidos, bases e sais, bem como de oxidantes e redutores, e comumente empregam-se as massas específicas para exprimir a concentração de certos produtos industriais.

As definições subseqüentes pressupõem soluções de apenas dois componentes, isto é, de um único soluto. Para uniformidade de notação, adotam-se os índices 1 e 2, associados aos símbolos das diversas grandezas, conforme se refira, respectivamente, ao solvente e ao soluto. Assim, por m_1 e m_2 serão representadas as massas do solvente e soluto, respectivamente, presentes na solução; por n_1 e n_2, os correspondentes números de moléculas-grama, e assim por diante.

14.4.1 Título

É, por definição, a razão entre a massa m_2 de soluto presente na solução e a massa total $m_1 + m_2$ desta última:

$$\tau = \frac{m_2}{m_1 + m_2}. \qquad (14.1)$$

Assim, para uma solução obtida por dissolução de 6,0 g de ácido acético em 24,0 g de água, o título é:

$$\tau = \frac{6,0}{24,0 + 6,0} = 0,2 = 20\%.$$

Definido como a razão entre duas massas, o título é expresso por um número adimensional.

Supondo na equação (14.1) $m_1 + m_2 = 1$ unidade de massa, resulta $\tau = m_2$ (numericamente).

As Soluções **363**

Ou seja: o título de uma solução exprime numericamente a massa de soluto existente numa massa unitária da solução considerada. Assim, dizer que o título de uma solução aquosa de ácido acético é 0,2 é afirmar que, em uma unidade de massa dessa solução, existe 0,2 unidade de massa de ácido acético ou, então, que cada 0,2 unidade de massa de ácido ácetico está dissolvida em 0,8 unidade de massa de água.

14.4.2 Percentagem em Massa

A percentagem em massa ou percentagem em peso, ou, também, concentração em massa de uma solução é, por definição, 100 vezes o seu título

$$p = 100\,\tau \tag{14.2}$$

ou
$$p = 100\frac{m_2}{m_1 + m_2}. \tag{14.3}$$

Ela exprime a massa de soluto existente em 100 unidades de massa de solução. No exemplo dado no item anterior, a percentagem em massa de ácido acético na solução é

$$p = 100 \times 0,2 = 20.$$

14.4.3 Percentagem

A percentagem do soluto no solvente é o número

$$q = 100\frac{m_2}{m_1}, \tag{14.4}$$

isto é, o número de unidades de massa de soluto dissolvidas em 100 unidades de massa de solvente. Ainda com referência ao exemplo anterior, tem-se:

$$q = 100\frac{6,0}{24,0} = 25,$$

isto é: pela dissolução de 6,0 g de ácido acético em 24,0 de água obtém-se uma solução a 25% de ácido acético em água.

14.4.4 Concentração

O termo concentração, cujo significado, em sentido amplo, foi introduzido no item 14.4, é usado, em sentido restrito, para indicar a razão

$$C = \frac{m_2}{V}, \tag{14.5}$$

ou seja, a relação entre a massa m_2 de soluto e o volume V da solução. Quando, em particular, a unidade de volume é o litro, a expressão (14.5) exprime a concentração por litro.

364 QUÍMICA GERAL

A expressão citada pode ser também apresentada sob outra forma. De fato, como

$$V = \frac{m_1 + m_2}{\mu},$$

em que μ representa a massa específica da solução, então

$$C = \frac{m_2}{m_1 + m_2} \mu \qquad (14.6)$$

ou ainda, em vista da equação (14.1),

$$C = \tau\mu. \qquad (14.7)$$

A experiência ensina que a solução obtida por dissolução de 6,0 g de ácido acético em 24,0 g de água ($\tau = 0,2$) tem massa específica $= 1,03$ g/cm^3. Para essa, a concentração é

$$C = \frac{6,0}{24,0 + 6,0} \times 1,03 = 0,206 \text{ g} / \text{cm}^3$$

ou, fazendo 1 000 cm^3 = 1 litro,

$$C = 206,0 \text{ g/L.}$$

14.4.5 Fração Molar do Soluto

É a razão

$$x_2 = \frac{n_2}{n_1 + n_2} \qquad (14.8)$$

entre o número de moléculas-grama de soluto e o número total de moléculas-grama constituintes da solução. Lembrando que uma molécula-grama de qualquer substância contém sempre um mol de moléculas, a fração molar do soluto exprime também a razão entre o número de moléculas de soluto e o número total de moléculas presentes na solução.

Representando por M_1^* e M_2^* as moléculas-grama do solvente e do soluto, a equação (14.8) pode também ser escrita

$$x_2 = \frac{\dfrac{m_2}{M_2^*}}{\dfrac{m_1}{M_1^*} + \dfrac{m_2}{M_2^*}}. \qquad (14.9)$$

As Soluções **365**

Igualmente, para a solução de ácido acético que tem servido de exemplo, $M_1^* = 18$ g (H_2O) e $M_2^* = 60$ g ($C_2H_4O_2$), tem-se:

$$x_2 = \frac{\dfrac{6,0}{60}}{\dfrac{24,0}{18} + \dfrac{6,0}{60}} = 0,069\ 8.$$

Como a definição de fração molar se estende a todos os componentes de uma mistura homogênea, pode ser aplicada também ao solvente. Nesse caso:

$$x_1 = \frac{n_1}{n_1 + n_2} \tag{14.10}$$

e, em conseqüência,

$$x_1 + x_2 = 1. \tag{14.11}$$

14.4.6 Molaridade

A molaridade ou concentração molar de uma solução é definida pela razão

$$\mathcal{M} = \frac{n_2}{V}, \tag{14.12}$$

em que V é o volume da solução medido em litros.

Se $V = 1$ litro, então $\mathcal{M} = n_2$ em valor numérico; a molaridade de uma solução exprime o número de moléculas-grama de soluto presentes em 1 litro de solução.

A igualdade (14.12) costuma ser apresentada sob outra forma. De fato, supondo que seja v o volume da solução considerada, medido em cm^3 ou mL, e μ sua massa específica expressa em $g \times cm^{-3}$ ou $g \times mL^{-1}$, a expressão (14.12) passa a ser escrita

$$\mathcal{M} = \frac{n_2}{\dfrac{v}{1000}} = \frac{\dfrac{m_2}{M_2}}{\dfrac{v}{1000}} = 1000 \frac{m_2}{M_2} \frac{\mu}{m_1 + m_2}. \tag{14.13}$$

Uma solução cuja molaridade é $\mathcal{M} = 1$ mol-g $\times L^{-1}$ é chamada *solução molar* e, abreviadamente, é representada por *solução M*. Analogamente, uma solução é dita bimolar (escreve-se 2 M), trimolar (3 M), decamolar (10 M), meio molar (0,5 M), decimolar (0,1 M), etc., conforme contenha, por litro, dois, três, dez, meio, um décimo de molécula-grama de soluto.

A molaridade da solução de ácido acético, que tem sido considerada para ilustrar os exemplos anteriores, é

$$\mathcal{M} = 1\ 000 \frac{6,0}{60} \times \frac{1,028}{24,0 - 6,0} = 5,71\ M.$$

366 Química Geral

Para indicar que a concentração de uma dada solução é expressa pela sua molaridade, costuma-se escrever a fórmula do soluto entre colchetes. Por exemplo:

$$[C_2H_4O_2] = 5{,}71\ M$$

indica uma solução de ácido acético cuja concentração é 5,71 moléculas-grama/L.

14.4.7 Molalidade

A molalidade ou concentração molal de uma solução é, por definição, a razão

$$\overline{\mathcal{M}} = \frac{n_2}{\overline{m}_1}, \tag{14.14}$$

onde n_2 é o número de moléculas-grama presentes na solução e $\overline{m}_1$ é a massa do solvente expressa em kg. Para $\overline{m}_1 = 1$ kg tem-se $\mathcal{M} = n_2$ (numericamente), isto é, a molalidade exprime o número de moléculas-grama de soluto existentes em 1 kg de solvente.

Como

$$n_2 = \frac{m_2}{M_2^*} \quad \text{e} \quad \overline{m}_1 = \frac{m_1}{1\,000},$$

a equação (14.14) também pode ser escrita:

$$\overline{\mathcal{M}} = 1\,000\,\frac{m_2}{M_2^* m_1}, \tag{14.15}$$

com m_1 e m_2 representando as massas de soluto e solvente expressas em grama.

Para a solução de ácido acético, cujo título é 0,2,

$$\overline{\mathcal{M}} = 1000\,\frac{3{,}0}{60 \times 7{,}0} = 7{,}14\ \text{mol-g} \times \text{kg}^{-1}.$$

A vantagem do uso da molalidade em relação à molaridade reside no fato de aquela independer da temperatura, uma vez que relaciona entre si apenas as massas de soluto e solvente.

14.4.8 Formalidade e Formalidade em Massa

As definições de molaridade e molalidade estabelecidas nos subitens anteriores envolvem o conceito de molécula-grama e, conseqüentemente, também o de molécula. Sucede que, para as substâncias iônicas, a molécula não existe e os conceitos de massa molecular e molécula-grama, inaplicáveis, são substituídos por *massa-fórmula* e *fórmula-grama*. Em decorrência, para as soluções de substâncias iônicas, as expressões molaridade e molalidade são substituídas por *formalidade*

As Soluções **367**

(ou *formularidade*) e *formalidade em massa*. Por exemplo, uma solução que contém 5,85 g de cloreto de sódio por litro encerra 0,1 fórmula-grama de sal por litro. É, portanto, *deciformal*.

Nesta publicação, designa-se indiferentemente por M tanto a massa molecular de uma substância molecular quanto a massa-fórmula de uma substância iônica, e por M* tanto a molécula-grama como a fórmula-grama.

14.4.9 Outras Maneiras de Exprimir a Concentração

Embora algumas mais usadas que outras, todas as maneiras até aqui citadas de exprimir a concentração — observada as restrições feitas quanto às substâncias iônicas e moleculares — aplicam-se a quaisquer soluções. Todavia, na indústria e no comércio de certos produtos apresentados em solução, as concentrações costumam ser expressas de modo particular.

a) Na comercialização da água oxigenada, sob forma de solução de H_2O_2 em água, usa-se exprimir sua concentração em *volumes*. Uma água oxigenada a *n* vo-lumes é uma solução que, num volume V, contém dissolvida uma quantidade de H_2O_2 capaz de desprender um volume nV de oxigênio. Assim, a água oxigenada de uso farmacêutico, a 10 volumes, apresenta dissolvida, em cada unidade de volume, uma massa m de H_2O_2 capaz de libertar, por decomposição, 10 unidades de volume de O_2. Como a decomposição do H_2O_2 obedece à equação

$$H_2O_2 \longrightarrow H_2O + {}^1/_2 \, O_2,$$

segue-se que cada molécula-grama de H_2O_2 (34 g) liberta meia molécula-grama de O_2 (11,2 litros, nas condições normais). Portanto, uma solução que contém 34 g de H_2O_2 por litro é a 11,2 volumes.

Analogamente, o chamado perhidrol — solução de H_2O_2 a 100 volumes — contém em 1 litro uma massa de soluto capaz de desprender 100 litros de oxigênio, isto é:

$$\frac{34}{11,2} \times 100 = 303,6 \text{ g}.$$

Como a massa específica dessa solução é igual a 1,10 g x mL^{-1}, conclui-se que ela encerra

$$\frac{303,6}{1100} = 0,276 = 27,6\% \quad \text{de água oxigenada em massa}.$$

b) As soluções aquosas de álcool etílico costumam ter sua concentração dada na *escala centesimal de Gay-Lussac*, que indica a percentagem em volume de álcool contido naquelas. Assim, o álcool a 96° GL é uma mistura que contém, em 100 unidades de volume, 96 de álcool etílico e 4 de água.

368 QUÍMICA GERAL

c) Para as soluções de ácidos, bases e sais, mais densas que a água, as concentrações costumam ser avaliadas indiretamente pelas suas densidades expressas na *escala Baumé*. Esta é estabelecida convencionalmente por um areômetro de massa constante, cujos pontos fixos são zero (na água pura) e 85 (numa solução aquosa de cloreto de sódio a 85% em massa). Na Tab. 14.1 está indicada a correspondência entre as densidades avaliadas na escala Baumé e as densidades relativas à água.

Para líquidos menos densos que a água, numa segunda escala Baumé, usada nos "pesa-espíritos", o número zero corresponde a uma solução aquosa de sal comum a 10%, e o número 10, à água pura.

Com aproximação razoável, a densidade na escala Baumé (d_{Be}) pode ser calculada a partir da densidade d, em relação à água, pelas seguintes equações:

a) para líquidos mais densos que a água

$$d_{Be} = 145 - \frac{145}{d} \; ;$$

b) para líquidos menos densos que a água

$$d_{Be} = \frac{140}{d} - 130 \, .$$

Por exemplo, para $d = 1,21$ e $d = 0,90$, resulta, respectivamente:

$$d_{Be} = 145 - \frac{145}{1,21} = 25$$

e

$$d_{Be} = \frac{140}{0,90} - 130 = 25 \, .$$

TABELA 14.1

°Be	Densidade		°Be	Densidade	
	> 1,000	< 1,000		> 1,000	< 1,000
0	1,000		30	1,262	0,878
5	1,036		35	1,320	0,852
10	1,075	1,000	40	1,383	0,828
15	1,116	0,967	45	1,453	0,805
20	1,161	0,935	50	1,530	0,783
25	1,210	0,906			

14.4.10 Soluções Diluídas e Concentradas

Diluir uma solução significa reduzir sua concentração, seja por adição de solvente, seja, eventualmente, por extração do soluto. Inversamente, concentrar uma solução significa aumentar sua concentração, seja por adição de soluto, seja por extração de solvente. Uma solução é dita diluída ou concentrada conforme apresente, relativamente, baixa ou alta concentração. Por si, esses termos não têm significado e são tão vagos quanto os termos pequeno e grande; só devem ser empregados, nos casos de improvável dúvida.

Para as soluções muito diluídas, várias das expressões usadas para definir suas concentrações tomam novos aspectos. De fato, como para tais soluções $m_2 \ll m_1$, $n_2 \ll n_1$ e a massa específica μ pode ser confundida com a do solvente μ_1

$$\tau = \frac{m_2}{m_1 + m_2} \cong \frac{m_2}{m_1} \tag{14.16}$$

$$p = \frac{100\,m_2}{m_1 + m_2} \cong 100 \frac{m_2}{m_1} = q = 100\ \tau \tag{14.17}$$

$$C = \frac{m_2\mu}{m_1 + m_2} \cong \frac{m_2}{m_1}\mu_1 \cong \tau\mu_1 \tag{14.18}$$

$$x_2 = \frac{n_2}{n_1 + n_2} \cong \frac{n_2}{n_1} = \frac{m_2 M_1^*}{m_1 M_2^*} \cong \tau \frac{M_1^*}{M_2^*} \tag{14.19}$$

$$\mathcal{M} = \frac{1\,000\,m_2\mu}{M_2^*(m_1 + m_2)} \cong \frac{1\,000\,m_2}{M_2^* m_1}\mu_1 = \overline{\mathcal{M}}\mu_1 \tag{14.20}$$

14.5 Solubilidade

Do ponto de vista qualitativo, a dissolução de um sólido num líquido é fenômeno geral; não existe sólido que não possa ser dissolvido por algum líquido, desde a água para o açúcar até o ferro fundido para o carbono. Contudo, em termos quantitativos, o fenômeno não é ilimitado; a concentração de uma solução, em regra, não pode assumir valores arbitrariamente altos.

De fato, adicionando quantidades crescentes de soluto sólido a uma dada quantidade de solvente líquido, acaba-se por atingir uma concentração-limite da qual a soluto não mais se dissolve, mas separa-se da solução; geralmente, o excesso de soluto deposita-se no fundo do recipiente. Daí, a denominação de "corpo" ou "substância de fundo" para esse excesso. A solução que atinge essa concentração-limite, caracterizada pela presença de excesso de soluto não dissolvido, é chamada *saturada*.

370 QUÍMICA GERAL

No caso particular da dissolução de um gás num líquido, o fenômeno da saturação pode ser compreendido à luz da teoria cinética. Quando um gás é posto em contato com um líquido[*], suas moléculas, em contínua agitação, colidem com a superfície livre do líquido, e embora algumas experimentem um rebote, outras, capturadas pelo líquido, disseminam-se nele. A uma dada temperatura, o fluxo das moléculas do gás para o interior do líquido depende da freqüência das colisões com a superfície e, por conseguinte, da pressão do gás. Identicamente, uma molécula já dissolvida no líquido, também em contínua movimentação, pode atingir a referida superfície com energia cinética suficiente para incorporar-se à fase gasosa. Quando o número de moléculas que escapam do líquido é igual ao daquelas que, no mesmo intervalo de tempo, a ele se incorporam, a composição da solução passa a ser constante; isso supõe um estado de equilíbrio entre o gás e a solução, caracterizado pelo fato de se verificarem os dois processos, de captura e escape, com a mesma velocidade, sem nenhuma alteração na pressão do gás em contato com o líquido, nem na composição da solução, que resulta saturada.

O processo da dissolução de um sólido num líquido é semelhante ao de um gás, somente não há colisões de partículas do soluto com o solvente, mas disseminação do sólido através daquele. Como conseqüência, as partículas são rodeadas por moléculas de solvente que, finalmente, se agregam àquelas. Em seguida, quando parte do soluto entra em solução, algumas de suas moléculas, recapturadas pelo sólido, provocam crescimento da concentração e, portanto, aumento da velocidade de deposição. Isso significa que, se a quantidade de sólido presente no sistema é suficiente, a solução pode chegar a uma composição na qual as velocidades de dissolução e deposição são iguais. Atingida essa fase, a solução resulta saturada.

Analogamente ao que sucede quando coexistem em equilíbrio um vapor saturado e o seu líquido gerador, no estado de saturação de uma solução, o soluto dissolvido encontra-se em equilíbrio com uma substância base, a *substância de fundo*. É só com relação a essa que se pode falar em saturação da solução.

Chama-se *solubilidade* de uma substância em outra a concentração da solução saturada obtida pela dissolução da primeira na segunda. É expressa usualmente pelo número de unidades de massa de soluto necessário para saturar 100 unidades de massa de solvente ou, então, pela concentração, em mol-g $\times$ L^{-1}, da solução saturada.

14.5.1

Sem conhecer, para o fato, explicação satisfatória, sabe-se, pela observação, que:

a) num solvente cujas moléculas não são polares, como o benzeno, ou apresentam pequeno momento dipolar, dissolvem-se muito bem as substâncias igualmente

---

[*] Em particular, pode-se imaginar um líquido em contato com o seu próprio vapor.

As Soluções 371

não polares ou de pequeno momento dipolar; dissolverem-se muito pouco as de elevado momento dipolar e são praticamente insolúveis as substâncias tipicamente iônicas;

b) num solvente cujas moléculas têm grande momento dipolar, a água, por exemplo, são muito solúveis as substâncias pronunciadamente polares, parcialmente solúveis as substâncias tipicamente iônicas e praticamente insolúveis as substâncias apolares.

14.5.2

O exame da Tab. 14.2 mostra que a solubilidade, na água, é muito variável de um composto para outro. Enquanto existem substâncias cuja solubilidade é de algumas dezenas de % (no caso do iodeto de sódio, ela é de 158,7%), outras há cuja solubilidade é expressa por uma pequena fração de molécula-grama por litro

TABELA 14.2

Compostos	Solubilidade (a 20°C)		Compostos	Solubilidade (a 20°C)	
	%	mol-g/L		%	mol-g/L
$Al(OH)_3$		$2,8 \times 10^{-9}$	PbI_2		$1,3 \times 10^{-3}$
$Ca(OH)_2$	0,17		Hg_2I_2		$2,2 \times 10^{-10}$
$Cu(OH)_2$		$2,4 \times 10^{-7}$	KI	126,1	
$Fe(OH)_3$		$1,9 \times 10^{-10}$	AgI		$1,3 \times 10^{-3}$
$Mg(OH)_2$		$1,1 \times 10^{-4}$	NaI	159,0	
KOH	107,1		$CaCO_3$		$6,9 \times 10^{-5}$
$AgOH$		$1,4 \times 10^{-4}$	$PbCO_3$		$4,0 \times 10^{-7}$
$NaOH$	133,3		$MgCO_3$		$3,2 \times 10^{-3}$
$AlCl_3$	69,9		K_2CO_3	89,5	
$CaCl_2 \cdot 6H_2O$	117,5		Na_2CO_3	7,2	
$PbCl_2$		$3,9 \times 10^{-2}$	CaS	0,15	
$MgCl_2 \cdot 6H_2O$	167,0		PbS		$3,9 \times 10^{-15}$
KCl	28,5		CuS		$9,2 \times 10^{-23}$
$AgCl$		$1,34 \times 10^{-5}$	FeS		$6,1 \times 10^{-10}$
$NaCl$	35,7		Ag_2S		$3,5 \times 10^{-17}$
$PbBr_2$		$2,6 \times 10^{-2}$	Na_2S	15,4	
$AgBr$		$8,8 \times 10^{-7}$	$(NH_4)_2SO_4$	71,0	
$NaBr$	79,6		$CaSO_4 \cdot 2H_2O$		$7,8 \times 10^{-3}$
NH_4NO_3	118,0		$CuSO_4$	20,0	
KNO_3	13,3		$AgSO_4$		$2,6 \times 10^{-2}$
$NaNO_3$	73,0		$ZnSO_4$	43,1	

372 QUÍMICA GERAL

$(9,2 \times 10^{-23}$ para o sulfeto de cobre). Usualmente distinguem-se essas duas categorias de substâncias chamando as primeiras de *solúveis* e as segundas de *insolúveis*.

14.5.3

Para avaliar o quão próximo de sua saturação está uma solução recorre-se ao *grau de saturação* definido pela razão

$$\frac{C - C_S}{C_S},$$

onde C é a concentração real da solução e C_S é a de saturação.

Para uma solução saturada ($C = C_S$) o grau de saturação é zero e para uma solução supersaturada ($C > C_S$) ele é positivo. Para uma solução não saturada ($C < C_S$) o grau de saturação é negativo.

Considere-se, a título de exemplo, uma solução aquosa de iodeto de chumbo cuja concentração é $0,5 \times 10^{-4}$ mol-g $\times$ L^{-1}. Segundo os dados indicados na Tab. 14.2, a solubilidade do iodeto de chumbo em água é $1,3 \times 10^{-3}$ mol-g $\times$ L^{-1}; portanto o grau de saturação da solução considerada é:

$$\frac{0,5 \times 10^{-4} - 1,3 \times 10^{-3}}{1,3 \times 10^{-3}} = -0,96.$$

14.5.4

Para fins práticos é muito útil, principalmente na Química Analítica, o conhecimento das chamadas *regras de solubilidade*. Seguem-se algumas delas, relativas à água:

1. Todos os compostos comuns de sódio, potássio e amônio são solúveis.
2. Todos os acetatos, cloratos e nitratos comuns são solúveis.
3. Todos os cloretos são solúveis, exceto os de prata e mercúrio I; o cloreto de chumbo é pouco solúvel a frio, mas bastante solúvel em água quente .
4. Todos os sulfatos comuns são solúveis, exceto os de bário e chumbo; os sulfatos de cálcio, mercúrio I, prata e estrôncio são apenas pouco solúveis.
5. Os carbonatos, óxidos, fosfatos, silicatos e sulfitos são, em regra, insolúveis; são exceções os de amônio, potássio e sódio.
6. Os hidróxidos comuns são insolúveis, exceto os de amônio, potássio e sódio; os hidróxidos de cálcio, bário e estrôncio são pouco solúveis.

14.5.5

A solubilidade de uma substância num líquido varia com a temperatura; geralmente a temperatura de referência oscila de 15°C a 20° C.

A correlação entre a solubilidade s e a temperatura pode ser representada graficamente figurando em abscissas as temperaturas e, em ordenadas, as solubilida-

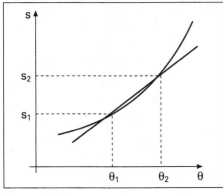

Figura 14.1

des; as curvas obtidas são chamadas *curvas de solubilidade* (Fig. 14.1).

A experiência ensina que, para intervalos de temperatura não muito grandes, o acréscimo relativo de solubilidade $\frac{\Delta s}{s_1} = \frac{s_2 - s_1}{s_1}$ e a variação de temperatura $\Delta\theta = \theta_2 - \theta_1$ que o provoca são sensivelmente proporcionais. Isso permite escrever

$$\frac{\Delta s}{s_1} = \alpha\Delta\theta \quad \text{ou} \quad s_2 - s_1 = s_1\alpha(\theta_2 - \theta_1),$$

ou, ainda,

$$s_2 = s_1[1 + \alpha(\theta_2 - \theta_1)], \tag{14.21}$$

em que α é um coeficiente de proporcionalidade chamado *coeficiente de temperatura de solubilidade*; para um dado par soluto—solvente, α depende da temperatura.

O exame das curvas esboçadas na Fig. 14.2 sugere que o coeficiente de temperatura de solubilidade, para um dado solvente (água, para as curvas representadas), varia muito com o soluto; é positivo para a maioria dos casos, reduzido para o cloreto de sódio e negativo para algumas substâncias como o cromato de potássio.

Para as substâncias muito pouco solúveis, portanto para as que geram soluções bastante diluídas, a solubilidade s em função da temperatura absoluta T pode ser expressa por uma equação do tipo

$$\log s = -\frac{A}{T} + B, \tag{14.22}$$

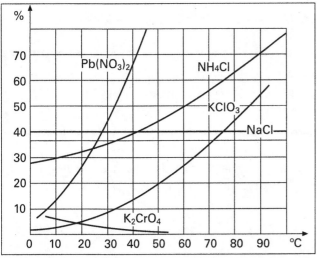

Figura 14.2

na qual A e B são duas constantes que dependem da natureza do soluto. Para algumas substâncias $A > 0$ (s cresce com T), para outras $A < 0$ (s diminui à medida que cresce T) e para outras ainda $A \cong 0$ (s é sensivelmente independente de T).

É interessante observar que a equação (14.22) é análoga à de Arrhenius (1921) e a analogia entre ambas decorre da semelhança existente entre os fenômenos de dissolução e de vaporização.

374 QUÍMICA GERAL

As substâncias cuja solubilidade aumente com a temperatura são as que, por dissolução, absorvem calor, enquanto aquelas cuja solubilidade diminui com a temperatura são de dissolução exotérmica. Esse fato é conseqüência da lei de Le Chatelier (v. item 22.7),visto que a elevação ou diminuição da temperatura tende a deslocar o equilíbrio do sistema no sentido da transformação, que, respectivamente, absorve ou desprende calor.

O fato de a solubilidade de uma substância variar com a temperatura pode ser aproveitado para purificá-la por recristalização. Se um sal, cuja solubilidade cresce pronunciadamente com a temperatura (como, por exemplo, o $KClO_3$), contém impurezas solúveis, prepara-se com ele uma solução concentrada quente; esfriando-a, consegue-se a precipitação do sal purificado e a permanência das impurezas em solução — desde que esta última, mesmo a frio, não resulte saturada em relação a tais impuresas.

14.5.6

A saturação costumeiramente observada nas soluções de sólidos em líquidos é constatada também em solução de gases em líquidos (embora sem o aparecimento, propriamente, da substância de fundo) e, algumas vezes, em soluções de líquidos.

Muitos pares de líquidos, como água—álcool etílico e água—ácido acético, são completamente miscíveis, isto é, dissolvem-se um no outro, em todas as proporções. Existem, entretanto, outros pares parcialmente miscíveis; cada líquido do par é solúvel no outro até certa concentração, resultando possíveis duas soluções saturadas. É o caso da mistura água—éter-etílico, que, após agitada (a 25°C), produz duas camadas superpostas: a inferior, com 94,1% de água e 5,9% de éter, e a superior, com 98,7% de éter e 1,3% de água.

No caso das soluções de gases em líquidos, a solubilidade depende da temperatura e da pressão parcial do gás na atmosfera em contato com o líquido. São então obedecidas as seguintes leis, atribuídas a Henry (1830). Primeira lei:

> "A solubilidade de um gás num líquido, em temperatura constante, é proporcional à pressão parcial desse gás na atmosfera em contato com o solvente."

Em outros termos, a massa m de gás que se dissolve num dado volume de líquido, em temperatura constante, é proporcional à pressão P do gás:

$$\frac{m}{p} = k.$$

(14.23)

Quando a pressão parcial do gás em contato com o líquido cresce, o fluxo de moléculas de gás para o líquido se eleva (aumentando a concentração do gás dissolvido na solução) até que aquele fluxo seja igualado pelo das partículas que abandonam a solução. Em conseqüência, a solubilidade de um gás num líquido aumenta com a pressão. É exatamente por isso que uma bebida gaseificada, refrigerante ou água mineral, para conservar o gás carbônico dissolvido, deve ser mantida sob pressão em garrafa hermeticamente fechada; com a retirada da tampa, a pressão e, conseqüentemente, a solubilidade diminuem a tal ponto que o líquido, ou melhor, o gás começa a borbulhar.

A expressão (14.23) pode ser apresentada sob outra forma quando se representa, em lugar da massa, o volume de gás dissolvido. É que a massa m de gás, em função de seu volume, é dada pela equação de Clapeyron

$$m = \frac{PVM}{RT},$$

tornando a igualdade anterior:

$$k = \frac{VM}{RT} \quad \text{ou} \quad V = \frac{kRT}{M}. \qquad (14.24)$$

Isso mostra que o volume de gás absorvido por um líquido independe da pressão. Daí a segunda lei de Henry:

> "Sob pressão parcial constante, a solubilidade de um gás num líquido diminui com a temperatura e se anula no ponto de ebulição."

Compreende-se essa diminuição conseqüente à elevação da temperatura, considerando que, embora essa última cause colisões mais freqüentes com a superfície do líquido, aumenta o fluxo das moléculas que o abandonam. O fenômeno é condizente com a proposição que correlaciona o aumento da pressão de vapor de um líquido com a temperatura.

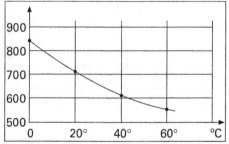

Figura 14.3

Os dados constantes da Tab. 14.3 mostram como a solubilidade de alguns gases em água, expressa em gramas de soluto por litro de solvente e sob pressão parcial de 1 atmosfera, varia com a temperatura. Em particular, a Fig. 14.3 refere-se à soluções aquosas de HCl.

376 Química Geral

TABELA 14.3

Gases	0°C	20°C	60°C
H_2	0,00191	0,00162	0,00142
N_2	0,02938	0,01938	0,01275
O_2	0,06988	0,04430	0,02787
CO_2	3,36433	1,72439	0,70508
H_2S	7,08439	3,91396	1,80523
SO_2	227,81718	112,48009	
HCl	823,06250	718,25000	550,38000
NH_3	892,58400	532,81800	

14.6 Lei da Distribuição

A lei de Henry, relativa à influência da pressão sobre a solubilidade de um gás num líquido, admite uma conclusão e uma formulação mais gerais. Considere-se o sistema constituído pela solução de um gás, num líquido em equilíbrio com uma fase gasosa, em que esteja presente o mesmo gás. Nestas condições, tanto a massa m do gás presente na solução será proporcional à concentração C_1 desta solução, quanto a pressão exercida sobre o líquido pelo gás considerado será, por sua vez, proporcional a sua concentração C_2, na fase gasosa. Logo,

$$k = \frac{C_1}{C_2},$$

(14.25)

o que vale dizer: em temperatura constante, as concentrações da mesma espécie molecular em duas fases em equilíbrio guardam uma razão constante.

Essa conclusão, quando estendida a sólidos e líquidos, leva a uma proposição conhecida como *lei da distribuição* ou *lei de Nernst*:

> "Quando uma substância S se distribui entre dois líquidos L_1 e L_2 imiscíveis, a relação das concentrações C_1 e C_2 de S, em L_1 e L_2, é uma constante (e igual à razão entre suas solubilidades em cada um dos solventes), desde que S se dissolva da mesma maneira nos dois líquidos, isto é, desde que não haja combinação entre S e os solventes e também não se verifique nenhum tipo de dissociação."

Ao se agitar, por exemplo, iodo sólido com uma mistura de água e sulfeto de carbono, verifica-se que o iodo se dissolve nos dois líquidos: parte na água e o restante no sulfeto de carbono. A análise das duas soluções obtidas mostra que a concentração do iodo no sulfeto de carbono, quando expressa em grama $\times$ litro^{-1}, é cerca de 694 vezes sua concentração na água, isto é:

$$\frac{C_{I_2,CS_2}}{C_{I_2,H_2O}} = 694.$$

Na Tab. 14.4 são indicadas as constantes k de distribuição do iodo em vários solventes, para concentrações expressas em grama $\times$ litro^{-1}.

TABELA 14.4

Soluto	Solvente		$k = \dfrac{C_1}{C_2}$
	1	2	
Iodo	Álcool etílico	Benzeno	1,2
Iodo	Éter etílico	Tetracloreto de carbono	7,9
Iodo	Tetracloreto de carbono	Água	291
Iodo	Benzeno	Água	568
Iodo	Sulfeto de carbono	Água	694

Uma aplicação prática do que acaba de ser exposto é dada pela *extração*, processo de remoção do soluto de uma solução pela adição de um solvente extrator.

A extração, utilizada tanto em laboratório quanto na indústria, baseia-se na lei da distribuição.

Quando as dimensões das partículas do componente a ser removido são as mesmas nos dois solventes, a aplicação da lei da distribuição permite calcular as quantidades de soluto, separado em sucessivas extrações, e, por conseguinte, a eficiência do processo adotado.

Considere-se uma solução S bastante diluída, contendo uma massa m de uma substância dissolvida num volume V_1 de solução ou de solvente. Admitindo que a ela se adicione um volume V_2 de um outro solvente extrator e que se designe por m_1 a massa de soluto remanescente em V_1 e por C_1 e C_2 as concentrações de cada uma das soluções obtidas, pode-se escrever

$$C_1 = \frac{m_1}{V_1},$$

$$C_2 = \frac{m - m_1}{V_2},$$

$$k = \frac{C_1}{C_2} = \frac{\dfrac{m_1}{V_1}}{\dfrac{m - m_1}{V_2}}$$

378 QUÍMICA GERAL

e, portanto,

$$m_1 = m \frac{kV_1}{kV_1 + V_2}.\qquad(14.26)$$

Analogamente, se, após a separação das duas soluções obtidas e adicionado um volume V_2 do solvente extrator à solução S, agora parcialmente depurada do componente removido, a massa m_2 de soluto remanescente na solução S resulta

$$m_2 = m_1 \frac{kV_1}{kV_1 + V_2}$$

ou, tendo em vista a equação (14.26),

$$m_2 = m \left(\frac{kV_1}{kV_1 + V_2} \right)^2.$$

Repetindo a operação, após n extrações, sempre com adição de iguais volumes V_2 do solvente, a massa m_n de soluto remanescente na solução S resulta

$$m_n = m \left(\frac{kV_1}{kV_1 + V_2} \right)^n,\qquad(14.27)$$

expressão que permite determinar o número n de extrações necessárias para remover a massa $m - m_n$ do componente considerado. O exemplo numérico seguinte ilustra a equação.

Existem dissolvidos 5 g de ácido em 2 L de uma solução aquosa de ácido succínico $HOOC—(CH_2)_2—COOH$.

a) Quanto do ácido considerado restará na solução após uma extração com 100 mL de éter?

b) Idem, após 5 extrações sucessivas com 20 mL de éter cada uma?

O coeficiente de distribuição do ácido succínico na água e no éter é 0,192, isto é:

$$\frac{C_{\text{água}}}{C_{\text{éter}}} = k = 0,192.$$

Aplicando a equação (14.26), conclui-se que, após uma extração com 100 mL de éter, a massa de ácido remanescente na solução aquosa é

$$m_1 = 5 \frac{0,192 \times 2000}{0,192 \times 2000 + 100} = 3,97 \text{ g}.$$

Identicamente, usando a equação (14.27), chega-se à conclusão de que, após 5 extrações, tendo cada uma delas 20 mL de éter, a massa remanescente é

$$m_5 = 5 \left(\frac{0,192 \times 2\,000}{0,192 \times 2\,000 + 20} \right)^5 = 3,88 \text{ g}.$$

14.7 Pontos Angulosos nas Curvas de Solubilidade

O exame da Fig. 14.4 patenteia que as curvas de solubilidade de algumas substâncias apresentam, para determinadas temperaturas, pontos angulosos ou singulares. A curva de solubilidade do sulfato de sódio, por exemplo, possui um ponto anguloso correspondente a 32,38°C e a do cloreto de cálcio tem dois: um a 29,8°C e outro a 45,3°C.

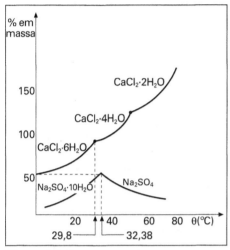

Figura 14.4

Os pontos singulares indicam uma alteração na composição da "substância de fundo"; as temperaturas correspondentes são as temperaturas ou ponto de transição.

Na curva do sulfato de sódio, o ponto anguloso é indicativo da transição $Na_2SO_4 \cdot 10H_2O \rightleftarrows Na_2SO_4 + 10\,H_2O$ que se verifica a 32,38°C; abaixo dessa temperatura, o sultato de sódio é estável sob a forma de decahidrato ($Na_2SO_4 \cdot 10\,H_2O$); em temperaturas superiores àquela, é estável, sob a forma de sal anidro (Na_2SO_4). Portanto, em temperaturas inferiores a 32,38° C, a "substância de fundo", em equilíbrio com a solução saturada, é $Na_2SO_4 \cdot 10H_2O$; em temperaturas superiores é Na_2S_4 anidro. No ponto de transição, as duas substâncias $Na_2SO_4 \cdot 10H_2O$ e Na_2SO_4 e a solução saturada coexistem em equilíbrio.

Analogamente, a 29,8°C, o hexahidrato $CaCl_2 \cdot 6H_2O$ perde água e se transforma em tetrahidrato

$$CaCl_2 \cdot 6H_2O \rightleftarrows CaCl_2 \cdot 4H_2O + 2H_2O$$

e, a 45,3°C, o cloreto de cálcio tetrahidratado perde, por sua vez, duas moléculas de água e se converte em cloreto dihidratado

$$CaCl_2 \cdot 4H_2O \rightleftarrows CaCl_2 \cdot 2H_2O + 2H_2O.$$

14.8 Soluções Supersaturadas

Considere-se, a uma temperatura θ_2, uma solução saturada de uma daquelas substâncias cuja solubilidade é função crescente da temperatura (Fig. 14.1). Submetendo-a a um esfriamento, seria de esperar que, atingida a temperatura $\theta_1 < \theta_2$, o excesso de soluto correspondente à diferença de solubilidade $s_2 - s_1$ se separasse da solução. No entanto, quando o esfriamento é lento, ao abrigo de agitação e na ausência da substância de fundo ou "germe", a deposição do excesso de soluto não é imediata, podendo decorrer um longo lapso antes que se inicie. Enquanto a precipitação não se verifica, a solução mantém dissolvida uma

380 QuÍMICA GERAL

quantidade de soluto superior à que normalmente conteria nas mesmas condições de temperatura; uma solução em tais condições é dita *supersaturada*.

Uma solução supersaturada é sempre instável e só pode subsistir na ausência da substância de fundo em relação à qual existe a supersaturação; basta adicionar-lhe uma pequena quantidade de soluto para que, imediatamente, se inicie a separação do excesso de soluto dissolvido. Esse fenômeno comumente é aproveitado para provocar a cristalização de uma substância por *inoculação*; de fato, numa solução supersaturada pela substância que se deseja, introduz-se um pequeno cristal da substância em questão, que passa a funcionar como núcleo para a formação de novos cristais.

14.9 Soluções Eletrolíticas e não Eletrolíticas

Atendendo ao seu comportamento, quando submetidas à ação de um campo elétrico, as soluções líquidas podem ser classificadas em *eletrolíticas* e *não eletrolíticas*, conforme nelas se estabeleça, ou não, nessas condições, um movimento de cargas elétricas, isto é, conforme sejam ou não condutoras.

São eletrolíticas as soluções aquosas de ácidos, bases e sais; não eletrolíticas são as soluções em água da maioria dos compostos orgânicos tais como glicose, sacarose, manita, uréia, álcool etílico, etc., não incluídos nas categorias das primeiras.

O fato de uma solução ser, ou não, condutora decorre de nela existirem, ou não, íons dispersos. Por outro lado, a existência de íons pode ser motivada, seja pela ruptura da rede iônica do soluto, seja em conseqüência de uma reação entre as moléculas do soluto e as do solvente (v. item 16.3). Enquanto nas soluções eletrolíticas existem íons dispersos, nas soluções não eletrolíticas, os corpúsculos dispersos são unicamente moléculas ou agrupamentos delas. Disso, decorre denominarem-se as soluções não eletrolíticas de *moleculares* e as eletrolíticas de *iônicas*. As substâncias, tais como os ácidos, bases e sais, que originam soluções eletrolíticas chamam-se *eletrólitos*.

CAPÍTULO

Soluções Moleculares

15.1 Propriedades das Soluções Diluídas

Conforme visto no item 2.3, toda substância pura é caracterizada por um conjunto de propriedades físicas (massa específica, tensão de vapor, temperatura de fusão, índice de refração, constante dielétrica, etc.) que lhe são peculiares e se alteram apreciavelmente quando, à substância em questão, se incorpora alguma impureza. Tratando-se de um líquido, as propriedades específicas se modificam pela dissolução de uma outra substância: em conseqüência, se diferencia o comportamento de uma solução daquele de um solvente puro.

A extensão em que uma determinada propriedade do solvente é alterada pelo soluto é muito variável. Contudo, são distinguidos dois grandes casos, de que se trata a seguir.

15.1.1 Propriedades cuja Magnitude Depende da Concentração da Solução e da Natureza do Soluto

A massa específica é um exemplo. Quando se dissolve cloreto de sódio em água, verifica-se uma contração de volume; no entanto, na dissolusão de cloreto de amônio, evidencia-se uma expansão. Por isso, soluções aquosas daqueles dois sais com a mesma percentagem em massa têm massas específicas diferentes. Assim, para uma concentração de 10% em massa, a solução de $NaCl$ tem massa específica de $1,073 \ g \times cm^{-3}$, enquanto a de NH_4Cl é de $1,031 \ g \times cm^{-3}$.

382 Química Geral

Do mesmo modo, quando se mistura álcool etílico com água, há uma redução de volume mais ou menos pronunciada conforme a composição da mistura preparada. Os números indicados na Tab. 15.1, obtidos por experiência, ilustram como varia o volume das soluções obtidas com álcool etílico e água (e somente essas), misturados em diferentes proporções.

A essa se acrescentam outras propriedades que dependem simultaneamente da concentração da solução e da natureza do soluto: o índice de refração, a viscosidade, a tensão superficial, a condutividade elétrica, o calor específico, etc.

TABELA 15.1

Álcool (cm^3)	Água (cm^3)	Mistura (cm^3)
100	0	100,0
90	10	97,7
80	20	96,7
70	30	96,2
60	40	94,8
50	50	96,0
40	60	96,4
30	70	97,2
20	80	98,2
10	90	99,4
0	100	100,0

15.1.2 Propriedades cuja Magnitude Independe da Natureza do Soluto, mas Varia com o Número de Partículas, Moléculas ou Íons, Dispersas numa Quantidade Dada de Solvente.

Tais propriedades são chamadas *coligativas*[*] e referem-se à tensão de vapor, pressão osmótica, ponto de ebulição e ponto de solidificação das soluções.

Seu estudo, objeto desde capítulo, é baseado na analogia de comportamento entre as soluções diluídas e os gases. O paralelismo entre esses dois estados, estabelecido por Van't Hoff (1883) em sua teoria das soluções diluídas, é evidenciado pelos seguintes fatos:

1. Nas soluções diluídas, as partículas do soluto, uniformemente distribuídas no solvente, encontram-se em contínuo movimento, do mesmo modo que as moléculas de um gás no espaço vazio do recipiente em que é confinado.

---

[*] Do latim *colligatus*, que significa unido, em conjunto.

2. O processamento da difusão entre soluções de diferentes concentrações é idêntico ao da difusão entre gases cujas densidades são diferentes.

3. O processo de vaporização, em recinto fechado, é análogo ao da dissolução de uma substância num líquido. Ao se introduzir um líquido ou sólido num recipiente fechado, previamente evacuado, inicia-se o processo de vaporização ou sublimação, pois algumas de suas moléculas superficiais se destacam e passam para o estado de vapor. Essas moléculas a princípio se concentram junto ao líquido ou sólido gerador, para posteriormente, graças à sua contínua agitação térmica, exercerem, seja contra as paredes do recipiente, seja sobre as superfícies remanescentes daquele, uma pressão tanto maior quanto maior for seu número. Os processos de vaporização e sublimação cessam, aparentemente, quando a pressão exercida pelas moléculas da fase gasosa atinge o valor da *tensão máxima de vapor* e determina, dessa forma, o equilíbrio líquido $\rightleftarrows$ vapor ou sólido $\rightleftarrows$ vapor.

Analogamente, quando uma porção de substância solúvel é introduzida num líquido, surge a seu redor uma zona de solução concentrada de onde as moléculas dissolvidas, ou quiçá os íons, graças à agitação térmica, são transportadas para a zona de concentração menor. Essa migração das moléculas dissolvidas de uma região mais concentrada para outra mais diluída cessa quando a solução adquire o estado de saturação. Tudo se passa como se o soluto tivesse pelo solvente uma *tensão de dissolução* que, uma vez atingida a saturação da solução, seria equilibrada por uma certa pressão que lembra aquela exercida pelo vapor contra o líquido no estado de equilíbrio líquido $\rightleftarrows$ vapor (v. item 15.3).

A vaporização de um líquido introduzido num recipiente vazio se dá até que se estabeleça um estado de equilíbrio entre a sua tensão de vaporização e a pressão exercida sobre o próprio líquido pelo vapor formado. Analogamente, a dissolução de um soluto num solvente se verifica enquanto a tensão de dissolução do soluto é menor que a pressão exercida em sentido oposto sobre o soluto.

A pressão que se opõe à tensão de dissolução existe efetivamente, pode ser medida e se conhece como *pressão osmótica*.

15.2 Pressão Osmótica

Quando se coloca uma solução em contato com seu solvente ou com outra solução mais diluída (Fig. 15.1), decorrido certo tempo, o soluto se espalha uniformemente no líquido de modo a constituir uma solução única. O fenômeno, sugerido pela experiência, é o resultado da agitação molecular que se pronuncia conforme a temperatura. Se o contato entre os dois líquidos não se realiza diretamente, mas por meio de uma parede porosa, a homogeneização se verifica do mesmo modo, em conseqüência da difusão das moléculas do soluto e do solvente através daquela superfície porosa.

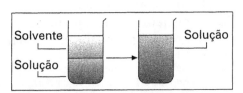

Figura 15.1

Existem, entretanto, certas membranas que, separando uma solução do seu solvente, permitem a passagem de moléculas deste último, mas resistem à passagem do soluto. Esse fenômeno recebe o nome de *osmose*[*] e as membranas que o revelam chamam-se *semipermeáveis*; com um dispositivo conveniente, são de grande ajuda para medir a pressão osmótica.

Para constatar o fenômeno osmótico, um vaso A de paredes porosas, contendo uma solução qualquer, é imerso no seu solvente, contido num vaso B (Fig. 15.2a). No início, as superfícies livres da solução e do solvente estão ao mesmo nível. Decorrido certo tempo de passagem de solvente do vaso externo (B) para o interno (A), observa-se uma elevação do nível do líquido em A e um abaixamento em B (Fig. 15.2b). Esse fluxo de solvente para a solução cessa quando uma diferença de pressão se estabelece entre as duas faces da membrana divisória, isto é, quando a coluna de líquido, que se eleva em A, atinge determinada altura. Para impedir a migração do solvente, através da parede divisória, é necessário exercer sobre a superfície livre da solução uma pressão adequada (Fig.15.2c). Essa pressão que equilibra a tensão de dissolução denomina-se *pressão osmótica* da solução.

A possibilidade de se medir diretamente a pressão osmótica está condicionada à disponibilidade de membranas semipermeáveis. Essas são encontradas na natureza (células de *Curcuma rubicaulis*, *Begonia manicata*, glóbulos vermelhos do sangue[**], bexiga de porco) e também obtidas artificialmente (colódio, pergaminho, celofane).

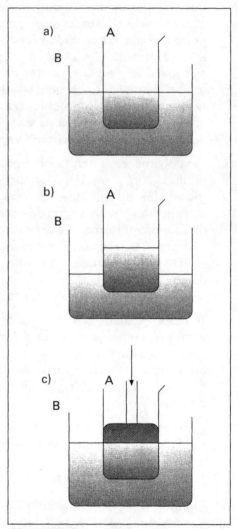

Figura 15.2

As primeiras observações da osmose foram realizadas por Nollet (1748), que mostrou a passagem da água através de uma membrana de pergaminho. Posteriormente, Graham (1854) constatou que as substâncias coloidais (v. item 17.1) não conseguem atravessar certas membranas e Traube (1867) passou a estudar

---

[*] Do grego *osmós*, impulso.
[**] Quando introduzidos em água pura, os glóbulos vermelhos do sangue entumescem, adquirindo a forma esférica; isso decorre da passagem de água pela parede celular, que, sendo semipermeável, resiste à saída para o solvente das diversas proteínas e da hemoglobina presentes como solutos na solução celular.

o fenômeno osmótico empregando, como membrana semipermeável artificial, uma película de ferrocianeto de cobre [$Cu_2Fe(CN)_6$].

Visando a medir a pressão osmótica, Pfeffer (1877) construiu um *osmômetro*, empregando como membrana semipermeável a película artificial de Traube.

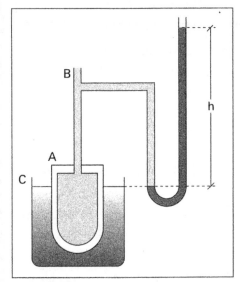

Figura 15.3

O aparelho consta de um vaso A, cujas paredes porosas sustentam uma série contínua de pequenas membranas semipermeáveis de $Cu_2Fe(CN)_6$[*], a que é adaptado, em sua parte superior, um manômetro de mercúrio (Fig. 15.3). Dentro de um tubo B, posteriormente fechado, a solução-problema é introduzida no vaso A. Este, uma vez cheio, é mergulhado numa cuba C contendo o solvente puro; a superfície livre do líquido na cuba e o menisco de mercúrio no manômetro são ajustados, de modo a se colocarem no mesmo nível. Para impedir a penetração do solvente, adiciona-se mercúrio no tubo manométrico. A uma certa altura h da coluna mercurial, é atingido um estado de equilíbrio, mantendo-se invariável o volume da solução. A pressão $p = \mu hg$ dessa coluna de mercúrio, exercida sobre a membrana semipermeável, do lado da solução, impede que o solvente venha modificar sua concentração: é a pressão osmótica.

Medindo com um osmômetro desse tipo as pressões osmóticas de grande número de soluções, Pfeffer verificou que:

> "A pressão osmótica π é proporcional à concentração c da solução e à temperatura absoluta T em que ela é medida."

A conclusão de Pfeffer, representada pela expressão

$$\pi = \rho c T, \qquad (15.1)$$

na qual ρ é um coeficiente de proporcionalidade, veio sugerir a existência de certa analogia entre a pressão osmótica de uma solução e a pressão exercida por um gás contra as paredes do recipiente em que é confinado.

Posteriormente, Van't Hoff (1883), com fundamento em algumas considerações de Termodinâmica, mostrou que, no caso de soluções diluídas, a analogia com os gases ideais é relevante, como o testemunha sua lei:

---

[*] Para a obtenção dessas membranas, o vaso, contendo uma solução de sulfato de cobre a 3%, é imerso em outra de $K_4Fe(CN)_6$, também a 3%; desse modo, os dois sais reagem entre si através dos poros que acabam obturados pelo ferrocianeto de cobre.

386 Química Geral

> "À temperatura T, a pressão osmótica π de uma solução que contém n moléculas-grama de soluto dissolvidas, num volume V de solvente, é igual à pressão que esse soluto exerceria se, no estado gasoso, ocupasse um volume igual ao do solvente, à mesma temperatura."

Da lei de Vant't Hoff conclui-se que, para as soluções diluídas, a pressão osmótica pode ser calculada pela bem conhecida equação de Clapeyron

$$\pi V = n_2 RT$$

ou
$$\pi = \frac{n_2}{V} RT, \qquad (15.2)$$

na qual R é a constante dos gases perfeitos e n_2 o número de moléculas-grama de soluto.

Tendo em vista que, para as soluções diluídas, o volume do solvente pode ser confundido com o da solução e que, segundo a equação (14.12), a razão $\frac{n_2}{V}$, quando V é medido em litros, representa a molaridade $\mathcal{M}$ da solução, a expressão (15.2) também pode ser escrita

$$\pi = \mathcal{M}RT. \qquad (15.3)$$

15.2.1

A equação de Van't Hoff, apresentada sob a forma da (15.2), ou da (15.3), confirma os resultados experimentais de Pfeffer e mostra que a constante de proporcionalidade ρ que figura na igualdade (15.1) identifica-se com a constante R de Clapeyron.

15.2.2

Considerando na equação (15.2) $n_2 = 1$ molécula-grama,

$V = 22,4$ L e $T = 273,15$ K, resulta que

$\pi = \frac{1}{22,4} \times 0,082 \times 273,15 = 1$ atm,

isto é, a pressão osmótica de uma *solução ideal*[*], contendo uma molécula-grama de soluto, dissolvida em 22,4 L de solvente a 0°C, é igual a 1 atm.

O fato explica-se por ser a pressão osmótica uma propriedade coligativa, ou seja, depender apenas do número de partículas de soluto dispersas num dado volume do solvente e do número constante de moléculas existentes em uma molécula-grama de qualquer soluto.

---

[*] Por *solução ideal* entende-se, nesse caso, a que obedece rigorosamente à equação de Van't Hoff.

SOLUÇÕES MOLECULARES **387**

15.2.3

Quando num solvente existem dissolvidos diferentes solutos, a pressão osmótica da solução é a soma das pressões osmóticas que ela teria se contivesse dissolvido, separadamente, cada um dos solutos. Essa proposição, que lembra a lei de Dalton das pressões parciais para uma mistura de gases, justifica-se pela natureza coligativa da pressão osmótica.

15.2.4

A *equação de Van't Hoff* só conduz a resultados concordantes com os observados experimentalmente, quando se trata de *soluções diluídas*. Para as soluções concentradas, os desvios constatados entre os resultados previstos pela equação e os colhidos na medida direta são, às vezes, muito grande. Por exemplo, no caso de uma solução molar de sacarose em água, a $0°C$, obtém-se, pela mencionada equação, $\pi = 22,4$ atm, enquanto a medida pelo osmômetro acusa $\pi = 32$ atm.

15.2.5

Chamam-se *soluções isotônicas* aquelas que têm a mesma pressão osmótica, independentemente da natureza de seus componentes. De duas soluções, de pressões osmóticas diferentes, é dita *hipertônica* a de maior pressão e *hipotônica* a de menor.

15.2.6

Como o número de moléculas-grama de soluto existente na solução é

$$n_2 = \frac{m_2}{M_2^*},$$

a equação (15.2) pode também ser escrita

$$\pi = \frac{m_2}{M_2^* V} RT. \tag{15.4}$$

Sob essa forma, a equação de Van't Hoff sugere que, conhecidos m_2, V, T e π, é possível determinar a molécula-grama M_2^* e, portanto, a massa molecular do soluto. É esse o princípio do *método osmótico* de determinação das massas moleculares.

15.2.7

As medidas diretas da *pressão osmótica* são delicadas e praticamente limitadas às soluções para as quais seja possível realizar as membranas semipermeáveis.

388 QUÍMICA GERAL

Todavia, um processo relativamente simples permite determinar as concentrações de soluções aquosas que têm a mesma pressão osmótica, isto é, são *isotônicas*.

Conforme já observado, as paredes das células vegetais são permeáveis à água, mas impermeáveis às substâncias que se encontram normalmente no suco celular (glicose, malato de potássio ou cálcio, etc.). Se uma célula é introduzida numa solução cuja pressão osmótica é maior que a do suco celular, a água contida na célula atravessa a membrana, fazendo-a murchar. Contrariamente, a célula entumesce quando a pressão osmótica da solução é menor que a do seu suco. Esse fenômeno recebe o nome de *plasmólise*.

Soluções nas quais células de mesma natureza não mudam de volume são isotônicas.

15.2.8

Embora a osmose e as leis que a regem sejam experimentalmente bem conhecidas, as causas do fenômeno não são ainda bem individualizadas. Das várias teorias propostas, nenhuma consegue oferecer explicação satisfatória, quer para a semipermeabilidade, quer para a pressão osmótica.

Segundo Traube, as membranas semipermeáveis funcionariam como *peneiras moleculares* que deixam passar as moléculas pequenas do solvente, retendo, porém, as moléculas grandes do soluto. Essa hipótese é aceitável apenas em alguns casos, uma vez que são conhecidos exemplos nos quais as moléculas do soluto são menores que as do solvente, e a membrana continua atuando como semipermeável.

Para Bigelow, a membrana semipermeável atuaria de maneira semelhante à de uma série de tubos capilares muito finos, e o processo de semipermeabilidade estaria intimamente relacionado com a *capilaridade*.

Armstrong sugeriu uma *teoria química* pela qual o solvente formaria com à membrana uma espécie de composto químico instável, que se romperia posteriormente. Não existe evidência com respeito à validade desse ponto de vista.

Outra corrente de pensamento, recorre à *teoria da solubilidade seletiva*, para a qual o solvente se dissolve na membrana, difunde-se através dela e volta a se separar. Essa teoria encontra apoio num fenômeno parecido: o paládio, aquecido, é permeável ao hidrogênio, mas não o é a outro gás. Sem entrar em grandes detalhes, o fenômeno pode ser explicado pela dissolução e difusão do hidrogênio no paládio, e seu posterior desprendimento do outro lado da parede.

Todavia, a teoria da semipermeabilidade não é de tão grande importância como a da pressão osmótica; aliás, esta última é totalmente independente daquela.

Existem dois modos de pensar distintos com relação à osmose. O primeiro, tipicamente cinético, parte do pressuposto que a pressão osmótica é devida ao diferente bombardeio, pelas moléculas do solvente, sobre as duas faces da membrana em contato com o solvente e a solução. O número de colisões de moléculas do solvente com a parede seria menor, na face voltada para a solução, que na face banhada pelo solvente puro; por isto, o solvente fluiria através da membrana até que o número de choques em ambos os lados resultasse o mesmo.

O segundo modo de pensar é hidrostático. Supõe que a entrada do solvente na solução é devida à existência de uma força atrativa do solvente pelo soluto, talvez em vista das variações de tensão superficial.

15.3 Tonoscopia — Lei de Raoult

Todo líquido introduzido num recinto fechado, previamente evacuado, passa rapidamente ao estado gasoso. Esse fenômeno, conhecido como *vaporização no vácuo*, pode ser constatado e estudado com auxílio de dois tubos de Torricelli emborcados numa cuba com mercúrio (Fig. 15.4). O tubo A serve de referência e a câmara barométrica de B constitui o recinto fechado e vazio[*] no qual se realiza a vaporização pretendida.

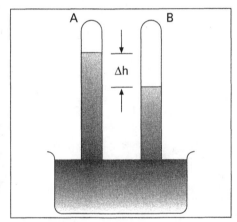

Figura 15.4

Mediante uma pipeta recurvada, o líquido a vaporizar, por exemplo, álcool etílico, é introduzido na parte inferior de B. Menos densa que o mercúrio, a primeira gota de álcool sobe através daquele, atinge a câmara barométrica e desaparece instantaneamente por vaporização; imediatamente, o nível de mercúrio, em B, desce. O fenômeno se repete, adicionando uma segunda, terceira ou mais gotas de líquido, porque este passa para o estado gasoso, provocando, na câmara, aumento de pressão e, conseqüentemente, descida do nível de mercúrio, em B. A diferença de nível Δh entre os meniscos de mercúrio em A e B determina a pressão do vapor em B. Insistindo na introdução de álcool, verifica-se que, num dado instante, a gota introduzida se deposita sobre a superfície do mercúrio e a vaporização cessa. A partir desse momento, um estado de equilíbrio se estabelece entre o vapor formado e seu líquido gerador e, em decorrência, a pressão do vapor deixa de aumentar, embora se aumente a quantidade de álcool introduzida na câmara.

O vapor em equilíbrio com seu líquido gerador chama-se *vapor saturado* ou *saturante*; sua pressão é dita *pressão máxima* ou *tensão máxima* ou simplesmente *tensão de vapor*.

O fenômeno que acaba de ser descrito é geral; a vaporização no vácuo é instantânea e se realiza até que o vapor formado atinja sua pressão máxima.

---

[*] Na verdade, pelos motivos que se expõem a seguir, essa câmara não é vazia, mas contém vapor de mercúrio sob pressão igual à sua pressão máxima, normalmente, muito baixa.

Duas leis gerais são, então, obedecidas:

a) a pressão máxima de vapor de um líquido, numa dada temperatura, é uma constante característica desse líquido (ou vapor);

b) a pressão máxima de vapor de um líquido cresce com a temperatura.

A curva de vaporização de um líquido é a que, num diagrama cartesiano, representa a tensão máxima p do seu vapor em função da temperatura θ. Na Fig. 15.5 estão esboçadas as curvas de vaporização de alguns líquidos; e a Tab. 15.2 fornece os valores da tensão máxima do vapor de água a diferentes temperaturas. Tanto a figura quanto a tabela indicam que a tensão ou pressão máxima do vapor de água a 100°C é 760 mm de mercúrio ou 760 torr.

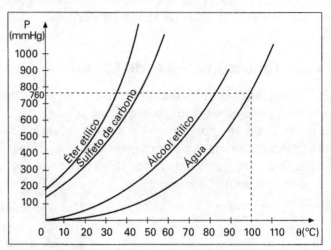

Figura 15.5

A tensão de vapor de um líquido constitui uma medida de sua tendência de passar ao estado gasoso. Dos líquidos cujas curvas de vaporização estão representadas na Fig. 15.5, o éter etílico é o mais volátil, uma vez que a uma dada temperatura, 25°C, por exemplo, apresenta tensão de vapor mais elevada.

TABELA 15.2

(°C)	p (torr)	(°C)	p (torr)
0	4,58	60	149,38
10	9,21	70	233,70
20	17,54	80	355,10
30	31,82	90	525,76
40	55,32	100	760,00
50	92,51	110	1 074,60

Quando se determinam as tensões máximas de vapor de um solvente numa solução[*] e de um solvente puro, uma vez satisfeita a condição de o soluto não

---

[*] A *tensão de vapor de um solvente numa solução* é, por abreviação, também chamada *tensão de vapor da solução*.

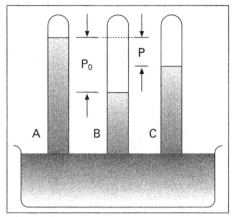

Figura 15.6

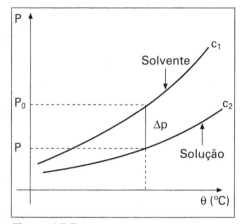

Figura 15.7

possuir, por si só, uma tensão de vapor considerável, constata-se que a tensão de vapor da solução é menor que a do solvente puro à mesma temperatura. Este fato pode ser constatado com três tubos de Torricelli, A, B e C (Fig. 15.6). A câmara barométrica em A é vazia; em B, existe um pouco de solvente puro em equilíbrio com seu vapor saturante sob pressão p_0; em C, há um pouco de solução, de um soluto não volátil, no mesmo solvente, também em equilíbrio, com seu vapor saturante sob pressão p. Por ser $p < p_0$, resulta que, no diagrama em que se representam as curvas de vaporização do solvente puro (c_1) e da solução (c_2), esta última aparece deslocada em relação à primeira (Fig. 15.7). A diferença $\Delta p = p_0 - p$ exprime o abaixamento da pressão de vapor saturante, donde a relação

$$\frac{\Delta p}{p_0} = \frac{p_0 - p}{p_0} \qquad (15.5)$$

denominar-se *abaixamento relativo* da tensão máxima ou *abaixamento tonométrico relativo*, e o fenômeno, *tonoscopia*.

Estudando experimentalmente o fenômeno descrito, Babo (1847) e Wullner (1858) descobriram que o abaixamento relativo da tensão máxima de vapor

a) independe da temperatura (lei de Babo);

b) é proporcional à quantidade de soluto presente na solução, desde que não seja volátil (lei de Wullner).

Contudo, foi Raoult (1888) quem formulou a lei fundamental da tonoscopia:

> "Para uma solução diluída, o abaixamento relativo da tensão máxima de vapor do solvente é igual à fração molar do soluto."

Representando por x_2 a fração molar do soluto, pode-se escrever então

$$\frac{p_0 - p}{p_0} = x_2 \qquad (15.6)$$

ou, em vista da equação (14.19),

$$\frac{p_0 - p}{p_0} \cong \frac{m_2 M_1^*}{m_1 M_2^*}. \tag{15.7}$$

15.3.1

A lei de Raoult pode ser deduzida da lei de Van't Hoff relativa à pressão osmótica. Na Fig. 15.8, C é uma câmara fechada contendo um solvente puro em presença do seu vapor. Em contato com a superfície do líquido, um tubo cilíndrico L, contendo uma solução do mesmo solvente, tem adaptada em sua parte inferior uma membrana semipermeável A, disposta no mesmo plano da superfície livre MN do solvente. Sejam h a altura da coluna da solução contida no tubo, na situação de equilíbrio do sistema, e p_0 e p as pressões nos pontos D e B. Pela lei de Stevin, aplicada ao vapor contido na câmara, pode-se escrever

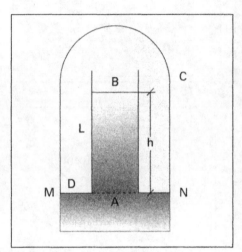

Figura 15.8

$$p_0 - p = \mu_1 hg, \tag{a}$$

em que μ_1 é a massa específica do vapor saturante na temperatura do conjunto. Por outro lado, se π é a pressão osmótica e μ é a massa específica da solução, de acordo com o visto

$$\pi = \mu hg \tag{b}$$

e, por quociente membro a membro,

$$\frac{p_0 - p}{\pi} = \frac{\mu_1}{\mu}. \tag{c}$$

Considerando a equação (15.4), tem-se também

$$\pi = \frac{m_2}{M_2^* V} RT, \tag{d}$$

na qual V representa o volume do solvente ou da solução, quando diluída, que contém dissolvida a massa m_2 de soluto. Finalmente, se for permitido aplicar a equação de estado dos gases perfeitos ao vapor saturante, então

$$\mu_1 = \frac{p_0 M_1^*}{RT}. \tag{e}$$

Introduzindo a equação (d) e a (e) na (c), resulta

$$\frac{p_0 - p}{\dfrac{m_2}{M_2^* V} RT} = \frac{p_0 M_1^*}{RT\mu}$$

e, simplificando,

$$\frac{p_0 - p}{p_0} = \frac{m_2 M_1^*}{M_2^* V \mu}. \tag{f}$$

Como $V\mu$ representa a massa $m_1 + m_2$ da solução, que, no caso, se confunde com a massa m_1 do solvente, a equação (f) pode ser escrita

$$\frac{p_0 - p}{p_0} = \frac{m_2 M_1^*}{m_1 M_2^*} \cong x_2. \tag{15.8}$$

15.3.2

A lei de Raoult relativa ao abaixamento da tensão de vapor pode ser deduzida também a partir da lei da distribuição.

Para tal, imagine-se uma solução em equilíbrio com seu solvente em estado de vapor e considere-se a distribuição das moléculas deste último entre as duas fases, líquida e gasosa. Na fase gasosa, a concentração do solvente, expressa pela sua fração molar x_0, é, obviamente, igual a 1, e, na fase líquida, a concentração do solvente, expressa também pela sua fração molar x_1, é

$$x_1 = \frac{n_1}{n_1 + n_2}.$$

Como, pela lei da distribuição (v. item 14.6), a relação entre as concentrações da mesma espécie molecular nas fases líquida e gasosa é constante,

$$\frac{x_0}{x_1} = \frac{1}{\dfrac{n_1}{n_1 + n_2}} = k \quad \text{ou} \quad \frac{x_0}{x_1} = \frac{n_1 + n_2}{n_1}$$

e, uma vez que as concentrações das moléculas da fase gasosa devem ser proporcionais às pressões de vapor, obtém-se

$$\frac{p_0}{p} = \frac{n_1 + n_2}{n_1}$$

ou

$$\frac{p_0 - p}{p_0} = \frac{n_2}{n_1 + n_2},$$

ou ainda $$\frac{p_0 - p}{p_0} = x_2. \qquad (15.9)$$

15.3.3

A equação que traduz a lei de Raoult pode ser apresentada sob outra forma. De fato, da equação (15.9) resulta

$$p_0 - p = x_2 p_0$$

ou $$p = p_0 (1 - x_2),$$

ou, ainda, lembrando que

$$x_2 + x_1 = 1,$$

obtém-se $$p = x_1 p_0, \qquad (15.10)$$

ou seja:

"A pressão máxima de vapor de uma solução é produto da fração molar do solvente pela pressão máxima de vapor do solvente puro."

15.3.4

Conhecida a fração molar do soluto numa solução, resulta determinado o abaixamento relativo da tensão máxima de seu vapor, pois ele independe da natureza do soluto. Esse abaixamento constitui uma propriedade coligativa das soluções.

15.3.5

Aplicação importante da tonoscopia reside na tonometria, método de determinação da massa molecular de uma substância.

Prepara-se uma solução de concentração conhecida da substância-problema num solvente cuja tensão máxima de vapor, a uma dada temperatura, seja também conhecida; mede-se o abaixamento tonoscópico observado e aplica-se a equação (15.9). A realização do método é bastante delicada, principalmente no que diz respeito à medida de $p_0 - p$, que é feita com um manômetro diferencial (v. Fig. 15.9). Em particular, esse método pode ser empregado na determinação das massas moleculares de alguns metais (Li, Ag, Sn, Pb), utilizando-se como

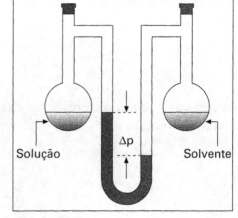

Figura 15.9

solvente o mercúrio e operando em torno de 250°C. Nessas condições, constata-se que tais massas moleculares coincidem com as respectivas massas atômicas. Isso leva à conclusão de que as moléculas dos metais em questão são monoatômicas.

15.3.6

A lei de Raoult, escrita sob a forma da equação (15.10)

$$p = x_1 p_0,$$

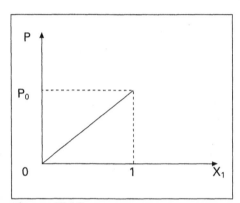

Figura 15.10

é, para uma solução ideal, representada no diagrama $p = f(x_1)$ por uma reta (Fig. 15.10).

Quando a solução é constituída por uma mistura de dois líquidos A e B, ambos voláteis, cada um deles pode ser considerado como solvente e o outro como soluto. É o que sucede, por exemplo, com a mistura benzeno—tolueno. Neste caso, a pressão de vapor de cada um deles, considerado como solvente, pode, em função de sua fração molar, ser representada por uma reta (Fig. 15.11). A pressão total p do vapor sobre a solução é, então,

$$p = p_A + p_B.$$

Como

$$p_A = p_{0_A} x_A \quad \text{e} \quad p_B = p_{0_B} x_B,$$
$$p = p_{0_A} x_A + p_{0_B} x_B = p_{0_A} x_A + p_{0_B}(1 - x_A)$$

ou $\quad p = (p_{0_A} - p_{0_B})x_A + p_{0_B}, \quad$ (15.11)

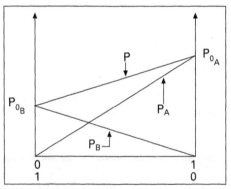

Figura 15.11

que é a equação da reta passante pelos pontos $(0, p_{0_B})$ e $(1, p_{0_A})$.

15.4 Ebulioscopia

Entre as diferentes maneiras que levam um líquido a passar para o estado gasoso, a mais conhecida do leitor é, provavelmente, a *ebulição* — processo de vaporização, em recipiente aberto, com intensa agitação do líquido, provocada em seu seio pela contínua formação e movimentação de bolhas.

Para cada substância pura, a ebulição se realiza a uma temperatura característica, invariável durante o processo e função da pressão.

QUÍMICA GERAL

> "A temperatura de ebulição de um líquido é aquela em que a tensão máxima de seu vapor é igual à pressão exercida sobre o líquido pelo meio gasoso ambiente."

Dessa proposição, conhecida como lei de Regnault, infere-se que a curva de vaporização de um líquido é também sua *curva de ebulição* — representativa dos pares de valores (θ, p) para os quais se realiza a ebulição desse líquido —, e para identificar a temperatura de ebulição de um líquido, sob uma dada pressão p, basta determinar a abscissa do ponto dessa curva cuja ordenada é p.

Face ao exposto no item anterior, a dissolução de uma substância não volátil num líquido deve ocasionar uma elevação em seu ponto de ebulição. De fato, as curvas c_1 e c_2 de vaporização do solvente e da solução, respectivamente (Fig. 15.12) mostram que, para uma dada pressão p, a temperatura θ_1, de ebulição do solvente é menor que a temperatura θ_2 de ebulição da solução. Por tanto, a dissolução de uma substância não volátil num líquido provoca uma elevação $\Delta\theta = \theta_2 - \theta_1$ em sua temperatura de ebulição.

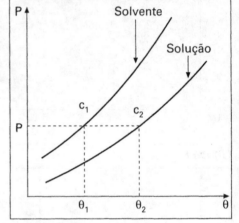

Figura 15.12

Estudando experimentalmente o comportamento das soluções, Raoult (1886) verificou que $\Delta\theta$ é, para um dado solvente, função da concentração da solução; a respeito, estabeleceu uma lei empírica, mais tarde por ele confirmada teoricamente:

> "A elevação da temperatura de ebulição principiante[*] de uma solução é proporcional à sua molalidade."

Representando por $\overline{\mathcal{M}}$ a molalidade da solução, a lei de Raoult traduz-se pela expressão

$$\Delta\theta = k_{eb}\,\overline{\mathcal{M}}, \tag{15.12}$$

na qual k_{eb} é um coeficiente de proporcionalidade, chamado *constante ebuliométrica* ou *ebulioscópica* do solvente.

---

[*] A experiência mostra que a temperatura de ebulição de uma mistura não se mantém constante durante a transição líquido → vapor, mas cresce ligeiramente durante seu transcurso. A temperatura referida como a de ebulição de uma solução é aquela em que o processo se inicia.

SOLUÇÕES MOLECULARES **397**

15.4.1

A expressão da lei de Raoult pode ser obtida a partir da que rege o fenômeno tonoscópico. Com efeito, considerem-se novamente as curvas c_1 e c_2 de vaporização do solvente puro e da solução (representadas agora no diagrama p, T com as temperaturas na escala Kelvin), e a reta $A_1 B_1$, que tem por ordenada a pressão p_0, sob a qual se efetua a ebulição (Fig. 15.13). As abscissas T e T' dos pontos A_1 e B_1 são as temperaturas de ebulição do solvente puro e ebulição (principiante) da solução; a diferença $T' - T$ exprime a elevação ΔT da temperatura de ebulição. Por outro lado, a diferença $p_0 - p$ entre as ordenadas dos pontos A_1 e A_2 mede o abaixamento da tensão de vapor para a temperatura T. Esse abaixamento satisfaz à lei de Raoult traduzida pela equação (15.8)

$$\frac{p_0 - p}{p_0} = x_2 \cong \frac{m_2 M_1^*}{m_1 M_2^*}.$$

Desde que a solução em foco seja diluída, a reta passante por A_2 e B_1 poderá ser considerada paralela à que tangencia a curva c_1 no ponto A_1 e, nessas condições, do triângulo $A_1 B_1 A_2$

$$p_0 - p = \Delta T \, \mathrm{tg}\alpha$$

ou, como $\mathrm{tg}\alpha$ é o coeficiente angular $\frac{dp}{dT}$ da curva c_1 no ponto A_1,

$$p_0 - p = \Delta T \frac{dp}{dT}. \tag{a}$$

Partindo dos princípios da Termodinâmica, mediante um desenvolvimento de cálculo, omitido por concisão, demonstra-se que, ao passar uma substância de uma fase (1) a outra (2), o calor latente L de mudança de fase[*] — que é sempre função da pressão p de equilíbrio entre as duas fases — é dado pela fórmula de Clapeyron

$$L = \frac{T}{J}(u_2 - u_1)\frac{dp}{dT}, \tag{15.13}$$

onde u_1 e u_2 são os volumes específicos da substância considerada nos estados (1) e (2), T a temperatura em que se realiza essa mudança de fase e J o equivalente mecânico do calor[**]. No caso particular da vaporização,

$$L = \frac{T}{J}(u_v - u_1)\frac{dp}{dT}, \tag{15.14}$$

---

[*] O *calor latente de mudança de fase* sob pressão constante é também conhecido como *variação específica de entalpia de vaporização*.
[**] Na (15.13) supõe-se que o calor latente de mudança de fase L seja medido em unidades usuais de quantidade de calor por unidade de massa (cal/g, kcal/kg, etc.). Convencionando-se, entretanto, medir L em unidades de trabalho por unidades de massa (joule/g, joule/kg, etc.), a mesma fórmula passa a ser escrita $L = T(u_2 - u_1)\frac{dp}{dT}$.

designando u_v e u_l os volumes específicos do vapor e do líquido. Como o volume específico, no estado de vapor, é muito maior que no estado líquido (para a água a 100°C, por exemplo, $u_v \cong 1\,680\ cm^3/g$ e $u_l \cong 1\ cm^3/g$), tem-se:

$$u_v - u_l \cong u_v$$

e, portanto, pela equação (15.14),

$$\frac{dp}{dT} = \frac{JL}{Tu_v}. \qquad (b)$$

Introduzindo a equação (b) na (a), resulta

$$p_0 - p = \Delta T \frac{JL}{Tu_v}$$

ou

$$\Delta T = (p_0 - p)\frac{Tu_v}{JL}. \qquad (c)$$

Aplicando agora para o solvente puro, no estado de vapor, a equação dos gases perfeitos (para a pressão p_0 e temperatura T)

$$p_0 u_v = \frac{RT}{M_1^*}$$

ou

$$u_v = \frac{RT}{p_0 M_1^*},$$

que, levada à equação (c), fornece

$$\Delta T = \frac{p_0 - p}{p_0}\frac{RT^2}{JLM_1^*},$$

e, fazendo

$$\frac{RT^2}{JL} = k,$$

$$\Delta T = \frac{p_0 - p}{p}\frac{k}{M_1^*},$$

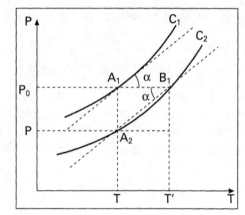

Figura 15.13

igualdade que, em vista da equação (15.7), pode ser escrita

$$\Delta T = k\frac{m_2}{m_1 M_2^*}$$

ou

$$\Delta T = \frac{k}{1000}\frac{1000\,m_2}{m_1 M_2^*},$$

SOLUÇÕES MOLECULARES **399**

ou, finalmente:

$$\Delta T = \Delta \theta = k_{eb}\,\overline{\mathcal{M}},$$

expressão na qual

$$k_{eb} = \frac{k}{1\,000} = \frac{RT^2}{1\,000\,JL}. \qquad (15.15)$$

15.4.2

Supondo na igualdade (15.12) $\overline{\mathcal{M}} = 1$ mol-g/kg, resulta

$$\Delta\theta = k_{eb} \text{ (numericamente)},$$

isto é, a constante ebuliométrica de um solvente exprime numericamente a elevação do ponto de ebulição principiante verificado quando, em 1 kg desse solvente, se dissolve 1 mol-g (ou um mol de moléculas) de qualquer soluto. Por isso, essa constante é chamada *elevação molal* da temperatura de ebulição e a propriedade considerada é *coligativa*.

15.4.3

A constante ebuliométrica, em consonância com a equação (15.12), é o quociente de uma variação de temperatura, medida em °C ou K, por uma molalidade, expressa, por sua vez, em mol-g $\times$ kg^{-1}. Infere-se daí que essa constante tem como unidade o produto

$$°C \times kg \times (mol\text{-}g)^{-1} \quad ou \quad K \times kg \times (mol\text{-}g)^{-1}.$$

15.4.4

Segundo a igualdade (15.15), a constante ebuliométrica de um solvente está relacionada com sua temperatura de ebulição e seu calor latente de vaporização. Para a água, por exemplo, tem-se $T = 373\,K$ e $L = 540$ cal/g, donde

$$k = \frac{RT^2}{JL} = \frac{8,32 \times \dfrac{\text{joule}}{\text{mol-g} \times K} \times (373\,K)^2}{4,18 \dfrac{\text{joule}}{\text{cal}} \times 540 \dfrac{\text{cal}}{\text{g}}} = 515\,K \times g \times (mol\text{-}g)^{-1}$$

$$k_{eb} = \frac{515}{1000} = 0,515\,K \times kg \times (mol\text{-}g)^{-1}$$

A Tab. 15.3 indica os valores das constantes ebuliométricas, as temperaturas de ebulição e os calores latentes de vaporização de alguns solventes.

400 Química Geral

TABELA 15.3

Solvente	Temperatura de ebulição (°C)	Calor latente de vaporização (cal/g)	k_{eb} ($K \times kg \times mol\text{-}g^{-1}$)
Ácido acético	118,0	96,6	4,90
Água	100,0	540,0	0,52
Álcool etílico	78,3	202,2	1,20
Anilina	184,5	104,3	4,00
Benzeno	80,0	94,2	2,60
Éter etílico	34,5	83,3	2,20
Fenol	181,4	123,4	3,30
Sulfeto de carbono	46,0	94,1	2,60
Tetracloreto de carbono	77,0	41,5	4,90

15.4.5

Para certas substâncias líquidas cujas moléculas não sofrem associação (benzeno, anilina, sulfeto de carbono, éter comum) existe uma razão constante entre o calor latente molar de vaporização M^*L e a temperatura T absoluta em que se dá a mudança de fase líquido—vapor (regra de Trouton).

Dados colhidos na experiência sugerem que para tais substâncias

$$\frac{M^*L}{T} \cong 21 \frac{cal}{mol\text{-}g \times K}$$

Para o benzeno ($M = 78$) e o éter etílico ($M = 76$), com os dados da tabela 15.3, tem-se, respectivamente,

$$\frac{M^*L}{T} = \frac{78 \times 94,2}{353} = 20,8 \frac{cal}{mol\text{-}g \times K}$$

e

$$\frac{M^*L}{T} = \frac{76 \times 83,3}{307,5} = 20,6 \frac{cal}{mol\text{-}g \times K}.$$

Por motivos que se justificam no item 25.15, o quociente $\frac{ML}{T}$ exprime a variação de entropia de vaporização.

15.4.6

Segundo o cálculo da molalidade de uma solução, a equação (15.12) pode ser escrita

$$\Delta\theta = k_{eb}\frac{1\,000\,m_2}{M_2^*m_1} \qquad (15.16)$$

ou, também,

$$M_2^* = k_{eb}\frac{1\,000\,m_2}{\Delta\theta\cdot m_1},$$

o que demonstra ser possível a determinação da molécula-grama e, portanto, também da massa molecular de uma substância, a partir da elevação do ponto de ebulição principiante, experimentada por uma solução de concentração conhecida. É esse o princípio da *ebuliometria* ou método ebulioscópico de determinação de massas moleculares.

15.4.7

Entre a elevação da temperatura de ebulição principiante de uma solução e o seu abaixamento relativo à tensão de vapor, existe uma razão constante característica do solvente. De fato, por quociente membro a membro da equação (15.16) pela (15.8), tem-se:

$$\frac{\Delta\theta}{\dfrac{p_0 - p}{p_0}} = \frac{k_{eb}\dfrac{1\,000\,m_2}{M_2^*m_1}}{\dfrac{m_2 M_1^*}{m_1 M_2^*}} = k_{eb}\frac{1\,000}{M_1^*}. \qquad (15.17)$$

Para a água essa razão é

$$\frac{\Delta\theta}{\dfrac{p_0 - p}{p}} = 0,525\,\frac{1\,000}{18} = 28,8°C.$$

15.5 Crioscopia

A dissolução, num líquido, de uma substância não volátil faz com que o ponto de solidificação da solução ou, mais precisamente, a temperatura em que se inicia a separação do solvente, no estado sólido, seja mais baixa que a de solidificação do solvente puro.

Constatado originalmente por Blagden, em fins do século XVIII, esse fato é conseqüência do abaixamento da tensão de vapor do solvente, provocado pelo soluto. Para compreendê-lo, basta observar o diagrama da Fig. 15.14, no qual estão esquematizadas as curvas de tensão de vapor do solvente nos estados sólido e líquido, isto é, as curvas de sublimação do solvente sólido (AB) e de vaporização do solvente líquido (BC), cujos pontos indicam uma determinada tensão de vapor do sólido ou do líquido. No ponto B, a tensão de vapor do sólido é igual à do líquido, e a temperatura θ_1 é a de solidificação do líquido ou de fusão do sólido. Quando se dissolve no líquido uma substância estranha, não volátil, conforme o que foi visto no item 15.3, a curva de vaporização da solução B'C' resulta deslocada em relação a BC e, em conseqüência, a temperatura de início de solidificação do solvente passa a ser θ_2 e, como o sugere a figura, $\theta_2 < \theta_1$.

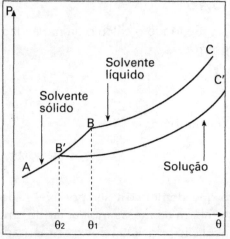

Figura 15.14

O abaixamento do ponto de solidificação ou abaixamento crioscópico $\Delta\theta' = \theta_1 - \theta_2$ é função da concentração da solução e, segundo Raoult, obedece a uma lei que pode ser estabelecida teórica ou experimentalmente de maneira semelhante à do item 15.4.1.

> "O abaixamento da temperatura de início de solidificação de uma solução é proporcional à sua molalidade."

Aplicam-se, portanto, para o abaixamento crioscópico, por analogia com o visto para a ebulioscopia, as expressões:

$$\Delta\theta' = k_{cr}\,\overline{\mathcal{M}}, \qquad (15.18)$$

$$\Delta\theta' = k_{cr}\frac{1\,000\,m_2}{m_1 M_2^*} \qquad (15.19)$$

e

$$k_{cr} = \frac{RT'^2}{1\,000\,JL'}, \qquad (15.20)$$

nas quais k_{cr} é a *constante crioscópica* ou *criométrica* que mede numericamente o abaixamento verificado no ponto de solidificação, quando, em 1 kg do solvente considerado, se dissolve uma molécula-grama (ou um mol de moléculas) de qualquer soluto. As grandezas T' e L', por sua vez, indicam, respectivamente, a temperatura de solidificação e o calor latente de fusão do solvente puro.

O método crioscópico ou criométrico de determinação de massas moleculares baseia-se na aplicação da equação (15.19).

Na Tab. 15.4 são fornecidos os valores das constantes crioscópicas de alguns solventes usuais.

TABELA 15.4

Solvente	Temperatura de solidificação (°C)	Calor latente de fusão (cal/g)	k_{cr} ($K \times kg \times mol\text{-}g^{-1}$)
Ácido acético	16,6	46,6	3,70
Água	0,0	80,0	1,86
Álcool etílico	−114,0	23,9	2,10
Anilina	−6,0	27,1	5,30
Benzeno	5,5	30,1	5,20
Éter etílico	−116,0	24,3	2,00
Fenol	41,0	32,0	6,20
Sulfeto de carbono	−112,0	13,8	3,80
Tetracloreto de carbono	−23,0	3,8	32,90

Observação

Os métodos crioscópico e ebulioscópico de determinação das massas moleculares exigem, para sua adoção, a utilização de termômetros que permitem avaliar diretamente centésimos de grau Celsius, na região do ponto de solidificação ou de ebulição do solvente empregado. Esse fato impõe o uso de termômetros diferentes não só para cada um desses métodos, mas também para cada solvente usado, porque não existe um único instrumento que permita avaliar centésimos de grau e, ao mesmo tempo, alcançar um intervalo de temperaturas de algumas dezenas de graus. Por isso, na criometria, usando como solvente água ou benzeno, dever-se-ia empregar um termômetro graduado entre 1°C e −5°C, para o primeiro solvente, e um instrumento que permitisse leituras de 0°C e 6°C, para o segundo; já na ebuliometria, usar-se-ia um termômetro entre 97°C e 103°C, para a água, e outro entre 78°C e 84°C, para o benzeno. A fim de evitar o inconveniente de recorrer a tantos instrumentos, prefere-se utilizar o termômetro diferencial de Beckman, que, sem indicar as temperaturas, registra apenas pequenas variações de temperatura.

CAPÍTULO 16

Soluções Iônicas

16.1 As Soluções Iônicas e as Propriedades Coligativas

De conformidade com as leis de Van't Hoff e Raoult, as soluções, obtidas por dissolução de uma molécula-grama de qualquer soluto numa dada quantidade de solvente devem apresentar sempre as mesmas pressões osmóticas, elevações do ponto de ebulição, quedas do ponto de solidificação e reduções relativas da tensão máxima de vapor. É o que efetivamente se constata, quando o soluto é sacarose, glicose, uréia, manita ou glicerina, e as soluções são suficientemente diluídas.

Quando se trata de soluções aquosas de um ácido, base ou sal, observa-se uma anomalia: a pressão osmótica, a elevação do ponto de ebulição, o abaixamento do ponto de solidificação e a depressão relativa da tensão de vapor são superiores aos previstos pelas referidas leis.

Em particular, uma solução molar, ou melhor, formal de NaCl, que deveria apresentar pressão osmótica igual à de outra, também molar, de sacarose, à mesma temperatura, tem efetivamente pressão osmótica 1,66 vez a desta última.

Anomalias do mesmo gênero são observadas nas soluções de ácidos fortes (HCl, HNO_3, $HClO_3$, etc.), de bases fortes [$NaOH$, KOH, $Ca(OH)_2$] e de seus sais ($NaCl$, KNO_3, $KClO_3$, etc.), as quais revelam pressões osmóticas tendentes ao dobro do valor calculado pela (15.2). E mais: substâncias como H_2SO_4, $Ba(OH)_2$, $CaCl_2$, etc. produzem soluções de pressões osmóticas ainda maiores, podendo chegar ao triplo dos valores esperados. Também existem substâncias cujas soluções têm pressão osmótica de quase o quádruplo da teórica (Na_3PO_4) ou, aproximadamente, o quíntuplo da esperada [$K_4Fe(CN)_6$].

SOLUÇÕES IÔNICAS **405**

Ciente dessas anomalias, o próprio Van't Hoff julgou necessário introduzir na equação (15.2) um fator de correção i, de maneira a escrever

$$\pi' = \frac{n_2}{V} RTi \qquad (16.1)$$

sempre que se trate de soluções aquosas de ácidos, bases e sais.

O coeficiente i representa a razão

$$i = \frac{\pi'}{\pi} \qquad (16.2)$$

entre as pressões osmóticas π', medida experimentalmente, e π, calculada pela equação (15.2).

Para as soluções de comportamento normal (soluções aquosas de sacarose, glicose, glicerina, etc.) $i = 1$ e $\pi' = \pi$, enquanto para as de conduta anômala $i > 1$ e $\pi' > \pi$. Nos casos em que $i > 1$, o coeficiente varia de um soluto para outro e, para um mesmo soluto, depende da concentração; o coeficiente cresce com a diluição da solução e tende para 2(HCl, NaCl, HNO_3), para 3[H_2SO_4, $Ca(NO_3)_2$], etc., conforme o soluto.

Na Tab. 16.1, figuram os valores de i determinados, experimentalmente, para as soluções aquosas de diferentes concentrações de três solutos diferentes.

Ora, a magnitude da pressão osmótica, como a de qualquer outra propriedade coligativa, é proporcional ao número de partículas de soluto dispersas numa dada quantidade de solvente. Portanto, uma solução que apresente pressão osmótica anormalmente grande deve conter um número de partículas maior que o supostamente dissolvido. Assim, se a pressão osmótica de uma solução formal de NaCl é

TABELA 16.1

Concentração (mol-g/kg)	Fator i		
	KCl	K_2SO_4	$K_4Fe(CN)_6$
1,000	1,75	2,14	2,45
0,500	1,78	2,26	2,69
0,100	1,85	2,32	2,85
0,050	1,88	2,45	3,01
0,010	1,94	2,69	3,37
0,005	1,96	2,77	3,51
0,001	1,97	2,84	3,82
↓	↓	↓	↓
0,000	2,00	3,00	4,00

406   QUÍMICA GERAL

1,66 vez a de outra molar de sacarose, é razoável supor que o número de partículas contidas na primeira é, por unidade de volume, 1,66 vez o das contidas na segunda.

Generalizando, se a pressão osmótica π é produzida por um número N de partículas dissolvidas, então a pressão osmótica π' de uma solução de comportamento anômalo deverá ser produzida por um número N' de partículas efetivamente dispersas, tal que

$$\frac{\pi'}{\pi} = \frac{N'}{N} \qquad (16.3)$$

ou, face à equação (16.2),

$$i = \frac{N'}{N}. \qquad (16.4)$$

A explicação de como se realiza o aumento do número de partículas dispersas nas soluções de ácidos, bases e sais é dada pela *teoria da dissociação eletrolítica* ou *iônica* de Arrhenius[*], uma das mais importantes e fecundas teorias desenvolvidas entre fins do século XIX e início do XX.

16.2 A Teoria da Dissociação Iônica

Observando que as soluções de comportamento anômalo em relação às leis de Van't Hoff e Raoult revelam, coincidentemente, alta condutividade elétrica, Arrhenius (1887) inferiu que deveria existir um vínculo entre as propriedades dos ácidos, bases e sais e a condutividade elétrica de suas soluções. Uma explicação daquele comportamento deveria justificar por que tais soluções são condutoras.

Segundo Arrhenius, as moléculas de ácidos, bases e sais, quando dissolvidas em água, experimentam uma cisão, dando origem a íons, átomos ou grupamentos atômicos dotados de carga positiva ou negativa. Esse processo de fragmentação das moléculas em íons passou a ser chamado *dissociação iônica* ou *ionização*[**], e as substâncias susceptíveis de sofrê-lo, *eletrólitos*. Os íons com carga positiva passaram a ser chamados cátions e aqueles com carga negativa, ânions.

Fundamentalmente, a teoria de Arrhenius admitiu que:

a)   as moléculas de um eletrólito, quando dissolvidas em água ou algum outro solvente particular, ionizam-se parcialmente em cátions e ânions;

b)   a carga de um íon, positivo ou negativo, é proporcional à valência do átomo ou grupo de átomos que o constitui;

---

[*] Svante Arrhenius (1859-1927).
[**] Essas duas designações, embora ainda usadas para denominar o processo de aparecimento de íons, têm hoje significados distintos e supõem diferentes mecanismos desses processos (v. item 16.5).

SOLUÇÕES IÔNICAS **407**

c) entre os íons formados e as moléculas não dissociadas existe um estado de equilíbrio que se desloca à medida que se dilui a solução, aumentando a proporção do eletrólito dissociado; para diluição infinita, a dissociação tende a ser completa;

d) quanto maior o número de íons presentes por unidade de volume de solução, tanto maior resulta sua condutividade elétrica;

e) no que tange às propriedades coligativas, cada íon comporta-se, em solução, como molécula não dissociada e, à medida que se produz a dissociação, aumenta o número total de partículas na solução;

f) as leis das soluções diluídas são também aplicáveis às soluções eletrolíticas, desde que se considerem como partículas independentes não só as moléculas, mas também os íons nelas presentes.

De conformidade com esse modo de pensar, a molécula de gás clorídrico, por exemplo, quando dissolvida em água, origina dois íons: um positivo, constituído pelo núcleo do átomo de hidrogênio (cátion hidrogênio, H^+), e outro negativo, formado pelo átomo de cloro com um elétron excedente (ânion cloreto, Cl^-); a carga positiva do íon H^+ é igual, em valor absoluto, à carga negativa do íon Cl^- ($1,602 \times 10^{-19}$ C = $4,8 \times 10^{-10}$ stC). Para representar a ionização do HCl escreve-se

$$HCl \rightleftharpoons H^+ + Cl^-,$$

indicando o sinal $\rightleftharpoons$ a reversibilidade do fenômeno. Para outros eletrólitos, sempre segundo as idéias originais de Arrhenius:

$$H_2SO_4 \rightleftharpoons 2H^+ + SO_4^{2-},$$

$$NH_4OH \rightleftharpoons NH_4^+ + OH^-,$$

$$H_3PO_4 \rightleftharpoons 3H^+ + PO_4^{3-},$$

$$H_2O \rightleftharpoons H^+ + OH^-.$$

À última dessas ionizações são atribuídos vários fenômenos, particularmente, os de hidrólise.

16.3 Grau de Ionização

Da suposição de que a ionização de uma substância não é completa e de que existe um estado de equilíbrio entre os íons e as moléculas não ionizadas resulta a definição do *grau de ionização* de um eletrólito: é a razão entre o número de moléculas ionizadas e o número total de moléculas de eletrólito postas em solução.

Designando por N o número de moléculas dissolvidas e por N_1 o número de moléculas ionizadas, tem-se então:

$$\alpha = \frac{N_1}{N}, \tag{16.5}$$

408   QUÍMICA GERAL

com α representando o grau de ionização do eletrólito considerado.

A igualdade (16.5) pode ser escrita sob a forma

$$\alpha = \frac{m_1}{m}, \qquad (16.6)$$

m e m_1 designando, respectivamente, as massas do eletrólito dissolvido e do ionizado.

Uma vez que o número de moléculas contidas em uma molécula-grama de qualquer substância é sempre o mesmo, N e N_1, na equação (16.5), podem ser substituídos pelos números de moléculas-grama de eletrólito dissolvido n e ionizado n_1, isto é

$$\alpha = \frac{n_1}{n}.$$

Nesse caso, supondo $n = 1$, resulta $n_1 < 1$ e

$$\alpha = n_1 \text{ (numericamente)},$$

isto é, o grau de ionização de um eletrólito representa a fração de molécula-grama ionizada.

Lembrando que, excluídas as soluções cujas diluições são infinitas, ou seja, aquelas em que $n_1 = n$, o número das moléculas ionizadas é menor que o das dissolvidas, ter-se-á sempre

$$0 \le \alpha \le 1.$$

O estudo do mecanismo pelo qual uma corrente elétrica se estabelece e escoa através dos líquidos iônicos (v. item 19.7) leva à conclusão de que a condutividade elétrica σ de uma solução é proporcional à concentração C do eletrólito (expressa em moléculas-grama por litro) e também ao seu grau de ionização α, isto é

$$\sigma = k\alpha C, \qquad (16.7)$$

sendo k um coeficiente de proporcionalidade que depende da natureza do eletrólito e da temperatura. Assim, a partir da medida dessa condutividade, mediante uma técnica adequada, é possível deduzir o valor de α. A experiência mostra, então, que o grau de ionização depende da natureza do eletrólito e do solvente e que, para um dado par soluto—solvente, é função da concentração da solução e de sua

---

TABELA 16.2   Solução aquosa M/10 a 18°C

Eletrólito	α	Eletrólito	α
HCl	0,92	$CaCl_2$	0,730
HNO_3	0,92	$CuSO_4$	0,380
NaOH	0,90	HNO_2	0,080
NaCl	0,83	CH_3COOH	0,013
$Ca(OH)_2$	0,75	NH_4OH	0,013

SOLUÇÕES IÔNICAS **409**

temperatura. Em temperatura constante, o grau de ionização é crescente com a diluição (lei da diluição de Ostwald).

Na Tab. 16.2, estão indicados os valores do grau de ionização a 18°C de vários eletrólitos, em solução 0,1 M, enquanto na 16.3, estão assinalados os graus de ionização a 18°C de vários eletrólitos, em solução de diferentes concentrações.

TABELA 16.3   Solução aquosa a 18°C

Eletrólito	Solução M	Solução $M/10$	Solução $M/100$	Solução $M/1\,000$
HCl	0,7000	0,920	0,970	0,99
$CuSO_4$	0,2200	0,380	0,620	0,85
CH_3COOH	0,0038	0,013	0,041	0,12

Observações

1. O exame das Tabs. 16.2 e 16.3 sugere que:

   a) existe um conjunto de eletrólitos para os quais α está próximo da unidade, mesmo para concentrações molares elevadas. Tais eletrólitos são ditos *fortes*;

   b) alguns eletrólitos apresentam grau de ionização muito pequeno, mesmo para grandes diluições; são os eletrólitos *fracos*;

   c) entre os eletrólitos fortes e fracos, situam-se alguns eletrólitos médios[*].

2. No que tange à *força* dos eletrólitos, valem as seguintes regras:

   a) os ácidos clorídrico (HCl), bromídrico (HBr), iodídrico (HI) e nítrico (HNO_3) são fortes, os demais ácidos são fracos ou médios;

   b) todas as bases solúveis, exceto o NH_4OH, são fortes;

   c) os sais são, em geral, eletrólitos fortes.

3. Entre os sais fracos[**] podem ser citados o $HgCl_2$ e CdI_2; seu comportamento como eletrólito fraco é devido, provavelmente, à grande preponderância da natureza covalente de suas ligações, cujo caráter é corroborado pelos pontos de fusão muito baixos dos sais fracos.

4. O fato de o grau de ionização de um soluto variar com a natureza do solvente é conseqüência de não possuírem todos os solventes o mesmo poder ionizante. Assim, o HCl é fortemente ionizado em solução aquosa, mas não o é em solução benzênica.

[*] Os conceitos de eletrólitos fortes e fracos, como acima apresentados, são os que decorrem da teoria de Arrhenius. Tais conceitos têm sido modificados por teorias mais modernas (v. item 16.5).
[**] Os *sais fracos* são atualmente considerados como pseudo-sais (v. observação no item 18.4).

410 Química Geral

O poder ionizante de um solvente está intimamente correlacionado com sua constante dielétrica; quanto maior esta, maior também é aquele. Na Tab. 16.4, figuram os valores da constante dielétrica relativa de algumas substâncias no estado líquido[*].

TABELA 16.4

Substância	Constante dielétrica relativa
Cianeto de hidrogênio	158,0
Ácido sulfúrico	84,0
Água	80,0
Hidrazina	52,0
Álcool etílico	27,0
Amônia	26,7
Dióxido de enxofre	15,6
Ácido acético	6,2
Éter etílico	4,0
Benzeno	2,0

16.4 Extensão das Leis das Soluções Diluídas às Soluções Iônicas

O coeficiente i de Van't Hoff, definido pela equação (16.4), face à teoria de Arrhenius representa, para uma solução eletrolítica, a razão entre o número N' de partículas efetivamente existentes na solução e o número N de partículas que nela existiria se o soluto não se ionizasse.

Considere-se uma solução obtida por dissolução de N moléculas de eletrólito num dado volume de solvente e admita-se que N_1 dessas moléculas se ionizem; de acordo com a equação (16.5)

$$\alpha = \frac{N_1}{N} \quad \text{e} \quad N_1 = \alpha N.$$

Posto que cada molécula ionizada origina q íons ($q \geq 2$), o número de íons presentes na solução resulta

$$N_1 q = \alpha N q$$

e o número de moléculas remanescentes, não ionizadas, passa a ser

$$N - N_1 = N - \alpha N = N(1 - \alpha).$$

---

[*] Esses valores são expressos em relação à constante dielétrica do vácuo. Dizer, por exemplo, que a constante relativa da água é 80 significa que a constante dielétrica da água é 80 vezes a do vácuo.

SOLUÇÕES IÔNICAS **411**

Com isto, o número total N' de partículas (moléculas e íons) efetivamente existentes na solução torna-se

$$N' = N(1 - \alpha) + \alpha Nq = N[\alpha(q - 1)] + 1$$

e, em vista da equação (16.4),

$$i = \alpha(q - 1) + 1. \tag{16.8}$$

Para um eletrólito qualquer $\alpha > 0$ e $q \geq 2$, isto é, $i > 1$. Para os *eletrólitos binários*, cujas moléculas originam apenas dois íons (NH_4OH, HCl, $NaCl$), $q = 2$ e $1 < i \leq 2$, enquanto para os *terciários* [H_2SO_4, $Na_2Cr_2O_7$, $Ca(OH)_2$] $q = 3$ e $1 < i \leq 3$, e assim por diante.

Uma vez que, segundo a teoria de Arrhenius, cada íon, quanto às propriedades coligativas, se comporta como uma molécula não ionizada e sabendo-se que o coeficiente i multiplicado pelo número de moléculas dissolvidas dá o número real de partículas existentes na solução, segue-se que as expressões das leis de Van't Hoff e Raoult se tornam aplicáveis às soluções eletrolíticas, pela introdução daquele coeficiente. Assim, para essas últimas, tem-se:

$$\pi = \frac{n_2}{V} RTi, \tag{16.9}$$

$$\frac{p_1 - p_2}{p_1} = x_2 i, \tag{16.10}$$

$$\Delta\theta_{eb} = k_{eb} \overline{\mathcal{M}} i \tag{16.11}$$

e

$$\Delta\theta_{cr} = k_{cr} \overline{\mathcal{M}} i. \tag{16.12}$$

16.5 Idéias Modernas sobre as Soluções Iônicas

A partir de qualquer uma das expressões acima, desde que se conheçam os valores das demais grandezas que nelas compareçam, é possível calcular o fator i, cujo valor, para um determinado eletrólito em solução, permite a determinação do seu grau de ionização.

Dispõe-se, assim, de dois métodos, totalmente distintos, para a determinação de α: o da condutividade elétrica (v. expressão 16.7) e o das propriedades coligativas. Se houvesse harmonia entre a teoria de Arrhenius e a realidade, haveria coincidência nos resultados obtidos por um e por outro método.

Na Tab. 16.5 indicam-se, para diversos eletrólitos, os valores de α medidos a partir da condutividade elétrica e por criometria (em solução $N/20$).

Embora, numa primeira aproximação, para alguns casos, a concordância seja razoável ou mesmo muito boa, para outros, os desvios entre os resultados são suficientemente pronunciados para pôr em dúvida a validade das idéias de Arrhenius.

412 Química Geral

TABELA 16.5 Valores de α

Eletrólito	Por condutividade	Por criometria	Desvio (%)
HCl	0,920	0,910	1,1
KCl	0,891	0,885	0,5
$LiCl$	0,878	0,912	4,0
KNO_3	0,870	0,850	2,3
$MgCl_2$	0,803	0,854	6,0
K_2SO_4	0,771	0,785	2,0
$Ca(NO_3)_2$	0,730	0,700	4,1
$CdCl_2$	0,559	0,690	21,0
$K_4Fe(CN)_6$	0,460	0,450	2,2
$CuSO_4$	0,455	0,381	18,0

Mas a teoria de Arrhenius não é contestada apenas pelas discrepâncias registradas nas medidas de α, como também pelos resultados disparatados a que leva, no caso dos eletrólitos fortes, quando da aplicação da lei de Guldberg-Waage (v. item 23.1) aos equilíbrios que se deveriam estabelecer em solução entre os íons e as moléculas não dissociadas.

Essa teoria, que descura quanto ao mecanismo de aparecimento dos íons em solução, resulta falha quando supõe que os íons permanecem, na solução, independentes uns dos outros, como se fossem corpúsculos neutros. Na verdade, conforme suas concentrações, os íons devem exercer mutuamente forças eletrostáticas mais ou menos intensas, provavelmente existentes também entre os íons e as moléculas do próprio solvente, e que invalidariam as condições ideais admitidas pela teoria da dissociaçao iônica.

A teoria de Arrhenius, satisfatória para os eletrólitos fracos porque permite explicação aceitável, tanto qualitativa como quantitativa, do comportamento de suas soluções, enseja apenas uma interpretação qualitativa dos fatos para os eletrólitos fortes.

Em resumo, não permitindo uma explicação geral das propriedades das soluções eletrolíticas, a teoria de Arrhenius leva a supor que os dois tipos de eletrólitos, fortes e fracos, diferem profundamente entre si quanto ao modo pelo qual geram íons em solução. Essa diversificação é aclarada pelos conhecimentos, atualmente disponíveis, sobre as ligações existentes nas diferentes estruturas dos eletrólitos.

Na época em que surgiu a teoria de Arrhenius (1887), praticamente nada se conhecia sobre a estrutura das substâncias e, muito menos, sobre a do próprio átomo. A descoberta do elétron e a formulação do modelo atômico de Rutherford-Bohr (1913) levaram naturalmente às teorias da eletrovalência de Kossel e da covalência de Lewis (1916), e segundo elas existem:

a) substâncias iônicas, constituídas por um aglomerado regular de íons unidos por ligações eletrovalentes;

b) substâncias moleculares, formadas por um aglomerado de átomos unidos entre si por ligações covalentes.

Isso sugere a pergunta: como se comportam essas substâncias quando em solução?

Segundo Hückel e Debye (1923), quando uma substância iônica é introduzida num solvente molecular, as moléculas deste último — verdadeiros dipolos elétricos em contínua agitação térmica — chocam-se com o soluto introduzido e arrancam íons dos nós do retículo cristalino (Fig.16.1). Estes íons, graças a sua carga elétrica, acabam mais ou menos fortemente unidos às moléculas do solvente, que são polares. Os íons envolvidos por moléculas do solvente dizem-se *solvatados*. Uma vez em solução, os íons solvatados, com cargas de sinais opostos, passam a se atrair com forças variáveis, conforme a constante dielétrica do solvente, mas sempre menos intensas que as atuantes no próprio cristal (v. item 19.7). Esse processo de desmoronamento do edifício cristalino, com a dispersão, no solvente, dos íons anteriormente integrantes do retículo cristalino, constitui a *dissociação iônica* do soluto, que ocorre por dissolução, na água, de substâncias como NaCl, KCl, MgCl$_2$, CaS, K$_3$N, Ca$_3$P$_2$, BaS, K$_2$O, BaO, NaOH, etc. A dissociação dessas substâncias em solução aquosa, segundo Bjerrum (1916), é total; para elas $\alpha = 1$, qualquer que seja a concentração da solução.

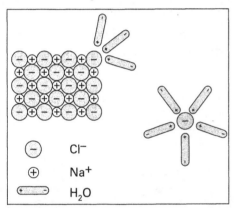

Figura 16.1

Quando o soluto é covalente, os íons podem surgir de uma reação entre suas moléculas e as do solvente. No caso, por exemplo, da solução aquosa de HCl, o aparecimento de íons é devido à reação

$$HCl + H_2O \rightleftharpoons Cl^- + H_3O^+$$

ou

$$H:\ddot{C}l: + H:\ddot{O}:H \rightleftharpoons :\ddot{C}l:^- + \left[H:\ddot{O}:H \atop H \right]^+$$

A molécula de água atrai o núcleo do átomo de hidrogênio, originando o cátion H$_3$O$^+$ (hidrônio)[*]; esse processo é semelhante ao que se verifica na dissolução, em água, do NH$_3$:

---

[*] O símbolo H$_3$O$^+$ é utilizado universalmente para representar o íon hidrogênio (ou hidrônio), tal como se supõe possa existir em solução aquosa. Desde 1957 a existência desse íon tem sido confirmada pela espectroscopia do infravermelho.

$$NH_3 + H_2O \rightleftharpoons OH^- + NH_4^+$$

$$H:\overset{..}{\underset{H}{N}}:H + H:\overset{..}{\underset{..}{O}}:H \rightleftharpoons \left[H:\overset{..}{\underset{..}{O}}:\right]^- + \left[H:\overset{H}{\underset{H}{\overset{..}{N}}}:H\right]^+$$

como também de outras substâncias covalentes: H_2SO_4, HNO_3, H_3PO_4, etc. As setas mais longas que se empregam nessas equações apontam para os reagentes, que possuem maior concentração no equilíbrio.

Esse processo de aparecimento de íons em solução, em virtude de uma reação entre as moléculas do soluto e do solvente, constitui a *ionização*.

Como uma substância pode, ou não, reagir com outra, dependendo da natureza dessa, é de esperar que um dado soluto possa ou não originar íons conforme a natureza do solvente em que é introduzido. Compreende-se assim por que o mesmo soluto, HCl, por exemplo, se ioniza na água e não no benzeno.

Em resumo, os termos *dissociação iônica* e *ionização*, que se utilizavam na teoria de Arrhenius como sinônimos, designam, segundo idéias mais recentes, processos profundamente diferentes.

A maneira pela qual o solvente produz a ionização de uma substância covalente polar está esquematizada na Fig. 16.2. As moléculas do solvente polar — água, por exemplo —, ao serem atraídas pelos pólos de uma molécula polar a), aumentam o comprimento do dipolo b) e, em conseqüência, acabam levando a molécula a) a sua ruptura, isto é, à ionização c).

Portanto, tanto nas soluções de substâncias que se dissociam, quanto nas das substâncias que se ionizam, os íons presentes estão solvatados. Para distinguir os íons solvatados dos simples (não solvatados), alguns autores usam um ponto e uma vírgula, em vez dos sinais + e –, para representar os cátions e ânions, respectivamente. Assim a ionização do HCl é representada por

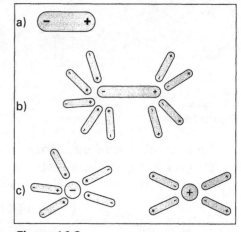

Figura 16.2

$$HCl + H_2O \rightleftharpoons H_3O^{\cdot} + Cl^{\prime}.$$

Mas nem sempre essa representação é usada e, mesmo escrevendo

$$HCl + H_2O \rightleftharpoons H_3O^+ + Cl^-$$

ou apenas
$$HCl \rightleftharpoons H^+ + Cl^-,$$

subentende-se que pelo menos o íon hidrogênio está hidratado.

SOLUÇÕES IÔNICAS **415**

16.6 Associação Iônica

As propriedades das soluções de eletrólitos fortes, quando muito diluídas, podem ser explicadas partindo do pressuposto de conterem exclusivamente íons.

Contudo, é de esperar que os íons numa solução, por mais diluída que essa seja, devido à sua contínua agitação, colidam entre si, embora esporadicamente, e, em conseqüência, provoquem, entre os de cargas opostas, uma atração eletrostática que acabará por mantê-los unidos mais rigidamente do que se não tivessem cargas.

Esse comportamento, numa solução eletrolítica, surpreendida num dado instante, pode ser explicado pela presença de alguns de seus íons, aos pares. Durante sua existência, um par de íons comporta-se como se fosse uma molécula: não contribui para a condutividade elétrica da solução e, nas propriedades coligativas, funciona como uma única partícula. A concentração dos pares de íons, para soluções não muito concentradas, está relacionada com as concentrações dos íons livres pela lei do equilíbrio químico (v. item 23.1 e seguintes).

Ao leitor pode parecer que a idéia da associação seja um retorno à teoria da dissociação parcial de Arrhenius; de certo modo, o é. Contudo, o *grau de associação* é apreciavelmente menor que o admitido por Arrhenius e, além disso, existe entre os dois pontos de vista uma diferença acentuada: enquanto Arrhenius supõe que um cristal, do tipo NaCl, é constituído por um agregado de moléculas que se dissociam por dissolução, a idéia da associação admite esse efeito como emparelhamento parcial dos íons presentes na solução eletrolítica.

Observação

A suposição de que as substâncias iônicas, quando em solução aquosa, sofrem dissociação total leva evidentemente a lhes atribuir um grau de dissociação $\alpha = 1$. Contudo, a circunstância de os íons poderem se associar faz prever que o número total de partículas de soluto efetivamente presentes e livres na solução deve ser menor que aquele esperado na sua dissociação completa.

Com efeito, a determinação do abaixamento criométrico de uma solução do tipo em foco leva a um resultado inferior ao esperado pela dissociação total do soluto. No caso de uma solução aquosa molal de KCl, esse abaixamento é 3,26°C, portanto menor que os 3,72°C previstos na dissociação completa do KCl. Lembrando que, para uma solução molal de uma substância molecular, esse abaixamento deveria ser 1,86°C, o resultado obtido leva a um fator i de Van't Hoff

$$i = \frac{3,26}{1,86} = 1,75,$$

que pela equação (16.8) permite encontrar

$$\alpha = \frac{i-1}{q-1} = \frac{1,75-1}{2-1} = 0,75,$$

denominado *grau de dissociação aparente* do KCl.

416 QUÍMICA GERAL

16.7 Reações lônicas

Numa solução diluída de eletrólito forte, em vista da sua dissociação, o soluto encontra-se praticamente sob a forma de íons. Como estes últimos são relativamente independentes entre si, é de se prever que cada um deles deva apresentar suas propriedades peculiares e, em especial, originar suas reações características quaisquer que sejam os outros íons com ele coexistentes. A compreensão desse fato explica, por exemplo:

a) por que todas as soluções básicas tornam azul o papel azul de tornassol e têm gosto de sabão: é que essas propriedades são devidas aos íons OH^-, presumivelmente existentes em todas as soluções aquosas alcalinas;

b) por que todas as soluções de sais de bário (cloreto, nitrato, sulfeto) produzem um precipitado branco, quando tratadas por uma solução de qualquer sulfato: é que o precipitado formado — sulfato de bário — resulta, em verdade, da interação entre os íons Ba^{2+} e SO_4^{2-},

$$Ba^{2+} + SO_4^{2-} \longrightarrow BaSO_{4\downarrow}$$

existentes, respectivamente, em qualquer solução de sal de bário e de sulfato[*];

c) por que os cloretos metálicos, solúveis em água, quando em presença de $AgNO_3$, produzem um precipitado branco de cloreto de prata: é que todos eles originam íons Cl^-, que reagem com os íons Ag^+ originários do $AgNO_3$

$$Cl^- + Ag^+ \rightarrow AgCl_{\downarrow};$$

d) por que a adição de $AgNO_3$ a uma solução de $KClO_3$ não produz o precipitado de AgCl: é que o $KClO_3$ libera, em solução, íons ClO_3^- e não íons Cl^-;

e) por que dois sais, constituídos pelos mesmos elementos, mas em diferentes proporções, como $FeCl_2$ e $FeCl_3$, dão lugar a diferentes reações com o mesmo reagente: é que esses sais geram, em solução, ao lado de um íon comum (o íon Cl^-), íons dessemelhantes (Fe^{2+} e Fe^{3+}, no exemplo considerado), cujos reativos são também diferentes; com o NH_4SCN, por exemplo, os íons Fe^{3+} produzem a coloração vermelha;

f) por que o $AgNO_3$, dissolvido em álcool etílico, não produz precipitado com o tetracloreto de carbono CCl_4 ou o monoclorobenzeno C_6H_5Cl: é que tais compostos não se dissociam em solução alcoólica e o nitrato de prata se dissocia em pequena escala; assim, na ausência de íons Cl^-, é impossível a precipitação de AgCl;

g) por que o calor, desprendido na reação entre soluções contendo massas equivalentes de ácidos e bases, simultaneamente fortes, é praticamente constante (13 700 calorias, aproximadamente) e independente da natureza do ácido e da base reagentes:

$$HCl + KOH \longrightarrow KCl + H_2O + 13\ 700\ cal$$

---

[*] Por esse motivo, o cloreto de bário pode ser empregado como meio de reconhecimento do íon SO_4^{2-} em solução, isto é, ser usado como reativo para o íon SO_4^{2-}. Do mesmo modo, um sulfato solúvel pode servir de reativo para o íon Ba^{2+}.

SOLUÇÕES IÔNICAS **417**

e $HNO_3 + NaOH \longrightarrow NaNO_3 + H_2O + 13\ 700$ cal.

A explicação para esse fato é dada pela teoria da dissociação iônica, segundo a qual a reação envolvida nesse processo de neutralização é sempre a mesma: a formação de água a partir dos íons H^+ e HO^-. Mais explicitamente: em suas soluções aquosas, o ácido e a base estão totalmente dissociados em seus íons e, em tais condições, a reação de neutralização consiste essencialmente na formação de água a partir de H^+ e HO^-, já que os demais ânions e cátions permanecem inalterados no sistema antes e após a reação. Nos exemplos dados, isso pode ser evidenciado reescrevendo as equações sob a forma iônica:

$$H^+ + Cl^- + K^+ + HO^- \longrightarrow Cl^- + K^+ + H_2O + 13\ 700\ \text{cal} \qquad \text{e}$$
$$H^+ + NO_3^- + Na^+ + HO^- \longrightarrow NO_3^- + Na^+ + H_2O + 13\ 700\ \text{cal},$$

que, simplificadas, levam a escrever

$$H^+ + HO^- \longrightarrow H_2O + 13\ 700\ \text{cal},$$

que, por sua vez, traduz a reação comum ocorrida nos dois processos e à qual corresponde o efeito térmico constante observado.

Nota

Reações como as mencionadas não se verificam propriamente entre as substâncias tidas como reagentes, mas, sim, entre os íons que as constituem ou são por elas geradas em solução. Por isso, tais reações são denominadas *iônicas*, em oposição às *reações moleculares*. As reações iônicas, extremamente comuns, serão abordadas copiosamente nos itens e capítulos seguintes.

16.8 Troca Iônica — Separação dos Componentes de uma Solução por Troca Iônica

À semelhança do que sucede quando posta em presença de dois líquidos (v. item 14.6), uma substância pode, também, se distribuir entre uma fase líquida e outra sólida. Quando iônica, essa substância pode distribuir seus cátions ou ânions, às vezes ambos, em certos *sólidos*, denominados *trocadorers de íons*. Esse fato tem aplicação extremamente importante na purificação de determinadas substâncias, como, por exemplo, a água.

É, provavelmente, conhecida do leitor a qualificação de *dura*, utilizada para designar a água que dificilmente forma espuma com o sabão. A *dureza* da água é, geralmente, devida aos sais de cálcio (bicarbonato e sulfato, principalmente) ou de magnésio nela dissolvidos. É que o sabão, essencialmente um sal de sódio ou de potássio do tipo $R—COONa$ (em que R designa um grupo, ou radical, C_nH_m constituído por cerca de 15 átomos de carbono e mais de 30 átomos de hidrogênio), em presença de íons Ca^{2+} ou Mg^{2+}, produz um composto $(R—COO)_2Ca$ insolúvel em água. Assim, a presença de íons Ca^{2+}, Mg^{2+} e outros na água torna-a inconveniente para um sem-número de usos doméstico e até industriais. Daí a grande importância do desenvolvimento de processos de eliminação desses íons da água, quando nela presentes.

418 QUÍMICA GERAL

A *troca iônica* baseia-se num processo desenvolvido na primeira metade do século XX para a remoção dos íons Ca^{+2} dissolvidos na água; ele envolve o emprego de certos minerais semelhantes às argilas e denominados *zeolitas*. As zeolitas são silicatos complexos de sódio e alumínio, que podem, de um modo muito esquemático, ser representados pela fórmula Na_2Ze. Quando a água que contém, por exemplo, íons Ca^{2+} passa por uma camada de zeolita, há uma troca, isto é, uma substituição dos íons Ca^{2+} da solução pelos íons Na^+ da zeolita e vice-versa:

$$Na_2Ze + Ca^{2+} \longrightarrow 2Na^+ + CaZe.$$

A aplicação do princípio de troca iônica como meio de remoção de íons metálicos dissolvidos na água tem sido bastante ampliada, com o desenvolvimento de técnicas de produção de resinas artificiais, conhecidas como *resinas trocadoras de íons*, cuja ação é bem mais ampla que a das próprias zeolitas, uma vez que, sendo escolhidas adequadamente, permitem a remoção de qualquer íon positivo ou de qualquer íon negativo.

A solução aquosa a ser purificada passa através de um trocador de cátions (*trocador positivo* ou *trocador ácido*), que remove os íons positivos da solução, substituindo-os por íons H^+. Em seguida, a solução é dirigida através de um segundo trocador (*trocador negativo* ou *trocador básico*), que extrai da solução os íons negativos (Cl^-, NO_3^-, CO_3^{2-}, etc.), trocando-os por íons HO^-. Assim, o uso combinado de um trocador positivo e outro negativo permite remover de uma solução aquosa todos os íons que não sejam H^+ e H^-, pelos quais, aliás, acabam sendo substituídos, obtendo-se assim uma água desionizada.

Observação

Uma resina trocadora de íons é uma substância orgânica formada de moléculas gigantes — com centenas ou milhares de átomos de carbono — cada uma delas, muitas vezes, com a estrutura de um hidrocarboneto com grupos SO_3^- (grupos sulfônicos), ligados a alguns dos átomos de carbono; íons positivos, Na^+, por exemplo, estão presos por essas cargas negativas, de tal modo que a resina, como conjunto, é eletricamente neutra. Quando a solução aquosa — água dura, por exemplo — passa através dessa resina trocadora de íons, esta última transfere seus íons Na^+ para a solução e passa a fixar os íons Ca^{2+}, que são por ela mais bem absorvidos que os íons Na^+. Após a fixação de certa quantidade de íons Ca^{2+}, a resina resulta saturada e deve ser substituída ou, quiçá, regenerada por tratamentos apropriados.

CAPÍTULO 17

O Estado Coloidal

17.1 A Experiência de Graham

Na Fig. 17.1, encontram-se representados um vaso A contendo água e outro B, de paredes de pergaminho, imerso no líquido contido em A. Vertendo em B um pouco de solução de cloreto de sódio, constata-se que, após certo tempo, a água de A adquire gosto salgado; os íons Na^+ e Cl^-, como também as moléculas de água, passam de B para A e de A para B através da parede de pergaminho. Esse fenômeno é conhecido como *diálise*.

Substituindo em B a solução de NaCl por outra de ortossilicato de sódio, em presença do excesso de ácido clorídrico ($Na_4SiO_4 + 4HCl \rightarrow H_4SiO_4 + 4NaCl$), verifica-se que, através da membrana do dialisador, passam somente o HCl excedente, isto é, o HCl não consumido na reação, e o NaCl nela formado; em B, permanece um líquido com aspecto homogêneo e não dialisável. Outra característica distingue a solução de NaCl da de ácido ortossilícico (H_4SiO_4): eliminando, por evaporação, o solvente dessas soluções obtém-se, como resíduo, no primeiro caso, o sal cristalino e, no segundo, um produto gelatinoso semelhante à cola.

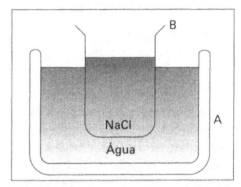

Figura 17.1

Repetindo experiências desse gênero com soluções de diferentes substâncias,

420 QUÍMICA GERAL

Graham (1862) constatou que, no tocante à diálise, qualquer substância se comporta de um ou outro modo:

a) como a solução de cloreto de sódio, facilmente dialisável, produzindo um resíduo cristalino, por eliminação do solvente;

b) como a solução de ácido ortossilícico (H_4SiO_4), não dialisável, deixando, por eliminação do solvente, um resíduo com aspecto de cola.

Considerando esse fato, Graham julgou que poderia classificar todas as substâncias em colóides ou cristalóides, conforme tivessem comportamento semelhante ao do ácido ortossilícico ou ao do cloreto de sódio, respectivamente.

Contudo, observações posteriores às de Graham vieram a mostrar que não existem propriamente substâncias colóides e cristalóides; uma mesma substância pode produzir um sistema coloidal, com determinado solvente, e solução verdadeira, com outro; é o que sucede, por exemplo, com os sabões que produzem soluções coloidais com água, enquanto são perfeitamente solúveis no álcool.

Essas observações vieram a impor uma revisão no conceito de *colóide*, como introduzido por Graham. Atualmente, o termo colóide não se aplica à categoria específica de substância, mas é usado para designar um estado que pode ser apresentado por qualquer espécie de matéria, uma vez satisfeitas determinadas condições; fala-se em *estado coloidal* da matéria, do mesmo modo que em estado gasoso, estado cristalino e outros.

O estudo do comportamento das substâncias, no estado coloidal, deu origem ao aparecimento de um ramo da Química Aplicada: a *Química dos Colóides,* muito importante por constituir a base científica de numerosos processos industriais, como os de fabricação de fibras artificiais, materiais plásticos, etc. Seu desenvolvimento decorre, por outro lado, de seu valor primordial para uma ampla gama de necessidades do homem: ela visa aos fenômenos vitais que se desenrolam nos organismos, tem, na natureza, relação com a formação de certos minerais, com a estrutura e fertilidade dos solos, bem como dos estados evolutivos dos seres animais e vegetais.

17.2 Sistemas Dispersos

Sempre que uma substância S_1 finamente dividida se encontra distribuída no seio de outra S_2, o conjunto S_1 e S_2 constitui um *sistema disperso*. As propriedades de um tal sistema, de um modo geral, e sua estabilidade, em particular, são função das dimensões das partículas dispersas.

Quando essas últimas são de porte relativamente grande, comparado com o das moléculas comuns, da ordem de alguns angstrom, os sistemas, em questão, constituem as *suspensões*. Se líquidos ou gasosos, os sistemas são instáveis: a substância dispersa, em virtude da diferença de densidades, acaba, quase sempre, se separando do dispergente, seja sobrenadando-o, seja buscando o fundo do recipiente.

O Estado Coloidal   421

Quando, entretanto, as dimensões das partículas dispersas têm a mesma ordem de grandeza apresentada pelas moléculas, os sistemas formados são estáveis e constituem as *soluções verdadeiras* ou soluções propriamente ditas, moleculares ou iônicas, conforme o caso.

Entre as suspensões e as soluções propriamente ditas encontram-se os *sistemas coloidais*, ou soluções coloidais ou, ainda, suspensões coloidais, nos quais os diâmetros das partículas dispersas estão compreendidos entre os extremos anteriores. Na Fig. 17.2 estão indicadas, para efeito de confronto, as dimensões médias das partículas dispersas nas diversas categorias de sistemas.

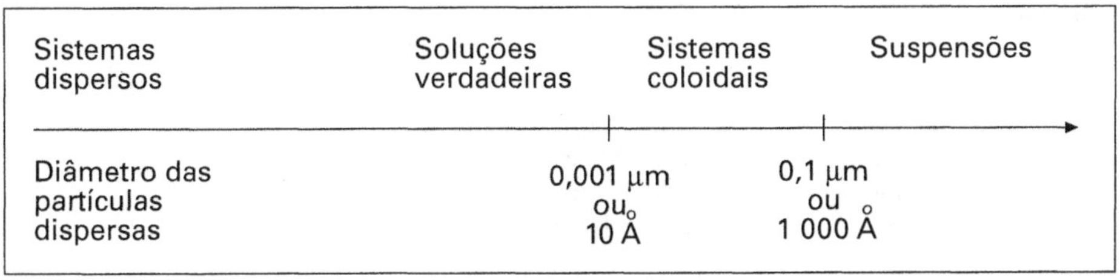

Sistemas dispersos	Soluções verdadeiras	Sistemas coloidais	Suspensões
Diâmetro das partículas dispersas	0,001 μm ou 10 Å	0,1 μm ou 1 000 Å	

Figura 17.2

Consideram-se como *suspensões* os sistemas cujas partículas dispersas são maiores que 1 000 Å ou 0,1 μm; essas, retidas pelos filtros comuns, são visíveis ao microscópio ou a olho nu, conforme tenham diâmetro maior que 0,1 μm ou que 0,1 mm. Essas partículas separam-se mais ou menos rapidamente do dispergente, de acordo com seu maior ou menor porte.

As *soluções propriamente ditas* são homogêneas aos meios comuns de observação, por se encontrar a substância dispersa, disseminada em estado de subdivisão molecular ou iônica, isto é, em forma de partículas, cujo tamanho é comparável ao das moléculas; por isso essas soluções são também chamadas "moleculares".

Nos *sistemas coloidais*, as partículas em suspensão têm diâmetro compreendido entre 10 Å e 1 000 Å e são, por isso, ultramicroscópicas. Não são retidas pelos filtros comuns[*] e separam-se do dispergente com tanta lentidão que podem ser consideradas praticamente em suspensão estável.

17.3 Sistemas Coloidais

Pelo que se acaba de expor, a suspensão coloidal pode ser definida como um sistema heterogêneo bifásico em que as dimensões das partículas dispersas variam entre os limites de visibilidade e o do ultramicroscópio (entre 10 Å e 1 000 Å).

---

[*] O diâmetro dos poros do papel de filtro comum está compreendido entre 30 000 e 100 000 Å, muito maior, portanto, que o das partículas coloidais. Estas são retidas pelos *ultrafiltros*, que usam como meios filtrantes materiais como o colódio, cujos poros têm cerca de 10 Å de diâmetro.

422 QUÍMICA GERAL

Num colóide as partículas em suspensão chamam-se *micelas*; são constituídas por agregados de muitas, não raro milhares de moléculas.

O meio em que se encontram espalhadas as micelas é o dispergente; este faz o papel do solvente das soluções propriamente ditas. Contudo, enquanto nas soluções verdadeiras o soluto e o solvente constituem uma única fase, nas soluções coloidais, a substância dispersa e dispergente expressam duas fases distintas: a dispersa ou descontínua e a dispergente ou contínua.

Os diferentes estados de agregação das duas fases permitem distinguir vários tipos de sistemas coloidais; eles estão resumidos no quadro abaixo:

Dispergente	Disperso	Exemplos
Gás	Líquido	Nuvens, neblinas $\Big\}$ (aerossóis)
	Sólido	Fumaça, nuvens de pó
Líquido	Gás	Espuma, creme batido
	Líquido	Leite, maionese
	Sólido	$Fe(OH)_3$ em água (suspensóide), tintas de pigmento
Sólido	Gás	Pedras pomes
	Líquido	Gelatinas com inclusões líquidas, manteiga, ungüentos
	Sólido	Vidros coloridos, chocolate

Pelo fato de todos os gases serem mutuamente solúveis e, portanto, formarem sempre soluções verdadeiras, não são coloidais os sistemas constituídos apenas por substâncias gasosas.

Note-se que, embora a conceituação de sistema coloidal não envolva considerações particulares quanto ao estado de agregação de seus constituintes, a designação *solução coloidal* é dada para um sistema que tem como dispergente um líquido e como fase dispersa um sólido ou outro líquido. Nesse caso especial, o sistema coloidal é chamado *sol*, ou *hidrossol* quando o dispergente é água. Um *aerossol* é um colóide produzido por dispersão de um sólido ou líquido num gás.

Os colóides com dispergentes líquidos, isto é, as soluções coloidais, admitem dois grandes grupos: *colóides liófobos* ou *liofóbicos* e *liófilos* ou *liofílicos*; eles se distinguem uns dos outros pelo diferente comportamento das partículas dispersas em relação ao meio de dispersão.

17.3.1 Colóides Liófobos

Também chamados *suspensóides*, ou *hidrófobos* quando o dispergente é água, caracterizam-se pelo fato de as fases dispersa e dispergente serem nitidamente definidas; as partículas coloidais não são afetadas nem pela solvatação nem pela absorção do líquido. Por isso, as micelas podem ser reconhecidas ao ultramicroscópio. São colóides liófobos: as suspensões coloidais de metais, de enxofre e também as de sulfetos e de halogenetos de prata.

17.3.2 Colóides Liófilos

Também chamados *emulsóides*, ou *hidrófilos* quando o dispergente é água, são aqueles cuja fase dispergente penetra na própria estrutura da fase dispersa. Como as partículas coloidais absorvem o dispergente, não podem ser reconhecidas ao ultramicroscópio. São obtidos, direta ou indiretamente, das plantas e seres animais, formando-se espontaneamente por processo de inchamento. São exemplo de colóides liófilos as albuminas, as gomas, o tanino, a gelatina, o amido, os sabões, etc.

O leite é um exemplo de emulsóide. É constituído por glóbulos de gordura dispersos em água. Quando do leite natural se separam os glóbulos maiores, obtém-se o leite desnatado.

17.3.3

Os colóides liófobos e liofilos, além de se distinguirem pelas caracterísiticas já mencionadas, diferem muito em outros aspectos. Os colóides liófobos são, em geral, minerais, enquanto os liofílicos são, quase sempre, constituídos por substâncias orgânicas. As características físicas tais como a densidade, o ponto de solidificação, a tensão superficial e a viscosidade dos colóides liófobos pouco diferem das do líquido dispergente, enquanto as dos colóides liófilos se afastam bastante das propriedades físicas do meio de dispersão. Os sistemas liofóbicos são muito instáveis e coagulam facilmente pela adição de pequenas quantidades de eletrólitos solúveis. Os liofílicos, ao contrário, coagulam com alguma dificuldade, pois são insensíveis à ação de eletrólitos, pelo menos quando adicionados em pequenas quantidades (v. subitem l7.4.7).

17.4 Propriedades Gerais dos Colóides

Os sistemas coloidais apresentam uma série de características que, em conjunto, os distinguem das soluções verdadeiras, moleculares ou iônicas. Suas peculiaridades são, resumidamente, examinadas nos subitens seguintes.

17.4.1 Velocidade de Difusão

Pelo fato de as micelas serem muito maiores e mais pesadas que as moléculas ou íons, os colóides se difundem através de uma parede porosa com velocidade consideravelmente menor que os cristalóides. Essa diferença de velocidade de difusão entre as soluções verdadeiras e as soluções coloidais é ainda mais acentuada quando verificada através de certas membranas, como o pergaminho animal ou vegetal, o colódio, etc.

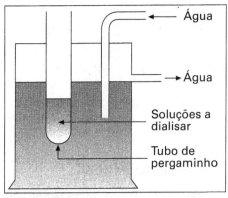

Figura 17.3

424 QUÍMICA GERAL

O colóide é praticamente retido por essas membranas, enquanto as soluções verdadeiras conseguem atravessá-las. Essa propriedade é aproveitada numa aplicação prática da *diálise*: a separação de um colóide de sua mistura com outras substâncias.

A solução coloidal é mantida separada da água destilada por uma membrana de pergaminho (dialisador), que, retendo o colóide, é atravessada pelo cristalóide, eliminado pela corrente de água (Fig. 17.3).

17.4.2 Poder de Adsorção

Uma característica interessante e importante do estado coloidal é apresentar a matéria, nesse estado, uma superfície de área muito grande em conseqüência das dimensões muito reduzidas das micelas. Que a área da superfície de um corpo aumenta à medida que ele é subdividido mostra o seguinte fato: um cubo de 1 cm de aresta tem um volume de 1 cm^3 e uma área de superfície igual a 6 cm^2. Se esse cubo é dividido em outros de 0,5 cm de aresta, o volume total dos 8 novos cubos obtidos continua 1 cm^3, mas suas superfícies, então, passam a ter uma área de $8 \times 6 \times 0,5^2 = 12 \, cm^2$. Continuando a subdividir cada um dos cubos anteriormente obtidos em outros menores, a área de sua superfície total passa a crescer rapidamente, conforme se evidencia na Tab. 17.1.

TABELA 17.1

Comprimento da aresta (ℓ)	N.º de cubos existentes em 1 cm^3	Área da superfície total (S)
1 cm	1	$6 \times 1 = 6 \, cm^2$
$^1/_2$ cm	$2^3 = 8$	$8 \times 6 \times (^1/_2)^2 = 12 \, cm^2$
$^1/_4$ cm	$4^3 = 64$	$64 \times 6 \times (^1/_4)^2 = 24 \, cm^2$
$^1/_8$ cm	$8^3 = 512$	$512 \times 6 \times (^1/_8)^2 = 48 \, cm^2$
$^1/_{16}$ cm	$16^3 = 4\,096$	$4\,096 \times 6 \times (^1/_{16})^2 = 96 \, cm^2$

No domínio das dimensões das micelas (10 Å a 1 000 Å), a relação entre a área e o volume das partículas, isto é, o *grau de dispersão da matéria* é extremamente elevado. Por exemplo, no caso do cubo acima mencionado, para $\ell = 100$ Å, tem-se $S = 6 \times 10^6 \, cm^2$. Disso decorre o fato de os colóides serem caracterizados por um alto poder de adsorção e, de um modo mais geral, por todos os fenômenos interfaciais, ou seja, pelos que se desenvolvem na superfície de separação de duas fases.

17.4.3 Efeito Tyndall

As partículas coloidais, à semelhança do que sucede com as moléculas e átomos, pelo fato de terem dimensões menores que o comprimento de onda da luz visível, não podem ser vistas ao microscópio, por mais potente que este seja. Aproveitando, entretanto, os fenômenos de difração, é possível observá-las ao ultramicroscópio.

É sabido do leitor que, em conseqüência da difração da luz, o contorno de um anteparo, intensamente iluminado por uma fonte puntiforme F, pode ser visto como uma linha brilhante, por um observador situado na sua zona de sombra (Fig. 17.4).

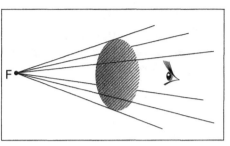

Figura 17.4

Essa linha aparece como um ponto luminoso, quando o anteparo se reduz a um objeto de dimensões suficientemente pequenas para que o observador não possa distinguir seu diâmetro aparente. É desse modo que o olho percebe os grãos de poeira de um recinto escuro quando, através de uma fresta existente numa parede, sobre ela incide um feixe de luz solar. Cada grão de poeira, por difração, difunde em todas as direções a luz sobre ele incidente, em particular na direção em que se encontra o observador, isto é, segundo a normal direção do feixe incidente.

Este, precisamente, é o princípio em que se baseia o funcionamento do ultramicroscópio, construído, em 1903, por Siedentopf e Zsigmondy.

O ultramicroscópio não é, como poderia parecer pelo seu nome, um instrumento mais potente que um microscópio comum; deste último, difere apenas pelo sistema de iluminação. Um feixe de luz intensa, vindo de uma lâmpada L de grande potência (Fig. 17.5), ou de um arco voltaico, é concentrado por uma lente A na fenda F existente num anteparo; a luz emergente da fenda incide

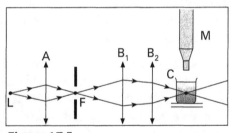

Figura 17.5

sobre um sistema de lentes B_1 e B_2 que a concentra num cálice C, contendo a solução coloidal. O cálice encontra-se sobre a platina de um microscópio M, através do qual é, normalmente, observado.

Embora não se consiga, da maneira descrita, a visão dos contornos reais das partículas, estas aparecem como pontos brilhantes sobre um fundo escuro (*efeito Tyndall*). A percepção das partículas, cada uma das quais funcionando como um sol, é suficientemente nítida para que se possa fazer sua contagem e, conseqüentemente, deduzir a ordem de grandeza de seu raio.

Ao fenômeno de dispersão da luz pelas micelas está ligada a opalescência exibida, com freqüência, pelas soluções coloidais, isto é, seu aspecto leitoso à luz indireta.

De fato, imagine-se que, numa certa experiência, tenham sido observadas n partículas num campo visual de volume V. Designando por μ_0 a massa específica

426 QUÍMICA GERAL

média da solução coloidal e por τ o seu título, a massa de todas as micelas contidas em V é

$$m = \mu_0 V \tau. \tag{a}$$

Por outro lado, representando por v o volume de cada micela, por r seu raio e por μ a massa específica da substância dispersa, determinada por evaporação e pesagem, tem-se

$$v = \frac{m}{n\mu} \tag{b}$$

e

$$v = \frac{4}{3}\pi r^3. \tag{c}$$

Das equações (c) e (b) tira-se

$$r = \sqrt[3]{\frac{3m}{4\pi n\mu}} \tag{17.1}$$

ou, atendendo à equação (a),

$$r = \sqrt[3]{\frac{3\mu_0 V \tau}{4\pi n\mu}}, \tag{17.2}$$

expressão verdadeira, pressupondo que as micelas sejam esféricas e que a massa específica de uma substância, quando dispersa num sistema coloidal, seja a mesma que no estado seco.

No que tange à forma das micelas, Freundlich e Diesselhorst verificaram (1915) que é possível distinguir ao ultramicroscópio certas formas de micelas e concluíram que as partículas de ouro (púrpura), prata, platina e sulfeto de arsênio são esféricas, enquanto os sóis de óxido férrico têm a forma de disco e os de pentóxido de vanádio têm a forma de bastonetes.

Por exame direto através de raios X, tem-se comprovado que muitas partículas coloidais têm estrutura cristalina, porém numerosas outras, embora com forma e configuração definida, não são cristalinas. Estas últimas têm sido chamadas *somatóides*.

17.4.4 Movimento Browniano

Em 1827, o botânico Robert Brown observou que os grãos de pólen (partículas muito finas, com alguns micra de diâmetro), quando em suspensão num líquido, são animados de um movimento incessantemente desordenado (Fig. 17.6). Com o aparecimento do ultramicroscópio, tornou-se possível verificar que esse movimento, longe de ser privativo dos grãos de pólen, é também executado pelas micelas de uma solução coloidal. Chamado de browniano, o movimento em ziguezague de que estão animadas as partículas da fase dispersa é tanto mais agitado quanto menores as micelas.

As causas do movimento browniano permaneceram desconhecidas durante muito tempo, tendo sido, a princípio, atribuídas a correntes de convecção que circulariam no líquido.

Observações feitas por Wiener e outros mostraram que o movimento é praticamente independente da natureza da micela, mas é sempre tanto mais rápido quanto menor o tamanho desta última e quanto menos viscoso for o líquido. Wiener foi o primeiro a estabelecer que o movimento browniano é devido à agitação molecular do líquido: as micelas são golpeadas ora numa ora noutra direção, nos choques com as moléculas do meio dispergente.

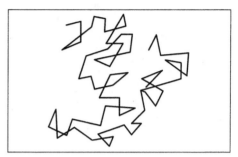

Figura 17.6

As intensidades das forças transmitidas às micelas, nesses choques, são suficientemente grandes para se opor aos efeitos da gravidade; por isso, as partículas coloidais não se separam espontaneamente do meio dispergente.

As distâncias percorridas pelas micelas entre dois choques consecutivos não são observáveis diretamente. Sabe-se, contudo, a partir dos trabalhos de Einstein, que a duração média do lapso de tempo Δt empregado por uma micela para se deslocar, em linha reta, de uma certa distância Δx é proporcional ao raio da micela. A expressão estabelecida por Einstein para o cálculo de Δx é

$$\Delta x = \sqrt{\frac{RT}{N_0} \frac{\Delta t}{3\pi r \eta}}, \qquad (17.3)$$

na qual r é o raio da micela, η o coeficiente de viscosidade do meio, N_0 o número de Avogadro; R e T são, respectivamente, a constante dos gases perfeitos e a temperatura do sistema na escala Kelvin.

Essa expressão, largamente confirmada pela experiência, permitiu a Jean Perrin a determinação do número de Avogadro.

17.4.5 Pressão Osmótica

Trabalhos de Einstein, Perrin, Swedberg, Smoluchowski e outros mostraram que as soluções coloidais obedecem às leis da pressão osmótica estabelecidas originalmente para as soluções moleculares. Uma molécula dissolvida e uma micela em suspensão são, do ponto de vista cinético, a mesma coisa. Por conseguinte, são uma solução verdadeira e uma suspensão que contêm o mesmo número de partículas — moléculas na primeira e micelas na outra — e devem possuir a mesma pressão osmótica.

Contudo, pelo fato de as micelas serem agregados de muitíssimas moléculas, para uma mesma massa de substância dissolvida e dispersa, o número de partículas

428 Química Geral

TABELA 17.2

Substância	Fórmula molecular	Massa molecular aparente
Hidróxido de ferro	$Fe(OH)_3$	6 000
Ácido túngstico	H_2WO_4	800
Amido	$(C_6H_{10}O_5)_n$	25 000
Ácido silícico	H_4SiO_4	49 000
Glicogênio	$(C_6H_{12}O_6)_n$	140 000
Sulfeto de arsênio	As_2S_3	240 000

livres é muito menor em solução coloidal do que na molecular. A pressão osmótica das soluções coloidais é, por isso, reduzidíssima, a ponto de não ser facilmente mensurável.

Medindo a pressão osmótica de soluções coloidais, após sucessivas diálises prévias, é possível determinar a ordem de grandeza das massas moleculares das micelas e daí deduzir algo sobre as dimensões das próprias micelas.

Na Tab. 17.2 são indicados os valores aproximados das massas moleculares de algumas micelas, determinados pela pressão osmótica.

Do mesmo modo que a pressão osmótica, os abaixamentos da tensão de vapor e do ponto de solidificação, bem como a elevação do ponto de ebulição das soluções coloidais, são normalmente tão pequenos que dificilmente podem ser medidos. Por exemplo, para uma solução coloidal de sulfeto de arsênio que contém, em 100 g de água, uma molécula-grama desse composto (246 g), o abaixamento do ponto de solidificação principiante, calculado pela equação (15.19), é aproximadamente

$$\Delta\theta'_{cr} = k_{cr}\,\overline{\mathcal{M}} = k_{cr}\,\frac{1\,000\,m_2}{M_2^*m_1} = 1{,}86\,\frac{1\,000\times246}{240\,000\times100} \cong 0{,}019°C$$

valor compreendido entre os limites de erro das medidas termométricas.

17.4.6 Eletroforese

As partículas coloidais em suspensão no dispergente são dotadas de carga elétrica. Para constatá-lo pode-se recorrer ao sistema representado na Fig. 17.7.

Num tubo em U contendo um hidrossol, por exemplo, $Fe(OH)_3$, e sobre ele um pouco de água destilada, são mergulhados dois eletrodos A e B. Estabelecida uma diferença de potencial entre os eletrodos, verifica-se a migração das micelas para um deles. Esse movimento das micelas sob e por ação do campo elétrico existente entre os eletrodos chama-se *eletroforese*; sua observação leva à conclusão

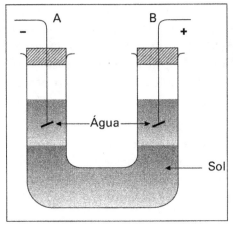

Figura 17.7

de que as partículas da fase dispersa, isto é, as micelas, estão eletricamente carregadas.

Dependendo de sua natureza, as micelas podem migrar para o catodo (*cataforese*) ou para o anodo (*anaforese*). Evidentemente as micelas dirigem-se para um ou outro dos eletrodos conforme tenham carga positiva (*colóides positivos*) ou negativa (*colóides negativos*).

A carga de sinal oposto ao das partículas, que certamente deve existir, uma vez que a solução em seu todo se revela eletricamente neutra, encontra-se no meio dispergente. O fato de um colóide ser positivo ou negativo depende de uma série de circunstâncias, como: o método de sua preparação e a natureza do dispergente.

Na Tab. 17.3, indicam-se as cargas das micelas para alguns colóides aquosos, obtidos pelos meios comuns de preparação (v. item 17.5).

TABELA 17.3   Colóides

Positivos	Negativos
$Fe(OH)_3$	Au, Ag, Pt
$Al(OH)_3$	S, As_2S_3, Sb_2S_3
$Cr(OH)_3$	Goma-arábica
$Cd(OH)_2$	Amido solúvel
TiO_2	Púrpura de Cassius
SrO_2	SiO_2, SnO_2, V_2O_5

Para explicar o aparecimento de cargas nas micelas, supõe-se que elas adsorvam íons provenientes da dissociação do meio dispergente; pela tendência de adsorver íons positivos, certas micelas adquirem cargas positivas, enquanto outras as adquirem negativas, porque adsorvem íons negativos. Essa explicação, devida a Hardy (1900), é confirmada pelo fato de a magnitude da carga das micelas de um sol modificar-se pela adição de um eletrólito, com possibilidade até de inversão do sinal da carga micelar e, em conseqüência, inversão também do sentido de sua eletroforese.

O seguinte exemplo ilustra o exposto. A albumina, quando suspensa em água pura, quase não possui carga; em solução alcalina, suas micelas carregam-se negativamente e, em solução ligeiramente ácida, adquirem cargas positivas. A carga positiva, em meio ácido, é provavelmente devida aos íons H^+ ou H_3O^+ adsorvidos pela albumina, ao passo que as cargas negativas podem ser atribuídas aos íons OH^-.

430 Química Geral

Outro fato parece confirmar esse modo de pensar: a partir de soluções muito diluídas de $AgNO_3$ e KI, pode-se obter iodeto de prata coloidal com carga positiva ou negativa, conforme se deixe gotejar a solução de KI num excesso de solução de $AgNO_3$ ou vice-versa. No primeiro caso são íons Ag^+ positivos em excesso e, no segundo, são os íons I^- negativos que são adsorvidos pelas micelas de iodeto de prata.

A eletroforese encontra algumas aplicações na técnica. Por exemplo, na fabricação de porcelana, ela permite purificar a argila, dela separando algumas impurezas como o óxido de ferro. O processo baseia-se no fato de as partículas de argila, agitadas na água, carregarem-se negativamente, enquanto as do óxido de ferro recebem cargas positivas. Fazendo passar a corrente elétrica através da suspensão, a argila mais pura acumula-se junto ao anodo.

17.4.7 Coagulação

Por adição de certas substâncias, especialmente eletrolíticas, ou em alguns casos por aquecimento ou esfriamento, as soluções coloidais (sóis) podem coagular originando um produto que encerra o dispergente todo ou em grande parte. Esse produto constitui um *gel*, que é chamado *hidrogel* nos casos em que o dispergente é água.

Um colóide é dito *reversível* quando pode passar do estado sol a gel e vice-versa; e *irreversível* se, transformado em gel, não pode mais ser retransformado em sol. A cola e a gelatina são exemplos de colóides reversíveis; colóides inorgânicos, como os formados por metais, sulfetos e hidróxidos, são irreversíveis.

Os hidrossóis reversíveis, liofílicos em regra, não dão gel por adição de eletrólitos; os colóides sóis irreversíveis, em geral liofóbicos, ao contrário, por adição de eletrólitos transformam-se em gel.

A quantidade mínima de um eletrólito capaz de precipitar um colóide depende do número de valência de seus cátions. O poder precipitante de um eletrólito cresce com a carga de seus cátions (regra de Schultze). Daí o uso industrial de sais de alumínio com número de valência 3 para separar as impurezas das águas turvas.

17.4.8 Tixotropia

Um fenômeno que certos colóides apresentam é o da tixotropia, pelo qual um gel passa ao estado de sol por simples agitação mecânica. É o que sucede com alguns colóides inorgânicos como $Fe(OH)_3$ e o caolim. Esse fenômeno encontra provável explicação na hipótese de que, no colóide gel, as micelas se dispõem segundo um reticulado bastante regular, que inclui moléculas do solvente, diminuindo sua mobilidade até uma aparente gelificação; esse reticulado romper-se-ia por agitação mecânica, reconstituindo, assim, a solução coloidal.

17.4.9 Estabilidade

A subsistência de um colóide está intimamente ligada ao tamanho de suas partículas. Quando as micelas se subdividem em moléculas, a solução coloidal é transformada em solução molecular comum. Se, pelo contrário, as micelas se reúnem e formam outras maiores e mais pesadas, estas dirigem-se ao fundo, sedimentam e destroem assim seu caráter coloidal (*floculação*).

Portanto, os colóides são estáveis somente quando se mantêm inalteradas as dimensões de suas partículas. Pode-se estabilizar um colóide, provocando a fixação de partículas carregadas eletricamente sobre as micelas; a floculação será evitada se todas estas partículas tiverem cargas de mesmo sinal. Para consegui-lo, adiciona-se ao colóide alguma substância que, ao se fixar nas micelas, confira-lhes a capacidade de reter íons.

A adição de pequenas quantidades de gelatina, ou goma-arábica, ou proteínas a certos colóides impede sua coagulação e precipitação. As substâncias adicionadas aos colóides com a finalidade de estabilizá-los e que, por sua vez, também são colóides chamam-se *colóides protetores*.

Quando a um colóide liófilo se adiciona um liófobo, o conjunto obtido comporta-se como se fosse liófilo; uma vez que este último é relativamente mais estável, pode-se estabilizar um colóide liófobo pela adição de um liófilo.

17.5 Preparação dos Colóides

Considerando que a caracterização de um colóide depende de o tamanho de suas partículas estar compreendido entre determinados limites (10 Å e 1 000 Å), entende-se que, para sua obtenção, se pode recorrer:

a) a métodos de dispersão, que consistem na subdivisão de partículas grandes em outras menores;

b) a métodos de condensação, com os quais, a partir de moléculas ou pequenos agregados moleculares, se obtêm partículas coloidais maiores.

17.5.1 Métodos de Dispersão

Entre os métodos de dispersão, destacam-se, pela freqüência com que são empregados, o da pulverização mecânica, o da pulverização elétrica, o da dispersão por ultra-sons e o da peptização.

17.5.1.1 Pulverização Mecânica

Consiste em pulverizar finamente um sólido dentro de um líquido, por meio de dispositivos especiais chamados moinhos coloidais. Preparam-se, assim, industrialmente, os pigmentos coloidais.

432   Química Geral

17.5.1.2   Pulverização Elétrica

Constitui o método de Bredig, empregado, principalmente, na preparação de colóides metálicos. Entre dois eletrodos do metal cujo colóide se pretende obter, imersos em água, faz-se saltar um arco voltaico. O metal do catodo sofre uma pulverização, originando-se assim uma suspensão grosseira de partículas metálicas. Por filtração dessa suspensão obtém-se o hidrossol. Assim são preparadas as soluções coloidais de prata (eletrargol), ouro e platina.

Empregando outros dispergentes, como benzeno e éter etílico, podem ser preparadas, por esse método, as soluções coloidais dos metais alcalinos e alcalino-terrosos.

17.5.1.3   Dispersão por Ultra-Sons

Em casos particulares, para a obtenção de colóides recorre-se aos ultra-sons, vibrações mecânicas de alta freqüência (>20 kHz) produzidas por um gerador a quartzo piezelétrico. Excitando adequadamente um cristal de quartzo colocado no fundo de um recipiente contendo, por exemplo, água e mercúrio, produzem-se vibrações ultra-sônicas que pulverizam o mercúrio, formando uma solução coloidal do metal (Wood e Loowis, 1927).

17.5.1.4   Peptização

Consiste em adicionar, à substância de que se pretende obter colóide, agentes peptizantes, isto é, agentes que provocam a desintegração da substância em questão em partículas coloidais. A grafite, por exemplo, pode ser peptizada quando moída com tanino. O sulfeto de cádmio (CdS) precipitado é peptizado pelo ácido sulfúrico, produzindo uma solução coloidal opalescente. A goma, a gelatina, o ágar-ágar e outras substâncias do gênero formam soluções coloidais quando se emprega, como agente peptizante, água quente.

17.5.2   Métodos de Condensação

Os métodos de condensação consistem geralmente na precipitação de uma substância insolúvel por uma reação química entre substâncias dissolvidas em soluções muito diluídas. No momento de sua formação, o produto insolúvel encontra-se no estado molecular, ocorrendo em seguida a condensação. Dependendo da natureza das reações que envolvem, os métodos de condensação são de redução ou de dupla decomposição.

17.5.2.1   Redução

A prata coloidal pode ser preparada mediante uma redução pelo tanino, pelo hidrogênio, etc. de um sal de prata em solução. Entre outros, usam-se costumei-

O Estado Coloidal **433**

ramente como redutores aldeído fórmico, hidrazina, pirogalol, hidroquinona, cloreto estanoso, sulfato ferroso, etc. Em particular, o ouro coloidal pode ser obtido tratanto uma solução diluída de $AuCl_3$ por aldeído fórmico ou hidrazina, em presença de um colóide protetor, tal como a gelatina.

17.5.2.2 Dupla Decomposição

a) *Preparação de sóis de halogenetos*

Trata-se uma solução aquosa alcoólica de nitrato de prata diluída por outra de cloreto de sódio, de maneira que haja ligeiro excesso de um ou outro reativo; obtém-se cloreto de prata coloidal.

b) *Preparação de sóis de sulfetos*

Fazendo passar gás sulfídrico através de uma solução de anídrido arsenioso As_2O_3, obtém-se uma solução coloidal amarela de As_2S_3.

c) *Preparação de sóis de hidróxidos*

O hidróxido férrico coloidal, em solução castanho-avermelhada, pode ser preparado adicionando água quente a uma solução de $FeCl_3$ a 30%

$$FeCl_3 + 3H_2O \longrightarrow Fe(OH)_3 + 3HCl.$$

O hidróxido formado, insolúvel, reúne-se em agregados moleculares. Submetendo-se a solução à diálise, pode-se eliminar quase completamente o ácido (HCl) e obter o hidróxido coloidal, separado.

Em alguns casos empregam-se, na obtenção de soluções coloidais, métodos de condensação puramente físicos. Assim, vertendo uma solução alcoólica de enxofre sobre água, forma-se uma solução coloidal de enxofre em conseqüência da mudança de solvente.

CAPÍTULO 18

Ácidos, Bases e Sais

18.1 Generalidades

Diversas referências foram feitas nos capítulos precedentes aos ácidos, bases e sais, genericamente englobados na categoria das substâncias eletrolíticas. Como se caracterizam essas substâncias? Quais são suas peculiaridades comuns? Como se distinguem entre si? Nos itens seguintes, serão apresentadas diversas respostas a essas indagações, de acordo com termos e conceitos doutrinários introduzidos nos últimos cem anos.

Até fins do século XIX, a conceituação de ácidos, bases e sais era muito vaga e baseava-se exclusivamente em algumas de suas propriedades macroscópicas. O advento da teoria de Arrhenius, examinada em capítulo anterior, ensejou o aparecimento das definições iônicas dessas substâncias, fundamentadas no seu comportamento quando em solução aquosa; essas definições, bastante restritas por pressuporem que o solvente seja sempre água, foram posteriormente ampliadas pelos trabalhos de Brönsted, Lowry, Lewis e outros.

Os itens seguintes deste capítulo tratam dos diferentes modos de conceituar essas substâncias.

18.2 Conceituações Operacionais

Escritos que datam de mais de mil anos registram o conhecimento pelas antigas civilizações de certas substâncias, algumas "voláteis", como o "espírito de vinagre",

TABELA 18.1

Indicador	Solução básica	Solução ácida
Tornassol	Azul	Vermelho
Vermelho de metila	Amarelo	Vermelho
Metil-orange	Amarelo	Vermelho
Fenolftaleína	Vermelho	Incolor
Azul de bromotimol	Azul	Amarelo
Timolftaleína	Azul	Incolor

e outras "fixas" como o "azeite de vitríolo", as quais, além de apresentarem sabor azedo ou ácido quando dissolvidas em água, já eram conhecidos como capazes de provocar alterações de cor em certos corantes, mais recentemente conhecidos como *indicadores* (v. Tab. 18.1).

Substâncias que tornavam vermelha a tintura de tornassol, incolor a fenol-ftaleína, amarelo o azul de bromotimol e, além disso, tinham o poder de atuar sobre metais, produzindo efervescência (desprendimento de gás), chamavam-se *ácidos*.

Ao lado dos ácidos conheciam-se também as *bases* ou *álcalis*, substâncias untuosas ao tato e de gosto de sabão, capazes de provocar, nos indicadores, alterações de cor de sentido oposto àquele produzido pelos ácidos.

Aos ácidos e bases atribuía-se a propriedade de, reagindo entre si, originarem sais, substâncias que, pelo aspecto e pelo sabor, lembravam o sal comum.

Em fins do século XVII, Robert Boyle caracterizava um ácido como substância capaz de *dissolver* metais, de alterar a cor do tornassol de azul para vermelho, de precipitar o enxofre das soluções alcalinas de polisulfetos metálicos e de perder, quando adicionado a quantidades adequadas de bases, todas essas propriedades, em virtude de uma *neutralização*.

Ressalta do exposto que as conceituações mais antigas de ácidos, bases e sais, chamadas *operacionais*, além de muito vagas, eram fundamentadas num conjunto impreciso de características macroscópicas e não cogitavam da composição e estrutura dessas substâncias.

A primeira suposição de que as propriedades dos ácidos poderiam decorrer de uma constituição particular dessas substâncias foi formulada, na segunda metade do século XVIII, por Lavoisier, que admitiu ser o oxigênio seu constituinte essencial; todo ácido seria constituído por uma *base acidificável* (enxofre, carbono, fósforo) unida ao *princípio acidificante* (oxigênio).

Esse modo de pensar revelou-se, porém, conflitante com o fato de vários ácidos, reagindo com metais, desprenderem hidrogênio e com a observação registrada por Berthollet (1787) de que os ácidos cianídrico e sulfídrico não contêm oxigênio. A partir de 1816, quando Davy demonstrou que o oxigênio também não participa da

436 QUÍMICA GERAL

composição do ácido clorídrico, passou-se a admitir, com Davy e Dulong, que o princípio acidificante dos ácidos deveria ser o hidrogênio.

Ao findar a primeira metade do século XIX, os ácidos eram definidos como substâncias que contêm *hidrogênio* facilmente deslocável pelos metais (Liebig), as bases, como produto da reação dos metais com o *oxigênio*, e os sais, como *composto de ácido e uma base* (Berzelius).

18.3 Ácidos, Bases e Sais segundo a Teoria Iônica

Com o advento da teoria da dissociação iônica, houve uma revisão nos conceitos de ácidos, bases e sais. Arrhenius, Ostwald e outros passaram a definir cada uma dessas classes de eletrólitos segundo a natureza dos íons por eles originados em solução.

18.3.1 Ácidos

Segundo Arrhenius, ácidos são substâncias que em solução aquosa originam, como íons positivos, apenas os cátions H^+. Dentro dessa concepção, incluem-se entre os ácidos substâncias como HCl, H_2SO_4, H_3PO_4 e outras que, em solução aquosa, experimentam uma dissociação[*] do tipo:

$$HCl \longrightarrow H^+ + Cl^-;$$

$$H_2SO_4 \longrightarrow 2H^+ + SO_4^{2-};$$

$$H_3PO_4 \longrightarrow 3H^+ + PO_4^{3-};$$

$$H_4Fe(CN)_6 \longrightarrow 4H^+ + Fe(CN)_6^{4-}.$$

Com fundamento nessa definição, os ácidos são classificados em monoácidos e poliácidos (biácidos, triácidos, etc.), conforme o número de cátions H^+ produzido por molécula.

Note-se que o fato de um ácido apresentar em sua molécula n átomos de hidrogênio não significa que, em sua ionização, se originem n cátions H^+. O ácido acético $C_2H_4O_2$, por exemplo, embora encerre quatro átomos de hidrogênio, é monoácido:

$$C_2H_4O_2 \longrightarrow C_2H_3O_2^- + H^+;$$

o ácido hipofosforoso H_3PO_2, que contém três átomos de hidrogênio, é também monoácido:

$$H_3PO_2 \longrightarrow H_2PO_2^- + H^+;$$

e o ácido fosforoso H_3PO_3, com três átomos de hidrogênio, é diácido:

---

[*] Nessa definição e nas que se seguem, faz-se abstração do diferente significado atualmente atribuído aos vocábulos *dissociação* e *ionização*, usados na teoria de Arrhenius como sinônimos.

ÁCIDOS, BASES E SAIS   437

$$H_3PO_3 \longrightarrow HPO_3^{2-} + 2H^+.$$

Ainda, segundo Arrhenius, os átomos de hidrogênio ionizáveis são os que podem ser substituídos pelos metais, por isso, para se saber a *acididade* de um ácido — número de hidrogênios ionizáveis —, dever-se-ia proceder à sua salificação, isto é, substituição dos hidrogênios ionizáveis pelos metais, determinando a quantidade de hidrogênio desprendido por uma determinada massa de ácido.

Nos oxiácidos, ácidos que contêm oxigênio, são ionizáveis apenas os átomos de hidrogênio ligados a átomos de oxigênio. Esse fato é ilustrado pelos ácidos hipofosforoso, fosforoso e fosfórico, todos com três átomos de hidrogênio na molécula; sua acididade diferente decorreria da sua diferente estrutura molecular, eventualmente representada pelas fórmulas:

Ácido hipofosforoso H_3PO_2

Ácido fosforoso H_3PO_3

Ácido fosfórico H_3PO_4

Os poliácidos não desprendem todos os íons H^+ simultaneamente; suas moléculas libertam apenas um íon H^+ de cada vez. A dissociação se inicia com o fracionamento da molécula em um só cátion hidrogênio e um ânion monovalente; essa é a dissociação predominante e, praticamente, completa, nas soluções concentradas. Por ulterior diluição, o ânion formado se dissocia, gerando, por sua vez, outro cátion H^+ e um ânion bivalente que, se for o caso, dissociar-se-á numa terceira etapa do processo. Para cada fase existe um grau de dissociação próprio, que diminui da primeira para a última. Os exemplos seguintes, referentes a soluções decimolares e a 18°C, ilustram o fato:

a) $\quad H_2SO_4 \longrightarrow HSO_4^- + H^+ \qquad\qquad \alpha_1 = 0,9;$

$\quad\quad HSO_4^- \longrightarrow SO_4^{2-} + H^+ \qquad\qquad \alpha_2 = 0,6;$

b) $\quad (COOH)_2 \longrightarrow COOH \cdot COO^- + H^+ \qquad \alpha_1 = 0,4;$

$\quad\quad COOH \cdot COO^- \longrightarrow (COO)_2^{2-} + H^+ \qquad \alpha_2 = 0,01;$

438 QUÍMICA GERAL

c)
$$H_3PO_4 \longrightarrow H_2PO_4^- + H^+ \qquad \alpha_1 = 0,27;$$
$$H_2PO_4^- \longrightarrow HPO_4^{2-} + H^+ \qquad \alpha_2 = 0,001;$$
$$HPO_4^{2-} \longrightarrow PO_4^{3-} + H^+ \qquad \alpha_3 = 10^{-6}.$$

A dissociação gradual dos poliácidos é compreensível: da primeira etapa do processo resulta um íon com carga negativa, ao qual o segundo cátion H^+ está ligado mais rigidamente que o primeiro, por isso a dissociação secundária é menos pronunciada que a primeira. O terceiro cátion H^+, quando é o caso, se destaca de um ânion bivalente, donde o grau de dissociação terciária ser muito baixo.

18.3.2 Bases

Para Arrhenius, as bases são eletrólitos que em solução aquosa fornecem como íons negativos exclusivamente os ânions oxidrila OH^-.

De modo idêntico aos ácidos, as bases podem ser classificadas conforme sua basicidade, isto é, segundo o número de íons OH^- que produzem por molécula[*]; fala-se, por isso, em bases monobásicas e polibásicas.

São bases monobásicas NH_4OH, $NaOH$, KOH, $AgOH$, etc., porque libertam apenas um ânion OH^- por molécula:

$$NH_4OH \longrightarrow NH_4^+ + OH^-;$$
$$NaOH \longrightarrow Na^+ + OH^-;$$
$$AgOH \longrightarrow Ag^+ + OH^-.$$

As bases bibásicas, ou dibásicas, originam dois ânions OH^- por molécula:

$$Ca(OH)_2 \longrightarrow Ca^{2+} + 2OH^-;$$
$$Mg(OH)_2 \longrightarrow Mg^{2+} + 2OH^-;$$
$$Cu(OH)_2 \longrightarrow Cu^{2+} + 2OH^-;$$

e a dissociação de uma base n-básica pode ser representada, genericamente, por

$$B(OH)_n \longrightarrow B^{n+} + nOH^-$$

com B^{n+} representando um cátion n-valente.

18.3.3 Sais

Com fundamento na teoria de Arrhenius, os sais são definidos como substâncias que em solução aquosa fornecem, pelo menos, um cátion diferente de H^+ e um ânion diferente de OH^-:

---

[*] As bases neste item, também os sais nos seguintes, são considerados substâncias moleculares (teoria de Arrhenius). Pelas teorias mais recentes, essas moléculas nem sempre existem.

$$NaCl \longrightarrow Na^+ + Cl^-$$

$$CuSO_4 \longrightarrow Cu^{2+} + SO_4^{2-}.$$

Essa definição não exclui da categoria de sais as substâncias que, ao lado de outros cátions e ânions, também geram íons H^+ e OH^-:

$$NaHSO_4 \longrightarrow Na^+ + H^+ + SO_4^{2-}$$

$$BiOHSO_4 \longrightarrow Bi^{3+} + OH^- + SO_4^{2-}.$$

Conforme a natureza dos íons por eles originados, distinguem-se em *sais normais*, *sais ácidos*, *sais básicos* e *sais mistos*.

Os sais *normais*, também impropriamente chamados "neutros", são os que não produzem íons H^+ ou OH^-:

$$NaCl \longrightarrow Na^+ + Cl^-$$

$$CaI_2 \longrightarrow Ca^{2+} + 2I^-$$

$$NH_4NO_3 \longrightarrow NH_4^+ + NO_3^-$$

$$K_4Fe(CN)_6 \longrightarrow 4K^+ + Fe(CN)_6^{4-}.$$

Sais *ácidos* são os que, em solução aquosa, ao lado de outros cátions, fornecem cátions H^+:

$$NaHSO_4 \longrightarrow Na^+ + H^+ + SO_4^{2-}$$

$$CaHPO_4 \longrightarrow Ca^{2+} + H^+ + PO_4^{3-}$$

$$KHCO_3 \longrightarrow K^+ + H^+ + CO_3^{2-}.$$

Os sais que, ao lado de outros ânions, fornecem ânions OH^- chamam-se *básicos*:

como $\qquad PbOHCl \longrightarrow Pb^{2+} + OH^- + Cl^-$

e $\qquad Bi(OH)_2NO_3 \longrightarrow Bi^{3+} + 2OH^- + NO^3,$

enquanto os sais *mistos* ou *duplos* são os sais normais que fornecem pelo menos duas variedades de cátions (sais mistos na espécie) ou de ânions (sais mistos no gênero). Exemplos:

a) sais duplos na espécie:
sulfato duplo de sódio e potássio
$$NaKSO_4 \longrightarrow Na^+ + K^+ + SO_4^{2-}$$

e sulfato duplo de alumínio e potássio
$$AlK(SO_4)_2 \longrightarrow K^+ + Al^{3+} + 2SO_4^{2-};$$

b) sais duplos no gênero:
cloro-sulfato de bismuto
$$BiClSO_4 \longrightarrow Bi^{3+} + Cl^- + SO_4^{2-}$$

e acetonitrato de bário
$$BaCH_3COONO_3 \longrightarrow Ba^{2+} + CH_3COO^- + NO_3^-.$$

440 QUÍMICA GERAL

18.4 As Idéias de Hückel e Debye

Substâncias como HCl, HNO_3, H_2SO_4, H_3PO_4 e outras, incluídas pelas definições de Arrhenius na categoria dos ácidos, são de estrutura covalente e, *ipso facto*, não podem, segundo Hückel e Debye (v. item 16.5), sofrer dissociação iônica. Em solução, reagem com o solvente e se ionizam; em tal solução, não existem propriamente íons H^+, mas, sim, cátions H_3O^+ formados no processo:

$$HCl + H_2O \longrightarrow H_3O^+ + Cl^-$$

$$H_2SO_4 + 2H_2O \longrightarrow 2H_3O^+ + SO_4^{2-}$$

$$H_3PO_4 + 3H_2O \longrightarrow 3H_3O^+ + PO_4^{3-}.$$

Em conseqüência, nas soluções aquosas de ácidos:

a) não existem propriamente íons H^+, mas, sim, H_3O^+;

b) os íons existentes não provêm de uma dissociação do ácido, mas de uma ionização, processo do qual participa ativamente o próprio solvente.

No caso das soluções de bases, os íons OH^- nelas existentes podem provir da dissociação de substâncias iônicas, por exemplo:

$$NaOH \longrightarrow Na^+ + OH^-$$

e
$$Ca(OH)_2 \longrightarrow Ca^{2+} + 2OH^-$$

ou da ionização de substâncias moleculares

$$NH_3 + H_2O \longrightarrow NH_4^+ + OH^-.$$

Dessa maneira, os conceitos de base e de ácido segundo Hückel e Debye se ampliam e modificam em solução aquosa: a base é uma substância que origina íons OH^- por dissociação ($NaOH$) ou por ionização (NH_3), enquanto o ácido gera íons H_3O^+ por ionização. A suposição de serem os íons, presentes numa solução de ácido ou de base, gerados por uma reação com o solvente, não propriamente por um processo de ruptura de moléculas, leva imediatamente à extensão das definições dessas substâncias para soluções não aquosas:

> "Em relação a um dado solvente, ácidos e bases são substâncias que originam, respectivamente, cátions e ânions característicos desse solvente."

Quando, por exemplo, o solvente é NH_3, o ácido é a substância que produz cátions NH_4^+ (amônio) e a base é a que produz ânions NH_2^- (amida). Assim, o HCl é ácido porque se ioniza segundo a equação

$$HCl + NH_3 \longrightarrow NH_4^+ + Cl^-,$$

enquanto o $NaNH_2$ é base

ÁCIDOS, BASES E SAIS 441

$$NaNH_2 \longrightarrow Na^+ + NH_2^-.$$

A auto-ionização do NH_3 pode, então, ser representada por

$$NH_3 + NH_3 \longrightarrow NH_4^+ + NH_2^-.$$

Uma substância como NaOH, que se dissocia, segundo a equação

$$NaOH \longrightarrow Na^+ + OH^-,$$

em solução amoniacal, é um sal, porque gera íons diferentes de NH_4^+ e NH_2^-.

Estendidas as definições a soluções não aquosas, pode-se dizer que:

a) ácido é o eletrólito que produz, como cátion, o próprio íon positivo gerado pelo solvente;

b) base é o eletrólito que produz, como ânion, o mesmo íon negativo produzido pelo solvente;

c) sal é o eletrólito que produz pelo menos um cátion e um ânion diferentes dos produzidos pelo solvente.

Na Tab. 18.2, figuram os íons que caracterizam os ácidos e as bases de acordo com a natureza do solvente ao qual se referem as definições.

TABELA 18.2

Solvente	Cátion ácido	Ânion básico	Ex. de ácido	Ex. de base
Água H_2O	H_3O^+	OH^-	HCl	NaOH
Amônia NH_3	NH_4^+	NH_2^-	NH_4Cl	$NaNH_2$
Álcool etílico C_2H_5OH	$C_2H_5OH_2^+$	$C_2H_5O^-$	HCl	NaC_2H_5O
Ácido acético $HC_2H_3O_2$	$H_2C_2H_3O_2^+$	$C_2H_3O_2^-$	HCl	$NaC_2H_3O_2$
Anidrido sulfuroso SO_2	SO_2^{2+}	SO_3^{2-}	$SOCl_2$	Na_2SO_3
Trifluoreto de bromo BrF_3	BrF_2^+	BrF_4^-	$(BrF_2)SbF_6$	$Ag(BrF_4)$

Observação

Se o mecanismo pelo qual os ácidos e bases geram íons, em solução aquosa, difere na teoria de Hückel—Debye e na de Arrhenius, o mesmo não sucede com relação aos sais. De fato, como substâncias iônicas que são, os sais se dissociam no ato de sua dissolução.

Existem, contudo, certas substâncias, como cloreto de alumínio (Al_2Cl_6), cloreto estânico ($SnCl_4$), cloreto mercúrico ($HgCl_2$) e iodeto de cádmio (CdI_2), que, ainda que não sejam ácidos ou bases, nem mesmo substâncias iônicas, se ionizam em solução aquosa:

$$Al_2Cl_6 + 12H_2O \longrightarrow 6Cl^- + 2Al(H_2O)_6^{3+}$$

442 QUÍMICA GERAL

Tais substâncias são chamadas *pseudo-sais*. Ao contrário dos sais, propriamente ditos, que têm pontos de fusão elevados e produzem soluções bastante condutoras, os pseudo-sais apresentam temperaturas de fusão muito baixas e originam soluções pouco condutoras, isto é, com baixa concentração iônica; provavelmente, tudo isso decorre da preponderância das ligações covalentes entre seus átomos .

18.5 Ácidos e Bases segundo Brönsted e Lowry

Segundo as definções de Arrhenius, modificadas por Hückel e Debye, os ácidos e as bases geram, em solução aquosa, os íons H_3O^+ e OH^-. Observando, entretanto, o mecanismo que leva ao aparecimento desses íons, a partir de um ácido e uma base típicos,

$$HCl + H_2O \longrightarrow H_3O^+ + Cl^-$$

e

$$NH_3 + H_2O \longrightarrow N_4^+ + OH^-,$$

verifica-se que, no ato de sua ionização, os ácidos cedem um ou mais prótons que passam para as moléculas de água, enquanto as bases recebem prótons, que lhes são cedidos por moléculas de água.

O processo fundamental, na ionização de um ácido e de uma base, reside, respectivamente, na perda e na captura de prótons. Esse processo independe do ocorrido com a molécula de água, que, por sua vez, ganha um próton do ácido ou cede um próton à base. Em outras palavras, em solventes que não a água, os ácidos e bases poderiam agir do mesmo modo, embora os íons formados em cada caso fossem diferentes.

Em 1923, J.N. Brönsted[*], na Dinamarca, e J.M. Lowry, na Inglaterra, independentemente um do outro, sugeriram que essas observações poderiam ser generalizadas com o estabelecimento de novas definições de ácidos e bases:

a) ácido é toda substância que pode doar prótons, isto é, protogenética;

b) base é toda substância que pode capturar prótons, isto é, protofílica. Ou, abreviadamente, ácido e base são, respectivamente, *doador* e *receptor* de prótons.

Uma vez que o processo de ganho e perda de prótons é reversível, o ácido, ao perder um próton, converte-se numa base, enquanto a base, ao ganhar um próton, converte-se num ácido. Um ácido e sua base correspondente formam um *sistema conjugado* representado por

$$\text{ácido} \rightleftharpoons \text{base} + \text{próton} .$$

---

[*] Johannes Nicolaus Brönsted (1879-1947).

ÁCIDOS, BASES E SAIS **443**

Os seguintes exemplos ilustram alguns sistemas conjugados

Ácido		Próton		Base conjugada
HCl	$\longrightarrow$	H^+	$+$	Cl^-
H_2O	$\longrightarrow$	H^+	$+$	OH^-
HNO_3	$\longrightarrow$	H^+	$+$	NO_3^-

Base		Próton		Ácido conjugado
H_2O	$+$	H^+	$\longrightarrow$	H_3O^+
HSO_4^-	$+$	H^+	$\longrightarrow$	H_2SO_4
HCO_3^-	$+$	H^+	$\longrightarrow$	H_2CO_3

Como o próton não tem existência livre, é claro que nenhum ácido pode libertar prótons, se não estiver em presença de outra substância capaz de recebê-los. O próton, cedido por uma substância protogenética ($ácido_1$), passa para outra substância que o captura ($base_2$); enquanto esta última, após a captura do próton, se converte em seu ácido conjugado ($ácido_2$), a primeira, após a perda do próton, transforma-se na base conjugada ($base_1$). Deste modo, surge um equilíbrio do tipo

$$ácido_1 + base_2 \rightleftharpoons ácido_2 + base_1,$$

conforme o ilustram os exemplos:

$$HCl + H_2O \rightleftharpoons H_3O^+ + Cl^-$$

$$H_2O + NH_3 \rightleftharpoons NH_4^+ + OH^-$$

$$SH^- + H_2O \rightleftharpoons H_3O^+ + S^{2-}.$$

As reações entre ácidos e bases, que levam aos correspondentes bases e ácidos conjugados, denominam-se *reações de protólise* ou *protolíticas*.

Observações

1. No que tange às reações de protólise, a água revela um comportamento singular: tanto pode atuar como ácido quanto como base:

$$H_2O + H_2O \rightleftharpoons H_3O^+ + OH^-.$$

   Uma substância como a água, que é sua própria conjugada, chama-se *anfiprótica*.

2. Em solução aquosa, a definição de ácido de Brönsted e Lowry não difere profundamente dos antigos conceitos de Arrhenius. De fato, segundo as definições daqueles, são ácidos as substâncias HCl, HNO_3, CH_3COOH, H_2SO_4, H_3PO_4, etc., igualmente consideradas por definições clássicas.

444 QUÍMICA GERAL

Entretanto, a definição de ácido como doador de prótons estende-se a íons como SH^-, HSO_4^-, NH_4^+, que não são considerados pela teoria de Arrhenius.

3. Com relação às bases, as definições de Arrhenius e de Brönsted conduzem a conclusões diferentes. Os hidróxidos iônicos como $NaOH$, $Ca(OH)_2$, etc., bases fortes segundo a teoria clássica, não são assim considerados quando se definem as bases como receptoras de prótons; nesse caso apenas o íon OH^- o é. Por outro lado, segundo Arrhenius, os compostos covalentes de caráter básico (NH_3) somente são bases quando unidos a uma molécula de água; o seu hidróxido (NH_4OH) é a verdadeira base. Pela teoria de Brönsted-Lowry, não é preciso imaginar a formação desse hidróxido molecular; o próprio NH_3, como receptor de prótons, já é uma base.

Pelo fato de o íon OH^- ser uma base importante, os hidróxidos iônicos $NaOH$, NH_4OH, $Ca(OH)_2$, $Cu(OH)_2$, $Fe(OH)_3$, etc., apesar de não serem receptores de prótons, são tidos, por extensão, como bases, porque encerram disponíveis íons OH^-.

4. Um ácido é dito *monoprótico* ou *poliprótico* conforme seja doador de um só ou de vários prótons por molécula (ou íon). Enquanto HCl, HBr, HCN, H_3PO_2 são monopróticos, H_2S, H_2SO_4, H_3PO_3, H_2CrO_4, $H_2PO_4^-$ são bipróticos e H_3PO_4, triprótico.

A designação monoprótica e poliprótica estende-se também às bases. Um exemplo típico de base biprótica, isto é, que pode receber dois prótons, é a hidrazina H_2N—NH_2 ionizável em duas etapas. Como é típico das bases polipróticas, o grau de ionização da segunda etapa é muito menor que o da primeira

$$H_2N{-}NH_2 + H_2O \rightleftharpoons [H_2N{-}NH_3]^+ + OH^-$$

$$[H_2N{-}NH_3]^+ + H_2O \rightleftharpoons [H_3N{-}NH_3]^{2+} + OH^-.$$

O fato é esperado porque o íon $[NH_3{-}NH_2]^+$ já tem uma carga positiva e, conseqüentemente, resiste a aceitar um segundo próton.

5. O exame das equações representativas da ionização gradual dos ácidos polipróticos, como o ácido fosfórico,

$$H_3PO_4 + H_2O \rightleftharpoons H_3O^+ + H_2PO_4^-,$$

$$H_2PO_4^- + H_2O \rightleftharpoons H_3O^+ + HPO_4^{2-}$$

e
$$HPO_4^{2-} + H_2O \rightleftharpoons H_3O^+ + PO_4^{3-},$$

mostra que os íons intermediários resultantes da sua ionização se comportam tanto como doadores quanto como receptores de prótons e, portanto, são anfipróticos.

No exemplo dado, são anfipróticos os íons $H_2PO_4^-$ e HPO_4^{2-}.

ÁCIDOS, BASES E SAIS **445**

6. Do mesmo modo que o previsto por Hückel e Debye (v. item 18.4), as definições de Brönsted-Lowry valem para soluções não aquosas, nas quais não se formam íons H_3O^+ e OH^-. Por transferência de prótons, dos ácidos para as bases, por exemplo:

a) em solução alcoólica, os ácidos formam o íon $C_2H_5OH_2^+$ (alcoxônio) e as bases produzem o íon $C_2H_5O^-$ (etoxilo ou etoxila);

b) em solução amoniacal, os ácidos geram o íon NH_4^+ (amônio), enquanto as bases produzem o íon NH_2^- (amida).

7. A amônia líquida é susceptível de uma auto-ionização semelhante à da água, embora com grau de ionização muito mais baixo. Pelas definições de Brönsted—Lowry, a amônia é, então, anfiprótica

$$2NH_3 \rightleftharpoons N_4^+ + NH_2^-$$

e os íons amônio (NH_4^+) e amida (NH_2^-) são, respectivamente, o ácido e a base conjugados.

Em solução amoniacal, o NH_4Cl é um ácido:

$$NH_4Cl \longrightarrow NH_4^+ + Cl^-,$$

enquanto o $NaNH_2$ é uma base:

$$NaNH_2 \longrightarrow Na^+ + NH_2^-$$

A reação de neutralização entre eles dá-se segundo a equação

$$NH_4Cl + NaNH_2 \longrightarrow NaCl + 2NH_3$$

ou, omitindo os íons que não participam da reação,

$$NH_4^+ + NH_2^- \longrightarrow 2NH_3.$$

18.6 Ácidos e Bases segundo Lewis

O HCl, considerado como ácido tanto pelas definições clássicas de Arrhenius quanto pela conceituação operacional, reage, sem muita dificuldade, com grande número de substâncias, como NH_3, MgO, H_2O, NaF, etc. Quando, nas equações representativas dessas reações, os reagentes são indicados pelas suas fórmulas eletrônicas

446 QUÍMICA GERAL

$$2H : \overset{..}{\underset{..}{Cl}} : \; + \; Mg^{2+} : \overset{..}{\underset{..}{O}} :^{2-} \longrightarrow Mg^{2+} \; + \; 2 : \overset{..}{\underset{..}{Cl}} : \overset{-}{} \; + \; \overset{H}{\underset{}{: \overset{..}{O} : H}}$$

$$H : \overset{..}{\underset{..}{Cl}} : \; + \; \overset{H}{\underset{}{: \overset{..}{O} : H}} \longrightarrow \left[\overset{H}{\underset{}{H : \overset{..}{O} : H}} \right]^{+} \; + \; : \overset{..}{\underset{..}{Cl}} : \overset{-}{}$$

$$H : \overset{..}{\underset{..}{Cl}} : \; + \; Na^{+} : \overset{..}{\underset{..}{F}} : \overset{-}{} \longrightarrow H : \overset{..}{\underset{..}{F}} : \; + \; Na^{+} \; + \; : \overset{..}{\underset{..}{Cl}} : \overset{-}{}$$

observa-se uma particularidade interessante: em cada uma delas, a substância que reage com o HCl oferece um par de elétrons para estabelecer uma nova ligação com o átomo de hidrogênio do HCl.

Partindo desse fato, G.N. Lewis[*], entre 1923 e 1938, formulou novas definições de ácidos e bases, com fundamento no princípio de que, enquanto o ácido deve ter seu octeto de elétrons incompleto, a base deve possuir algum par de elétrons solitários, de modo que a união entre um ácido e uma base determine o estabelecimento de uma ligação dativa ou coordenada. Para ele:

a) base é uma substância que contém um íon ou molécula com um ou mais pares de elétrons solitários, capazes de originar uma ligação com outro íon ou molécula;

b) ácido é uma substância que contém um íon ou molécula capaz de receber um dos pares de elétrons solitários de uma base para originar uma ligação covalente.

Nos exemplos dados, cada uma das substâncias que reagem com HCl é uma base, enquanto o HCl é o ácido; o par de elétrons solitários é cedido, respectivamente, pelo átomo N, pelo íon O^{2-}, pelo átomo O e pelo íon F^-; em todos os casos, o par em questão é cedido pelo átomo de hidrogênio constituinte do HCl.

As definições de Lewis ampliam bastante os conceitos de ácido e base e acabam se estendendo a muitas substâncias que, usualmente, não se entendem como tais. Por exemplo, em solução aquosa de sulfato de magnésio o íon Mg^{2+} experimenta uma solvatação:

$$Mg^{2+}SO_4^{2-} \; + \; 6 \overset{H}{\underset{}{: \overset{..}{O} : H}} \longrightarrow \left[Mg \left(\overset{H}{\underset{}{: \overset{..}{O} : H}} \right)_6 \right]^{2+} \; + \; SO_4^{2-}$$

---

[*] Gilbert Newton Lewis (1875-1946).

ÁCIDOS, BASES E SAIS **447**

e, aplicando a esse caso as definições de Lewis, conclui-se que o sulfato de magnésio é um ácido e a água, uma base.

O trifluoreto de boro BF_3 é um ácido, para Lewis, enquanto a amônia NH_3 é uma base. A *neutralização* do trifluoreto de boro pela amônia pode ser representada pela equação

$$
\begin{array}{ccccc}
: \overset{..}{F}: & H & & & : \overset{..}{F}:H \\
: \overset{..}{F}: \overset{..}{B} & + & : \overset{..}{N}: H & \longrightarrow & : \overset{..}{F}: \overset{..}{B}: \overset{..}{N}: H \\
: \overset{..}{F}: & H & & & : \overset{..}{F}:H
\end{array}
$$

e, quando se considera a reação representada pela equação

$$
Ag^+ \; + \; 2 \left(\begin{array}{c} H \\ : \overset{..}{N}: H \\ N \end{array} \right) \longrightarrow \left[\begin{array}{ccc} H & & H \\ H: \overset{..}{N}: & Ag & : \overset{..}{N}: H \\ H & & H \end{array} \right]^+
$$

o íon Ag^+ deve ser entendido como o ácido neutralizado pela amônia.

As definições de Lewis são um tanto formais, mas têm considerável aplicação em sistemas não aquosos e, em especial, nas reações entre sólidos e entre sais fundidos.

18.7 Ácidos e Bases: Resenha Conceitual

Conforme exposto nos itens anteriores, os conceitos de ácidos e bases nasceram, historicamente, do reconhecimento de que, a cada uma dessas categorias de substâncias, é possível associar um conjuto de propriedades, não bem definidas, que vão desde o seu sabor até a coloração dada por elas a alguns indicadores.

A partir de sua teoria da dissociação iônica, Arrhenius definiu ácidos e bases como substâncias geradoras, respectivamente, de íons H^+ e OH^-. Essas primeiras definições hoje são consideradas restritas porque aplicáveis apenas às soluções aquosas. Mesmo nestas, a suposição de existir, nas soluções ácidas, o íon H^+ tem sido substituída pela presença do íon H_3O^+ (Hückel e Debye).

A teoria de Brönsted—Lowry, caracterizando os ácidos como doadores e as bases como receptores de prótons, veio ampliar as concepções de Arrhenius. Esta, de fato, passou a incluir moléculas e íons entre os ácidos e bases e, principalmente, a se preocupar mais com o comportamento de um ácido em reação do que com sua característica como substância isolada, visto que a acidez de uma substância é determinada pelo poder de uma base de capturar um ou mais prótons daquela e vice-versa. Em outras palavras, a reação ácido—base é uma reação de permuta de prótons: os prótons cedidos pelo ácido penetram na nuvem de carga negativa da base.

A teoria de Lewis fixa-se na idéia de que a base atua mais como um doador de um par de elétrons do que como receptor de um próton e, nesse sentido, a generalização de Lewis é mais ampla que a de Brönsted—Lowry. Do mesmo modo, a definição de ácido, segundo Lewis, inclui o próton, mas se estende a toda molécula ou íon susceptível de formar uma ligação covalente com um par de elétrons solitários de uma base.

Na reação ácido—base, segundo Lewis, não há transferência de corpúsculos de um reagente para outro, mas, sim, a disposição em comum, entre ambos, de um ou mais pares de elétrons originalmente pertencentes à base. Assim sendo, um ácido deve ser entendido como qualquer molécula ou íon que se pode aproximar suficientemente de um par de elétrons expostos de uma base, de modo tal que os núcleos e elétrons do ácido e da base acabem se atraindo uns aos outros, sem se interpenetrarem. O porquê disso se compreende: excetuando o próton, que é o único íon positivo desprovido de elétrons, todos os outros íons têm geralmente dois ou mais elétrons, associados a um núcleo positivo, que, em virtude de uma repulsão de origem elétrica, não podem penetrar numa nuvem de carga negativa.

Por exemplo, na hidratação do íon Mg^{2+}, verificada por dissolução do $MgSO_4$ em água, dele se aproximam seis moléculas de água para originar o íon solvatado $Mg(H_2O)_6^{2+}$

$$Mg^{2+}SO_4^{2-} + 6\:\:\overset{..}{\underset{..}{O}}\:\:H \longrightarrow \left[Mg \left(\overset{..}{\underset{..}{O}}\:H \right)_6 \right]^{2+} + SO_4^{2-}$$

com as seis moléculas de H_2O se distribuindo ao redor do íon Mg^{2+}, segundo os vértices de um octaedro (Fig.18.1).

Em vista da diferente amplitude alcançada pelas várias definições apresentadas, uma das substâncias pode ou não ser incluída entre os ácidos ou as bases e, em decorrência, uma dada reação pode ou não ser considerada como ácido—base. As equações que se seguem, ilustram o fato.

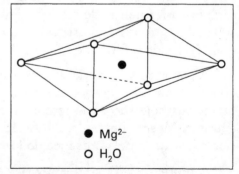

Figura 18.1

a)   Arrhenius, Brönsted, Lewis:

$$H^+ + \:\:\overset{..}{\underset{..}{O}}\:H^- \longrightarrow \:\:\overset{..}{\underset{..}{O}}\:H$$

ÁCIDOS, BASES E SAIS   **449**

b) Brönsted, Lewis:

$$: \overset{..}{\underset{..}{O}} : \overset{..}{\underset{..}{N}} : \overset{..}{\underset{..}{O}} : H \;+\; H : \overset{..}{N} : \;\longrightarrow\; \left[H : \overset{H}{\underset{H}{\overset{..}{N}}} : H \right]^{+} \;+\; \left[O : N \overset{\overset{..}{\underset{..}{O}}}{\underset{\overset{..}{\underset{..}{O}}}{}} \right]^{-}$$

c) Brönsted, Lewis:

$$2 : \overset{..}{\underset{..}{Cl}} : H \;+\; \left[: \overset{..}{\underset{..}{O}} : \right]^{2-} \;\longrightarrow\; H : \overset{H}{\overset{..}{O}} : \;+\; 2 : \overset{..}{\underset{..}{Cl}} :^{-}$$

d) Lewis:

$$: \overset{..}{\underset{..}{F}} : \overset{\overset{..}{F}}{\underset{\overset{..}{\underset{..}{F}}}{B}} \;+\; \left[: \overset{..}{\underset{..}{F}} : \right]^{-} \;\longrightarrow\; \left[F : \overset{F}{\underset{F}{B}} : F \right]^{-}$$

A equação a) representa uma reação ácido—base segundo todas as três teorias. As equações b) e c) não representam reações ácido—base pela teoria de Arrhenius, uma vez que delas não participam íons OH^{-}, mas nelas estão envolvidas reações ácido—base tanto segundo Brönsted quanto segundo Lewis. A última equação não se refere à reação ácido—base, segundo Brönsted, porque não envolve transferência de prótons, mas esquematiza uma reação desse tipo, de acordo com Lewis, uma vez que o BF_3 reage com o ânion F^{-} para originar uma nova ligação covalente coordenada.

Nota

Uma teoria de ácidos e bases ainda mais ampla que a de Lewis foi estabelecida em 1939 pelo russo M. Usanovich, que considera:

a) ácido toda substância que, com as bases, forma sais, cede cátions ou então se combina com os ânions ou captura elétrons;

b) base, inversamente, toda substância que forma sais com os ácidos, cede ânions ou elétrons e se combina com os cátions.

18.8 Reações de Neutralização

Pelo que acaba de ser visto, o desenvolvimento das teorias sobre ácidos e bases tem introduzido tais modificações na conceituação dessas substâncias que uma base definida, segundo Brönsted, ou um ácido conceituado, segundo Lewis, podem não sê-lo em termos clássicos.

450 QUÍMICA GERAL

Entretanto, embora diferentes e de distinta amplitude, todas as definições formuladas reconhecem nos ácidos e nas bases certas características complementares e prevêem uma *anulação mútua* de suas propriedades — uma *neutralização* — quando um ácido e uma base são adicionados um ao outro.

A explicação da neutralização é naturalmente diferente de uma teoria para outra. Enquanto para Arrhenius é interpretada como uma reação entre ânions OH^- e cátions H^+ (ou H_3O^+), pela doutrina de Brönsted—Lowry, é explicada mediante a captura, pela base, dos prótons liberados pelo ácido e, segundo Lewis, com o recebimento, pelo ácido, dos pares de elétrons, postos à sua disposição pela base.

Como as reações mais comuns que se oferecem em laboratório são realizadas em meio aquoso e, nesse meio, a interpretação da reação ácido—base, pela teoria de Lewis, não difere essencialmente do suposto por Arrhenius, o exame, a seguir, quanto às reações de neutralização, será fundamentado na teoria clássica ou na de Brönsted—Lowry, já que, segundo o observado no item 18.5, Observações 3, essa permite considerar também como bases as substâncias que têm disponíveis os íons OH^-.

Considerem-se duas soluções aquosas, uma ácida (HCl) e outra básica (NaOH). Do ponto de vista operacional, quando se adicionam algumas gotas de tintura de tornassol à solução de NaOH, o seu caráter básico é identificado pela cor azul revelada pela solução. Pela teoria de Arrhenius, entretanto, a solução é caracterizada pela presença de certo número de íons OH^- ao lado de íons Na^+, em contínua agitação. Pergunta-se, então:

Que sucede quando à solução básica se adiciona uma ácida de HCl? Ainda segundo a teoria clássica, essa última contém, ao lado dos íons Cl^-, certo número de cátions H_3O^+ que lhe conferem as propriedades ácidas e que, por si só, confeririam ao tornassol a cor vermelha. Misturadas as duas soluções, os íons

$$Na^+, \ OH^-, \ Cl^- \ e \ H_3O^+$$

passam a coexistir num sistema único. O resultado decorre das diversas interações entre essas espécies de íons.

O fato de os íons OH^- e Cl^- terem cargas homônimas exclui a possibilidade de se combinaram entre si; o mesmo sucede com os íons Na^+ e H_3O^+. Desse modo, só podendo ocorrer combinações entre íons com cargas heterônimas, resultariam possíveis, em princípio, as uniões entre os íons Na^+ e Cl^- ou entre OH^{--} e H_3O^+. Contudo, se houvesse uma união entre os íons Na^+ e Cl^- originar-se-ia como produto o NaCl que, como sal dissolvido, deveria estar dissociado em íons Na^+ e Cl^-. Assim, é razoável admitir que a única combinação possível, no sistema, seja aquela que se verifica entre os íons OH^- e H_3O^+:

$$H_3O^+ + OH^- \longrightarrow 2H_2O,$$

Áquidos, Bases e Sais   **451**

portanto com a formação de água, que, por ser de estrutura covalente, praticamente, não se ioniza.

Logo, à medida que a solução, antes considerada, de HCl for levemente adicionada à de NaOH, os íons H_3O^+ da primeira irão reagindo com os íons OH^- da segunda. Em conseqüência, haverá uma diminuição do número de íons OH^- livres, responsáveis pela cor azul da solução.

Como cada íon OH^- reage com um íon H_3O^+, é de se prever que a cor da solução continuará azul, enquanto nela existirem OH^- livres, e poderá passar a vermelha se, por adição desmedida de ácido, acabarem predominando, como livres, os íons H_3O^+.

Se, por exemplo, na solução original de base, existir um mol de íons OH^- e a ela se adicionar apenas 0,5 mol de íons H^+, a solução final continuará básica, isto é, azul, ao passo que, se for adicionado 1,5 mol de íons H^+, a solução final passará a ácida, isto é, acabará sendo vermelha.

Se, entretanto, uma solução for adicionada à outra, em proporções tais que o número de íons OH^- de uma seja igual ao de íons H_3O^+ da outra, a solução final não será nem ácida nem básica, mas neutra e revelará coloração violeta.

Estendendo o raciocínio a outros ácidos e bases, pode-se admitir que o essencial, na interação entre um ácido e uma base, em meio aquoso, é a reação entre os íons H_3O^+ fornecidos pelo primeiro com os íons OH^- supridos pela segunda[*]. Daí se deduz que, por exemplo, em soluções de ácido nítrico e hidróxido de cálcio, adicionadas em proporções adequadas para que o número de íons H_3O^+ e OH^- postos em presença seja o mesmo, a reação de neutralização poderia ser equacionada por

$$2NO_3^- + 2H_3O^+ + 2OH^- + Ca^{2+} \longrightarrow 4H_2O + 2NO_3^- + Ca^{2+}$$

ou, deixando de representar os íons que não participam propriamente do processo, por

$$2H_3O^+ + 2OH^- \longrightarrow 4H_2O,$$

que é exatamente a equação escrita para a neutralização do HCl pelo NaOH.

18.9 Volumetria por Neutralização

O princípio de que duas soluções contendo o mesmo número de íons H_3O^+ e OH^- podem se neutralizar mutuamente dá origem, como aplicação, a um método de análise quantitativa — a volumetria por neutralização — que permite determinar a concentração de uma solução ácida ou básica a partir de outra, respectivamente básica ou ácida, de concentração já conhecida. Para seu entendimento impõe-se, preliminarmente, o exame de algumas definições.

---

[*] Em solução não aquosa, a neutralização pode ser entendida como reação entre ácido e base com formação de moléculas do solvente empregado (v. item 18.4).

452 QUÍMICA GERAL

18.9.1 Equivalentes–Grama de Ácidos e Bases

Embora, qualitativamente, todos os ácidos tenham em comum a propriedade de libertar íons H_3O^+ ou de doar prótons, quantitativamente, essa característica varia de um ácido para outro; assim, a molécula de ácido monoprótico pode libertar apenas um íon H_3O^+ ou um próton, a do biprótico pode produzir dois, a do triprótico, três, e assim por diante.

Contudo, uma vez estabelecido convencionalmente um número-padrão desses íons ou prótons, é sempre possível determinar as massas de todos os ácidos que, individualmente, são capazes de gerá-los. Essas massas, de diferentes ácidos, que têm em comum o poder de produzir o mesmo número de cátions H_3O^+ ou de liberar o mesmo número de prótons, chamam-se *massas equivalentes*.

Quando para tal número-padrão se adota o de um mol, as massas equivalentes recebem o nome de *equivalente-grama*. Em outras palavras, o equivalente-grama de um ácido é a massa desse ácido capaz de libertar um mol de íons H_3O^+ ou um mol de prótons.

É evidente, à luz dessa definição, que, se E^* é o equivalente-grama e M^* a molécula-grama de um ácido n-prótico ou n-ácido, então

$$E^* \frac{M^*}{n}.$$ (18.1)

Assim, para os ácidos monopróticos (HCl, HBr, HNO_3 ...), $E^* = M^*$, para os bipróticos (H_2S, H_2SO_4, H_3PO_3...) $E^* = \frac{M^*}{2}$, e assim por diante.

O que se disse para os ácidos estende-se, *mutatis mutandis*, às bases: o equivalente-grama de uma base é a massa capaz de fornecer um mol de íons OH^- ou de receber um mol de prótons. Para as bases mais comuns tem-se

$$NaOH,\ KOH,\ NH_4OH \quad E^* = M^*$$

$$Ca(OH)_2,\ Mg(OH)_2 \quad E^* = \frac{M^*}{2}$$

$$Al(OH)_3,\ Cr(OH)_3 \quad E^* = \frac{M^*}{3}$$

representada com M^* sua *fórmula-grama*.

18.9.2 Normalidade

Chama-se convencionalmente *normalidade* de uma solução a razão

$$\overline{N} = \frac{v}{V},$$ (18.2)

ÁCIDOS, BASES E SAIS 453

em que V é o volume dessa solução, medido em litros, e υ o número de equivalentes-grama de soluto nela existentes.

Supondo $V = 1$ L, resulta $\overline{N} = \upsilon$, isto é, a normalidade exprime o número de equivalentes-grama de soluto existentes em um litro de solução.

Uma solução é dita normal (abreviadamente, solução N), binormal (solução $2N$), meio normal (solução $0,5\,N$), decinormal (solução $0,1\,N$), etc., conforme contenha, em um litro, um, dois, meio, um décimo, etc. equivalente-grama de soluto.

Designando por m a massa de soluto presente na solução, tem-se evidentemente

$$\upsilon = \frac{m}{E^*} \tag{18.3}$$

e, em conseqüência, a normalidade também pode ser expressa pela razão

$$\overline{N} = \frac{m}{E^*V}. \tag{18.4}$$

Assim, uma solução que contém, por exemplo, 1,6 g de hidróxido de sódio ($E^* = M^* = 40,0$ g) em 200 mL, tem normalidade

$$\overline{N} = \frac{1,6}{40 \times 0,2} = 0,2 \text{ N}.$$

18.9.3 Acidimetria e Alcalimetria

O mecanismo das reações ácido—base e as definições de equivalentes-grama dessas substâncias levam a inferir que iguais números de equivalentes-grama de ácido e base se neutralizam mutuamente. Esse fato constitui o princípio da acidimetria e da alcalimetria, métodos que permitem determinar as normalidades incógnitas de soluções ácidas e básicas, mediante outras soluções de bases e ácidos, respectivamente, de concentrações conhecidas.

Num frasco introduz-se um volume V_1 (algumas dezenas de mililitros) da solução-problema, conhecido e cuidadosamente medido, juntamente com pequena quantidade (algumas gotas) de indicador. De uma bureta (Fig. 18.2), calibrada para ler o volume com precisão de 0,01 mL, deixa-se cair naquele frasco, pouco a pouco, a solução-padrão, isto é, a solução de normalidade N_2 conhecida, até que o indicador, por uma mudança de coloração, acuse o

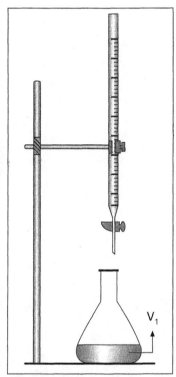

Figura 18.2

454 QUÍMICA GERAL

"ponto final" da reação. Atingido esse ponto, se V_2 for o volume da solução padronizada consumido até a neutralização, a normalidade N_1 da solução-problema satisfará a igualdade

$$V_1 N_1 = V_2 N_2. \tag{18.5}$$

A escolha do indicador que deve assinalar o *ponto de titulação* está intimamente ligada à questão de pH, de que se trata nos itens 23.6 e seguintes.

Nota

Em virtude de fenômenos de hidrólise, decorrentes do fato de os ácidos e as bases terem, geralmente, diferentes *forças* (v. item 23.10), a adição de um ácido a uma base em proporções equivalentes nem sempre determina uma neutralização propriamente dita. Assim, a designação do *ponto de equivalência* como *ponto de neutralização* não é muito apropriada; alguns autores recomendam substituí-la por *ponto de titulação*.

CAPÍTULO 19

Eletroquímica I
Eletrólise

O fato de cargas elétricas participarem da estrutura da matéria faz com que numerosas reações químicas venham acompanhadas de fenômenos elétricos. O estudo desses fenômenos, objeto da Eletroquímica, é nesta publicação abordado em duas partes. No presente capítulo examina-se, em essência, o comportamento dos íons, quando submetidos a um campo elétrico criado por um gerador; no capítulo seguinte trata-se da geração de diferenças de potencial, e, portanto, também de forças eletromotrizes, por certas reações químicas.

19.1 A Eletrólise

Conforme já ressaltado em vários itens anteriores, em toda solução eletrolítica existe certo número de íons livres produzidos pelo soluto, seja em conseqüência de sua dissolução, seja em virtude de sua ionização.

Analogamente, íons livres também existem no líquido gerado pela fusão de uma substância iônica. Nesse caso, não é o solvente, aliás inexistente, o responsável pelo aparecimento dos íons no líquido; estes surgem pelo desmoronamento do edifício cristalino que se verifica quando a substância em questão, a princípio sólida, atinge sua temperatura de fusão, por absorção de calor proveniente de uma fonte externa.

A existência de íons livres nos líquidos iônicos é confirmada por numerosas provas químicas e físicas; várias delas já foram mencionadas em diversos itens desta publicação. Do ponto de vista eletroquímico, um importante indício da existência de íons, tanto no eletrólito fundido quanto numa solução eletrolítica, é o fato de bastarem muito pequenas diferenças de potencial para o aparecimento, nesses líquidos, de correntes elétricas: se os íons não existissem, necessitar-se-iam tensões mais elevadas e, por conseguinte, haveria consumo de quantidades apreciáveis de energia, não só para vencer a resistência elétrica do circuito, como também para gerar os próprios portadores de carga, indispensáveis ao estabelecimento da corrente.

Nos itens seguintes, abordam-se alguns fenômenos ligados à existência de corrente elétrica num líquido iônico; por serem algo diferentes, conforme envolvam um eletrólito fundido ou uma solução iônica, o comportamento de cada líquido será examinado separadamente.

19.2 Eletrólise de um Eletrólito Fundido

Considere-se uma cuba ou célula eletrolítica contendo um eletrólito fundido — cloreto de sódio, por exemplo — e um par de placas condutoras ligadas aos terminais de um gerador de corrente contínua (Fig.19.1a). As porções dessas placas em contato com o eletrólito constituem os *eletrodos*; o eletrodo A, conectado ao terminal positivo do gerador, é o *anodo* e o C, ligado ao borne negativo, é o *catodo*.

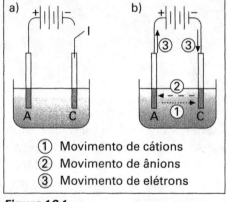

① Movimento de cátions
② Movimento de ânions
③ Movimento de elétrons

Figura 19.1

Com o interruptor *I* aberto não existe corrente no circuito; não há deslocamento de elétrons ao longo dos condutores metálicos e, na cuba, os íons, animados apenas de agitação térmica, movem-se desordenadamente em todas as direções. Quando a chave interruptora é fechada (Fig. 19.1b), a situação das cargas — elétrons e íons — no circuito é modificada.

a) Na cuba, devido à diferença de potencial entre os eletrodos estabelecida pelo gerador, surge um campo elétrico dirigido no sentido dos potenciais decrescentes (de A para C); sob ação desse campo, os íons passam a ter somado ao movimento de agitação térmica o de orientação pelo campo: os cátions (Na^+), ávidos de elétrons, migram para o catodo, de onde capturam elétrons, enquanto os ânions (Cl^-), portadores de elétrons em excesso, se dirigem para o anodo, cedendo-lhe elétrons.

b) Ao longo dos condutores metálicos do circuito movem-se elétrons: do anodo da cuba para o terminal positivo do gerador e do terminal negativo deste para o catodo.

Portanto, com o interruptor fechado, há no circuito uma condução mista: do pólo negativo do gerador ao catodo e do anodo ao pólo positivo do gerador a corrente é eletrônica; no líquido ela é iônica. Como manancial de íons funciona o eletrólito fundido, enquanto como fonte de elétrons funciona o gerador, que, em verdade, apenas os extrai do anodo e os envia ao catodo.

Em conseqüência da corrente iônica, os cátions e os ânions, ao atingirem os eletrodos, perdem suas cargas e transformam-se em corpúsculos eletricamente neutros (átomos, no caso do exemplo):

a) no catodo $Na^+ + e^- \longrightarrow Na$;

b) no anodo $Cl^- \longrightarrow Cl + e^-$.

Os átomos, e às vezes grupos de átomos, que aparecem junto aos eletrodos pela neutralização das cargas dos íons nem sempre são estáveis e, freqüentemente, participam de alguma reação, ou entre si ou com outras substâncias presentes ao seu redor — eventualmente com os constituintes dos próprios eletrodos —, originando novos produtos. No caso particular do exemplo em exame, os átomos de cloro que surgem no anodo (suposto inatacável) unem-se dois a dois para originar cloro molecular

$$Cl + Cl \longrightarrow Cl_2.$$

O conjunto de todos esses fenômenos que se passam num líquido iônico quando submetido a um campo elétrico chama-se *eletrólise*; ela inclui a migração iônica para os eletrodos, a descarga dos íons e a intervenção dos produtos dessa descarga em alguma reação química posterior.

Os átomos ou grupos de átomos em que se convertem os íons ao perderem suas cargas chamam-se *produtos primários*[*] de eletrólise, enquanto as reações que se seguem à sua formação, e das quais eles participam como reagentes, constituem as *reações secundárias*.

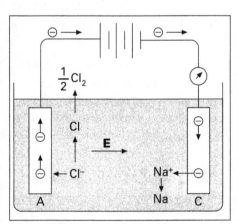

Figura 19.2

No exemplo que vem sendo considerado, os átomos de cloro e sódio (Cl e Na) são os produtos primários, e o cloro molecular (Cl_2) é o produto secundário.

Quanto ao gerador, sua função durante a eletrólise é fundamental; ele extrai elétrons do anodo e os impele para o catodo. Com isso, cria-se uma "insuficiência" de elétrons no anodo, um "excesso" deles no catodo, bem como um campo elétrico **E**, entre os dois eletrodos, responsável pela orientação dos íons e sua conseqüente descarga (Fig. 19.2).

[*] As reações que se processam nos eletrodos chamam-se *reações de eletrodo* ou *reações primárias de eletrólise*; são reações de oxirredução do tipo $H^+ + e^- \longrightarrow H^0$, $Zn^{2+} + 2e^- \longrightarrow Zn^0$, que se dão no catodo, ou do tipo $Cl^- \longrightarrow Cl^0 + e^-$, $I^- \longrightarrow I^0 + e^-$, que ocorrem no anodo.

No exercício desta função, o gerador supre energia ao circuito, em particular à cuba, energia essa que acaba sendo integralmente dissipada sob a forma de calor. Isso significa que o trecho de circuito que contém a cuba, no caso de um eletrólito fundido, é ôhmico, ou seja, obedece à conhecida lei de Ohm

$$\Delta U = Ri, \qquad (19.1)$$

em que ΔU representa a diferença de potencial aplicada entre os eletrodos, i a intensidade da corrente que seria assinalada por um amperímetro em série com a cuba (Fig. 19.2) e R a resistência elétrica do sistema. Num diagrama cartesiano $\Delta U = f(i)$, essa lei é representada por uma reta passando pela origem (Fig. 19.3).

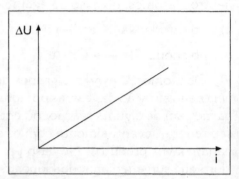

Figura 19.3

Do exposto, ressalta que, ao se estabelecer a corrente elétrica no circuito, os elétrons não passam pela cuba. Entretanto, como o número de elétrons cedidos pelos ânions ao anodo é igual ao que, no mesmo lapso de tempo, é transferido do catodo para os cátions, tudo se passa no circuito externo à cuba, como se os elétrons atravessassem o próprio eletrólito. Daí falar-se em resistência elétrica e condutância do eletrólito[*].

19.3 Eletrólise em Solução Aquosa

Os fenômenos que se desenvolvem na eletrólise de uma solução iônica aquosa são algo diferentes daqueles patenteados na eletrólise de um sal fundido. No que diz respeito à migração iônica em solução, o processo é análogo ao descrito no item anterior; o mecanismo de descarga dos íons nos eletrodos, porém, é diferente daquele, porque dele, geralmente, participam íons H^+ e OH^-, provenientes da ionização do próprio solvente.

Como se sabe, a energia de ionização varia de um elemento para outro e cresce para o mesmo elemento com o número de elétrons extraídos; do mesmo modo, a afinidade eletrônica de um átomo é uma ou outra, conforme o elemento químico considerado. Assim, é de se esperar que também ocorra o oposto, ou seja, que as energias postas em jogo (e, portanto, as diferenças de potencial necessárias), para converter os diferentes íons em átomos, eletricamente neutros, sejam também diferentes. É efetivamente o que sucede. Pelo fato de os íons H^+ e OH^- se

---

[*] A experiência mostra que a potência P dissipada sob a forma de calor, entre um par de eletrodos imersos num líquido iônico, é proporcional ao quadrado da intensidade da corrente que o percorre. Isso permite escrever $P = Ri^2$ em que R é a *resistência ôhmica* ou *resistência elétrica* do líquido ou, mais precisamente, da porção do líquido delimitada pelos eletrodos. Quando o trecho do circuito considerado é ôhmico, isto é, quando a potência $P = \Delta Ui$ nele absorvida é integralmente convertida em calor, tem-se $\Delta Ui = Ri^2$ e, portanto, $\Delta U = Ri$.

ELETROQUÍMICA I — ELETRÓLISE **459**

descarregarem bem mais facilmente que muitos dos íons existentes nas soluções eletrolíticas comuns, como K^+, Na^+, Ca^{2+}, Mg^{2+}, Cl^-, SO_4^{2-}, etc., quando se submete à eletrólise uma solução aquosa de cloreto de sódio, os cátions Na^+ e os ânions Cl^- dirigem-se respectivamente para o catodo e para o anodo, mas as reações que aí se verificam provocam o desprendimento de H_2 e O_2, segundo as equações

a) no catodo:

$$2H_2O + 2e^- \longrightarrow 2OH^- + H_2;$$

b) no anodo:

$$2H_2O \longrightarrow O_2 + 4H^+ + 4e^-.$$

Pelo que sugerem essas duas equações, tudo se passa como se, no catodo, a captura dos elétrons se desse pelos íons H^+ provenientes da ionização da água:

$$
\begin{array}{lcl}
2H_2O & \longrightarrow & 2H^+ + 2OH^- \\
2H^+ + 2e^- & \longrightarrow & H_2 \\
\hline
2H_2O + 2e^- & \longrightarrow & 2OH^- + H_2
\end{array}
$$

e, no anodo, a liberação de elétrons se desse pelos íons OH^-:

$$
\begin{array}{lcl}
4H_2O & \longrightarrow & 4H^+ + 4OH^- \\
4OH^- & \longrightarrow & 4OH + 4e^- \\
4OH & \longrightarrow & 2H_2O + O_2 \\
\hline
2H_2O & \longrightarrow & 4H^+ + O_2 + 4e^-
\end{array}
$$

Como conseqüência, a região junto ao catodo acaba enriquecida em íons Na^+ e OH^-, ao passo que, junto ao anodo, aumenta a concentração de íons Cl^- e H^+; enquanto, na região catódica, se acumula um álcali, na anódica, se junta um ácido.

Note-se que as reações nos eletrodos não envolvem os íons Na^+ e Cl^- da solução; são, praticamente, as mesmas que para a água pura. Contudo, nesta última, logo após o início do processo, os íons OH^-, na região catódica, e H^+, na região anódica, atingem concentrações críticas que se opõem no prosseguimento da eletrólise. Como a concentração iônica, na água pura, é muito pequena, o número de íons H^+ que se encaminham para o catodo e o de íons OH^- que migram para o anodo é muito pequeno para poder, respectivamente, neutralizar os íons OH^- e H^+ que lá aparecem. Em conseqüência, a eletrólise se desenvolve muito lentamente.

Entretanto, quando se dissolve NaCl em água, os íons Na^+ e Cl^-, originados por dissociação do soluto, passam a transportar, para o catodo e o anodo, cargas positivas e negativas que irão neutralizar, respectivamente, as dos íons OH^- e H^+, formados nas reações dos eletrodos.

Os fenômenos verificados na eletrólise de soluções aquosas de outros eletrólitos não diferem, substancialmente, dos que acabam de ser descritos para a solução aquosa de NaCl. Contudo, a eletrólise de soluções concentradas pode transcorrer de modo diferente. Assim, com cloreto de sódio em solução concentrada, no anodo, além de O_2, há também desprendimento de cloro, porque junto ao anodo

e
$$Cl^- \longrightarrow Cl + e^-$$
$$2Cl \longrightarrow Cl_2.$$

Quanto à energia elétrica suprida pelo gerador à cuba, parte é sempre transformada em calor, enquanto o restante é convertido em energia química. É que, excluídas algumas exceções, após a descarga dos íons e outros fenômenos secundários, os eletrodos se polarizam, isto é, sofrem — principalmente por causa dos depósitos eletrolíticos — certas modificações, que provocam o aparecimento no circuito de uma força contra-eletromotriz, chamada *força contra-eletromotriz de polarização*. Devido a isso, a diferença de potencial ΔU, aplicada aos eletrodos, e a intensidade i da corrente, acusada por um amperímetro em série com a cuba, estão correlacionadas entre si pela lei de Ohm generalizada

$$\Delta U = Ri + E', \qquad (19.2)$$

onde R é a resistência ôhmica da solução e E' a força contra-eletromotriz da cuba, característica da cadeia de condutores que a constituem. Para uma solução aquosa diluída de H_2SO_4 com eletrodos de chumbo, por exemplo, tem-se $E' = 2,2$ V.

No diagrama cartesiano $\Delta U = f(i)$, a equação (19.2) é representada por uma reta (Fig.19.4), que só passa pela origem quando $E' = 0$, isto é, quando não há polarização dos eletrodos.

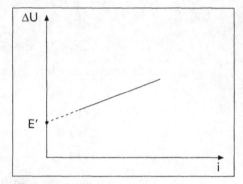

Figura 19.4

19.4 As Leis de Faraday

Duas leis regem, do ponto de vista quantitativo, os fenômenos de eletrólise. Fundamentadas unicamente na experiência, essas leis foram formuladas por Faraday, em 1833, quando ainda se desconhecia a natureza da corrente elétrica, não se cogitava da existência de elétrons, nem era assegurada a dos próprios átomos; essas leis, cujos enunciados, adaptados à terminologia moderna, são apresentados a seguir, contribuíram poderosamente para o surgimento e desenvolvimento da Físico-Química e, em particular, da Eletroquímica.

> **Primeira lei**
>
> "A massa m dos íons que durante a eletrólise se descarregam, junto a um dado eletrodo, é proporcional à intensidade i da corrente que passa pela cuba e à duração Δt dessa corrente."

Essa proposição pode ser traduzida pela expressão

$$m = \varepsilon\, i\, \Delta t, \qquad (19.3)$$

na qual ε é um coeficiente de proporcionalidade que depende da natureza do íon considerado.

Lembrando que o produto $i\Delta t$ exprime a quantidade q de carga que, no lapso de tempo Δt, atravessa uma secção transversal do circuito, a equação (19.3) pode, também, ser escrita

$$m = \varepsilon\, q, \qquad (19.4)$$

sugerindo assim outro enunciado para a lei em foco:

> "A massa dos íons que durante a eletrólise se descarregam junto a um dado eletrodo é proporcional à carga que passa por uma secção transversal do circuito em que está inserida a cuba."

O coeficiente ε, que depende da natureza do íon considerado, denomina-se *equivalente eletroquímico* do íon em questão. Seu significado pode ser estabelecido fazendo, na equação (19.4), $q = 1$ unidade de carga. Isto feito, segue-se

$$\varepsilon = m \text{ (numericamente)},$$

isto é, o equivalente eletroquímico de uma dada espécie de íons mede numericamente a massa dessa variedade de íons, depositada ou liberada, quando, através de uma solução em que eles existem, passa uma quantidade de carga unitária.

A medida de m e q num grande número de experiências, permitindo determinar ε, mostra que o equivalente eletroquímico varia de íon e, para um dado íon, independe da natureza do composto eletrolizado. Na Tab. 19.1, estão indicados os valores dos equivalentes eletroquímicos de alguns íons, expressos em miligrama por coulomb.

TABELA 19.1

Íon	$mg \times C^{-1}$	Íon	$mg \times C^{-1}$
Ag^+	1,118	Na^+	0,240
Cu^+	0,659	Pb^{2+}	1,072
Cu^{2+}	0,330	Cl^-	0,368
Fe^{2+}	0,290	I^-	1,314
Fe^{3+}	0,193	CO_3^{2-}	0,311
H^+	0,010	SO_4^{2-}	0,497
K^+	0,406	OH^-	0,176

462 QUÍMICA GERAL

> **Segunda lei**
>
> "Entre o equivalente-grama de um íon e seu equivalente eletroquímico existe uma razão constante, independente da natureza do íon."

Representando por E^* o equivalente-grama de um íon e por ε seu equivalente eletroquímico, tem-se então

$$\frac{E^*}{\varepsilon} = \text{constante}. \tag{19.5}$$

Denotando essa constante por $\mathscr{F}$, escreve-se

$$\frac{E^*}{\varepsilon} = \mathscr{F} \qquad \text{ou} \qquad \varepsilon = \frac{E^*}{\mathscr{F}} \tag{19.6}$$

e, introduzindo-a na equação (19.4), resulta

$$m = \frac{E^*}{\mathscr{F}} q. \tag{19.7}$$

Desta última igualdade pode-se tirar o significado de $\mathscr{F}$. De fato, para $m = E^*$, ela fornece

$$\mathscr{F} = q,$$

isto é, a constante $\mathscr{F}$ representa a quantidade de carga que, atravessando uma solução eletrolítica, provoca num dos eletrodos a separação de um equivalente-grama de íons, independentemente de sua natureza. Comumente, chama-se a essa quantidade de carga de *faraday*.

Uma vez que $\mathscr{F}$ independe da natureza do íon, para determinar seu valor basta lembrar, por exemplo, que, para o íon Ag^+, $\varepsilon = 1{,}118 \; mg \times C^{-1}$ e $E^* = 107{,}88 \; g$.

Logo

$$\mathscr{F} = \frac{107{,}88}{0{,}001118} = 96\ 494 \cong 96\ 500 \; C$$

e, em conseqüência, pela equação (19.6),

$$\varepsilon = \frac{E^*}{96\ 500} \tag{19.8}$$

e

$$m = \frac{E^*}{96\ 500} q. \tag{19.9}$$

ELETROQUÍMICA I — ELETRÓLISE   **463**

Observações

1. Fazendo na expressão anterior $q = 96\ 500$ C, resulta

$$m = E^*,$$

o que sugere novo enunciado para a segunda lei de Faraday:

> "Sempre que, através de uma solução eletrolítica, passa uma carga
> igual a 96 500 C, vererifica-se, em cada um dos eletrodos,
> a separação de um equivalente-grama de íons."

2. As leis de Faraday, originalmente formuladas com fundamento na experiência, podem ser estabelecidas a partir da teoria iônica. De fato, se um dado íon é caracterizado por uma certa carga e determinada massa, é evidente que a massa m dos íons que, na eletrólise, se encaminham para um dado eletrodo é proporcional à carga q por eles transportada, isto é,

$$m = \varepsilon q,$$

dependendo ε da natureza do íon, conforme previsto pela primeira lei de Faraday. Dessa expressão, resulta

$$\varepsilon = \frac{m}{q},$$

isto é, o coeficiente ε representa a razão existente entre a massa m de um número qualquer n de íons e a carga q por eles transportada.

Uma vez que essa igualdade é verdadeira para qualquer n, para determinar ε basta imaginar $n = N_0 = 6{,}02 \times 10^{23}$, isto é, que m e q sejam a massa e a carga de um íon-grama. Nesse caso

$$m = A^*,$$

A^* representando o íon-grama, e

$$q = N_0 ev,$$

com v denotando a valência do íon considerado e e a carga de um elétron. Levando em conta os valores numéricos das grandezas indicadas,

$$N_0 = 6{,}02 \times 10^{23}$$

e $\quad e = 1{,}602 \times 10^{-19}$ C,

$$\varepsilon = \frac{m}{q} = \frac{A^*}{N_0 ev} = \frac{A^*}{1{,}602 \times 10^{-19} \times 6{,}02 \times 10^{23} v} = \frac{A^*}{96\ 500 v} = \frac{E^*}{96\ 500},$$

exatamente conforme o estabelecido pela segunda lei de Faraday.

464 QUÍMICA GERAL

19.5 Aplicações da Eletrólise

A eletrólise, por permitir a obtenção econômica de numerosas substâncias, encontra aplicação num sem-número de processos industriais, além de constituir o fundamento de várias técnicas desenvolvidas para fins de pesquisa científica e tecnológica. Algumas dessas aplicações são mencionadas a seguir, sem a preocupação de ordená-las segundo o grau de sua importância, nem sempre possível de ser estabelecida.

19.5.1 Obtenção de Metais Alcalinos e Alcalinoterrosos

Os metais alcalinos e os alcalinoterrosos por serem poderodos agentes redutores são encontrados na natureza sob a forma de compostos, nos quais, geralmente, comparecem como íons positivos. Para obtê-los, no estado elementar, é necessária sua redução.

A maneira usual de obter os metais alcalinos e os alcalinoterrosos consiste em eletrolisar seus cloretos fundidos; os metais são recolhidos no catodo e o cloro elementar no anodo. Por terem esses cloretos elevado ponto de fusão, costuma-se baixar a temperatura em que se fundem pela adição de substâncias inertes apropriadas.

A obtenção do sódio por eletrólise do cloreto fundido constitui o processo Down e dele se tratou no item 19.2.

Na obtenção do sódio por eletrólise do NaCl em solução, usam-se cubas eletrolíticas com diafragma (cubas Hooker) ou cubas de mercúrio (tipo De Nora). Essa última tem um catodo de mercúrio líquido que flui pelo piso da cuba por baixo da salmoura. O sódio elementar dissolvido no mercúrio sob a forma de amálgama flui para um recipiente onde reage com água para produzir H_2 e NaOH. O mercúrio é bombeado de volta para a cuba.

19.5.2 Obtenção de Hidrogênio e Oxigênio

Hidrogênio e oxigênio são costumeiramente obtidos por eletrólise da água acidulada com uma pequena quantidade de H_2SO_4, para aumentar a condutividade elétrica da solução, já que a água pura é muito pouco condutora; a geração de íons pelo H_2SO_4 dissolvido torna a eletrólise possível.

Durante o processo eletrolítico, hidrogênio gasoso é produzido no catodo, enquanto oxigênio gasoso se desprende no anodo. Para cada molécula-grama de oxigênio produzido no anodo, surgem 2 moléculas-grama de hidrogênio no catodo.

19.5.3 Obtenção do Hidróxido de Sódio

Uma importante aplicação da eletrólise consiste na obtenção simultânea de cloro e hidróxido de sódio por eletrólise de soluções de cloreto de sódio. Nessa eletrólise, desprendem-se cloro no anodo e hidrogênio no catodo, enquanto a solução se enriquece de íons Na^+ e OH^-.

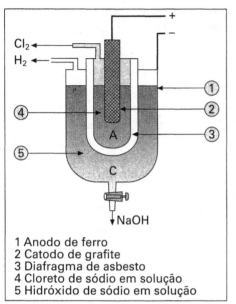

1 Anodo de ferro
2 Catodo de grafite
3 Diafragma de asbesto
4 Cloreto de sódio em solução
5 Hidróxido de sódio em solução

Figura 19.5

O principal problema a resolver consiste em impedir a interação entre o cloro e o álcali; isso se consegue com uma instalação do tipo da esquematizada na Fig. 19.5. O compartimento anódico *A* está separado do catódico *C* por um diafragma constituído por uma parede de asbesto permeável aos líquidos. O catodo é de grafite e o anodo é de ferro. No curso da eletrólise, a solução de NaCl é continuamente suprida ao compartimento anódico, enquanto do compartimento catódico goteja continuamente a solução alcalina misturada com cloreto de sódio. Este último é eliminado por cristalização, ao se concentrar essa solução por evaporação.

19.5.4 Galvanostegia

Utilizando soluções adequadas, quanto aos sais dissolvidos e quanto à concentração e à temperatura, e regulando convenientemente a tensão aplicada, é possível depositar por via eletrolítica a maioria dos metais, uns sobre os outros, em camadas bastante aderentes (galvanostegia). O objeto a ser recoberto é posto a funcionar como catodo de uma cuba eletrolítica que contém como eletrólito um sal do metal a ser depositado. Aplicada uma diferença de potencial entre os eletrodos, os íons metálicos passam a migrar para o catodo, onde se descarregam; o metal assim reduzido se deposita sobre o objeto em questão. Esse é o princípio da niquelação, prateação, cromação, etc., por via eletrolítica.

Quando, por exemplo, se deseja pratear um objeto, utiliza-se um anodo de prata pura, um sal de prata como eletrólito, e como catodo faz-se funcionar o próprio objeto.

Como a prata e o níquel aderem melhor a uma superfície de cobre do que a de outro metal, quando o objeto a ser prateado ou niquelado é, por exemplo, de ferro ou aço, deposita-se sobre ele, previamente, uma fina película de cobre.

Analogamente se procede a eletrodeposição do cromo sobre superfícies previamente niqueladas.

466 QUÍMICA GERAL

19.5.5 Purificação Eletrolítica de Metais

Os metais obtidos pelos processos metalúrgicos comuns são, em geral, impuros. Para sua purificação recorre-se, às vezes, a processos eletrolíticos. O exemplo seguinte ilustra o princípio em que se baseia o refino eletrolítico dos metais.

Ao se realizar a eletrólise de um sal de cobre em solução, $CuCl_2$, por exemplo, verifica-se no catodo o aparecimento de cobre metálico. Operando em condições apropriadas — composição adequada da solução, tensão conveniente entre os eletrodos, etc. —, pode-se conseguir que o cobre se deposite sobre o catodo formando uma camada homogênea. Se, nessa eletrólise, for empregado um anodo de cobre, pelo fato de os átomos de cobre cederem elétrons com maior facilidade que os íons Cl^-, então, em vez de se desprender Cl_2 no anodo, haverá uma passagem de íons Cu^{2+} para a solução, e o mecanismo da eletrólise resumir-se-á no transporte de cobre do anodo para o catodo. É nesse fenômeno que se baseia a purificação eletrolítica do cobre e, por analogia, também a daquales metais cuja utilização para fins específicos exige que sejam produzidos em estado de grande pureza.

19.5.6 Separação dos Componentes de uma Mistura

As tensões necessárias para transformar os distintos cátions em átomos, eletricamente neutros, variam com a natureza desses íons e, portanto, com a natureza dos metais em que se convertem. Quanto mais baixo, em valor e sinal, for o potencial de redox de um metal (v. item 20.8), mais difícil será separá-lo, por eletrólise, de uma solução em que se encontra sob forma iônica.

O fato de, para a deposição eletrolítica dos diferentes elementos, geralmente metálicos, serem necessárias diferentes tensões constitui o fundamento de importante método de separação dos diferentes metais componentes de uma mistura.

19.5.7 Obtenção de Água Oxigenada

A água oxigenada pode ser obtida industrialmente por processo eletrolítico — o de Weissensteiner —, que consiste na eletrólise de uma solução de H_2SO_4 a 50%. Em conseqüência das reações secundárias, forma-se o ácido peroxidissulfúrico[*] $H_2S_2O_8$, resultante da eletrólise de soluções concentradas de H_2SO_4:

a)   no catodo $2H^+ + 2e^- \longrightarrow H_2$;

b)   no anodo $H_2SO_4 + H_2SO_4 \longrightarrow H_2S_2O_8 + 2H^+ + 2e^-$.

Por aquecimento, de 80°C a 100°C, no vácuo, o ácido peroxidissulfúrico ($H_2S_2O_8$) forma o ácido peroximonossulfúrico

$$H_2S_2O_8 + H_2O \longrightarrow H_2SO_5 + H_2SO_4$$

---

[*] O ácido peroxidissulfúrico é também conhecido como perdissulfúrico ou dipersulfúrico.

e, em temperatura superior, forma o peróxido de hidrogênio

$$H_2SO_5 + H_2O \longrightarrow H_2O_2 + H_2SO_4.$$

Esse processo é empregado comercialmente para produzir água oxigenada a 30%.

19.5.8 Metalurgia do Alumínio

Uma das aplicações mais importantes da eletrólise reside na metalurgia do alumínio, introduzida em 1886, quase simultaneamente, por Hall, nos Estados Unidos, e Héroult, na França.

Antes da introdução do processo eletrolítico, o alumínio era obtido pelo processo de Wöhler, que consistia em deslocar o metal do seu cloreto, pelo sódio metálico:

$$AlCl_3 + 3Na \longrightarrow Al + 3NaCl.$$

Embora um dos metais mais abundantes na crosta terrestre, obtido dessa maneira, o alumínio alcançava no mercado um preço muito elevado, não raro maior que o do ouro.

Do início do século XX para cá passou a ser produzido praticamente só por via eletrolítica, o que determinou o sensível barateamento do metal.

O processo consiste em submeter à eletrólise, a cerca de 950°C, uma mistura fundida de alumina (Al_2O_3) e criolita ($AlF_3 \cdot 3NaF$) com eletrodos de carvão. A alumina, que é um óxido iônico, dissolve-se na criolita, constituindo uma solução condutora. A criolita não é consumida, pelo menos apreciavelmente, durante o processo.

Como matéria-prima para a obtenção de Al_2O_3, utiliza-se a bauxita ($Al_2O_3 \cdot 2H_2O$), que, para separação do Fe_2O_3 e do SiO_2 que geralmente a acompanham, é submetida a uma prévia purificação.

Na Fig. 19.6 está representada esquematicamente a instalação utilizada. A cuba eletrolítica, com suas paredes recobertas de carvão, funciona como catodo e o anodo é constituído por um conjunto de barras, de carvão também, imersas no banho eletrolítico. O fundo da cuba, levemente inclinado em relação à horizontal, e o orifício na parede lateral permitem o escoamento do alumínio fundido, que se acumula no catodo.

A produção de alumínio exige correntes elétricas de intensidade muito grande, da

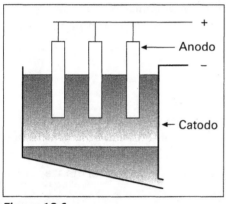

Figura 19.6

468 QUÍMICA GERAL

ordem de 10^4 ampères, e, em conseqüência, só é possível, em escala industrial, quando se dispõe de geradores de grande potência.

19.5.9 Eletrossíntese de Kolbe

Uma aplicação interessante da eletrólise encontra-se na eletrossíntese de Kolbe, processo de obtenção de um hidrocarboneto do tipo R—R a partir de uma solução aquosa de um sal de ácido carboxílico R—COOH.

Na eletrólise, por exemplo, do acetato de potássio (CH_3COOK^+) verificam-se as seguintes reações nos eletrodos:

a) no anodo $2CH_3COO^- \longrightarrow C_2H_6 + 2CO_2 + 2e^-$;

b) no catodo $2H_2O + 2e^- \longrightarrow H_2 + 2OH^-$.

O processo de Kolbe é costumeiramente usado para sintetizar hidrocarbonetos de elevada massa molecular, a partir de ácidos graxos disponíveis, tais como ácido láurico $C_{11}H_{23}COOH$ e ácido mirístico $C_{13}H_{27}COOH$. Eletrolisando os sais de cálcio obtêm-se, respectivamente, $C_{22}H_{46}$ (*n*-docosano) e $C_{26}H_{54}$ (*n*-hexacosano).

O rendimento do processo é geralmente muito baixo, em virtude da formação simultânea de outros compostos, particularmente hidrocarbonetos diferentes dos desejados. Por exemplo, na eletrólise do ($CH_3COO)_2Ca$, além do C_2H_6, a experiência registra também a formação de metano (CH_4) e etileno (C_2H_4).

19.5.10 Retificadores Eletrolíticos

O funcionamento dos retificadores eletrolíticos — dispositivos destinados a transformar corrente alternada em contínua — constitui outra importante aplicação da eletrólise. Trata-se de dispositivos constituídos por um par de eletrodos, um de alumínio e outro de chumbo, em contato com uma solução eletrolítica de fosfato de amônio, sódio ou potássio. Aplicando aos dois eletrodos uma tensão alternada, a corrente no circuito só passa nos semiperíodos em que o alumínio funciona como catodo, porque, naqueles em que atua como anodo, a película extremamente fina do óxido de alumínio que reveste o eletrodo de alumínio não permite a passagem da corrente no sentido anodo—catodo.

19.5.11 Fabricação de Discos Fonográficos

O registro dos sons, cuja reprodução é obtida pelos discos, é feito sobre uma placa ou disco de cera. Este, após ter sido coberto por uma película de grafite que o torna condutor, é posto a funcionar como catodo de uma cuba eletrolítica, utilizando-se, de início, uma solução de um sal de cobre e, posteriormente, outra de sal de níquel.

Em seguida, por fusão remove-se a cera, monta-se a película metálica sobre uma matriz de aço que, por estampagem, permite a fabricação dos discos.

19.6 Condutividade de um Eletrólito[*]

Conforme observado no item 19.2, a resistência R de um trecho de circuito é definida pelo quociente

$$R = \frac{P}{i^2},$$

entre a potência P nele dissipada sob forma de calor e o quadrado da intensidade i da corrente que o percorre. No Sistema Internacional de Unidades, para P e i, medidos respectivamente em watt (W) e ampère (A), a resistência R é medida em ohm (Ω).

A resistência de um trecho de circuito é proporcional ao seu comprimento ℓ e ao recíproco da área de sua secção transversal s. Este fato, conhecido às vezes como segunda lei de Ohm, é traduzido pela equação

$$R = \rho \frac{\ell}{s}, \tag{19.10}$$

em que ρ é um coeficiente característico do material constituinte do referido trecho, conhecido como *resistividade* ou *resistência específica*.

A equação (19.10) costuma também ser escrita

$$C = \sigma \frac{s}{\ell}, \tag{19.11}$$

na qual $C = \frac{1}{R}$ e $\sigma = \frac{1}{\rho}$, recíprocos da resistência e da resistividade, respectivamente, são denominados condutância do trecho e condutividade ou condutância específica do material usado para sua construção.

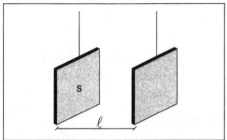

Figura 19.7

Essas definições, embora estabelecidas originalmente para condutores metálicos (condutores de 1.ª classe), estendem-se às soluções eletrolíticas (condutores de 2.ª classe). Assim as duas últimas expressões aplicam-se, em particular, a uma solução na qual mergulham dois eletrodos de área separados por uma distância ℓ.

---

[*] Embora o termo eletrólito seja costumeiramente usado para designar toda substância capaz de se dissociar ou ionizar, é também, com freqüência, como neste item, utilizado como sinônimo de solução eletrolítica.

470 QUÍMICA GERAL

Portanto, a condutividade de uma solução mede numericamente a condutância de uma porção dessa solução compreendida entre dois eletrodos de área unitária separados entre si por uma distância também unitária.

A condutividade de uma solução eletrolítica, ao contrário daquela de um metal, aumenta com a temperatura. Esse efeito, provavelmente, é devido a uma alteração da mobilidade dos íons e não propriamente ao aumento do seu número.

Observação

Dependendo da natureza do eletrólito considerado, pode haver uma polarização dos eletrodos, em conseqüência de reações neles ocorridas (v. item 19.3). Quando não há polarização, a resistência R da solução obedece à bem conhecida lei de Ohm e, portanto, pode ser calculada pela razão

$$R = \frac{\Delta U}{i}$$

entre a tensão a ela aplicada e a intensidade da corrente que a percorre.

Nos casos em que ocorre a polarização dos eletrodos, com o aparecimento da força contra-eletromotriz E', tem-se, pela lei de Ohm generalizada,

$$R = \frac{\Delta U - E'}{i}.$$

19.7 Condutividade Equivalente

A observação do que se passa durante o escoamento de cargas elétricas, através de um líquido iônico, leva à conclusão de que a condutividade elétrica de uma solução iônica depende de sua concentração e é proporcional à normalidade $\bar{N}$. Isto permite escrever

$$\sigma = \lambda \bar{N} \tag{19.12}$$

ou
$$\sigma = \lambda \frac{v}{V}, \tag{19.13}$$

na qual v é o número de equivalentes-grama de eletrólito existente no volume V de solução e λ um coeficiente de proporcionalidade chamado *condutividade equivalente* ou também *condutância específica equivalente*.

Introduzindo a equação (19.13) na (19.11), segue-se

$$C = \lambda \frac{v}{V} \cdot \frac{s}{\ell} = \lambda \frac{v}{s\ell} \cdot \frac{s}{\ell}$$

ou
$$C = \lambda \frac{v}{\ell^2}, \tag{19.14}$$

expressão que permite estabelecer um significado para λ: a condutividade equivalente de uma solução mede numericamente a condutância de uma porção dessa solução contendo 1 eq-g de soluto entre dois eletrodos de área indefinida, separados entre si por uma unidade de comprimento. No Sistema Internacional, λ é medido em $\Omega^{-1} \times m^2$, mas, usualmente, λ é expresso em $\Omega^{-1} \times cm^2$.

Como o número de equivalentes-grama de soluto presente numa solução ou é conhecido *a priori* ou é facilmente determinado, e como a condutância C da solução pode ser determinada experimentalmente por intermédio de uma ponte de Wheatstone, a expressão (19.14) enseja o cálculo da condutividade equivalente dessa solução.

Conforme observações registradas entre 1860 e 1880 por Kohlrausch, embora a condutividade real σ de uma solução eletrolítica diminua à medida que é diluída, a condutividade equivalente λ aumenta com a diluição, tendendo para um valor limite máximo λ_∞, chamado *condutividade infinita*.

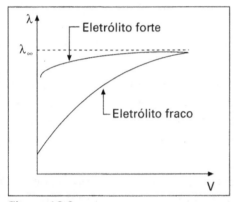

Figura 19.8

Na Fig. 19.8 estão esboçadas — para eletrólitos fortes e fracos — as curvas representativas das condutividades equivalentes em função da diluição, isto é, do volume V de solução que contém um equivalente-grama de eletrólito. Na Tab. 19.2 estão os valores de λ_∞ para alguns eletrólitos, expressos em unidades do Sistema Internacional.

A variação de λ com a concentração ou a diluição é de grande interesse teórico; tentativas feitas para explicá-la ensejaram o desenvolvimento de importantes teorias sobre o comportamento dos íons em solução.

Em particular, a teoria de Arrhenius, resumida no item 18.2, desenvolveu-se baseada na hipótese de que a dissolução de um eletrólito em água levaria ao aparecimento de íons; estes, graças às suas cargas, migrando através da solução sob ação de um gradiente de potencial, constituiriam uma corrente.

TABELA 19.2

Substância	λ_∞ ($\Omega^{-1} \times m^2$)
KCl	$130{,}10 \times 10^{-4}$
NaCl	$108{,}99 \times 10^{-4}$
KNO_3	$126{,}50 \times 10^{-4}$
$NaNO_3$	$105{,}33 \times 10^{-4}$
Na_2SO_4	$111{,}94 \times 10^{-4}$

472 QUÍMICA GERAL

Aceita esta suposição, infere-se que a condutividade de uma solução deve ser proporcional ao número de íons nela presentes[*], e que o grau de dissociação α de um eletrólito, a uma dada diluição, deve ser dado por

$$\alpha = \frac{\lambda}{\lambda_\infty}. \tag{19.15}$$

Para explicar por que λ cresce com V, Arrhenius desenvolveu a hipótese de ionização incompleta e propôs, para os eletrólitos binários AB, um equilíbrio do tipo

$$AB \rightleftarrows A^- + B^+,$$

cujo estudo (v. item 23.3) permite concluir que, com o aumento da diluição, deve aumentar o grau de ionização e, portanto, o número de íons presentes na solução.

A teoria, desenvolvida em fins do século XIX, recebeu grande apoio com as pesquisas de Van't Hoff e outros sobre as propriedades coligativas, mormente quando se constatou (v. item 16.5) que os valores de α, obtidos por medida das propriedades coligativas de eletrólitos fracos, concordavam com os calculados a partir da equação (19.15).

Entretanto, grandes discrepâncias de resultados foram observadas, quando a teoria da dissociação parcial foi aplicada aos eletrólitos fortes. Uma conclusão se impunha: a teoria de Arrhenius podia ser considerada satisfatória para os eletrólitos fracos, mas incompatível com o comportamento de eletrólitos fortes, que requeria um estudo mais apurado.

De fato, o emprego da espectrografia de raios X, técnica desenvolvida depois do início do século XX, para estudo das estruturas dos cristais, mostrou que os sais, no estado sólido, não só se apresentam totalmente ionizados, mas que também, em suas soluções aquosas, o equilíbrio entre os íons e as moléculas não dissociadas é pouco provável.

Todavia, a experiência sugere que, também para essas soluções, a condutividade equivalente λ varia com a concentração. A conclusão parece óbvia; para explicar os resultados observados, deve-se pensar em algo diferente de uma dissociação parcial.

Considerações a respeito do papel desempenhado pelo solvente e, particularmente, pela interação íon—solvente permitem uma nova intepretação dos fatos.

A intensidade F da força de atração entre dois íons de valências v_1 e v_2, separados por uma distância d, num meio de constante dielétrica relativa ε_r é, de conformidade com a equação fundamental da eletrostática, dada pela expressão

---

[*] V. item 16.3 e, em particular, expressão (16.7).

ELETROQUÍMICA I — ELETRÓLISE **473**

$$F = \frac{1}{4\pi\varepsilon_0\varepsilon_r} \frac{v_1 v_2 e^2}{d^2}, \tag{19.16}$$

na qual e é a carga do elétron e ε_0 é a constante dielétrica do vácuo.

Em conseqüência da existência dessa força, cada íon da rede cristalina de um sal, pertencendo ao campo elétrico gerado pelos outros, é dotado de uma certa energia potencial. Por isso, para destruir o edifício cristalino, isto é, para arrancar todos os íons da rede, é necessário dispender certo trabalho. Este, mede a *energia reticular* do cristal (v. item 13.14).

A energia reticular do NaCl é cerca de 184 kcal/fórmula-grama, isto é, para separar, no vácuo, os íons Na^+ e Cl^- existentes numa molécula-grama, ou, mais precisamente, numa fórmula-grama de cloreto de sódio, deve ser dispendida uma energia de 184 kcal. Na água, cuja constante dielétrica é cerca de 80 vezes a do vácuo, essa energia é de apenas $\frac{184}{80} = 2,3$ kcal/fórmula-grama. Por isso, a dissociação do sal, isto é, o desmantelamento da rede de cloreto de sódio em íons livres, é relativamente fácil na água. Além disso, tal dissociação se compreende como decorrência do caráter polar das moléculas de água, isto é, de interações íon—íon e íon—solvente. São justamente essas interações que não foram abordadas por Arrhenius ao considerar os íons em solução como corpúsculos absolutamente livres e independentes uns dos outros e das moléculas do solvente.

A abstração das interações em questão, hipótese simplificadora da fenomenologia em foco, conduz a resultados aceitáveis apenas para as soluções de concentração iônica muito baixa, como é o caso das soluções de um eletrólito de pequeno grau de dissociação.

Um estudo do comportamento dos eletrólitos fortes no que tange às interações íon—íon e íon—solvente foi desenvolvido por Debye e Hückel. Um resumo sobre o assunto é apresentado no item 22.4.

19.8 Mobilidade Iônica — Lei de Kohlrausch

Sob ação exclusiva do campo elétrico existente entre os eletrodos, os íons deveriam realizar movimentos uniformemente variados.

De fato, entre os eletrodos de uma cuba eletrolítica, separados por uma distância d e sob tensão Δu, existe um campo elétrico de intensidade

$$E = \frac{\Delta U}{d}, \tag{19.17}$$

graças ao qual, sobre um íon de carga q que nele se move, age uma força de campo

$$F = qE = q\frac{\Delta U}{d}, \tag{19.18}$$

que tende a acelerá-lo.

474 QUÍMICA GERAL

Sucede contudo que, devido à viscosidade da solução, o íon fica sujeito a uma força de atrito, de módulo proporcional à sua velocidade, que acaba equilibrando a força de campo. Em conseqüência, o íon adquire um movimento uniforme com velocidade v proporcional à intensidade de campo existente entre os eletrodos. Essa proporcionalidade é traduzida pela expressão

$$v = uE, \tag{19.19}$$

na qual u é um coeficiente de proporcionalidade chamado *mobilidade iônica*.

Da (19.19) tira-se

$$u = \frac{v}{E}$$

e, considerando $E = 1$ unidade de intensidade de campo, resulta

$$u = v \text{ (numericamente)},$$

isto é, a mobilidade de um íon mede numericamente sua velocidade quando submetido a um campo de intensidade unitária. Ela é uma constante característica de cada íon.

Como no Sistema Internacional de Unidades a velocidade v é medida em $m \times s^{-1}$ e a intensidade de campo em $V \times m^{-1}$, a mobilidade iônica, nesse sistema, é expressa em

$$\frac{m \times s^{-1}}{V \times m^{-1}} = m^2 \times V^{-1} \times s^{-1}.$$

A experiência ensina que os valores das mobilidades iônicas variam, em regra, entre 4×10^{-8} e 8×10^{-8} $m^2 \times V^{-1} \times s^{-1}$. Somente os íons H_3O^+ e OH^- têm mobilidade mais elevadas.

Na Tab. 19.3, estão indicados, em unidades do Sistema Internacional, os valores das mobilidades de alguns íons, determinados a partir de seus números de transporte (v. item 19.9).

TABELA 19.3 Mobilidades iônicas

Cátions		Ânions	
Na^+	$4,5 \times 10^{-8}$	F^-	$4,7 \times 10^{-8}$
Fe^{2+}	$4,6 \times 10^{-8}$	ClO_3^-	$5,7 \times 10^{-8}$
Zn^{2+}	$4,9 \times 10^{-8}$	CO_3^{2-}	$6,2 \times 10^{-8}$
Ag^+	$5,6 \times 10^{-8}$	Cl^-	$6,8 \times 10^{-8}$
Fe^{3+}	$6,3 \times 10^{-8}$	Br^-	$7,0 \times 10^{-8}$
K^+	$6,7 \times 10^{-8}$	SO_4^{2-}	$7,1 \times 10^{-8}$
H_3O^+	$36,2 \times 10^{-8}$	OH^-	$20,5 \times 10^{-8}$

ELETROQUÍMICA I — ELETRÓLISE **475**

O exame dos valores das condutividades equivalentes para diluição infinita (λ_∞) de alguns eletrólitos e os das mobilidades (u) de seus cátions e ânions mostra a existência de uma correlação entre eles. Ela é estabelecida pela lei de Kohlrausch, ou *lei das mobilidades iônicas independentes*.

> "O quociente por um faraday da condutividade equivalente para diluição infinita de um eletrólito é igual à soma das mobilidades dos seus cátions e ânions."

A lei de Kohlrausch é traduzida pela expressão

$$\frac{\lambda_\infty}{\mathscr{F}} = u_{A^-} + u_{B^+} \tag{19.20}$$

ou, então,

$$\lambda_\infty = \mathscr{F}(u_{A^-} + u_{B^+}). \tag{19.21}$$

A partir das mobilidades iônicas, supostas conhecidas, resulta determinada a condutividade equivalente para diluição infinita de qualquer eletrólito. Por exemplo, para o Na_2SO_4 tem-se

$$\lambda_{\infty Na_2SO_4} = (u_{Na^+} + u_{SO_4^{2-}}) = 96\,500(4,5 \times 10^{-8} + 7,1 \times 10^{-8}) = 111,94 \times 10^{-4}\,\Omega^{-1} \times m^2.$$

A lei de Kohlrausch permite determinar com bastante precisão a condutividade equivalente para diluição infinita de um eletrólito, toda vez que essa determinação não pode ser feita diretamente, em virtude da elevada resistência da solução. Por exemplo, para calcular λ_∞ do ácido acético, basta determinar os valores de λ_∞ do ácido clorídrico, do cloreto de sódio e do acetato de sódio e observar que

$$\lambda_{\infty CH_3COOH} = \lambda_{\infty CH_3COONa} + \lambda_{\infty HCl} + \lambda_{\infty NaCl}.$$

A importância do conhecimento do valor de λ_∞ de um eletrólito é evidente; a partir dele, pela equação 19.15 é possível determinar o grau de dissociação do eletrólito.

19.9 Números de Transporte

O fato de os íons, durante a eletrólise, se moverem com velocidades diferentes provoca mudanças nas concentrações dos eletrodos. Isso pode ser evidenciado seguindo uma linha de raciocínio desenvolvida por Hittorf (1857) e com auxílio de um diagrama como o da Fig. 19.9, referente a uma solução de um eletrólito binário, NaCl, por exemplo.

A região compreendida entre os dois eletrodos da cuba em que se efetua a eletrólise é imaginariamente dividida em três compartimentos, pelas superfícies divisórias S_1 e S_2, paralelas aos eletrodos. O compartimento (1) contém o anodo A, o (3) contém o catodo C e o (2) apenas a solução. Com um sinal + representa-se um cátion e com um sinal − esquematiza-se um ânion.

Em a), mostra-se que, antes da eletrólise, em qualquer região do líquido, a cada ânion está associado um cátion. Isso significa que, graças ao movimento desordenado dos íons, em cada um dos três compartimentos existe o mesmo número de ânions e de cátions. Que sucede com esses movimentos, após o início da eletrólise?

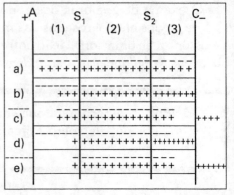

Figura 19.9

Se os ânions e cátions se movessem com a mesma velocidade, então, enquanto, por exemplo, dois ânions tivessem cruzado as divisórias S_1 e S_2, rumo ao anodo, dois cátions teriam passado pelas mesmas divisórias rumo ao catodo. Após o lapso de tempo correspondente, a distribuição dos íons na solução seria a representada em b). Em c) mostram-se os íons que então seriam liberados nos eletrodos, e mais: que nos compartimentos (1) e (3), vizinhos aos eletrodos, teriam ocorrido diluições de mesma extensão.

Admitindo ser a velocidade do cátion o dobro daquela do ânion, concluir-se-ia que, enquanto as divisórias fossem atravessadas por 2 ânions rumo ao anodo, 4 cátion atravessariam-nas rumo ao catodo; após o lapso de tempo correspondente, a distribuição dos íons nos três compartimentos resultaria como a representada em d). Após a liberação dos íons nos eletrodos teria ocorrido uma diluição nos compartimentos (1) e (3), mas aquela ocorrida no compartimento catódico (3) teria sido o dobro da verificada no anódico (1). De fato, conforme se mostra em a), onde antes havia 5 pares de íons no compartimento 1, passaria a existir apenas 1, ao passo que no compartimento (3), onde também, a princípio, havia 5 pares de íons, passariam a existir 3. Em outras palavras, a queda de concentração relativa ao catodo terá sido a metade da constatada com relação ao anodo.

Representando por ΔC_c e ΔC_a as quedas de concentração, em equivalentes-grama por litro, no tocante, respectivamente, ao catodo e ao anado, e por v_c e v_a as velocidades de migração, também respectivamente, dos cátions e dos ânions, pode-se generalizar o raciocínio seguido, por meio da expressão

$$\frac{\Delta C_c}{\Delta C_a} = \frac{v_a}{v_c}, \tag{19.22}$$

ou seja: a diminuição de concentração relativa a um eletrodo é proporcional à velocidade do íon que se afasta desse eletrodo. Da equação (19.22) obtêm-se

$$\frac{\Delta C_c + \Delta C_a}{\Delta C_a} = \frac{v_a + v_c}{v_c}$$

e
$$\frac{\Delta C_c}{\Delta C_a + \Delta C_c} = \frac{v_a}{v_a + v_c},$$

das quais, por sua vez, fazendo $\Delta C_c + \Delta C_a = \Delta C$, resulta

$$\begin{cases} \Delta C_a = \Delta C \dfrac{v_c}{v_a + v_c} \\[4mm] \Delta C_c = \Delta C \dfrac{v_a}{v_a + v_c} \end{cases} \qquad (19.23)$$

Como a velocidade dos cátions é diferente da dos ânions, por uma secção transversal do líquido passa, num dado intervalo de tempo, um certo número de cátions e outro de ânions.

Por outro lado, sendo a carga que atravessa a secção transversal considerada igual à soma, em valor absoluto, das cargas transportadas pelos cátions e pelos ânions, a intensidade da corrente no líquido pode ser julgada como a soma de duas parcelas: uma i_a devida aos ânions, e outra i_c devida aos cátions:

$$i = i_a + i_c. \qquad (19.24)$$

Segundo terminologia introduzida por Hittorf, os *números de transporte* do ânion e do cátion são, respectivamente, as razões

$$n_a \frac{i_a}{i} \quad \text{e} \quad n_c = \frac{i_c}{i}.$$

Daí resulta

$$\frac{n_a}{n_c} = \frac{i_a}{i_c}, \qquad (19.25)$$

isto é, a razão entre os números de transporte de ânion e do cátion é a mesma que a existente entre as parcelas da corrente a eles devidas.

Da definição dada por Hittorf, tiram-se ainda

$$n_a + n_c = \frac{i_a}{i} + \frac{i_c}{i} = \frac{i_a + i_c}{i} \qquad (19.26)$$

e
$$n_a - n_c = 1.$$

Por outro lado, considerando que as quantidades de carga transportadas pelos íons, e, portanto, também as respectivas correntes, são proporcionais às suas velocidades, pode-se escrever

$$\frac{i_a}{i_c} = \frac{v_a}{v_c} = \frac{n_a}{n_c} \qquad (19.27)$$

ou, tendo presente a equação (19.22),

$$\frac{n_a}{n_c} = \frac{\Delta C_c}{\Delta C_a}, \qquad (19.28)$$

478 QUÍMICA GERAL

quer dizer: a razão entre os números de tranporte do ânion e do cátion é igual à razão entre as perdas de concentração dos compartimentos catódico e anódico.

Uma vez que as perdas de concentração ΔC_c e ΔC_a, ocorridas após certo tempo de eletrólise, podem ser apontadas diretamente por análise, as expressões, acima estabelecidas, sugerem como determinar os números de transporte e, portanto, também, as velocidades e a mobilidade iônicas.

C A P Í T U L O

Eletroquímica II
Oxidação e Redução

20.1 Os Conceitos de Oxidação e Redução

Largamente usados em Química desde o século XIX, os termos oxidação e redução têm tido seu significado bastante modificado de então para cá.

No passado mais distante, o vocábulo oxidação era usado para designar qualquer processo de oxigenação, isto é, reação de qualquer substância com oxigênio; o termo redução qualificava a reação que provoca uma desoxigenação, ou seja, uma diminuição do teor de oxigênio. Desse modo, as equações

$$2Ca + O_2 \longrightarrow 2CaO \qquad (a)$$

e
$$2Cu_2O + O_2 \longrightarrow 4CuO \qquad (b)$$

representam duas oxidações, enquanto

$$ZnO + H_2 \longrightarrow Zn + H_2O \qquad (c)$$

e
$$Fe_2O_3 + H_2 \longrightarrow 2FeO + H_2O \qquad (d)$$

esquematizam duas reações nas quais o hidrogênio produz uma desoxigenação, isto é, duas reações de redução.

Os termos oxidação e redução ganharam significado bastante vago quando, posteriormente, passaram a ser utilizados como designativos de reações das quais oxigênio e hidrogênio não participam necessariamente, mas envolvem alterações de valências dos elementos reagentes. Por exemplo:

$$2\,KI + Br_2 \longrightarrow 2KBr + I_2. \qquad (e)$$

480 QUÍMICA GERAL

Somente com o advento das teorias eletrônicas sobre as ligações químicas os vocábulos oxidação e redução passaram a ter significado bem definido.

De fato, no que tange às estruturas de seus reagentes e produtos, o exame de algumas reações classicamente tidas como de oxirredução revela que, em última análise, o que nelas há de comum é uma transferência de elétrons de uns átomos ou íons a outros[*].

Assim, na reação esquematizada pela equação (a), escrita agora sob a forma eletrônica

$$2Ca \ + \ \ddot{:}\ddot{O}::\ddot{O}\ddot{:} \longrightarrow \ 2Ca^{2+} : \ddot{\ddot{O}} :$$

percebe-se que o átomo de cálcio cede dois elétrons a um átomo de oxigênio transformando-o no íon O^{2-}.

Do mesmo modo, na reação representada pela equação (b), reescrita sob a forma iônica

$$2Cu^+ : \ddot{\ddot{O}} :^{2-} Cu^+ + \ \ddot{:}\ddot{O}::\ddot{O}\ddot{:} \longrightarrow \ 4Cu^{2+} : \ddot{\ddot{O}} :^{2-}$$

cada um dos quatro íons Cu^+, ao se converter em Cu^{2+}, fornece um elétron, e dois átomos de oxigênio da molécula O_2 capturam dois elétrons cada um, convertendo-se nos íons O^{2-}.

Tendo em vista que, nessas oxidações, o processo fundamental consiste na transferência de elétrons do átomo Ca ou do íon Cu^+ ao oxigênio, pode-se conceber uma oxidação sem a intervenção do oxigênio. Basta entender que um átomo ou íon se oxida quando perde elétrons. Segundo esse modo de pensar, a reação representada pela equação (e), escrita sob a forma eletrônica

$$2K^+ : \ddot{\ddot{I}} :^- + : \ddot{Br} : \ddot{Br} : \longrightarrow \ 2K^+ : \ddot{Br} :^- + : \ddot{I} : \ddot{I} :$$

envolve também uma oxidação, uma vez que no seu transcorrer os íons I^- cedem elétrons aos átomos de bromo.

De modo semelhante, nas reações (c) e (d),

$$Zn^{2+} : \ddot{\ddot{O}} :^{2-} + H : H \longrightarrow Zn : + H : \ddot{\ddot{O}} : H$$

e

$$Fe_2^{3+} : \ddot{\ddot{O}} :_3^{2-} + H : H \longrightarrow 2Fe^{2+} : \ddot{\ddot{O}} :^{2-} + H : \ddot{\ddot{O}} : H$$

as reduções dos íons Zn^{2+} e Fe^{3+} consistem essencialmente numa captura de elétrons.

---

[*] Reações que não são de oxirredução são chamadas *reações de metátese*. Exemplos: $ZnS + 2HCl \longrightarrow ZnCl_2 + H_2S$ ou, sob a forma iônica: $S^{2-} + 2H^+ \longrightarrow H_2S$.

Também essa captura, que transforma os íons em questão em Zn e Fe^{2+}, pode ser compreendida sem a intervenção do hidrogênio. É suficiente entender que um átomo ou íon se reduz quando captura elétrons. É o que também sucede na reação (e), em que os átomos de bromo capturam elétrons, que lhes são cedidos pelos íons I^-.

Em suma, um átomo ou íon se oxida ou reduz conforme cede ou captura um ou mais elétrons; a reação de oxirredução (ou, abreviadamente, de *redox*) é todo processo químico em que se verifica transferência de elétrons de certos átomos ou íons a outros.

Operando em condições adequadas, a transferência de elétrons do agente que se oxida para o que se reduz pode ser evidenciada experimentalmente com a obtenção de uma corrente de elétrons fluindo do primeiro para o segundo através de um condutor metálico.

Considere-se, por exemplo, a reação entre um sal estanoso e outro mercúrico, ambos sob a forma de cloreto:

$$SnCl_2 + 2HgCl_2 \longrightarrow SnCl_4 + Hg_2Cl_2\downarrow. \tag{f}$$

A equação representativa escrita sob a forma iônica

$$Sn^{2+} + 2Hg^{2+} \longrightarrow Sn^{4+} + Hg_2^{2+} \tag{g}$$

sugere que a reação em questão se desenrola, fundamentalmente, entre os íons Sn^{2+} e Hg^{2+}. Enquanto cada íon Sn^{2+} perde 2 elétrons transformando-se no íon Sn^{4+}

$$Sn^{2+} \longrightarrow Sn^{4+} + 2e^-, \tag{h}$$

cada 2 íons Hg^{2+} capturam 2 elétrons originando um íon Hg_2^{2+}

$$2Hg^{2+} + 2e^- \longrightarrow Hg_2^{2+}. \tag{i}$$

Como os elétrons cedidos pelo íon Sn^{2+} são capturados pelos íons Hg^{2+}, somando membro a membro as duas últimas equações, obtém-se a equação anterior, representativa da oxidação ao Sn^{2+} pelo Hg^{2+}.

É possível mostrar que a reação considerada envolve efetivamente uma transferência de elétrons dos íons Sn^{2+} para os íons Hg^{2+}, construindo com os dois reagentes um gerador galvânico. Para tal, duas soluções, uma de sal estanoso, por exemplo $SnCl_2$, e outra de sal mercúrico, por exemplo $HgCl_2$, ambas

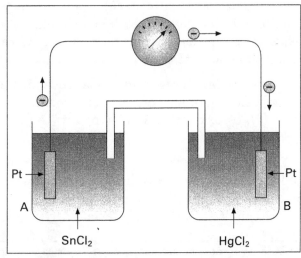

Figura 20.1

482 QuÍmica Geral

0,1 M e aciduladas pelo ácido clorídrico para elevar sua condutividade elétrica, são introduzidas em dois recipientes A e B diferentes e, entre as duas soluções, é estabelecida comunicação com uma ponte eletrolítica ou ponte salina, isto é, um tubo em U contendo uma solução de KCl imobilizada por gelatina; através dela os íons podem migrar de um vaso para outro (Fig. 20.1). Em cada uma das soluções é imersa uma placa de platina e entre ambas estabelecida uma ligação por um fio metálico, no qual se intercala um amperímetro de adequada sensibilidade. Isso feito, a deflexão do ponteiro do amperímetro acusa uma corrente elétrica no circuito, produzida por um movimento de elétrons que, no circuito externo ao gerador, vão do vaso A para o B. Analisando, depois de certo tempo, os conteúdos dos dois vasos, encontram-se íons Sn^{4+} em A e Hg_2Cl_2 em B.

Isso sugere que em A e B se processam efetivamente as reações esquematizadas pelas equações (h) e (i) e que, no sistema descrito, há de fato uma transferência de elétrons dos íons Sn^{2+} para os íons Hg^{2+}, tudo se passando como se entre esses íons, que não estão em contato direto, ocorresse uma *reação química a distância*, representada pela reação (g)[*].

20.2 Oxidantes e Redutores

Conforme se depreende do exposto no item anterior, os elétrons liberados pelos átomos ou íons que se oxidam não são destruídos nem permanecem livres, mas apenas passam a outros átomos ou íons que, capturando-os, se reduzem. A oxidação de um átomo ou íon acarreta sempre a redução de algum outro e vice-versa; a oxidação e a redução são processos simultâneos.

Um átomo ou íon que captura elétrons, e por isto provoca a oxidação de outro, é chamado *oxidante*. Um átomo ou íon que cede elétrons, determinando portanto a redução de outro, é chamado *redutor*.

Em toda reação de oxidação e redução participam, pelo menos, um oxidante e um redutor. O oxidante recebe os elétrons que lhe são fornecidos pelo redutor, oxidando-o enquanto é por ele reduzido. O redutor cede elétrons ao oxidante, reduzindo-o ao mesmo tempo que é por ele oxidado.

Nas reações representadas pelas equações (a) e (b), os oxidantes são os átomos de oxigênio e os redutores, respectivamente, o átomo Ca e o íon Cu^+. Nas reações (c) e (d), os oxidantes são os íons Zn^{2+} e Fe^{3+} e os redutores são os átomos de hidrogênio.

Embora por oxidante e redutor se designem os átomos ou íons que recebem e cedem elétrons, respectivamente, os mesmos vocábulos são usualmente estendidos às substâncias simples e compostas que encerram esses átomos ou íons como constituintes. Assim, das substâncias participantes das reações representadas pelas

---

[*] Os íons Cl^- não experimentam qualquer modificação ao longo do processo; eles se deslocam do vaso B para o A por meio da ponte, realizando um transporte de carga pelo circuito interno.

ELETROQUÍMICA II — OXIDAÇÃO E REDUÇÃO **483**

equações de (a) a (f), consideram-se também como oxidantes O_2, ZnO, Fe_2O_3, Br_2 e $HgCl_2$,e como redutores Ca, Cu_2O, H_2, KI e $SnCl_2$.

São oxidantes comuns: $KMnO_4$, $K_2Cr_2O_7$, HNO_3, MnO_2, H_2O_2, $H_2S_2O_8$, Cl_2, Br_2, I_2; e redutores, $SnCl_2$, $FeSO_4$, KI, $Na_2S_2O_3$, $(COOH)_2$, etc.

No item 20.4, examina-se o comportamento de alguns agentes oxidantes e redutores usuais.

20.3 Números de Oxidação

Como processos que envolvem transferência de elétrons, as reações de oxidação e redução deveriam pressupor, como reagentes e produtos, apenas átomos e íons que, em conseqüência da permuta de elétrons entre si, têm suas cargas elétricas alteradas.

Todavia, tendo em vista explicar a estequiometria de certas reações entre substâncias não necessariamente iônicas, é interessante estender os conceitos de oxidante e redutor, embora convencionalmente, a substâncias mesmo covalentes.

Essa extensão é feita a partir de um conjunto de postulados que associam a cada átomo ou íon participante de uma ligação química um *número de oxidação*. Os postulados são os seguintes:

a) O número de oxidação de um átomo livre ou integrante de molécula de substância simples é zero.

b) O número de oxidação do hidrogênio, em seus compostos não iônicos, é +1; nos hidretos dos metais alcalinos e alcalinoterrosos é –1.

c) O número de oxidação do oxigênio, nos compostos que não contêm a ligação covalente —O—O—, é –2; nos compostos em que essa ligação existe (água oxigenada e peróxidos) é –1.

d) O número de oxidação de um átomo metálico coincide, em regra, com o número do grupo ao qual pertence no sistema periódico.

e) A soma algébrica dos números de oxidação de todos os átomos que formam uma molécula é igual a zero.

f) O número de oxidação de um íon é o seu próprio número de valência, isto é, o número positivo ou negativo de cargas protônicas ou eletrônicas que o caracterizam (+1, +2 e +3 para os íons K^+, Ca^{2+} e Al^{3+}, respectivamente, e –1, –2 e –3 para os íons Cl^-, SO_4^{2-} e PO_4^{3-}, nessa ordem).

g) A soma algébrica dos números de oxidação de todos os átomos que formam um íon é igual ao número de oxidação desse íon.

A aplicação desses postulados permite identificar o número de oxidação, quando desconhecido, de um átomo constituinte de uma molécula ou íon. Por exemplo, para determinar o número de oxidação do átomo N no HNO_3, basta observar que a soma dos números de oxidação do átomo de hidrogênio e dos três átomos de oxigênio é –5; portanto, o número procurado é +5. Um raciocínio semelhante permite concluir que o número de oxidação do átomo de manganês no MnO_4^- é +7; o do átomo de cromo no $Cr_2O_7^{2-}$ é +6, e assim por diante.

Nos exemplos que seguem, os números de oxidação de alguns átomos são os indicados em cima dos respectivos símbolos:

$$\overset{-6}{H_2SO_4} \quad \overset{-4}{CH_4} \quad \overset{-1}{CaH_2} \quad \overset{+2}{Na_2S_2O_3} \quad \overset{+6}{MnO_4^{2-}} \quad \overset{+5}{ClO_3^-} \quad \overset{+3}{HNO_2}$$

Observações

1. Com a definição de números de oxidação para átomos que não participam necessariamente de ligações eletrovalentes, os conceitos de oxidação e redução passam a se estender de modo a significar não só a perda e o ganho efetivos de elétrons, mas também a perda e o ganho fictícios de elétrons por um átomo, cujo número de oxidação é aumentado ou diminuído. Assim, numa reação na qual o ácido nítrico é convertido em NO, o número de oxidação do nitrogênio baixa de +5 para +2; cada átomo de N captura, ficticiamente, três elétrons. Analogamente, quando o SO_2 é oxidado a SO_3, o número de oxidação do enxofre é elevado de +4 para +6, perdendo cada átomo de S, supostamente, dois elétrons.

2. O número de oxidação de um átomo é puramente convencional e nenhuma correlação guarda com o número de ligações desse átomo na molécula de que faz parte. Essa afirmativa é evidenciada pelos números de oxidação do carbono, que, nos compostos na página seguinte relacionados, variam de –4 a +4. Entretanto, o número de ligações do átomo de carbono em qualquer um desses compostos é 4.

   Do mesmo modo, a composição do cloreto de berílio, traduzida pela fórmula $BeCl_2$, leva a atribuir ao átomo de Be o número de oxidação +2. Contudo, o $BeCl_2$ apresenta-se normalmente polimerizado e sua fórmula estrutural

   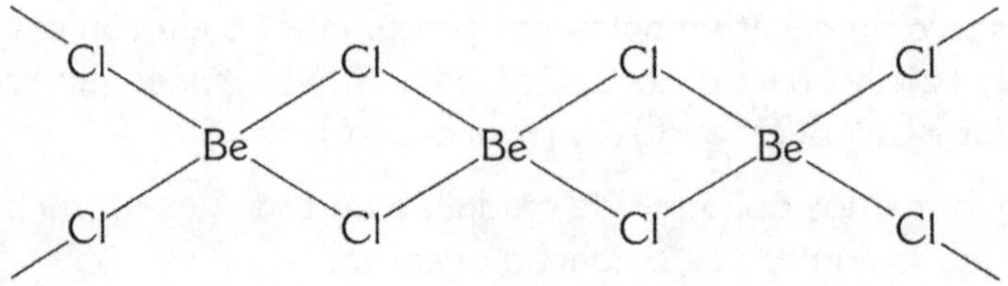

   sugere que cada átomo Be é vinculado à cadeia de que participa por quatro ligações.

ELETROQUÍMICA II — OXIDAÇÃO E REDUÇÃO **485**

Composto		N.º de oxidação do C
Metano	CH_4	-4
Cloreto de metila	CH_3Cl	-2
Cloreto de metileno	CH_2Cl_2	0
Clorofórmio	$CHCl_3$	+2
Tetracloreto de carbono	CCl_4	+4

3. O número de oxidação não identifica, necessariamente, o estado de polarização elétrica do átomo. Por exemplo, no HCl e no $NaCl$, o número de oxidação do Cl é -1, mas a efetiva carga do átomo de cloro nesses compostos é bastante diferente: 18% da carga do elétron no HCl e 100% no $NaCl$.

Em regra, a carga efetiva de um átomo diminui à medida que aumenta seu número de oxidação. Assim, as cargas efetivas do Cr, no $CrCl_2$ (número de oxidação +2) e no $CrCl_3$ (número de oxidação +3), são, respectivamente, 1,9 e 1,2, mas é apenas 0,1 no $K_2Cr_2O_7$ (número de oxidação +6)(v. item 13.11).

4. A perda de elétrons pelos átomos ou íons que se oxidam determina, geralmente, o aumento ou dimuição do número de suas cargas positivas e negativas, respectivamente. É o que se verifica em todos os exemplos citados anteriormente. Contudo, quando o íon envolvido no processo é um íon complexo, sua oxidação, caracterizada por uma perda de elétrons, pode não vir acompanhada de alteração de sua carga. Assim, da oxidaçao do íon SO_3^{2-} pode surgir o íon SO_4^{2-}, cuja carga é a mesma da do íon que o origina. É que, nesse caso, na passagem do íon SO_3^{2-} a SO_4^{2-} o que se oxida é o átomo de enxofre, cujo número de oxidação vai de +4, no SO_3^{2-}, a +6, no SO_4^{2-}. É a *oxidação intramolecular*.

Algo semelhante também acontece na *redução intramolecular*. Por aquecimento, o clorato de potássio se decompõe originando KCl e oxigênio:

$$2KClO_3 \longrightarrow 2KCl + 3O_2.$$

Nessa reação, a carga do íon produto Cl^- é a mesma que a do íon reagente ClO_3^-; o número de oxidação do Cl é que é reduzido de +5 para -1.

486 QUÍMICA GERAL

20.4 Comportamento de Agentes Oxidantes e Redutores

Examina-se a seguir, com alguns detalhes, o modo de atuar de alguns agentes oxidantes e redutores típicos.

20.4.1 Agentes Oxidantes

20.4.1.1 Permanganato de Potássio

A ação oxidante do permanganato de potássio decorre de sua transformação em outro composto de manganês, no qual o número de oxidação do metal é mais baixo que no composto original.

a) Em meio ácido, o número de oxidação do manganês é reduzido de +7 para +2, isto é, cada átomo de manganês captura 5 elétrons:

$$MnO_4^- + 8H^+ + 5e^- \longrightarrow Mn^{2+} + 4H_2O.$$

São exemplos de reações iônicas das quais participa o permanganato de potássio em solução ácida:

$$MnO_4^- + 5Fe^{2+} + 8H^+ \rightleftarrows Mn^{2+} + 5Fe^{3+} + 4H_2O \ ;$$

$$2MnO_4^- + 10I^- + 16H^+ \rightleftarrows 2Mn^{2+} + 5I_2 + 8H_2O;$$

$$2MnO_4^- + 5H_2S + 6H^+ \rightleftarrows 2Mn^{2+} + 5S + 8H_2O.$$

b) Em solução alcalina ou neutra, o manganês do $KMnO_4$ é geralmente reduzido a MnO_2, isto é, ganha apenas 3 elétrons. Desse modo de atuar, constitui exemplo a reação entre o MnO_4^- e os sais de Mn^{2+}, que são oxidados a MnO_2, enquanto o próprio MnO_4^- se reduz também a MnO_2:

$$2MnO_4^- + 3Mn^{2+} + 2H_2O \rightleftarrows 5MnO_2 + 4H^+.$$

20.4.1.2 Dicromato de Potássio

Sua ação é devida à redução do número de oxidação do Cr de +6 no CrO_4^{2-} a +3 nos sais de Cr^{3+}. Em solução ácida, cada íon $Cr_2O_7^{2-}$ captura 6 elétrons para se converter em dois íons Cr^{3+}:

$$Cr_2O_7^{2-} + 14H^+ + 6e^- \longrightarrow 2Cr^{3+} + 7H_2O.$$

Exemplos:

$$Cr_2O_7^{2-} + 6Fe^{2+} + 14H^+ \rightleftarrows 2Cr^{3+} + 6Fe^{3+} + 7H_2O;$$

$$Cr_2O_7^{2-} + 6I^- + 14H^+ \rightleftarrows 2Cr^{3+} + 3I_2 + 7H_2O;$$

$$Cr_2O_7^{2-} + 3HCHO + 8H^+ \rightleftarrows 2Cr^{3+} + 3HCOOH + 4H_2O.$$

ELETROQUÍMICA II — OXIDAÇÃO E REDUÇÃO   **487**

20.4.1.3 Ácido nítrico

A ação oxidante do ácido nítrico é devida à redução do nitrogênio que captura um número maior ou menor de elétrons, dependendo da concentração do ácido usado e da natureza do composto a ser oxidado. Como produtos da redução formam-se dióxido de nitrogênio (NO_2), óxido nítrico (NO), óxido nitroso (N_2O), nitrogênio e amoníaco:

$$NO_3^- + 2H^+ + e^- \rightleftharpoons NO_2 + H_2O;$$

$$NO_3^- + 4H^+ + 3e^- \rightleftharpoons NO + 2H_2O;$$

$$2NO_3^- + 10H^+ + 8e^- \rightleftharpoons N_2O + 5H_2O;$$

$$2NO_3^- + 12H^+ + 10e^- \rightleftharpoons N_2 + 6H_2O;$$

$$NO_3^- + 10H^+ + 8e^- \rightleftharpoons NH_4^+ + 3H_2O.$$

O produto mais comum dessas reduções é o NO. Exemplo:

$$3Cu + 2NO_3^- + 8H^+ \rightleftharpoons 3Cu^{2+} + 2NO + 4H_2O.$$

20.4.1.4 Os Halogênios

A ação oxidante dos halogênios é devida à transformação dos átomos neutros de halogênios em íons halogenetos, por captura de elétrons:

$$Cl_2 + Sn^{2+} \longrightarrow Sn^{4+} + 2Cl^-.$$

Em particular, a ação oxidante da *água-régia*[*] pode ser atribuída ao cloro livre originado na reação

$$HNO_3 + 3HCl \longrightarrow NOCl + Cl_2 + 2H_2O.$$

20.4.1.5 Água Oxigenada

O peróxido de hidrogênio tem atuação tanto como oxidante quanto como redutor. A ação oxidante, particularmente em meio ácido, é atribuída à presença do grupo —O—O— peróxido. Exemplos:

$$H_2O_2 + 2H^+ + 2e^- \rightleftharpoons 2H_2O;$$

e $\qquad 2Fe^{2+} + H_2O_2 + 2H^+ \rightleftharpoons 2Fe^{3+} + 2H_2O.$

20.4.2 Agentes Redutores

20.4.2.1 Dióxido de Enxofre

A ação redutora dessa substância é atribuída à transformação do íon sulfito SO_3^{2-} em sulfato SO_4^{2-}. Nesse processo, cada íon sulfito perde 2 elétrons

$$SO_3^{2-} + H_2O \longrightarrow SO_4^{2-} + 2H^+ + 2e^-.$$

---

[*] A água-régia é a mistura de HNO_3 e HCl na proporção de 3:1 em mol-g.

488 QUÍMICA GERAL

Exemplos:

$$SO_3^{2-} + 2Fe^{3+} + H_2O \rightleftharpoons SO_4^{2-} + 2Fe^{2+} + 2H^+;$$

$$SO_3^{2-} + I_2 + H_2O \rightleftharpoons SO_4^{2-} + 2I^- + 2H^+;$$

$$3SO_3^{2-} + 2CrO_4^{2-} + 10H^+ \rightleftharpoons 3SO_4^{2-} + 2Cr^{3+} + 5H_2O.$$

20.4.2.2 Sulfeto de Hidrogênio

A ação redutora do H^2S é devida à passagem do número de oxidação do enxofre de -2 no sulfeto S^{2-} a zero no enxofre livre S^0. Em termos iônicos, a transformação envolve a perda de 2 elétrons por íon S^{2-}

$$S^{2-} \longrightarrow S^0 + 2e^-,$$

conforme os exemplos:

$$3H_2S + 2Fe^{3+} \rightleftharpoons S^0 + 2Fe^{2+} + 2H^+;$$

$$5H_2S + 2MnO_4^- + 6H^+ \rightleftharpoons 5S^0 + 2Mn^{2+} + 8H_2O;$$

$$H_2S + Cl_2 \rightleftharpoons S^0 + 2H^+ + 2Cl^-.$$

20.4.2.3 Ácido Iodídrico e Iodetos

Sua ação é devida à transformação do íon I^- em iodo livre, com a conseqüente variação do número de oxidação de -1 a zero:

$$2I^- \longrightarrow I_2 + 2e^-.$$

Exemplos:

$$6I^- + Cr_2O_7^{2-} + 14H^+ \rightleftharpoons 3I_2 + 2Cr^{3+} + 7H_2O;$$

$$10I^- + 2MnO_4^- + 16H^+ \rightleftharpoons 5I_2 + 2Mn^{2+} + 8H_2O.$$

20.4.2.4 Cloreto Estanoso

O comportamento dessa substância como redutor deve-se à facilidade com que o íon Sn^{2+} se converte no íon Sn^{4+}, com aumento do número de oxidação de $+2$ para $+4$:

$$Sn^{2+} \longrightarrow Sn^{4+} + 2e^-.$$

Exemplos:

$$Sn^{2+} + Cl_2 \rightleftharpoons Sn^{4+} + 2Cl^-;$$

$$Sn^{2+} + 2HgCl_2 \rightleftharpoons Sn^{4+} + Hg2Cl_2 + 2Cl^-;$$

$$Sn^{2+} + 2Fe^{3+} \rightleftharpoons Sn^{4+} + 2Fe^{2+}.$$

ELETROQUÍMICA II — OXIDAÇÃO E REDUÇÃO **489**

20.4.2.5 Hidrogênio e Metais

A utilização do hidrogênio e dos metais como agentes redutores baseia-se na transformação de seus átomos em cátions, com aumento do número de oxidação, isto é, com perda de elétrons:

$$H_2 \longrightarrow 2H^+ + 2e^-;$$
$$Zn \longrightarrow Zn^{2+} + 2e^-.$$

Exemplo:

$$H_2 + 2Fe^{3+} \rightleftarrows 2H^+ + 2Fe^{2+};$$
$$Fe + 2H^+ \rightleftarrows Fe^{2+} + H_2.$$

De um modo esquemático, a ação dos oxidantes e redutores mais comuns pode ser resumida nas seguintes equações:

A. *Oxidantes*:

$$MnO_4^- + 8H^+ + 5e^- \longrightarrow Mn^{2+} + 4H_2O \text{ (em meio ácido)}$$

$$MnO_4^- + 2H_2O + 3e^- \longrightarrow MnO_2 + 4OH^- \text{ (em meio básico)}$$

$$Cr_2O_7^{2-} + 14H^+ + 6e^- \longrightarrow 2Cr^{3+} + 7H_2O$$

$$NO_3^- + 4H^+ + 3e^- \longrightarrow NO + 2H_2O$$

$$MnO_2 + 4H^+ + 2e^- \longrightarrow Mn^{2+} + 2H_2O$$

$$H_2O_2 + 2H^+ + 2e^- \longrightarrow 2H_2O$$

$$Cl_2 + 2e^- \longrightarrow 2Cl^-$$

$$Br_2 + 2e^- \longrightarrow 2Br^-$$

B. *Redutores*:

$$Sn^{2+} \longrightarrow Sn^{4+} + 2e^-$$

$$Fe^{2+} \longrightarrow Fe^{3+} + e^-$$

$$2I^- \longrightarrow I_2 + 2e^-$$

$$2S_2O_3^{2-} \longrightarrow S_4O_6^{2-} + 2e^-$$

$$H_2C_2O_4 \longrightarrow 2CO_2 + 2H^+ + 2e^-$$

20.4.2.6

Os processos de descarga dos íons junto aos eletrodos, durante uma eletrólise, são processos de oxidação e redução. Quando um cátion recebe elétrons do catodo, ele se reduz e o fenômeno constitui a redução catódica. Por exemplo:

$$Zn^{2+} + 2e^- \longrightarrow Zn.$$

Inversamente, há uma oxidação anódica sempre que um íon, ao atingir o anodo, transfere elétrons ao eletrodo positivo:

$$2Cl^- \longrightarrow Cl_2 + 2e^-.$$

490 Química Geral

20.4.2.7

Um caso particular de oxirredução é oferecido pelas *reações de dismutação*. Assim são denominadas as reações em que o mesmo agente tem função oxidante e redutora; isso ocorre nas reações entre duas partículas idênticas, uma agindo como oxidante e outra atuando como redutora. Um exemplo é dado pela reação

$$Cu^+ + Cu^+ \longrightarrow Cu^{2+} + Cu^0,$$

na qual o íon Cu^+ tanto é oxidante quanto redutor, uma vez que pertence a dois pares conjugados (v. item 20.7):

$$Cu^+ \rightleftharpoons Cu^{2+} + e^-;$$
$$Cu^0 \rightleftharpoons Cu^+ + e^-.$$

20.5 Balanceamento das Equações de Oxirredução

Uma vez que os elétrons, liberados numa reação de oxirredução, não podem ser destruídos nem tampouco permanecer livres, é óbvio que o número de elétrons fornecidos pelo redutor deve ser igual ao dos recebidos pelo oxidante. Esse fato pode ser utilizado no balanceamento das equações de oxirredução, ou seja, na determinação dos coeficientes das diversas substâncias participantes das correspondentes reações. Para tal, dois métodos podem ser usados: o do elétron e o do íon-elétron.

20.5.1 Método do Elétron

O *método do elétron* ou do *número de oxidação* introduzido por O. C. Johnson, em 1880, pode ser usado quando a equação a ser balanceada é escrita sob a forma molecular ou iônica. Contudo, é recomendável que reagentes e produtos da reação sejam representados na forma pela qual participam, isto é, sob a forma iônica ou molecular, conforme se trate de substâncias tipicamente iônicas ou moleculares de caráter iônico pouco pronunciado.

Uma vez escritas as fórmulas das substâncias participantes da reação, identificam-se, entre elas, os agentes redutor e oxidante e, mediante duas "equações" auxiliares, esquematizam-se suas atuações assinalando, numa, o número n_1 de elétrons cedidos pelo redutor e, na outra, o número n_2 de elétrons recebidos pelo oxidante. Ao se escreverem essas equações auxiliares, não deve haver preocupação de balanceamento.

Para que o número de elétrons, perdidos pelo redutor, seja igual ao dos recebidos pelo oxidante na equação-problema, toma-se, como coeficiente do redutor, o número n_2 e, como coeficiente do oxidante, o número n_1. Os demais coeficientes são determinados a partir de n_1 e n_2, de modo a garantir igual número de átomos, de todos os elementos, nos dois membros da equação.

ELETROQUÍMICA II — OXIDAÇÃO E REDUÇÃO **491**

a) Considere-se, como 1.º exemplo, a reação entre $FeSO_4$ e $KMnO_4$ em presença de H_2SO_4, representada pela equação a balancear

$$FeSO_4 + KMnO_4 + H_2SO_4 \longrightarrow Fe_2(SO_4)_3 + MnSO_4 + K_2SO_4 + H_2O.$$

Como o número de oxidação do Fe, no $FeSO_4$, é +2 e, no $Fe_2(SO_4)_3$, é +3, cada átomo de Fe ou, mais precisamente, cada íon Fe^{2+} perde 1 elétron, e cada 2 íons Fe^{2+}, necessários à formação de uma "molécula" $Fe_2(SO_4)_3$, perdem 2 elétrons.

Por seu turno, o átomo Mn tem seu número de oxidação reduzido de +7, no $KMnO_4$, a +2 no $MnSO_4$, isto é, cada átomo de manganês captura 5 elétrons.

As equações auxiliares podem ser escritas, então:

$$2\,FeSO_4 \longrightarrow Fe_2(SO_4)_3 + 2e^- \ (n_1 = 2);$$
$$KMnO_4 + 5e^- \longrightarrow MnSO_4 \ (n_2 = 5).$$

Com isso, os coeficientes do $FeSO_4$ e $KMnO_4$ na equação-problema devem ser, respectivamente, 5 e 1 ou 10 e 2, para evitar um número fracionário de "moléculas" de $Fe_2(SO_4)_3$, no 2.º membro:

$$10FeSO_4 + KMnO_4 + H_2SO_4 \longrightarrow Fe_2(SO_4)_3 + MnSO_4 + K_2SO_4 + H_2O.$$

A partir desses dois coeficientes, resultam determinados os restantes. De fato, as 2 "moléculas" de $KMnO_4$, utilizadas na reação, só podem originar 1 "molécula" de K_2SO_4 e 2 de $MnSO_4$, e as 10 moléculas de $FeSO_4$ têm de produzir 5 de $K_2(SO_4)_3$; para que tudo isso ocorra, é necessário que sejam consumidas 8 moléculas de H_2SO_4 e que se formem 8 moléculas de água. Com isso, a equação já balanceada resulta:

$$10FeSO_4 + 2KMnO_4 + 8H_2SO_4 \longrightarrow 5Fe_2(SO_4)_3 + 2MnSO_4 + K_2SO_4 + 8H_2O$$

ou, sob a forma iônica,

$$10Fe^{2+} + 2MnO_4^- + 16H^+ \longrightarrow 10Fe^{3+} + 2Mn^{2+} + 8H_2O.$$

b) Como outro exemplo, considere-se a equação, não balanceada, representativa da oxidação do KI pelo $K_2Cr_2O_7$, em presença de H_2SO_4

$$KI + K_2Cr_2O_7 + H_2SO_4 \longrightarrow I_2 + Cr_2(SO_4)_3 + K_2SO_4 + H_2O.$$

O exame dos números de oxidação em jogo nesta reação mostra que, enquanto o de cada átomo de I, ou cada íon I^-, passa de –1, no KI, a zero, no I_2, o de cada átomo de Cr passa de +6, no $K_2Cr_2O_7$, a +3, no $Cr_2(SO_4)_3$. Isso sugere que, enquanto cada átomo de iodo, ou íon I^-, perde na reação considerada 1 elétron

$$KI \longrightarrow I_2 + e^- \ (n_1 = 1),$$

cada dois átomos de Cr, ou hipotéticos íons Cr^{6+}, capturam 6 elétrons

$$K_2Cr_2O_7 + 6e^- \longrightarrow Cr_2(SO_4)_3 \ (n_2 = 6).$$

492 Química Geral

Em conseqüência, para que o número de elétrons cedidos pelo redutor seja igual ao dos capturados pelo oxidante, é necessário que, com 6 "moléculas" de KI, reaja uma "molécula" de $K_2Cr_2O_7$

$$6KI + K_2Cr_2O_7 + H_2SO_4 \longrightarrow I_2 + Cr_2(SO_4)_3 + K_2SO_4 + H_2O.$$

Uma vez conhecidos os coeficientes 6(KI) e $1(K_2Cr_2O_7)$, os demais resultam determinados a partir deles: a necessidade de se manter inalterado o número de átomos de iodo impõe que o coeficiente que precede a fórmula I_2, no $2.^o$ membro, seja 3; analogamente, a obrigatoriedade de permanecer constante o número de átomos de potássio exige que o coeficiente, anteposto à fórmula K_2SO_4, seja 4. A extensão desse princípio aos átomos dos demais elementos leva aos coeficientes indicados na equação

$$6KI + K_2Cr_2O_7 + 7H_2SO_4 \longrightarrow 3I_2 + Cr_2(SO_4)_3 + 4K_2SO_4 + 7H_2O,$$

que também pode ser escrita sob a forma iônica:

$$6I^- + Cr_2O_7^{2-} + 14H^+ \longrightarrow 3I_2 + 2Cr^{3+} + 7H_2O.$$

c) A utilização do princípio seguido, nos dois casos acima, leva, às vezes, a alguma dificuldade. É o que sucede, por exemplo, na reação entre MnO_2 e HCl representada pela equação

$$MnO_2 + HCl \longrightarrow MnCl_2 + Cl_2 + H_2O,$$

na qual o número de oxidação do Mn é reduzido de +4, no MnO_2, para +2, no $MnCl_2$, enquanto o do cloro é, em parte, elevado de –1, no HCl, a zero, no Cl_2, e, em parte, mantido igual a –1, no $MnCl_2$. Num caso como esse, o balanceamento da equação se consegue supondo que a reação se dê "da direita para a esquerda", sentido em que os átomos de cloro componentes do Cl_2 molecular, ao passar do número de oxidação 0 a –1, no HCl, se reduziriam às expensas dos elétrons do átomo de manganês, que, passando de +2, no $MnCl_2$, a +4, no MnO_2, se oxidaria:

$$MnCl_2 \longrightarrow MnO_2 + 2e^-$$

e

$$Cl_2 + 2e^- \longrightarrow HCl.$$

Isso permite definir os coeficientes do MnO_2 e HCl como 2 e 2, de modo que, a partir deles, se podem determinar os faltantes e chegar à equação balanceada

$$2MnO_2 + 8HCl \longrightarrow 2MnCl_2 + 2Cl_2 + 4H_2O$$

ou

$$MnO_2 + 4HCl \longrightarrow MnCl_2 + Cl_2 + 2H_2O$$

ou, sob a forma iônica,

$$MnO_2 + 4H^+ + 2Cl^- \longrightarrow Mn^{2+} + Cl_2 + 2H_2O.$$

20.5.2 Método do Íon-Elétron

O método de balanceamento exposto no item anterior, além das dificuldades que pode envolver, tem o inconveniente de, em muitos casos, levar à consideração de números de oxidação puramente convencionais, sem vínculo com o de ligações químicas com o qual o átomo ou íon participa no composto considerado. É o que sucede, entre numerosos exemplos, com o número de oxidação do carbono no ácido oxálico $H_2C_2O_4$ (+3); do enxofre, no persulfato de amônio $(NH_4)_2S_2O_8$ (+7); ou, mesmo, do manganês no $KMnO_4$ (+7), além do, inteiramente arbitrário, –I do oxigênio na água oxigenada.

Essas dificuldades e inconvenientes são evitados pelo emprego do método do íon-elétron, introduzido por Jette e La Mer (1927).

Um processo de oxirredução (v. item 20.1), desde que produzido num dispositivo adequado — pilha ou gerador galvânico —, pode constituir uma fonte de corrente elétrica. Para construir esse dispositivo, colocam-se o oxidante e o redutor em recipientes diferentes, mas de maneira a permitir que troquem elétrons entre si. Num dos recipientes (Fig. 20.1) acontece a oxidação do redutor, enquanto no outro se dá a redução do oxidante; este, por intermédio de um condutor metálico, recebe os elétrons cedidos pelo redutor. Escrevendo, separadamente, as equações representativas das reações que se processam em cada um desses recipientes, igualando o número de elétrons cedidos pelo redutor com o dos recebidos pelo oxidante e somando, membro a membro, as duas equações, obtém-se a equação global do processo de oxirredução que se desenrola durante o funcionamento da pilha. É esse o fundamento do método do íon-elétron. Sua aplicação pode ser feita atendendo às seguintes etapas:

a) Escreve-se a fórmula do oxidante sob a forma iônica — quando for o caso —, separada por uma seta da fórmula do produto molecular ou iônico obtido na sua redução.

b) Faz-se preceder cada fórmula por um coeficiente, de modo que se conserve, na reação, o número de átomos do elemento oxidante-redutor.

c) Se a forma reduzida contiver menos oxigênio que a correspondente oxidada, o oxigênio faltante deverá ser indicado, no segundo membro, sob a forma de água, introduzindo-se nesse caso, no primeiro membro, tantos íons H^+ quantos faltantes.

d) A equação obtida, já balanceada atomicamente, deverá ser balanceada eletricamente. Para tal, acrescentam-se, no primeiro membro, tantos elétrons quantos forem necessários para que a soma algébrica das cargas seja a mesma nos dois membros.

e) Com relação ao redutor procede-se de modo semelhante. Os átomos de oxigênio que, porventura, possam existir a mais, na forma oxidada, devem provir de moléculas de água introduzidas no primeiro membro; nesse caso, no segundo membro devem figurar os íons H^+ em número correspondente.

f) Multiplicam-se as duas equações pelos menores coeficientes necessários para que o número de elétrons nelas indicados seja o mesmo.

494 QUÍMICA GERAL

g) Somam-se membro a membro as duas equações resultantes, suprimindo os átomos, íons e elétrons comuns aos dois membros.

h) Se na equação final aparecerem íons H^+ no segundo membro, poderão ser acrescentados íons OH^- aos dois membros, em número necessário para transformar os íons H^+ em moléculas de água.

Exemplos:

1. Balanceamento da equação correspondente à oxidação do HCl pelo MnO_2

   a) $MnO_2 \longrightarrow Mn^{2+}$

   b) $MnO_2 \longrightarrow Mn^{2+}$

   c) $MnO_2 + 4H^+ \longrightarrow Mn^{2+} + 2H_2O$

   d) $MnO_2 + 4H^+ + 2e^- \longrightarrow Mn^{2+} + 2H_2O$

   e) $Cl^- \longrightarrow Cl_2$

      $2Cl^- \longrightarrow Cl_2$

      $2Cl^- \longrightarrow Cl_2 + 2e^-$

   f) $\begin{cases} MnO_2 + 4H^+ + 2e^- \longrightarrow Mn^{2+} + 2H_2O \\ 2Cl^- \longrightarrow Cl_2 + 2e^- \end{cases}$

   g) $MnO_2 + 2Cl^- + 4H^+ \longrightarrow Cl_2 + Mn^{2+} + 2H_2O$

2. Idem, à oxidação do íon ferroso, Fe^{2+}, pelo íon hipobromito, BrO^-, em meio ácido

   a) $BrO^- \longrightarrow Br^-$

   b) $BrO^- \longrightarrow Br^-$

   c) $BrO^- + 2H^+ \longrightarrow Br^- + H_2O$

   d) $BrO^- + 2H^+ + 2e^- \longrightarrow Br^- + H_2O$

   e) $Fe^{2+} \longrightarrow Fe^{3+}$

      $Fe^{2+} \longrightarrow Fe^{3+} + e^-$

   f) $\begin{cases} BrO^- + 2H^+ + 2e^- \longrightarrow Br^- + H_2O \\ 2Fe^{2+} \longrightarrow 2Fe^{3+} + 2e^- \end{cases}$

   g) $BrO^- + 2Fe^{2+} + 2H^+ \longrightarrow Br^- + 2Fe^{3+} + H_2O$

3. Idem, à oxidação do sulfato crômico em cromato, pelo clorato de potássio, por sua vez, reduzido a cloreto

   a) $ClO_3^- \longrightarrow Cl^-$

   b) $ClO_3^- \longrightarrow Cl^-$

   c) $ClO_3^- + 6H^+ \longrightarrow Cl^- + 3H_2O$

ELETROQUÍMICA II — OXIDAÇÃO E REDUÇÃO   **495**

d) $ClO_3^- + 6H^+ + 6e^- \longrightarrow Cl^- + 3H_2O$

e) $Cr^{3+} \longrightarrow CrO_4^{2-}$

$Cr^{3+} \longrightarrow CrO_4^{2-}$

$Cr^{3+} + 4H_2O \longrightarrow CrO_4^{2-} + 8H^+$

$Cr^{3+} + 4H_2O \longrightarrow CrO_4^{2-} + 8H^+ + 3e^-$

f) $\begin{cases} ClO_3^- + 6H^+ + 6\,e^- \longrightarrow Cl^- + 3H_2O \\ 2Cr^{3+} + 8H_2O \longrightarrow 2CrO_4^{2-} + 16H^+ + 6e^- \end{cases}$

g) $\begin{cases} ClO_3^- + 2Cr^{3+} + 5H_2O \longrightarrow 2CrO_4^{2-} + 10H^+ + Cl^- \\ ClO_3^- + 2Cr^{3+} + 5H_2O + 10OH^- \longrightarrow 2CrO_4^{2-} + 10H^+ + Cl^- + 10OH^- \end{cases}$

h) $ClO_3^- + 2Cr^{3+} + 10OH^- \longrightarrow 2CrO_4^{2-} + Cl^- + 5H_2O$

20.6 Volumetria por Oxirredução

Numa reação de redox, a igualdade entre os números de elétrons trocados entre si pelo oxidante e redutor permite, uma vez conhecida a quantidade de oxidante (ou redutor) que participa de uma reação, determinar a quantidade de redutor (ou oxidante) consumida no processo. Nisso se baseia a volumetria por oxirredução, método de análise quantitativa que permite determinar a concentração de uma solução oxidante ou redutora mediante outra, respectivamente redutora ou oxidante, de concentração conhecida.

Os conceitos de *equivalente-grama* e *normalidade* da solução, abordados a seguir, permitirão aclarar o princípio deste método de análise.

20.6.1 Equivalentes-grama de Oxidante e de Redutor

Embora todos os agentes oxidantes tenham em comum a propriedade de receber elétrons, o número destes, capturados por uma molécula ou um íon oxidante, varia de um agente para outro. Igualmente, o número de elétrons cedidos por uma molécula ou íon de agente redutor depende da natureza desse agente.

De um modo geral, são ditas *equivalentes* as diferentes massas dos diversos oxidantes e redutores capazes de receber e ceder um mesmo número N_0 de elétrons. Quando esse número N_0 é, em particular, um mol ($N_0 = 6,02 \times 10^{23}$), as massas equivalentes recebem o nome de *equivalentes-grama*.

Em outros termos, equivalente-grama de um agente oxidante ou redutor é, por definição, a massa desse agente capaz de receber ou ceder, efetiva ou ficticiamente, um mol de elétrons.

Quando o HNO_3 age como oxidante, é freqüente surgir como produto de sua redução o NO. Uma vez que o número de oxidação do átomo de nitrogênio é então reduzido de $+5$ para $+2$, cada molécula de HNO_3, por conter apenas um átomo de

496 QUÍMICA GERAL

nitrogênio, captura nessa reação 3 elétrons e cada molécula-grama pode capturar 3 mols de elétrons. Em conseqüência, o equivalente-grama do HNO_3 é, nesse caso, 1/3 de molécula-grama.

Analogamente, numa reação em que se oxida o íon Fe^{2+} a Fe^{3+}, cada molécula de $FeSO_4$ cede um elétron, e o equivalente-grama do $FeSO_4$ é a própria *molécula-grama* ou, mais precisamente, a *fórmula-grama*.

Generalizando, o equivalente-grama E^* de um agente oxidante ou redutor é dado pelo quociente

$$E^* = \frac{M^*}{\Delta n}, \tag{20.1}$$

com M^* designando sua molécula-grama ou fórmula-grama (ou íon-grama se o agente for considerado sob a forma iônica) e Δn representando a variação global do número de oxidação dos átomos ou íons oxidantes ou redutores presentes na molécula, ou íon, do agente em questão.

Portanto, para que se possa determinar E^*, é necessário conhecer os números de oxidação, inicial e final, dos reagentes. Na Tab. 20.1, que dá os potenciais de redox, indicam-se também os números de elétrons trocados pelos vários oxidantes e redutores; a partir deles determinam-se os equivalentes-grama. É o que se ilustra nos seguintes exemplos, nos quais, além dos oxidantes e redutores representados sob a forma molecular, indicam-se também os produtos de sua redução e oxidação:

A. *Oxidantes*

$$F_2 + 2e^- \longrightarrow 2\,F^- \qquad\qquad E^* = \frac{M^*}{2}$$

$$H_2O_2 + 2e^- \longrightarrow 2H_2O \qquad\qquad E^* = \frac{M^*}{2}$$

$$KMnO_4 + 5e^- \longrightarrow MnO \qquad\qquad E^* = \frac{M^*}{5}$$

$$MnO_2 + 2e^- \longrightarrow MnO \qquad\qquad E^* = \frac{M^*}{2}$$

$$HNO_3 + 3e^- \longrightarrow NO \qquad\qquad E^* = \frac{M^*}{3}$$

$$K_2Cr_2O_7 + 6e^- \longrightarrow Cr_2O_3 \qquad\qquad E^* = \frac{M^*}{6}$$

B. Redutores

$$SnCl_2 \longrightarrow SnCl_4 + 2e^- \qquad E^* = \frac{M^*}{2}$$

$$2FeSO_4 \longrightarrow Fe_2(SO_4)_3 + 2e^- \qquad E^* = M^*$$

$$2Na_2S_2O_3 \longrightarrow Na_2S_4O_6 + 2e^- \qquad E^* = M^*$$

$$H_2O_2 \longrightarrow O_2 + 2e^- \qquad E^* = \frac{M^*}{2}$$

$$2\,KI \longrightarrow I_2 + 2e^- \qquad E^* = M^*$$

20.6.2 Normalidade

Como para os ácidos e bases, a normalidade de uma solução oxidante ou redutora é definida pela razão

$$\overline{N} = \frac{\upsilon}{V}, \qquad (20.2)$$

na qual V representa o volume da solução, medido em litros, e υ o número de equivalentes-grama do soluto nela presentes. Ela indica o número de equivalentes-grama de oxidante ou redutor existentes em 1 litro de solução.

Se m é a massa de soluto dissolvido no volume V de solução e E^* seu equivalente-grama, então

$$\upsilon = \frac{m}{E^*}$$

e

$$\overline{N} = \frac{m}{E^* V}. \qquad (20.3)$$

Assim para uma solução que, em 250 mL, contém dissolvidos 6,32 g de permanganato de potássio, desde que destinada ao uso como oxidante em meio ácido $\left(E^* = \frac{M^*}{5} = \frac{158}{5} = 31,6 \text{ g}\right)$, tem-se

$$\overline{N} = \frac{6,32}{31,6 \times 0,25} = 0,8 \, N.$$

Analogamente, em 250 mL de solução 0,8 N de $SnCl_2 \left(E^* = \frac{M^*}{2} = \frac{190}{2} = 95 \text{ g}\right)$, existe dissolvida uma massa $m = E^* V \overline{N} = 95 \times 0,25 \times 0,8 = 19$ g de agente redutor.

498 QUÍMICA GERAL

20.6.3 Lei Fundamental da Oxidimetria

Do que acaba de ser exposto, conclui-se que, adicionando uma solução de um agente oxidante a outra de um agente redutor, haverá entre esses agentes uma reação completa, desde que as duas soluções contenham massas equivalentes de oxidante e redutor, isto é, o mesmo número de equivalentes-grama. Se V_1 e V_2 são os volumes dessas soluções e $\overline{N}_1$ e $\overline{N}_2$ suas respectivas normalidades, a condição de reação completa é traduzida pela igualdade

$$V_1\overline{N}_1 = V_2\overline{N}_2. \tag{20.4}$$

Essa expressão traduz a lei fundamental da oxidimetria ou volumetria por oxir-redução e rege um modo de determinar a concentração incógnita de uma solução redutora mediante outra de concentração conhecida de oxidante, e vice-versa. A maneira de aplicá-la é mostrada nos itens seguintes, que tratam de alguns casos particulares de oxidimetria.

20.6.4 Permanganometria

A permanganometria é um método de oxidimetria caracterizado pela utilização, como agente oxidante, de solução de permanganato de potássio.

Conforme já observado, o poder oxidante do $KMnO_4$ é devido à conversão do íon MnO_4^- em Mn^{2+}, em solução ácida, ou em MnO_2, em meio básico, neutro ou apenas levemente ácido. A redução do íon MnO_4^- pode ser esquematizada pelas seguintes equações:

a) em meio ácido:

$$MnO_4^- + 8H^+ + 5e^- \longrightarrow Mn^{2+} + 4H_2O, \text{ onde} \qquad E^* = \frac{M^*}{5};$$

b) em meio alcalino, neutro ou fracamente ácido:

$$MnO_4^- + 2H_2O + 3e^- \longrightarrow MnO_2 + OH^-, \text{ onde} \qquad E^* = \frac{M^*}{3}.$$

Enquanto uma solução de íons Mn^{2+} é incolor, a que contém íons MnO_4^- exibe uma coloração púrpura tanto mais intensa quanto mais rica nesses íons. Por isso, quando uma solução de íons MnO_4^- é adicionada, gradativamente, a outra contendo um agente redutor, à medida que esses íons se convertem em Mn^{2+}, processa-se um progressivo descoramento da solução. A partir do instante em que os íons MnO_4^- adicionados resultam em excesso, a solução adquire coloração púrpura. Em virtude disso, o íon $KMnO_4^-$ serve como seu próprio indicador, especialmente em solução ácida.

Em solução neutra ou básica, no entanto, por causa da formação de MnO_2, que é pardacento, utiliza-se como indicador a difenilamina ou o ácido fenilan-tranílico.

ELETROQUÍMICA II — OXIDAÇÃO E REDUÇÃO **499**

O uso de soluções tituladas de $KMnO_4$ é muito comum para dosagem de ferro em soluções contendo o íon Fe^{2+} e também na *titulação por diferença* de outros oxidantes. O procedimento desta última é descrito a seguir.

Por ser oxidante, o $KMnO_4$ não reage diretamente com outros agentes oxidantes. Contudo, o teor de um agente oxidante presente numa dada solução pode ser determinado com o uso do $KMnO_4$. Para tanto, adiciona-se a um dado volume da solução-problema um outro agente redutor em excesso, que é titulado com uma solução-padrão de permanganato de potássio. A concentração da solução redutora, por sua vez, também é determinada por titulação direta com solução de $KMnO_4$. O exemplo, a seguir, ilustra a questão.

Para determinar a concentração de uma solução de $K_2Cr_2O_7$, um analista, após adicionar a 100 mL dessa solução 250 mL de outra de sulfato ferroso, devidamente acidulada, constatou que, para oxidar o excesso de sal ferroso, eram consumidos 200 mL de solução 0,2 N de $KMnO_4$. Considerando que, para oxidar 50 mL dessa solução de $FeSO_4$, são necessários 75 mL da mesma solução padronizada de $KMnO_4$, qual é a concentração, em g/L, da solução-problema?

a) Designando por $\bar{N}$ a normalidade da solução de $FeSO_4$, diante dos últimos dados, pode-se escrever

$$0,05\,\bar{N} = 0,075 \times 0,2,$$

donde $\bar{N} = 0,3$ N.

b) Por outro lado, se $\bar{N}'$ é a normalidade da solução-problema, uma vez que o sulfato ferroso contido nos 250 mL foi oxidado em parte pelo $K_2Cr_2O_7$ e o restante pelo $KMnO_4$, tem-se

$$0,25 \times 0,3 = 0,1\,\bar{N}' + 0,2 \times 0,2,$$

ou seja,

$$\bar{N}' = 0,53\text{ N.}$$

Portanto, a concentração procurada da solução de $K_2Cr_2O_7\left(E^* = \frac{M^*}{6} = 49\text{ g}\right)$ é

$$\frac{m}{V} = E^*\bar{N}' = 49 \times 0,53 = 26\text{ g/L}$$

20.6.5 Iodometria

A iodometria é o método de análise quantitativa de agentes oxidantes e redutores baseado em reações em que se forma ou se utiliza iodo livre. A formação de iodo livre é conseqüência, geralmente, da oxidação do HI, ou algum outro iodeto, por ação de um agente oxidante, em meio ácido. Por exemplo:

$$10KI + 2\,KMnO_4 + 8H_2SO_4 \longrightarrow 5I_2 + 2MnSO_4 + 6K_2SO_4 + 8H_2O.$$

500 QUÍMICA GERAL

O iodo liberado nessa reação é titulado com uma solução padronizada de tiossulfato de sódio $Na_2S_2O_3$; nessa titulação, o $Na_2S_2O_3$ é oxidado a tetrationato de sódio ($Na_2S_4O_6$), enquanto o iodo livre é reduzido a íon I^- segundo a equação:

$$I_2 + 2Na_2S_2O_3 \longrightarrow Na_2S_4O_6 + 2NaI.$$

Como indicador utiliza-se o amido, que, com iodo livre, produz uma coloração azul intensa. Devido à grande sensibilidade desse indicador, a iodometria constitui um dos métodos mais precisos de dosagem de oxidantes e redutores.

a) Para a dosagem de um agente oxidante numa solução, adiciona-se-lhe um excesso de iodeto de potássio em presença de H_2SO_4 e o iodo liberado é titulado pelo $Na_2S_2O_3^{[*]}$. A quantidade de tiossulfato consumido nessa reação é equivalente à do oxidante presente na solução.

Imagine-se, por exemplo, que a uma solução contendo uma massa m de $K_2Cr_2O_7$ tenha sido adicionado um excesso de KI, em presença de H_2SO_4, e um pouco de amido. Admita-se ainda que, para descorar completamente a solução, tenham sido consumidos 125 mL de solução de tiossulfato contendo, por litro, 31,6 g desse sal anidro e que o problema proposto consista em determinar o valor de m. Para resolvê-lo pode-se, numa primeira etapa, calcular pela equação (20.3) a normalidade da solução de $Na_2S_2O_3$ ($E^* = 158$ g):

$$\overline{N} = \frac{31,6}{158 \times 0,125} = 1,6\ N,$$

e, a partir desta, calcular m. De fato, uma vez que o número de equivalentes-grama de $K_2Cr_2O_7$ $\left(E^* = \frac{M^*}{6} = 49\ g\right)$, presente na solução-problema, deve ser igual ao de tiossulfato de sódio contido nos 125 mL, segue-se

$$\frac{m}{49} = 0,125 \times 1,6$$

e, portanto, $m = 9,8$ g.

b) Para dosar um agente redutor por iodometria, recorre-se à titulação por diferença, semelhante à descrita no item anterior quanto ao uso do $KMnO_4$: à solução redutora problema adiciona-se outra, padronizada, de iodo em excesso cujo excedente é titulado com tiossulfato de sódio.

Examine este exemplo. Na busca da concentração em g/L de uma solução de $SnCl_2$, a 200 mL da solução-problema foram adicionados 250 mL de solução $0,5\ N$ de iodo. Levando em conta que, para reduzir o excesso de oxidante, foram consumidos 80 mL de solução $0,2\ N$ de $Na_2S_2O_3$, qual é a concentração da solução-problema?

---

[*] A maioria dos agentes oxidantes não pode ser titulada diretamente com o tiossulfato de sódio porque sua reação com esse sal, além de extremamente complexa, tem seu ponto final indefinido.

ELETROQUÍMICA II — OXIDAÇÃO E REDUÇÃO

De acordo com os dados, os 250 mL de solução de iodo foram consumidos para oxidar, em parte, os 200 mL da solução-problema e o restante, os 80 mL de solução de $Na_2S_2O_3$. Logo

$$0,25 \times 0,5 = 0,2\,\bar{N} + 0,08 \times 0,2,$$

$$\bar{N} = 0,58\,N$$

e, como $\frac{m}{V} = \bar{N}E^*$, então $\frac{m}{V} = 0,58 \times 95 = 55,1\ g \times L^{-1}$.

20.7 Agentes Conjugados

Embora as funções desempenhadas por todos os oxidantes e os redutores consistam, respectivamente, na captura e na liberação de elétrons, a maior ou menor facilidade com que os diversos oxidantes e redutores exercem seu papel varia de um agente para outro.

Enquanto o cloro molecular é capaz de oxidar os íons Br^-, conforme a equação

$$Cl_2 + 2Br^- \longrightarrow Br_2 + 2Cl^-,$$

o íon Fe^{3+}, embora incluído no rol dos oxidantes, é incapaz de realizá-lo. Para exprimir esse fato, diz-se que o Cl_2 é um oxidante mais poderoso que o Fe^{3+}.

Do mesmo modo, enquanto o íon I^- consegue reduzir o íon Fe^{3+} segundo a equação

$$2Fe^{3+} + 2I^- \longrightarrow 2Fe^{2+} + I_2,$$

o mesmo não pode ser conseguido pelo íon Br^-. Isso leva a dizer que o íon I^- é um redutor mais enérgico que o íon Br^-.

Agentes *oxidantes enérgicos* ou *fortes* são os que têm pronunciada tendência de receber elétrons e por isso podem extrair elétrons de muitos agentes redutores, inclusive dos redutores relativamente débeis ou fracos, que os libertam com dificuldade. Inversamente, *oxidantes fracos* são os que têm pequena tendência em receber elétrons e, portanto, só podem oxidar os redutores fortes, isto é, os que cedem elétrons com facilidade.

O poder oxidante ou redutor de um certo agente é avaliado pelo seu *potencial de oxirredução*, medido, por sua vez, por uma pilha convenientemente construída, do tipo da descrita no item 20.1. O princípio em que se baseia essa medida é exposto no próximo item.

Uma vez que o processo de ganho e perda de elétrons é reversível, todo redutor ao ceder elétrons converte-se num oxidante e, inversamente, um oxidante ao capturar elétrons, torna-se um redutor. Esse e o correspondente oxidante por ele originado formam um *par conjugado* em equilíbrio:

$$redutor \rightleftharpoons oxidante + ne^-.$$

502 QUÍMICA GERAL

Exemplos:

$$K^0 \rightleftarrows K^+ + e^-;$$

$$Mn^{2+} \rightleftarrows MnO_4^- + 5e^-;$$

$$2Cr^{3+} \rightleftarrows Cr_2O_7^{2-} + 6e^-;$$

$$Mg^0 \rightleftarrows Mg^{2+} + 2e^-;$$

$$Sn^{2+} \rightleftarrows Sn^{4+} + 2e^-;$$

$$2F \rightleftarrows F_2 + 2e^-.$$

Em todo par de agentes conjugados, distingue-se a *forma oxidada* da *forma reduzida*; o número de oxidação do átomo ou íon trocador de elétrons é maior na primeira do que na segunda. Nos pares acima indicados tem-se:

Sistema de redox	Forma reduzida	Forma oxidada
K^+/K^0	K^0	K^+
MnO_4^-/Mn^{2+}	Mn^{2+}	MnO_4^-
$Cr_2O_7^{2-}/Cr^{3+}$	Cr^{3+}	$Cr_2O_7^{2-}$
Mg^{2+}/Mg^0	Mg^0	Mg^{2+}
Sn^{4+}/Sn^{2+}	Sn^{2+}	Sn^{4+}
F_2/F^-	F^-	F_2

A forma oxidada de um sistema de redox é o agente oxidante, e a forma reduzida o seu conjugado redutor.

Quanto mais forte é um agente oxidante, mais fraco é o redutor a ele conjugado, e vice-versa. Assim, afirmar que o F_2 é um poderoso oxidante é dizer que os átomos da molécula de flúor têm grande aptidão para capturar elétrons e se converter em íons F^- e que, inversamente, os íons F^- retêm firmemente seus elétrons. Do mesmo modo, dizer que o Zn^0 é um redutor enérgico é afirmar que os átomos de zinco libertam elétrons com muita facilidade para se converter em íons Zn^{2+}, e que os íons Zn^{2+} são oxidantes fracos, porque dificilmente capturam elétrons.

Observação

Existe certa analogia entre as reações de oxirredução abordadas nos itens precedentes e as reações de protólise examinadas no item 18.5. Essa analogia resulta marcada pelos seguintes fatos:

a) enquanto as reações de oxirredução se caracterizam por uma transferência de elétrons, as reações de protólise se identificam por uma transferência de prótons;

ELETROQUÍMICA II — OXIDAÇÃO E REDUÇÃO **503**

b) nos processos de oxirredução, a reação entre um oxidante (oxidante$_1$) e um redutor (redutor$_2$) conduz ao aparecimento de um novo redutor (redutor$_1$) e um novo oxidante (oxidante$_2$), que são, respectivamente, os conjugados dos reagentes:

$$\text{oxidante}_1 + \text{redutor}_2 \rightleftharpoons \text{redutor}_1 + \text{oxidante}_2;$$

tais processos são análogos aos que se desenvolvem nas reações de protólise, nas quais a ação de um ácido (ácido$_1$) sobre uma base (base$_2$) conduz à formação de um par base—ácido conjugados dos reagentes

$$\text{ácido}_1 + \text{base}_2 \rightleftharpoons \text{base}_1 + \text{ácido}_2;$$

c) um redutor e um oxidante são tanto mais fortes quanto maiores as suas tendências de ceder e receber elétrons. Analogamente, um ácido e uma base são tanto mais fortes quanto mais facilmente cedem e capturam prótons;

d) um redutor (ou oxidante) enérgico, cedendo (ou recebendo) elétrons, transforma-se num oxidante (ou redutor) muito fraco. Analogamente, um ácido (ou base) forte, cedendo (ou recebendo) prótons, transforma-se numa base (ou ácido) fraca.

20.8 Potencial de Redox

Quando um eletrodo constituído por um metal nobre, como a platina por exemplo, é imerso numa solução oxidante ou redutora, o metal cede alguns de seus elétrons ao oxidante ou recebe alguns elétrons do redutor. Com a carga adquirida, por perda ou ganho de elétrons, o eletrodo assume um potencial positivo ou negativo, que se opõe ao prosseguimento do processo. A magnitude desse potencial depende da natureza do metal constituinte do eletrodo e, também, do poder oxidante ou redutor do agente presente na solução.

Para um dado metal, quanto maior for o poder oxidante ou redutor do agente em solução, tanto maior será o potencial positivo ou tanto menor o potencial negativo adquirido pelo eletrodo. Assim, o potencial adquirido por um eletrodo imerso numa solução pode constituir uma medida do poder oxidante ou redutor desta última; esse é o denominado *potencial de oxidação*, ou *potencial de oxirredução*, ou, também, *potencial de redox* da solução.

Em virtude da reversibilidade dos processos de oxirredução, os agentes oxidantes e redutores, em solução, vêm acompanhados pelos seus conjugados. Assim, o íon redutor Sn^{2+} vem sempre misturado com o íon oxidante Sn^{4+} a partir dele originado. Analogamente, há sempre agentes oxidantes como F_2, $Cr_2O_7^{2-}$, MnO_4^- misturados com seus agentes redutores conjugados F^-, Cr^{3+} e Mn^{2+}, embora, às vezes, em quantidades extremamente pequenas.

Por assim ser, resulta mais adequado exprimir os potenciais de oxirredução para os pares Sn^{4+}/Sn^{2+}, F_2/F^-, $Cr_2O_7^{2-}/Cr^{3+}$, MnO_4^-/Mn^{2+} que indicá-los propriamente para os agentes oxidantes e redutores individualmente.

Expostos em suas linhas gerais os fatos que justificam a avaliação do poder oxidante ou redutor por meio do potencial de oxirredução, resta lembrar um problema importante que surge quando se tenta medi-lo.

O leitor deve saber que a medida do potencial elétrico U de um sistema não pode ser feita individualmente, mas exige a utilização de um segundo sistema de potencial conhecido. Em outras palavras, a determinação do potencial de um sistema é feita pela medida da diferença de potência entre o sistema em questão e outro padrão, cujo potencial U_0 seja conhecido; resulta então $\Delta U = U - U_0$ e se, em particular, $U_0 = 0$, então $U = \Delta U$. O que acontece com um sistema qualquer sucede também com um de redox.

Assim, para determinar o potencial de oxidação de um dado sistema S de redox, recorre-se a outro S_0, com o qual o primeiro constitui um gerador galvânico, cuja força eletromotriz (f.e.m.) é então medida; essa f.e.m. exprime a diferença entre os potenciais de oxidação dos sistemas S e S_0. Desde que, para todos os sistemas S, essa medida seja referida ao mesmo sistema padrão S_0, os resultados obtidos permitem comparar os poderes dos vários agentes oxidantes e redutores e, inclusive, estabelecer para eles uma *escala de atividade*.

O sistema S_0, usado com esse objetivo, é o *eletrodo padrão de hidrogênio* ou *eletrodo normal de hidrogênio*; está representado esquematicamente na Fig. 20.2.

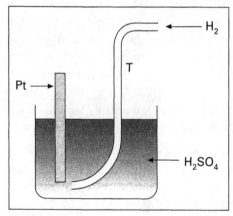

Figura 20.2

Num vaso, que contenha uma solução de H_2SO_4 de concentração tal que $[H^+] = 1$ íon-g $\times L^{-1[*]}$, mergulhe-se um eletrodo de platina recoberto com uma película delgada de negro de platina. Uma corrente de hidrogênio puro, sob pressão de 1 atmosfera, é dirigida para o interior da solução pelo tubo T. Quando esse hidrogênio entra em contato com o eletrodo, é fixado, em parte, pelo negro de platina, e o eletrodo passa a se comportar como se fosse de hidrogênio. O potencial de oxidação do eletrodo, assim construído, é tomado, convencionalmente, como igual a zero[**].

Para medir o potencial de oxidação de um sistema qualquer, Sn4+/Sn^{2+} por exemplo, constrói-se um gerador galvânico com esse sistema e o eletrodo normal de hidrogênio, conforme a Fig. 20.3. Enquanto no vaso A se instala o eletrodo de hidrogênio, no vaso B é introduzida uma mistura de volumes iguais de duas soluções de SnCl$_4$ e SnCl$_2$ de mesma concentração molar (ou formal); nessa mistura,

---

[*] A rigor a concentração deve ser tal que a *atividade* do íon H⁻ seja 1 íon-g/L. Nos cálculos correntes, confunde-se a atividade com a própria concentração, o que é lícito para soluções diluídas.
[**] A convenção que fixa como zero o potencial do eletrodo de hidrogênio é tão arbitrária quanto a que fixa como zero a temperatura do gelo fundente, na escala Celsius.

é imerso um eletrodo de platina. Ligam-se os dois eletrodos ao potenciômetro P — instrumento de medida de força eletromotriz — e fecha-se o circuito, estabelecendo comunicação entre os vasos mediante a *ponte eletrolítica*. Isso feito, no caso do sistema Sn^{4+}/Sn^{2+}, o potenciômetro acusa uma f.e.m. $E = 0{,}15$ V (a 25°C), mostrando a existência de diferença de potencial de 0,15 V entre os dois eletrodos[*] ou, mais precisamente, indicando que o potencial do sistema Sn^{4+}/Sn^{2+} supera em 0,15 V o do eletrodo de hidrogênio. Os fenômenos que se desenrolam no conjunto podem ser esquematizados do seguinte modo:

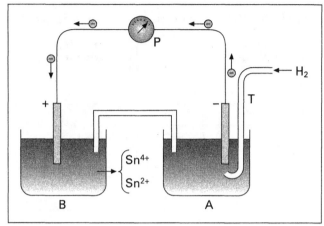

Figura 20.3

a) no catodo, ou seja, no eletrodo negativo ($H_2/2H^+$), as moléculas de H_2 cedem elétrons à platina, oxidando-se:

$$H_2 \longrightarrow 2H^+ + 2e^-; \qquad (1)$$

b) os elétrons liberados percorrem o circuito externo e, atingindo o anodo, são capturados pelos íons Sn^{4+}, que, então, são reduzidos a Sn^{2+}:

$$Sn^{4+} + 2e^- \longrightarrow Sn^{2+}. \qquad (2)$$

Somando a (1) com a (2) obtém-se

$$Sn^{4+} + H_2 \longrightarrow Sn^{2+} + 2H^+,$$

equação que resume a reação ocorrida na pilha. O fato de a f.e.m. da pilha ser $E = 0{,}15$ V significa que

$$U_{Sn^{4+}/Sn^{2+}} - U_{2H^+/H_2} = 0{,}15 \text{ V}$$

e, portanto, para

$$U_{2H^+/H_2} = 0,$$
$$U_{Sn^{4+}/Sn^{2+}} = 0{,}15 \text{ V},$$

valor adotado como o do *potencial normal de redox* do par Sn^{4+}/Sn^{2+}, na escala em que o potencial do par $2H^+/H_2$ é convencionalmente adotado como zero[**].

---

[*] A força eletromotriz E de uma pilha coincide com a diferença de potencial ΔU entre seus terminais, em circuito aberto.
[**] O potencial de redox, além de depender da natureza do sistema, é também função das concentrações relativas de seus componentes. Quando as concentrações molares, ou formais, das formas oxidadas e reduzidas são iguais entre si, o potencial medido é chamado *potencial normal* (v. item 20.10).

TABELA 20.1 Potenciais normais de oxidação a 25°C

Agente redutor		Agente oxidante		Número de elétrons trocados	Potencial de redox em volt
Li	$\rightleftharpoons$	Li^+	+	e^-	$-3,03$
Cs	$\rightleftharpoons$	Cs^+	+	e^-	$-3,02$
Rb	$\rightleftharpoons$	Rb^+	+	e^-	$-2,99$
K	$\rightleftharpoons$	K^+	+	e^-	$-2,92$
Ba	$\rightleftharpoons$	Ba^{2+}	+	$2e^-$	$-2,90$
Sr	$\rightleftharpoons$	Sr^{2+}	+	$2e^-$	$-2,89$
Ca	$\rightleftharpoons$	Ca^{2+}	+	$2e^-$	$-2,87$
Na	$\rightleftharpoons$	Na^+	+	e^-	$-2,71$
$Al + 4OH^-$	$\rightleftharpoons$	$Al(OH)_4^-$	+	$3e^-$	$-2,35$
Mg	$\rightleftharpoons$	Mg^{2+}	+	$2e^-$	$-2,34$
Be	$\rightleftharpoons$	Be^{2+}	+	$2e^-$	$-1,70$
Al	$\rightleftharpoons$	Al^{3+}	+	$3e^-$	$-1,67$
$Zn + 4OH^-$	$\rightleftharpoons$	$Zn(OH)_4^{2-}$	+	$2e^-$	$-1,22$
Mn	$\rightleftharpoons$	Mn^{2+}	+	$2e^-$	$-1,12$
$Zn + 4\,NH_3$	$\rightleftharpoons$	$Zn(NH_3)_4^{2+}$	+	$2e^-$	$-1,03$
$Co(CN)_6^{4-}$	$\rightleftharpoons$	$Co(CN)_6^{3-}$	+	e^-	$-0,83$
Zn	$\rightleftharpoons$	Zn^{2+}	+	$2e^-$	$-0,76$
$As + 4OH^-$	$\rightleftharpoons$	$AsO_2^- + 2H_2O$	+	$3e^-$	$-0,68$
S^{2-}	$\rightleftharpoons$	S	+	$2e^-$	$-0,51$
$H_2C_2O_4$	$\rightleftharpoons$	$2CO_2 + 2H^+$	+	$2e^-$	$-0,49$
Fe	$\rightleftharpoons$	Fe^{2+}	+	$2e^-$	$-0,44$
Cr^{2+}	$\rightleftharpoons$	Cr^{3+}	+	e^-	$-0,40$
Cd	$\rightleftharpoons$	Cd^{2+}	+	$2e^-$	$-0,40$
Co	$\rightleftharpoons$	Co^{2+}	+	$2e^-$	$-0,28$
Ni	$\rightleftharpoons$	Ni^{2+}	+	$2e^-$	$-0,25$
Sn	$\rightleftharpoons$	Sn^{2+}	+	$2e^-$	$-0,14$
Pb	$\rightleftharpoons$	Pb^{2+}	+	$2e^-$	$-0,13$
Fe	$\rightleftharpoons$	Fe^{3+}	+	$3e^-$	$-0,04$
H_2	$\rightleftharpoons$	$2H^+$	+	$2e^-$	$0,00$
$2S_2O_3^{2-}$	$\rightleftharpoons$	$S_4O_6^{2-}$	+	$2e^-$	$+0,10$
H_2S	$\rightleftharpoons$	$S + 2H^+$	+	$2e^-$	$+0,14$
Sn^{2+}	$\rightleftharpoons$	Sn^{4+}	+	$2e^-$	$+0,15$
Cu^+	$\rightleftharpoons$	Cu^{2+}	+	e^-	$+0,16$

Agente redutor		Agente oxidante		Número de elétrons trocados	Potencial de redox em volt
Sb	$\rightleftarrows$	Sb^{3+}	+	$3e^-$	$+0,20$
$SO_3^{2-} + H_2O$	$\rightleftarrows$	$SO_4^{2-} + 2H^+$	+	$2e^-$	$+0,22$
Bi	$\rightleftarrows$	Bi^{3+}	+	$3e^-$	$+0,23$
Cu	$\rightleftarrows$	Cu^{2+}	+	$2e^-$	$+0,34$
$Fe(CN)_6^{4-}$	$\rightleftarrows$	$Fe(CN)_6^{3-}$	+	e^-	$+0,36$
$2OH^-$	$\rightleftarrows$	$H_2O + {}^1/_2O_2$	+	$2e^-$	$+0,40$
Cu	$\rightleftarrows$	Cu^+	+	e^-	$+0,52$
$Cl_2 + 4OH^-$	$\rightleftarrows$	$2ClO^- + 2H_2O$	+	$2e^-$	$+0,52$
$2I^-$	$\rightleftarrows$	I_2	+	$2e^-$	$+0,53$
$MnO_2 + 4OH^+$	$\rightleftarrows$	$MnO_4^- + 2H_2O$	+	$3e^-$	$+0,57$
MnO_4^{2-}	$\rightleftarrows$	MnO_4^-	+	e^-	$+0,66$
H_2O_2	$\rightleftarrows$	$2H^+ + O_2$	+	$2e^-$	$+0,68$
Fe^{2+}	$\rightleftarrows$	Fe^{3+}	+	e^-	$+0,77$
$2Hg$	$\rightleftarrows$	Hg_2^{2+}	+	e^-	$+0,80$
Ag	$\rightleftarrows$	Ag^+	+	e^-	$+0,80$
$NO_2 + H_2O$	$\rightleftarrows$	$NO_3^- + 2H^+$	+	e^-	$+0,81$
Hg	$\rightleftarrows$	Hg^{2+}	+	$2e^-$	$+0,85$
Hg_2^{2+}	$\rightleftarrows$	$2Hg^{2+}$	+	$2e^-$	$+0,90$
$HNO_2 + H_2O$	$\rightleftarrows$	$NO_3^- + 3H^+$	+	$2e^-$	$+0,94$
$NO + H_2O$	$\rightleftarrows$	$HNO_2 + H^+$	+	e^-	$+0,99$
$ClO_3^- + H_2O$	$\rightleftarrows$	$ClO_4^- + 2H^+$	+	$2e^-$	$+1,00$
$2Br^-$	$\rightleftarrows$	Br_2	+	$2e^-$	$+1,07$
$Mn^{2+} + 2H_2O$	$\rightleftarrows$	$MnO_2 + 4H^+$	+	$2e^-$	$+1,33$
$2Cl^-$	$\rightleftarrows$	Cl_2	+	$2e^-$	$+1,35$
$2Cr^{3+} + 7H_2O$	$\rightleftarrows$	$Cr_2O_7^{2-} + 14H^+$	+	$6e^-$	$+1,36$
Au	$\rightleftarrows$	Au^{3+}	+	$3e^-$	$+1,42$
$Cl^- + 3H_2O$	$\rightleftarrows$	$ClO_3^- + 6H^+$	+	$6e^-$	$+1,45$
$Mn^{2+} + 4H_2O$	$\rightleftarrows$	$MnO_4^- + 8H^+$	+	$5e^-$	$+1,52$
$Cl_2 + 2H_2O$	$\rightleftarrows$	$2HClO + 2H^+$	+	$2e^-$	$+1,63$
$2H_2O$	$\rightleftarrows$	$H_2O_2 + 2H^+$	+	$2e^-$	$+1,77$
Co^{2+}	$\rightleftarrows$	Co^{3+}	+	e^-	$+1,84$
$2SO_4^{2-}$	$\rightleftarrows$	$S_2O_8^{2-}$	+	$2e^-$	$+2,10$
$O_2 + H_2O$	$\rightleftarrows$	$O_3 + 2H^+$	+	$2e^-$	$+2,10$
$2F^-$	$\rightleftarrows$	F_2	+	$2e^-$	$+2,90$

508 QUÍMICA GERAL

É oportuno ressaltar que o sinal positivo do potencial do sistema Sn^{4+}/Sn^{2+} indica que o eletrodo em contato com ele, na pilha considerada, exerce o papel de terminal positivo, enquanto o eletrodo normal de hidrogênio se comporta como terminal negativo.

Do mesmo modo, o sinal negativo do potencial de eletrodo de um dado par significa que na pilha, constituída por ele e pelo eletrodo normal de hidrogênio, o par funciona como terminal negativo, enquanto o sistema $2H^+/H_2$ faz o papel de borne ou terminal positivo. É o que sucede, por exemplo, com o Al^{3+}/Al^0, cujo potencial de oxidação ($-1,67$ V) significa que o alumínio metálico é um agente redutor mais poderoso que o H_2 gasoso ou, por outra, os íons Al^{3+} são agentes oxidantes mais fracos que os íons H^+. Constituída a pilha Al^{3+}/Al^0 e $2H^+/H_2$, então, no primeiro eletrodo,

$$Al^0 \longrightarrow Al^{3+} + 3e^-$$

ou

$$2\,Al^0 \longrightarrow 2Al^{3+} + 6e^-$$

e, no segundo,

$$2H^+ + 2e^- \longrightarrow H_2$$

ou

$$6H^+ + 6e^- \longrightarrow 3H_2,$$

isto é,

$$2Al^0 + 6H^+ \longrightarrow 2Al^{3+} + 3H_2.$$

Na Tab. 20.1, estão indicados os potenciais normais de redox de alguns sistemas, medidos a 25°C; eles permitem comparar os poderes oxidante e redutor, respectivamente, das formas oxidadas e reduzidas dos diversos pares conjugados. Quanto maior, em valor e sinal, o potencial normal de redox de um dado par, maior é o poder oxidante da forma oxidada e mais brando o poder redutor da forma reduzida e reciprocamente.

Dos sistemas indicados na tabela, ressalte-se que:

a) F_2 é o mais poderoso agente oxidante, enquanto o íon F^- é o mais fraco agente redutor;

b) Li é o mais poderoso agente redutor, ao passo que o íon Li^+ é o mais fraco agente oxidante.

Nota

Na determinação dos potenciais de redox de sistemas constituídos por um metal e seus íons (Al/Al^{3+}, Cd/Cd^{2+}, Fe/Fe^{3+}, etc.), o eletrodo de platina é substituído por um do próprio metal considerado.

ELETROQUÍMICA II — OXIDAÇÃO E REDUÇÃO **509**

20.9 Série Eletroquímica dos Metais

A experiência ensina que, introduzindo um fragmento de determinado metal A numa solução contendo íons de outro B, dependendo da natureza desses metais, pode acontecer de o primeiro entrar em solução e acarretar a deposição do segundo. Quando isso acontece há uma descarga de íons de B e tudo se passa como se houvesse uma passagem de suas cargas para átomos de A, que, em decorrência, se ionizam. Na verdade, átomos de A transferem elétrons aos íons de B, descarregando-os e ionizando-se eles próprios.

É o que sucede, por exemplo, quando numa solução de um sal de prata se introduz uma lâmina de zinco; após certo tempo, uma película de prata passa a recobrir essa lâmina, enquanto íons Zn^{2-} surgem na solução.

Esse fenômeno, representado pela equação

$$Zn + 2Ag^+ \longrightarrow Zn^{2+} + 2Ag,$$

pode ser compreendido pelas posições que os sistemas Zn/Zn^{2+} e Ag/Ag^+ ocupam na tabela de potenciais normais de redox. De fato, uma vez que o potencial do sistema Zn^{2+}/Zn é mais baixo que o do par Ag^+/Ag ($U_{Zn^{2+}/Zn} = -0,76$ V e $U_{Ag^+/Ag} = +0,80$ V), o poder oxidante dos íons Ag^+ é maior que o dos íons Zn^{2+}, enquanto o poder redutor dos átomos de zinco é mais pronunciado que o dos átomos de prata; o fenômeno representado pela equação anterior transcorre, na verdade, em duas etapas:

$$Zn \longrightarrow Zn^{2+} + 2e^- \qquad (a)$$

e
$$2Ag^+ + 2e^- \longrightarrow Ag\downarrow. \qquad (b)$$

Como as reações (a) e (b) podem ocorrer nos dois sentidos, para ressaltar que o Zn^0 é melhor redutor que o Ag^0 costuma-se escrever:

$$Zn \rightleftharpoons Zn^{2+} + 2e^-$$

e
$$Ag \rightleftharpoons Ag^+ + e^-,$$

os diferentes comprimentos das setas significando, apenas, que dos dois metais em questão, o Zn^0 tem maior tendência em converter-se em íons Zn^{2+} que a Ag^0 em Ag^+.

Generalizando, de um conjunto de metais o de menor potencial de redox é o que reduz os íons dos outros. Ordenando os metais na seqüência em que, sob a forma reduzida, figuram na própria tabela dos potenciais normais de redox:

Li, Cs, Rb, K, Ba, Sr, Ca, Na, Mg, Be, Al, Mn, Zn, Cr, Fe, Cd, Co, Ni, Sn, Pb, H, Sb, Bi, As, Cu, Ag, Hg, Au,

obtém-se uma seqüência que evidencia a ordem em que os átomos de alguns reduzem os íons de outros. Essa seqüência é chamada *série das tensões*, ou *série das forças eletromotrizes*, ou *série de atividades*, ou, ainda, *série eletroquímica* dos metais. Qualquer metal reduz os íons dos que o seguem na série e tem seus íons reduzidos pelos metais que o precedem.

510 QUÍMICA GERAL

20.9.1 Corrosão

A oxidação dos metais, que conduz à sua quase sempre indesejável transformação em íons positivos, ou nos respectivos óxidos, chama-se corrosão. Uma vez que o processo de oxidação de um metal leva, geralmente, à sua transformação em íons, os produtos dessa oxidação são, comumente, mais solúveis em água que os próprios metais. Em conseqüência, se uma quantidade suficiente de água está presente, muitos metais sofrem uma dissolução durante a corrosão.

Quanto maior o poder redutor de um metal, isto é, mais alta a sua posição na tabela dos potenciais de redox, ou, ainda, quanto mais baixo seu potencial normal de redox, tanto maior sua suscetibilidade de sofrer corrosão.

A corrosão dos metais é comumente causada pelo oxigênio do ar ou pelos ácidos, parecendo que o íon $H^+_{(aq)}$ ou $H_3O^+_{(aq)}$ é o agente oxidante mais provável. As fumaças industriais, ácidas, são também importantes agentes causadores de corrosão. A presença de íons na água em contato com o metal facilita a transferência de elétrons do metal para o agente oxidante.

A presença de mercúrio elementar na água aumenta enormemente a dissolução do chumbo. No contato entre o chumbo e mercúrio, um metal (Pb) encontra-se em presença de outro menos oxidável (Hg), isto é, posterior ao primeiro na série eletroquímica. Nesse caso os elétrons, que se acumulam sobre o chumbo durante a oxidação ($Pb \longrightarrow Pb^{2+}_{(aq)} + 2e^-$), aparentemente fluem do chumbo para o mercúrio; uma carga negativa surge sobre o metal menos oxidável. Esse fenômeno aumenta a oxidação do chumbo, favorecendo a reação esquematizada pela equação supra.

O fenômeno descrito é geral. Sempre que um metal *A* está em contato elétrico com outro *B*, situado abaixo dele na tabela dos potenciais, a oxidação, isto é, a corrosão do metal *A* é incrementada. Tendo isto presente, parece razoável aceitar que, se um metal *B* entra em contato com outro *A*, situado acima dele na série de atividade, a corrosão do metal *B* é inibida. *É* o que sucede, por exemplo, com o ferro, cuja corrosão é significativamente sustada, quando em contato com metais como Mg, Zn, Cr, que se situam acima dele na série das atividades. Por outro lado, esses metais, mais facilmente oxidáveis, corroídos antes do ferro, acabam aos poucos desaparecendo. Por isso são chamados *metais de sacrifício*.

Nem sempre a corrosão de um metal leva ao seu total desaparecimento. Muitas vezes, os produtos da corrosão formam uma película que protege o metal contra o prosseguimento do fenômeno. O alumínio, exposto ao ar úmido, oxida-se lentamente, mas o óxido formado, que reveste o metal, impede a continuação da corrosão. Assim, a coloração verde-azulada que de costume aparece sobre os objetos de cobre é devida a uma camada protetora de carbonato básico de cobre $Cu(OH)_2 \cdot CuCO_3$, que resguarda o metal contra o prosseguimento da corrosão.

Visando a impedir sua corrosão, os metais costumam ser recobertos por películas protetoras de tinta, óleo, verniz ou cera. No caso do ferro, costuma-se galvanizá-lo (recobri-lo de zinco); é usual mergulhá-lo em zinco fundido ou, então,

ELETROQUÍMICA II — OXIDAÇÃO E REDUÇÃO **511**

espalhar sobre ele o zinco em pó para, em seguida, aquecê-lo, de modo que o zinco metálico seja fixado na superfície do ferro. A película de Zn não é apenas protetora; é também corroída preferencialmente ao ferro e por isso atua como metal de sacrifício.

Outra maneira de tornar os metais resistentes à corrosão consiste em ligá-los entre si. Um exemplo é o aço inoxidável comum, que contém de 14 a 18% de cromo e, geralmente, 8% de níquel.

20.10 Equação de Nernst

Conforme ressaltado em item anterior, o potencial de redox de um sistema não depende apenas da sua natureza, ou seja, de quais são suas formas reduzida e oxidada, mas também de suas concentrações relativas. Isso é compreensível. Considerado, por exemplo, o sistema Sn^{4+}/Sn^{2+}, é lícito admitir que a ação oxidante dos íons Sn^{4+} seja tanto maior quanto maior sua própria concentração no sistema e, também, quanto menor a concentração dos íons Sn^{2+}, os quais, por serem produto da redução dos primeiros, tendem a regenerá-los. Generalizando, é de prever que o potencial de oxidação de um sistema deve crescer com a razão entre as concentrações das formas oxidada e reduzida desse sistema.

A correlação entre o potencial de oxidação de um sistema de redox e as concentrações de suas formas oxidada e reduzida é dada pela equação de Nernst[*] (1889), deduzida na Termodinâmica Química, a partir das relações existentes entre *energia livre* e *atividade*. A equação de Nernst é traduzida pela expressão

$$U = U_0 + \frac{RT}{n\mathscr{F}} \ln \frac{[Ox]}{[Red]} , \qquad (20.5)$$

na qual U_0 representa o potencial normal de oxidação do sistema considerado, R a constante dos gases ideais, T a temperatura do sistema expressa na escala Kelvin, $\mathscr{F}$ é a constante conhecida como *faraday* (v. item 19.4) e n é a variação do número de oxidação experimentada pelo oxidante ou redutor, ou seja, o número de elétrons capturados ou cedidos na transformação de forma oxidada em reduzida, ou vice-versa. Os símbolos [Ox] e [Red] representam as concentrações, em moléculas-grama/litro ou íons-grama/litro, das formas oxidada e reduzida.

Evidentemente quando [Ox] = [Red] tem-se

$$U = U_0,$$

isto é, o *potencial normal* de redox é o potencial do sistema quando a concentração das formas oxidada e reduzida são iguais entre si.

---

[*] Também conhecida como equação de Bredig—Nernst, formulada também por Bredig em 1898.

512 QUÍMICA GERAL

Adotando para aplicação numérica da equação o Sistema Internacional de Unidades, tem-se

$$R = 8,32 \text{ J} \times \text{K}^{-1} \times \text{mol}^{-1}$$

e

$$\mathscr{F} = 96\ 500 \text{ C},$$

e, admitindo a temperatura do sistema como 25°C ($T = 298$ K),

$$\frac{RT}{\mathscr{F}} = \frac{8,32 \times 298}{96\ 500} = 25,69 \times 10^{-2} \text{ V}$$

e

$$U = U_0 + \frac{25,69 \times 10^{-2}}{n} \ln \frac{[Ox]}{[Red]},$$

ou, adotando os logaritmos decimais e tendo em vista que

$$\ln x = 2,303 \log x,$$

$$U = U_0 + \frac{25,69 \times 10^{-2} \times 2,303}{n} \log \frac{[Ox]}{[Red]}$$

ou

$$U = U_0 + \frac{0,0591}{n} \log \frac{[Ox]}{[Red]}. \qquad (20.6)$$

Em particular, para o sistema Sn^{2+}/Sn^{4+}, $U_0 = 0,15$ V, $n = 2$:

$$U = 0,15 + \frac{0,0591}{2} \log \frac{[Sn^{4+}]}{[Sn^{2+}]}.$$

Supondo que seja

$$[Sn^{4+}] = 0,2 \text{ íon-g/litro}$$

e

$$[Sn^{2+}] = 0,003 \text{ íon-g/litro},$$

resulta

$$U = 0,15 + \frac{0,0591}{2} \log \frac{0,2}{0,003} = 0,20 \text{ V}.$$

Nota

À semelhança do que às vezes sucede na expressão da velocidade de reação (v. item 21.6), quando a equação representativa da reação de oxirredução contém coeficientes diferentes da unidade, esses comparecem na equação de Nernst como expoentes das respectivas concentrações.

Por exemplo, para o sistema

$$2Cl^- \rightleftharpoons Cl_2 + 2e^-$$

tem-se
$$U = 1,35 + \frac{0,0591}{2} \log \frac{[Cl_2]}{[Cl^-]^2}.$$

Por outro lado, quando um dos componentes do sistema é um sólido, praticamente insolúvel na água, sua concentração, por ser constante, deixa de figurar na expressão do cálculo de U. É o caso do sistema

$$Fe \rightleftharpoons Fe^{2+} + 2e^-,$$

para o qual, a 25°C:

$$U = 0,44 + \frac{0,0591}{2} \log [Fe^{2+}].$$

A omissão de [Fe] justifica-se. A aplicação da equação (20.6) ao sistema Fe^2/Fe dá

$$U = U_0 + \frac{0,0591}{2} \log \frac{[Fe^{2+}]}{[Fe]},$$

que também pode ser escrita

$$U = U_0 + \frac{0,0591}{2} \left(\log [Fe^{2+}] - \log [Fe] \right) = U_0 - \frac{0,0591}{2} \log [Fe] + \frac{0,0591}{2} \log [Fe^{2+}].$$

Como [Fe] é uma constante a uma dada temperatura, então log [Fe] também o é. Portanto,

$$U = U_0' + \frac{0,0591}{2} \log [Fe^{2+}],$$

onde
$$U_0' = U_0 + \frac{0,0591}{2} \log [Fe] = -0,44 \text{ V}.$$

20.11 Sentido das Reações de Oxirredução

O conhecimento das forças relativas dos diversos oxidantes e redutores permite prever o sentido em que devem reagir entre si. Considerem-se, por exemplo, os pares Cr^{3+}/Cr^{2+} e Cu^{2+}/Cu^+ e admita-se que se pretenda prever o sentido da reação que há de prevalecer no sistema

$$Cu^+ + Cr^{3+} \rightleftharpoons Cu^{2+} + Cr^{2+},$$

isto é, prever se o íon Cu^+ é capaz de reduzir o íon Cr^{3+} ou se, ao contrário, o íon Cr^{2+} é que deve reduzir o íon Cu^{2+}.

514 Química Geral

O exame da Tab. 20.1 mostra que o potencial de oxidação do par Cr^{3+}/Cr^{2+} (-0,40 V) é menor que o do par Cu^{2+}/Cu^+ (0,16 V). Isso significa que, numa pilha construída com esses pares, o par Cr^{3+}/Cr^{2+} funcionaria como pólo negativo e o sistema Cu^{2+}/Cu^+ atuaria como pólo positivo, ou seja, os íons Cr^{2+} cederiam elétrons

$$Cr^{2+} \longrightarrow Cr^{3+} + e^-$$

e os íons Cu^{2+} capturariam elétrons

$$Cu^{2+} + e^- \longrightarrow Cu^+.$$

Em outras palavras, na pilha considerada, processar-se-ia a reação

$$Cu^{2+} + Cr^{2+} \longrightarrow Cu^+ + Cr^{3+}.$$

Este é também o sentido da reação a ser esperado, quando apenas se misturam os componentes do sistema considerado.

A conclusão sobre o sentido para o qual deve evoluir a reação do exemplo acima pode ser generalizada; basta lembrar que em toda reação desse gênero o oxidante e o redutor iniciais produzem um novo redutor e um novo oxidante,

$$oxidante_1 + redutor_2 \longrightarrow redutor_1 + oxidante_2,$$

mais débeis que os reagentes. No exemplo, os íons Cr^{3+} e Cu^+, obtidos na reação, são, respectivamente, oxidante e redutor mais fracos que os íons Cu^{2+} e Cr^{2+}, respectivamente, oxidante e redutor de partida.

Assim, pode-se formular a seguinte regra:

> As reações de oxidação e redução se dão no sentido da formação de oxidantes e redutores mais fracos, a partir dos mais fortes. Em outras palavras: qualquer redutor pode reduzir todos os oxidantes que figuram abaixo dele na tabela dos potenciais de redox (e, portanto, têm potenciais de redox mais altos) e, reciprocamente, qualquer oxidante pode oxidar todos os redutores que o precedem, na referida tabela, ou seja, os que têm potenciais de redox mais baixos.

20.12 Pilhas de Concentração

O potencial de redox do sistema constituído por um metal (Ag, por exemplo) em contato com uma solução contendo seus íons (Ag^+, no caso) depende da concentração desses íons na solução. É o que se depreende da observação feita no fim da página 505.

Desse fato decorre a possibilidade de se construir um gerador galvânico utilizando dois eletrodos de um mesmo metal, imersos em soluções de concentrações C_1 e C_2 diferentes de seus íons. O gerador construído segundo esse princípio

ELETROQUÍMICA II — OXIDAÇÃO E REDUÇÃO **515**

chama-se *pilha de concentração*; a disposição de seus componentes obedece ao mesmo esquema da Fig. 20.1.

A força eletromotriz E de uma pilha de concentração é dada pela diferença entre os potenciais U_1 e U_2 de seus dois eletrodos.

Ora, pela equação (20.6), já que [Red] = constante,

$$U_1 = U_0 - \frac{0,0591}{n} \log [Ox] = U_0 - \frac{0,0591}{n} \log C_1$$

e

$$U_2 = U_0 + \frac{0,0591}{n} \log [Ox] = U_0 + \frac{0,0591}{n} \log C_2,$$

logo

$$E = U_1 - U_2 = \frac{0,0591}{n} (\log C_1 - \log C_2)$$

ou

$$E = \frac{0,0591}{n} \log \frac{C_1}{C_2}.$$

Assim, para uma pilha de concentração constituída por dois eletrodos de prata, um imerso numa solução 0,1 M de $AgNO_3$, e o outro, numa solução 0,005 M do mesmo sal, a 25°C:

$$E = \frac{0,0591}{1} \log \frac{0,1}{0,005} = 0,077 \text{ V}.$$

20.13 Pilhas de Combustível

A importância dos geradores galvânicos, como os descritos em itens anteriores, reside no fato de permitirem a transformação direta de energia química em elétrica. Na busca de outra maneira de conseguir essa transformação, desenvolveram-se, na segunda metade do século XX, investigações visando à conversão, em energia elétrica, da energia liberada na queima de carvão, coque, gás natural, gás de iluminação, etc., portanto em reações particulares de oxirredução. Os geradores nos quais esse objetivo é realizado denominam-se pilhas de combustível; neles, os combustíveis atuam como redutores e o oxigênio gasoso (ou o ar), como oxidante.

Numa pilha de combustível, à semelhança do que sucede num gerador galvânico comum, os eletrodos são separados por um condutor eletrolítico, em solução ou fundido. Enquanto o agente redutor — o combustível — é continuamente suprido a um dos eletrodos, o outro eletrodo é, continuamente também, alimentado com o agente oxidante.

Quando os reagentes empregados são gasosos, os eletrodos são contituídos por tubos ocos e porosos, e o processo de geração de corrente elétrica nasce na superfície de contato entre os eletrodos e o eletrólito.

Para entender o princípio de funcionamento de uma pilha de combustível, considere-se como exemplo a que funciona com hidrogênio e oxigênio, esquematizada na Fig. 20.4. Cada um dos gases injetados na pilha entra em contato com um eletrodo, A ou B, constituído por um tubo poroso de grafite ou níquel; os dois eletrodos estão separados entre si por uma solução eletrolítica (KOH, por exemplo).

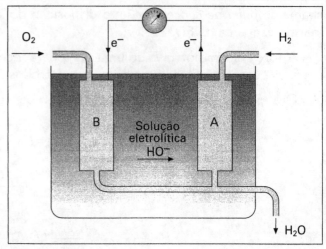

Figura 20.4

No eletrodo A há oxidação do hidrogênio:

$$2H_2 + 4HO^- \longrightarrow 4H_2O + 4e^-, \qquad (I)$$

ao passo que no eletrodo B se dá a redução do oxigênio com a captura de elétrons liberados pelo hidrogênio:

$$O_2 + 2H_2O + 4e^- \longrightarrow 4HO^-. \qquad (II)$$

Enquanto os elétrons percorrem o circuito externo da pilha de A para B, em seu interior movem-se íons HO^- de B para A. A reação global representativa do processo é esquematizada pela equação obtida por soma de (I) e (II):

$$2H_2 + O_2 \longrightarrow 2H_2O. \qquad (III)$$

O íon HO^- produzido em B é consumido em A. Embora, portanto, o KOH usado como eletrólito não seja consumido, sua presença, entretanto, é necessária para garantir uma grande concentração de íons HO^- no eletrodo A, em qualquer instante de funcionamento da pilha. Por outro lado, quando a pilha é acionada, essa concentração é mantida graças à dispersão dos íons HO^- produzidos em B. Em suma, a energia que na reação (III) seria normalmente liberada sob a forma de calor, é na pilha de combustível convertida diretamente em energia elétrica.

Embora seu princípio de funcionamento não constitua propriamente novidade, só recentemente a utilização das pilhas de combustível tornou-se realidade. Pelo seu alto rendimento, pelo fato de os reagentes poderem ser armazenados fora da pilha e, portanto, ser utilizados apenas quando necessário, as pilhas de combustível ganham aplicações para as quais os geradores galvânicos comuns não teriam a mesma eficiência, haja vista sua utilização como fonte de energia elétrica nas naves espaciais tripuladas.

20.14 Potenciais de Eletrodos

Nos itens precedentes tratou-se dos potenciais de redox, tendo em vista o que sucede quando um metal inerte, como a platina, é imerso numa solução oxidante ou redutora. Trata-se de examinar agora o que sucede quando um metal qualquer é imerso numa solução que contém seus íons.

Conforme já se acentuou anteriormente, existe uma estreita analogia entre o fenômeno de vaporização de um líquido e o de dissolução de uma substância num líquido. Do mesmo modo que a tensão de vapor de um líquido, ou quiçá de um sólido, constitui medida de sua tendência a passar ao estado gasoso, a tensão de dissolução de uma substância dá uma medida de sua tendência de se dissolver num dado solvente. Um líquido ou sólido introduzido num recinto vazio vaporiza, enquanto a pressão do vapor formado for inferior a um certo valor-limite, a *tensão máxima do vapor*; analogamente, um sólido introduzido num líquido se dissolve, enquanto a tensão de dissolução for inferior a uma certa pressão-limite, a *pressão osmótica da solução*.

Segundo Nernst, quando um metal é imerso num solvente puro, como água, por exemplo, manifesta-se uma certa tendência de os íons do metal passarem à solução; essa tendência é traduzida pela *tensão eletrolítica de dissolução* (P). Quando, entretanto, um metal é imerso numa solução em que já existem seus íons (solução de um seu sal), à tendência de o metal passar à solução em forma de íons opõe-se a tendência de os íons metálicos dissolvidos virem a se depositar sobre o metal.

Quando, por exemplo, um bastão de zinco é posto em contato com uma solução de sulfato de zinco, em conseqüência da tensão eletrolítica de dissolução, alguns íons Zn^{2+} passam à solução; o bastão toma uma carga negativa, e uma diferença de potencial surge entre ele e a solução. Os íons positivos não se afastam muito do bastão; sujeitos à atração eletrostásticas do bastão carregado negativamente, passam a constituir uma espécie de "capa" que o envolve. A atração dos íons pelo bastão se opõe à tensão eletrolítica de dissolução e, em conseqüência, um estado de equilíbrio se estabelece, com uma diferença de potencial determinada entre o bastão e a solução que o envolve. Essa diferença de potencial é chamada *potencial do eletrodo*; ela depende da concentração (e, portanto, da pressão osmótica) dos íons do metal na solução.

No caso do zinco, a tensão eletrolítica de dissolução P é elevada para que o metal possa ceder íons a muitas soluções de seus sais, e é por isso que o zinco apresenta sempre um potencial negativo em relação à solução.

Com o cobre acontece algo diferente. Pelo fato de a tensão eletrolítica do cobre ser muito pequena e de os íons Cu^{2+} possuírem um tendência muito grande a entregar sua carga ao metal, um bastão de cobre imerso numa solução de um seu sal, carrega-se positivamente.

Os metais zinco e cobre são exemplos típicos de dois casos gerais possíveis.

518 QUÍMICA GERAL

a) *Primeiro caso*

A tensão eletrolítica de dissolução P é maior que a pressão osmótica p ($P > p$) dos íons do metal. Nesse caso passam à solução íons positivos e, em decorrência, o metal se carrega negativamente e a solução positivamente. Isso sucede com o zinco, o cádmio, o manganês e os metais alcalinos.

b) *Segundo caso*

A tensão eletrolítica de dissolução do metal P é menor que a pressão osmótica p ($P < p$) dos íons do metal. Nesse caso depositam-se sobre o metal íons positivos e, como conseqüência, o metal adquire carga positiva e a solução que o envolve toma carga negativa. São exemplos de metais com esse comportamento o cobre, a prata, o mercúrio, o ouro e a platina.

Nota

No caso em que $P = p$, teoricamente possível, a tendência de o metal transferir íons positivos à solução seria equilibrada pela tendência de esses íons deixarem a solução e depositarem-se sobre o metal. Por conseguinte, não surgiria diferença de potencial entre o metal e a solução.

Em resumo, quando um metal é imerso numa solução de um seu sal, origina-se uma diferença de potencial, entre o metal e a solução, chamada *potencial de eletrodo*. Segundo Nernst (1889), este potencial é dado pela expressão

$$E = \frac{RT}{n\mathscr{F}}\ln\frac{\pi}{p}, \tag{20.7}$$

na qual p e π representam, respectivamente, a pressão osmótica e a tensão eletrolítica de dissolução, n a valência do íon e os outros símbolos têm o mesmo significado que na equação (20.5).

C A P Í T U L O

21

Cinética Química

21.1 Objetivo da Cinética

A observação das reações químicas ao longo do tempo mostra que a rapidez, ou a lentidão, com que se produzem varia de uma para outra; entre o início e o término de uma reação decorre um intervalo de tempo, mais curto ou mais prolongado, mas não nulo. A duração desse intervalo é extrememente variável segundo várias circunstâncias; algumas reações são tão rápidas que parecem instantâneas enquanto outras se desenvolvem tão lentamente que, a uma observação menos atenta, passam despercebidas.

É para caracterizar a maior ou menor rapidez com que se efetua uma reação que se introduz o conceito de velocidade de reação.

A Cinética Química tem por objeto o estudo da velocidade das reações e dos fatores que podem modificá-la.

21.2 Velocidade de Reação

Considere-se um sistema constituído por um conjunto de substâncias S_1, S_2, S_3, ... e admita-se que, num instante qualquer t, o número de moléculas-grama de um componente genérico S_i presentes nesse sistema seja n_i. No que tange a alguma correlação entre n_i e t, dois casos distintos podem ocorrer:

a) pode suceder que, para alguns componentes (dois no mínimo), seja $n_i = f(t)$; nesse caso diz-se que no sistema considerado ocorre uma reação química;

520 Química Geral

b) pode acontecer que, para todos os componentes do sistema, n_i seja independente de t; nesse caso diz-se que o sistema, do ponto de vista químico, encontra-se em equilíbrio.

Admitindo-se que no sistema esteja se processando uma reação química, imagine-se que num intervalo de tempo Δt, definido pelos instantes t_1 e t_2 ($t_2 > t_1$), o número de moléculas-grama de S_i presentes nesse sistema tenha passado de n_{i_1} a n_{i_2}, isto é, que no lapso de tempo Δt tenha ocorrido uma variação $\Delta n_i = n_{i_2} - n_{i_1}$ no número de moléculas-grama do componente S_i.

Se $\Delta n_i < 0$, isto é, se $n_{i_2} < n_{i_1}$, a substância S_i é entendida como um *reagente* e se $\Delta n_i > 0$ (caso $n_{i_2} > n_{i_1}$), a substância S_i constitui um *produto de reação*.

No que segue, os símbolos S_i e S_i' serão utilizados, respectivamente, para representar, genericamente, um reagente e um produto de reação.

Seja uma reação química genérica representada pela equação

$$v_1 S_1 + v_2 S_2 + \ldots \longrightarrow v_1' S_1' + v_2' S_2' + \ldots$$

e admita-se que durante o intervalo de tempo Δt, em virtude da reação produzida, desapareçam Δn_1 moléculas-g de S_1, Δn_2 moléculas-g de S_2, etc. e, simultaneamente, se formem $\Delta n_1'$ moléculas-g de S_1', $\Delta n_2'$ de S_2', etc.

Os números Δn_1, $\Delta n_2, \ldots$ e $\Delta n_1'$, $\Delta n_2', \ldots$, por exprimirem as quantidades de reagentes consumidos e as dos produtos formados, não são, evidentemente, independentes entre si. Pela lei das proporções definidas (Proust) esses números estão ligados pelas relações

$$-\frac{\Delta n_1}{v_1} = -\frac{\Delta n_2}{v_2} = \cdots = \frac{\Delta n_1'}{v_1'} = \frac{\Delta n_2'}{v_2'} = \cdots \Delta \lambda, \tag{21.1}$$

onde $\Delta \lambda$ é um coeficiente de proporcionalidade chamado *grau de avanço da reação*.

Por definição, chama-se *velocidade média da reação* durante o lapso de tempo Δt a grandeza v_m medida pelo quociente

$$v_m = \frac{\Delta \lambda}{\Delta t} \tag{21.2}$$

e *velocidade instantânea* o limite

$$v = \lim_{\Delta t \to 0} v_m = \lim_{\Delta t \to 0} \frac{\Delta \lambda}{\Delta t}$$

ou

$$v = \frac{d\lambda}{dt}. \tag{21.3}$$

Quando na equação representativa da reação considerada os coeficientes que precedem as fórmulas dos reagentes e produtos são todos unitários, as equações citadas podem também ser escritas

$$v_m = \frac{\Delta n}{\Delta t} \qquad (21.4)$$

e

$$v = \frac{dn}{dt}, \qquad (21.5)$$

com

$$\Delta n = \Delta \lambda = -\Delta n_1 = -\Delta n_2 = \cdots = \Delta n_1' = \Delta n_2' = \cdots$$

A velocidade de reação depende de vários fatores, sobretudo da natureza dos reagentes, de sua concentração e da temperatura.

As definições ora estabelecidas são absolutamente gerais, isto é, aplicam-se a qualquer sistema homogêneo ou heterogêneo. Contudo, quando o sistema considerado é, em particular, homogêneo, é usual, nas definições dadas, substituir o número n_i de moléculas-grama da substância S_i presentes no sistema pela sua concentração $[S_i] = C_i$ expressa em moléculas-grama/litro, escrevendo-se, então,

$$v = \frac{dC}{dt}.$$

Assim, num sistema homogêneo, as designações reagente e produto são reservadas às substâncias cujas concentrações são, respectivamente, decrescentes e crescentes com o tempo.

As reações químicas se efetuam com velocidade característica para cada caso; enquanto algumas se completam após um intervalo de tempo mais ou menos longo, outras são tão rápidas que, devido à impossibilidade prática de medir o intervalo de tempo consumido em sua realização, são consideradas como *instantâneas*.

Conforme já várias vezes observado, a ligação eletrovalente, como a existente entre os íons Na^+ e Cl^-, é relativamente débil; por dissolução do composto eletrovalente em água, verifica-se uma dissociação, isto é, uma ruptura da ligação. Algo diferente acontece com as moléculas covalentes, que, dissolvidas, mantêm sua integridade e não se dissociam. O enlace covalente é mais forte; sua ruptura e ulterior separação dos constituintes de uma molécula covalente implicam o dispêndio de um trabalho contra o enlace. Por isto as reações entre substâncias covalentes são relativamente mais lentas que as que se efetuam entre compostos eletrovalentes.

Por envolverem substâncias eletrovalentes, as reações de salificação e, de um modo geral, as reações iônicas processam-se com velocidade infinita. As reações orgânicas, por se verificarem habitualmente entre substâncias covalentes, são lentas; sua velocidade é suficientemente reduzida para que possa ser medida.

522 Química Geral

21.3 Reações Totais e Reações Limitadas

Num sistema em reação, no que diz respeito ao desaparecimento dos reagentes, dois casos podem se apresentar:

1) Pode acontecer de a reação cessar quando um, pelo menos, dos reagentes iniciais tiver completamente desaparecido do sistema. Nesse caso a reação é dita *total*, *completa* ou *ilimitada*. A reação entre zinco e ácido sulfúrico, por exemplo, é total; ela prossegue enquanto existirem os dois reagentes e cessa com o desaparecimento total de um deles.

2) Pode acontecer de, por mais que se prolongue a reação, nenhum dos reagentes iniciais desaparecer totalmente. É o que sucede, por exemplo, quando os produtos da reação, reagindo entre si, regeneram as substâncias primitivas e levam ao estabelecimento de um *equilíbrio químico* no sistema. Por exemplo, a reação entre álcool etílico e ácido acético, a partir de um certo momento, cessa aparentemente, sem que se anule a concentração de qualquer um dos dois reagentes, porque o acetato de etila e a água formados regeneram os dois reagentes:

$$C_2H_5OH + CH_3COOH \rightleftharpoons CH_3COOC_2H_5 + H_2O.$$

Nesse segundo caso a reação é dita *limitada* ou *incompleta*. As reações reversíveis constituem exemplo de reações limitadas.

21.4 Fatores que Influem sobre a Velocidade das Reações

Conforme já acentuado, toda reação química se desenrola com uma velocidade característica, função da natureza dos reagentes e de uma série de fatores circunstanciais. Influem sobre a velocidade de uma reação: o estado físico dos reagentes, a temperatura, a pressão, a concentração das substâncias em reação, bem como os catalisadores, isto é, substâncias que, embora estranhas à reação em si, por mera presença no sistema atuam modificando sua velocidade.

Nos itens seguintes, examina-se, sucintamente, a maneira pela qual cada um desses fatores pode alterar a velocidade de uma reação.

21.5 Influência da Concentração dos Reagentes — Lei da Ação das Massas

Segundo parece, já em 1850, Wilhelmy, ao estudar a inversão da sacarose, reação de desdobramento desse açúcar em glicose e frutose,

$$C_{12}H_{22}O_{11} + H_2O \longrightarrow C_6H_{12}O_6 + C_6H_{12}O_6,$$

concluiu experimentalmente que "a velocidade dessa transformação é a cada instante proporcional à concentração da sacarose, ainda não alterada, presente".

A uma conclusão semelhante chegaram, em 1862, Berthelot e Saint-Gilles ao estabelecerem que a velocidade da reação de esterificação do ácido acético pelo álcool etílico é proporcional à concentração de cada um dos reagentes.

CINÉTICA QUÍMICA **523**

Deve-se, contudo, a Guldberg e Waage (1864) o enunciado da lei que rege a influência da concentração dos reagentes sobre a velocidade de reação. Conhecida como *lei da ação das massas,* essa proposição estabelece que:

> "Em meio homogêneo, a velocidade de reação é, a cada instante, proporcional ao número de moléculas-grama dos reagentes não transformados presentes por unidade de volume, isto é, é proporcional às molaridades dos reagentes presentes."

Para reações entre substâncias gasosas confinadas em recintos fechados, a lei de Guldberg—Waage pode ser compreendida à luz da teoria cinética. De fato, estando as moléculas de um gás em permanente agitação, parece óbvio admitir que a ocorrência de uma reação química exija a *colisão* entre, pelo menos, duas delas. Mas nem todas as colisões determinam uma reação; muitos dos choques são ineficazes. O número de choques eficazes é uma determinada fração do total de colisões verificadas. Nas reações lentas, que se desenrolam com velocidade mensurável, avalia-se que apenas um choque, entre um milhão, provoca uma *combinação*.

Por outro lado, lembrando que, numa solução, as moléculas, ou os íons dissolvidos, têm comportamento análogo ao das moléculas de um gás, o raciocínio acima pode ser estendido às reações que se dão em solução.

É evidente que, com o aumento do número de moléculas presentes no sistema considerado, deve haver também um número crescente de colisões e, a sua vez, também de choques eficazes. É razoável esperar, então, que a velocidade de reação seja proporcional ao número de moléculas ou de moléculas-grama presentes por unidade de volume do recinto.

Quando a reação se efetua entre duas espécies moleculares distintas, o choque determinante dessa reação há de ser entre duas moléculas de tipo diferente, e a probabilidade de que isso ocorra depende da concentração de ambos; a possibilidade do evento é, então, dada pelo produto das duas concentrações. Portanto, a velocidade da reação deve ser proporcional ao produto das concentrações molares das duas espécies, como o indica a lei da ação das massas.

A maneira de formular a lei da ação das massas depende do sistema considerado; ela varia de um caso para outro, conforme a *ordem* da reação considerada.

Nos itens seguintes, após a definição de ordem, trata-se da aplicação da lei de Guldberg—Waage a reações de diferente ordem. Desde já, contudo, é de ressaltar que, como conseqüência dessa lei, a velocidade de uma reação não permanece constante durante seu transcurso; excluída a intervenção de agentes estranhos, ela diminui continuamente tendendo a zero. De fato, à medida que a reação se processa, os reagentes vão se transformando, suas molarides no sistema vão se reduzindo e causando a diminuição da velocidade de reação que lhes é proporcional.

524 Química Geral

21.6 Molecularidade e Ordem de uma Reação

Chama-se *molecularidade* de uma dada reação o número mínimo de moléculas, de seus reagentes, necessárias ao seu processamento.

Monomoleculares são as reações nas quais uma só molécula de reagente dá origem a duas ou mais outras; *bimoleculares* são as em que duas moléculas, de mesma espécie ou não, reagem entre si para originar uma ou mais outras.

A reação esquematizada pela equação

$$NH_4Cl \longrightarrow NH_3 + HCl$$

é monomolecular quando se efetua no sentido da "esquerda para a direita" e bimolecular no sentido oposto. A equação

$$2HI \rightleftharpoons H_2 + I_2$$

representa duas reações bimoleculares, embora num dos casos as duas moléculas intervenientes sejam de mesma espécie.

A molecularidade da reação esquematizada pela equação

$$v_1 S_1 + v_2 S_2 + \cdots \longrightarrow v'_1 S'_1 + v'_2 S'_2 + \cdots$$

é dada pela soma $v_1 + v_2 + \cdots$

Quando uma reação é de molecularidade n, ou n-molecular, isto é, quando se realiza entre n moléculas, pode acontecer que sua velocidade não seja influenciada pela variação de concentração de todas essas n moléculas. Daí se distinguirem os conceitos de *molecularidade* e de *ordem* de uma reação.

O conceito de ordem de uma reação, introduzido por Tolman e Kassel em 1930, decorre do fato de, para uma reação esquematizada pela equação acima, a velocidade de reação poder ser posta sob a forma

$$v = k \, [S_1]^{p_1} \, [S_2]^{p_2} \, [S_3]^{p_3} \cdots \qquad (21.6)$$

Os expoentes $p_1, p_2, p_3, \ldots$ são, em geral, diferentes dos coeficientes $v_1, v_2, v_3, \ldots$ da equação estequiométrica, embora em alguns casos particulares com eles coincidam.

A *ordem da reação* é, por definição, a soma $p_1 + p_2 + \cdots$; e a reação é dita de ordem parcial p_1, em relação ao constituinte S_1, de ordem parcial p_2, em relação à substância S_2, e assim por diante.

Em alguns casos a ordem e a molecularidade são coincidentes ($p_1 = v_1, p_2 = v_2, \ldots$), mas em geral isso não acontece. A molecularidade ($v_1 + v_2 + \ldots$) resulta conhecida pelo simples exame da equação estequiométrica; para concluir sobre a ordem, esse exame é insuficiente, tornando-se necessário recorrer à experiência. Assim, a reação de desdobramento da sacarose

$$\underset{\text{sacarose}}{C_{12}H_{22}O_{11}} + H_2O \longrightarrow \underset{\text{glicose}}{C_6H_{12}O_6} + \underset{\text{frutose}}{C_6H_{12}O_6}$$

CINÉTICA QUÍMICA **525**

é bimolecular, mas de primeira ordem. De fato, como essa reação é conduzida com açúcar dissolvido em grande quantidade de água, a sacarose é o único reagente cuja concentração, durante a reação, varia de modo apreciável, porque a quantidade de água consumida na reação é tão pouca, em relação à presente como solvente, que sua concentração pode ser considerada como praticamente constante.

A ordem de uma reação pode ser fracionária. Por exemplo, a reação de decomposição do aldeído acético

$$CH_3CHO \longrightarrow CH_4 + CO$$

é de ordem 3/2, uma vez que sua velocidade v varia com a concentração do aldeído segundo a equação

$$v = k \, [CH_3CHO]^{3/2}.$$

Por outro lado existem reações cuja ordem não é bem conhecida. É o caso da reação $H_2 + Br_2 \longrightarrow 2HBr$ de síntese do gás bromídrico.

As equações que relacionam a velocidade de uma reação com as concentrações dos reagentes que dela participam dependem da ordem da reação.

21.6.1 Reações de Primeira Ordem

Denominam-se *reações de primeira ordem* aquelas cuja velocidade é proporcional à primeira potência da concentração da substância reagente.

Considere-se, num meio homogêneo, uma reação monomolecular e, também, de primeira ordem representada pela equação

$$A \longrightarrow B + C$$

e admita-se que no instante $t = 0$, de início da reação, a concentração do reagente A seja a moléculas-grama por litro. Admita-se ainda que, após um certo lapso de tempo, tenham sido transformadas x moléculas-g de A, isto é, que num instante genérico t existam, por litro, $a - x$ moléculas-g de A. Pela lei da ação das massas, para esse instante t, tem-se

$$v = k \, (a - x) \qquad (21.7)$$

ou, uma vez que

$$v = \frac{dx}{dt},$$

$$\frac{dx}{dt} = k(a - x),$$

$$\frac{dx}{a - x} = kdt,$$

ou, integrando,

$$\int \frac{dx}{a-x} = \int k\,dt$$

$$-\ln(a-x) = kt + C, \qquad (21.8)$$

onde C é a constante de integração. Para determiná-la, basta lembrar que, para t = 0, necessariamente x = 0. Logo

$$-\ln a = C$$

e, portanto,

$$-\ln(a-x) = kt - \ln a$$

ou
$$k = \frac{1}{t} \ln \frac{a}{a-x}, \qquad (21.9)$$

ou, passando aos logaritmos decimais,

$$k = \frac{2{,}303}{t} \log \frac{a}{a-x},$$

equação que pode ser escrita

$$\log \frac{a}{a-x} = \frac{1}{2{,}303} kt. \qquad (21.9 \text{ bis})$$

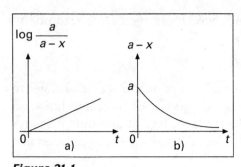

Figura 21.1

e é representada no diagrama indicado na Fig. 21.1a; na Fig. 21.1b está indicado o diagrama $a - x = f(t)$, isto é, o diagrama da função

$$a - x = ae^{-kt}$$

e da qual a equação (21.9) é obtida por aplicação dos logaritmos neperianos aos seus dois membros.

A expressão (21.9) sugere que numa reação de primeira ordem o intervalo de tempo necessário para que a concentração do reagente reduza a uma certa fração da concentração original é independente desta última. De fato, fazendo na expressão (21.9) $x = \frac{a}{n}$, com n representando um número qualquer, vem

$$k = \frac{1}{t} \ln \frac{a}{a - \frac{a}{n}} = \frac{1}{t} \ln \frac{1}{1 - \frac{1}{n}}$$

e
$$t = \frac{1}{k} \ln \frac{n}{n-1},$$

valor esse independente de a.

CINÉTICA QUÍMICA **527**

Em particular, o tempo necessário para que a concentração de um reagente se reduza à metade é denominado *tempo* ou *constante de semitransformação* ou *período da reação*, designação imprópria, porque a reação não é periódica.

Para determinar a constante de semitransformação T basta fazer na (21.9) $x = \frac{a}{2}$. Resulta então

$$k = \frac{1}{T} \ln \frac{a}{a - \frac{a}{2}} = \frac{1}{T} \ln 2 = \frac{2,303}{T} \log 2 = \frac{0,693}{T}$$

ou
$$T = \frac{0,693}{k} = \frac{1}{k} \ln 2. \tag{21.10}$$

O número de reações homogêneas de primeira ordem, monomoleculares, conhecidas é muito pequeno. No caso de reações gasosas elas são limitadas às de decomposição de moléculas de estrutura composta. Uma dessas reações é a de decomposição térmica do pentóxido de nitrogênio, que, embora freqüentemente representada pela equação

$$2N_2O_5 \longrightarrow 2N_2O_4 + O_2,$$

é, na verdade, monomolecular obedecendo à equação[*]

$$N_2O_5 \longrightarrow N_2O_3 + O_2.$$

Num instante qualquer

$$v = k\,[N_2O_5].$$

Uma reação interessante de primeira ordem é a decomposição do cloreto de sulfurila

$$Cl_2SO_2 \longrightarrow Cl_2 + SO_2.$$

Ela tem uma característica singular: é homogênea em vaso de vidro pirex, mas, como *reação de parede*, é heterogênea quando se realiza em recipientes de vidro comum[**].

Alguns exemplos de reações homogêneas de primeira ordem e monomoleculares encontram-se na decomposição térmica (pirólise) de determinadas substâncias orgânicas. Por exemplo:

a) a decomposição térmica da acetona, a 500°C, produz inicialmente monóxido de carbono e dois grupos CH_3, que podem reagir entre si originando diferentes hidrocarbonetos

---

[*] Segundo alguns pesquisadores o N_2O_3 obtido decompõe-se imediatamente em óxido nítrico e dióxido de nitrogênio: $N_2O_3 \longrightarrow NO + NO_2$ e o NO reage, imediatamente também, com o N_2O_5: $NO + N_2O_5 \longrightarrow 3NO_2$.
[**] Uma reação de parede é a que se realiza nas paredes do recipiente e é devida à adsorção por elas do gás reagente; trata-se de uma reação catalisada.

528 QUÍMICA GERAL

$$CH_3—CO—CH_3 \longrightarrow CO + C_2H_6;$$

b) a pirólise do éter dimetílico, que se efetua segundo a equação

$$CH_3—O—CH_3 \longrightarrow CH_4 + CO + H_2$$

e na qual há formação intermediária de aldeído fórmico

$$CH_3—O—CH_3 \longrightarrow (CH_4 + HCHO) \longrightarrow CH_4 + CO + H_2.$$

Em solução aquosa, conforme já ressaltado, embora bimolecular, é de primeira ordem a reação de *desdobramento* ou *inversão* da sacarose

$$C_{12}H_{22}O_{11} + H_2O \longrightarrow C_6H_{12}O_6 + C_6H_{12}O_6,$$

uma vez que, em solução muito diluída, a *massa ativa* da água não se altera apreciavelmente no transcurso da reação. Essa reação é particularmente adequada ao estudo da velocidade de reação porque, desenvolvendo-se com suficiente lentidão, pode ter seu curso seguido com facilidade. A razão pela qual é chamada de *inversão* deve-se ao fato de a sacarose ser opticamente ativa, desviando o plano de vibração da luz polarizada para a direita (*destrógira*), enquanto a mistura de glicose e frutose (ou levulose), obtida por seu desdobramento, é *levógira*. Portanto o curso da reação pode ser seguido medindo periodicamente por meio de um polarímetro o desvio do plano de vibração da luz polarizada.

Analogamente, embora bimoleculares, são de primeira ordem as reações de hidrólise de ésteres, em particular do acetato de etila

$$CH_3COOC_2H_5 + H_2O \longrightarrow CH_3COOH + C_2H_5OH,$$

uma vez que a quantidade de água que intervem na reação é pequena em confronto com sua massa total e, portanto, sua concentração não é, praticamente, afetada no curso da reação.

Entre as reações de primeira ordem costumam ser incluídas as desintegrações radioativas. Tais transformações, embora não sejam químicas, têm uma peculiaridade que as assemelham às reações de primeira ordem: sua velocidade é, a cada instante, proporcional ao número de núcleos presentes. O período de semi-desintegração, intervalo de tempo necessário para a desintegração da metade do número total de núcleos (v. item 12.9), é constante para cada espécie radioativa e variável de uma espécie para outra, entre cerca de 10^{-10} segundos e 10^{12} anos.

21.6.2 Reações de Segunda Ordem

Para as reações de segunda ordem, a velocidade instantânea de reação, por depender simultaneamente das concentrações de duas espécies moleculares, se exprime de maneira diferente da anterior.

Imagine-se um sistema no qual esteja ocorrendo uma reação bimolecular e de segunda ordem, do tipo

$$A + B \longrightarrow C + D$$

CINÉTICA QUÍMICA **529**

e que no instante $t_0 = 0$, do início da reação, existam no sistema, por litro, a mol-g do reagente A e b mol-g do reagente B. Admita-se ainda que, decorrido um certo intervalo de tempo $\Delta t = t - t_0$, tenham sido tranformadas, por litro, x mol-g da substância A. Uma vez que, pela equação representativa da reação, cada molécula de A reage com uma de B, no instante t existirão $a - x$ mol-g $\times$ L^{-1} e $b - x$ mol-g $\times$ L^{-1} de A e B, respectivamente, e a velocidade da reação nesse instante será dada por

$$v = k(a - x)(b - x) \tag{21.11}$$

ou
$$\frac{dx}{dt} = k(a - x)(b - x),$$

ou, ainda,
$$\frac{dx}{(a - x)(b - x)} = kdt$$

e, integrando,
$$\int \frac{dx}{(a - x)(b - x)} = \int kdt.$$

Para calcular a integral que figura no 1.º membro pode-se fazer

$$\frac{1}{(a - x)(b - x)} = \frac{1}{(x - a)(x - b)} = \frac{A}{x - a} + \frac{B}{x - b} \tag{I}$$

ou
$$\frac{A}{x - a} + \frac{B}{x - b} = \frac{Ax - Ab + Bx - Ba}{(x - a)(x - b)} = \frac{(A + B)x - (Ab + Ba)}{(x - a)(x - b)}. \tag{II}$$

Do confronto de (I) e (II) resulta o sistema de equações

$$\begin{cases} A + B = 0 \\ Ab + Ba = -1 \end{cases}$$

que, resolvido, dá

$$A = \frac{1}{a - b}; \qquad B = \frac{1}{b - a}.$$

Então

$$\int \frac{dx}{(a - x)(b - x)} = \int \frac{Adx}{x - a} + \int \frac{Bdx}{x - b} = \frac{1}{a - x} \int \frac{dx}{x - a} + \frac{1}{b - a} \int \frac{dx}{x - b} =$$

$$= \frac{1}{a - b} \ln(x - a) + \frac{1}{b - a} \ln(x - b) = \int kdt$$

ou
$$\frac{\ln(x - a)}{a - b} - \frac{\ln(x - b)}{a - b} = kt + C,$$

ou
$$\frac{1}{a - b}[\ln(x - a) - \ln(x - b)] = kt + C,$$

ou, ainda,
$$\frac{1}{a - b} \ln \frac{x - a}{x - b} = kt + C.$$

530 QUÍMICA GERAL

Para determinar o valor da constante de integração C, é preciso lembrar que, para $t = 0$, necessariamente $x = 0$. Isto é:

$$\frac{1}{a-b}\ln\frac{a}{b} = C.$$

Portanto

$$\ln\frac{x-a}{x-b} = kt(a-b) + \ln\frac{a}{b}$$

ou

$$t = \frac{1}{k(a-b)} \times \ln\frac{x-a}{x-b} \times \frac{a}{b}.$$ (21.12)

No caso de as concetrações a e b iniciais serem iguais entre si, a solução do problema se simplifica. Efetivamente, nesse caso

$$\int\frac{dx}{(a-x)^2} = \int kdt,$$

mas

$$\int\frac{dx}{(a-x)^2} = -\int\frac{d(-x)}{(a-x)^2} = -\int\frac{d(a-x)}{(a-x)^2} = \frac{1}{a-x},$$

então $\frac{1}{a-x} = kt + C$.

Como, para $t = 0$, deve ser $x = 0$,

$$\frac{1}{a} = C$$

e a equação anterior passa a ser escrita

$$\frac{1}{a-x} = kt + \frac{1}{a},$$

onde

$$k = \frac{1}{t}\left(\frac{1}{a-x} - \frac{1}{a}\right)$$

ou

$$k = \frac{1}{t}\frac{x}{a(a-x)}.$$ (21.13)

Para determinar a *constante de semitransformação* ou o *período* T de uma reação de segunda ordem, é suficiente fazer na expressão (21.13) $x = \frac{a}{2}$. Vem então

$$k = \frac{1}{T}\frac{a/2}{a\left(a - \dfrac{a}{2}\right)} = \frac{1}{aT}$$

ou

$$T = \frac{1}{ka}.$$ (21.14)

CINÉTICA QUÍMICA **531**

Ao contrário do que sucede com as reações de primeira ordem, o *período* depende da concetração inicial a; em que pese o seu nome, não é uma constante.

Um exemplo simples de reação de 2.ª ordem é o da saponificação dos ésteres

$$CH_3COO \cdot C_2H_5 + NaOH \longrightarrow CH_3COONa + C_2H_5OH,$$

sem que o álcali seja usado em excesso. Num instante qualquer a velocidade de saponificação é dada por

$$v = k[CH_3COO \cdot C_2H_5] \cdot [NaOH].$$

A dissociaçao térmica do HI

$$2HI \longrightarrow H_2 + I_2$$

é reação de 2.ª ordem em que os dois reagentes A e B são idênticos. A velocidade de decomposição do HI é a cada instante dada por

$$v = k \, [HI]^2.$$

Quando num sistema constituído por HI, H_2 e I_2 se verifica a decomposição térmica do HI, a experiência permite verificar que, para uma concentração de HI igual a 2 mol-g/litro, a velocidade da reação é 0,32 mol-g/litro × minuto. Isso significa que, no instante em que a concentração do HI chegar a 0,2 mol-g/L, a velocidade v da reação no sistema será tal que

$$\frac{v}{0,32} = \frac{0,2^2}{2^2},$$

isto é, $v = 0,32 \left(\frac{0,2}{2}\right)^2 = 0,003 \ 2$ mol-g/L × min.

21.6.3 Reações de Terceira Ordem

Nas reações de terceira ordem são três as unidades moleculares cujas concentrações variam durante a transformação. São reações bastante raras, fato compreensível quando se interpreta seu mecanismo do ponto de vista da teoria cinética: para que se efetue uma reação é necessário que as moléculas reagentes colidam entre si. Para uma reação de segunda ordem têm que colidir duas moléculas; a grande freqüência desse evento justifica a existência de grande número de reações de segunda ordem.

Numa reação de terceira ordem é necessário que três moléculas se encontrem simultaneamente no mesmo ponto, e, como a probabilidade de que isso ocorra é muito pequena, é evidente que a possibilidade de ocorrência das reações de terceira ordem deve ser remota.

Um exemplo de reação de terceira ordem em meio gasoso é a que se dá entre óxido nítrico e cloro:

$$2NO + Cl_2 \longrightarrow 2NOCl.$$

532 QUÍMICA GERAL

Para determinar a expressão da constante de velocidade de uma reação de terceira ordem, a suposição de que as concentrações iniciais das três espécies sejam diferentes entre si ($a \neq b \neq c$) leva a um cálculo bastante complexo. Admitindo, entretanto, que os três reagentes tenham a mesma concentração inicial, por exemplo, a moléculas-g/L, tem-se imediatamente

$$v = k(a-x)^3,$$

(21.15)

logo

$$\frac{dx}{dt} = k(a-x)^3$$

ou

$$\frac{dx}{(a-x)^3} = kdt,$$

portanto

$$\int \frac{dx}{(a-x)^3} = \int kdt.$$

Tendo em conta que

$$\frac{dx}{(a-x)^3} = \frac{d(-x)}{(a-x)^3} = -\frac{d(a-x)}{(a-x)^3}$$

e fazendo $a - x = y$, tem-se para a integral do primeiro membro

$$\int \frac{dx}{(a-x)^3} = -\int \frac{d(-x)}{(a-x)^3} = -\int \frac{d(a-x)}{(a-x)^3} = -\int \frac{dy}{y^3} = -\int y^{-3}dy =$$

$$= \frac{1}{2}y^{-2} = \frac{1}{2y^2} = \frac{1}{2(a-x)^2}.$$

Portanto

$$\frac{1}{2(a-x)^2} = kt + C.$$

(21.16)

Como, para $t = 0$, deve ser $x = 0$, então $\frac{1}{2a^2} = C$.

Logo

$$kt + \frac{1}{2a^2} = \frac{1}{2(a-x)^2},$$

$$k = \frac{1}{t}\left[\frac{1}{2(a-x)^2} - \frac{1}{2a^2}\right]$$

ou

$$k = \frac{1}{t} \times \frac{1}{2}\left[\frac{1}{(a-x)^2} - \frac{1}{a^2}\right].$$

(21.17)

CINÉTICA QUÍMICA **533**

O tempo de semitransformação T é obtido fazendo, na equação (21.17), $x = \frac{a}{2}$, o que fornece

$$k = \frac{1}{2T}\left[\frac{1}{\left(\dfrac{a}{2}\right)^2} - \frac{1}{a^2}\right] = \frac{1}{2T}\frac{3}{a^2}$$

e, portanto,

$$T = \frac{3}{2ka^2} \quad \text{ou} \quad T = \frac{k'}{a^2}, \qquad\qquad (21.18)$$

onde

$$k' = \frac{3}{2k}.$$

Observações

1. As expressões que determinam o tempo de semitransformação T das reações de primeira, segunda e terceira ordem, respectivamente,

$$T = \frac{1}{k}\ln 2,$$

$$T = \frac{1}{ka}$$

e

$$T = \frac{3}{2ka^2},$$

mostram que ele é inversamente proporcional à concentração inicial elevada a uma potência igual à ordem da reação menos 1. Em outros termos: o tempo de semitransformação é:

a) independente da concentração, para uma reação de primeira ordem;

b) inversamente proporcional à concentração para uma reação de segunda ordem;

c) inversamente proporcional ao quadrado da concentração para uma reação de terceira ordem.

2. Nas reações que se efetuam em sistemas heterogêneos, isto é, apenas nas superfícies de contacto de duas fases, constata-se freqüentemente que a velocidade é independente das concentrações. São essas as chamadas *reações de ordem zero*.

21.6.4 Métodos de Determinação da Ordem de uma Reação

Diversos são os métodos, químicos alguns e físico-químicos outros, que permitem determinar experimentalmente a ordem de uma reação. Sem entrar na análise de seus detalhes, examinam-se a seguir, em princípio, alguns dos mais usuais.

a) Um método usado com muita freqüência consiste em, uma vez desencadeada a reação, surpreender o sistema em que ela se processa em diferentes momentos e analisá-lo em cada um deles. Determinadas as diferentes concentrações de um dado reagente, nessas diferentes oportunidades, procura-se, por aplicação de cada uma das expressões das constantes de velocidade, anteriormente deduzidas, verificar em qual das constantes os resultados obtidos melhor se encaixam.

Para estudar, por exemplo, a saponificação do acetato de etila pelo hidróxido de sódio

$$CH_3COO \cdot C_2H_5 + NaOH \longrightarrow CH_3COONa + C_2H_5OH,$$

misturam-se duas soluções aquosas, de mesma molaridade de $CH_5COO \cdot C_2H_5$ e $NaOH$, e, após intervalos de tempo determinados, de 5 em 5 minutos, por exemplo, retiram-se do sistema alíquotas que se titulam com uma solução padrão de ácido. Pela quantidade de $NaOH$ livre encontrada nessas alíquotas, pode-se saber quanto deste álcali e de éster foram consumidos durante o lapso de tempo correspondente.

O sistema em reação deve ser mantido em temperatura constante ao longo de toda a experiência, já que a constante de velocidade está sujeita a variações com a temperatura.

Na Tab. 21.1 constam os resultados obtidos para o citado sistema, quando as concentrações iniciais dos reagentes são, ambas, de 16 moléculas-g/L; os valores de x indicados são os de éster e soda consumidos.

TABELA 21.1

t (minutos)	x (moléculas-g)	$k = \dfrac{1}{t} \ln \dfrac{a}{a-x}$ (1.ª ordem)	$k = \dfrac{1}{at} \dfrac{x}{a-x}$ (2.ª ordem)	$k = \dfrac{1}{2t} \left[\dfrac{1}{(a-x)^2} - \dfrac{1}{a^2} \right]$ (3.ª ordem)
5	5,76	0,0893	0,0070	0,00056
10	8,66	0,0778	0,0068	0,00661
15	9,87	0,0640	0,0067	0,000526
20	10,96	0,0577	0,0068	0,002080
25	11,68	0,0524	0,0069	0,00994
35	12,59	0,0442	0,0066	0,00115
55	13,69	0,0352	0,0067	0,00166

Os valores encontrados sugerem que a reação considerada é de 2.ª ordem.

b) Um outro método baseia-se na primeira observação registrada no item anterior: o tempo de semitransformação de uma reação de ordem n é inversamente proporcional à concentração inicial elevada à potência $n - 1$.

Assim, uma vez determinados os tempos de semitransformação T_1 e T_2 correspondentes a duas concentrações iniciais a_1 e a_2, respectivamente, deverá ser

$$\frac{T_1}{T_2} = \left(\frac{a_2}{a_1}\right)^{n-1}. \qquad (21.19)$$

Bastará assim verificar qual o valor de n que melhor se ajusta aos dados colhidos na experiência.

A título de exemplo, imagine-se que, estudando a reação entre duas substâncias A e B, um pesquisador tenha constatado que o tempo de semitransformação dessa reação era 40 min, ou 1 h 29 min, conforme tenha partido de uma mistura de 1,2 mol-g/L de A e 1,2 mol-g/L de B ou de outra, de 0,8 mol-g/L de A e 0,8 mol-g/L de B. Qual é a ordem da reação considerada?

Segundo os dados

$T_1 = 40$ min; $\qquad a_1 = 1,2$ mol-g/L;

$T_2 = 89$ min; $\qquad a_2 = 0,8$ mol-g/L.

Portanto, pela equação (21.19),

$$\frac{40}{89} = \left(\frac{0,8}{1,2}\right)^{n-1},$$

equação que resolvida dá

$$n = 2,97,$$

isto é, mui provavelmente a reação é de terceira ordem.

c) Um terceiro método é conhecido como *método do isolamento*, de Ostwald. Cada um dos reagentes é introduzido no sistema, separadamente, em grande excesso em relação aos outros e a ordem de reação é determinada pelo primeiro método; a *massa ativa* da substância usada em excesso é então considerada constante. A ordem procurada é a soma das ordens de cada uma das reações realizadas em separado com excesso de um dos reagentes.

Um exemplo ilustrativo do exposto é oferecido pela reação entre formiato de sódio e acetato de prata

$$HCOONa + 2CH_3COOAg \longrightarrow 2Ag + CO_2 + CH_3COOH + CH_3COONa.$$

Quando se usa formiato de sódio em grande excesso, sua *massa ativa* mantém-se praticamente constante e a reação acaba por se mostrar como de segunda ordem em relação ao acetato de prata. Analogamente, quando se opera com excesso deste último, a reação se mostra de primeira ordem em relação ao formiato de sódio. Logo, a reação considerada é de terceira ordem.

21.7 Influência da Temperatura sobre a Velocidade das Reações

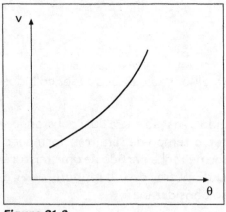

Figura 21.2

A velocidade v de uma reação é, em regra, consideravelmente afetada por mudança da temperatura θ em que se processa. A dependência entre as duas variáveis é ilustrada graficamente pela curva na Fig. (21.2); v é crescente com θ.

A observação do que se passa num grande número de reações mostra que o estabelecimento da equação $v = f(\theta)$ é bastante simplificado quando num diagrama cartesiano se representa $\ln k$ (logaritmo neperiano da constante k de velocidade) em função do recíproco $\left(\frac{1}{T}\right)$ da temperatura, expressa na escala Kelvin. É que, comumente, o diagrama em questão é retilíneo, conforme mostrado na Fig. 21.3. Esse fato pode ser traduzido por uma equação do tipo

$$\ln k = \frac{A}{T} + B, \qquad (21.20)$$

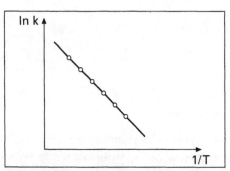

Figura 21.3

A e B representando duas constantes características da reação considerada.

A (21.20) é conhecida como *equação de Arrhenius*[*] em homenagem a Svante Arrhenius, a quem se deve a determinação da constante A em função da *energia de ativação* (v. item 21.7.1).

A equação de Arrhenius permite calcular as constantes de velocidade para diferentes temperaturas; para tanto, basta conhecer os valores k_1 e k_2 da constante de velocidade para duas temperaturas conhecidas T_1 e T_2. De fato, da equação (21.20) decorre

$$\ln k_1 = \frac{A}{T_1} + B \qquad (a)$$

e

$$\ln k_2 = \frac{A}{T_2} + B, \qquad (b)$$

---

[*] Alguns autores chamam-na também de *equação de Clapeyron—Clausius*.

CINÉTICA QUÍMICA   **537**

sistema de equações do qual resultam determinadas constantes A e B.

Por diferença membro a membro

$$\ln k_2 - \ln k_1 = \frac{A}{T_2} - \frac{A}{T_1}$$

ou
$$\ln \frac{k_2}{k_1} = A\left(\frac{1}{T_2} - \frac{1}{T_1}\right),$$

ou, ainda,
$$A = \frac{T_1 T_2}{T_1 - T_2} \ln \frac{k_2}{k_1},\tag{21.21}$$

valor que, substituído em qualquer uma das duas equações (a) ou (b), permite determinar B.

O exemplo seguinte ilustra numericamente a questão. Para a decomposição do ácido monocloroacético em ácido glicólico e ácido clorídrico

$$CH_2ClCOOH + H_2O \rightarrow HCl + CH_2OHCOOH,$$

a constante de velocidade assume os valores $k_1 = 2,22$ e $k_2 = 237$, respectivamente, a 80°C e 130°C. Isso posto, qual o valor dessa constante a 100°C?

Da equação (21.21) decorre

$$A = \frac{353 \times 403}{353 - 403} \times 2,303 \ \log \frac{237}{2,22} = -13\ 271$$

e pela equação (a)

$$B = \ln k_1 - \frac{A}{T_1} = 2,303 \ \log \ 2,22 + \frac{13\ 271}{353} = 38,392.$$

Para o exemplo considerado, tem-se então

$$\ln k = \frac{-13\ 271}{T} + 38,392.$$

Conhecidas as constantes A e B, pode-se determinar o valor da constante de velocidade a 100°C:

$$2,303 \log k = -\frac{13\ 271}{373} + 38,392$$

e, portanto, $\qquad k = $ antilog $1,231 = 17.$

Outra maneira de relacionar a constante de velocidade com a temperatura consiste em recorrer ao coeficiente de temperatura da reação. Este é, por definição, a razão entre os valores da constante de velocidade em duas temperaturas que diferem entre si de 10°C, isto é:

$$\gamma = \frac{k_{\theta+10}}{k_\theta}.\tag{21.22}$$

538 QUÍMICA GERAL

Para numerosas reações, e variações de temperatura não muito grandes, o coeficiente de temperatura é praticamente constante. Isso permite estabelecer uma nova correlação entre k e θ.

De fato, se k_0 é a constante de velocidade a $0°C$, e k_1 o valor da mesma constante a $10°C$, tem-se

$$k_1 = k_0\gamma$$

e, denotando com k_2 a constante de velocidade a $20°C$,

$$k_2 = k_1\gamma = k_0\gamma^2.$$

Generalizando, para uma temperatura qualquer $\theta = n \times 10°C$,

$$k_n = k_0\gamma^n \qquad (21.23)$$

n podendo ser inteiro ou fracionário.

Conhecidos os valores da constante de velocidade para duas temperaturas, a igualdade (21.23) permite calcular o valor dessa constante para outra qualquer.

No caso do exemplo acima examinado, com nova simbologia, tem-se

$$k_8 = 2,22 \ (\theta_8 = 80°C) \quad \text{e} \quad k_{13} = 237 \ (\theta_{13} = 130°C).$$

Logo

$$k_{13} = k_0\gamma^{13},$$
$$k_8 = k_0\gamma^8$$

e

$$\frac{k_{13}}{k_8} = \frac{\gamma^{13}}{\gamma^8} = \gamma^5,$$

isto é

$$5 \log\gamma = \log\frac{k_{13}}{k_8},$$

$$\log\gamma = \frac{1}{5}(\log k_{13} - \log k_8) = \frac{1}{5}(\log 237 - \log 2,22) = 0,405$$

e

$$\gamma = \text{antilog } 0,405 = 2,55.$$

Portanto, para $\theta = 100°C$:

$$k_{10} = k_8\gamma^2 = 2,22 \times 2,55^2 = 14,4,$$

valor que difere em cerca de 15% do obtido no cálculo anterior ($k = 17$).

Embora esta segunda maneira de cálculo leve, em muitos casos, a resultados menos precisos do que os obtidos pela equação de Arrhenius, seu emprego se justifica porque o coeficiente de temperatura de um sem-número de reações para intervalos de temperatura não muito grandes é sensivelmente constante e compreendido entre 2 e 4. É o que estabelece a *regra de Van't Hoff*:

> "A constante de velocidade de reação é multiplicada por um número compreendido entre 2 e 4, quando a temperatura aumenta $10°C$."

CINÉTICA QUÍMICA **539**

Quando não se dispõe de outros dados, a regra de Van't Hoff pode ser utilizada para, pelo menos, avaliar a ordem de grandeza do efeito da temperatura sobre a velocidade da reação considerada.

Numa reação cujo coeficiente de temperatura é $\gamma = 2$, cada elevação de temperatura de 1°C acarreta um aumento de velocidade da ordem de 10%. Um exemplo é oferecido pela reação entre hidrogênio e oxigênio, que se combinam explosivamente a cerca de 700°C e lentamente em temperaturas mais baixas. A 509°C são necessários 50 minutos para que apenas 15% da mistura $2H_2 + O_2$ se transforme em água e a 409°C são necessários 100 minutos para a mesma transformação. Mas, se a temperatura fosse reduzida a 9°C, o tempo necessário para a transformação em água dos mesmos 15% de mistura seria da ordem de 10^{12} anos...

21.7.1 Energia de Ativação

Imagine-se que num mesmo recipiente tenham sido introduzidos dois gases, como O_2 e H_2, que, segundo se espera, devem reagir entre si. Obviamente, para que a reação se dê, é necessário que as moléculas dos reagentes colidam entre si ou, pelo menos, se aproximem suficientemente uma da outra para que possa haver a interação entre seus elétrons mais externos, com a conseqüente formação de novas moléculas. Mas basta haver colisão para que haja a reação? A idéia mais simples que ocorre a respeito é que:

a) o choque entre as moléculas acarretaria a reação entre elas;

b) todos os choques seriam igualmente eficazes quanto a produzirem tais reações.

Contudo, a circunstância de numerosas reações conhecidas transcorrerem em intervalos de tempo relativamente longos sugere que nem todas as colisões levam a reação entre as moléculas que delas participam. De fato, segundo a teoria cinética, estima-se que o número de colisões a que está sujeita uma molécula de um gás, mantido em condições comuns, é da ordem de alguns bilhões por segundo, e se todos os impactos resultassem em reação, a duração total das reações químicas deveria ser consideravelmente menor que a observada experimentalmente.

No caso particular da reação $2HI \rightarrow H_2 + I_2$, o cálculo mostra que o número de moléculas que, num certo intervalo de tempo, se chocam entre si é vários milhões de vezes o número de reações que determinam.

Já que apenas uma pequena fração do número de colisões entre as moléculas dos reagentes acarreta a reação propriamente dita entre elas, é razoável admitir que a possibilidade de uma molécula participar efetivamente de uma reação deve depender do seu *estado* no momento da colisão.

Visando a caracterizar esse estado peculiar em que se devem encontrar as moléculas de um reagente, para que os choques de que participam determinem efetivamente sua reação, introduz-se o conceito de *energia de ativação*, grandeza por meio da qual se acaba explicando o porquê da influência da temperatura sobre a velocidade de uma reação.

Para tal, admite-se que, das inúmeras colisões verificadas entre as moléculas, só são eficazes, isto é, só culminam em reação, aquelas de que participam moléculas cujas energias internas, no instante da colisão, excedem, de uma certa quantidade, a energia média de todas, para a temperatura considerada.

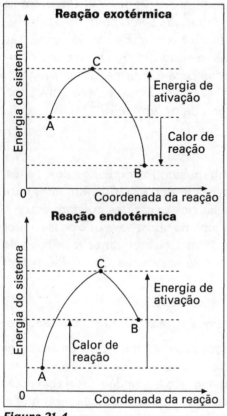

Figura 21.4

Para ilustrar a questão, no diagrama representado na Fig. 21.4, cada ponto representa o estado particular em que se encontram as moléculas de um sistema; cada um desses estados é caracterizado por uma certa energia, assinalada no eixo das ordenadas, em função da coordenada de reação, variável que, em primeira aproximação, caracteriza as alterações nas distâncias interatômicas[*].

Conforme a reação que leva as moléculas do estado A a outro B, seja exotérmica ou endotérmica, a energia final dos produtos é menor ou maior que a dos reagentes. Em outras palavras: conforme a reação que nele se processa seja exotérmica ou endotérmica, o sistema passa de um nível de energia mais alto a outro mais baixo, ou vice-versa, e a diferença entre ambos representa o *calor de reação*. Já a energia correspondente ao estado C indicado na figura é, em qualquer caso, a menor quantidade de energia de que devem estar dotadas as moléculas para que a colisão entre elas possa resultar em reação química. A diferença entre as energias correspondentes aos estados C e A é a energia de ativação da reação considerada. No caso da reação $2HI \rightarrow H_2 + I_2$, a energia de ativação é 43,8 kcal/mol-g.

Em resumo, somente as *moléculas ativadas*, isto é, possuidoras no momento da colisão do necessário *excesso de energia*, podem participar efetivamente das reações químicas.

É oportuno registrar que este excesso de energia não constitui uma forma especial de energia, mas pode assumir qualquer forma de energia interna. Por exemplo: excesso de energia cinética do movimento de translação ou rotação, excesso de energia de vibração de átomos ou grupos de átomos na molécula, excesso de energia

---

[*] A coordenada da reação não é propriamente uma distância interatômica ou internuclear qualquer, mas, sim, um parâmetro que depende de todas as distâncias internucleares que, por sua vez, variam à medida que os reagentes se convertem nos produtos da reação. No presente caso, deve ser entendida como descrição da extensão da tranformação dos reagentes em produtos.

CINÉTICA QUÍMICA **541**

de elétrons em movimento, etc. Para algumas reações a energia de ativação pode ser fornecida sob a forma radiante, e, sempre que a luz participa como iniciadora de uma reação, diz-se que esta última é uma reação fotoquímica.

21.7.2 Cálculo da Energia de Ativação

Por meio de considerações sobre a teoria cinética dos gases demonstra-se que, se E é a energia de ativação de uma molécula-grama de um gás, a razão $\frac{Z_{ef}}{Z}$, entre o número Z_{ef} de choques eficazes e o número Z total de choques, obedece à equação de Boltzmann

$$\frac{Z_{ef}}{Z} = e^{-E/RT}, \tag{21.24}$$

na qual R é a constante dos gases perfeitos e T a temperatura absoluta do gás.

Segundo uma linha de raciocínio como a exposta no item 5.14.8, o número Z total de choques verificados entre as moléculas, por unidade de tempo, é calculado pela expressão

$$Z = \sqrt{2}\pi\sigma^2 u n^2 \tag{21.25}$$

onde σ é o diâmetro molecular, u a velocidade média quadrática das moléculas e n o numero de moléculas existentes por unidades de volume.

Devendo a constante de velocidade k ser proporcional ao número de choques eficazes, pode-se escrever

$$k = K Z_{ef}$$

ou $\qquad\qquad k = KZe^{-E/RT}. \tag{21.26}$

Sucede que o valor de Z não varia muito com a temperatura; fazendo então $KZ = C^{[*]}$, constante a diferentes temperaturas, tem-se

$$k = Ce^{-E/RT}. \tag{21.27}$$

Esta equação que correlaciona a constante de velocidade com a energia de ativação e a temperatura constitui outra maneira de apresentar a equação de Arrhenius (v. item 21.7). Ela permite calcular E, quando se conhecem os valores de k em duas diferentes temperaturas.

Por exemplo: a experiência ensina que para a reação de decomposição térmica do óxido nitroso

$$2N_2O \rightarrow 2N_2 + O_2$$

a constante de velocidade assume os valores

$$k_1 = 3\,760 \,(\text{mol-g} \times L^{-1} \times s)^{-1}$$

---

[*] A constante C, função da freqüência total das colisões entre as moléculas reagentes, é conhecida como *fator de freqüência*.

542 QUÍMICA GERAL

e
$$k_2 = 11\ 600\ (\text{mol-g} \times L^{-1} \times s)^{-1},$$

respectivamente a 812°C e a 852°C. Qual é para essa reação a energia de ativação?

Aplicando a (21.27) para as temperaturas T_1 e T_2 tem-se

$$k_1 = Ce^{-E/RT_1}$$

e
$$k_2 = Ce^{-E/RT_2}$$

ou, tomando os logaritmos neperianos,

$$\ln k_1 = \ln C - \frac{E}{RT_1}$$

e
$$\ln k_2 = \ln C - \frac{E}{RT_2},$$

isto é,

$$\ln k_1 - \ln k_2 = \frac{E}{R}\left(\frac{1}{T_2} - \frac{1}{T_1}\right),$$

ou, usando os logaritmos decimais,

$$E = 2{,}303\,(\log k_1 - \log k_2)\,\frac{R}{\dfrac{1}{T_2} - \dfrac{1}{T_1}}.$$

Como
$$\log k_1 = \log 3\ 760 = 3{,}575;\ T_1 = 812 + 273 = 1\ 085\ K;$$

$$\log k_2 = \log 11\ 600 = 4{,}064\ ;\ T_2 = 852 + 273 = 1\ 125\ K$$

e
$$R = 1{,}985\,\frac{\text{cal}}{\text{mol} \times K},$$

segue-se, por substituição numérica,

$$E = 68\ 260\ \text{cal} \times \text{mol-g}^{-1}.$$

Essa é a energia de ativação do N_2O, isto é, a energia que 1 mol de moléculas de N_2O deve possuir, em excesso sobre a sua energia normal, para que, no choque, todas se decomponham.

Observações

1. Tomando os logaritmos neperianos dos dois membros da (21.27) obtém-se

$$\ln k = -\frac{E}{RT} + \log C, \tag{21.28}$$

e calculando a derivada em relação a T tem-se

$$\frac{d\ln k}{dT} = \frac{E}{RT^2},\qquad(21.29)$$

que constitui outra forma de apresentar a equação de Arrhenius.

2. Comparando as expressões (21.28)

$$\ln k = -\frac{E}{RT} + \log C$$

e (21.20)

$$\ln k = \frac{A}{T} + B,$$

conclui-se que

$$-\frac{E}{RT} = \frac{A}{T},$$

isto é:
$$E = -AR.\qquad(21.30)$$

Para a decomposição do ácido monocloroacético, conforme visto no item 21.7, A = – 13 271; então a energia de ativação da reação

$$CH_2ClCOOH + H_2O \rightarrow HCl + CH_2OHCOOH$$

é
$$E = -AR = -(-13\ 271)\times 1,985 \cong 26\ 343\frac{cal}{mol\text{-}g}.$$

3. Os esquemas indicados na Fig. 21.3 mostram que a energia de ativação E absorvida pelas moléculas, que passam do estado normal A ao estado ativado C, é liberada quando se originam os produtos finais, total ou parcialmente, conforme a reação seja exo ou endotérmica. Por isso mesmo, o calor de reação, definido pela diferença entre as energias dos reagentes iniciais e dos produtos finais, não depende da energia de ativação.

4. A energia de ativação assume valores variáveis de uma reação para outra; ela é um fator determinante da velocidade de reação. Quanto maior é a energia de ativação, menor é o número de moléculas que a possuem, a uma temperatura dada, e mais lenta é a reação.

Segundo a teoria cinética (item 6.14), as velocidades, e também as energias individuais, das moléculas de um gás que se encontra a uma dada temperatura não são todas iguais; essas velocidades e energias, variáveis de uma molécula para outra, distribuem-se estatisticamente em torno de uma velocidade e energia médias. A Fig. 21.5 ilustra esse fato pelas curvas de distribuição da energia molecular para duas temperaturas diferentes. No eixo das abscissas estão representadas as energias possíveis das moléculas, desde zero até os mais altos valores, e em ordenadas as percentagens das moléculas de um dado sistema, dotadas dessas energias. Segundo a figura, à medida que aumenta a temperatura de um gás, diminui a fração de suas moléculas de energia elevada.

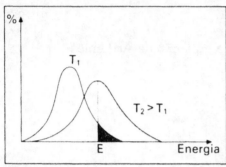

Figura 21.5

Esses diagramas mostram a influência da temperatura sobre a velocidade das reações: as áreas das superfícies sombreadas representam, em percentagem, os números de moléculas com energia igual ou superior à energia de ativação E. Aumentando a temperatura de T_1 para T_2, a área em questão cresce e, portanto, aumenta o número de moléculas com energia igual ou superior à necessária para reagir.

5. Em geral, valores de E <10 kcal/mol-g determinam, em temperaturas ordinárias, velocidades mais elevadas, enquanto valores de E > 30 kcal/mol-g provocam reações mais lentas.

   O valor da energia de ativação influi sobre os coeficientes de temperatura. Os valores 2, 3 e 4 destes coeficientes, à temperatura ordinária, correspondem às energias de ativação, respectivamente, 14, 21 e 28 kcal/mol-g.

6. A concordância entre os valores da constante de velocidade determinados experimentalmente e calculados por meio da equacão de Arrhenius sugere que a teoria das energias de ativação é essencialmente correta. Contudo, dificuldades se apresentam quando se consideram reações monomoleculares. É que no caso dessas reações a decomposição não pode ser devida a um choque seguido de uma ruptura imediata, pois nesse caso a reação seria bimolecular. Todavia os choques de que tenha participado uma molécula podem tê-la conduzido a um estado instável que gera sua posterior decomposição.

   Segundo Jean Perrin (1919), uma vez que a velocidade das reações monomoleculares é independente da pressão, deveria ser possível expandir o gás até o infinito, mantendo constante a velocidade de reação. Nesse caso, as moléculas estariam infinitamente distantes umas das outras, não colidiriam entre si e, portanto, não poderiam receber, por inexistência de choques, a energia necessária à sua ativação. Ainda de acordo com Perrin, as moléculas, nesse caso, devem ser ativadas por absorção de alguma radiação vinda de alguma fonte externa. Às idéias de Perrin têm sido apresentadas numerosas objeções, inclusive de ordem experimental.

   Segundo uma doutrina formulada por Lindemann, é possível explicar as reações monomoleculares pela teoria da ativação por choque, desde que se admita que as moléculas que tomam parte numa reação monomolecular se decomponham não no instante em que são ativadas, mas, sim, depois de decorrido um certo lapso de tempo. Detalhes dessa explicação escapam aos objetivos desta publicação e poderão ser encontrados nos tratados de Físico-Química.

CINÉTICA QUÍMICA **545**

21.8 Influência da Pressão sobre a Velocidade das Reações

Embora menos importante que a temperatura, a pressão é também fator que pode influir sobre a velocidade de uma reação. Vale dizer, é um parâmetro de que pode depender a constante de velocidade.

É intuitivo que, enquanto a influência da pressão possa passar imperceptível nas reações que se verificam em solução, naquelas em que participam substâncias gasosas, seja como reagentes, seja como produtos, o efeito da pressão pode ser marcante. De fato, em temperatura constante, o volume de um sistema gasoso (com número de moléculas constante) é inversamente proporcional à pressão. Como a concentração dos reagentes é, para um dado número de moléculas-grama de cada um deles, tanto maior quanto menor o volume em que se encontram, pode-se concluir que a velocidade de reação entre gases aumenta com a pressão e, mais, que a influência da pressão sobre essa velocidade é tanto mais pronunciada quanto maior a ordem da reação. A velocidade das reações monomoleculares é praticamente independente da pressão.

21.9 Influência do Estado Físico dos Reagentes sobre a Velocidade das Reações

Do fato de a reação entre duas substâncias exigir, como condição essencial, o contato ou a colisão entre suas moléculas, permite-se inferir que a constante de velocidade — e também a própria velocidade de reação — depende do estado físico dos reagentes. Quando os reagentes são sólidos finamente divididos e intimamente misturados, existe entre eles uma grande superfície de contato; por isto reagem mais rapidamente do que o fariam com granulometria mais grosseira.

Numerosos exemplos evidenciam o fato. Um bloco de ferro pode ser trabalhado ao ar, mesmo em altas temperaturas, sofrendo apenas oxidação lenta em sua superfície. Contudo, o mesmo ferro, finamente dividido, reage tão rapidamente com o oxigênio do ar que as pequeníssimas partículas metálicas atingem sua temperatura de inflamação (ferro pirofórico).

Pela mesma razão, são explosivos os pós de substâncias como celulose, licopódio, amido de milho, etc. A exigência de determinado grau de finura de pó para o cimento, para os adubos químicos e para a farinha panificável tem como objetivo conduzir do melhor modo as reações que seu emprego envolve.

Com a finalidade de aumentar o contato entre os reagentes, costuma-se fluidificar pelo menos um deles, seja por vaporização, por fusão ou, principalmente, por dissolução. A alta velocidade de reação que as substâncias eletrolíticas revelam em solução é devida aos íons nela presentes. Nitrato de prata e cloreto de sódio, sólidos, podem ser mantidos em presença um do outro por tempo indeterminado; entretanto, dissolvidos em água, esses sais se dissociam e reagem imediatamente, com pronta precipitação de cloreto de prata.

21.10 Catálise

Chama-se *catálise* o fenômeno pelo qual certas substâncias, presentes num dado sistema, modificam a velocidade da reação que nele se processa, sem que, pelo menos aparentemente, dela participem[*].

A decomposição do peróxido de hidrogênio, normalmente lenta, é, pela presença de pequena quantidade de MnO_2, de tal modo acelerada que pode tornar-se explosiva. Do mesmo modo, o vapor de álcool etílico, que pode permanecer misturado com ar por muito tempo, sem que haja sinais perceptíveis de reação, quando em presença de um pequeno fragmento de platina, reage tão rapidamente com o oxigênio que a platina chega a atingir a incandescência.

Em princípio, isso se explica admitindo que os *catalisadores* têm a aptidão de reduzir a energia de ativação de algumas reações, sem que delas, ostensivamente, participem. Oxigênio e hidrogênio misturados em temperatura ambiente praticamente não reagem (v. item 21.7). Em baixas temperaturas a energia de ativação é demasiadamente elevada para que a reação possa ser percebida; é necessário aumentar a temperatura para que surja um número suficiente de moléculas adequadamente ativadas. Mas se, sem aquecê-la, na mistura for introduzida uma pequena porção de platina finamente dividida, a reação verificar-se-á com grande rapidez.

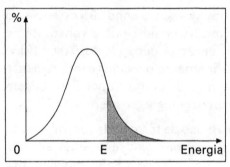

Figura 21.6

Um catalisador pode ser entendido como um agente que modifica a energia de ativação para menos (catalisador positivo) ou para mais (catalisador negativo). A Fig. 21.6, repetição da 21.5, sugere que, para uma mistura gasosa, o *catalisador positivo*, diminuindo a energia de ativação E (da reação não catalisada), faz com que, a uma dada temperatura, um número maior de moléculas tenham energia igual ou superior a E; a superfície assinalada na figura começará mais à esquerda, isto é, terá área maior e, em conseqüência, aumentará a velocidade da reação.

Um catalisador negativo, aumentando a energia de ativação, faz com que um número menor de moléculas tenha energia igual ou superior a E e determina uma diminuição na velocidade de reação.

Embora as causas desse fato sejam extremamente complexas, tudo se passa como se os elétrons livres da platina (que é um metal de transição) provocassem a deformação da ligação covalente das moléculas H—H, a tal ponto que as moléculas de oxigênio, ao se chocarem com elas, encontrando essas ligações bastante frouxas, reagissem mais facilmente com elas; nesse estado, o nível de energia de ativação

---

[*] O vocábulo *catálise* foi introduzido por Berzelius em 1835.

CINÉTICA QUÍMICA **547**

necessário é mais baixo e, uma vez atingido, a velocidade da reação é aumentada. Tão pronto uma molécula de hidrogêncio tenha reagido, destacando-se da platina, seu lugar será ocupado por outra, o processo repetir-se-á, sem provocar qualquer desgaste na platina.

É curioso que a catálise, cujo papel em todos os ramos da Química, especialmente na industrial, é hoje importantíssimo, tenha permanecido praticamente ignorada até fins do século XVIII.

Embora alguns historiadores pretendam ver, na busca da "pedra filosofal" e do "elixir da longa vida" pelos antigos alquimistas, as primeiras tentativas de uso de catalisadores, as primeiras reações catalíticas estudadas sistematicamente foram:

a) conversão do ácido sulfuroso em sulfúrico, fundamento do *processo das câmaras de chumbo*, estudada já no século XVIII;

b) a hidrólise do amido, pelos ácidos em solução aquosa, produzindo açúcares (Kirchhoff, 1811);

c) a decomposição catalítica da água oxigenada pelos metais (Thenard, 1818);

d) a oxidação do hidrogênio, por ação da esponja de platina (Dobereiner, 1823).

Do estudo dessas reações e de numerosas outras descobertas ao longo do século XIX foi possível inferir que:

a) o catalisador não se consome durante o processo;

b) pode-se fazer reagir quantidades relativamente grandes de reagentes com uso de pequena quantidade de catalisador;

c) a ação catalítica é específica — as mesmas substâncias não são adequadas para catalisar diferentes reações;

d) só se pode escolher um catalisador após numerosas experiências;

e) a ação de um catalisador pode ser anulada pela presença de certas substâncias.

21.10.1 Catálise Homogênea e Heterogênea

Como conseqüência de numerosas investigações sobre os fenômenos catalíticos, descobriu-se que a catálise pode manifestar-se de dois, ou quiçá três, modos diferentes.

1. *Catálise homogênea*

É caracterizada pelo fato de o catalisador e os reagentes constituírem um sistema homogêneo. Exemplo: hidrólise do acetato de etila

$$CH_3COOC_2H_5 + H_2O \rightarrow CH_3OOH + C_2H_5OH,$$

acelerada pela presença de uma pequena quantidade de um ácido forte, ou então o desdobramento da sacarose

$$C_{12}H_{22}O_{11} + H_2O \rightarrow C_6H_{12}O_6 + C_6H_{12}O_6$$

acelerada, também, pelos íons H^+.

548 QUÍMICA GERAL

2. *Catálise heterogênea*

Sua peculiaridade é a circunstância de o catalisador e os reagentes pertencerem a fases distintas. Esta é exemplificada pela oxidação do hidrogênio sob ação da esponja de platina, e pela oxidação $2SO_2 + O_2 \rightarrow 2SO_3$ com intervenção de amianto platinado.

A catálise heterogênea é a que inclui a maioria das reações de importância industrial. Os catatisadores comumente usados na catálise heterogênea são metais, platina, níquel, cobre e ferro, utilizados, em regra, finamente divididos. São também empregados certos óxidos metálicos, como os de zinco, cromo, ferro, bismuto, molibdênio e vanádio.

3. Um caso particular de catálise, embora nem sempre classificado como um tipo peculiar, compreende os processos catalíticos "biológicos". É o caso das reações produzidas pelas enzimas, cuja ação se desenvolve em solução e, portanto, pode ser considerada como de catálise homogênea.

As enzimas são compostos orgânicos complexos, relativamente instáveis, que formam com a água sistemas coloidais. Catalisam numerosas reações, principalmente de hidrólise. Exemplos:

a) a *diastase*, que converte o amido em maltose:

$$2(\underset{\text{amido}}{C_6H_{10}O_5})_n + nH_2O \xrightarrow{\text{diastase}} n(\underset{\text{maltose}}{C_{12}H_{22}O_{11}});$$

b) a *maltase*, que provoca a hidrólise da maltose em glicose:

$$\underset{\text{maltose}}{C_{12}H_{22}O_{11}} + H_2O \xrightarrow{\text{maltase}} 2\underset{\text{glicose}}{C_6H_{12}O_6};$$

c) a *invertase*, que provoca o desdobramento da sacarose em glicose e frutose[*]:

$$\underset{\text{sacarose}}{C_{12}H_{22}O_{11}} + H_2O \xrightarrow{\text{invertase}} \underset{\text{glicose}}{C_6H_{12}O_6} + \underset{\substack{\text{frutose ou}\\\text{levulose}}}{C_6H_{12}O_6};$$

d) a *zimase*, que converte a glicose em álcool:

$$C_6H_{12}O_6 \xrightarrow{\text{zimase}} 2C_2H_5OH + 2CO_2.$$

---

[*] Conforme observado no item 21.6.1, enquanto a sacarose é destrógira, dos dois açúcares que se obtêm por seu desdobramento, a glicose é levemente destrógira e a frutose fortemente levógira. Em conseqüência, a mistura dos dois açúcares desvia o plano de vibração da luz polarizada para a esquerda. Como na hidrólise da sacarose o poder rotatório se desloca da direita para esquerda, esse processo é chamado de *inversão*; a enzima que o provoca é a invertina ou invertase, e a mistura de glicose e frutose contitui o açúcar invertido.

CINÉTICA QUÍMICA **549**

21.10.2 Características da Ação Catalítica

Deve-se a Ostwald (1888), o estabelecimento das características que definem a ação dos catalisadores. São, em resumo, as seguintes:

1. O catalisador é recuperado intacto ao final da reação. Isso diz respeito unicamente à composição química do catalisador, uma vez que sua forma física pode variar completamente. Por exemplo, o bióxido de manganês, mal pulverizado, usado como catalisador na obtenção do oxigênio a partir do clorato de potássio, aparece no fim da reação sob a forma de um pó bem fino.

2. Uma porção muito pequena de substância pode catalisar uma reação em que intervêm massas consideráveis de reagentes; a massa de catalisador usado não guarda relação definida com as massas das substâncias transformadas. Tentativas no sentido de determinar a concentração mínima de catalisador necessária para uma reação têm sido infrutíferas.

3. Um catalisador não provoca reações impossíveis sem sua intervenção; vale dizer, um catalisador não desencadeia uma reação, mas apenas intervém aumentando ou diminuindo sua velocidade. Essa característica nem sempre parece ser satisfeita: são várias as reações que parecem impossíveis sem a presença da água, apesar da ação puramente catalítica desta última.

4. Um catalisador altera a velocidade de reação, mas não impede o estabelecimento do estado de equilíbrio. O catalisador atua simultaneamente em ambos os sentidos de uma reação reversível e apenas abrevia o aparecimento do equilíbrio, sem evitá-lo e sem deslocá-lo[*].

21.10.3 Promotores e Envenenadores

A atividade de um catalisador pode freqüentemente ser melhorada adicionando-se uma outra substância, esta não necessariamente catalisadora. As substâncias que tornam o catalisador mais ativo denominam-se *ativadoras* ou *promotoras*. Por exemplo, na síntese da amônia pelo *processo de Haber*, utilizam-se ferro como catalisador e Al_2O_3 e K_2O como promotores.

Em contraposição aos promotores, existem também substâncias que, mesmo em pequenas quantidades, reduzem ou até chegam a impedir a ação do catalisador, tornando-o insensível. Tais substâncias chamam-se *envenenadoras* ou *anticatalisadoras*.

Seguem-se alguns exemplos correntes de venenos de catalisadores que intervêm em vários processos industriais.

---

[*] Quando o catalisador é empregado em grande quantidade, isso nem sempre acontece. É o que se verifica, por exemplo, quando se usam quantidades variáveis de ácido clorídrico como catalisador da hidrólise do acetato de etila.

Processo	Catalisador	Veneno
Ácido sulfúrico por contato	Platina	Arsênio, antimônio, fósforo, chumbo
Obtenção do cloro pelo método Deacon	Cloreto cúprico	Óxido de enxofre e arsênio
Síntese do NH_3	Ferro reduzido	Óxido de carbono
Hidrogenação dos azeites	Níquel reduzido	Enxofre e cloro

É interessante registrar que os envenenadores de catalisadores são também, geralmente, venenos para seres vivos; em particular, o óxido arsenioso As_2O_3 e o HCN, além de venenos catalíticos dos mais poderosos, são altamente venenosos para o ser humano.

A ação dos envenenadores, nem sempre bem compreendida, é, às vezes, explicada pela formação de compostos químicos com o catalisador. É o que sucede, especialmente, com o sulfeto de hidrogênio, veneno de vários catalisadores metálicos; sua ação, como tal, é atribuída à formação de um sulfeto com o catalisador.

A atuação dos envenenadores de catalisadores não deve ser confundida com a dos catalisadores negativos; estes últimos são substâncias que agem diminuindo a velocidade das reações nas quais intervêm. É o caso do vapor de água, que retarda a oxidação do fósforo e do cloro, que diminui a velocidade de transformação do oxigênio em ozona, etc.

21.10.4 Autocatálise

Um caso interessante de catálise é oferecido pelas reações autocatalisadas, isto é, reações catalisadas por um de seus produtos. Exemplo comum é o da reação que, sendo muito lenta, dá lugar à formação de um acelerador; iniciada sua formação, a velocidade da reação passa a aumentar, apesar de diminuírem as concentrações dos reagentes. Quando as duas ações opostas (formação de quantidades crescentes de catalisador e diminuição das concentrações dos reagentes) se equilibram, a velocidade atinge um máximo e passa a decrescer, porque a diminuição das massas ativas dos reagentes passa a ser predominante.

Em virtude da autocatálise, a marcha da reação é diferente da comum. Nas reações comuns a velocidade é máxima a princípio e vai diminuindo progressivamente com o tempo. Na Fig. 21.7 estão esboçadas as curvas representativas das velocidade de reação, em função do tempo, nos dois casos;

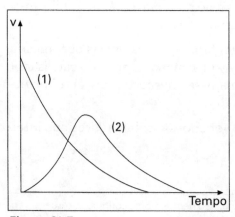

Figura 21.7

CINÉTICA QUÍMICA **551**

a curva (1) refere-se ao caso comum e a (2) indica a marcha do fenômeno no caso da autocatálise.

Um exemplo de autocátalise está na titulação do ácido oxálico pelo permanganato de potássio. Quando, sobre a solução aquecida de ácido oxálico, se deixam cair as primeiras gotas de permanganato, escoa-se um bom lapso de tempo antes que este último seja descorado; já a segunda e as porções subseqüentes de permanganato são descoradas tão pronto vertidas sobre o ácido. Isso é devido ao fato de os sais manganosos produzidos na redução do $KMnO_4$ catalisarem a reação.

Outro exemplo é oferecido pela hidrólise do nitrato de etila

$$NO_3C_2H_5 + H_2O \rightarrow HNO_3 + C_2H_5OH,$$

que é catalisada pelos íons H^+ provenientes da ionização do HNO_3 produzido.

Um exemplo de autocatálise negativa encontra-se na reação entre hidrogênio e bromo, reação essa na qual o HBr formado age retardando a reação.

21.10.5 Influência do Catalisador sobre a Natureza dos Produtos de uma Reação

Em que pese o fato de o catalisador não participar, pelo menos aparentemente, das reações em que atua, são conhecidos casos em que a natureza dos produtos formados depende do catalisador empregado. Os seguintes exemplos ilustram o fato:

a) o álcool etílico aquecido, em presença do níquel, origina aldeído acético e hidrogênio

$$C_2H_5OH \xrightarrow{\text{Ni}} CH_3COH + H_2$$

e, em presença do alumínio, produz etileno e água

$$C_2H_5OH \xrightarrow{\text{Al}} C_2H_4 + H_2O;$$

b) por hidrogenação do monóxido de carbono obtêm-se aldeído fórmico, álcool metílico ou metano, conforme o agente catalisador usado seja o Cu, Cr_2O_3 ou Ni, respectivamente:

$$CO + H_2 \xrightarrow{\text{Cu}} HCOH,$$

$$CO + 2H_2 \xrightarrow{\text{Cr}_2\text{O}_3} CH_3 + OH,$$

$$CO + 3H_2 \xrightarrow{\text{Ni}} CH_4 + H_2O;$$

c) a reação do benzeno com cloro conduz a um produto de adição ou de substituição, conforme se opere em presença do iodo ou do estanho:

$$C_6H_6 + 3Cl_2 \xrightarrow{\text{I}_2} C_6H_6Cl_6,$$

$$C_6H_6 + Cl_2 \xrightarrow{\text{Sn}} C_6H_5Cl + HCl.$$

552 QUÍMICA GERAL

Em cada uma das reações indicadas, o catalisador tem uma ação específica, fato que sugere que a utilização simultânea de dois deles permita a obtenção, simultânea também, dos distintos produtos possíveis .

21.10.6 Teorias da Catálise

Uma vez observadas as primeiras reações catalisadas (fins do século XVIII), não tardaram a surgir as primeiras tentativas de explicação do fenômeno.

Na primeira década do século XIX, essas tentativas giravam em torno de efeitos térmicos — como aquecimentos locais — ou elétricos, que seriam provocados pelos catalisadores. Davy, Dobereiner e outros opunham-se a essas idéias.

Em 1806 Clement e Desormes publicaram importante trabalho a propósito da ação catalítica do óxido nítrico, na obtenção do ácido sulfúrico pelo *processo das câmaras de chumbo*. Nesse trabalho o óxido nítrico foi considerado como um transportador de oxigênio, graças à formação de um composto intermediário, o NO_2. Essa explicação, que subsiste até hoje, fez pensar a outros que toda ação catalítica seria devida, provavelmente, à formação de compostos intermediários com a participação do próprio catalisador. Sucede entretanto que, seguindo essa linha de pensamento, começou-se a admitir a formação de compostos muito estranhos, de existência totalmente improvável. A esse modo de pensar opuseram-se as críticas de Faraday, que, recusando-se a aceitar a formação de compostos que violariam as leis da Química, acabou propondo a *teoria da adsorção*, inspirado particularmente na ação da esponja de platina na reação da formação da água.

É sobremaneira interessante registrar que essas duas idéias desenvolvidas em princípios do século XIX, a da *formação de compostos intermediários* e a da *adsorção*, com algumas modificações, resistiram ao tempo e ainda são consideradas.

21.10.6.1 Teorias dos Compostos Intermediários

Também conhecidas como teorias químicas, supõem que da ação do catalisador resulta a formação, seguida de uma imediata decomposição, de compostos intermediários instáveis que, no ciclo de reações, regeneram as substâncias primitivas. Esquematicamente, dois casos distintos podem ser apontados.

Primeiro caso

Reação do tipo
$$A + B \rightarrow AB$$
acelerada por um catalisador C. A reação em questão admite-se realizada em duas etapas

$$A + B + C \rightarrow ABC$$

e
$$ABC \rightarrow AB + C.$$

CINÉTICA QUÍMICA 553

Segundo caso

Reação do tipo
$$AX + B \rightarrow BX + A,$$

em que, numa primeira etapa, o catalisador C formaria um composto intermediário com X:

$$AX + C \rightarrow CX + A;$$

e, numa segunda, o catalisador seria recuperado

$$CX + B \rightarrow BX + C.$$

Parece indubitável que, num grande número de casos, mormente de catálise homogênea, há formação de compostos intermediários. Basta citar:

a) o processo de obtenção do ácido sulfúrico, catalisado pelo óxido nítrico, no qual o composto intermediário, SO_4HNO, tem sido isolado;

b) o processo Deacon de obtenção do cloro, a partir do HCl e O_2,

$$4HCl + O_2 \rightarrow 2H_2O + 2Cl_2,$$

catalisado pelo $CUCl_2$. Nesse processo o cloreto cúprico, por aquecimento, passa a cloro e cloreto cuproso; este último, mediante ação do oxigênio do ar, forma como composto intermediário o oxicloreto de cobre, que, tratado pelo ácido clorídrico, regenera o cloreto cúprico, fechando assim o ciclo de reações

$$4CuCl_2 \quad \rightarrow \quad 2Cu_2Cl_2 + 2Cl_2$$
$$2Cu_2Cl_2 + O_2 \quad \rightarrow \quad 2CU_2OCl_2$$
$$2Cu_2OCl_2 + 4HCl \quad \rightarrow \quad 2CuCl_2 + 2H_2O$$
$$\overline{}$$
$$4HCl + O_2 \quad \xrightarrow{CuCl_2} \quad 2H_2O + 2Cl_2$$

c) a obtenção do éter etílico por aquecimento (a 120°C) do álcool etílico, em presença do ácido sulfúrico

$$2C_2H_5OH \xrightarrow{H_2SO_4} (C_2H_5)_2O + H_2O,$$

o ácido sulfúrico sendo totalmente recuperado no fim da reação.

A formação de um composto intermediário bem definido, o $SO_4HC_2H_5$ (ácido sulfovínico), está plenamente comprovada. Numa primeira etapa, o álcool reage com ácido sulfúrico, formando ácido sulfovínico (ou sulfato ácido de etila) e, numa segunda, este último, reagindo com excesso de álcool, leva à recuperação do H_2SO_4:

$$C_2H_5OH + H_2SO_4 \rightarrow SO_4HC_2H_5 + H_2O$$
$$SO_4HC_2H_5 + C_2H_5OH \rightarrow (C_2H_5)_2O + H_2SO_4.$$

554 QUÍMICA GERAL

21.10.6.2 Teorias da Adsorção

Nas reações de catálise heterogênea admite-se que os catalisadores desempenham um papel de adsorvente, portanto físico e não químico. As teorias de adsorção estabelecem que as moléculas reagentes são adsorvidas na superfície do catalisador, sem formação de um composto definido, mas com aparecimento sobre ela de um *agregado de adsorção*, de composição não definida e possivelmente de espessura molecular. Essa explicação, cuja origem se deve a Faraday, é corroborada pela observação: a atividade de um catalisador aumenta quanto mais finamente for subdividido para o uso, isto é, quanto maior for a exposição de sua superfície para a adsorção.

O aumento de concentração dos reagentes na fase adsorvida poderia explicar, pelo menos de algum modo, a aceleração da reação. Mas há um fato importante, a mais, a ser considerado. A superfície do catalisador sólido pode receber a energia liberada na reação (calor de reação) e eventualmente utilizá-la para aumentar a reatividade entre os reagentes. Se, por exemplo, uma molécula de NH_3 colidir com outra de HCl, em fase gasosa, o calor de reação (38 000 cal/mol-g, aproximadamente) será transportado momentaneamente pela molécula de NH_4Cl formada. Essa quantidade de energia é comparável à de ativação, de modo que a nova molécula formada decompor-se-ia rapidamente, a menos que cedesse essa energia a um terceiro corpo. A presença deste, desde que não tome parte realmente na reação, poderia ajudar a eliminá-la. Obviamente esse raciocínio não pode ser generalizado, sem mais, já que qualquer superfície seria, ao contrário do que sucede, capaz de atuar dessa maneira. Contudo, é oportuno lembrar que a adsorção é geralmente seletiva e o *calor de adsorção* — quantidade de energia liberada no processo de adsorção — pode suprir algo da energia de ativação.

Além de tudo isto, parece bem estabelecido que a atividade catalítica não está uniformemente distribuída sobre a superfície de um catalisador; sobre ela existem pontos particularmente ativos. O estudo, com o emprego de raios X, da arquitetura dos catalisadores sólidos tem revelado uma estrutura cristalina, que, na superfície, se mostra não uniforme. Essa estrutura para um catalisador de ferro por exemplo, é esquematizada na Fig. 21.8, na qual se mostra a existência de *picos* nos quais predominam *forças não equilibradas* e que podem ser empregadas na retenção de moléculas adsorvidas.

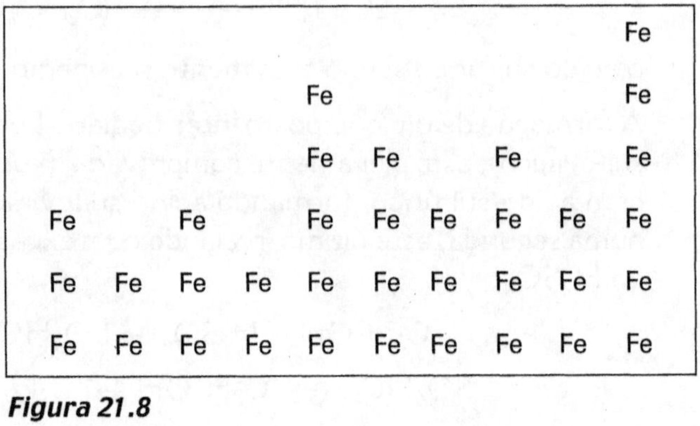

Figura 21.8

C A P Í T U L O

Equilíbrio Químico

22.1 Reações Reversíveis e Irreversíveis

Uma reação é dita reversível quando seus produtos podem, reagindo entre si, regenerar as substâncias que lhes deram origem.

Gás clorídrico e oxigênio, misturados na proporção de 4:1, em volume, e aquecidos a cerca de 340°C, reagem, para produzir cloro e oxigênio em processo acelerado, com emprego de $CuCl_2$ como catalisador. Por outro lado, fazendo passar sobre o catalisador aquecido uma mistura de cloro e vapor de água na proporção de 1:1, verifica-se a formação de HCl e O_2. A reação entre HCl e O_2 é, portanto, reversível e, por isto, representada pela equação

$$4HCl + O_2 \rightleftarrows 2Cl_2 + 2H_2O,$$

a dupla seta indicando a reversibilidade do processo.

Exemplos comuns de reações reversíveis são a formação da água

$$2H_2O \rightleftarrows 2H_2 + O_2$$

e as reações de esterificação, representadas genericamente pela equação

$$\text{ácido} + \text{álcool} \rightleftarrows \text{éster} + \text{água}.$$

Particularmente importantes, como reversíveis, são as reações iônicas, mencionadas no item 16.7. As circunstâncias que levam ao processamento dessas reações podem ser entendidas à luz da teoria iônica. Com efeito, quando se misturam as soluções diluídas de dois eletrólitos fortes AB e CD (com A e C representando

556 Química Geral

cátions e B e D representando ânions), no líquido obtido passam a existir quatro variedades de íons: A^+, B^-, C^+ e D^-, na hipótese simplificadora de que todos sejam monovalentes.

Estando os íons em contínua agitação, é natural que, com alguma freqüência, colidam entre si. Por outro lado, por terem cargas homônimas, não devem reagir entre si dois cátions (A^+ e C^+) ou dois ânions (B^- e D^-), mas devem ser possíveis interações de íons com cargas heterônimas, propiciando as reações

$$A^+ + B^-,$$
$$C^+ + D^-,$$
$$A^+ + D^-,$$
$$C^+ + B^-.$$

Nos dois primeiros casos, as reações levam à regeneração dos próprios reagentes AB e CD, enquanto nos dois últimos conduzem à formação dos produtos AD e BC.

A possibilidade de ocorrência dessas reações é traduzida pela equação

$$AB + CD \rightleftharpoons AD + BC,$$

a dupla seta indicando não só a reversibilidade, como também o possível estabelecimento de um estado de equilíbrio tanto quando se parte da mistura das substâncias AB e CD, como quando se parte de AD e BC.

Quando, entretanto, uma das quatro substâncias consideradas é um eletrólito mais fraco que os outros, isto é, se dissocia menos que os outros, os íons que a constituem, ao se unirem para formá-la, acabam originando moléculas não dissociadas; há, portanto, uma diminuição na concentração desses íons, em face da redução da probabilidade de regeneração dos reagentes por reação inversa. Como conseqüência, a composição do sistema passa a tender para o sentido indicado por uma das duas setas da equação. É o que sucede no sistema

$$NaCN + HCl \rightleftharpoons HCN + NaCl,$$

a seta mais longa apontando o sentido da formação de substâncias mais estáveis, que passam a predominar no sistema. Essa predominância, aliás, é, em alguns casos, tão marcada que a reação pode ser considerada como praticamente irreversível. Para assinalar a irreversibilidade da reação usa-se, na sua equação representativa, uma única seta apontando no sentido em que ela evolui.

A irreversibilidade de uma reação entre eletrólitos não é determinada unicamente pela formação, como produto, de um eletrólito fraco, mas também por qualquer motivo que impeça o contato entre os produtos da reação, condição indispensável para que possam reagir entre si.

Assim, se um dos produtos é uma substância volátil, à medida que ela se forma, vai se desprendendo do sistema e, com isso, diminuindo a possibilidade de ocorrência da reação em sentido oposto. Isso sucede, por exemplo, na reação entre cloreto de sódio e ácido sulfúrico, ambos concentrados: a volatilidade do HCl formado faz com que a reação se dê, praticamente, apenas no sentido

$$2NaCl + H_2SO_4 \longrightarrow Na_2SO_4 + 2HCl.$$

Outro fato freqüentemente causador de irreversibilidade é a produção, na reação, de substâncias pouco solúveis, as quais, por precipitarem, escapam praticamente da possibilidade de interagir com os outros produtos, diminuindo a probabilidade de ocorrência das reações inversas. Por exemplo, no sistema

$$AgNO_3 + HCl \longrightarrow AgCl\downarrow + HNO_3,$$

o sentido da reação predominante é totalmente *deslocado para a direita* em virtude da pequena solubilidade do AgCl. Esse fato pode ser ilustrado pela equação iônica completa

$$Ag^+ + NO_3^- + H^+ + Cl^- \longrightarrow AgCl\downarrow + H^+ + NO_3^-$$

ou, deixando de representar os íons que reagem nos dois sentidos,

$$Ag^+ + Cl^- \longrightarrow AgCl\downarrow$$

22.2 Equilíbrio Químico

A observação ensina que numerosas reações químicas não se desenrolam totalmente como parecem indicar suas equações representativas. Assim, por aquecimento, à temperatura θ, de 2 moléculas-grama de HI, dever-se-iam obter, pela equação $2\,HI \longrightarrow H_2 + I_2$, uma molécula-grama de hidrogênio e outra de iodo. Na verdade, efetuando esse aquecimento em recipiente fechado, o HI não se decompõe totalmente; a partir de certo instante, pelo menos aparentemente, a reação se interrompe e, desde então, passam a coexistir, em mistura, hidrogênio, iodo e gás iodídrico.

Por outro lado, aquecendo em recipiente fechado uma mistura de hidrogênio e iodo em quantidades equivalentes, há formação de HI e, à mesma temperatura θ anterior, as composições finais das misturas resultantes, nos dois casos, guardam entre si uma correlação determinada.

Isso se compreende face ao exposto no item anterior. A decomposição do HI é reversível e a velocidade com que se realiza, a partir de um certo instante, passa a ser a mesma com que o hidrogênio se recombina com o iodo. A lei da ação das massas elucida o fato. Ao se aquecer HI a uma temperatura adequada, inicia-se sua decomposição com velocidade

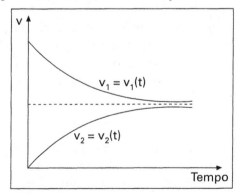

Figura 22.1

$$v_1 = k_1\,[HI]^2,$$

que é decrescente com [HI], portanto com o tempo.

558 QuÍMICA GERAL

Por outro lado, à medida que aparecem H_2 e I_2, a velocidade v_2 de formação do HI, que é

$$v_2 = k_2 [H_2] [I_2],$$

vai aumentando até que, depois de certo tempo, passa a ser

$$v_1 = v_2 \qquad \text{(Fig. 22.1)}.$$

A partir do instante em que essa igualdade é atingida, diz-se que o sistema entra em equilíbrio químico. Atingido o equilíbrio, as duas reações que levam ao seu estabelecimento não cessam, mas prosseguem com a mesma velocidade nos dois sentidos; o equilíbrio químico é dinâmico e não estático. Em outras palavras, embora a igualdade das velocidades de reação nos dois sentidos dê ao sistema, macroscopicamente, a aparência de estabilidade e permanência, em escala molecular os reagentes continuam se transformando em seus produtos, e vice-versa.

Em resumo, um sistema em reação reversível encontra-se em equilíbrio químico sempre que, para os dois sentidos em que ela se processa, a velocidade é a mesma[*].

Observe-se que, embora o exemplo utilizado para conceituar o equilíbrio tenha sido o de um sistema homogêneo, o conceito de equilíbrio químico que acaba de ser introduzido aplica-se indistintamente a sistemas homogêneos e heterogêneos.

22.3 Características do Equilíbrio Químico

O fato de, num longo intervalo de tempo, não se registrar qualquer transformação num sistema não significa que ele esteja em equilíbrio; essa transformação pode ser tão lenta que passe despercebida, mesmo em observações prolongadas.

Para se ter certeza de que uma reação

$$v_1 S_1 + v_2 S_2 + \ldots \rightleftharpoons v_1' S_1' + v_2' S_2' + \ldots$$

conduz realmente a um estado de equilíbrio, é necessário averiguar se o estado final, obtido partindo de S_1, S_2, ..., é atingido também quando se efetua a reação inversa, isto e, quando se parte de S_1', S_2', ... Isso pode ser verificado determinando a composição do sistema por métodos apropriados de análise química ou por medição de algumas grandezas físicas.

a) *Métodos químicos*

Os métodos de análise química são aplicáveis apenas às reações suficientemente lentas para que eventuais mudanças de composição, ocorridas durante a própria análise, sejam desprezíveis.

Uma vez que a composição inicial da mistura é sempre conhecida, não é necessário dosar todos os componentes do sistema em equilíbrio. De fato, se, por

---

[*] Do ponto de vista termodinâmico o equilíbrio químico é atingido quando a energia livre G dos reagentes iguala a dos produtos, ou seja, quando $G = 0$.

EQUILÍBRIO QUÍMICO **559**

exemplo, parte-se de uma mistura gasosa contendo a moléculas-grama/litro de H_2 e b moléculas-grama/litro de iodo e se, quando o equilíbrio $H_2 + I_2 \rightleftharpoons 2HI$ for atingido, existem x moléculas-grama/litro de I_2, as concentrações do hidrogênio e do HI no sistema serão (em moléculas-grama/litro)

$$[H_2] = a - (b - x)$$
$$[HI] = 2(b - x).$$

Contudo, dada a possibilidade de ocorrência de erros experimentais, é conveniente efetuar uma análise tão completa quanto possível de todos os componentes do sistema, de modo a possibilitar o controle de uns resultados pelos outros.

Entre os sistemas cujo equilíbrio pode ser estudado por esse método podem ser mencionados

1. sistema $CH_3COOH + C_2H_5OH \rightleftharpoons CH_3COO \cdot C_2H_5 + H_2O$:
   uma vez conhecida a composição da mistura inicial, é suficiente dosar o ácido acético;

2. sistema $2CO_2 \rightleftharpoons 2CO + O_2$:
   desde que se conheça a composição original da mistura, o equilíbrio pode ser reconhecido mediante dosagem, por absorção, do oxigênio ou do CO_2; para tal, faz-se passar a mistura pelo fósforo branco ou por uma solução de hidróxido de potássio, respectivamente;

3. sistema $2SO_3 \rightleftharpoons 2SO_2 + O_2$:
   para constatar o equilíbrio, basta submeter a mistura, cuja composição original se conhece, a um processo de iodometria, para determinar a quantidade de SO_2 presente, ou a uma dosagem de oxigênio livre.

b) *Métodos físicos*

Os métodos químicos são muitas vezes inaplicáveis, seja porque inexiste um bom método de análise para algum dos componentes do sistema, seja porque as reações que levam ao equilíbrio são muito rápidas. Nesses casos, recorre-se aos métodos físicos.

1. Para os sistemas gasosos, o mais importante desses métodos baseia-se na medida da pressão[*]. Este método manométrico é aplicável apenas nos casos em que a reação considerada faz variar o número de moléculas e, por conseguinte, a pressão, em volume constante. No caso, por exemplo, do equilíbrio

$$N_2 + 3H_2 \rightleftharpoons 2NH_3,$$

---

[*]As pressões parciais dos componentes de uma mistura gasosa são proporcionais às suas concentrações.

560 QUÍMICA GERAL

se p_{N_2} e p_{H_2} são as pressões parciais do nitrogênio e do hidrogênio, no início da reação, e se a redução total da pressão no sistema é Δp (em volume constante), as pressões parciais finais resultam

$$p'_{NH_3} = \Delta p,$$

$$p'_{H_2} = p_{H_2} - \frac{3}{2}\Delta p,$$

$$p'_{N_2} = p_{N_2} - \frac{1}{2}\Delta p.$$

Dessa maneira podem ser estudados os equilíbrios

$$PCl_5 \rightleftharpoons PCl_3 + Cl_2$$

$$Cl_2 \rightleftharpoons 2Cl$$

$$2NO_2 \rightleftharpoons N_2O_4$$

2. Um método análogo, no qual se mediriam as pressões osmóticas, seria, em princípio, aplicável aos equilíbrios entre substâncias dissolvidas. Mas, uma vez que as medidas diretas da pressão osmótica são relativamente difíceis, elas são substituídas, na prática, por medidas crioscópicas.

3. Existem outros métodos especiais, nos quais as concentrações procuradas são determinadas a partir de medidas de condutividade elétrica, de força eletromotriz, de absorção da luz, etc.

22.4 Aplicação da Lei da Ação das Massas ao Equilíbrio Químico em Sistemas Homogêneos

O exposto no item anterior, para o sistema obtido por decomposição do HI, pode ser generalizado para um sistema homogêneo qualquer.

Considere-se uma reação reversível, genérica, representada pela equação

$$v_1 S_1 + v_2 S_2 + \cdots \underset{(2)}{\overset{(1)}{\rightleftharpoons}} v'_1 S'_1 + v'_2 S'_2 + \cdots$$

e admita-se que o sistema considerado seja homogêneo, de modo que para cada um dos sentidos da reação seja aplicável a lei da ação das massas.

A velocidade, num instante qualquer da reação (1), que se processa da *esquerda para a direita*, é

$$v_1 = k_1 \, [S_1]^{v_1}[S_2]^{v_2} \cdots$$

e a da (2), que se realiza da *direita para a esquerda*, é

$$v_2 = k_2 \, [S'_1]^{v'_1}[S'_2]^{v'_2} \cdots {}^{[*]}.$$

---

[*] Ou, com mais rigor, $v_1 = k_1 \, [S_1]^{p_1} \, [S_2]^{p_2} \ldots$ e $v_2 = k_2 \, [S'_1]^{p'_1} \, [S'_2]^{p'_2} \ldots$, com $p_i \leq v_i$ (v. item 21.6).

Ao se iniciar, a reação (1) a velocidade v_1 é máxima, porque são máximas as concentrações dos reagentes $S_1, S_2, \ldots$, enquanto a velocidade v_2 é nula, por serem nulas as concentrações de $S'_1, S'_2, \ldots$; à medida que os reagentes se transformam nos produtos, v_1 diminui e v_2 cresce (v. Fig. 22.1). A partir do instante em que o equilíbrio é atingido

$$v_1 = v_2,$$

logo
$$k_1[S_1]^{v_1}[S_2]^{v_2}\cdots = k_2[S'_1]^{v'_1}[S'_2]^{v'_2}\cdots$$

ou
$$\frac{[S'_1]^{v'_1}[S'_2]^{v'_2}\cdots}{[S_1]^{v_1}[S_2]^{v_2}\cdots} = \frac{k_1}{k_2},$$

ou, ainda,
$$\frac{[S'_1]^{v'_1}[S'_2]^{v'_2}\cdots}{[S_1]^{v_1}[S_2]^{v_2}\cdots} = K, \qquad (22.1)$$

onde K representa o quociente $\frac{k_1}{k_2}$.

A constante K, usualmente representada do K_C, é chamada *constante de equilíbrio em termos de concentração* ou, apenas, *constante de equilíbrio* do sistema considerado; para um dado sistema, K é função da temperatura e pressão em que se estabelece o equilíbrio.

A sua unidade é $\left(\frac{\text{mol-g}}{\text{L}}\right)^{\Delta v}$, onde $\Delta v = (v'_1 + v'_2 + \cdots) - (v_1 + v_2 + \cdots)$.

A equação (22.1) permite enunciar a lei da ação das massas para o equilíbrio químico

> "Para um sistema homogêneo em equilíbrio, em temperatura e sob pressão constantes, existe uma razão constante entre o produto das concentrações das substâncias formadas e o produto das concentrações dos reagentes, cada uma dessas concentrações elevada à potência igual ao coeficiente[*] que precede a substância considerada na equação representativa do equilíbrio."

Portanto, instaurado o equilíbrio químico num sistema, as concentrações de seus vários componentes devem satisfazer à expressão (22.1).

Assim, quando se aquecem a 445°C, em recipiente fechado, 4 moléculas-grama de HI, verifica-se que, uma vez atingido o equilíbrio, passam a existir no sistema apenas 3,12 moléculas-grama desse composto. Isso sugere, evidentemente, que, das 4,00 moléculas-grama iniciais, $4,00 - 3,12 = 0,88$ molécula-grama deve ter-se decomposto, segundo a equação

$$2HI \longrightarrow H_2 + I_2.$$

---

[*] A rigor essa potência é igual à ordem da reação para a substância considerada.

Além disso devem ter-se formado $\frac{0,88}{2} = 0,44$ molécula-grama de H_2, e ocorrido o mesmo quanto a I_2. Em outros termos, as concentrações dos diversos componentes no sistema em equilíbrio devem ser então

$$[H_2] = \frac{0,44}{V} \text{ mol-g} \times L^{-1},$$

$$[I_2] = \frac{0,44}{V} \text{ mol-g} \times L^{-1},$$

$$[H_I] = \frac{3,12}{V} \text{ mol-g} \times L^{-1},$$

V representando o volume ocupado pela mistura. A constante de equilíbrio, para o sistema em foco, a 445°C, é

$$K = \frac{[H_2][I_2]}{[HI]^2} = \frac{\dfrac{0,44}{V} \times \dfrac{0,44}{V}}{\left(\dfrac{3,12}{V}\right)^2} = \frac{0,44^2}{3,12^2} = 0,02.$$

Isso significa que, qualquer que seja a composição do sistema considerado, a 445°C, as concentrações de seus componentes devem satisfazer a condição

$$\frac{[H_2][I_2]}{[HI]^2} = 0,02,$$

o que, por sua vez, permite prever qual virá a ser, no equilíbrio, a composição do sistema obtido a partir de uma composição inicial previamente fixada.

Imagine-se, a título de exemplo, que se trate de determinar a composição do sistema, em equilíbrio, obtido a partir de uma mistura de 2 moléculas-grama de H_2 e 3 moléculas-grama de iodo, aquecida em recipiente fechado a 445° C.

Designando por x o número de moléculas-grama de HI existentes em equilíbrio, pela estequiometria da reação considerada, é evidente que

$$[H_2] = \frac{2 - \dfrac{x}{2}}{V}$$

$$[I_2] = \frac{3 - \dfrac{x}{2}}{V}$$

e

$$[HI] = \frac{x}{V}.$$

Logo

$$\frac{\left(2 - \dfrac{x}{2}\right)\left(3 - \dfrac{x}{2}\right)}{x^2} = 0,02,$$

Equílbrio Químico **563**

equação que, resolvida, dá $x_1 = 7{,}28$ e $x_2 = 3{,}58$. Rejeitando a primeira dessas soluções, porque a partir de 2 moléculas-g de H_2 o número de moléculas-grama de HI obtido deve ser $x \le 4$, segue-se que $x = 3{,}58$; portanto, em equilíbrio, no sistema considerado, coexistem:

$$2 - \frac{x}{2} = 2 - \frac{3{,}58}{2} = 0{,}21 \text{ mol-g de HI,}$$

$$3 - \frac{x}{2} = 3 - \frac{3{,}58}{2} = 1{,}21 \text{ mol-g de } I_2$$

$$x = 3{,}58 \text{ mol-g de HI.}$$

22.5 A Constante de Equilíbrio em termos de Pressão

No caso particular de sistemas gasosos, a expressão (22.1) pode ser apresentada sob outra forma, com a introdução da *constante de equilíbrio em termos de pressão*.

De fato, a pressão parcial p_i de um componente genérico S_i, de um sistema gasoso de volume V e sob pressão P, é tal que

$$p_i V = n_i RT$$

ou

$$\frac{n_i}{V} = \frac{p_i}{RT}.$$

Como $\frac{n_i}{V} = [S_i]$, então $[S_i] = \frac{p_i}{RT}$

e, no equilíbrio,

$$K = \frac{[S_1']^{v_1'}[S_2']^{v_2'}\cdots}{[S_1]^{v_1}[S_2]^{v_2}\cdots} = \frac{\left(p_1'\dfrac{1}{RT}\right)^{v_1'}\left(p_2'\dfrac{1}{RT}\right)^{v_2'}\cdots}{\left(p_1\dfrac{1}{RT}\right)^{v_1}\left(p_2\dfrac{1}{RT}\right)^{v_2}\cdots} = \frac{p_1'^{v_1'}p_2'^{v_2'}\cdots}{p_1^{v_1}p_2^{v_2}\cdots} \times \frac{\left(\dfrac{1}{RT}\right)^{v_1'+v_2'+\cdots}}{\left(\dfrac{1}{RT}\right)^{v_1+v_2+\cdots}}.$$

Fazendo

$$\frac{p_1'^{v_1'}p_2'^{v_2'}\cdots}{p_1^{v_1}p_2^{v_2}\cdots} = K_p \tag{22.2}$$

e

$$v_1' + v_2' + \cdots = \bar{v}' \qquad \text{e} \qquad v_1 + v_2 + \cdots = \bar{v},$$

vem

$$K = K_p \left(\frac{1}{RT}\right)^{\bar{v}'-\bar{v}} = K_p \left(\frac{1}{RT}\right)^{\Delta v}$$

564 Química Geral

ou
$$K = K_p (RT)^{-\Delta v},\qquad (22.3)$$

onde
$$\Delta v = \bar{v}' - \bar{v}.$$

Quando, em particular, $\Delta v = 0$, a reação se realiza em volume constante e é denominada *reação de primeira classe*.

Para as reações de primeira classe, obviamente, $K = K_P$. Exemplos:

$$CO_2 + H_2 \rightleftharpoons CO + H_2O,$$
$$H_2 + Br_2 \rightleftharpoons 2HBr.$$

No caso de $\Delta v \neq 0$ a reação é dita de *segunda classe*. Exemplos:

$$CO + Cl_2 \rightleftharpoons Cl_2CO \quad e \quad K = K_p RT,$$
$$N_2 + 3H_2 \rightleftharpoons NH_3 \quad e \quad K = K_p (RT)^2.$$

> **Nota**
>
> Da expressão (22.2) infere-se que as dimensões de K_p são as de uma pressão elevada a uma potência igual a Δv.
>
> No caso do sistema $2NH_3 \rightleftharpoons 3H_2 + N_2$, adotando a atmosfera como unidade de pressão, a constante
>
> $$K_p = \frac{P_{N_2}\left(P_{H_2}\right)^3}{\left(P_{NH_3}\right)^2}$$
>
> é expressa em atm^2.

22.6 Fatores que Influem sobre o Equilíbrio Químico

Vários são os fatores dos quais depende o equilíbrio químico de um sistema, isto é, diversos são os parâmetros cuja variação pode provocar a ruptura de um estado de equilíbrio e seu eventual restabelecimento sob novas condições. Entre eles, merecem destaque as concentrações dos componentes, a temperatura e a pressão sob as quais se encontra o sistema.

22.6.1 Influência das Concentrações

Ao relacionar entre si as concentrações das substâncias em equilíbrio num sistema, a expressão (22.1) permite prever o que sucederá nesse sistema se a ele se adicionar, ou dele se retirar, um de seus componentes.

De fato, a adição ou retirada de um componente qualquer, determinando o aumento ou diminuição de sua concentração, devem ocasionar um reajustamento das concentrações de todos os outros componentes de modo a manter constante

EQUILÍBRIO QUÍMICO **565**

o quociente K. Em conseqüência, se o componente cuja concentração tenha sido aumentada, ou reduzida, for um reagente, deverá haver um decréscimo, ou um aumento, das concentrações dos demais reagentes e um aumento, ou uma redução, nas dos produtos da reação; isto é, o equilíbrio deverá ser deslocado no sentido da reação que acarreta o aumento, ou a redução, das concentrações dos produtos, e reciprocamente.

O que acaba de ser exposto pode ser ilustrado, numericamente, retomando o exemplo dado no item 22.4. Num recipiente fechado, mantido a 445°C, coexistem em equilíbrio 3,12 mol-g de HI, 0,44 mol-g de H_2 e 0,44 mol-g de vapor de I_2. Adiciona-se a esse sistema 1,00 mol-g de I_2, provocando assim o deslocamento do seu equilíbrio. Pergunta-se: quanto de cada um de seus componentes passa a existir no sistema, uma vez restabelecido o equilíbrio?

Seja x o número de moléculas-grama de H_2 que passam a existir no sistema. Então o número de mol-g de H_2, e também de I_2, consumidos na reação terá sido $0,44 - x$, e em conseqüência

$$[H_2] = \frac{x}{V},$$

$$[I_2] = \frac{1,44 - (0,44 - x)}{V} = \frac{1,00 - x}{V},$$

$$[HI] = \frac{3,12 + 2(0,44 - x)}{V} = \frac{4,00 - 2x}{V}$$

e
$$\frac{x(1,00 + x)}{(4,00 - 2x)^2} = 0,02.$$

Resolvendo a equação, obtém-se $x_1 = 0,21$ e $x_2 = -1,65$.

A solução $x = 0,21$, já que a outra não satisfaz o problema, indica que, restabelecido o equilíbrio, no sistema considerado passam a coexistir, por litro, 0,21 mol-g de H_2, 1,21 mol-g de I_2 e 3,58 mol-g de HI. Isto é, a adição de iodo ao sistema

$$2HI \rightleftharpoons H_2 + I_2$$

provocou o deslocamento do equilíbrio no sentido da reação, que diminui a concentração do mesmo iodo: esta foi de $1,00 + 0,44 = 1,44 \frac{mol-g}{L}$, no momento da adição, a $1,21 \frac{mol-g}{L}$ ao se restabelecer o equilíbrio.

Resumindo: a modificação da concentração de um componente de um sistema em equilíbrio provoca seu deslocamento no sentido da reação, que tende a restaurar a concentração que foi alterada.

22.6.2 Influência da Temperatura

Conforme já ressaltado em várias oportunidades, as reações químicas, em sua grande maioria, são exo ou endotérmicas, ou seja, vêm acompanhadas de um desprendimento ou absorção de calor, respectivamente. Poucas, relativamente, são as reações atérmicas, que se processam sem alterações térmicas perceptíveis.

Em particular, num sistema reversível, se uma das reações é exotérmica, a oposta é endotérmica e, se uma delas é atérmica, a outra também o é.

Sem influir nos equilíbrios de reações atérmicas, a temperatura é importante fator de equilíbrio nas reações que envolvem trocas de calor com o meio externo. Sua influência nessas reações é estabelecida pela lei de Van't Hoff:

> "Num sistema em que se processa uma reação reversível, sob pressão constante, um aumento da temperatura desloca o equilíbrio no sentido da transformação que absorve calor; inversamente, uma redução de temperatura favorece a reação que se efetua com desprendimento de calor."

A combinação de hidrogênio com oxigênio, para a formação de água, constitui um processo exotérmico, enquanto a decomposição (dissociação térmica) da água, em seus componentes, é endotérmica. Esse fato é ilustrado pela equação

$$2H_2 + O_2 \rightleftarrows 2H_2O - 137 \text{ kcal}^{[*]}$$

Se ao sistema hidrogênio—oxigênio—vapor de água, em equilíbrio a certa temperatura (2 500°C, por exemplo), se fornecer calor, pretendendo elevar sua temperatura, o equilíbrio será gradativamente deslocado no sentido da reação endotérmica, ou seja, no sentido da dissociação da água, e um novo estado de equilíbrio só poderá ser atingido se as quantidades de hidrogênio e oxigênio livres resultarem suficientemente altas para que a quantidade de calor dissipada durante sua combinação seja igual à absorvida do meio externo.

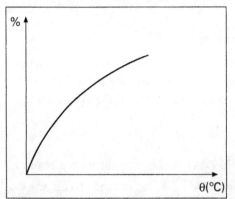

Figura 22.2

Esse fato é ilustrado pelo diagrama da Fig. 22.2. Em abscissas estão representadas as temperaturas e em ordenadas as correspondentes percentagens de água dissociada. Sob pressão constante, por exemplo, 1 atmosfera, a percentagem de água dissociada aumenta com a temperatura.

---

[*] Segundo a "convenção termodinâmica" adotada nesta publicação, o sinal negativo que precede o calor de reação refere-se a uma reação exotérmica; essa convenção é oposta à termoquímica, que considera positiva a quantidade de calor desprendida numa reação.

EQUILÍBRIO QUÍMICO **567**

Inversamente, extraindo calor do sistema, reprime-se a dissociação da água, favorecendo a combinação mais ampla entre o hidrogênio e o oxigênio, ou seja, incrementando a reação exotérmica.

22.6.3 Influência da Pressão

A influência da pressão como fator de equilíbrio, extremamente importante nos sistemas gasosos, é regida pela lei de Robin:

> "Num sistema gasoso em equilíbrio, um aumento ou uma diminuição de pressão provocam seu deslocamento no sentido da reação, que se efetua, respectivamente, com redução ou aumento de volume."

A essa conclusão pode-se chegar examinando a expressão que define a constante de equilíbrio em termos de pressão para o sistema considerado.

Seja, a título de exemplo, o sistema

$$2NH_3 \rightleftharpoons N_2 + 3H_2,$$

para o qual
$$K_p = \frac{p_{N_2} \cdot p_{H_2}^3}{p_{NH_3}^2}.$$

Lembrando que a pressão parcial de um gás numa mistura (de gases perfeitos) é o produto de sua fração molar x pela pressão P da mistura, então

$$p_{N_2} = x_{N_2} p$$

$$p_{H_2} = x_{H_2} p$$

$$p_{NH_3} = x_{NH_3} p$$

e, em decorrência,

$$K_p = \frac{x_{N_2} p \cdot x_{H_2}^3 \cdot p^3}{x_{NH_3}^2 \cdot p^2}$$

ou
$$K_p = \frac{x_{N_2} \cdot x_{H_2}^3}{x_{NH_3}^2} p^2.$$

Essa expressão sugere que o aumento da pressão p aplicada ao sistema em equilíbrio deve acarretar uma elevação da fração molar do NH_3 e/ou uma redução das frações molares de N_2 e de H_2, ou seja, deve ocasionar um deslocamento do equilíbrio no sentido da reação de formação de NH_3, que é acompanhada de uma redução de volume. Inversamente, uma redução da pressão externa, imposta ao sistema, incrementa a reação no sentido de levar ao aumento de seu volume.

Seguindo o mesmo raciocínio, para o sistema

$$2H_2O \rightleftarrows 2H_2 + O_2$$

tem-se
$$K_p = \frac{p_{O_2} \cdot p_{H_2}^2}{p_{H_2O}^2} = \frac{p \cdot x_{O_2} \cdot p^2 \cdot x_{H_2}^2}{p^2 \cdot x_{H_2O}^2} = \frac{x_{O_2} \cdot x_{H_2}^2}{x_{H_2O}^2} p.$$

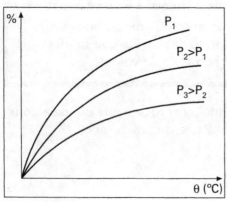

Figura 22.3

Assim, é previsível que uma elevação da pressão P, aplicada ao sistema, deva determinar um aumento de x_{H_2O}, isto é, deva ocasionar um deslocamento do equilíbrio no sentido da formação de água. Pelo contrário, uma redução da pressão externa, aplicada ao sistema, deve deslocar o equilíbrio em sentido oposto, isto é, deve incrementar a dissociação da água. A Fig. 22.3 ilustra o que acaba de ser expostos: a uma dada temperatura, quanto menor a pressão aplicada ao sistema, maior é a percentagem de água que se dissocia.

22.7 Princípio de Le Chatelier

As leis que regem a influência dos diversos fatores sobre o equilíbrio, algumas das quais já examinadas nos itens anteriores, podem ser englobadas num princípio único, enunciado originalmente, em 1884, por Le Chatelier:

> "Se, num sistema em equilíbrio, se faz variar algum dos fatores de que ele depende, o equilíbrio é deslocado no sentido da transformação, que tende a anular ou diminuir o efeito inicial produzido."

Conhecida também como *princípio da fuga à ação*, a proposição de Le Chatelier sustenta que um sistema em equilíbrio, submetido a alguma ação externa, evolui no sentido de se opor à ação que lhe é imposta ou atenuá-la.

Alguns exemplos permitirão esclarecer e ilustrar a aplicação do princípio em exame.

Exemplo 1

Considere-se o equilíbrio líquido $\rightleftarrows$ vapor estabelecido em recipiente fechado, entre as duas fases de uma mesma substância sob pressão igual à sua tensão máxima; admita-se que a esse sistema se forneça calor. Que sucederá ao equilíbrio? Segundo o princípio em foco, o equilíbrio deverá ser deslocado no sentido da transformação que tenda a se opor ao fornecimento de calor. Ora, os dois sentidos opostos em que o sistema pode evoluir, o de vaporização do líquido e o de condensação do vapor, são processos, respectivamente, endo e exotérmico. O efeito do suprimento de calor ao sistema deve ser, portanto, o da vaporização de uma certa quantidade de líquido, de modo que, absorvendo pelo mesmos parte desse calor, o sistema fuja à ação que lhe foi aplicada.

Exemplo 2

Que sucede com o equilíbrio, numa solução molecular saturada, em presença de soluto não dissolvido, quando ao sistema se acrescenta um pouco de solvente?

Os processos opostos, possíveis no sistema

$$\text{soluto}_{\text{em fase sólida}} \rightleftarrows \text{soluto}_{\text{em solução}},$$

são: a passagem para a solução de moléculas de soluto da fase sólida e o retorno das moléculas da solução para o *corpo de fundo*.

Para que se possa aplicar o princípio de Le Chatelier, é preciso que uma condição essencial seja satisfeita: a ação imposta ao sistema deve ser efetivamente perturbadora do equilíbrio.

Essa condição é cumprida no caso considerado, uma vez que a diluição de uma solução saturada pode fazer com que ela deixe de sê-lo. Qual é então o efeito da adição do solvente?

De conformidade com o princípio de Le Chatelier, o equilíbrio deve ser deslocado no sentido que tende a restabelecer a solução saturada, isto é, *para a direita*. Em outras palavras, a adição de mais solvente ao sistema considerado determina a dissolução de certa quantidade de soluto para restaurar a solução saturada.

É oportuno observar que não cabe pensar na aplicação do princípio de Le Chatelier à previsão do que poderia ocorrer em virtude da adição, ao sistema, de um pouco de soluto. É que a adição de soluto não dissolvido a uma solução saturada não constitui ação capaz de deslocar o equilíbrio.

Exemplo 3

Ainda no caso do equilíbrio entre o soluto em fase sólida e em solução saturada, é interessante examinar o que sucede ao sistema quando se faz variar sua temperatura.

É sabido que a dissolução de certas substâncias em determinados solventes é acompanhada de absorção ou desprendimento de calor. Pelo princípio de Le Chatelier, desde que a dissolução do soluto constitua um processo endotérmico, a elevação da temperatura deverá determinar um aumento de sua solubilidade. Inversamente, se a dissolução for exotérmica, a solubilidade do soluto diminuirá com o aumento da temperatura.

CAPÍTULO 23

Equilíbrios Iônicos

23.1 Aplicação da Lei de Guldberg–Waage aos Equilíbrios Iônicos

De conformidade com o visto no capítulo 16, a dissolução de uma substância eletrolítica num solvente ionizante determina a ionização de suas moléculas. Por ser reversível, a ionização não afeta todas as moléculas dissolvidas; numa solução ionizada coexistem, sempre, íons e moléculas que não se dissociam. Em outras palavras, um equilíbrio químico se estabelece entre as moléculas não ionizadas e os íons provenientes das que se ionizam. Para um eletrólito binário, isto é, aquele que por molécula ionizada produz apenas um cátion e um ânion, esse *equilíbrio*, denominado *iônico*, pode ser esquematizado pela equação

$$AB \rightleftarrows A^- + B^+.$$

A experiência ensina que pode ser aplicada a lei de Guldberg—Waage ao equilíbrio iônico, desde que o grau de ionização de AB seja relativamente baixo, isto é, desde que AB seja um eletrólito fraco.

Admitindo satisfeita essa condição e aplicando a expressão (22.1) ao equilíbrio considerado, resulta

$$\frac{[A^-][B^+]}{[AB]} = K,$$

ou seja:

EQUILÍBRIOS IÔNICOS

> "Nas soluções de eletrólitos fracos, uma vez atingido o estado de equilíbrio, existe uma razão constante entre o produto das concentrações iônicas e a concentração do eletrólito não ionizado."

A constante K, definidora do estado de equilíbrio entre os íons e as moléculas não ionizadas, chama-se *constante de ionização*; seu valor numérico varia de um eletrólito para outro e, para um dado eletrólito, depende da temperatura. Na Tab. 23.1 estão indicadas, nas unidades usuais, as constantes de ionização de alguns eletrólitos a 22°C.

23.1.1

Segundo o visto no item 18.3.1, a ionização dos eletrólitos polivalentes é gradual e um grau de ionização é definido para cada uma de suas fases. Assim, a um eletrólito polivalente associam-se tantas constantes de ionização quantos são os diferentes equilíbrios por ele originados. Para o ácido fosfórico (H_3PO_4), em cujas soluções existem os equilíbrios

$$H_3PO_4 + H_2O \rightleftharpoons H_2PO_4^- + H_3O^+,$$

$$H_2PO_4^- + H_2O \rightleftharpoons HPO_4^{2-} + H_3O^+$$

e

$$4HPO_4^{2-} + H_2O \rightleftharpoons PO_4^{3-} + H_3O^+,$$

TABELA 23.1

Eletrólitos	K	pK
Ácido acético CH_3COOH	$1,8 \times 10^{-5}$	4,74
Ácido benzóico C_6H_5COOH	$6,6 \times 10^{-5}$	4,18
Ácido carbônico H_2CO_3	$K_1 = 4,4 \times 10^{-7}$	6,36
HCO_3^-	$K_2 = 5,6 \times 10^{-11}$	10,25
Ácido cianídrico HCN	$4,0 \times 10^{-10}$	5,40
Ácido fluorídrico HF	$6,8 \times 10^{-4}$	3,17
Ácido fórmico $HCOOH$	$2,1 \times 10^{-4}$	3,68
Ácido fosfórico H_3PO_4	$K_1 = 7,5 \times 10^{-3}$	2,12
$H_2PO_4^-$	$K_2 = 2,0 \times 10^{-7}$	6,70
HPO_4^{2-}	$K_3 = 4,0 \times 10^{-13}$	12,40
Ácido nitroso HNO_2	$4,5 \times 10^{-4}$	3,35
Hidróxido de amônio NH_4OH	$1,8 \times 10^{-5}$	4,74
Sulfeto de hidrogênio H_2S	$K_1 = 8,0 \times 10^{-8}$	7,10
HS^-	$K_2 = 1,2 \times 10^{-15}$	14,92

572 QUÍMICA GERAL

tem-se
$$K_1 = \frac{[H_2PO_4^-][H_3O^+]}{[H_3PO_4]} = 7,5 \times 10^{-3}$$

$$K_2 = \frac{[HPO_4^{2-}][H_3O^+]}{[H_2PO_4^-]} = 2,0 \times 10^{-7}$$

e
$$K_3 = \frac{[PO_4^{3-}][H_3O^+]}{[HPO_4^{2-}]} = 4,0 \times 10^{-13}$$

23.1.2

Na solução de um eletrólito polivalente coexistem os equilíbrios correspondentes às diferentes etapas de sua ionização. Em conseqüência, as sucessivas constantes de ionização do eletrólito podem ser relacionadas entre si.

No caso, por exemplo, do ácido triprótico H_3PO_4, pode-se escrever

$$K_1 \times K_2 \times K_3 = \frac{[H_2PO_4^-][H_3O^+]}{[H_3PO_4]} \times \frac{[HPO_4^{2-}][H_3O^+]}{[H_2PO_4^-]} \times \frac{[PO_4^{3-}][H_3O^+]}{[HPO_4^{2-}]}$$

ou, simplificando e fazendo $K_1 \times K_2 \times K_3 = K$,

$$K = \frac{[PO_4^{3-}][H_3O^+]^3}{[H_3PO_4]},$$

onde $K = 7,5 \times 10^{-3} \times 2,0 \times 10^{-7} \times 4,0 \times 10^{-13} = 6,0 \times 10^{-22}$ é a *constante de equilíbrio combinada* do H_3PO_4. É de notar que essa constante de equilíbrio combinada não se aplica à equação única

$$H_3PO_4 \rightleftharpoons 3H^+ + PO_4^{3-},$$

puramente fictícia, já que pressupõe algo irreal: a geração de 3 íons H^+ por molécula de H_3PO_4 ionizada.

23.1.3

Embora para comparar a *força* de dois eletrólitos seja usual confrontar seus graus de ionização, pode-se fazê-lo também pelo confronto de suas constantes de ionização. De dois eletrólitos, tem maior grau de ionização (em soluções de mesma concentração) o de maior constante de ionização. É, portanto, mais forte o de maior constante de ionização.

23.1.4

Como os números representativos das constantes de ionização são geralmente expressos por potências negativas de 10, é comum indicar essas constantes pelos seus cologaritmos representados por pK. Por exemplo, para o ácido acético $(K = 1,8 \times 10^{-5})$,

$$pK = \text{colog } 1,8 \times 10^{-5} = -\log 1,8 \times 10^{-5} = 4,74$$

e para o ácido nitroso $(K = 4,5 \times 10^{-4})$,

$$pK = \text{colog } 4,5 \times 10^{-4} = -\log 4,5 \times 10^{-4} = 3,35.$$

Assim, o ácido nitroso é mais forte que o ácido acético, porque a constante de ionização do primeiro é maior que a do segundo, ou — o que é o mesmo — porque o pK do primeiro é menor que o do segundo.

23.2 Efeito do Íon Comum

Uma conclusão interessante, a respeito do equilíbrio estabelecido na ionização de um eletrólito fraco, pode ser tirada do exposto no item anterior.

De fato, uma vez que no equilíbrio

$$AB \rightleftharpoons A^- + B^+$$

é

$$\frac{[A^-][B^+]}{[AB]} = K,$$

então qualquer alteração provocada na concentração de uma das espécies iônicas $(A^-$ ou $B^+)$, no sistema em equilíbrio, deve acarretar modificações, tanto na concentração da outra espécie $(B^+$ ou $A^-)$ quanto na do eletrólito não ionizado, de modo a se manter inalterado o quociente indicado.

Em particular, a adição, ao sistema em exame, de íons A^- deve provocar uma diminuição da concentração dos íons B^+; esta última, evidentemente, só pode ocorrer mediante um deslocamento do equilíbrio da *direita para a esquerda*, com o conseqüente aumento de $[AB]$.

Concluindo: se a uma solução de um eletrólito fraco AB se adiciona um outro eletrólito $(AB_1$ ou $A_1B)$, que tenha um íon comum com o primeiro, o aumento verificado na concentração de uma das espécies de íons $(A^-$ ou $B^+)$ participantes do equilíbrio determina um retrocesso na ionização de AB e o conseqüente aumento da concentração do eletrólito não ionizado.

Este fenômeno, conhecido como *efeito do íon comum*, tem lugar quando, por exemplo,

a) a uma solução de HCN se adiciona um outro ácido, ou um cianeto qualquer;
b) a uma solução de NH_4OH se junta outra base, ou qualquer sal de amônio.

23.3 Lei da Diluição — Equação de Ostwald

Imagine-se uma solução aquosa de um eletrólito binário AB, de molaridade $\mathcal{M}$ e seja α o grau de ionização do soluto. Como α representa a fração ionizada do soluto dissolvido, na solução em questão estarão ionizadas $\alpha \mathcal{M}$ moléculas-grama

574 QUÍMICA GERAL

de AB por litro, permanecendo não ionizadas $\mathcal{M} - \alpha\,\mathcal{M} = \mathcal{M}\,(1 - \alpha)$ mol-g/L. Por outro lado, como cada molécula ionizada origina um ânion A^- e um cátion B^+, as concentrações dos íons A^- e B^+ presentes no equilíbrio serão, ambas, $\alpha\,\mathcal{M}$ íon-g/L. Em resumo, no equilíbrio considerado,

$$[A^-] = [B^+] = \alpha\,\mathcal{M}\ \text{íon-g/L,}$$

portanto $$[AB] = \mathcal{M}\,(1 - \alpha)\ \text{mol-g/L,}$$

isto é, $$K = \frac{\alpha\mathcal{M} \cdot \alpha\mathcal{M}}{\mathcal{M}(1-\alpha)}$$

ou $$K = \frac{\alpha^2\,\mathcal{M}}{1-\alpha}, \tag{23.1}$$

ou seja, para um eletrólito binário a constante de ionização, K, a molaridade $\mathcal{M}$ da solução e o grau α de ionização do soluto estão relacionados pela expressão (23.1), conhecida como *equação de Ostwald*.

A equação (23.1) sugere que qualquer variação de $\mathcal{M}$ deve acarretar uma alteração no valor de α, de modo a permanecer inalterado o quociente K; um aumento de $\mathcal{M}$ deve acarretar um aumento da diferença $1 - \alpha$, isto é, deve diminuir α, e, inversamente, uma diminuição de $\mathcal{M}$ deve acarretar um aumento de α.

À mesma conclusão pode-se chegar a partir da mesma igualdade escrita sob outra forma. Lembrando que a molaridade $\mathcal{M}$ de uma solução é a razão entre o número n de mol-g de soluto dissolvido e o volume V da solução, medido em litros, tem-se

$$\mathcal{M} = \frac{n}{V}$$

e, pela equação (23.1), $$\frac{\alpha^2}{1-\alpha}\frac{n}{V} = K, \tag{23.2}$$

expressão da qual resulta

$$\alpha^2 - K\frac{V}{n}\alpha - K\frac{V}{n} = 0,$$

equação do 2.º grau, que resolvida fornece

$$\alpha = \frac{-KV \pm KV\sqrt{1+\dfrac{4n}{KV}}}{2n}$$

ou, uma vez que α não pode ser negativo,

$$\alpha = \frac{KV}{2n}\left(\sqrt{1+\frac{4n}{KV}} - 1\right), \tag{23.3}$$

que dá o grau de ionização para todos os valores de $\frac{n}{V}$.

Para um dado n o diagrama $\alpha = f(V)$ tem a forma indicada na Fig. 23.1, ilustrando a *lei de Ostwald*, ou *lei da diluição*:

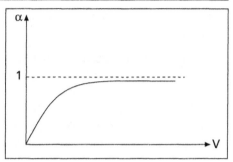

Figura 23.1

"O grau de ionização de um eletrólito aumenta com a diluição de sua solução."

Lembrando ainda que o grau de ionização de um eletrólito numa solução está relacionado com sua condutividade equivalente (item 19.6), pela expressão

$$\alpha = \frac{\lambda}{\lambda_\infty},$$

a equação (23.1) pode ser escrita

$$K = \frac{\left(\frac{\lambda}{\lambda_\infty}\right)^2 \mathcal{M}}{1 - \frac{\lambda}{\lambda_\infty}} = \frac{\lambda^2 \mathcal{M}}{\lambda_\infty(\lambda_\infty - \lambda)}. \tag{23.4}$$

23.4 Atividade e Coeficientes de Atividade

Segundo já ressaltado, a teoria da dissociação de Arrhenius e, em consequência, a lei de Guldberg—Waage são inaplicáveis ao equilíbrio iônico estabelecido em solução de eletrólitos fortes. Os valores de α do KCl, em solução de diferente concentração(v. Tab. 23.2), revelam uma anomalia: o valor de K não é constante.

A inaplicabilidade da lei da diluição aos eletrólitos fortes decorre principalmente do fato de a lei de Guldberg—Waage, da qual deriva, pressupor que as partículas constituintes de um sistema homogêneo em equilíbrio — moléculas e íons, no caso em questão — obedecem às leis dos gases ideais e não exercem influências recíprocas. Isso não acontece com os eletrólitos fortes; estes originam, por dissociação,

TABELA 23.2

$\mathcal{M}\left(\dfrac{\text{mol-g}}{\text{litro}}\right)$	$\alpha = \dfrac{\lambda}{\lambda_\infty}$	$K = \dfrac{\alpha^2 \mathcal{M}}{1-\alpha}$	$\mathcal{M}\left(\dfrac{\text{mol-g}}{\text{litro}}\right)$	$\alpha = \dfrac{\lambda}{\lambda_\infty}$	$K = \dfrac{\alpha^2 \mathcal{M}}{1-\alpha}$
1	0,757	2,350	0,02	0,923	0,222
0,5	0,788	1,434	0,005	0,958	0,108
0,2	0,831	0,815	0,001	0,980	0,049
0,05	0,891	0,364	0,000 1	0,994	0,015

576 QUÍMICA GERAL

grande número de íons, entre os quais se exercem forças eletrostáticas consideráveis de atração e de repulsão.

Para explicar essas anomalias, Debye e Hückel (1923) supuseram que os eletrólitos fortes, em suas soluções e para quaisquer concentrações, encontram-se totalmente dissociados, e atribuíram as forças eletrostáticas à interação dos íons. Como um íon deve repelir outros de mesmo sinal e atrair os de sinal oposto, pode-se prever que os íons acabem se distribuindo não uniformemente na solução, razão por que um ânion resulta cercado de vários cátions, e vice-versa.

Segundo esse raciocínio, existiriam na solução verdadeiros aglomerados constituídos por um íon de certo sinal, como centro, rodeado de número não determinado de íons de sinal oposto. Assim, os íons não poderiam ser considerados como corpúsculos isolados e independentes; sua *concentração ativa* deveria ser apenas uma fração de sua concentração verdadeira.

Esse modo de pensar é consagrado pela Termodinâmica moderna, ao mostrar que, na expressão da lei de Guldberg—Waage, as concentrações molares das substâncias presentes no equilíbrio devem ser substituídas pelas *concentrações efetivas* ou *massas ativas* dessas substâncias. Segundo G.N. Lewis a concentração eficaz ou efetiva ou, ainda, a atividade a_S de uma substância S é o produto de sua verdadeira concentração molar $[S]$ por um coeficiente f_S, menor que 1, chamado *coeficiente de atividade*

$$a_S = f_S\,[S].$$

Assim, a equação que dá a constante de ionização de um eletrólito binário

$$AB \rightleftharpoons A^- + B^+$$

não deve ser

$$\frac{[A^-][B^+]}{[AB]} = K,$$

mas, sim,

$$\frac{a_{A^-} \times a_{B^+}}{a_{AB}} = K_a, \tag{23.5}$$

onde a_{A^-}, a_{B^+} e a_{AB} representam respectivamente as atividades de A^-, B^+ e AB, e K_a a *constante de ionização verdadeira* ou *termodinâmica*.

Como

$$a_{A^-} = f_{A^-}[A^-],$$
$$a_{B^-} = f_{B^+}[B^+]$$

e

$$a_{AB} = f_{AB}[AB],$$

resulta

$$\frac{[A^-][B^+]}{[AB]} \times \frac{f_{A^-} f_{B^+}}{f_{AB}} = K_a. \tag{23.6}$$

EQUILÍBRIOS IÔNICOS **577**

O coeficiente de atividade de um íon numa solução varia com as sua concentração e valência; é calculado a partir da *força iônica*.

O conceito de força iônica foi introduzido por Lewis e Randall (1921) com objetivo de medir o *campo elétrico interno* numa solução. Define-se pela expressão

$$I = \frac{1}{2} \sum_{i=1}^{n} C_i Z_i^2, \tag{23.7}$$

onde I é a força iônica da solução, C_i a concentração, em íon-g/L, de um íon genérico nela presente e Z_i sua valência. Por exemplo, para uma solução simultaneamente 0,01 M de $CaCl_2$ e 0,02 M de Na_2SO_4,

$$C_{Ca^{2+}} = 0,01; \quad C_{Cl^-} = 0,02; \quad C_{Na^+} = 0,04; \quad C_{SO_4^{2-}} = 0,02;$$
$$Z_{Ca^{2+}} = 2; \quad Z_{Cl^-} = 1; \quad Z_{Na^+} = 1; \quad Z_{SO_4^{2-}} = 2,$$
$$I = \frac{1}{2}\left[0,01 \times 2^2 + 0,02 \times 1^2 + 0,04 \times 1^2 + 0,02 \times 2^2\right] = 0,09.$$

A experiência ensina que, nas soluções bastante diluídas e de mesma força iônica, os coeficientes de atividade da maioria dos íons de mesma carga são praticamente idênticos. Com precisão suficiente podem ser utilizados os coeficientes de atividade constantes da Tab. 23.3.

TABELA 23.3

Força iônica	Coeficientes de atividade			
I	Íons monovalentes	Íons bivalentes	Íons trivalentes	Íons tetravalentes
0,001	0,96	0,86	0,73	0,56
0,005	0,92	0,72	0,51	0,30
0,01	0,90	0,63	0,39	0,19
0,05	0,81	0,44	0,15	0,04
0,1	0,78	0,33	0,08	0,01

O exame da maneira pela qual o coeficiente de atividade depende da força iônica é da alçada dos cursos mais avançados de Físico-Química. Ao nível desta publicação é suficiente registrar que:

a) se $I \leq 0,02$, o coeficiente de atividade f_i de um íon é dado pela chamada *lei limite de Hückel—Debye*:

$$\log f_i = -0,5 Z_i^2 \sqrt{I}; \tag{23.8}$$

578 QUÍMICA GERAL

b) se $0,02 \leq I \leq 0,2$, utiliza-se para calcular f_i a expressão

$$\log f_i = -\frac{0,5 Z_i^2 \sqrt{I}}{1 + d \times 0,33 \times 10^8 \sqrt{I}},$$ (23.9)

onde d é o diâmetro do íon considerado, expresso em cm (no caso de íons metálicos $d \cong 10^{-8}$ cm);

c) se $I \geq 0,2$, à expressão anterior deve ser adicionado um termo corretivo cujo valor é difícil de ser precisado.

No caso, por exemplo, de uma solução simultaneamente $0,01\ M$ de NaCl e $0,001\ M$ de $CaCl_2$:

$$I = \frac{1}{2}\left[0,01 \times 1^2 + 0,01 \times 1^2 + 0,001 \times 2^2 + 0,002 \times 1^2\right] = 0,013.$$

Como $I < 0,02$, aplicando a lei limite de Hückel—Debye, vem

$$\log f_{Ca^{2+}} = -0,5 \times 2^2 \sqrt{0,013} = -0,23 \quad \Rightarrow \quad f_{Ca^{2+}} = 0,59;$$
$$\log f_{Na^+} = -0,5 \times 1^2 \sqrt{0,013} = -0,06 \quad \Rightarrow \quad f_{Na^+} = 0,88;$$
$$\log f_{Cl^-} = -0,5 \times 1^2 \sqrt{0,013} = -0,06 \quad \Rightarrow \quad f_{Cl^-} = 0,88.$$

Para os eletrólitos fracos, cuja força iônica é baixa, o erro cometido ao se assumir como unitários os coeficientes de atividade é menor que 5%. Para os eletrólitos fortes esse erro passa a ser considerável.

Muitas expressões empíricas têm sido sugeridas para substituir a de Ostwald. Conservando a simbologia anterior, eis algumas:

1. equação de Walker

$$\frac{\alpha^2 \mathcal{M}}{1-\alpha} = K \frac{1-\alpha}{\alpha}$$

ou $$K = \frac{\alpha^3 \mathcal{M}}{(1-\alpha)};$$ (23.10)

2. equação de Van't Hoff

$$K = \frac{\alpha^{3/2} \mathcal{M}^{1/2}}{1-\alpha};$$ (23.11)

3. equação de Kohlrausch—Bousfield

$$K = \frac{\lambda_\infty - \lambda}{\sqrt{\mathcal{M}}}.$$ (23.12)

EQUILÍBRIOS IÔNICOS   **579**

23.5 Auto-Ionização da Água — Produto Iônico da Água

Um caso importante de equilíbrio iônico é o que se estabelece na ionização da água. Esta, como substância anfiprótica, ioniza-se, originando íons H_3O^+ e OH^-

$$H_2O + H_2O \rightleftharpoons H_3O^+ + OH^-.$$

Para efeito de simplificação, essa ionização costuma ser esquematizada por

$$H_2O \rightleftharpoons H^+ + OH^-,$$

com o inconveniente de não ilustrar a existência, no equilíbrio em questão, de íons H_3O^+. Tal existência deve entretanto ser subentendida: toda vez que mencionado, o símbolo H^+ (em solução aquosa) deve ser entendido como notação simplificada do íon H_3O^+.

Por ser a água um eletrólito fraco, ao equilíbrio representado pela equação anterior é aplicável a lei de Guldberg—Waage; portanto

$$\frac{[H^+] \cdot [OH^-]}{[H_2O]} = K,$$

onde $[H_2O]$ é a concentração da água não ionizada.

Como o grau de ionização da água é da ordem de 10^{-9}, a concentração da água não ionizada, em equilíbrio com os íons H_3O^+ e OH^-, confunde-se com o número de moléculas-grama de água existentes em 1 litro e que é aproximadamente $\frac{1.000}{18} = 55,5$ mol-g/L. Assim, a última igualdade pode ser escrita

$$[H^+] \cdot [OH^-] = K \times 55,5$$

ou
$$[H^+] \cdot [OH^-] = K_w, \tag{23.13}$$

sugerindo que, no equilíbrio considerado, o produto das concentrações dos íons H^+ e OH^- é constante. Essa constante, representada por K_W, chama-se *produto iônico* da água. Sua determinação experimental conduz ao valor

$$K_w = 10^{-14} \, (\text{íon-g/L})^2 \quad (\text{a } 25°C),$$

isto é,
$$[H^+] \cdot [OH^-] = 10^{-14} \left(\frac{\text{íon} - \text{g}}{L}\right)^2. \tag{23.14}$$

Na água pura, por existirem tantos íons H^+ quantos OH^-,

$$[H^+] = [OH^-] = 10^{-7} \, \frac{\text{íon} - \text{g}}{L}.$$

Vale dizer: em 1 litro de água pura existem 10^{-7} íon-g H^+ e 10^{-7} íon-g OH^- ou, o que é o mesmo, $10^{-7} \times 6,02 \times 10^{23} = 6,02 \times 10^{16}$ íons H^+ e outros tantos íons OH^-.

580 Química Geral

23.6 Acidez e Basicidade das Soluções — pH

Que sucede com as concentrações dos íons H^+ e OH^- na água, quando nela se dissolve um ácido ou uma base? O efeito do íon comum e a constância do produto iônico da água (item 23.5) esclarecem a questão:

a) a dissolução de um ácido, provocando o aumento da concentração hidrogênio-iônica, deve diminuir a concentração oxidril-iônica;

b) inversamente, a dissolução de uma base, por determinar uma elevação dos íons OH^-, deve ocasionar a diminuição da concentração dos íons H^+. Assim, a 25°C:

1. na áqua pura $\qquad$ $[H^+] = [OH^-] = 10^{-7}$ íon-g/L;

2. em solução ácida $\qquad$ $[H^+] > 10^{-7}$ íon-g/L;
   $[OH^-] < 10^{-7}$ íon-g/L;

3. em solução básica $\qquad$ $[H^+] < 10^{-7}$ íon-g/L;
   $[OH^-] > 10^{-7}$ íon-g/L.

Tudo isso sugere a possibilidade de se definir uma solução *ácida* ou *básica* como aquela cuja concentração hidrogênio-iônica é, respectivamente, maior ou menor que 10^{-7} íon-g/L. Uma solução em que $[H^+] = 10^{-7}$ íon-g/L é *neutra*. A água pura é neutra.

O fato de o caráter ácido ou básico de uma solução depender de sua $[H^+]$ permite tomar a concentração hidrogênio-iônica, ou oxidril-iônica, como medida de sua acidez ou basicidade.

Para evitar o incômodo de exprimir essas concentrações com expoentes negativos, Sorensen (1909) sugeriu que a acidez de uma solução seja expressa pelo pH, definido como o cologaritmo decimal de sua concentração hidrogênio-iônica.

Portanto, por definição,

$$pH = colog [H^+]. \qquad (23.15)$$

Lembrando que o cologaritmo de um número é o logaritmo do seu recíproco, pode-se escrever

$$pH = \log \frac{1}{[H^+]} = -\log[H^+]. \qquad (23.16)$$

Assim, para uma solução em que se observe uma concentração hidrogênio-iônica $[H^+] = 2,0 \times 10^{-4}$ íon-g/L, tem-se

$$pH = colog\, 2,0 \times 10^{-4} = -\log 2,0 \times 10^{-4} = -(\log 2,0 + \log 10^{-4}) = -(0,30 - 4) = 3,70.$$

Pela definição de pH, segue-se que:

a) nas soluções neutras $\qquad$ $[H^+] = 10^{-7}$ íon-g $\times L^{-1}$ e pH = 7;

b) nas soluções ácidas $\qquad$ $[H^+] > 10^{-7}$ íon-g $\times L^{-1}$ e pH < 7;

c) nas soluções básicas $\qquad$ $[H^+] < 10^{-7}$ íon-g $\times L^{-1}$ e pH > 7.

Notação análoga à adotada para os íons H^+ pode também ser usada para as concentrações dos íons OH^-. Assim

$$pOH = colog [OH^-] = -log [OH^-], \tag{23.17}$$

isto é, o pOH de uma solução é o logaritmo decimal, com o sinal trocado, de sua concentração oxidril–iônica.

Tomando os logaritmos decimais dos dois membros da (23.14), vem (a 25°C)

$$log [H^+] + log [OH^-] = log 10^{-14}$$

ou

$$-log [H^+] - log [OH^-] = -log 10^{-14}$$

ou, ainda,

$$pH + pOH = 14. \tag{23.18}$$

A 25°C, portanto, a soma do pH e pOH de uma solução é constante e igual a 14.

pH	−1	0	1	2	3	4	5	6	7	8	9	10	11	12	13	14	15
pOH	15	14	13	12	11	10	9	8	7	6	5	4	3	2	1	0	−1

soluções ácidas $\longrightarrow |\longleftarrow$ soluções básicas

O pH de uma solução ácida (básica) pode ser facilmente determinado quando se conhece sua normalidade e o grau de ionização do soluto. De fato, se $\bar{N}$ é a normalidade da solução de um ácido AH (base BOH) e α seu grau de ionização, então

$$[H^+] = \alpha \bar{N} \qquad ([OH^-] = \alpha \bar{N}),$$

isto é,

$$pH = -log \, \alpha \bar{N} \quad (pOH = -log \, \alpha \bar{N}). \tag{23.19}$$

Isto sugere que

a) para as soluções normais e subnormais, $\bar{N} \le 1$, é $\alpha \bar{N} < 1$ e, portanto, $pH > 0$ ($pOH > 0$);

b) para $\alpha \bar{N} = 1$, é $pH = 0$ ($pOH = 0$);

c) quando $\alpha \bar{N} > 1$, tem-se $pH < 0$ ($pOH < 0$).

No caso particular de uma solução de um ácido muito fraco, o pH pode ser calculado a partir da sua molaridade $\mathcal{M}$ e da constante de ionização K_a do soluto.

Numa solução de ácido muito fraco AH, tem-se

$$AH \rightleftarrows A^- + H^+ \qquad e \qquad \frac{[A^-][H^+]}{[AH]} = K_a.$$

Mas

$$[A^-] = [H^+]$$

e $[AH] \cong \mathcal{M}$ (por se tratar de um ácido muito fraco),

então

$$\frac{[H^+]^2}{\mathcal{M}} = K_a,$$

582 QUÍMICA GERAL

ou
$$[H^+]^2 = K_a \, \mathcal{M},$$

ou, ainda,
$$\log[H^+] = \frac{1}{2}\log K_a + \frac{1}{2}\log\mathcal{M},$$

isto é:
$$pH = \frac{1}{2}pK_a - \frac{1}{2}\log\mathcal{M}. \qquad (23.20)$$

Analogamente, para uma base fraca cuja constante de ionização é K_b,

$$pOH = \frac{1}{2}pK_b - \frac{1}{2}\log\mathcal{M}$$

e
$$pH = pK_w - \frac{1}{2}pK_b + \frac{1}{2}\log\mathcal{M}. \qquad (23.21)$$

Nota

O produto iônico da água (igual a 10^{-14}, a 25°C) depende da temperatura. Para temperaturas superiores a 25°C, esse produto é maior que 10^{-14}. Por exemplo, a 37°C, aproximadamente a temperatura do corpo humano, o produto iônico da água é $10^{-13,6}$, isto é, o pH da água pura é 6,8.

O pH correspondente ao meio neutro a uma dada temperatura $\theta(°C)$ pode ser calculado, em primeira aproximação, pela expressão

$$pH = 6,95 + (28 - \theta)0,0165, \qquad (23.22)$$

que dá para $\theta = 25°C$, aproximadamente, pH = 7 e para $\theta = 37°C$, pH = 6,8.

23.7 Determinação Prática do pH

O pH (ou pOH) de uma solução definido pela expressão (23.19) não é costumeiramente determinado a partir dos parâmetros que nela figuram: o grau de ionização do soluto e a normalidade da solução, para um dado sistema, não são, em geral, prontamente conhecidos.

A determinaçao experimental do pH de uma solução é feita, geralmente, pelos *métodos colorimétrico* e *potenciométrico*.

23.7.1 Método Colorimétrico

O método colorimétrico baseia-se no comportamento dos *indicadores*, substâncias que tomam diferente coloração quando introduzidas em soluções de diferentes pH.

Juntando, por exemplo, a um pouco de água pura algumas gotas de tintura de tornassol, a solução resultante apresenta cor azul. Adicionando-lhe quantidades crescentes de ácido, a solução vai mudando de coloração: de azul, passa a violácea

EQUILÍBRIOS IÔNICOS **583**

e após adquirir a cor de vinho torna-se vermelha, quando o pH = 5. Na Tab. 23.4 relacionam-se alguns dos indicadores mais comuns e suas *zonas de viragem*, isto é, os intervalos de pH em que mudam de cor.

TABELA 23.4

Indicador	Cor, em pH inferior ao de viragem	Intervalo de viragem		Cor, em pH superior ao de viragem
Violeta de metila	incolor	0,2 a	3,2	violeta
Azul de timol	vermelho	1,2 a	2,8	amarelo
Vermelho congo	azul	3,0 a	5,0	vermelho
Metil-orange	vermelho	3,1 a	4,4	amarelo
Verde de bromo-cresol	amarelo	3,8 a	5,5	azul
Vermelho de metila	vermelho	4,4 a	6,0	amarelo
Tornassol	vermelho	5,0 a	8,0	azul
Azul de bromo-timol	amarelo	6,0 a	7,6	azul
Vermelho de fenol	amarelo	6,8 a	8,4	vermelho
Vermelho de cresol	amarelo	7,2 a	8,8	vermelho
Fenolftaleína	incolor	8,3 a	10,0	vermelho
Timolftaleína	incolor	9,3 a	10,5	azul
Amarelo de alizarina	amarelo	10,1 a	12,0	vermelho
Índigo carmim	azul	11,4 a	13,0	amarelo

Das várias teorias propostas para explicar o mecanismo de ação de um indicador, destacam-se duas:

a) a que procura interpretá-lo à luz das *leis do equilíbrio químico*;

b) a que pretende explicá-lo em termos de *tautomeria*.

1. Segundo seguidores da primeira teoria, os indicadores são ácidos (HIn) ou bases (HOIn) orgânicas, fracas, cujas moléculas têm cor diferente da dos seus íons (In^- ou In^+) e, portanto, mudam de coloração conforme seu grau de ionização, função do pH da solução em que são dissolvidos.

Imagine-se, por exemplo, um indicador ácido cujas moléculas HIn são vermelhas e cujos íons In^- são amarelos. Quando dissolvido em água, o indicador ioniza-se segundo a equação

$$HIn \rightleftarrows H^+ + In^-$$

ou
$$HIn + H_2O \rightleftarrows H_3O^+ + In^-,$$

584 QUÍMICA GERAL

de modo que, no equilíbrio entre os íons originados e as moléculas não ionizadas, cumpre-se a equação.

$$\frac{[H^+][In^-]}{[HIn]} = K.$$

A cor da solução, intermediária entre o amarelo e o vermelho, é então determinada pela proporção numérica entre os íons In^- e as moléculas HIn coexistentes em equilíbrio. Quando a essa solução se acrescenta um ácido AH, os íons H^+ adicionados fazem retroceder a ionização do indicador, e a cor da solução vai tendendo para a de suas moléculas, isto é, passando de amarela a vermelha.

Ao contrário, quando à solução é adicionada uma base BOH, verifica-se uma salificação do ácido indicador

$$HIn + BON \longrightarrow B^+ + In^- + H_2O$$

e, como o sal formado se ioniza mais fortemente que o ácido, a solução adquire a cor do íon In^-, isto é, passa de vermelha para amarela.

Fenômenos semelhantes aos descritos ocorreriam se o indicador fosse uma base fraca $HOIn$.

2. A alteração de coloração de indicador em meio ácido ou básico pode também ser explicada pela *tautomeria*: a molécula do indicador poderia subsistir em duas formas de mesma composição, mas de diferente estrutura e em contínuo equilíbrio. Umas dessas formas teria caráter ácido e predominaria em meio básico; a outra teria caráter neutro. O estado de equilíbrio entre as duas formas seria influenciado pelo pH do meio. Admitindo que as duas formas tautômeras tenham cores diferentes, é de prever que acabem conferindo colorações diferentes às soluções de diferentes pH.

Em suma. para determinar o pH de uma solução basta, em princípio, juntar-lhe um indicador e comparar a coloração por ela adquirida com as cores que, nas mesmas condições da experiência, adquirem soluções de pH conhecidos, isto é, *soluções-padrão*. Tal confronto de cores pode ser feito a olho nu ou com auxílio dos comparadores.

Muitas vezes, as soluções-padrão, devido à sua instabilidade, são substituídas por pequenes discos, de cartão ou vidro, que trazem gravadas as cores adquiridas pelos diversos indicadores para os diferentes valores do pH.

Na Tab. 23.5 indicam-se os pH de algumas soluções comuns.

TABELA 23.5

Soluções 0,1 N	pH
HCl	1,0
H₂SO₄	1,2
CH₃COOH	2,9
H₃BO₃ (colírio)	5,2
NH₄OH	11,1
Na₂CO₃	11,6
NaOH	13,00

Outros líquidos	pH (médio)
Suco de limão	2,2 a 2,4
Suco de laranja	2,3 a 2,6
Suco de maçã	2,9 a 3,3
Vinho	2,8 a 3,8
Suco de tomate	4,0 a 4,4
Água de chuva	6,2
Leite de vaca	6,3 a 6,6
Saliva humana	6,5 a 7,5
Sangue humano	7,4
Água do mar	8,5
Urina humana	4,8 a 8,4
Leite de magnésia	10,5

23.7.2 Método Potenciométrico

Método interessante de medida do pH é o *elétrico* ou *potenciométrico*. Baseia-se no princípio de funcionamento das pilhas de concentração, isto é, na existência de uma diferença de potencial entre dois eletrodos imersos em soluções contendo os mesmos íons em concentrações diferentes (v. item (20.12). Em particular, a força eletromotriz E da pilha, que emprega soluções contendo íons H^+ em concentrações C_1 e C_2 (Fig. 23.2), depende dessas concentrações. Assim, conhecidas a concentração de uma dessas soluções e a força eletromotriz da pilha, é possível determinar a concentração hidrogênio-iônica e, portanto, o pH da outra.

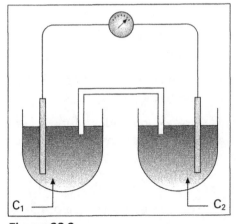

Figura 23.2

De fato, de acordo com a equação (20.7),

$$E = \frac{RT}{n\mathscr{F}} \ln \frac{C_1}{C_2}.$$

Admitindo que seja $C_1 = 1$ íon-g/L e $C_2 = [H^+]$ a determinar, tem-se

$$E = \frac{RT}{n\mathscr{F}} \ln \frac{1}{[H^+]} = \frac{8,32T}{96\,500} \times 2,303 \log \frac{1}{[H^+]} = 1,99 \times 10^{-4}\, T\, \text{pH}.$$

586 Química Geral

Logo

$$pH = \frac{E}{1,99 \times 10^{-4}T}$$

ou
$$pH = 5\ 036\frac{E}{T} \qquad (23.23)$$

Se, por exemplo, $E = 0,5\ V$ e $T = 298\ K$

$$pH = 5\ 036 \times \frac{0,5}{298} = 8,45.$$

23.8 Solução–Tampão

Comportamento relacionado com o efeito do íon comum (v. item 23.2) é revelado pelas soluções-tampão.

Uma solução-tampão é aquela cujo pH não se altera, pelo menos apreciavelmente, quando a ela se adicionam pequenas quantidades de ácido ou de álcali, mesmo que fortes. Ela é obtida por dissolução em água:

a) de um ácido fraco e um sal dele derivado (por exemplo, ácido acético e acetato de sódio), ou

b) de uma base fraca e um sal dela derivado (por exemplo, hidróxido de amônio e cloreto de amônio).

Para compreender o funcionamento de uma solução-tampão, considere-se uma solução, por exemplo, $0,1\ M$ de CH_3COOH, e outra também $0,1\ M$ de $NaCH_3COO$, e verifique-se:

a) qual é o pH dessa solução;

b) o que sucede com esse pH quando à referida solução se adiciona uma pequena quantidade de ácido.

1. *O pH da solução-tampão*

O pH da solução pode ser determinado lembrando que, para o ácido acético, $K_a = 1,8 \times 10^{-5}$. Para o equilíbrio estabelecido na sua ionização pode-se escrever:

$$\frac{[H^+][CH_3COO^-]}{[CH_3COOH]} = 1,8 \times 10^{-5},$$

e daí
$$[H^+] = 1,8 \times 10^{-5} \times \frac{[CH_3COOH]}{[CH_3COO^-]}.$$

Os íons CH_3COO^- existentes na solução provêm, em parte, do acetato de sódio e, em parte, do ácido acético. Mas, enquanto o acetato se dissocia totalmente, o ácido, como eletrólito fraco, contribui muito pouco para o número total de íons CH_3COO^- presentes na solução; tudo se passa como se esses últimos proviessem apenas do sal. Portanto

$$CH_3COO^- \cong 0,1 \ M \text{ (concentração do próprio sal)}.$$

Por outro lado, se o CH_3COOH se encontra muito pouco ionizado

$$CH_3COOH \cong 0,1 \ M \text{ (concentração original do ácido)}.$$

Logo $$[CH_3COOH] \cong [CH_3COO^-]$$

e $$[H^+] = 1,8 \times 10^{-5}$$

ou $$pH = -\log 1,8 \times 10^{-5} = 4,74.$$

2. *Reação da solução-tampão a uma pequena quantidade de ácido*

Admita-se agora que a 1 L dessa solução tenham sido adicionados 0,05 mol-g de HCl (por hipótese, sem variação de volume) e calcule-se o pH da nova solução.

Devido ao efeito do íon comum, a adição de HCl provoca um retrocesso na ionização do ácido acético e, por conseguinte, um aumento na concentração do CH_3COOH não ionizado e uma diminuição do CH_3COO^-.

Seja x o número de íons-g H^+ restantes em equilíbrio. Então $0,05 - x$ tanto será o número de íons-g H^+, como também de íons CH_3COO^- consumidos, por litro, na reação $CH_3COO^- + H^+ \longrightarrow CH_3COOH$.

Portanto, no equilíbrio,

$$[CH_3COO^-] = 0,1 - (0,05 - x) = 0,05 + x$$

e $$[CH_3COOH] = 0,1 - (0,05 - x) = 0,15 + x,$$

e, voltando à concentração dos íons H^+:

$$[H^+] = \frac{[CH_3COOH]}{[CH_3COO^-]} \times 1,8 \times 10^{-5} = \frac{0,15 - x}{0,05 + x} \times 1,8 \times 10^{-5}$$

ou, uma vez que $[H^+] = x$,

$$[H^+] = \frac{0,15 - [H^+]}{0,05 + [H^+]} \times 1,8 \times 10^{-5}.$$

Desprezando $[H^+]$ na soma e na diferença,

$$[H^+] \cong \frac{0,15}{0,05} \times 1,8 \times 10^{-5} = 5,4 \times 10^{-5},$$

o que dá pH = 4,27.

588 QUÍMICA GERAL

Conclusão: a dissolução de 0,05 mol-g de HCl na solução considerada reduz seu pH de 4,74 para 4,27. Se essa quantidade de ácido tivesse sido dissolvida em 1 litro de água o pH da solução obtida seria

$$pH = -\log 0,05 = 1,3,$$

isto é, o pH teria variado de 7 para 1,3. Esses números evidenciam as características tamponantes da solução de ácido acético e acetato de sódio, inicialmente considerada.

23.9 Produto de Solubilidade

Um caso interessante de equilíbrio iônico é o que se estabelece nas soluções saturadas de substâncias iônicas pouco solúveis ou "insolúveis".

Conforme ressaltado no item 14.5, a possibilidade de dissolução de um soluto sólido num solvente líquido não é ilimitada: a uma dada temperatura ela só é possível enquanto não se atinge a saturação.

Considere-se então uma solução saturada, obtida por adição a certa porção de água de um eletrólito binário AB, sólido; ela é caracterizada pela coexistência da solução propriamente dita com o excesso de soluto, não dissolvido, sob a forma de precipitado. Nesse sistema distinguem-se dois estados de equilíbrio:

a) um físico, entre o soluto dissolvido e o precipitado

$$AB_{precipitado} \rightleftharpoons AB_{dissolvido} \; ;$$

b) outro químico, entre os íons A^- e B^+ e as "moléculas" AB não ionizadas presentes na solução:

$$AB \rightleftharpoons A^- + B^+.$$

Aplicando a esse último equilíbrio a lei da ação das massas tem-se

$$\frac{[A^-][B^+]}{[AB]} = K,$$

expressão na qual AB representa a concentração do eletrólito dissolvido, porém não ionizado. Como o eletrólito não ionizado, por sua vez, está em equilíbrio com o precipitado, deve ser $[AB]$ = constante e, portanto,

$$[A^-][B^+] = K \times constante$$

ou, ainda,

$$[A^-][B^+] = PS, \tag{23.24}$$

onde PS é uma nova constante, dada pelo produto $K\,[AB]$ e chamada *produto de solubilidade* de AB ou, também, *produto iônico* de AB.

EQUILÍBRIOS IÔNICOS **589**

O produto de solubilidade de um eletrólito binário é o produto das concentrações dos íons presentes em sua solução saturada; obviamente é função da temperatura.

O seguinte exemplo numérico ilustra a maneira de calcular o PS de um eletrólito binário.

Numa solução saturada de acetato de prata existem dissolvidos 11,07 g/L de sal (a 25°C). Tendo em conta que em tais condições o soluto se comporta como se estivesse 71% dissociado, qual é o PS do acetato de prata?

Como a *massa molecular* do acetato de prata é aproximadamente 167, a concentração molar de sua solução saturada é

$$\mathscr{M} = \frac{11,07}{167} = 6,6 \times 10^{-2} \text{ mol-g}/L.$$

Tendo em conta, por outro lado, que a dissociação do sal em questão obedece à equação

$$CH_3COOAg \rightleftharpoons Ag^+ + CH_3COO^-,$$

segue-se

$$[Ag^+] = [CH_3COO-] = \alpha\mathscr{M} = 0,71 \times 6,6 \times 10^{-2} = 4,7 \times 10^{-2} \frac{\text{íon-g}}{L}$$

e, portanto,

$$PS = [Ag^+][CH_3COO^-] = (4,7 \times 10^{-2})^2 = 2,2 \times 10^{-3} \frac{\text{íon-g}}{L}.$$

O fato de o PS ser uma constante sugere que qualquer alteração verificada na concentração de uma das espécies (A^-, por exemplo) dos íons presentes na solução saturada de um dado eletrólito AB deve provocar uma alteração na concentração dos íons da outra espécie (B^+, no caso do exemplo), de modo a manter inalterado o produto $[A^-][B^+]$.

A definição do PS de um eletrólito binário estende-se imediatamente aos eletrólitos geradores de mais de dois íons. No caso, por exemplo, do equilíbrio em solução saturada de um eletrólito do tipo A_2B, que origina 2 ânions A^- e um cátion B^{2+}:

$$A_2B \rightleftharpoons 2A^- + B^{2+},$$

pela lei da ação das massas, tem-se

$$\frac{[A^-]^2[B^{2+}]}{[A_2B]} = K$$

ou
$$[A^-]^2[B^{2+}] = K \times \text{constante}$$

ou, ainda,
$$[A^-]^2[B^{2+}] = PS, \tag{23.25}$$

expressão que permite calcular o PS de um eletrólito ternário.

590 Química Geral

Com a mesma simbologia adotada no exemplo anterior, para um eletrólito como $CaF_2 \rightleftharpoons 2\,F^- + 4Ca^{2+}$, tem-se

$$[Ca^{2+}] = \alpha \mathcal{M}$$

e

$$[F^-] = 2\alpha \mathcal{M},$$

o que dá

$$PS = (2\,\alpha \mathcal{M})^2\,\alpha \mathcal{M} = 4\,\alpha^3 \mathcal{M}^3.$$

Conforme já ressaltado em várias oportunidades, a aplicação da lei da ação das massas aos equilíbrios iônicos é usualmente limitada a soluções ideais, isto é, com pequenas concentrações iônicas. No caso particular do PS, essa limitação impõe restringir sua definição apenas aos solutos muito pouco solúveis, ou seja, muito diluídos. Em tais soluções pode-se admitir $\alpha \cong 1$, o que dá para um eletrólito ternário

$$PS = 4\mathcal{M}^3.$$

No caso particular do CaF_2, é $PS = 1,7 \times 10^{-10}\left(\frac{\text{íon-g}}{L}\right)$, o que permite escrever

$$4\mathcal{M}^3 = 1,7 \times 10^{-10}$$

e

$$\mathcal{M} = 3,5 \times 10^{-4},$$

isto é, numa solução saturada de CaF_2 em água,

$$[Ca^{2+}] = 3,5 \times 10^{-4}\ \text{íon-g/L},$$

$$[F^-] = 7,0 \times 10^{-4}\ \text{íon-g/L}.$$

No caso geral de um eletrólito A_mB_n que fornece m ânions A^{n-} e n cátions B^{m+}, o produto de solubilidade é dado por

$$PS = [A^{n-}]^m\,[B^{m-}]^n. \tag{23.26}$$

Por exemplo, para uma substância como $Ca_3(PO_4)_2$, que origina 5 íons por molécula, $Ca_3(PO_4)_2 \rightleftharpoons 3Ca^{2+} + 2PO_4^{3-}$,

$$PS = [Ca^{2+}]^3\,[PO_4^{3-}]^2.$$

Tendo presente que para essa substância é $PS = 10^{-30}$, designando por $\mathcal{M}$ a sua solubilidade em mol-g/L, um raciocínio semelhante ao anterior permite escrever

$$[Ca^{2+}] = 3\mathcal{M},$$

$$[PO_4^{3-}] = 2\mathcal{M},$$

$$(3\mathcal{M})^3 \times (2\mathcal{M})^2 = 10^{-30}$$

e, portanto,

$$\mathcal{M} = 3,9 \times 10^{-7}\ \text{mol-g/L}.$$

23.10 Hidrólise Salina

De conformidade com o visto no item 23.5, numa solução aquosa qualquer o produto $[H^+][OH^-]$ das concentrações dos íons H^+ (ou H_3O^+) pela dos íons OH^- é constante e igual a K_W. Conseqüência importante decorre desse fato: qualquer

Equilíbrios Iônicos   **591**

alteração provocada na concentração de um desses íons acarreta a modificação da concentração do outro, de modo a se manter constante o referido produto.

Em particular, a dissolução de um ácido em água, por aumentar nela a concentração dos íons H^+ (ou H_3O^+), acarreta uma diminuição na concentração oxidriliônica e, inversamente, a adição de uma base à água, determinando aumento na concentração dos íons OH^-; simultaneamente ocorre uma diminuição na concentração dos íons H^+.

Seguindo essa linha de pensamento, a dissolução em água de um sal neutro AB deveria originar uma solução de pH = 7 (a 25°C). Entretanto, isso nem sempre acontece; o pH de uma solução salina pode ser maior, menor ou igual a 7, dependendo da força do ácido e da base de que deriva o sal dissolvido.

O fato de o pH de uma solução salina depender da natureza do sal dissolvido, é explicado pelas *reações de hidrólise* de que participam os íons oriundos do soluto e do solvente. Dependendo da natureza desses íons, as reações em questão podem modificar as concentrações dos íons H^+ e OH^- e, portanto, determinar um ou outro pH da solução[*].

Nos itens seguintes examina-se a ação dos íons da água sobre os dos sais nela dissolvidos, em quatro casos distintos.

23.10.1 Solução de um Sal de Ácido Forte e Base Forte

Considere-se uma solução aquosa de um sal AB derivado de um ácido AH e uma base BOH, ambos fortes ($NaCl$, KCl, $NaNO_3$, $CaCl_2$, $Ca(NO_3)_2$, Na_2SO_4, etc.); nela coexistem quatro variedades de íons: A^-, B^+, H^+ e OH^-. Se o soluto for $NaCl$, por exemplo, os íons presentes na solução serão Cl^-, Na^+, H^+ e OH^-.

Face à sua contínua movimentação na solução, é natural que, com alguma freqüência, esses íons colidam entre si e, em conseqüência, determinem algumas reações. Mas se, de um lado, por terem cargas homônimas, são improváveis as reações entre os íons B^+ e H^+, e também entre os íons A^- e OH^-, de outro, são previsíveis interações entre os íons de cargas heterônimas. Numa solução de $NaCl$ as interações possíveis são:

$$Na^+ \quad + \quad Cl^-,$$
$$H^+ \quad + \quad OH^-,$$
$$Na^+ \quad + \quad OH^-,$$
$$H^+ \quad + \quad Cl^-.$$

As duas primeiras conduzem à regeneração do soluto ($NaCl$) e do solvente (H_2O):

---

[*] De modo geral, as reações entre o soluto e solvente, ou seus íons, são conhecidas como *reações de solvólise*. A *hidrólise*, portanto, é um caso particular de solvólise em que o *solvente é a água*.

592 QUÍMICA GERAL

$$Na^+ + Cl^- \longrightarrow NaCl,$$
$$H^+ + OH^- \longrightarrow H_2O,$$

e as duas últimas levam à formação de NaOH e HCl:

$$Na^+ + OH^- \longrightarrow NaOH,$$
$$H^+ + Cl^- \longrightarrow HCl,$$

isto é, à formação da base e do ácido de que deriva o sal. A base e o ácido formados, sendo igualmente fortes, por dissociação ou ionização liberam novamente íons OH^- e H^+ em igual número.

Assim, nenhuma dessas possíveis reações acarreta a alteração da concentração inicial dos íons H^+ e OH^- presentes na solução. Em outras palavras, a dissolução em água de um sal forte e uma base forte não modifica as concentrações dos íons H^+ e OH^- originalmente presentes na água; estas continuam sendo as mesmas que as da água pura, e o pH da solução em questão é igual a 7.

Daí dizer-se que os sais de ácido e base simultaneamente fortes não são hidrolisáveis; com esta afirmativa pretende-se apenas ressaltar que suas soluções aquosas são neutras.

23.10.2 Solução de um Sal de Ácido Fraco e Base Forte

Seqüência de fenômenos algo diferente da descrita no caso anterior é a que se desenrola quando se dissolve em água um sal de ácido fraco e base forte (KCN, Li_2CO_3, BaS, Na_2S, $NaCH_3COO$, etc.).

Para efeito de ilustração, imagine-se uma solução aquosa de KCN, sal derivado de ácido fraco (HCN) e de base forte (KOH). Nela, existem íons K^+ e CN^- provenientes da dissociação do sal, e também H^+ e OH^- originados pelo solvente. Com os íons K^+ e OH^- tudo se passa como se não reagissem entre si, uma vez que a base eventualmente formada na reação $K^+ + OH^- \longrightarrow KOH$, por ser forte, dissociar-se-ia, libertando os íons que a teriam originado.

Algo diferente sucede com os íons H^+ e CN^-; estes reagem entre si formando as moléculas HCN. O produto formado, por ser um eletrólito fraco, ioniza-se muito pouco e, portanto, regenera apenas pequena parte dos íons H^+ consumidos na reação ($H^+ CH^- \rightleftarrows HCN$).

Conseqüentemente, há no sistema diminuição na concentração dos íons H^+ e um aumento dos íons OH^+ e um aumento na concentração dos íons OH^-, provenientes da ionização de novas moléculas de água.

Em resumo, numa solução aquosa de sal de ácido fraco e base forte, $[H^+]<[OH^-]$, ou pH > 7 (a 25°C).

Os fenômenos examinados podem ser esquematizados pela equação de hidrólise

$$KCN + H_2O \rightleftarrows HCN + KOH,$$

desde que escrita sob a forma iônica. De fato, substituindo-se na equação anterior as fórmulas dos eletrólitos fortes pelas de seus íons, vem

$$K^+ + CN^- + H_2O \rightleftharpoons HCN + K^+ + OH^-$$

ou

$$CN^- + H_2O \rightleftharpoons HCN + OH^-,$$

equação que evidencia o aparecimento na solução de ânions OH^-. O equilíbrio hidrolítico estabelecido na solução aquosa de um sal AB binário, derivado de ácido fraco AH e base forte BOH, é expresso pela equação

$$A^- + H_2O \rightleftharpoons AH + OH^-.$$

A aplicação da lei da ação das massas a esse equilíbrio dá

$$\frac{[AH][OH^-]}{[A^-][H_2O]} = K.$$

Como nas soluções muito diluídas, $[H_2O] = 55{,}5 \frac{\text{mol-g}}{L} = $ constante, então

$$\frac{[AH][OH^-]}{[A^-]} = K_h, \tag{23.27}$$

onde K_h é uma nova constante denominada *constante de hidrólise* ($K_h = k \times 55{,}5$).

A constante de hidrólise de um sal de ácido fraco e base forte está correlacionada com a constante de ionização K_a do ácido. De fato, na solução desse sal, além do equilíbrio hidrolítico propriamente dito, há também o equilíbrio estabelecido na ionização do próprio ácido

$$AH \rightleftharpoons A^- + H^+,$$

para o qual vale a igualdade

$$\frac{[A^-][H^+]}{[AH]} = K_a.$$

Efetuando o produto $K_h \times K_a$, vem

$$\frac{[AH][OH^-]}{[A^-]} \times \frac{[A^-][H^+]}{[AH]} = K_h \times K_a$$

ou, por simplificação,

$$[OH^-][H^+] = K_h \times K_a,$$

ou, ainda ,

$$K_W = K_h \times K_a$$

e, portanto,

$$K_h = \frac{K_w}{K_a}. \tag{23.28}$$

594 QUÍMICA GERAL

A constante de hidrólise de um sal de ácido fraco e base forte é o quociente do produto iônico da água pela constante de ionização do ácido.

Por exemplo: a constante de ionização do KCN é $K_a = 4 \times 10^{-10}$ (a 25°C), logo, a constante de hidrólise do KCN é

$$K_h = \frac{10^{-14}}{4 \times 10^{-10}} = 2,5 \times 10^{-5}.$$

Por ser a hidrólise uma reação reversível, é óbvio que, apenas parte do sal dissolvido em água se hidrolisa. Para caracterizar a fração do soluto hidrolisado, recorre-se ao *grau de hidrólise*.

Por definição, o grau de hidrólise de um sal[*] é a razão entre o número n' de moléculas-grama (ou, mais precisamente, fórmulas-grama) de sal hidrolisado e o número n de moléculas-grama de sal dissolvido: $\gamma = \frac{n'}{n}$.

Uma relação pode ser estabelecida entre a constante de hidrólise de um sal e seu grau de hidrólise. Para tal, admita-se que uma solução tenha sido preparada por dissolução de M moléculas-grama de sal AB, por litro. Em virtude da dissociação total do sal dissolvido, deveriam existir, por litro de solução, M íons-grama A^-, e outros tantos íons-grama B^+. Sucede contudo que esse sal (ou, mais propriamente, o ânion A^-) se hidrolisa segundo a equação

$$A^- + H_2O \rightleftharpoons AH + OH^-$$

e, no equilíbrio, cumpre-se a igualdade

$$\frac{[AH][OH^-]}{[A^-]} = K_h.$$

Como cada molécula-grama de sal AB (ou cada íon-grama A^-) que se hidrolisa produz uma molécula-grama de AH e um íon-grama OH^-, representando por γ o grau de hidrólise, tem-se

$$[AH] = [OH^-] = \gamma M,$$

$$[A^-] = M - \gamma M = M(1 - \gamma)$$

e, portanto,
$$K_h = \frac{\gamma^2 M}{1 - \gamma}, \tag{23.29}$$

expressão que lembra a lei da diluição de Ostwald.

Para valores de $\gamma \ll 1$, pode-se fazer

$$1 - \gamma \cong 1$$

---

[*] Embora seja usual falar em grau de hidrólise de um sal, na verdade esse parâmetro refere-se a íons gerados por dissociação desse sal. No caso de um sal de ácido fraco AH e base forte, o grau de hidrólise é característico dos íons A^-.

EQUILÍBRIOS IÔNICOS **595**

e, portanto,

$$\gamma = \sqrt{\frac{K_h}{\mathcal{M}}}.$$

(23.30)

Para ilustrar a aplicação das equações estabelecidas, imagine-se que se pretenda determinar o pH de uma solução 0,01 M de acetato de sódio, sendo conhecida a constante de ionização do ácido acético $K_a = 1,8 \times 10^{-5}$ (a 25°C).

Ora, o sal em questão deriva de ácido fraco e base forte; sua constante de hidrólise é

$$K_h = \frac{K_w}{K_a} = \frac{10^{-14}}{1,8 \times 10^{-5}} = 5,5 \times 10^{-10}.$$

Por outro lado, pela expressão (23.30), o grau de hidrólise do sal é

$$\gamma = \sqrt{\frac{5,5 \times 10^{-10}}{0,01}} = 2,4 \times 10^{-4}$$

e, tendo presente a reação de hidrólise

$$CH_3COO^- + H_2O \rightleftharpoons CH_3COOH + OH^-,$$

$$[OH^-] = \gamma \mathcal{M} = 2,4 \times 10^{-4} \times 0,01 = 2,4 \times 10^{-6}.$$

Logo

$$pOH = -\log 2,4 \times 10^{-6} = 5,62$$

e

$$pH = 14 - pOH = 14 - 5,62 = 8,38.$$

23.10.3 Solução de um Sal de Ácido Forte e Base Fraca

Raciocínio como o seguido no caso anterior permite concluir que uma solução de um sal de ácido forte e base fraca (NH_4Cl, $FeCl_3$, $CuSO_4$, $Al(NO_3)_3$, etc.) tem reação ácida, isto é, pH < 7.

Com efeito, a ação da água sobre um sal AB desse tipo, representada pela equação

$$A^- + B^+ + H_2O \rightleftharpoons A^- + H^+ + BOH$$

ou por

$$B^+ + H_2O \rightleftharpoons H^+ + BOH,$$

é causa determinante do aparecimento na solução de íons H^+ e, portanto, da redução de seu pH.

Aplicando ao equilíbrio indicado a lei da ação das massas vem

$$\frac{[H^+][BOH]}{[B^+][H_2O]} = K$$

ou

$$\frac{[H^+][BOH]}{[B^+]} = K_h.$$

596 Química Geral

Considerando, por outro lado, o equilíbrio $BOH \rightleftharpoons B^+ + OH^-$ estabelecido na ionização da base, tem-se

$$\frac{[B^+][OH^-]}{[BOH]} = K_b.$$

Efetuando o produto $K_h \times K_b$ e simplificando, resulta

$$K_W = K_h \times K_b$$

ou

$$K_h = \frac{K_w}{K_b}. \tag{23.31}$$

"A constante de hidrólise de um sal de ácido forte e base fraca é o quociente do produto iônico da água pela constante de ionização da base."

Exemplo: uma vez que a constante de ionização do hidróxido de amônio é $K_b = 1,8 \times 10^{-5}$, a constante de hidrólise do NH_4Cl é

$$K_h = \frac{10^{-14}}{1,8 \times 10^{-5}} = 5,5 \times 10^{-10}.$$

A definição de grau de hidrólise para um sal de ácido forte e base fraca, por analogia com o visto no caso anterior, conduz, também, à expressão:

$$K_h = \frac{\gamma^2 \mathcal{M}}{1 - \gamma}.$$

23.10.4 Solução de um Sal de Ácido Fraco e Base Fraca

Seja AB um sal derivado de ácido fraco e base fraca. O equilíbrio hidrolítico estabelecido em sua solução aquosa é representado por

$$A^- + B^+ + H_2O \rightleftharpoons AH + BOH.$$

Por serem AH e BOH simultaneamente fracos, suas ionizações não alteram apreciavelmente as concentrações H^+ e OH^- da água em que estão dissolvidos; o pH da solução é tanto mais próximo de 7 quanto mais próximas entre si forem as forças de AH e BOH.

A lei da ação das massas, aplicada ao equilíbrio acima representado, leva à definição da constante de hidrólise para essa categoria de sais:

$$\frac{[AH][BOH]}{[A^-][B^+][H_2O]} = K$$

EQUILÍBRIOS IÔNICOS **597**

e
$$\frac{[AH][BOH]}{[A^-][B^+]} = K_h.$$

Por outro lado, considerados separadamente os dois equilíbrios coexistentes com o hidrolítico,

$$AH \rightleftharpoons A^- + H^+ \qquad K_a = \frac{[A^-][H^+]}{[AH]},$$

$$BOH \rightleftharpoons B^+ + OH^- \qquad K_b = \frac{[B^+][OH^-]}{[BOH]},$$

e, efetuando o produto $K_h \times K_a \times K_b$, resulta

$$\frac{[AH][BOH]}{[A^-][B^+]} \times \frac{[A^-][H^+]}{[AH]} \times \frac{[B^+][OH^-]}{[BOH]} = K_h \times K_a \times K_b$$

e, por simplificação,

$$[H^+][OH^-] = K_h \times K_a \times K_b$$

ou
$$K_h = \frac{K_w}{K_a \times K_b}. \qquad\qquad (23.32)$$

> "A constante de hidrólise de um sal de ácido fraco e base fraca é o quociente do produto iônico da água pelo produto das constantes de ionização do ácido e da base."

Assim, já que para o HCN é $K_a = 4,0 \times 10^{-10}$ e para o NH_4OH é $K_b = 1,8 \times 10^{-5}$, segue-se, para o NH_4CN (a 25°C)

$$K_h = \frac{10^{-14}}{4,0 \times 10^{-10} \times 1,8 \times 10^{-5}} = 1,4.$$

Para relacionar a constante de hidrólise com o grau de hidrólise do sal, neste caso considerado, basta imaginar uma solução de um sal de ácido fraco e base fraca obtida por dissolução de $\mathcal{M}$ moléculas-grama (ou fórmulas-grama) de soluto por litro. Para o equilíbrio

$$A^- + B^+ + H_2O \rightleftharpoons AH + BOH,$$

tem-se
$$[AH] = [BOH] = \gamma\mathcal{M},$$
$$[A^-] = [B^+] = \mathcal{M} - \gamma\mathcal{M} = \mathcal{M}(1 - \gamma),$$

o que, pela expressão que define K_h, dá

$$\frac{\gamma \mathcal{M} \cdot \gamma \mathcal{M}}{\mathcal{M}(1-\gamma)\mathcal{M}(1-\gamma)} = K_h$$

ou
$$K_h = \frac{\gamma^2}{(1-\gamma)^2},$$

ou, ainda,
$$K_h = \frac{\gamma}{1-\gamma}. \qquad (23.33)$$

23.11 Curvas de Titulação

Maneira interessante de visualizar os processos de hidrólise consiste no exame das curvas de titulação de um ácido por uma base de diferente força. Uma curva de titulação é a que, num diagrama cartesiano, mostra como varia o pH de uma solução de ácido AH, quando a ela se adicionam quantidades crescentes de base BOH (ou vice-versa).

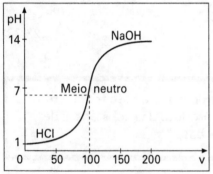

Figura 23.3

Na Fig. 23.3 encontra-se esboçada a curva de titulação de um ácido forte (100 mL de solução 0,1 N de HCl) por uma base forte (NaOH). Em abscissas estão representados os volumes v, em cm^3, de NaOH (0,1 N) adicionados, e em ordenadas os pH das soluções resultantes, medidos com o potenciômetro.

A forma da curva é conseqüência da escala logarítmica em que se define o pH. A quantidade de NaOH necessária para elevar o pH de 1 para 2 é 10 vezes a usada para elevar o pH de 2 para 3; esta última é 10 vezes a necessária para elevar o pH de 3 para 4, e assim por diante. Em conseqüência disso, mais de 95 cm^3 de álcali são necessários para elevar o pH de 1 (que é o pH de uma solução 0,1 N de HCl) até 3, enquanto menos de 5 cm^3 conseguem elevar o pH de 3 a 7. Em outros termos: nas proximidades do *ponto de equivalência* — que neste caso é assinalado pelo pH = 7 — a adição de pequenas quantidades de base produz variações apreciáveis de pH. Ao contrário, as soluções ácidas de pH < 3 não sofrem variações sensíveis de pH por adição de pequenas quantidades de álcali, isto é, tais soluções revelam características de *tampão* (v. item 23.8).

Diferente da anterior é a curva de titulação de um ácido fraco, por exemplo, CH$_3$COOH, por uma base forte (NaOH).

Começando com pH um pouco maior que no caso anterior (o pH de uma solução 0,1 N de ácido acético, a 25°C, é aproximadamente 2,9), a curva (Fig. 23.4), que não é simétrica, vai revelando em seu primeiro trecho (para pH <7) elevação mais "rápida" do pH com a adição de quantidades crescentes de álcali. No ponto de equivalência o pH da solução (acetato de sódio) é cerca de 8,4 (!), em decorrência da hidrólise

$$CH_3COO^- + H^2O \rightleftharpoons CH_3COOH + OH^-.$$

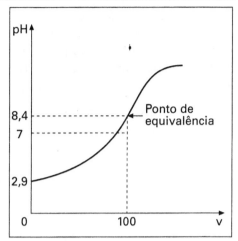

Figura 23.4

Explica-se assim o já ressaltado no item 18.9.3: a adição de um ácido a uma base em quantidades equivalentes não leva, necessariamente, à neutralização de um pelo outro. Pelo que acaba de ser visto, na titulação de ácido fraco por base forte, no ponto de equivalência a solução é fracamente alcalina.

Segue-se daí que um indicador aconselhável para essa titulação é, portanto, aquele em cuja zona de viragem se inclui o pH de equivalência (8,4). A consulta à Tab. 23.4 sugere então como possíveis indicadores a fenolftaleína, o vermelho de fenol ou o vermelho de cresol.

Efeito diferente, evidentemente, observa-se quando se titula um ácido forte com base fraca: o ponto de equivalência, em tais casos, é atingido com pH< 7.

Na Fig. 23.5 encontra-se esboçado um diagrama representativo de o que sucede com o pH em alguns casos distintos de neutralização, todos em solução 0,1 N. Conforme já ressaltado, quando o ácido e a base são ambos fortes, a passagem pelo ponto de equivalência provoca um salto muito grande do pH, isto é, uma grande alteração na basicidade da solução. Quando, ao contrário, a reação é conduzida entre um ácido e base ambos fracos, a variação do pH é bem menor. Em casos mistos a curva de neutralização é assimétrica.

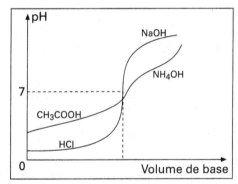

Figura 23.5

23.12 Cálculo do pH de uma Solução Salina

Problema que é comumente presente, principalmente no campo da Química Analítica, é o da previsão, por cálculo, do pH de soluções de sais hidrolisados.

600 QUÍMICA GERAL

Embora esse cálculo possa ser feito por aplicação, a cada caso, das equações estabelecidas nos itens anteriores — conforme ilustra o exemplo apresentado no item 23.10.2 —, no caso particular de sais de pequeno grau de hidrólise, o pH pode ser determinado com bastante aproximação por aplicação direta de uma expressão para tal fim deduzida.

Com efeito, na hidrólise de um sal de ácido fraco e base forte, tem-se

$$A^- + H_2O \rightleftharpoons AH + OH^-$$

e

$$K_h = \frac{[AH][OH^-]}{[A^-]}.$$

Como

$$[AH = [OH^-] \quad e \quad K_h = \frac{K_w}{K_a},$$

pode-se escrever

$$\frac{K_w}{K_a} = \frac{[OH^-]^2}{[A^-]} \quad ou \quad [OH^-]^2 = \frac{K_w}{K_a}[A^-].$$

Por outro lado, se o grau de hidrólise do sal é muito pequeno, então, aproximadamente

$$[A^-] = \mathcal{M}$$

e

$$[OH^-] = \sqrt{\frac{K_w}{K_a}\mathcal{M}}.$$

Por aplicação dos logaritmos decimais a ambos os membros da igualdade,

$$\log[OH^-] = \frac{1}{2}\log K_w - \frac{1}{2}\log K_a + \frac{1}{2}\log \mathcal{M}$$

e

$$\operatorname{colog}[OH^-] = \frac{1}{2}\operatorname{colog} K_w - \frac{1}{2}\operatorname{colog} K_a + \frac{1}{2}\operatorname{colog}\mathcal{M}.$$

Fazendo, para efeito de simplificação de simbologia,

$$\operatorname{colog} K_w = pK_w; \quad \operatorname{colog} K_a = pK_a \quad e \quad \operatorname{colog}\mathcal{M} = p\mathcal{M}$$

vem

$$pOH = \frac{1}{2}pK_w - \frac{1}{2}pK_a + \frac{1}{2}p\mathcal{M}$$

ou, lembrando que pH = pK – pOH,

$$pH = \frac{1}{2}pK_w + \frac{1}{2}pK_a - \frac{1}{2}p\mathcal{M}. \tag{23.34}$$

EQUILÍBRIOS IÔNICOS **601**

Em particular, a 25°C, é $pK_w = 14$

e
$$pH = 7 + \frac{1}{2} pk_a - \frac{1}{2} p\mathcal{M}.$$

Exemplo: para uma solução 0,01 M de acetato de sódio ($K_a = 1,8 \times 10^{-5}$), a 25°C, tem-se

$$pH = 7 + \frac{1}{2} \text{ colog } 1,8 \times 10^{-5} - \frac{1}{2} \text{ colog } 10^{-2} = 7 + 2,38 - 1 = 8,38,$$

valor coincidente com o obtido para o mesmo exemplo, por outro caminho, no item 23.10.2.

Para uma solução de um sal de ácido forte e base fraca obtém-se, por um desenvolvimento análogo (a 25°C):

$$pH = 7 - \frac{1}{2} pK_b + \frac{1}{2} p\mathcal{M}. \tag{23.35}$$

23.13 Constante de Equilíbrio e Potencial de Redox

Embora envolvam, muitas vezes, também substâncias moleculares, as reações de oxirredução conduzem com muita freqüência ao equilíbrio entre íons. Para tais reações, as constantes de equilíbrio podem ser determinadas a partir dos potenciais de redox dos sistemas envolvidos.

Considere-se uma solução contendo os íons Fe^{2+}, Fe^{3+}, Co^{2+} e Co^{3+} em equilíbrio, segundo a equação

$$Fe^{2+} + Co^{3+} \rightleftharpoons Fe^{3+} + Co^{2+},$$

e para o qual
$$\frac{[Fe^{3+}][Co^{2+}]}{[Fe^{2+}][Co^{3+}]} = K.$$

Para os pares conjugados

$$Fe^{2+} \rightleftharpoons Fe^{3+} + e^-$$

e
$$Co^{2+} \rightleftharpoons Co^{3+} + e^-,$$

participantes do equilíbrio, tem-se, respectivamente,

$$U = 0,77 + 0,059\ 1\ \log \frac{[Fe^{3+}]}{[Fe^{2+}]}$$

e
$$U = 1,84 + 0,059\ 1\ \log \frac{[Co^{3+}]}{[Co^{2+}]},$$

e como, uma vez atingido o equilíbrio considerado, os dois pares devem estar ao mesmo potencial,

$$0,77 + 0,059\ 1\ \log\frac{[Fe^{3+}]}{[Fe^{2+}]} = 1,84 + 0,059\ 1\ \log\frac{[Co^{3+}]}{[Co^{2+}]},$$

logo

$$\log\frac{[Co^{2+}]\,[Fe^{3+}]}{[Co^{3+}]\,[Fe^{2+}]} = \frac{1,84 - 0,77}{0,059\ 1} = 18,1,$$

portanto

$$K = \text{antilog } 18,1 = 1,26 \times 10^{18}.$$

Este valor de K permite concluir que a oxidação do Fe^{2+} pelo Co^{3+} é praticamente total, ou seja, no equilíbrio em questão são escassos os íons Fe^{2+} e Co^{3+} presentes, em confronto com os Fe^{3+} e Co^{2+}.

As considerações feitas para essa reação particular podem ser generalizadas para outra qualquer envolvendo os pares Ox_1/Red_1 e Ox_2/Red_2. Para cada um deles

$$Ox_1 + n_1 e^- \rightleftarrows Red_1 \cdots U_1 = U_{0_1} + \frac{0,059\ 1}{n_1}\ \log\frac{[Ox_1]}{[Red_1]}$$

e

$$Ox_2 + n_2 e^- \rightleftarrows Red_2 \cdots U_2 = U_{0_2} + \frac{0,059\ 1}{n_2}\ \log\frac{[Ox_2]}{[Red_2]}$$

e, para o sistema em foco, após multiplicar a primeira dessas equações por n_2 e a segunda por n_1,

$$n_2 Ox_1 + n_1 Red_2 \rightleftarrows n_2 Red_1 + n_1 Ox_2,$$

logo

$$\frac{[Red_1]^{n_2}\,[Ox_2]^{n_1}}{[Ox_1]^{n_2}\,[Red_2]^{n_1}} = K.$$

Por outro lado, os potenciais U_1 e U_2 sendo iguais, tem-se

$$U_{0_1} + \frac{0,059\ 1}{n_1}\ \log\frac{[Ox_1]}{[Red_1]} = U_{0_2} + \frac{0,059\ 1}{n_2}\ \log\frac{[Ox_2]}{[Red_2]}.$$

Multiplicando os dois membros por $n_1\,n_2$,

$$n_1 n_2 U_{0_1} + 0,059\ 1\ n_2 \log\frac{[Ox_1]}{[Red_1]} = n_1 n_2 U_{0_2} + 0,059\ 1\ n_1 \log\frac{[Ox_2]}{[Red_2]},$$

$$n_1 n_2 (U_{0_1} - U_{0_2}) = 0,059\ 1\left[n_1 \log\frac{[Ox_2]}{[Red_2]} - n_2 \log\frac{[Ox_1]}{[Red_1]}\right],$$

$$n_1 n_2 (U_{0_1} - U_{0_2}) = 0,059\ 1\left[\log\frac{[Ox_2]^{n_1}}{[Red_2]^{n_1}} - \log\frac{[Ox_1]^{n_2}}{[Red_1]^{n_2}}\right],$$

$$n_1 n_2 (U_{0_1} - U_{0_2}) = 0,059\ 1\ \log\frac{[Ox_2]^{n_1}[Red_1]^{n_2}}{[Red_2]^{n_1}[Ox_1]^{n_2}},$$

$$n_1 n_2 (U_{0_1} - U_{0_2}) = 0,059\ 1\ \log K,$$

$$K = \frac{\text{antilog } n_1 n_2 (U_{0_1} - U_{0_2})}{0,059 \ 1}, \qquad (23.36)$$

expressão que permite calcular a constante de equilíbrio de um sistema de redox, desde que se conheçam os potenciais normais dos pares envolvidos e o número de elétrons postos em jogo no processo de redox. No caso, por exemplo, da dismutação

$$Cu^+ + Cu^+ \rightleftharpoons Cu^{2+} + Cu^0 {\downarrow},$$

os potenciais nomais dos sistemas

$$Cu^+ + e^- \rightleftharpoons Cu^0$$

e

$$Cu^{2+} + e^- \rightleftharpoons Cu^+$$

são, respectivamente, $U_{0_1} = 0,521 \ V$ e $U_{0_2} = 0,153 \ V$. Portanto

$$K = \frac{[Cu^{2+}]}{[Cu^+]^2} = \text{antilog } \frac{0,521 - 0,153}{0,059 \ 1} = 1,69 \times 10^6,$$

sugerindo que o equilíbrio considerado é fortemente *deslocado para a direita*: o íon Cu^+ não é estável em solução, mesmo na ausência de oxidantes ou redutores estranhos.

CAPÍTULO 24

Equilíbrios em Sistemas Heterogêneos

24.1 Equilíbrio em Sistema Heterogêneos

Nos capítulos precedentes tratou-se do equilíbrio em sistemas homogêneos. Sucede contudo que muitas reações químicas envolvem, como reagentes e produtos, substâncias que se encontram em fases distintas. Quando reversíveis, tais reações conduzem a um equilíbrio em sistema heterogêneo. É o caso, por exemplo, da reação entre vapor de água e ferro aquecido ao rubro

$$3Fe + H_2O_{(vapor)} \rightleftarrows Fe_3O_4 + H_2,$$

na qual os reagentes e os produtos incluem um sólido e um gás.

O estudo do equilíbrio em sistemas heterogêneos inclui:

a) o equilíbrio químico, isto é, o que se estabelece num sistema heterogêneo cujos componentes participam de uma reação reversível; a ele se aplica a *regra das fases* e, satisfeitas certas condições, também a *lei da ação das massas*;

b) o equilíbrio de fase, ou seja, o que se estabelece num sistema heterogêneo cujos componentes não reagem entre si, mas apenas passam de uma fase para outra; é governado pela *regra das fases*.

24.2 Equilíbrios Químicos — Extensão da Lei da Ação das Massas aos Sistemas Heterogêneos

A lei da ação das massas, com o enunciado apresentado no item 21.5, aplica-se aos equilíbrios em sistemas homogêneos. Contudo, satisfeitas certas condições restritivas, essa lei é também aplicável, por extensão, ao equilíbrio em sistemas heterogêneos.

Para visualisação de como se realiza essa extensão, considere-se, em recipiente fechado, um sistema heterogêneo constituído por uma fase gasosa e uma ou mais fases sólidas e/ou líquidas. É evidente que, se esse sistema estiver em equilíbrio, nenhuma modificação deverá estar ocorrendo em cada uma de suas diferentes fases.

Em particular, o equilíbrio deverá afetar também a fase gasosa, a qual, por ser homogênea, obedece à lei da ação das massas.

Como todas as substâncias componentes do sistema, sólidas ou líquidas, por menos voláteis que sejam, devem necessariamente estar presentes na fase gasosa, é óbvio que a lei da ação das massas, válida para a fase gasosa, acaba alcançando a todos os componentes do sistema em questão.

Assim, para a fase gasosa do sistema reversível

$$3Fe + H_2O \rightleftharpoons Fe_3O_4 + H_2$$

pode-se, conforme a equação (22.2), escrever

$$\frac{p_{Fe_3O_4} \times p_{H_2}}{p_{Fe}^3 \times p_{H_2O}} = K_p,$$

cada uma das pressões indicadas sendo a pressão parcial do respectivo componente na fase gasosa.

Mas, por serem Fe_3O_4 e Fe substâncias sólidas, suas pressões parciais na fase gasosa coincidem com as tensões máximas de seus vapores, constantes a uma dada temperatura. Assim, da igualdade anterior resulta

$$\frac{p_{H_2}}{p_{H_2O}} = K_p \frac{p_{Fe}^3}{p_{Fe_3O_4}}$$

ou

$$\frac{p_{H_2}}{p_{H_2O}} = \lambda,$$

onde λ é uma constante que depende da temperatura.

A expressão obtida traduz a lei da ação das massas aplicada à fase gasosa do sistema heterogêneo dado.

606 QUÍMICA GERAL

Generalizando o que acaba de ser visto para um caso particular: no caso de um sistema heterogêneo, cujos componentes sólidos ou líquidos são substâncias puras, a lei da ação das massas é aplicável à fase gasosa.

Alguns outros exemplos, entendidos sempre como referentes às respectivas fases gasosas, certamente ilustrarão o exposto.

a) Sistema $CO_2 + C \rightleftharpoons 2CO$:

para a fase gasosa,

$$\frac{p_{CO^2}}{p_{CO_2} \times p_C} = K_p$$

ou, já que P_C é uma constante,

$$\frac{p_{CO^2}}{p_{CO_2}} = \lambda.$$

b) Sistema $CaCO_3 \rightleftharpoons CaO + CO_2$:

neste caso

$$\frac{p_{CaO} \times p_{CO_2}}{p_{CaCO_3}} = K_p$$

ou, porque CaO e $CaCO_3$ são sólidos, p_{CaO} e p_{CaCO_3} são constantes,

$$p_{CO_2} = \lambda,$$

isto é, o sistema em exame estará em equilíbrio, a uma determinada temperatura, desde que a pressão parcial do CO_2 em sua fase gasosa atinja um valor constante.

c) Para o sistema $C + O_2 \rightleftharpoons CO_2$

tem-se

$$\frac{p_{CO_2}}{p_{O_2}} = \lambda.$$

d) Para o sistema $NH_4HS \rightleftharpoons NH_3 + H_2S$, no qual o NH_4HS é sólido, a aplicação da lei da ação das massas em termos de pressão dá

$$p_{H_2S} \times p_{NH_3} = \lambda.$$

Em suma, o equilíbrio nesse sistema é alcançado quando o produto das pressões parciais do NH_3 e H_2S atinge um determinado valor.

24.3 Equilíbrio de Fases — Regra das Fases

Os sistemas homogêneos e heterogêneos respondem de modo diferente diante das alterações dos fatores do equilíbrio que lhes são impostas. Enquanto o equilíbrio de um sistema homogêneo é apenas deslocado, por causa da modificação da temperatura, pressão ou concentração de algum de seus componentes, a mesma modificação, num sistema heterogêneo, pode provocar uma ruptura total do equilíbrio e a transformação do sistema em outro.

A previsão do comportamento de um sistema heterogêneo, quando submetido a diversas condições experimentais, pode ser feita por aplicação da regra das fases. Desde que devidamente aplicada, essa regra, segundo parece, não admite exceções.

Visando ao entendimento da terminologia utilizada na formulação e aplicação da regra de Gibbs, vários conceitos são, a seguir, abordados ou reprisados, uma vez que já examinados anteriormente.

24.3.1 Fase

Segundo o visto no item 2.5, por *fase* deve-se entender toda porção homogênea de um sistema, separada das outras por uma superfície bem determinada.

Uma quantidade de matéria, grande ou pequena, apresente-se como uma só porção ou dividida em várias porções menores, constitui uma única fase. O gelo constitui uma fase, tanto quando num sistema comparece como um só bloco, como quando se apresenta subdividido em pequenos pedaços.

Um sistema constituído por uma mistura de gases ou vapores é sempre *monofásico*. O sistema constituído por água líquida, gelo e vapor de água é *trifásico*: em cada um dos estados — sólido, líquido e gasoso — a água constitui uma fase.

O sistema que inclui $CaCO_3$, CaO e CO_2 é *trifásico* também; encerra uma fase gasosa (CO_2) e duas fases sólidas ($CaCO_3$ e CaO).

Uma solução saturada de um sal em água é um sistema *bifásico*, pois inclui uma fase líquida (a solução) e uma sólida (excesso de soluto não dissolvido).

Dependendo de sua miscibilidade, dois líquidos podem ou não, formar uma fase única. Quando não miscíveis, cada líquido constitui uma fase; quando parcialmente miscíveis, podem originar uma ou duas fases, conforme sua concentração.

Um sistema constituído por duas substâncias sólidas, desde que não formem solução sólida, é considerado, invariavelmente, como bifásico.

24.3.2 Sistemas de Mesma Espécie

Chamam-se *sistemas de mesma espécie* os constituídos pelas mesmas fases, embora em diferentes proporções. Um sistema constituído por gelo e água é da mesma espécie de qualquer outro sistema gelo—água, independentemente da extensão de suas fases.

608 QUÍMICA GERAL

23.3.3 Constituintes e Constituintes Independentes

Chama-se *constituinte* ou *componente* de um sistema toda espécie química que dele pode ser separada por análise imediata. Por exemplo, os componentes de uma solução aquosa de cloreto de sódio são: água e cloreto de sódio; o sistema gelo—água tem a água como único componente.

Por *constituintes independentes* de um sistema entende-se o número mínimo de seus componentes capaz de reproduzir todos os sistemas de mesma espécie.

O conceito, algo sutil, de constituintes independentes pode ser aclarado mediante o seguinte exemplo. A ação do vapor de água sobre ferro em alta temperatura conduz ao equilíbrio, já várias vezes mencionado

$$3Fe + H_2O \rightleftharpoons Fe_3O_4 + 4H_2.$$

Reproduzir os sistemas de mesma espécie que a deste é possível, partindo de

a) Fe, H_2O (vapor) e H_2;

b) Fe, H_2O (vapor) e Fe_3O_4;

c) Fe_3O_4, H_2 e Fe;

d) Fe_3O_4, H_2 e H_2O (vapor).

À primeira vista poderia parecer que, para obter os sistema de mesma espécie da do considerado, fosse suficiente partir de Fe e H_2O(vapor). Sucede contudo que, nos sistemas assim obtidos, existiria uma proporção constante entre as massas de Fe_3O_4 e H_2; partindo de Fe e H_2O seria impossível reproduzir os sistemas nos quais Fe_3O_4 e H_2 guardassem, entre si, proporções arbitrariamente prefixadas. Além disso, pensar em constituintes independentes significa pensar em seu número e não em sua natureza. Se o sistema considerado admitisse apenas dois componentes, isso implicaria a possibilidade de reproduzir todos os sistemas de mesma espécie a partir de duas quaisquer daquelas quatro substâncias. Essa possibilidade exclui-se imediatamente: é óbvia a impossibilidade de, a partir de Fe e H_2, obter Fe_3O_4 e H_2O.

24.3.4 Fator de Equilíbrio

É todo parâmetro, ou variável de estado, cuja modificação acarreta alguma alteração no sistema. Para efeito de aplicação da regra das fases, são fatores de equilíbrio, geralmente, a temperatura, a pressão e a concentração de cada um dos constituintes nas diferentes fases.

Os fatores de equilíbrio para cada sistema são determinados experimentalmente. No caso, por exemplo, do sistema constituído de água em contato com seu vapor, os fatores de equilíbrio são a temperatura e a pressão. A pressão p do vapor em equilíbrio com a água líquida é função da temperatura θ (v. item 15.3);

fixada uma dessas variáveis, resulta determinada a outra, de modo que só para pares de valores bem determinados da temperatura e da pressão tal equilíbrio é possível.

O que acaba de ser dito é ilustrado graficamente pelo diagrama da Fig. 24.1, no qual a função $p = f(\theta)$ é representada pela *curva de vaporização*. Esta, embora variável de uma substância para outra, tem o aspecto indicado na figura. Os pontos P pertencentes à curva representam a temperatura e a pressão de coexistência das duas fases. Os pontos situados acima e abaixo da curva em questão representam condições em que a substância se apresenta, respectivamente, no estado líquido e de vapor não saturante.

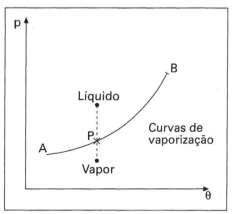

Figura 24.1

Em resumo, o sistema líquido ⇌ vapor só pode existir para as temperaturas e pressões correspondentes à curva de vaporização do líquido.

24.3.5 Variância ou Variança de um Sistema

A *variância* ou *variança* ou ainda *número de graus de liberdade* de um sistema é o número de fatores de equilíbrio cuja alteração não modifica a espécie do sistema. Ou, em outras palavras, é o menor número de variáveis independentes necessárias para definir completamente o estado de equilíbrio do sistema.

No caso, por exemplo, de um sistema constituído apenas por uma dada massa gasosa confinada num recipiente, o valor de uma qualquer de suas três variáveis de estado — volume, pressão e temperatura — depende simultaneamente dos valores das outras duas. Fixados os valores de duas quaisquer dessas variáveis — temperatura e pressão, por exemplo — resulta fixado o da terceira, o volume, no caso. A variância do sistema em questão é 2. Fato semelhante acontece com um líquido ou um sólido puros: seus volumes estão bem determinados a uma temperatura e uma pressão dadas. Em resumo, um sistema constituído por uma só espécie química em uma única fase tem variância 2, ou 2 graus de liberdade.

Considere-se, agora, um outro caso: um sistema constituído por um líquido puro em equilíbrio com seu vapor. A uma dada temperatura θ, a pressão p do vapor em equilíbrio com o líquido está determinada (v. item anterior). Se o volume ocupado pelo sistema for diminuído, haverá liquefação do vapor, e, se for permitida a expansão do sistema, haverá evaporação do líquido. Nos dois casos a pressão p será estabelecida quando o sistema retornar ao equilíbrio. Semelhante é o comportamento do sistema gelo—água em equilíbrio: o gelo se funde ou a água se solidifica, conforme o volume do sistema seja diminuído ou aumentado. Em suma, um sistema

610 QUÍMICA GERAL

constituído por duas fases de uma mesma espécie química, em equilíbrio, tem variância 1 ou 1 grau de liberdade.

A variância de um sistema, para cada caso, pode ser determinada experimentalmente e, também, prevista por aplicação da *regra das fases*.

24.3.6 A Regra das Fases

Formulada por Willard Gibbs (1876) a partir das leis da Termodinâmica, a regra das fases estabelece que:

> "A variância V de um sistema é igual ao número C de seus constituintes independentes, mais dois e menos o número de suas fases."

Algebricamente,

$$V = C + 2 - \phi. \tag{24.1}$$

Uma vez que a variância de um sistema não pode ser negativa, o número mínimo de graus de liberdade é zero. Então

$$C + 2 - \phi \geq 0,$$

$$\phi \leq C + 2,$$

isto é, o número máximo de fases que podem coexistir num sistema é

$$\phi = C - 2.$$

Quando $V = 0$, o sistema é dito *nulivariante*; todas as variáveis de estado estão determinadas e a alteração de qualquer uma delas acarreta a modificação do número de suas fases.

Um sistema é chamado *monovariante* (ou *univariante*), *divariante* (ou *bivariante*) ou *trivariante* (ou *tervariante*) conforme tenha, respectivamente, 1, 2 ou 3 graus de liberdade.

Examinam-se a seguir alguns exemplos de aplicação da regra de Gibbs, indicando com os símbolos g, ℓ e s, entre parêntesis, respectivamente, as fases gasosa, líquida e sólida em que se encontram as respectivas espécies químicas.

a) Sistema $H_2O_{(\ell)} \rightleftarrows H_2O_{(g)}$:

$C = 1$ (um só componente: água)

$\phi = 2$ (duas fases: uma líquida e outra gasosa);

$$V = 1 + 2 - 2 = 1.$$

EQUILÍBRIOS EM SISTEMAS HETEROGÊNEOS **611**

b) Sistema $CaCO_{3(s)} \rightleftarrows CaO_{(s)} + CO_{2(g)}$:

$C = 2$ (duas quaisquer das substâncias indicadas na equação);

$\phi = 3$ (duas fases sólidas e uma gasosa);

$$V = 2 + 2 - 3 = 1.$$

c) Sistema $2H_2O_{(g)} \rightleftarrows 2H_{2(g)} + O_{2(g)}$:

$C = 2$;

$\phi = 1$ (o sistema, constituído apenas por gases, é monofásico);

$$V = 2 + 2 - 1 = 3.$$

d) Sistema constituído por uma solução saturada de NaCl, em presença do excesso de soluto não dissolvido:

$C = 2$ (NaCl e H_2O);

$\phi = 2$ (a fase líquida constituída pela solução e a sólida formada pelo sal não dissolvido);

$$V = 2 + 2 - 2 = 2.$$

e) Sistema constituído por um gás em contato com uma solução saturada. Nesse caso:

$C = 2$; $\phi = 2$ e $V = 2$.

A concentração da solução depende, portanto, da temperatura e da pressão.

f) Interessante, para efeito de aplicação da regra das fases, é o sistema constituído por gelo, água e vapor, para o qual

$C = 1$ (água);

$\phi = 3$ (uma fase sólida, outra líquida e a terceira gasosa);

$$V = 1 + 2 - 3 = 0.$$

O sistema é nulivariante. Nenhum fator de equilíbrio pode ser modificado sem alterar a espécie do sistema.

Esse fato é evidenciado graficamente pelo diagrama de fase da Fig. 24.2, no qual se esboçam as curvas de vaporização (1), de fusão (2) e de sublimação (3) da água, isto é, as curvas de líquido $\rightleftarrows$ vapor, sólido $\rightleftarrows$ líquido e sólido $\rightleftarrows$ vapor. As três têm um ponto comum T, denominado *ponto triplo*. Por pertencer simultaneamente às três curvas, o ponto triplo representa graficamente as condições de equilíbrio das três fases de uma substância. No caso da água, tem-se $\theta_T = 0,01°C$ e $P_T = 4,57$ mmHg. Qualquer modificação na temperatura ou na pressão faz desaparecer pelo menos uma das fases do sistema.

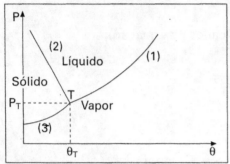

Figura 24.2

É importante observar que a invariabilidade da temperatura e da pressão do ponto triplo de uma substância pura é tão marcante que, particularmente, em relação à temperatura no ponto triplo da água, se define o ponto zero da escala Kelvin. Este, por convenção, é −273,15°C, ou seja, 273,16°C: abaixo da temperatura do ponto triplo da água.

Observação

A expressão $V = C + 2 - \phi$ pressupõe que a temperatura e a pressão sejam fatores efetivos de equilíbrio do sistema considerado. No caso de uma delas não influir realmente sobre o equilíbrio, a regra de Gibbs deve ser formulada de maneira diferente.

Quando, por exemplo, o número de moléculas da fase gasosa não varia durante a reação, isto é, quando a reação se desenrola sem mudança de volume, a regra das fases se traduz pela igualdade

$$V = C + 1 - \phi, \qquad (24.2)$$

conhecida como regra das fases reduzida.

Para o sistema

$$3Fe + 4H_2O_{(vapor)} \rightleftarrows Fe_3O_4 + 4H_2,$$

tem-se

$$C = 3;$$
$$\phi = 3;$$
$$V = 3 + 1 - 3 = 1.$$

CAPÍTULO 25

Termodinâmica

25.1 O Calor como Forma de Energia

Embora já no século XVII Francis Bacon tenha reconhecido a existência de alguma correlação entre *calor* e *movimento*, até fins do século XVIII o calor foi considerado como um fluido indestrutível, denominado calórico, capaz de fluir, sem perdas, de um corpo de temperatura mais alta para outro de temperatura mais baixa. As observações de Rumford e Davy, entre fins do século XVIII e início do XIX, mostrando que por fricção podem ser geradas quantidades ilimitadas de calor, permitiram concluir que o calor é uma forma de energia que pode ser transferida de um sistema para outro por processos de *condução*, *convecção* e *irradiação* térmicas. Mesmo assim, a teoria do calórico ainda resistiu até meados do século XIX, quando James Prescott Joule estabeleceu, de modo claro, a equivalência entre calor e trabalho.

As experiências de Joule (1845), posteriormente retomadas com algumas variantes por Rowland (1879), Mikulescu (1892), Hirn e outros, mostraram não só que o trabalho mecânico pode ser convertido em calor, mas também que, nessa conversão, existe uma proporcionalidade entre o *trabalho despendido* e a *quantidade de calor* a partir dele originada. Este fato é traduzido, atualmente, pela igualdade

$$1 \text{ cal} = 4,186\ 8 \text{ J},$$

ilustrando que em toda transformação do tipo cogitado, cada 4,186 8 J de trabalho produzem uma quantidade de calor igual a 1 caloria.

614 QuÍmica Geral

A igualdade ora mencionada, dada como definidora do *equivalente mecânico do calor*, foi originalmente obtida por um sem-número de experiências de conversão de trabalho em calor, e não propriamente de calor em trabalho. É que a conversão de trabalho em calor não exige condições especiais; ela é espontânea e rotineira. Já a transformação em sentido oposto, isto é, de calor em trabalho, só se realiza em condições especiais, previstas pelo Segundo Princípio da Termodinâmica. Contudo, a equivalência apontada cumpre-se em qualquer conversão trabalho—calor, independentemente de seu sentido:

> "Transformando trabalho em calor, a partir de 4,186 8 J obtém-se l cal e, reciprocamente, transformando calor em trabalho, a partir de l cal obtém-se 4,186 8 J."

Observação

Antes de firmada a idéia de que o calor é uma forma peculiar de energia, portanto antes do conhecimento do princípio da equivalência entre calor e trabalho, a unidade de quantidade de calor — a caloria — era definida com fundamento nos princípios da calorimetria. Dizia-se: "A caloria é a quantidade de calor que deve ser fornecida a l g de água para elevar em sua temperatura l°C, de 14,5°C a 15,5°C". Segundo os resultados obtidos na medida do equivalente mecânico do calor, a caloria, assim definida, e o joule — unidade de trabalho do Sistema Internacional — estão relacionados pela igualdade

$$l \text{ cal} = 4,186 \text{ 8 J.}$$

Atualmente prefere-se definir a caloria a partir do joule. Há duas maneiras usuais de fazê-lo:

a) a definição de caloria adotada comumente em Termoquímica estabelece que
$$l \text{ cal} = 4,184 \text{ 0 J;}$$

b) na Termodinâmica aceita-se que
$$l \text{ cal} = 4,186 \text{ 8 J.}$$

Nesta publicação a caloria referida é a definida na calorimetria (l cal = 4,185 5 J); sua magnitude é, muito aproximadamente, a média das calorias termoquímica e termodinâmica.

25.2 Energia — Sua Conservação

O fato de se poder converter trabalho em calor e calor em trabalho sugere que:

a) *calor* e *trabalho* podem ser considerados como formas distintas de uma mesma grandeza, isto é, de *energia*;

TERMODINÂMICA **615**

b) num sistema isolado a quantidade de cada uma dessas formas pode variar, desde que a sua soma permaneça constante.

Os experimentos de Joule e outros sobre equivalência entre calor e trabalho tiveram como conseqüência a formulação do princípio da conservação da energia, restrito às duas formas consideradas. Mas a observação do que se passa numa gama mais ampla de fenômenos mostra que as transformações trabalho—calor não são as únicas possíveis. Calor tanto pode ser produzido numa reação química, como pela passagem de uma corrente elétrica através de um resistor. Por outro lado, uma corrente elétrica pode produzir a emissão de luz, esta pode provocar determinadas reações químicas que, por sua vez, podem originar correntes elétricas, etc. A constatação da possibilidade dessas sucessivas transformações levou à generalização do conceito de energia; esta última, além de se referir a trabalho e calor, passou a incluir também a energia química, a energia elétrica, a energia radiante, etc.

Este é, exatamente, o sentido da definição de energia formulada por Ostwald:

> **"Energia é trabalho, tudo que pode ser convertido em trabalho e tudo que resulta da conversão do trabalho."**

Cada uma das diferentes formas ou modalidades de energia, é caracterizada por alguma peculiaridade.

a) Energia mecânica: um corpo ou um sistema é dotado de energia mecânica quando se encontra em movimento em relação a algum referencial (*energia cinética*) ou quando, embora eventualmente em repouso, sobre ele age alguma força, função do lugar ou da situação em que se encontra (*energia potencial*).

Existem inúmeros corpos ou sistemas que, por serem *elásticos*, podem ser deformados sob ação de forças que lhe sejam convenientemente aplicadas. É o caso de uma barra de madeira que sob ação de forças devidamente aplicadas pode ser fletida, de um fio que pode ser torcido, de um bloco de borracha que pode ser distendido ou comprimido, ou de um certo volume de gás que, por compressão, pode ser reduzido. Na deformação desses sistemas, as forças que a provocam realizam um trabalho que não é destruído: quando, cessada a ação das forças deformadoras, os corpos ou sistema deformados retornam à forma original, um novo trabalho é realizado, às expensas de uma modalidade de energia acumulada nesses corpos. Essa energia é denominada *energia potencial de deformação*.

Mas a energia potencial não existe apenas em corpos deformados; ela está presente, também, em sistemas de corpos que interagem entre si; por exemplo: no sistema constituído por qualquer corpo pesado e pela Terra. Quando um corpo é lançado, verticalmente, no sentido ascendente, com certa velocidade inicial V_0, ele sobe até um ponto de altura H, em que sua energia cinética é

616 QUÍMICA GERAL

nula. Nesse ponto, o corpo é dotado de uma energia potencial

$$mgH = \frac{mV_0^2}{2},$$

graças à qual, ao cair, seu peso realiza um trabalho numericamente igual a essa energia e readquire, no ponto de lançamento, a sua velocidade V_0.

Naturalmente a *energia potencial do corpo* é, na realidade, *do sistema corpo—Terra*, uma vez que é a Terra que determina a existência da força peso aplicada ao corpo.

b) Energia calorífica: é a que se transfere de um corpo a outro quando entre eles existe apenas uma diferença de temperatura; segundo a teoria cinética é decorrente do movimento desordenado de agitação das moléculas, átomos ou íons constituintes do sistema.

c) Energia elétrica: é a representada pelo trabalho realizado no transporte de uma carga elétrica de um ponto a outro entre os quais existe uma diferença de potencial elétrico, isto é, expressa a energia suprida por um gerador a um circuito para nele manter uma corrente elétrica.

d) Energia química: é a energia acumulada num sistema e trocada com o meio externo durante uma reação química nele verificada.

e) Energia radiante: é a que se transmite através do espaço por ondas eletromagnéticas.

f) Energia nuclear: é a liberada durante a alteração da estrutura dos núcleos de certos átomos.

As diferentes formas de energia têm como característica comum a possibilidade de sua interconversão; inúmeros fenômenos que se desenrolam no universo são, comumente, manifestações dessas transformações. A título de ilustração relacionam-se a seguir alguns exemplos dessas transformações.

A *energia mecânica* é transformada em *calorífica* por simples atrito (por exemplo, no freio de um automóvel), em *energia elétrica* nos dínamos, em *energia química* nas reações favorecidas pela compressão e em *energia radiante* por ruptura de certos cristais.

A *energia calorífica* é convertida em *mecânica* nos motores de explosão, em *energia elétrica* nos pares termoelétricos, em *energia química* nas reações endotérmicas e em *energia radiante* por incandescência.

A *energia elétrica* transforma-se em mecânica nos motores elétricos, em *calorífica* nos resistores por efeito Joule, em *química* por eletrólise e em *energia radiante* nas lâmpadas fluorescentes.

A *energia química* é transformada em *mecânica* (e *calorífica*) numa arma de fogo, em *calorífica* na queima de um combustível, em *elétrica* numa pilha comum e em *energia radiante* por fosforescência.

TERMODINÂMICA **617**

A *energia radiante* é convertida em *mecânica* no radiômetro de Crookes, em *calorífica* por absorção por um corpo sobre o qual incide, em *elétrica* na célula fotoelétrica e em *energia química* nas reações fotoquímicas.

A *energia nuclear* é convertida em *energia calorífica* e esta em *energia elétrica* nas usinas núcleo-elétricas.

O reconhecimento da existência de várias formas de energia interconversíveis sugere agora um novo enunciado para o princípio de sua conservação:

> "A energia total de um sistema isolado é constante, independentemente das transformações de uma forma em outra que nele ocorram."

Essa proposição, que resume uma das mais importantes leis da natureza, sustenta, em suma, que a energia não pode ser criada nem, tampouco, destruída; de uma dada forma, ela pode ser convertida em outra.

Observação

O grande desenvolvimento da ciência e da tecnologia ocorrido no século XX, do qual a geração e utilização da *energia nuclear* é uma das conseqüências, impôs uma reformulação mais ou menos profunda no conceito de energia de Ostwald. É que, nas reações nucleares, não há propriamente desaparição de outra forma convencional de energia e sua transformação em energia nuclear, mas, sim, a diminuição de massa do sistema. Nessas reações a lei da conservação da energia seria certamente violada, se a massa, em que pese sua conceituação na Física clássica, não fosse incluída entre as diferentes formas de energia. A respeito dessa nova conceituação de massa, como forma peculiar de energia, já se fez referência no item 3.2; a equivalência entre a massa m e as outras formas de energia é estabelecida pela equação de Einstein

$$E = mc^2, \tag{25.1}$$

onde c é a velocidade de propagação, no vácuo, de todas as radiações eletromagnéticas ($c \cong 300\ 000\ \text{km} \times \text{s}^{-1}$).

Na Tab. 25.1 estão indicadas as unidades em que habitualmente se medem as diferentes formas de energia (1ª coluna) e as relações de equivalência (colunas seguintes).

Por exemplo: $1\ \text{J} = 10^7\ \text{erg} = 0,24\ \text{cal}$, $1\ \text{g} = 9 \times 10^{13}\ \text{J} = 2,5 \times 10^7\ \text{kWh}$, etc.

618 Química Geral

TABELA 25.1

Unidades		Relações de equivalência						
Nome	Símbolo	J	erg	cal	eV	kWh	g	atm × L
joule	J	1	10^7	0,24	$6,25\times10^{18}$	$2,78\times10^{-7}$	$1,11\times10^{-14}$	$9,89\times10^{-3}$
erg	erg	10^{-7}	1	$2,4\times10^{-8}$	$6,25\times10^{11}$	$2,78\times10^{-14}$	$1,11\times10^{-21}$	$9,89\times10^{-10}$
caloria	cal	4,1855	$4,18\times10^7$	1	$2,61\times10^{19}$	$1,16\times10^{-6}$	$4,65\times10^{-14}$	$4,13\times10^{-2}$
elétron × volt	eV	$1,6\times10^{-19}$	$1,6\times10^{-12}$	$3,83\times10^{-20}$	1	$4,44\times10^{-26}$	$1,78\times10^{-33}$	$1,58\times10^{-21}$
quilowatt × hora	kWh	$3,6\times10^6$	$3,6\times10^{13}$	$8,61\times10^5$	$2,25\times10^{25}$	1	$4,0\times10^{-8}$	$3,56\times10^4$
grama	g	9×10^{13}	9×10^{20}	$2,15\times10^{13}$	$5,63\times10^{32}$	$2,5\times10^7$	1	$8,92\times10^{11}$
atmosfera × litro	atm × L	101,13	$101,13\times10^7$	24,19	$6,32\times10^{20}$	$2,81\times10^{-5}$	$1,12\times10^{-12}$	1

Além das unidades de energia indicadas na Tab. 25.1, outras têm sido introduzidas para exprimir, principalmente, grandes quantidades de energia utilizadas em instalações industriais de grande porte. Uma dessas unidades é a *tonelada equivalente de petróleo* (Tep), entendida como o valor energético de uma tonelada desse combustível, isto é, a quantidade de calor produzida na combustão completa de uma tonelada de petróleo cru. Para efeito de conversão, adota-se

$$1\, Tep = 12 \times 10^3\, kWh = 43,2 \times 10^9\, J.$$

Ainda para fins de conversão, aceita-se que, do ponto de vista energético, uma tonelada de petróleo é equivalente a 7 barris desse combustível (7 Bep), o volume de cada barril sendo igual a 42 galões ou, aproximadamente, 160 litros. Portanto

$$1\, Tep = 7\, Bep$$

e
$$1\, Bep = 1,71 \times 10^3\, kWh \cong 6,16 \times 10^9\, J.$$

Quando se trata de exprimir quantidades muito grandes de energia, como, por exemplo, a consumida anualmente por um país, utiliza-se a *unidade D* (inicial da palavra doze), definida pela igualdade

$$1\, D = 10^{12}\, kWh.$$

25.3 A Termodinâmica

Nascida em meados do século XIX para tratar do calor como forma particular de energia, a Termodinâmica, às vezes também denominada *Energética*, tem atualmente objetivo muito mais amplo: trata genericamente das interconversões de todas as formas de energia. Em particular, constitui poderoso instrumento da Físico-Química para o estabelecimento das correlações entre os fatores determinantes das reações químicas e das causas condicionadoras dos equilíbrios químicos.

TERMODINÂMICA **619**

A Termodinâmica desenvolveu-se sobre um conjunto de três princípios:

a) o primeiro princípio, ou *Princípio da Conservação da Energia*, ao qual se ligam os nomes de Joule e Mayer;

b) o segundo princípio, ou *Princípio de Carnot—Clausius*;

c) o terceiro princípio, ou *Princípio da Degradação da Energia*, geralmente atribuído a Planck.

Essas proposições, bastante gerais, são aplicáveis a todos os fenômenos físico-químicos; são totalmente independentes de quaisquer hipóteses a respeito da natureza da matéria e, inclusive, da própria natureza das diferentes formas de energia. Assim, qualquer modificação que venha a ser introduzida nas teorias sobre a estrutura da matéria não afetará a validade desses princípios.

Em particular, a aplicação do Primeiro Princípio ao estudo das reações químicas levou ao nascimento da Termoquímica. Do Primeiro Princípio decorre o conceito de *entalpia* e do Segundo o de *entropia*.

25.4 Conceitos Básicos

Para o exame de várias questões abordadas neste capítulo, são convenientes, a esta altura, a definição e revisão de certos conceitos, alguns dos quais largamente usados em capítulos anteriores desta publicação. É o caso entre outros dos conceitos de *sistema*, *variáveis de estado*, *estado*, *transformação* e *funções de estado*.

Sistema é todo corpo, ou conjunto de corpos ou de substâncias, delimitado real ou mentalmente e para o qual se volta a atenção com o objetivo de estudá-lo. O meio que envolve o sistema, e com o qual se limita, constitui o meio ambiente ou meio externo.

Um sistema se diz fechado, ou quimicamente isolado, quando não troca massa com o meio externo, e isolado, ou fisicamente isolado, quando não troca energia com o meio ambiente.

Para descrever um dado sistema é necessário conhecer sua composição e os valores de um certo número de suas propriedades; dessas propriedades, que por serem variáveis se chamam variáveis de estado, são exemplo o volume, a pressão e a temperatura.

Fixados os valores de um certo conjunto dessas variáveis, resulta definido o estado do sistema e, com isto, suas outras propriedades, tais como a massa específica, tensão superficial, constante dielétrica, índice de retração, etc. Em muitos casos o estado de uma massa dada de uma substância pura conhecida resulta definido quando se especificam sua temperatura e pressão.

Quando um sistema passa de um estado a outro, diz-se que nele se verifica uma

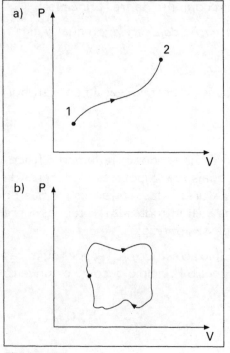

Figura 25.1

transformação ou uma mudança de estado[*]. Conforme visto no item 6.4, o estado de um sistema gasoso é representado no diagrama V, P por um ponto; portanto, no mesmo diagrama, uma transformação é representada por uma linha (Fig. 25.1a). Uma transformação que conduz um sistema ao estado inicial chama-se cíclica. No diagrama V, P um ciclo descrito por um sistema gasoso é representado por uma linha fechada.

Entre as propriedades que permitem descrever um sistema, destacam-se pela sua importância as funções de estado. Elas são peculiarizadas por uma característica interessante: seus valores dependem exclusivamente do estado do sistema, isto é, do conjunto de valores das variáveis de estado, e são independentes da sua história, ou seja, dos tratamentos ou modificações a que o sistema tenha sido submetido antes de atingir esse estado. Mais ainda: suas variações só dependem do estado inicial e final do sistema.

São funções de estado ou funções termodinâmicas a energia interna, a entalpia, a entropia, a energia livre e a entalpia livre; elas são examinadas em vários dos itens seguintes. Para tais funções pode-se escrever

$$\Delta x = x_2 - x_1,$$

representando com x_1 e x_2 os valores da função considerada, respectivamente, no início e no fim do processo.

A variação de uma função de estado para uma transformação cíclica é, obviamente, igual a zero.

25.5 Primeiro Princípio da Termodinâmica

O enunciado apresentado no item 25.2 para a lei da conservação da energia constitui, essencialmente, o do Primeiro Princípio da Termodinâmica. Usualmente, contudo, costuma ser apresentado sob forma algo diferente, mormente quando aplicado a uma reação química.

---

[*] É preciso não confundir a mudança de estado termodinâmico de que aqui se trata com a mudança de estado que, na terminologia da Física elementar, é usada para designar as transições de um corpo do estado sólido para o líquido, do líquido para o gasoso, etc.; estas, na linguagem termodinâmica, são chamadas mudanças de fase.

TERMODINÂMICA **621**

A observação tem mostrado que um sistema no qual se processa uma reação química troca com o meio externo apenas calor e trabalho[*], ao mesmo tempo que experimenta uma variação na energia química armazenada.

Assim, a aplicação da lei da conservação da energia a tais casos resulta simplificada, uma vez que referida a apenas três parcelas: o trabalho realizado pelo sistema, o calor posto em jogo na reação e a energia armazenada no sistema.

Imagine-se um sistema que, partindo de um certo estado (l), no qual sua energia armazenada é U_1', seja, em conseqüência de uma reação química, levado a um estado (2), no qual sua energia armazenada é U_2. Admita-se que durante essa reação o sistema absorva (ou desprenda) uma quantidade de calor q e produza (ou receba) um trabalho τ. O princípio em foco estabelece que

$$q - \tau = \Delta U. \tag{25.2}$$

Em palavras:

> "Sempre que num sistema se processa uma reação com troca de calor e trabalho com o meio externo, se o sistema absorve calor, então realiza um trabalho; se absorve um trabalho, então desprende calor, e em ambos os casos a diferença entre o calor e o trabalho trocado com o meio externo é igual à variação de energia interna do sistema, esta última, função apenas dos estados inicial e final do sistema."

Na grande maioria dos casos, o trabalho trocado por um sistema com o meio externo decorre da mudança de volume (expansão ou contração do sistema). Nos sistemas eletroquímicos o trabalho considerado envolve a produção ou o consumo de energia elétrica.

Na aplicação da igualdade $q - \tau = \Delta U$, deve-se ter presente a seguinte convenção de sinais:

a) q é positivo se o calor é absorvido pelo sistema, e negativo em caso contrário;

b) τ é positivo quando o trabalho é realizado contra o meio externo, e negativo quando realizado contra o sistema.

Se uma reação se realiza em volume constante, isto é, em recipiente fechado e de modo a se manter invariável seu volume, então $\tau = 0$ e

$$q_v = \Delta U, \tag{25.3}$$

---

[*] Em linguagem de Termodinâmica, toda energia trocada por um sistema com o meio externo que não seja calor é entendida como trabalho. O trabalho produzido por um sistema é igual ao acréscimo de energia potencial do meio ambiente, em valor e sinal.

isto é: :

> "A variação ΔU de energia interna de um sistema é a quantidade de calor por ele trocada com o meio externo durante uma transformação em volume constante."

Se $q_v > 0$, a energia interna dos produtos é maior que a dos reagentes e a reação é dita *endotérmica*. Se, ao contrário, $q_v < 0$, então a energia interna dos produtos é mais baixa que a dos reagentes e a reação é *exotérmica*.

Note-se que o Primeiro Princípio não admite apenas o cumprimento da igualdade (25.2), mas pressupõe também que a variação ΔU de energia interna, independendo do caminho seguido na transformação, é função apenas dos estados inicial e final dessa transformação.

Do ponto de vista termodinâmico a energia interna é uma função de estado cuja variação é definida pelo Primeiro Princípio. Em termos de teoria cinética da matéria, a energia interna de um sistema é a soma da energia cinética de translação das moléculas (energia térmica), da energia vibracional e rotacional, isto é, de vibração e rotação dentro da molécula, bem como da energia potencial interna ligada ao arranjo dos átomos (ou de suas cargas elétricas) e de outras formas de energia ligadas à estrutura da matéria. Excluído o caso dos gases monoatômicos (v. item 25.5.6, Observações 1), é impossível determinar o valor da energia interna U de um sistema; contudo, suas variações ΔU podem ser determinadas de diversas maneiras, o que para a Termodinâmica é suficiente.

No caso particular de um gás ideal, segundo resultados experimentais obtidos por Joule, a energia interna depende exclusivamente da temperatura.

O fato de ΔU ser independente do caminho seguido na transformação pode ser entendido como conseqüência de, numa transformação cíclica, necessariamente, $\Delta U = 0$.

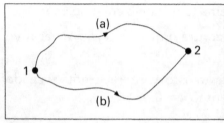

Figura 25.2

De fato, imagine-se que partindo de um certo estado (1), um sistema possa chegar a outro (2) por dois caminhos diferentes, representados na Fig. 25.2 pelas linhas a) e b). Sejam q e q' as quantidades de calor absorvidas e τ e τ' os trabalhos realizados pelo sistema nas transformações a) e b) respectivamente. De conformidade com a igualdade (25.2)

$$q - \tau = \Delta U,$$
$$q' - \tau' = \Delta U'.$$

Admita-se agora que, partindo do estado (1) o sistema passe ao estado (2) pelo caminho a) e, em seguida, retorne ao estado (1) pelo caminho b). Na seqüência dessas duas transformações a quantidade de calor absorvida pelo sistema é $q - q'$, o trabalho por ele realizado é $\tau - \tau'$ e, como essa seqüência constitui uma transformação cíclica, então

$$q - q' - (\tau - \tau') = 0$$

ou
$$q - \tau = q' - \tau',$$

ou, ainda,
$$\Delta U = \Delta U',$$

isto é, a variação de energia interna de um sistema que evolui de um dado estado para outro é independente do caminho seguido na transformação.

25.5.1 Trabalho Efetuado na Expansão de um Gás

Visando à aplicação do Primeiro Princípio da Termodinâmica é importante examinar como se calcula o trabalho τ realizado na expansão de um sistema gasoso.

Num recipiente de forma cilíndrica, dotado de um pistão móvel, imagine confinado um gás sob certa pressão P (Fig. 25.3). Se F é a intensidade da força exercida pelo gás sobre o pistão, então evidentemente

$$F = PS, \tag{25.4}$$

com S designando a área da secção transversal do cilindro. Na hipótese de, em virtude de uma expansão do gás, o pistão experimentar um deslocamento infinitesimal dx, o trabalho $d\tau$ realizado contra o meio externo resultará

$$d\tau = Fdx = PS\,dx = PdV, \tag{25.5}$$

onde dV representa a variação de volume experimentada pelo gás.

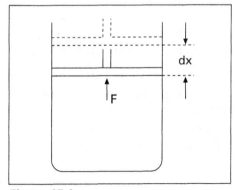

Figura 25.3

Para uma expansão finita qualquer

$$\tau = \int d\tau = \int PdV, \tag{25.6}$$

expressão que conduz a um ou outro resultado, dependendo da maneira pela qual se realiza a expansão.

No caso particular de uma transformação isobárica entre os volumes V_1 e V_2 a (25.6) dá

$$\tau = \int_{V_1}^{V_2} PdV = P\int_{V_1}^{V_2} dV = P(V_2 - V_1), \tag{25.7}$$

enquanto no caso de uma transformação isotérmica de um número n de moléculas-grama de um gás perfeito a mesma (25.6) fornece

$$\tau = \int_{V_1}^{V_2} PdV = \int_{V_1}^{V_2} \frac{n}{V} RTdV = nRT \int_{V_1}^{V_2} \frac{dV}{V}, \qquad (25.8)$$

isto é, $\qquad \tau = nRT \ln \frac{V_2}{V_1}. \qquad (25.9)$

Imagine a título de ilustração que, sob pressão constante e igual a 1 atm, o volume de certa massa gasosa passe de 1 000 cm³ a 1 500 cm³. Adotando as unidades do sistema internacional, tem-se

$$P = 1\,\text{atm} = 1,013 \times 10^5 \frac{N}{m^2},$$

$$V_2 - V_1 = 500 \text{ cm}^3 = 5 \times 10^{-4} \text{ m}^3,$$

e pela (25.9) $\tau = 1,013 \times 10^5 \times 5 \times 10^{-4} = 50,65$ J.

Maneira interessante de visualisar o trabalho realizado na expansão de um gás consiste em observar sua representação gráfica num diagrama V, P.

Nesse diagrama, a expansão isobárica é representada por um segmento de reta paralelo ao eixo das abscissas (Fig. 25.4) e o trabalho realizado é medido pela área do retângulo hachurado.

Na grande maioria dos casos, entretanto, a pressão P durante a transformação não é constante; ela varia com o próprio volume do sistema segundo uma curva como, por exemplo, a indicada na Fig. 25.4. O trabalho, nesses casos, de conformidade com a interpretação geométrica da integral $\int_{V_2}^{V_1} PdV$, é representado pela área assinalada na Fig. 25.5.

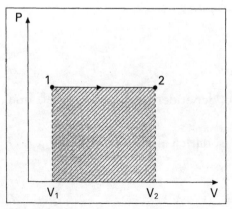

Figura 25.4

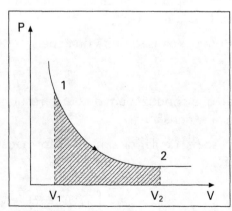

Figura 25.5

25.5.2 Aplicação Numérica do Primeiro Princípio

Conhecida a maneira de calcular o trabalho realizado na expansão de um gás, trata-se de ver como se aplica o Primeiro Princípio da Termodinâmica. O exemplo numérico seguinte ilustra a questão.

Na combustão de uma molécula-grama de álcool etílico líquido, sob pressão constante e igual a 1 atm, com formação de CO_2 gasoso e água líquida, desprendem-se 326,7 kcal. Admitindo que a temperatura do sistema, antes e após a reação, seja 25°C, qual é a variação de energia interna verificada na reação

$$C_2H_6O(\ell) + 3O_2(g) \longrightarrow 2CO_2(g) + 3H_2O(\ell)?$$

Antes da reação, o sistema é constituído por uma molécula-grama de álcool (46 g) e três moléculas-grama de oxigênio gasoso e, após a reação, ele passa a ser constituído por três moléculas-grama de água (54 g) e duas moléculas-grama de gás carbônico. Como os volumes do álcool e da água, no estado líquido, são despresíveis diante dos volumes gasosos considerados no sistema, então

$$V_1 = 3 \times 22\ 400 \times \frac{298}{273} = 73\ 354\ cm^3,$$

$$V_2 = 2 \times 22\ 400 \times \frac{298}{273} = 48\ 903\ cm^3$$

e $V_2 - V_1 = 48\ 903 - 73\ 354 = -24\ 451\ cm^3 = -24\ 451 \times 10^{-6}\ m^3$.

Lembrando que 1 atm = $1,013 \times 10^5\ N \times m^{-2}$, segue-se, pela (25.7), que

$$\tau = P(V_2 - V_1) = 1,013 \times 10^5 \times (-24\ 451 \times 10^{-6}) = -2\ 477\ J = -592,6\ cal$$

e, portanto, pela (25.2),

$$U = q - \tau = -326\ 700 - (-592,6) = -326\ 107\ cal,$$

o sinal negativo indicando ter havido uma diminuição de energia interna.

25.5.3 Trabalho Elétrico

A troca de energia entre um sistema e o meio externo não se dá apenas quando há uma variação de volume, mas também quando cargas elétricas são postas em movimento. Tanto é possível empregar energia elétrica para provocar certas reações químicas — por exemplo, num acumulador — como possível é obter energia elétrica no curso de uma reação química, por exemplo, num gerador galvânico. Um exemplo de gerador galvânico é a pilha de Daniell esquematizada na Fig. 25.6.

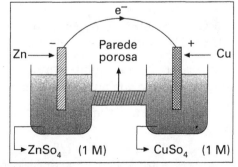

Figura 25.6

626 QUÍMICA GERAL

Quando se fecha o circuito ligando entre si os terminais da pilha por um fio condutor, elétrons passam a percorrer o circuito externo no sentido indicado na figura, isto é, do zinco para o cobre.

De conformidade com o visto no item 20.8:

a) no terminal de zinco $\quad Zn \rightleftharpoons Zn^{2+} + 2e^- \cdots U_{0_1} = -0,76 \text{ V};$

b) no terminal de cobre $\quad Cu^{2+} + 2e^- \rightleftharpoons Cu \cdots U_{0_2} = 0,34 \text{ V}.$

O processo químico que acompanha a descarga da pilha em questão é:

$$Cu^{2+} + Zn \longrightarrow Zn^{2+} + Cu$$

ou $\qquad CuSO_4(aq) + Zn(s) \longrightarrow ZnSO_4(aq) + Cu(s).$

O trabalho que pode ser obtido durante o funcionamento da pilha, isto é, a energia por ela fornecida ao circuito, é dado pelo produto

$$\tau = qE,$$

onde q é a carga transferida de um terminal para o outro da pilha e E é sua força eletromotriz. (No caso do exemplo, $E = U_{0_2} - U_{0_1} = 0,34 + 0,76 = 1,1 \text{ V}.$)

Evidentemente q depende da quantidade de reagente consumido na pilha. Como, para cada equivalente-grama consumido, a carga liberada é 1 faraday ($\mathscr{F}$), tem-se, obviamente,

$$q = n\mathscr{F}$$

e, portanto, $\qquad\qquad \tau - n\mathscr{F}E, \qquad\qquad\qquad (25.10)$

onde n é o número de equivalentes-grama de reagente consumido.

25.5.4 Entalpia

Para o estudo das transformações que se realizam sob pressão constante é particularmente interessante recorrer a uma função termodinâmica chamada *entalpia*. A entalpia[*], também conhecida como *conteúdo de calor* ou *calor interno*, é a função termodinâmica definida pela expressão

$$H = U + PV. \qquad\qquad\qquad (25.11)$$

Como U e PV só dependem do estado do sistema, a entalpia é uma *função de estado*; ela é expressa nas mesmas unidades que a energia.

Por ser absolutamente geral, a equação (25.11) é aplicável a qualquer transformação; todavia sua aplicação é especialmente adequada aos processos isobáricos.

Quando um sistema passa de um estado (1) a outro (2), a variação de entalpia verificada é

---

[*] A palavra entalpia origina-se do vocábulo grego *enthalpein*, que significa aquecer. Foi introduzido pelo físico holandês Heike Kamerlingh Onnes (1853-1923).

$$\Delta H = H_2 - H_2 = (U_2 + P_2V_2) - (U_1 + P_1V_1) = (U_2 - U_1) + (P_2V_2 - P_1V_1)$$

ou
$$\Delta H = \Delta U + \Delta(PV). \tag{25.12}$$

Observações

1. No caso de uma transformação isobárica

$$\Delta(PV) = P(V_2 - V_1) = P\Delta V$$

então, pela (25.12),

$$\Delta H = \Delta U + P\Delta V \tag{25.13}$$

Como, pelo Primeiro Princípio,

$$\Delta U = q - \tau,$$

então

$$\Delta H = q - \tau + P\Delta V.$$

Se o único trabalho realizado for o de variação de volume, então $\tau = P\Delta V$ e, em conseqüência,

$$\Delta H = q_P, \tag{25.14}$$

isto é:

> "A variação de entalpia de um sistema exprime a quantidade de calor por ele trocada com o meio externo, sob pressão constante."

Quando o sistema absorve calor sua entalpia aumenta e quando desprende calor sua entalpia diminui. Num processo endotérmico ΔH é positivo e num exotérmico ΔH é negativo.

2. Segundo a (25.13), numa transformação isobárica, $\Delta H - \Delta U = P\Delta V$, isto é, as variações de entalpia e de energia interna de um sistema diferem entre si pelo produto $P\Delta V$. Sucede que nos sistemas sólidos e líquidos, praticamente incompressíveis, a parcela $P\Delta V$ é desprezível; logo, para esses sistemas,

$$\Delta H \cong \Delta U,$$

ou seja, a variação de entalpia se confunde praticamente com a variação de sua energia interna.

3. Nas transtormações de que participam gases, a variação do produto PV costuma ser apreciável. No caso, por exemplo, de uma reação em que se consome ou se produz um gás perfeito, em temperatura constante, tem-se

$$P_1V_1 = n_1RT$$
$$P_2V_2 = n_2RT$$

628 Química Geral

e
$$P_2V_2 - P_1V_1 = (n_2 - n_1)RT$$

ou
$$\Delta(PV) = \Delta nRT, \qquad (25.15)$$

com Δn representando a variação de número de moléculas-grama de gás ocorrida na reação, à temperatura T. Assim, para uma transformação isotérmica, a (25.13) pode ser escrita

$$\Delta H = \Delta U + \Delta nRT. \qquad (24.16)$$

Para esclarecimento quanto à aplicação das expressões que acabam de ser estabelecidas, seguem-se dois exemplos numéricos, um deles envolvendo uma transformação não química e o outro tratando de uma transformação química.

1. Na vaporização de 1 g de água, a 100°C e sob pressão de 1 atm, são absorvidas 540 cal. Tendo em conta que em tais condições a massa específica da água líquida é 0,963 $g \times cm^{-3}$ e a do vapor de áqua é $5,98 \times 10^{-4}$ $g \times cm^3$, quais são as variações de entalpia e de energia interna verificadas na vaporização de 1 molécula-grama de água?

    De acordo com a (25.14), a variação de entalpia é, para 18 g de água:
    $$\Delta H = q_P = + 18 \times 540 = + 9\ 720 \text{ cal} = + 2\ 325,4 \text{ J}.$$
    Por outro lado, da (25.13), tem-se
    $$\Delta U = \Delta H - P\Delta V.$$
    Como $P = 1$ atm $= 1,013 \times 10^5$ $N \times m^{-2}$,

    $$V_1 = \frac{18}{0,963} = 18,69 \text{ cm}^3 = 18,69 \times 10^{-6} \text{ m}^3$$

    e
    $$V_2 = \frac{18}{5,98 \times 10^{-4}} = 30\ 100 \text{ cm}^3 = 30\ 100 \times 10^{-6} \text{ m}^3,$$

    então $\quad P\Delta V = 1,013 \times 10^5 (30\ 100 - 18,69) \times 10^{-6} = 3\ 050$ J

    e, portanto, $\quad\quad \Delta U = 2\ 325,4 - 3\ 050 = - 724,6$ J.

2. Quando se queima 1 molécula-grama de acetileno, a 25°C e sob pressão de 1 atm, desprendem-se 310 620 cal. Qual é, nessas condições, a variação de energia interna ocorrida na transformação?

    $$C_2H_2(g) + 2,5O_2(g) \longrightarrow 2CO_2(g) + H_2O(\ell).$$

    Do mesmo modo que no exemplo anterior, pode-se calcular ΔU por aplicação direta do Primeiro Princípio ou, já que o sistema considerado envolve gases, recorrendo à (25.16). Desta, tira-se

    $$\Delta U = \Delta H - \Delta nRT;$$

    ora $\quad\quad\quad \Delta H = q_P = - 310\ 620 \text{ cal} \cong - 1\ 298\ 400$ J

TERMODINÂMICA **629**

e
$$\Delta n = 2 - 3,5 = -1,5,$$

logo
$$\Delta U \cong -1\ 298\ 400 - (-1,5) \times 8,32 \times 298 \cong -1\ 294\ 680\ J.$$

Nota

O conhecimento da variação ΔH de entalpia (como também da variação ΔU de energia interna) de uma reação química constitui valiosa informação quanto à previsão do sentido em que essa reação tende a se produzir. Conforme se verá no subitem 25.7.3, em numerosos casos as reações tendem a se produzir espontaneamente quando $\Delta H < 0$ (ou $\Delta U < 0$), Embora em certas reações espontâneas o cumprimento dessa condição não seja suficiente, e nem necessário, para que se possa prever o sentido de uma reação, é preciso conhecer a correspondente entalpia de reação ΔH (ou ΔU) em valor e sinal.

25.5.5 Termoquímica

A aplicação específica da Termodinâmica, em particular de seu Primeiro Princípio, ao estudo das alterações térmicas que acompanham as reações químicas constitui a Termoquímica. Além disso, a Termoquímica também fornece dados para o cálculo das entalpias "presentes" nas diferentes substâncias; sob este aspecto ela é imprescindível ao estudo das ligações químicas e supre os dados necessários ao estudo termodinâmico dos equilíbrios químicos.

25.5.5.1 Calor de Reação e Calor de Combustão

Chama-se convencionalmente *calor de reação* ou *variação de entalpia de reação*, ou apenas *entalpia de reação*, a quantidade de calor liberada ou absorvida durante a reação considerada. Além das condições em que a reação é conduzida, o calor de reação depende, evidentemente, da extensão da reação, isto é, das massas dos reagentes envolvidos no processo; usualmente é definido para os números de moléculas-grama indicados na equação estequiométrica.

Assim, dizer que o calor de reação, a $25°C$ e sob pressão de 1 atm, para o sistema

$$C(grafite) + 1/2\ O_2(g) \longrightarrow CO_2(g)$$

é $-94\ 100$ cal, ou escrever

$$C(grafite) + 1/2\ O_2(g) \longrightarrow CO_2(g)$$

$$\Delta H = -94\ 100cal,$$

significa que, ao se queimar 1 átomo-grama de carbono, sob a forma de grafite, com a quantidade de oxigênio gasoso necessária e suficiente, desde que o CO_2 produzido esteja no estado gasoso, desprendem-se 94 100 cal.

Em particular, a *entalpia normal de reação* ou *entalpia standard de reação*, ou ainda *entalpia-padrão*, representada por ΔH_r°, é a referida a uma reação em que tanto os reagentes quanto os produtos, considerados em seus estados normais, são convertidos nos produtos, igualmente, em seus estados normais. Por *estado normal* de uma substância entende-se o seu estado sob pressão de 1 atm e a 25°C. No exemplo dado, $\Delta H_r^\circ = -94\,100$ cal.

Além de depender das condições em que se efetua a reação, o calor da reação depende também das fases das substâncias que dela participam. Essas fases costumam ser indicadas entre parênteses, em seguida às fórmulas dos reagentes e produtos, por símbolos convencionais. Conforme já ressaltado anteriormente, para o estado sólido, líquido e gasoso usam-se, respectivamente, os símbolos (s), (ℓ) e (g). Para evidenciar que a substância considerada é cristalina, emprega-se o símbolo (c) ou (crist).

Das inúmeras reações químicas conhecidas, poucas, relativamente são as que permitem medir diretamente seus calores de reação. Para que ΔH possa ser medido é necessário que a reação considerada, além de muito rápida, seja completa e não dê lugar a reações secundárias. Como nem sempre essas condições são satisfeitas, somente para um número relativamente pequeno de reações é possível medir diretamente o calor de reação. Para outras, o calor de reação é determinado, indiretamente, a partir dos *calores de combustão* e *calores de formação*, por aplicação da lei de Hess (v. subitem 25.5.5.2).

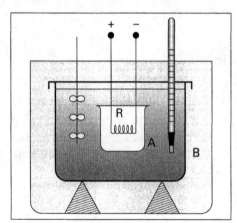

Figura 25.7

O calor de combustão de uma substância é determinado, usualmente, com o auxílio da *bomba calorimétrica* de Berthelot. Num recipiente A de paredes robustas, hermeticamente fechado, denominado *bomba*, é introduzida uma massa conhecida da substância a queimar, juntamente com oxigênio sob pressão de algumas atmosferas. A bomba, ou câmara de reação, é imersa numa quantidade conhecida de água, existente num recipiente adiabático B, isto é, construído de modo a impedir a troca de calor com o meio externo (Fig. 25.7).

Após anotar a temperatura da água, provoca-se a combustão da amostra, mediante descarga elétrica através de um resistor R em contacto com a substância-problema. Uma vez iniciada, a combustão desenvolve-se com grande rapidez e libera uma certa quantidade de calor, mensurável pela elevação da temperatura da água do banho externo; essa quantidade de calor mede o efeito térmico em volume constante.

As entalpias de combustão ou calores de combustão, normalmente elevadas em confronto com outros calores de reação, são de centenas de kcal × mol-g^{-1}. Na Tab. 25.2 indicam-se as entalpias normais de combustão, portanto referidas a 25°C e 1 atm, de algumas substâncias; seus valores dependem de os produtos de combustão serem $H_2O(\ell)$ e $CO_2(g)$ ou $H_2O(g)$ e $CO_2(g)$.

TABELA 25.2

Substâncias	Estado	Entalpias normais de combustão ΔH_C° (em kcal × mol-g^{-1})	
		H$_2$O(ℓ) e CO$_2$(g)	H$_2$O(g) e CO$_2$(g)
H$_2$	g	– 68,32	– 57,80
C	graf.	– 94,10	– 94,10
CO	g	– 67,64	– 67,64
CH$_4$	g	– 212,80	– 191,76
C$_2$H$_2$	g	– 310,62	– 300,10
C$_2$H$_4$	g	– 337,23	– 316,20
C$_2$H$_6$	g	– 372,82	– 341,26
C$_3$H$_8$	g	– 530,61	– 488,53
C$_3$H$_8$	ℓ	– 526,78	– 484,70
C$_6$H$_6$	g	– 789,10	– 757,52
C$_6$H$_6$	ℓ	– 780,98	– 749,42
CH$_3$OH	g	– 182,60	– 161,60
CH$_3$OH	ℓ	– 173,70	– 152,70
C$_2$H$_5$OH	g	– 340,90	– 309,40
C$_2$H$_5$OH	ℓ	– 326,70	– 295,20
CH$_3$COOH	ℓ	– 208,40	– 187,40

Do mesmo modo que para os alimentos, o valor energético de um combustível é também expresso pela diminuição de entalpia verificada quando um combustível é submetido a uma combustão completa. Para fins de cálculo meramente estatístico, usam-se em geral os seguintes valores:

$$\text{madeira } \Delta H = 4 \text{ kcal/g} = 4,64 \text{ kWh} \times \text{kg}^{-1};$$
$$\text{carvão } \Delta H = 6,9 \text{ kcal/g} = 8,00 \text{ kWh} \times \text{kg}^{-1};$$
$$\text{petróleo } \Delta H = 10,3 \text{ kcal/g} = 12,00 \text{ kWh} \times \text{kg}^{-1}.$$

Com a bomba calorimétrica pode-se medir, em particular, as entalpias de combustão de certas substâncias que compareçam na composição de um sem-número de alimentos. No caso, por exemplo, de hidratos de carbono, gorduras e proteínas, as entalpias de combustão, variáveis de uma substância para outra, são, em média:

$$\text{hidratos de carbono } 4,1 \text{ kcal/g} = 4,76 \text{ kWh} \times \text{kg}^{-1};$$
$$\text{gorduras } 9,5 \text{ kcal/g} = 11,02 \text{ kWh} \times \text{kg}^{-1};$$
$$\text{proteínas } 5,7 \text{ kcal/g} = 6,61 \text{ kWh} \times \text{kg}^{-1}.$$

632 QUÍMICA GERAL

Do mesmo modo que numa bomba calorimétrica, tais substâncias são, no organismo humano, convertidas em CO_2 e H_2O, e libertam, portanto, as mesmas quantidades de energia. Contudo, o nitrogênio das proteínas não é convertido em nitrogênio livre, mas é ou fixado no organismo, ou por ele eliminado sob a forma de compostos nitrogenados. Em conseqüência, as quantidades de energia efetivamente recebidas pelo organismo, a partir das proteínas ingeridas, resultam sensivelmente menores que as medidas num calorímetro. Em média, cada grama de proteína supre ao organismo humano cerca de 4,4 kcal. Para uma avaliação aproximada do poder energético "fisiológico" das mencionadas substâncias, costumam ser adotados os valores seguintes:

hidratos de carbono   4,0 kcal $\times$ g^{-1};

gorduras   9,0 kcal $\times$ g^{-1};

proteínas   4,0 kcal $\times$ g^{-1}.

Assim, se um determinado alimento possui 5,2% de hidratos de carbono, 6,0% de gorduras e 4,3% de proteínas, cada grama desse alimento supre ao organismo uma quantidade de energia

$$0,052 \times 4 + 0,060 \times 9 + 0,043 \times 4 = 0,208 + 0,54 + 0,172 = 0,920 \text{ kcal.}$$

25.5.5.2 Lei de Hess

Nem todos calores de reação, mesmo que envolvam apenas combustões, podem ser determinados diretamente. A combustão do monóxido de carbono, gerando CO_2, pode ser acompanhada quantitativamente com uma bomba calorimétrica, permitindo concluir que para a reação

$$CO(g) + 1/2\ O_2(g) \longrightarrow CO_2(g)$$

é $\Delta H° = -\ 67\ 640$ cal.

Do mesmo modo, para a combustão do C(grafite) tem-se

$$C(grafite) + O_2(g) \longrightarrow CO_2(g)$$

$$\Delta H° = -\ 94\ 100 \text{ cal.}$$

Entretanto, para a reação

$$C(grafite) + 1/2\ O_2(g) \longrightarrow CO(g),$$

a determinação experimental de $\Delta H°$, se não impossível, é extremamente difícil, porque se houver falta de oxigênio a reação será incompleta e se houver excesso de oxigênio formar-se-á CO_2 e não CO.

Contudo, lembrando que a entalpia é uma função de estado, sua determinação direta pode ser dispensada, uma vez que pode ser encontrada indiretamente.

De fato, imagine-se que o sistema C(grafite) + O_2 seja, em virtude de uma reação química, transformado em $CO_2(g)$. Por dois caminhos diferentes pode-se admitir realizada essa transformação (Fig. 25.8): pelo caminho a), a reação pode levar diretamente à formação de $CO_2(g)$ com uma variação de entalpia ΔH_1; e pelo caminho b), que leva inicialmente à formação de $CO(g)$, seguido de c), que conduz, finalmente, à formação de $CO_2(g)$. Como função de estado que é, ΔH deve ser independente do caminho seguido na transformação, isto é,

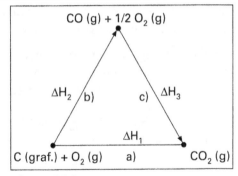

$$\Delta H_1 = \Delta H_2 + \Delta H_3.$$

Figura 25.8

Como $\quad\quad\quad \Delta H_1 = -94\ 100$ cal

e $\quad\quad\quad \Delta H_3 = -67\ 640$ cal,

então $\quad \Delta H_2 = \Delta H_1 - \Delta H_3 = -94\ 100 - (-67\ 640) = -26\ 460$ cal,

que é a variação de entalpia verificada na conversão de C(grafite) em CO(g).

O raciocínio que acaba de ser seguido no cálculo de ΔH para a reação de formação do CO constitui uma simples aplicação da *lei dos estados inicial e final* ou *lei de Hess*:

> "A variação de entalpia de um sistema em que se processa uma reação química depende unicamente dos estados inicial e final do sistema, ou seja, é independente dos estados intermediários que, a partir do estado inicial, conduzem ao estado final."

Imagine-se que um sistema, inicialmente no estado (l), por uma reação química $R_{1,2}$ passe a um estado (2) e, em seguida, ao estado (3), mediante uma reação $R_{2,3}$ (Fig. 25.9); sejam $\Delta H_{1,2}$ e $\Delta H_{2,3}$ as correspondentes entalpias de reação. Pela lei de Hess, se o sistema passasse diretamente do estado (l) ao estado (3) por uma reação $R_{1,3}$, ter-se-ia

$$\Delta H_{1,3} = \Delta H_{1,2} + \Delta H_{2,3}$$

ou, o que é o mesmo,

$$\Delta H_{1,2} + \Delta H_{2,3} + \Delta H_{3,1} = 0,$$

igualdade possível, tendo em vista que o conjunto de transformações $R_{1,2}$, $R_{2,3}$ e $R_{3,1}$ é cíclico.

A lei de Hess sugere que as equações termoquímicas podem ser utilizadas como as equações algébricas comuns, isto é, podem ser somadas, subtraídas e multiplicadas ou divididas por um fator constante.

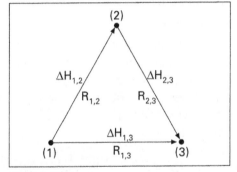

Figura 25.9

634 Química Geral

Em virtude disso, é possível calcular certas entalpias de reação, por combinação adequada de equações termoquímicas previamente conhecidas.

Um exemplo é o da formação de $NH_4Cl(aq)$, isto é, de cloreto de amônio em solução aquosa, a partir de $NH_3(g)$, $HCl(g)$ e água(aq). Dois caminhos diferentes permitem conduzir o sistema do estado inicial ao estado final considerados:

a) fazendo reagir $NH_3(g)$ com $HCl(g)$, e dissolvendo o $NH_4Cl(g)$ obtido em água; nesse caso, tem-se

$$NH_3(g) + HCl(g) \longrightarrow NH_4Cl(g) \qquad \Delta H = -42,1 \text{ kcal}$$
$$e \qquad NH_4Cl(g) + aq \longrightarrow NH_4Cl(aq) \qquad \Delta H = -3,9 \text{ kcal},$$

o que dá, por soma membro a membro,

$$NH_3(g) + HCl(g) + aq \longrightarrow NH_4Cl(aq) \qquad \Delta H = -42,1 + 3,9 = -38,2 \text{ kcal};$$

b) dissolvendo separadamente $NH_3(g)$ e $HCl(g)$ em água e misturando as duas soluções obtidas; tem-se então

$$NH_3(g) + aq \longrightarrow NH_3(aq) \qquad \Delta H = -8,4 \text{ kcal},$$
$$HCl(g) + aq \longrightarrow HCl(aq) \qquad \Delta H = -17,3 \text{ kcal},$$
$$NH_3(aq) + HCl(aq) \longrightarrow NH_4Cl(aq) \qquad \Delta H = -12,3 \text{ kcal}$$

e, por soma membro a membro,

$$HCl(g) + NH_3(g) + aq \longrightarrow NH_4Cl(aq) \quad \Delta H = -8,4 - 17,3 - 12,3 = -38 \text{ kcal},$$

resultado que, dentro dos limites do erro experimental, concorda com o anterior.

25.5.5.3 Entalpia de Formação

Segundo o que acaba de ser visto, a aplicação da lei de Hess permite, em muitos casos, por manipulação adequada de dados termoquímicos, contornar dificuldades que surgem na medida direta dos calores de reação.

Uma maneira de obter os dados termoquímicos que interessam às reações consiste em recorrer às *entalpias de formação*, ou *calores de formação*, dos diferentes compostos.

A entalpia de formação de uma substância composta é a variação de entalpia ΔH_f da reação em que essa substância é, ou seria, formada a partir de seus elementos constituintes ou, mais precisamente, a partir das substâncias simples constituídas por esses elementos. Quando todas as substâncias envolvidas são consideradas em seus estados normais (25°C e 1 atm), fala-se em *entapia normal de formação* (ΔH_f°). Por exemplo:

$$1/2\ N_2(g) + 1/2\ O_2(g) \longrightarrow NO(g) \qquad \Delta H_f^\circ = +21,6 \text{ kcal}$$
$$e \qquad C(\text{grafite}) + 1/2 O_2(g) \longrightarrow CO(g) \qquad \Delta H_f^\circ = -26,4 \text{ kcal},$$

TERMODINÂMICA **635**

isto é, as entalpias normais de formação ΔH_f° do NO(g) e do Co(g) são, respectivamente, + 21,6 kcal e – 26,4 kcal.

Na Tab. 25.3 indicam-se as entalpias ΔH_f° de formação de alguns compostos. As entalpias de formação de substâncias simples são nulas por definição .

Além de constituir um dado importante para o balanço energético das reações químicas, a entalpia de formação constitui valioso índice da estabilidade de um composto em relação a seus elementos. Quando ΔH_f° é negativo, o composto tem energia menor que seus componentes e é mais estável que estes. Quando ΔH_f° é positivo, o composto é menos estável que seus constituintes.

Observação

A entalpia de formação de um composto, conforme acima definida, não deve ser confundida com o seu *calor atômico de formação*, entendido como a quantidade de calor desprendida na formação desse composto a partir de átomos livres. É que a formação da molécula de uma substância simples, a partir de átomos livres, é sempre acompanhada de liberação de energia. Por exemplo, na formação de uma molécula-grama de hidrogênio molecular (H_2), a partir de hidrogênio atômico, desprendem-se 104,2 kcal:

$$2\,H \longrightarrow H_2 \qquad \Delta H_f^\circ = -104,2\ \text{kcal}$$

e, na formação de um átomo-grama de C(grafite), a partir de C atômico, desprendem-se 171,7 kcal:

$$C \longrightarrow C(\text{grafite}) \qquad \Delta H^\circ = -171,7\ \text{kcal}.$$

Em conseqüência, na formação de um composto a partir de substâncias simples, pode haver absorção de calor, uma vez que as moléculas destas últimas devem ser rompidas para liberar seus átomos constituintes, e o processo de ruptura se dá com absorção de energia. Assim, enquanto o calor de formação do C_6H_6(g)a partir de C(grafite) e H_2(g) é + 19,8 kcal:

$$6\,C(\text{grafite}) + 3H_2 \longrightarrow C_6H_6(g) \qquad \Delta H = +19,8\ \text{kcal},$$

o calor de formação atômico do mesmo C_6H_6(g) a partir de C e H atômico é – 1 323 kcal:

$$6C + 6H \longrightarrow C_6H_6(g) \qquad \Delta H = -1\ 323\ \text{kcal},$$

porque $+ 19,8 - 3 \times 104,2 - 6 \times 171,7 = -1\ 323$.

25.5.5.4 A Aplicação da Lei de Hess

O cálculo do calor de reação, por aplicação da lei de Hess, pode, muitas vezes, ser abreviado por aplicação de uma das proposições seguintes, todas decorrentes da propria lei.

636 QUÍMICA GERAL

TABELA 25.3

Composto	Entalpia normal de formação H_f (kcal × mol-g^{-1})	Composto	Entalpia normal de formação H_f (kcal × mol-g^{-1})
CO (g)	−26,4	CO_2 (g)	−94,1
H_2O (ℓ)	−68,3	NH_3 (g)	−11,0
H_2O (g)	−57,8	CH_4 (g)	−17,9
HCl (g)	−22,1	C_6H_6 (g)	+19,8
SO_2 (g)	−71,0	C_6H_6 (ℓ)	+11,7
NO (g)	+21,6	NH_4Cl (s)	−75,3

a) Se uma equação química é a soma de duas ou mais outras, a entalpia de reação relativa à primeira é a soma das entalpias de reação correspondentes às outras.

Além do mencionado no item 25.5.5.2, o seguinte exemplo ilustra o fato. Conforme dados experimentais

$$Zn + 2\ HCl(aq) \longrightarrow ZnCl_2(aq) + H_2 \qquad H_1 = -34,4 \text{ kcal,}$$

$$H_2 + Cl_2 \longrightarrow 2HCl \qquad H_2 = -44,0 \text{ kcal,}$$

$$2HCl + aq \longrightarrow 2HCl(aq) \qquad H_3 = -34,0 \text{ kcal,}$$

logo, por soma destas equações membro a membro,

$$Zn + Cl_2 + aq \longrightarrow ZnCl_2(aq) \qquad H = -34,4 - 44,0 - 34,0 = -112,4 \text{ kcal.}$$

b) O calor de reação ΔH relativo a uma dada equação é igual à diferença entre a soma dos calores de formação dos produtos ($\Sigma\Delta H_{f_2}$) e a soma dos calores de formação dos reagentes ($\Sigma\Delta H_{f_1}$)

$$\Delta H = \Sigma\Delta H_{f_2} - \Sigma\Delta H_{f_1}. \tag{25.17}$$

Por exemplo, para a reação esquematizada pela equação

$$HCl(g) + NH_3(g) \longrightarrow NH_4Cl(s),$$

levando em conta os calores de formação constantes da Tab. 25.3, tem-se

$$\Delta H = \Sigma\Delta H_{f_2} - \Sigma\Delta H_{f_1} = -75,3 - (-22,1 - 11,0) = -42,2 \text{ kcal.}$$

c) O calor de reação, relativo a uma dada equação, é igual à diferença entre a soma dos calores de combustão dos reagentes ($\Sigma\Delta H_{c_1}$) e a soma dos calores de combustão dos produtos ($\Sigma\Delta H_{c_2}$), cada um deles multiplicado pelo respectivo coeficiente estequiométrico:

$$\Delta H = \Sigma\Delta H_{c_1} - \Sigma\Delta H_{c_2}. \tag{25.18}$$

Por exemplo, para calcular o calor de reação de esterificação do ácido oxálico

TERMODINÂMICA **637**

pelo álcool metílico

$$(COOH)_2(s) + 2CH_3OH(\ell) \longrightarrow (COOCH_3)_2(\ell) + 2H_2O(\ell),$$

é suficiente lembrar que os calores de combustão das substâncias envolvidas nas reações são

$$(COOH)_2(s) \qquad \Delta H_c = -60,0 \text{ kcal,}$$
$$(COOCH_3)_2(\ell) \quad \Delta H_c = -401,0 \text{ kcal}$$
e $\qquad CH_3OH(\ell) \qquad \Delta H_c = -173,7 \text{ kcal.}$

A partir destes dados resulta

$$\Delta H = (-60,0 - 2 \times 173,7) - (-401,0) = -6,4 \text{ kcal.}$$

A lei de Hess é largamente empregada num grande número de cálculos termoquímicos. Como já se disse, ela permite avaliar o calor posto em jogo nos processos para os quais não se dispõe de dados experimentais ou naqueles em que não podem ser realizados. É o caso, por exemplo, dos processos de dissolução, vaporização, cristalização, adsorção, etc.

A aplicação da lei de Hess exige que os estados iniciais e finais do sistema em transformação, por caminhos diferentes, sejam exatamente os mesmos. Isso significa que não só as substâncias participantes do processo devem ter os mesmos constituintes, como também devem estar nas mesmas condições, ter os mesmos estados de agregação e, se for o caso, as mesmas formas cristalinas.

25.5.6 Calores Específicos — Relação de Mayer

Segundo os princípios da calorimetria, a quantidade de calor sensível absorvida por um corpo que experimenta uma elevação de temperatura ΔT é dada por

$$q = C\Delta T, \tag{25.19}$$

com C representando a *capacidade calorífica*, ou *capacidade térmica*, característica desse corpo. Para um corpo constituído por uma substância pura, a capacidade calorífica é proporcional à sua massa m; tal proporcionalidade, traduzida por

$$C = mc, \tag{25.20}$$

permite escrever $\qquad q = mc\Delta T, \tag{25.21}$

onde c é uma *constante* característica da substância em questão, conhecida como seu *calor específico*[*]. Da interpretação da última equação, segue-se a definição usual:

> "O calor específico de uma substância é a quantidade de calor que deve ser fornecida a uma massa unitária dessa substância para nela provocar uma elevação unitária de temperatura, sem mudança de fase."

---

[*] A rigor, o calor específico e a capacidade calorífica dependem do intervalo de temperatura ΔT para o qual são definidos.

638 QUÍMICA GERAL

Essa definição, satistatória para as substâncias sólidas e líquidas, é insuficiente para os gases. Isso porque, num sistema gasoso, a elevação de temperatura provoca uma variação de energia interna ΔU e, conseqüentemente, a quantidade de calor determinante dessa variação depende do trabalho τ realizado durante a transformação[*].

Em particular, quando a transformação se dá em volume constante, o trabalho τ é nulo e a quantidade de calor absorvida pelo gás é utilizada inteiramente para elevar sua energia interna. Quando, pelo contrário, se opera sob pressão constante $(\tau \neq 0)$, a quantidade de calor absorvida, além de elevar a energia interna do gás, produz também um trabalho contra as forças exteriores.

Embora, de um modo geral, se possam definir para um gás tantos calores específicos diferentes quantos sejam os diferentes modos de nele produzir uma variação unitária de temperatura, deles são particularmente importantes apenas dois: os calores específicos a volume constante (C_V) e a pressão constante (C_P).

Os produtos

$$M^* c_P = C_P \tag{25.22}$$

e

$$M^* c_V = C_V, \tag{25.23}$$

com M^* representando a molécula-grama do gás, são denominados *calores específicos molares*, respectivamente, *a pressão constante* e *a volume constante*; nada mais são senão as capacidades caloríficas de uma molécula-grama do gás a pressão e a volume constantes.

Lembrando que, para uma elevação de temperatura ΔT, a variação de entalpia ΔH representa a quantidade de calor q_P absorvida sob pressão constante, e que a variação de energia interna ΔU é a quantidade de calor q_V absorvida em volume constante, tem-se pela (25.19)

$$C_P = \frac{q_P}{\Delta T} = \frac{\Delta H}{\Delta T} \tag{25.24}$$

e

$$C_V = \frac{q_P}{\Delta T} = \frac{\Delta U}{\Delta T}. \tag{25.25}$$

Os calores específicos de um gás dependem do intervalo de temperatura para o qual são determinados. Assim, os calores específicos molares acima definidos devem ser entendidos como *médios* para o intervalo de temperatura ΔT considerado; para uma dada temperatura T, essas grandesas são definidas pelas igualdades

$$C_P = \lim_{\Delta T \to 0} \frac{\Delta H}{\Delta T} = \frac{dH}{dT} \tag{25.26}$$

---

[*] Este trabalho é praticamente nulo no caso de sólidos e líquidos, mui pouco dilatáveis ou compressíveis; isso justifica a definição usual de calor específico para tais substâncias.

TERMODINÂMICA **639**

e
$$C_V = \lim_{\Delta T \to 0} \frac{\Delta U}{\Delta T} = \frac{dU}{dT}.$$
(25.27)

Na Tab. 25.4 estão indicados os valores de C_P e C_V para alguns gases, a 25°C.

TABELA 25.4

Gases	C_P (a 25°C)		C_V (a 25°C)	
	cal × mol-g^{-1}× K^{-1}	J × mol-g^{-1}× K^{-1}	cal × mol-g^{-1}× K^{-1}	J × mol-g^{-1}× K^{-1}
Ar	4, 97	20,77	2 ,99	12,49
CH_4	8,77	36,66	6,78	28,34
CO	6,96	29,13	4,98	20,81
CO_2	8,96	37,45	6,97	29,13
Cl_2	8,45	35,34	6,47	27,03
F_2	6,80	28,45	4,82	20,13
He	4,97	20,77	2,99	12,48
H_2	6,86	28,67	4,86	20,35
HCl	6,95	29,07	4,97	20,75
H_2S	8,27	34,59	6,29	26,27
Ne	4,97	20,77	2,99	12,48
N_2	6,80	28,42	4,80	20,01
NH_3	8,58	35,86	6,59	27,54

Os dois calores específicos molares de um gás perfeito estão correlacionados entre si. De fato, segundo a (25.12),

$$\Delta H = \Delta U + \Delta(PV)$$

ou
$$\frac{\Delta H}{\Delta T} = \frac{\Delta U}{\Delta T} + \frac{\Delta(PV)}{\Delta T},$$

ou, ainda,
$$C_P = C_V + \frac{\Delta(PV)}{\Delta T}.$$

Mas, se o gás é perfeito, então, para 1 mol-g,

$$\Delta(PV) = P_2 V_2 - P_1 V_1 = RT_2 - RT_1 = R(T_2 - T_1) = R\Delta T$$

e, em conseqüência,

$$C_P = C_V + R,$$
(25.28)

expressão conhecida como *relação de Mayer*.

640 QUÍMICA GERAL

O cumprimento dessa relação é ilustrado por dados constantes na Tab. 25.4. No caso, por exemplo, do CH_4 tem-se

$$C_P - C_V = 8,77 - 6,78 = 1,99 \text{ cal} \times \text{mol-g}^{-1} \times K^{-1}$$

ou, o que é o mesmo,

$$C_P - C_V = 36,66 - 28,34 = 8,32 \text{ J} \times \text{mol-g}^{-1} \times K^{-1}.$$

Observações

1. Os calores específicos molares de um gás monoatômico (Ar, He, Ne, etc.) podem ser calculados a partir de considerações feitas na teoria cinética dos gases. De fato, segundo o visto no item 6.14.4, a energia cinética média de uma molécula de gás é

$$\frac{m\bar{u}^2}{2} = \frac{3}{2}KT,$$

onde K é a constante de Boltzmann. Sucede que a energia interna de um gás monoatômico se confunde com a soma das energias cinéticas de translação de suas moléculas e, em conseqüência, para um mol de moléculas,

$$U = N_0 \frac{m\bar{u}^2}{2} = \frac{3}{2}N_0KT$$

ou, uma vez que $N_0K = R$,

$$U = \frac{3}{2}RT.$$

Portanto

$$\Delta U = \frac{3}{2}R\Delta T$$

e, tendo em conta a (25.25) bem como a relação de Mayer, resulta

$$C_V = \frac{3}{2}R$$

e

$$C_P = C_V + R = \frac{3}{2}R + R = \frac{5}{2}R.$$

Numericamente, tem-se

$$C_V \frac{3}{2} \times 1,985 = 2,98 \text{ cal} \times \text{mol-g}^{-1} \times K^{-1}$$

e $$C_P = \frac{5}{2} \times 1{,}985 = 4{,}96 \text{ cal} \times \text{mol-g}^{-1} \times K^{-1},$$

valores praticamente coincidentes com os obtidos experimentalmente.

2. Conforme já ressaltado, os calores específicos molares variam com a temperatura; os valores indicados na Tab. 25.4 são referidos a 25°C ou 298 K. Em primeira aproximação, o calor específico pode ser expresso, em função da temperatura, por uma equação do tipo

$$C = \alpha_0 + \alpha_1 T + \alpha_2 T^2 + \cdots, \tag{25.29}$$

com α_0, α_1, α_2, ... variando com a natureza do gás considerado.

Para temperaturas não muito elevadas, exprimindo-se o calor específico em cal $\times$ mol-g^{-1} $\times$ K^{-1}, tem-se, para o hidrogênio,

$$C_P = 6{,}62 + 0{,}000\,81\ T$$

e, para o nitrogênio,

$$C_P = 6{,}50 + 0{,}001\ T.$$

25.5.7 Influência da Temperatura sobre a Entalpia de Reação

A experiência ensina que a variação de entalpia ΔH que acompanha uma reação química depende da temperatura em que ela se realiza. Trata-se de mostrar, a seguir, como é possível determinar a variação de entalpia ΔH_2 que, a temperatura T_2, seria verificada num processo que, por sua vez, à temperatura T_1, vem acompanhado de uma variação de entalpia ΔH_1.

O estabelecimento da equação procurada, constitui uma aplicação do fato de ΔH ser apenas função dos estados inicial e final do sistema.

Considere-se, a uma temperatura T_1, o sistema constituído pelos reagentes A e B, que, por uma reação do tipo

$$\alpha A + \beta B \longrightarrow \gamma C + \delta D,$$

deve ser convertido nos produtos C e D à mesma temperatura T_1. No esquema da Fig. 25.10 os retângulos (1) e (2) representam os estados inicial e final do sistema. Ora, a transformação considerada pode-se imaginar também desenvolvida, seguindo outro caminho, em três etapas sucessivas:

a) por passagem do sistema do estado (1) ($\alpha A + \beta B$ à temperatura T_1) ao estado (3) ($\alpha A + \beta B$ à temperatura T_2);

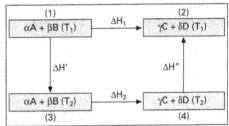

Figura 25.10

b) por passagem do sistema do estado (3) ($\alpha A + \beta B$ à temperatura T_2) ao estado (4) ($\gamma C + \delta D$ à temperatura T_2);

c) por passagem do sistema do estado (4) ($\gamma C + \delta D$ à temperatura T_2) ao estado (2) ($\gamma C + \delta D$ à temperatura T_1).

Sejam ΔH_1 e ΔH_2 as variações de entalpia relativas respectivamente às transformações (1) $\longrightarrow$ (2) e (3) $\longrightarrow$ (4) e $\Delta H'$ e $\Delta H''$ as correspondentes às outras transformações indicadas na Fig. 25.10. Pelo princípio dos estados inicial e final, tem-se

$$\Delta H_1 = \Delta H' + \Delta H_2 + \Delta H''$$

ou
$$\Delta H_2 = \Delta H_1 - \Delta H' - \Delta H''.$$

Sucede que $\qquad \Delta H' = \Sigma C_{P_{reagentes}} (T_2 - T_1)$

e $\qquad \Delta H'' = \Sigma C_{P_{produtos}} (T_1 - T_2),$

então $\qquad \Delta H_2 = \Delta H_1 - \Sigma C_{P_{reagentes}} (T_2 - T_1) - \Sigma C_{P_{produtos}} (T_1 - T_2)$

ou, com o adequado acerto de sinais,

$$\Delta H_2 = \Delta H_1 + \Sigma C_{P_{produtos}} (T_2 - T_1) - \Sigma C_{P_{reagentes}} (T_2 - T_1)$$

e $\qquad \Delta H_2 = \Delta H_1 + (\Sigma C_{P_{produtos}} - \Sigma C_{P_{reagentes}}) (T_2 - T_1).$

Para simplificar a maneira de escrever essa última expressão, pode-se fazer

$$\Sigma C_{P_{produtos}} - \Sigma C_{P_{reagentes}} = \gamma C_{P_C} + \delta C_{P_D} - \alpha C_{P_A} - \beta C_{P_B} = \Delta C_P,$$

com o que, $\qquad \Delta H_2 = \Delta H_1 + \Delta C_P (T_2 - T_1),$ \hfill (25.30)

igualdade que exprime a *lei de Kirchhoff*:

> "A diferença entre as variações de entalpia de reação de um sistema em duas temperaturas diferentes depende da diferença entre as capacidades caloríficas dos produtos e dos reagentes."

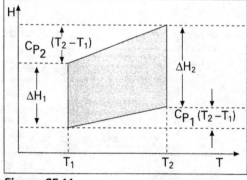

Figura 25.11

Comumente a diferença ΔC_P é muito pequena, e ΔH é então independente da temperatura.

A equação (25.30) pode ser esquematizada graficamente num diagrama $H = f(T)$. Na Fig. 25.11, representam-se as variações de entalpia ΔH de uma reação, a pressão constante, em duas temperaturas, T_1 e T_2. Nesse diagrama C_{P_1} e C_{P_2} representam, respectivamente, $\Sigma C_{P_{reagentes}}$ e $\Sigma C_{P_{produtos}}$.

O produto $C_{P_2} (T_2 - T_1)$ exprime a quantidade de calor absorvida, ou variação de entalpia verificada, no aquecimento dos produtos da reação da temperatura T_1 para T_2, enquanto o produto $C_{P_1} (T_2 - T_1)$ é a quantidade de calor absorvida (ou variação de entalpia ocorrida) na passagem dos reagentes da temperatura T_1 para T_2 ($\Delta H'$ na figura anterior).

Evidentemente,

$$\Delta H_1 + C_{P_2} (T_2 - T_1) = \Delta H_2 + C_{P_1} (T_2 - T_1).$$

Exemplo: Tendo em conta que, a 25°C ou 298 K, para a reação

$$N_2 + 3H_2 \longrightarrow 2NH_3$$

é $\Delta H_{298} = - 24$ kcal, determinar ΔH_{398} para a mesma reação.

Pelos dados da Tab. 25.4, a 25°C ou 298 K, tem-se

$$C_{P_{NH_3}} = 8,58 \text{ cal} \times \text{mol-g}^{-1} \times \text{K}^{-1}$$

$$C_{P_{N_2}} = 6,80 \text{ cal} \times \text{mol-g}^{-1} \times \text{K}^{-1}$$

$$C_{P_{H_2}} = 6,86 \text{ cal} \times \text{mol-g}^{-1} \times \text{K}^{-1}$$

então
$$\Delta C_P = \Sigma C_{P_{\text{produtos}}} - \Sigma C_{P_{\text{reagentes}}}.$$

Desprezando as variações dos próprios calores específicos com a temperatura,

$$\Delta C_P = 2 \times 8,58 - (6,80 + 3 \times 6,86) = -10,22$$

e, em conseqüência,

$$\Delta H_{398} = \Delta H_{298} + \Delta C_P(T_2 - T_2) = - 24\ 000 - 10,22 \times 100 = - 25\ 022 \text{ cal}.$$

25.6 O Segundo Princípio — Tranformações Espontâneas e Transformações Forçadas

A observação corriqueira de um sem número de fenômenos naturais, físicos uns e químicos outros, mostra que muitos deles, como que obedecendo a um certo determinismo, se processam sistematicamente num dado sentido e parecem impedidos de se desenvolver em sentido oposto. Alguns exemplos ilustram o fato:

1. Um corpo abandonado a si próprio, acima da superfície da Terra, toma um movimento descendente; enquanto a queda de um corpo se realiza sem mais, para fazê-lo ascender é preciso suprir-lhe energia. A ascenção de um corpo, no campo da gravidade, constitui uma transformação forçada.

2. Quando dois corpos em temperaturas diferentes são postos em contato, há passagem de calor do de temperatura mais alta para o de temperatura mais baixa; o fluxo de calor no sentido crescente das temperaturas, embora não impossível, não é espontâneo, exige condições especiais para que se verifique.

644 QuÍmica Geral

3. Uma pequena porção de açúcar introduzida numa quantidade relativamente grande de água se dissolve, aos poucos, terminando o processo de dissolução com as moléculas do soluto uniformemente dispersas por todo o líquido. Entretanto, da solução assim obtida, o açúcar dissolvido não se separa por si mesmo.

4. Quando um recipiente A contendo um gás é posto em comunicação com outro B, absolutamente vazio, o gás confinado no primeiro se expande e passa a ocupar os dois recipientes A e B; a expansão só termina quando se igualam as pressões do gás em A e B. Já o retorno do gás de B para A, de modo a elevar a pressão em A e a reduzi-la em B, não se dá por si só e exige a intervenção de um engenho especial.

5. No campo da Química, um processo que se realiza *motu proprio* é o que tem lugar quando o zinco é posto em contato com H_2SO_4; o metal *entra em solução*, isto é, converte-se em íons Zn^{2+}, enquanto se desprende H_2 gasoso.

Transformações como essas, que se realizam naturalmente num dado sentido, são chamadas *espontâneas*. Em oposição, processos que não são espontâneos chamam-se *forçados*. Quais os fatores determinantes do sentido preferencial dessas transformações? Por que não se verficam esses fenômenos, naturalmente, em sentido oposto?

A Primeira Lei da Termodinâmica ao sustentar a conservação da energia, seja nas transformações físicas seja nas químicas, nenhuma consideração faz a propósito de as transformações consideradas ocorrerem ou não espontaneamente; ela é cumprida em qualquer transformação, espontânea ou forçada.

Que é necessário para que se dê uma dada transformação? Por que se realizam as reações químicas? Qual a razão da espontaneidade de uma reação? Qual a causa propulsora de uma reação ?

Durante muito tempo acreditou-se que as únicas reações espontâneas fossem as exotérmicas, e chegava-se mesmo a avaliar a tendência de as substâncias reagirem entre si, ou a afinidade de umas pelas outras, por meio do correspondente calor de reação.

Sucede, contudo, que há numerosos processos endotérmicos que são espontâneos. Quando, por exemplo, iodo (sólido) e hidrogênio (gasoso) são postos em presença um do outro, a 25°C, verifica-se espontaneamente a reação endotérmica

$$I_2(s) + H_2(g) \longrightarrow 2HI(g) \qquad \Delta H = -12,4 \text{ kcal},$$

e só à medida que se forma HI é que se inicia a reação exotérmica em sentido oposto. Esta última leva a um equilíbrio químico durante o qual se produzem, simultânea e espontaneamente, um processo exotérmico e outro endotérmico.

A dissolução do nitrato de amônio em água constitui outro exemplo de reação espontânea que se dá com *esfriamento*, isto é com absorção de calor.

TERMODINÂMICA   **645**

Para tratar da previsão da espontaneidade ou não das reações químicas a Termodinâmica recorre a algumas funções de estado, como a *entropia*, a *entalpia livre* e a *energia livre* examinadas em alguns itens seguintes.

Observações

1. As variações de energia que acompanham as reações químicas, em que pesem os fatos que acabam de ser apontados, podem ser utilizadas como elemento de previsão do sentido em que elas devem ocorrer. É que existe a tendência de, num sistema, não se acumular *grande quantidade de energia*; ao contrário, há uma tendência natural de repartição de energia entre o sistema em questão e o meio externo. Aquelas substâncias cuja formação se dá com absorção de energia (explosivos, por exemplo) procuram reagir de maneira a liberar o *excesso de energia* nelas acumulada.

   Além dessa tendência de repartição de energia entre o sistema e o meio externo, é também importante mencionar a tendência natural de os sistemas aumentarem sua desordem molecular. Disso decorre o fato de, em alguns casos (como no da dissolução de nitrato de amônio), ocorreram espontaneamente reações endotérmicas; é que estas últimas vêm acompanhadas de aumento de desordem molecular.

2. Muitos fenômenos usualmente classificados como espontâneos não são observáveis em intervalos de tempo "finitos". É o caso da reação entre oxigênio e hidrogênio em baixa temperatura; apontada classicamente como exemplo de reação química espontânea, essa reação, na ausência de catalisador, se dá com velocidade muito pequena.

3. Alguns autores chamam de *permitidas* as reações espontâneas, independentemente da velocidade com que se desenvolvem, e de *proibidas* as que não podem ocorrer espontaneamente, as que são, portanto, reações forçadas.

25.6.1 Transformações Reversíveis

O qualificativo *reversível* é comumente usado para designar o processo suscetível de se realizar indiferentemente em dois sentidos opostos, isto é, o processo que tanto conduz um sistema de um estado (1) a outro (2), ou seja, num dado sentido, como pode reconduzi-lo, em sentido oposto, do estado (2) ao (1). É o caso, por exemplo, das transformações

$$\text{sólido} \rightleftharpoons \text{líquido.}$$

Com este significado, o vocábulo reversível é empregado em vários itens desta publicação, especialmente naqueles que tratam das *reações reversíveis*.

Em Termodinâmica, a compreensão desse conceito não é suficiente para entender uma transformação reversível. Uma outra condição indispensável deve ser satisfeita para que uma transformação seja considerada reversível. É necessário que o sistema considerado passe exatamente pelos mesmos estados nas duas transformações inversas, de maneira que apenas a seqüência em que esses estados se sucedem seja invertida.

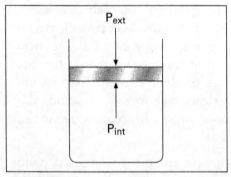

Figura 25.12

Para efeito de ilustração, considere-se um gás confinado num cilindro vertical munido de um pistão e mantido em temperatura constante (Fig. 25.12). Seja P_{int} a pressão exercida pelo gás contra o pistão e P_{ext} a exercida pelo exterior, em sentido oposto, incluída a decorrente do peso do pistão. Existindo atritos entre o pistão e a parede do cilindro, é evidente que o pistão só poderá descer se for $P_{int} = P_{ext} - \Delta P$ e subir se $P_{int} = P_{ext} + \Delta P$, com ΔP designando uma diferença finita e positiva de pressão. Assim, no exemplo que está sendo imaginado, a descida e a subida do pistão não são, a rigor, fenômenos exatamente inversos um do outro. Num caso e no outro o gás não passa pelos mesmos estados intermediários; as transformações que se passam no sistema considerado não se efetuam, do ponto de vista termodinâmico, de maneira reversível.

Supondo entretanto que as forças de atrito imaginadas possam ser reduzidas, tendendo ao desaparecimento, ΔP decrescerá tendendo para zero e a transformação resultará cada vez menos irreversível. Para que ela fosse rigorosamente reversível seria necessário que o pistão pudesse subir ou descer com $P_{ext} = P_{int}$. Por outro lado, se tal acontecesse, o sistema não se transformaria e estaria em equilíbrio.

Portanto, uma transformação reversível deve ser entendida como uma série contínua de estados de equilíbrio; praticamente irrealizável, ela só pode ser concebida como ideal. Ela constitui um caso limite para o qual tendem as transformações reais, quando as condições nas quais se efetuam essas mudanças se aproximam cada vez mais das que asseguram o equilíbrio do sistema.

Embora a rigor irrealizáveis, as transformações reversíveis são de conceituação extremamente importante, uma vez que os resultados obtidos no seu estudo são praticamente aplicados às transformações que se efetuam de maneira "quase" reversível. Em particular, sua importância se estende à teoria dos equilíbrios químicos.

Visando ao esclarecimento de sua conceituação, chama-se, a seguir, a atenção para alguns aspectos da reversibilidade de uma transformação.

a) Uma peculiaridade importante da transformação reversível está no fato de as *variáveis de estado do sistema*, como a temperatura e a pressão, *diferirem das*

TERMODINÂMICA **647**

do meio ambiente apenas por quantidades infinitesimais. No caso do gás confinado no cilindro, a reversibilidade da expansão e contração exigiria que

$$P_{int} = P_{ext} \pm dP.$$

b) As variáveis de estado de um sistema no qual se processa uma transformação irreversível diferem das do meio externo por quantidades finitas. Aí está uma grande diferença entre uma transformação reversível e outra irreversível: o *sentido de uma transformação reversível pode ser invertido por uma mudança infinitesimal* produzida nas variáveis de estado do meio ambiente. Por exemplo, uma expansão reversível pode ser convertida numa contração reversível apenas por um aumento infinitesimal da pressão exercida pelo meio externo sobre o sistema. O mesmo não sucede com as transformações irreversíveis, que não podem ser detidas nem invertidas por mudanças infinitesimais verificadas nas condições externas.

c) Numa transformação reversível as funções de estado do sistema, de um instante para outro, experimentam variações infinitesimais. Por assim ser, isto é, pelo fato de nas transformações reversíveis as funções termodinâmicas *variarem muito lentamente*, tais transformações *são também chamadas quase-estáticas*.

d) Um processo reversível é aquele que *reconduz o sistema ao seu estado inicial sem ter causado nenhuma modificação ao seu redor*, isto é, no meio ambiente. Quando tal modificação se verifica, a transtormação é irreversível.

e) Uma vez que a previsão do caráter espontâneo ou forçado de uma reação constitui um dos problemas fundamentais da Química, e tendo em conta que todos os processos espontâneos se caracterizam por sua irreversibilidade, é sumamente importante *estabelecer critérios que*, por meio de grandezas físicas suscetíveis de uma determinação experimental, *caracterizem um dado processo como reversível ou irreversível*. A uma dessas grandezas, a *entropia*, é dedicado o subitem seguinte.

25.6.2 Entropia

O exame das peculiaridades que caracterizam os processos reversíveis, de um lado, e os irreversíveis, de outro, levou à introdução em 1865, no estudo dessas transformações, de uma função termodinâmica chamada *entropia*[*].

Trata-se de uma função escolhida de modo a se poder medi-la a partir de dados colhidos experimentalmente; contudo, sua natureza abstrata torna difícil o entendimento de seu significado.

A entropia é a função S tal que sua variação infinitesimal dS é definida por

$$dS = \frac{dq}{T}, \tag{25.31}$$

---

[*] A palavra entropia introduzida por Rudolf Clausius (1822-1888) deriva de *tropee*, que, em grego, significa transformação.

648 Química Geral

com dq representando a quantidade de calor fornecida a um sistema que à temperatura absoluta T, experimenta uma transformação reversível. Isto é,

$$dS = \frac{dq_{rev}}{T}.$$ (25.31 bis)

Para uma transformação finita, isto é, que leva um sistema de um estado (l) a outro (2), a variação de entropia $S_2 - S_1 = \Delta S$ é

$$\Delta S = \frac{\Delta q_{rev}}{T}.$$ (25.32)

Quando, por exemplo, se transforma l g de água em vapor, a 100°C e sob pressão de l atm, a quantidade de calor absorvida no processo de vaporização é 540 cal. Na vaporização de l mol-g de água, nessas condições, considerado o processo como reversível, tem-se:

$$\Delta S = \frac{\Delta q_{rev}}{T} = \frac{540 \times 18}{373} = 26,1 \frac{cal}{mol\text{-}g \times K}.$$

A unidade cal $\times$ mol-g^{-1} $\times$ K^{-1} é, as vezes, chamada *clausius* e é representada por *ue* (unidade de entropia).

É possível demonstrar que as quantidades de calor dq_{rev} e dq_{irrev} supridas a um dado sistema no qual se processa uma transformação, respectivamente reversível e irreversível à mesma temperatura T, são diferentes entre si e, qualquer que seja o processo,

$$dq_{rev} > dq_{irrev}.$$ (25.33)

Em conseqüência, para uma transformação infinitesimal, tem-se sempre

$$dS = \frac{dq_{rev}}{T} > \frac{dq_{irrev}}{T}$$

e, para uma transformação finita,

$$\Delta S = \frac{\Delta q_{rev}}{T} > \frac{\Delta q_{irrev}}{T},$$ (25.34)

isto é, as variações de entropia são diferentes para os processos reversíveis e para os irreversíveis.

Conforme o visto no subitem anterior, para que ocorra uma troca reversível de calor entre um sistema e o ambiente é preciso que entre o sistema, que o recebe, e o meio externo, que o cede, não exista diferença finita de temperatura. Diante disso e sendo a quantidade de calor recebida pelo sistema igual à perdida pelo ambiente e, ainda, a temperatura do sistema igual à do ambiente (a menos de um infinitésimo), conclui-se que

TERMODINÂMICA   **649**

$$\Delta S_{total} = \Delta S_{sist} + \Delta S_{amb} = \frac{q_{rev}}{T} - \frac{q_{rev}}{T} = 0. \tag{25.35}$$

Demonstra-se ainda que para um processo irreversível, num sistema fechado (que não troca massa com o meio exterior, mas pode trocar energia),

$$\Delta S_{total} > 0, \tag{25.36}$$

o que distingue, em termos de entropia, os processos irreversíveis dos reversíveis.

O significado de $\Delta S_{total} > 0$, isto é, da idéia que num processo irreversível deve crescer a entropia total, pode ser compreendido considerando, por exemplo, um sistema fisicamente isolado, isto é, que não troca energia com o meio externo, constituído por um soluto ($NaCl$) e um seu solvente (água) que, espontaneamente, se convertem numa solução de concentração uniforme. Uma vez que o sistema é fisicamente isolado, nenhuma variação de energia pode ocorrer no meio externo e, portanto, tampouco nenhuma variação de entropia ($\Delta S_{ambiente} = 0$). Dessa maneira,

$$\Delta S_{total} = \Delta S_{sistema} + \Delta S_{ambiente} = \Delta S_{sistema}.$$

Mas, comparando a desordem reinante na solução obtida com a do sistema inicial (soluto + solvente), é evidente que a entropia do sistema deve ter aumentado (v. subitem 25.6.3); portanto

$$\Delta S_{total} > \Delta S_{sistema} > 0.$$

Imaginando o processo de sentido oposto, cristalização do soluto com sua separação do solvente, poderia parecer que tal transformação, por determinar com a formação do cristal um aumento de ordem, levaria a uma diminuição da entropia. Sucede, entretanto, que para a efetivação dessa cristalização seria necessário extrair do sistema o *calor de cristalização*; este acabaria produzindo no meio externo um aumento de desordem maior que o aumento de ordem correspondente à formação do cristal.

Em resumo, se

$$\Delta S_{total} = \Delta S_{sistema} + \Delta S_{ambiente},$$

tem-se

a) $\Delta S_{total} = 0$, se o processo considerado é reversível;

b) $\Delta S_{total} > 0$, se o processo em questão é irreversível e, portanto, *espontâneo*;

c) $\Delta S_{total} < 0$, para um processo impossível de ser espontâneo.

A aplicação dessas expressões envolve a dificuldade de exigir o cálculo da variação de entropia do meio ambiente, o que nem sempre é possível.

650 Química Geral

25.6.3 O Segundo Princípio da Termodinâmica

Este princípio, devido a Clausius e Carnot, foi de certo modo aplicado quando no item 25.6 se mencionou como natural o fato de o calor nunca fluir espontaneamente de um corpo de temperatura mais baixa para outro de temperatura mais alta, e também no subitem anterior quando se estabeleceu a existência da entropia.

Um dos enunciados com que costuma ser apresentado é o seguinte:

> "A entropia do Universo nunca diminui; ela aumenta quando se produz um processo irreversível e permanece constante num processo reversível."

Ou então:

> "Um sistema que não troca energia com o meio externo tende a evoluir no sentido em que há aumento de entropia."

Ou ainda:

> "A variação da entropia de um sistema e do seu meio externo, considerados em conjunto, decorrente de uma transformação real, é positiva e tende para zero num processo que se aproxima da reversibilidade."

Cabe observar, agora, que as expressões $S_{total} \geqslant 0$ estabelecidas no fim do subitem 25.6.2 traduzem as condições para que uma transformação seja ou não reversível, exclusivamente à luz do Segundo Princípio da Termodinâmica, isto é, quando a transformação em foco é examinada apenas em função da variação de entropia que a acompanha. Na verdade essas condições não são decisivas. Para que se possa prever o sentido em que tende a se produzir uma reação, é preciso, também, levar em conta a variação ΔH de entalpia que a acompanha. A questão da espontaneidade ou não de uma reação é examinada com mais detalhes no subitem 25.7.3.

25.6.4 Interpretação Estatística da Entropia

Já se ressaltou no item 25.3 que a validade dos princípios da Termodinâmica, bem como a das conclusões deles decorrentes, não está vinculada a qualquer teoria sobre a constituição da matéria. Apesar disso, várias interpretações têm sido oferecidas a algumas funções termodinâmicas com fundamento em idéias sobre a estrutura da matéria. Uma delas é a interpretação estatística da entropia.

TERMODINÂMICA **651**

O relacionamento entre as leis da Termodinâmica com a estrutura molecular da matéria começou a ser estabelecido a partir de 1860 por Maxwell, Gibbs e, sobretudo, por Boltzmann. Em particular, coube a este último aplicar os princípios da *Mecânica Estatística* à interpretação das transformações termodinâmicas pelas alterações na conformação e movimento das moléculas e átomos nos sistemas em que se verificam.

A noção de "desordem" de um sistema, embora compreensível do ponto de vista qualitativo, é de conceituação mais difícil do ponto de vista quantitativo; contudo, sua avaliação numérica é possível por aplicação da Mecânica Estatística, cuja abordagem escapa ao nível desta publicação. Embora raciocinando em termos apenas qualitativos, compreende-se que:

a) de um modo geral, a estrutura dos sólidos é mais ordenada que a dos líquidos;

b) a ordenação dos corpúsculos constituintes dos líquidos é maior que a dos gases;

c) os gases comprimidos são mais ordenados que os rarefeitos.

A *ordem* num sistema é maior ou menor dependendo da intensidade das forças com que interagem seus corpúsculos, e a *desordem* cresce com a agitação térmica. Aumentando gradativamente a temperatura de um sólido, a desordem cresce até que ele se funde, e a temperatura do líquido obtido aumenta até que ele se vaporiza.

Segundo a teoria cinética, o calor se identifica com a energia dos movimentos atômicos e moleculares, normalmente desordenados. Quando, em conseqüência de um choque mecânico ou de atrito entre dois corpos, se transforma energia mecânica em calor, o que acontece é algo simples de entender: o movimento ordenado (de translação, por exemplo) dos corpos em questão transforma-se em movimento desordenado de seus corpúsculos constituintes. Tal modo de pensar explica por que a energia mecânica se converte facilmente em calor, ao passo que a transformação em sentido oposto exige condições especiais; enquanto um movimento ordenado torna-se facilmente desordenado, a ordem não nasce espontaneamente da desordem.

Esse modo de pensar, de que o calor se obtém facilmente a partir de todas as outras formas de energia, já que um movimento desordenado é mais provável que outro ordenado, está ligado à interpretação estatística da entropia.

Boltzmann mostrou que o aumento de entropia de um sistema isolado, verificado em qualquer fenômeno, corresponde à tendência cada vez mais provável de esse sistema passar do estado em que se encontra a outro; a variação de entropia cresce proporcionalmente ao logaritmo da probabilidade de um sistema encontrar-se num determinado estado.

Representando por W a referida probabilidade, tem-se, segundo Boltzmann,

$$S_2 - S_1 = K \log \frac{W_2}{W_1} \qquad (25.37)$$

652 QUÍMICA GERAL

ou, o que é o mesmo,

$$S_2 - S_1 = K (\log W_2 - \log W_1),$$

com K representando a constante de Boltzmann (v. item 6.14.4).

Segundo essa linha de raciocínio, o comportamento de um sistema, tal como previsto pelo Segundo Princípio da Termodinâmica, deve ser encarado em termos de probabilidade, sendo de admitir que, a cada instante, ele possa afastar-se mais ou menos do estado mais provável, no qual a entropia é máxima.

A título de ilustração, considere-se como sistema uma certa massa gasosa confinada num cilindro. Tendo em conta a teoria cinética, é evidente que o estado mais provável do gás é aquele em que suas moléculas se encontram uniformemente distribuídas em todo o recinto que lhe é oferecido. Contudo, se o gás for bastante rarefeito, isto é, se o número de moléculas aprisionadas for muito pequeno (algumas dezenas por cm^3, por exemplo), pode-se admitir que em determinados instantes todas se localizem numa pequena região do cilindro. Por outro lado é compreensível também que, se o número de moléculas presentes no cilindro é cada vez maior, essa possibilidade torna-se cada vez mais improvável, embora nunca possa ser definitivamente descartada.

Entre os vários fenômenos que se mostram de acordo com as idéias acima expostas merece destaque o *movimento browniano*. Trata-se do movimento desordenado executado por pequenas partículas em suspensão num líquido, devido às sucessivas colisões com as moléculas do dispergente (v. item 17.4.4).

Quando uma dessas partículas é relativamente grande, os choques a que está sujeita são bastante freqüentes, e os impulsos por ela recebidos praticamente em todas as direções podem-se equilibrar de maneira a deixá-la virtualmente imóvel. Por outro lado, à medida que diminui o tamanho desse corpúsculo, os choques por ele sofridos, cada vez mais esporádicos, comunicam-lhe impulsos cujo equilíbrio não pode ser garantido. O efeito resultante desses impulsos é, então, para uma dada direção, maior num sentido que no oposto. Portanto, quanto menor a partícula considerada, mais desordenado e mais rápido o seu movimento.

Em conseqüência desse movimento, uma partícula muito pequena, embora em suspensão num meio de menor densidade e em temperatura uniforme, pode subir pelo líquido com a conseqüente transformação de calor em trabalho, em condições vedadas pelo Segundo Princípio da Termodinâmica. É verdade que, quanto maior é essa partícula, tanto mais improvável é a sua ascensão no líquido, e, mesmo para as menores partículas perceptíveis à vista desarmada, o fenômeno resulta tão pouco provável que dele se pode fazer abstração. Mas nem por isso, mesmo para corpúsculos grandes, a possibilidade de ocorrência do fenômeno deve ser excluída.

Uma vez aceito que um sistema deva evoluir no sentido que aumenta sua desordem, é lícito admitir que a possibilidade de isso vir a ocorrer é máxima num sistema perfeitamente ordenado, isto é, um sólido ou cristal ideal a 0 K (v. o próximo

TERMODINÂMICA **653**

item). À medida que cresce a desordem, aumenta a entropia e diminui a capacidade do sistema de se desordenar; esta tende a se anular à medida que o sistema caminha para a desordem total, vale dizer, a entropia tende ao máximo. Em resumo:

a) num sistema perfeitamente ordenado a entropia é nula, e é máxima a capacidade de desordem;

b) num sistema totalmente desordenado, a entropia é máxima e nula é a capacidade de o sistema se desordenar, isto é, é nula sua capacidade de experimentar transformações espontâneas.

25.7 O Terceiro Princípio da Termodinâmica

De conformidade com o visto anteriormente, a entropia de um sistema cresce quando sua temperatura aumenta, o que se interpreta como decorrente de um aumento da desordem neste sistema. Uma pergunta natural se põe: que sucede quando a temperatura de um sistema diminui, tendendo para zero? Observações experimentais registradas por T. W. Richards (1902) em processos que envolvem o funcionamento de pilhas mostraram que, em tais processos, ΔS tende a zero à medida que a temperatura diminui. Walther Nernst propôs em 1906 que a variação de entropia de uma transformação se aproxima de zero quando a temperatura tende a $0\,K$.

Esta idéia é consagrada no enunciado do Terceiro Princípio da Termodinâmica, atribuído a Max Planck (1912):

> "A entropia de um sistema constituído por substâncias no estado sólido ideal tende a zero à medida que suas temperaturas se aproximam do zero absoluto."

O Terceiro Princípio da Termodinâmica não introduz propriamente nenhum conceito novo, mas trata da limitação inferior do valor da entropia: cada corpo tem uma entropia positiva e finita, mas a $0\,K$ a entropia pode tornar-se nula, e isso ocorre numa substância cristalina perfeita.

A aceitação dessa proposição decorre do fato de um sólido ideal (cristal) apresentar, supostamente, seus átomos, moléculas ou íons em repouso, completamente ordenados numa rede cristalina perfeita.

25.7.1 Valores Absolutos das Entropias Molares

Quando a um sólido ideal se vai fornecendo calor, os corpúsculos da rede cristalina, graças à energia recebida, passam a executar movimento desordenado de amplitude crescente, e a cada suprimento de calor, a uma dada temperatura, acaba correspondendo um aumento de entropia que pode ser calculado.

654 QUÍMICA GERAL

Se, mediante o suprimento de uma quantidade de calor dq_{rev} (por via reversível), uma molécula-grama de uma substância é aquecida de uma temperatura T a outra $T + dT$, a variação de entropia por ela experimentada é

$$dS = \frac{dq_{rev}}{T}.$$

Se o aquecimento se realiza sob pressão constante

$$dq_{rev} = C_P dT \quad \text{e} \quad dS = \frac{C_P dT}{T}, \qquad (25.38)$$

enquanto em volume constante

$$dq_{rev} = C_V dT \quad \text{e} \quad dS = \frac{C_V dT}{T}. \qquad (25.39)$$

Para uma elevação de temperatura de T_1 a T_2 a variação de entropia verificada é, para cada um dos casos, obtida por integração:

$$\Delta S_P = S_2 - S_1 = \int_{T_1}^{T_2} \frac{C_P dT}{T}$$

e

$$S_V = S_2 - S_1 = \int_{T_1}^{T_2} \frac{C_V dT}{T}.$$

Se as variações de temperatura não são muito grandes, os valores de C_P e C_V são praticamente constantes e, em decorrência,

$$\Delta S_P = \int_{T_1}^{T_2} \frac{C_P dT}{T} = C_P \int_{T_1}^{T_2} \frac{dT}{T} = C_P \ln \frac{T_2}{T_1} = 2,303 \, C_P \log \frac{T_2}{T_1}$$

e, analogamente,

$$\Delta S_V = \int_{T_1}^{T_2} \frac{C_V dT}{T} = C_V \int_{T_1}^{T_2} \frac{dT}{T} = C_V \ln \frac{T_2}{T_1} = 2,303 \, C_V \log \frac{T_2}{T_1}.$$

Com o auxílio dessas relações e de outras estabelecidas especialmente para os casos em que o suprimento de calor determina mudanças de fase, é possível calcular os valores absolutos das entropias molares das diversas substâncias, para condições prefixadas.

Nas Tabs. 25.5 e 25.7 são indicados os valores das entropias molares $S°$, calculados para $t = 25°C$ e $p = 1$ atm, de algumas substâncias simples e compostas. Tais valores, expressos em cal $\times$ mol-g^{-1} $\times$ K^{-1} ou em clausius (ou ainda em *ue*), constituem as *entropias molares normais* das substâncias indicadas.

TERMODINÂMICA **655**

TABELA 25.5 Entropias molares normais

Substância	S° (em *ue*)	Substância	S° (em *ue*)
Acetileno $C_2H_2(g)$	48,0	Gás carbônico $CO_2(g)$	51,1
Ácido acético $CH_3COOH(\ell)$	38,2	Gás sulfuroso $SO_2(g)$	59,4
Água $H_2O(g)$	45,1	Hidrogênio $H_2(g)$	31,2
$H_2O(\ell)$	16,7	$H(g)$	27,4
Álcool etílico $C_2H_5OH(g)$	67,4	Monóxido de carbono $CO(g)$	47,3
$C_2H_5OH(\ell)$	38,4	Monóxido de nitrogênio $NO(g)$	57,5
Amônia $NH_3(g)$	46,0	Nitrogênio $N_2(g)$	45,8
Carbono C(diamante)	0,6	$N(g)$	36,6
$C(g)$	37,8	Oxigênio $O_2(g)$	49,0
C(grafite)	1,4	$O(g)$	38,5
Cloro $Cl_2(g)$	53,3	Sódio $Na(s)$	12,2
$Cl(g)$	39,5	Sulfato de cobre $CuSO_4(s)$	27,1
Cloreto de sódio $NaCl(s)$	17,3	Sulfeto de carbono $CS_2(g)$	55,3
Etano $C_2H_6(g)$	54,9	$CS_2(s)$	27,0
Etileno $C_2H_4(g)$	52,5	Tolueno $C_7H_8(g)$	76,4
		$C_7H_8(\ell)$	52,5

Os números constantes na tabela em questão sugerem algumas observações:

1. uma mesma substância tem no estado gasoso entropia maior que no estado líquido;

2. os valores absolutos das entropias molares normais das substâncias sólidas, em confronto com os das líquidas e gasosas, são relativamente baixos; isto se compreende ao lembrar que a entropia de um sistema é tanto mais baixa quanto menor é o grau de desordem de seus corpúsculos constituintes;

3. o valor particularmente baixo da entropia molar do carbono, sob a forma de diamante, decorre da grande rigidez das ligações entre seus átomos.

25.7.2 Entropia de Reação

À semelhança do que se fez com as entalpias de reação, costuma-se, também, definir as *entropias de reação*. Para uma reação do tipo

$$\alpha A + \beta B + \cdots \longrightarrow \gamma C + \delta D + \cdots,$$

a entropia de reação ou, mais precisamente, a *variação de entropia de reação* é definida pela diferença

$$\Delta S = \Sigma \upsilon_2 S_2 - \Sigma \upsilon_1 S_1, \tag{25.40}$$

656 QUÍMICA GERAL

onde υ_1 e υ_2 são, respectivamente, os coeficientes que precedem cada um dos reagentes e produtos, na equação representativa da reação, e S_1 e S_2 são as entropias molares desses reagentes e produtos.

Em particular, a *variação de entropia normal de reação* é a mesma diferença, referida aos valores normais das entropias de formação dos reagentes e produtos:

$$\Delta S^\circ = \Sigma \upsilon_2 S_2^\circ - \Sigma \upsilon_1 S_1^\circ.$$

Por exemplo, para a reação

$$C_2H_2(g) + 5/2\ O_2(g) \longrightarrow 2CO_2(g) + H_2O(\ell)$$

a 25°C e 1 atm, com os valores constantes na Tab. 25.5, tem-se

$$\Delta S^\circ = (2 \times 51,1 + 16,7) - (48,0 + 5/2 \times 49,0) = -51,6\ ue.$$

A entropia de reação referida à reação de formação de uma molécula-grama de substância composta, a partir das correspondentes substâncias simples, denomina-se *entropia molar de formação* da substância em questão e é representada por ΔS_f. Assim, para a reação

$$H_2(g) + 1/2\ O_2(g) \longrightarrow H_2O(\ell),$$

tem-se
$$\Delta S_f^\circ = 16,7 - \left(31,2 + \frac{1}{2} \times 49 \right) = -39,0\ ue,$$

que é a entropia molar normal de formação da água líquida, a partir de hidrogênio e oxigênio gasosos.

25.7.3 Entropia de Reação e Espontaneidade da Reação

O conhecimento das entropias de reação é de extraordinária importância na previsão do sentido em que se deve desenvolver um processo químico, uma vez que tendem a ser espontâneas todas as reações que vêm acompanhadas de aumento de entropia. Contudo, conforme se verá no subitem seguinte, a variação positiva de entropia ($\Delta S > 0$) não constitui o único fator determinante do sentido de uma reação. Para prever o sentido para o qual uma dada reação tende a se produzir, é necessário conhecer não só a variação de entropia ΔS, como também a de entalpia ΔH correspondente. É que, pelo Segundo Princípio da Termodinâmica, se uma reação, como também qualquer transformação física, tende a se produzir no sentido que conduz a um incremento da entropia, ela também tende, pelo Primeiro Princípio da Termodinâmica, a se dar no sentido em que há diminuição de energia acumulada no sistema ($\Delta H < 0$ ou $\Delta U < 0$). Estas duas condições que regem a espontaneidade das transformações, de um modo geral, e das reações químicas, em particular, nem sempre são satisfeitas simultaneamente. Vai daí que, para prever o sentido de uma reação, é preciso recorrer aos conceitos de *energia livre* e *entalpia livre*, apresentados no subitem seguinte.

TERMODINÂMICA **657**

25.7.4 Entalpia Livre e Energia Livre

Conforme já várias vezes observado, uma reação química tende a se produzir naturalmente no sentido que leva a uma diminuição de entalpia ($\Delta H < 0$ ou de energia interna $\Delta U < 0$) e a um aumento de entropia ($\Delta S > 0$). Embora em numerosos casos as duas condições sejam simultaneamente satisfeitas, existem, entretanto, muitas reações em que elas são conflitantes.

No caso, por exemplo, da reação

$$H_2(g) + 1/2\ O_2(g) \longrightarrow H_2O(\ell)$$

tem-se $\qquad \Delta H° = -68,3\ \frac{kcal}{mol\text{-}g}$

(conforme Tab. 25.3) e

$$\Delta S° = 16,7 - (31,2 + 1/2 \times 49,0) = -39\ ue,$$

conforme calculado no subitem 25.7.2 a partir dos dados constantes na Tab. 25.5. Esses valores sugerem que, se de um lado, a reação tende a se produzir por vir acompanhada de uma diminuição de entalpia ($\Delta H < 0$), por outro, não deveria ocorrer por ser acompanhada de uma diminuição de entropia ($\Delta S < 0$); esta última é decorrente de um aumento de ordem no sistema, motivada pela formação de um produto líquido a partir de dois reagentes gasosos.

Visando à aplicação simultânea dos dois princípios da Termodinâmica à previsão do sentido provável das reações químicas, definem-se duas novas funções termodinâmicas, que permitem correlacionar entre si: as variações de entalpia (ΔH) e de entropia (ΔS); e as variações de energia interna (ΔU) e de entropia (ΔS).

Essas funções, conhecidas como *energia livre* (A) e *entalpia livre* (G), foram introduzidas, respectivamente, por Helmholtz e Gibbs[*] pelas expressões

$$A = U - TS \qquad\qquad (25.41)$$

e $\qquad\qquad G = H - TS. \qquad\qquad (25.42)$

A função A é utilizada no estudo das reações que se processam em volume constante (em recipientes hermeticamente fechados ou em solução), enquanto a G é empregada para acompanhar as reações que se desenvolvem sob pressão constante. Ambas têm, obviamente, as dimensões de uma energia.

Se, durante uma reação química em temperatura constante, a energia interna e a entalpia do sistema passam de U_1 para U_2 e de H_1 para H_2, então

$$\left.\begin{array}{l} A_1 = U_1 - TS_1 \\ A_2 = U_2 - TS_2 \end{array}\right\} \quad A_2 - A_1 = U_2 - U_1 - T(S_2 - S_1)$$

e

$$\left.\begin{array}{l} G_1 = H_1 - TS_1 \\ G_2 = H_2 - TS_2 \end{array}\right\} \quad G_2 - G_1 = H_2 - H_1 - T(S_2 - S_1),$$

---

[*] Josiah Willard Gibbs (1839-1903); Hermann Helmholtz (1821-1894).

658 Química Geral

isto é:

$$\Delta A = \Delta U - T\Delta S \qquad (25.43)$$

e
$$\Delta G = \Delta H - T\Delta S. \qquad (25.44)$$

A energia livre A e a entalpia livre G são funções de estado; suas variações ΔA e ΔG dependem apenas dos estados inicial e final do sistema.

Com relação a essas funções, demonstra-se que:

a) a variação de entalpia livre ΔG de um sistema exprime o máximo trabalho que por esse sistema pode ser transferido, em temperatura e pressão constantes;

b) a variação de energia livre ΔA de um sistema exprime o máximo trabalho que por esse sistema pode ser transferido, em temperatura e volume constantes.

Tendo em conta que uma reação espontânea se caracteriza por ser $\Delta H < 0$ (ou $\Delta U < 0$), isto é, por uma tendência à redução do seu conteúdo de energia e, ao mesmo tempo, por ser $\Delta S > 0$, ou seja, por diminuição de ordem no sistema, deduz-se imediatamente que para as reações espontâneas deve ser

$$\Delta A < 0 \qquad ou \qquad \Delta G < 0.$$

Uma reação para a qual simultaneamente $\Delta H > 0$ (ou $\Delta U > 0$) e $\Delta S < 0$, isto é, $\Delta G > 0$, não pode ocorrer espontaneamente e é, portanto, forçada; a reação é impossível em sistemas isolados.

Num sistema em equilíbrio químico, para as duas reações que se processam em sentidos opostos com a mesma velocidade, as variações ΔG (ou ΔA) são iguais em valor absoluto, mas de sinais opostos; portanto a variação total AG (ou ΔA) é nula.

Em resumo:

a) se $\Delta G < 0$ (ou $\Delta A < 0$), a reação é espontânea; $\qquad (25.45)$

b) se $\Delta G > 0$ (ou $\Delta A > 0$), a reação é forçada; $\qquad (25.46)$

c) se $\Delta G = 0$ (ou $\Delta A = 0$), há equilíbrio químico. $\qquad (25.47)$

Ressalte-se que as relações acima apontadas são sumamente importantes na previsão do sentido em que deve ocorrer uma reação química, mormente porque, sendo referidas exclusivamente ao sistema considerado, permitem fazer abstração das variações ocorridas no meio externo, estas últimas nem sempre fáceis de calcular.

O fato de ser ΔG positivo, negativo ou nulo depende, evidentemente, dos sinais e das magnitudes de ΔH e do produto $T\Delta S$. Assim:

1. Quando $\Delta H < 0$ e $\Delta S > 0$, resulta necessariamente $\Delta G < 0$ e, nesse caso, conforme já ressaltado, os dois fatores são favoráveis ao processamento da reação, que é então espontânea.

TERMODINÂMICA **659**

2. Quando $\Delta H < 0$ e $\Delta S < 0$, ΔG pode ser positiva ou negativa; as variações de entalpia e entropia opõem-se uma a outra. Uma variação $\Delta S < 0$ impede uma reação, que se dá com desprendimento de energia.

3. Quando $\Delta H > 0$ e $\Delta S < 0$, ΔG só pode ser positiva e a reação não pode ser espontânea; os dois fatores são desfavoráveis à reação.

4. Quando $\Delta H > 0$ e $\Delta S > 0$, ΔG pode ser positiva ou negativa, conforme seja $\Delta H > T\Delta S$ ou $\Delta H < T\Delta S$. A reação pode ou não ser espontânea, uma vez que os dois fatores em questão atuam em sentidos opostos. Uma variação ΔS positiva enseja uma reação que se dá com absorção de energia, se $T\Delta S > \Delta H$; isto é, as reações que se dão com absorção de energia ($\Delta H > 0$) podem ser espontâneas ($\Delta G < 0$) se $\Delta S > 0$ e $T\Delta S > \Delta H$.

Exemplos:

a) a 25°C e 1 atm, para a reação

$$C(grafite) + H_2O(g) \longrightarrow Co(g) + H_2(g)$$

tem-se $\Delta H = + 31,4$ kcal $\times$ mol-g^{-1} e $\Delta S = + 0,032$ kcal $\times$ mol-g$^{-1} \times$ K^{-1}

e $\Delta G = \Delta H - T\Delta S = 31,4 - 298 \times 0,032 = 31,4 - 9,5 = 21,9$ kcal $\times$ mol-g^{-1} >0;

logo a reação não é espontânea, mas com a elevação de temperatura pode-se chegar a ter $\Delta H < T\Delta S$ e portanto $\Delta G < 0$;

b) para a reação de formação da água, a 25°C e 1 atm:

$$H_2(g) + 1/2\ O_2(g) \longrightarrow H_2O(\ell)$$

tem-se $\Delta H = - 68,3$ kcal $\times$ mol-g^{-1} e $\Delta S = - 39$ cal $\times$ mol-g$^{-1} \times$ K^{-1},

logo $\Delta G = \Delta H - T\Delta S = - 68,3 - 298(-0,039) = - 56,7$ kcal $\times$ mol-g$^{-1} < 0$,

isto é, a reação de formação da água, apesar de vir acompanhada de uma diminuição de entropia — em conseqüência do aumento de ordem das moléculas no produto formado —, tende a se produzir espontaneamente.

25.7.5 Influência da Temperatura sobre a Espontaneidade de uma Reação

O exame das relações (25.43) e (25.44) sugere que, pelo fato de ΔG e ΔA dependerem da temperatura, a circunstância de uma reação ser espontânea ou forçada depende em grande parte de T. Que influência tem a temperatura sobre o sentido de uma reação?

Fazendo abstração das próprias variações ΔH (ou ΔA) e ΔS com T, o que é possível desde que as variações de temperatura sejam muito pequenas, pode-se verificar o que sucede ao sinal de ΔG (ou ΔA) para alguns valores extremos de T.

660   QUÍMICA GERAL

a) Quando a temperatura T é muito baixa ($T \to 0\ K$), nas igualdades

$$\Delta G = \Delta H - T\Delta S$$

e $$\Delta A = \Delta U - T\Delta S$$

resulta $T\Delta S \to 0$ e, por aproximação,

$$\Delta G \cong \Delta H$$

e $$\Delta A \cong \Delta U.$$

Isto é, em temperaturas muito baixas uma reação será espontânea se $\Delta H < 0$ (ou $\Delta A < 0$). Assim, admitindo que uma temperatura da ordem de 25°C ($T = 298\ K$) seja muito baixa em confronto com outras de alguns milhares de °C, ter-se-á justificado o fato de, no passado, ter-se admitido como espontâneas as reações exotérmicas (v. item 25.6).

b) Quando a temperatura T é suficientemente alta e $\Delta S > 0$, pode suceder que seja

$$|T\Delta S| > |\Delta H| \qquad (\text{ou } |T\Delta S| > |\Delta U|)$$

e, nesse caso, mesmo que $\Delta H > 0$, será $\Delta G < 0$ (ou $\Delta A < 0$) e a espontaneidade da reação poderá ser apontada como decorrente de um aumento na desordem ($\Delta S > 0$).

c) Quando a temperatura T é tal que $\Delta H = T\Delta S$ (ou $\Delta A = T\Delta S$), ter-se-á $\Delta G = 0$ (ou $\Delta A = 0$). Em síntese, a temperatura em que se estabelece o equilíbrio num sistema é

$$T = \frac{\Delta H}{\Delta S} \qquad\qquad (25.48)$$

ou $$T = \frac{\Delta U}{\Delta S}. \qquad\qquad (25.49)$$

25.7.6 Entalpia Livre e Energia Livre Normais

Pelo que acaba de ser visto, e porque tanto ΔH (ou ΔU), como ΔS, dependem da temperatura, ΔG e ΔA dependem de T. Quando a temperatura considerada é, em particular, 25°C, isto é, $T = 298\ K$ (ou mais precisamente $T = 298,15\ K$), as variações de entalpia livre e de energia livre são ditas *normais* e representadas, respectivamente, por $\Delta G°$ e $\Delta A°$. Então

$$\Delta G° = \Delta H° - 298\ \Delta S°$$

e $$\Delta A° = \Delta U° - 298\ \Delta S°.$$

Lembrando que $\Delta H°$ e $\Delta A°$ são comumente expressos em kcal/mol-g, enquanto a unidade usual de ΔS é $ue = \dfrac{\text{kcal}}{\text{mol-g} \times \text{K}} = 10^{-3}\ \dfrac{\text{kcal}}{\text{mol-g} \times \text{K}}$, então

$$\Delta G^\circ = \Delta H^\circ - 0{,}298 \ \Delta S^\circ \frac{\text{kcal}}{\text{mol - g}} \qquad (25.50)$$

e
$$\Delta A^\circ = \Delta U^\circ - 0{,}298 \ \Delta S^\circ \frac{\text{kcal}}{\text{mol - g}}. \qquad (25.51)$$

25.7.7 Entalpia Livre e Energia Livre de Reação

Os valores da entalpia livre

$$G = H - TS$$

e da energia livre

$$A = U - TS$$

de um sistema são sempre desconhecidos, porque desconhecidos são, também, os valores da entalpia H e da energia interna U, a partir dos quais os primeiros valores deveriam ser calculados. Sucede, contudo, que, para examinar do ponto de vista termodinâmico o que se passa numa reação química, basta conhecer as variações dessas funções durante o processo. Essas variações, dadas pelas diferenças

$$\Delta G = \Delta H - T\Delta S$$

e
$$\Delta A = \Delta U - T\Delta S,$$

são chamadas *variação de entalpia livre* e *variação de energia livre*, ou também, embora menos precisamente, *entalpia livre da reação* e *energia livre da reação*, respectivamente.

Em particular, a *entalpia livre de formação* de uma substância composta é a variação ΔG_f de entalpia livre verificada na formação de uma molécula-grama dessa substância, a partir das substâncias simples de que se origina. Analogamente, *a energia livre de formação* de um composto é a variação ΔA_f de energia livre durante a formação de uma sua molécula-grama, a partir das substâncias simples de que provém. As entalpias livres de formação e as energias livres de formação, quando referidas a 25°C e 1 atm, são denominadas *normais*.

A entalpia livre normal de formação de um composto é determinada pela expressão

$$\Delta G_f^\circ = \Delta H_f^\circ - T\Delta S_f^\circ, \qquad (25.52)$$

e a energia livre normal de formação por

$$\Delta A_f^\circ = \Delta U_f^\circ - T\Delta S_f^\circ. \qquad (25.53)$$

Para que as variações ΔG_f° e ΔA_f° possam ser determinadas, adotam-se como nulas, por definição, as entalpias livres de formação e as energias livres de formação das substâncias simples em seu estado mais comum e estável, a 25°C e sob pressão de 1 atm.

662 QUÍMICA GERAL

A título de exemplo, considere-se a reação de formação de água no estado líquido, a 25°C e l atm:

$$H_2(g) + 1/2\, O_2(g) \longrightarrow H_2O(\ell).$$

a) *Cálculo de ΔG_f^o*

A entalpia livre normal de formação da água líquida é

$$\Delta H_f^o = -68,3\ kcal \times mol\text{-}g^{-1}\ (conforme\ Tab.\ 25.7)$$

e a entropia normal de formação da água líquida é, conforme calculado no subitem 25.7.2,

$$\Delta S_f^o = -39,0\ cal \times mol\text{-}g^{-1} \times K^{-1} = -0,039\ kcal \times mol^{-1} \times K^{-1}.$$

Logo, a entalpia normal livre de formação da água líquida é

$$\Delta G_f^o = -68,3 - 298 \times (-0,039) = -56,7\ kcal \times mol\text{-}g^{-1}.$$

b) *Cálculo de ΔA_f^o*

Para a mesma reação, pela (25.16), tem-se

$$\Delta U_f^o = \Delta H_f^o - \Delta nRT.$$

Como $\Delta n = -1,5$ e $R \cong 2 \times 10^{-3}\ kcal \times mol\text{-}g^{-1} \times K^{-1}$, então

$$\begin{aligned}
\Delta A_f^o &= \Delta H_f^o - \Delta nRT - T\Delta S_f^o = \\
&= -68,3 - (-1,5) \times 2 \times 10^{-3} \times 298 - 298(-0,039) = \\
&= -55,8\ kcal \times mol\text{-}g^{-1}.
\end{aligned}$$

A entalpia normal livre de reação, relativa a uma equação dada, é a diferença entre a soma das entalpias normais livres de formação dos produtos ($\Sigma\Delta G_{f_2}^o$) e a soma das entalpias normais livres de formação dos reagentes ($\Sigma\Delta G_{f_1}^o$):

$$\Delta G^\circ = \Sigma\Delta G_{f_2}^o - \Sigma\Delta G_{f_1}^o. \tag{25.54}$$

No caso da reação

$$C_2H_5OH(\ell)\ 3O_2(g) \longrightarrow 2CO_2(g) + 3H_2O(\ell),$$

tem-se, segundo os dados fornecidos pela Tab. 25.7:

$$\begin{aligned}
C_2H_2OH\ (\ell)\ &\ldots\ldots\ \Delta G_f^o = -41,8\ kcal \times mol\text{-}g^{-1}, \\
O_2\ (g)\ &\ldots\ldots\ \Delta G_f^o = 0, \\
CO_2\ (g)\ &\ldots\ldots\ \Delta G_f^o = -94,3\ kcal \times mol\text{-}g^{-1}, \\
H_2O\ (\ell)\ &\ldots\ldots\ \Delta G_f^o = -56,7\ kcal \times mol\text{-}g^{-1}.
\end{aligned}$$

Logo

$$\Delta G^\circ = 2(-94,3) + 3(-56,7) - (-41,8) = -316,9\ kcal.$$

Analogamente, a energia livre de reação ΔA° relativa a uma dada reação é calculada pela diferença

$$\Delta A^\circ = \Sigma\Delta A_{f_2}^o - \Sigma\Delta A_{f_1}^o, \tag{25.55}$$

entre a soma das energias livres de formação dos produtos e a soma das energias livres de formação dos reagentes. Na Tab. 25.6 estão listadas as energias livres normais de formação de algumas substâncias.

TERMODINÂMICA **663**

TABELA 25.6

Energias livres normais de formação (em cal × mol-g^{-1})

Acetileno	C_2H_2 (g)	50,0	Etano	C_2H_6 (g)	–7,9
Água	H_2O (g)	–54,6	Etileno	C_2H_4 (g)	16,3
	H_2O (ℓ)	–55,8	Gás carbônico	CO_2 (g)	–94,3
Amônia	NH (g)	–3,9	Gás clorídrico	HCl (g)	–22,8
Benzeno	CH (g)	30,6	Metano	CH_4 (g)	–12,1
Cloreto de sódio	NaCl (g)	–91,9	Monóxido de carbono	CO (g)	–38,8

25.7.8 Entalpia Livre e Constante de Equilíbrio

A entalpia livre de reação ΔG pode ser relacionada com a constante de equilíbrio K_p dessa reação. Aceitas certas hipóteses simplificadoras, demonstra-se que

$$\Delta G = -RT \ln K_p \qquad (25.56)$$

ou, o que é o mesmo,

$$\Delta G = -2,303 \, RT \log K_p.$$

Como para muitos sistemas em reação é mais fácil determinar o valor de ΔG que o de K_p, a expressão acima costuma ser usada para o cálculo de K_p a partir de ΔG:

$$\log K_p = -\frac{\Delta G}{2,303 RT}.$$

A título de ilustração, considere-se a reação

$$N_2(g) + 3H_2(g) \rightleftarrows 2NH_3(g).$$

Segundo dados tabelados a entalpia livre normal de formação do NH_3(g) é –3,9 kcal × mol-g^{-1}, enquanto as do N_2(g) e do H_2(g) são nulas.

Portanto, para a reação considerada,

$$\Delta G_f^\circ = 2(-3,9) - 0 = -7,8 \text{ kcal} = -7 \, 800 \text{ cal}$$

e, tomando $R \cong 2$ cal × mol-g × K^{-1},

$$K_p = \text{antilog } 5,73 = 5,37 \times 10^5,$$

isto é, $\qquad\qquad\qquad\qquad\qquad\qquad$ atm^{-2}.

664 QUÍMICA GERAL

TABELA 25.7 Algumas constantes termodinâmicas — Entalpia normal de formação, entalpia normal livre de formação e entropia normal

Substância	Estado	ΔH_f° kcal × mol-g^{-1}	ΔG_f° kcal × mol-g^{-1}	S° cal × mol-g^{-1} × K^{-1}
Al_2O_3	crist	$-399,1$	$-376,9$	12,2
$Al_2(SO_4)_3$	crist	$-821,0$	$-739,5$	57,2
$BaCl_2$	crist	$-205,3$	$-193,8$	30,0
$BaCl_2$	aq	$-207,9$	$-196,5$	29,0
C	grafite	0	0	1,4
C	diamante	$+0,45$	$+0,69$	0,6
CO	g	$-26,4$	$-32,8$	47,3
CO_2	g	$-94,1$	$-94,3$	51,1
CaO	crist	$-151,9$	$-144,4$	9,5
$CaCO_3$	calcita	$-289,5$	$-270,8$	22,2
$CaCO_3$	aragonita	$-289,6$	$-270,5$	22,2
$Ca(OH)_2$	crist	$-235,6$	$-213,9$	17,4
Cl_2	g	0	0	53,3
$CuSO_4$	crist	$-184,0$	$-158,2$	27,1
H_2	g	0	0	31,2
HBr	g	$-8,7$	$-12,7$	47,4
HBr	aq	$-28,8$	$-24,6$	47,4
HCl	g	$-22,1$	$-22,8$	44,6
HI	g	$+6,2$	$+0,3$	49,3
HNO_3	ℓ	$-41,4$	$-19,1$	37,19
H_2O	g	$-57,8$	$-54,6$	45,1
H_2O	ℓ	$-68,3$	$-56,7$	16,7
H_2S	g	$-4,8$	$-7,9$	49,2
I_2	crist	0	0	27,9
I_2	g	$+14,9$	$+4,6$	62,3
KCl	crist	$-142,9$	$-135,3$	6,7
N_2	g	0	0	45,9
NH_3	g	$-11,0$	$-3,9$	46,0
NH_4Cl	crist	$-75,3$	$-48,6$	22,6
NaCl	crist	$-98,3$	$-91,9$	17,3
O_2	g	0	0	49,0
O_3	g	$+33,9$	$+38,9$	56,8
CH_4	g	$-17,9$	$-12,1$	44,5
C_2H_4	g	$+12,5$	$+16,3$	52,5
C_2H_6	g	$-20,2$	$-7,9$	54,9
C_3H_8	g	$-24,8$	$-5,6$	64,5
$C_4H_{10}(n)$	g	$-29,8$	$-3,8$	74,1
$C_4H_{10}(iso)$	g	$-31,5$	$-4,3$	70,4
C_6H_6	g	$+19,8$	$+30,9$	64,5
C_6H_6	ℓ	$+11,7$	$+29,9$	48,5
CH_3OH	ℓ	$-57,0$	$-39,8$	30,3
C_2H_5OH	g	$-52,2$	$-40,2$	67,4
C_2H_5OH	ℓ	$-66,4$	$-41,8$	38,4
CH_3COOH	ℓ	$-116,4$	$-93,8$	38,4

ÍNDICE

Abbeg, regra de, 156
Acidimetria, 453
Ácidos,
    conceito de Usanovich, 449
    doadores, 442
    idéias de Hückel e Debye, 441
    monopróticos e polipróticos, 444
    segundo Arrhenius, 436
    segundo Brönsted e Lowry, 442
    segundo Lewis, 441
Ações catalíticas, características, 549
Actinídeos, 153
Adsorção,
    agregado de, 554
    calor de, 554
Adsorção seletiva, 23
Afinidade eletrônica, 312, 315
Agentes conjugados, 501
Agentes ionizantes, 162
Agentes oxidantes,
    enérgicos ou fortes, 501
    fracos, 501
Agentes redutores, 487
Alcalimetria, 453
Alotrópicas,
    formas, 140
    transformações, 140
Alumens, 132
Anaforese, 429
Amagat,
    diagramas de, 87, 89, 91
    lei de, 96, 360
Análise imediata de misturas, 18, 21
    heterogêneas, 18
    homogêneas, 21
Anderson, 209
Andrews, isotermas de, 99
Ânions, 406

Antipartículas, 209
Aplicações da eletrólise,
    discos fonográficos, 468
    eletrossíntese de Kolbe, 468
    galvanostegia, 465
    metalurgia de alumínio, 467
    obtenção de
        água oxigenada, 466
        hidrogênio e oxigênio, 464
        hidróxido de sódio, 464
        metais alcalinos e
           alcalinoferrosos, 464
    purificação de metais, 466
    retificadores eletrolíticos, 468
    separação de componentes de
        uma mistura, 466
Armstrong, teoria química de, 388
Arrhenius, 162,
    teoria da dissociação de, 406
    equação de, 536
Associação iônica, 415
Aston, 82, 180
Atividade e energia livre,
    relação entre, 511
Átomo, 27, 44, 49
    constituintes do, 207
    evidência da complexidade do, 160
    segundo Dalton, 46
    segundo Demócrito, 44
Átomo-grama, 58, 72, 77
Átomos,
    configuração eletrônica dos, 247
        e tabela periódica, 252
    massas relativas dos, 53
Autocatálise, 550
Auto-ionização, 445
    da água, 579
Avogadro,
    hipótese de, 50, 63 67, 115

666 QUÍMICA GERAL

e as leis de Gay-Lussac, 50
número de, 66, 77, 79, 80
    determinação do, 80, 122, 297

Balmer, série de, 219, 220, 231, 232
Bases ou álcalis,
    conceito de Usanovich, 449
    idéias de Hückel e Debye, 441
    receptores, 442
    segundo Arrhenius, 438
    segundo Brönsted e Lowry, 442
    segundo Lewis, 446
Basicidade, 438
Baumé, escala de, 368
Becker, 208
Becquerel, Henri, 201, 289
    raios, 202, 289
Benzeno, estrutura do, 356
Bep, 618
Bergman, 34, 40
Bernoulli, 112
Berthelot, 68, 522
Berzelius, 28, 48, 49
Bigelow, 388
Bjerrun, 413
Bloch, F., 345
Bohr,
    molécula de hidrogênio segundo, 233
    postulados de, 226, 228
    raio de, 228, 239, 277
Boisbandran, 155
Boltzmann, constante de, 116
Born, Max, 265, 268, 275
Bothe, 208
Boyle, 27, 45, 86, 114, 435
Brackett, série de, 220
Bragg, regra de, 197
Bredig, método de, 432
Brillouin, L., 345
Brönsted e Lowry, 442
Brown, Robert, 426
Bunsen, 97

Cailletet e Mathias, regra de, 101
Cálculos estequiométricos, 143
Calor
    de combustão, 630
    de reação, 629
    específico, 637
    latente, 399
Calor atômico, 74
Calor de dissociação, 336
Calor e energia, 613
Caloria, 614

Câmara de Wilson, 280
Cannizzaro, 49, 59, 61, 72
    método de, 72, 75
Caráter iônico, percentagem de, 341
Carbono ativo, 21
Carga específica,
    do elétron, 172
    do íon hidrogênio, 172
    dos corpúsculos positivos, 179
Carnot-Clausius, princípio de, 619
Cataforese, 429
Catálise, teorias,
    da absorção, 554
    dos compostos intermediários, 552
Catalisador
    e natureza dos produtos, 551
    negativo, 546
    positivo, 546
Cátions, 406
Cavendish, 40
Centrifugação, 19, 359
Chadwick, J., 208
Chancourtois, hélice telúrica de, 146
Charles, lei de, 88
Cinética, objeto da, 519
Cintilômetros, 205
Clapeyron, diagrama de, 87, 89, 90, 91, 100
    equação de, 65
Classificação periódica, 148
    precursores da, 145
Coeficiente de atividade, 576
    e os eletrólitos fortes, 578
    e os eletrólitos fracos, 578
Colóides, 420
    irreversíveis e reversíveis, 430
    liófilos, 422, 423
    liófobos, 422
    negativos, 429
    positivos, 429
    propriedades dos, 423
Compostos não estequiométricos, 192
Compton, 82
    efeito, 224
Concetração, 363
Condutância de um eletrólito, 458
Condutividade
    de um eletrólito, 469
    equivalente, 470
    infinita, 471
Conservação dos elementos, lei da, 33
Constante,
    crioscópica, 402
    de ação, 221
    de Boltzmann, 116, 640

ÍNDICE **667**

de desintegração, 295
de elevação molal, 399
de equilíbrio, 561
  combinado, 572
  em termos de pressão, 563
  e potencial redox, 601
de hidrólise, 593
de ionização, 571
de Planck, 221
de Rydberg, 219, 232, 238
de semitransformação, 527, 530
dielérica, 338, 410
  do vácuo, 473
dos gases perfeitos, 92, 93
ebuliométrica, 399
radioativa, 295
termodinâmica, 576
Constantes críticas, 101, 106
Constantes termodinâmicas, 664
Constituintes
  de um sistema, 608
  independentes de um sistema, 608
Coolidge, tubos de, 183
Coordenação, número de, 191, 310
Corpo, 13
Corrente de saturação, 162
Corrosão, 510
Cottrell, aparelho de, 20
Covalência, 310, 322, 412
  coordenada, 325, 327
  dativa, 325, 327
  interpretação teórica da, 329
  normal ou simples, 325
Covolume, 103, 121
Crioscopia, 401
Cristais,
  covalentes, 347
  distância inter-reticular dos, 192
  estrutura dos, 192, 345
  iônicos, 345
  metálicos, 348
  moleculares, 348
  número de coordenação dos, 191
Critérios de pureza, 24
Crookes, 164, 165
Crosta terrestre, composição da, 30
Curie-Joliot, 209, 299
Curie, Marie, 29, 202, 289
Curie, Pierre, 202, 289
Curva,
  de ebulição, 396
  de solubilidade, 373
  de titulação 598

Dalton,
  lei das pressões parciais de, 46, 94, 360
  lei das proporções múltiplas de, 37
  teoria atômica de, 46
Davisson e Germer, experiências de, 264
Debierne, 289
De Broglie, 227, 263
Debye, 224, 413
Decaimento radioativo, 290
Decantação, 19, 359
Decomposição, reações de, 139
Decomposição térmica, 541
Defeito de massa, 286
Demócrito, 44
Dempster e Bainbridge, 180
Densidade limite, método da, 67
Desintegração radioativa, 290
  velocidade de, 295
Destilação,
  coluna de, 22
  fracionada, 22
Determinação do pH,
  método colorimétrico, 582
  método potenciométrico, 585
Deutério, defeito de massa do, 288
Dêuterons,
  reações provocadas por, 302
Diálise, 419
Diástase, 548
Diesselhorst, 426
Difusão de gases, 96
Dióxido de nitrogênio, estrutura do, 357
Dirac, Paul, 209, 273
Dispersão elástica e inelástica, 304
Dissociação gradual, 438
Dissociação iônica, 320, 406, 414, 417
Dissolução,
  fracionada, 23
  seletiva, 19, 21
Dobereiner, tríadas de, 145
Dulong e Petit, regra de, 74
Dumas,
  famílias de, 146
  método de, 70
Dupla substituição, reações de, 139

Ebuliometria, 401
Efeito,
  Compton, 224
  do íon comum, 573
  fotoelétrico, 165, 223
    nuclear, 288
  Raman, 233
  Stark, 161, 241, 242

668 QUÍMICA GERAL

termoeletrônico, 165
Tyndall, 425
Zeeman, 161, 241, 242
Eflúvio, 163
Efusão de gases, 96
Einstein, 33, 81, 221, 223, 427
Elementos,
de transição, 256
interna, 257
inertes, 256
mistos, 283
nobres, 256
puros, 283
químicos, 26
conservação dos, 27
nomenclatura, 28
segundo Boyle, 27
radioativos, 289, 291
representativos, 256
transuranianos, 153
Eletrólise, 457
de um eletrólito fundido, 456
em solução aquosa, 458
energia e calor, 458
produtos primários da, 457
produtos secundários da, 457
reações primárias da, 457
reações secundárias da, 457
Eletrólitos, 406
binários, 570
fortes, 409
fracos, 571
polivalentes, 571
Elétron, 167
concepções modernas do, 259
diferenciador, 247
imagem mecânico-ondulatória do, 263
massa do, 176
medida da carga do, 172
específica do, 168
na caixa, problema do, 269
raio do, 177
Eletronegatividade, 341
Eletrônica, afinidade, 312, 315
Eletrovalência, 310, 412
Energia,
de atividade, 543
de ionização, 148, 149, 255
de ligação, 331
de união do núcleo, 287, 288
níveis de, 226
nuclear, 301
de ligação, 287, 288
reticular, 349, 473

Energia, modalidades de,
calorífica ou térmica, 616
elétrica, 616
mecânica, 615
nuclear, 616
química, 616
radiante, 616
Entalpia, 626
da formação, 634
standard de reação, 629
Entalpia livre, 657
e constante de equilíbrio, 663
e energia livre de reação, 661
e energia livre normais, 660
Entropia, 647
de reação, 655
molar, 653
Envenenadores, 549
Enxofre, formas alotrópicas do, 140
Equação,
da onda, 266
de Arrhenius, 536
de Beattie-Bridgman, 109
de Berthelot, 109
de Callendar, 108
de Clapeyron, 65, 87, 375, 386
de Dieterici, 108
de estado dos gases,
perfeitos, 91
reais, 103
de Halley e Laplace, 122
de Kohlraush-Bousfield, 578
de Maxwell-Boltzmann, 117
de Nernst, 511, 518
potencial de eletrodo, 518
de Ostwald, 574
de oxirredução,
método do elétron, 490
método do íon-elétron, 493
de Schrödinger, 265
de Van der Waals, 102
sob a forma reduzida, 110
de Van't Hoff, 386, 578
de Walker, 578
de Wohl, 108
dos coeficientes viriais, 110
química, 136
determinação dos coeficientes de
uma, 141
Equilíbrio iônico, 570
Equilíbrio químico, 558
fatores que influenciam,
concentração dos componentes, 564
pressão, 567

ÍNDICE 669

temperatura, 566
método físico, medidas usadas,
  crioscópicas, 560
  de pressão, 559
  força eletromotriz, 560
métodos químicos,
  aplicações e cuidados, 559
  limitações, 558
Equilíbrio radioativo, 297
Equivalência entre massa e energia, 33
Equivalente eletroquímico, 461
Equivalente-grama, 41
  de ácidos e bases, 452
  de oxidante e redutor, 495
Equivalente mecânico do calor, 614
Ernshaw, teorema de, 216
Escala de atividade,
  de agentes redutores e oxidantes, 504
Escala de Baumé, 368
Espalhamento de partículas alfa, 211
Espectro,
  de bandas, 218
  de hidrogênio, 218, 219
    e a teoria de Bohr, 231
  Raman, 136
Espectrografia de raios X, 472
Espectrógrafo,
  de massa, 76, 82, 180
  de raios X, 196
Estado coloidal, 420
Estados correspondentes, 111
Estequiometria, 143
  leis fundamentais da, 31
Estrutura,
  das substância, investigação da, 310
  fina das raias espectrais, 221
Estruturas contribuintes, 354
Extração, 377

Fajans, leis de, 291
Famílias radioativas, 292
Faraday, 167, 172
  leis de, 460, 462
  regra de, 538
Fases de um sistema, 17, 607
Fator de compressibilidade, 99, 107
Fator equilíbrio, 608
F.e.m. (força eletromotriz), 505
Fermi, Enrico, 299
Filtração, 19
Filtros-prensa, 20
Fissão, reações de, 306
Floculação, 431
Flotação, 18

Força contra-eletromotriz, 460, 470
Força iônica, 577
Formalidade em massa, 366
Fórmula-grama, 336
Fórmula química, 127
  centesimal, 129
  desenvolvida, 133
  determinação da, 129, 131
  eletrônica, 323
  empírica, 129
  estrutural, 133
  mínima, 130
  molecular, 130
Fósforo, formas alotrópicas do, 141
Fótons, 210, 222
Fração molar, 95
  do soluto, 364
Frankland, 134
Freundlich, 426
Função de onda, 267
  do átomo de hidrogênio, 274

Gases,
  compressibilidade dos, 98, 107
  condutividade elétrica dos, 161
  descarga espontânea nos, 163
  descarga semi-espontânea nos, 162
  difusão e efusão dos, 96
  estado crítico dos, 100
  fator de compressibilidade dos, 99, 107
  misturas de, 94
  perfeitos, constantes dos, 92
  perfeitos, equações dos, 90, 91
  propriedade dos, 85
  rarefeitos, descargas através dos, 164
  reais, comportamentos dos, 98
    equações de estado dos, 102, 108
    isotermas dos, 99
  teoria cinética dos, 112
Gay-Lussac,
  a hipótese de Avogadro e as leis de, 50
  escala centesimal de, 367
  leis de, 42, 88
Geiger-Müller, contador de, 204
Germânio, 155
Gibbs,
  entalpia livre segundo, 657
  regra de, 610
Goldschmidt, 191
Goldstein, raios, 179
Graham, lei de, 97, 119, 283
Grau de
  associação, 415
  avanço da reação, 520

670 Química Geral

dispersão da matéria, 424
ionização, 407, 572
liberdade, 609
    sistema bivariante, 610
    sistema monovariante, 610
    sistema nulivariante, 610
    sistema trivariante, 610
saturação, 372

Haber,
processos de, 549
Haber-Born, ciclo de, 350
Hardy, 429
Heisenberg, princípio de, 259, 260
Heitler e London, método de, 330
Hélions, 289
Helmholtz,
energia livre segundo, 657
Henry,
leis de, 374, 375
Hess,
lei de, 633, 635
Hexafluoreto de enxofre, estrutura do, 358
Hexafluorplatinato de xenônio,
estrutura do, 358
Hibridização de orbitais, 333
Hidrogênio,
átomo do, segundo Bohr, 227
espectro do, 218, 231
funções de onda do átomo de, 276
isótopos do, 283
ligação de, 352
molécula do, segundo Bohr, 233
raio covalente do, 234
Hidrólise salina, 591
Hidroxilamina, 326
Híperons, 210
Hittorf, 164, 477
Hückel, 413
Hund, F., regra de, 251

Impacto, parâmetro de, 213
Indicadores, 435, 582
leis do equilíbrio químico, 583
tautomeria, 584
Inoculação, 380
Invertase, 548
Iodo, 15, 23
Íon,
amônio, 327
carbonato, estrutura do, 355
hexafluoreto de silício, estrutura do, 358
hidrônio, 321, 326
nitrato, estrutura do, 355

nitrito, estrutura do, 356
Ionização, 414
energia de, 148, 149, 312
por campo, 168
por choque, 162, 168
Íons, 52
antipróticos, 444
gasosos, 162, 168
positivos, 168, 178, 179
solvatação dos, 321
Irreversibilidade, 556
Isóbaros, núcleos, 284
Isoméricas, transformações, 140
Isômeros, 36, 135
Isotermas,
de Andrews, 99
dos gases perfeitos, 87
dos gases reais, 99
Isótonos, núcleos, 284
Isótopos, 48, 55, 62, 76, 282
radioativos, 291, 292
separação dos, 283

Jette e La Mer,
método do íon-elétron, 493
Johnson,
método do elétron, 490
Joule e Mayer,
1.º Princípio Termodinâmico de, 621

Kirchoff,
leis de, 642
Kirwan, 40
Kohlrausch,
lei de, 475
equação, 578
Kolbe,
a eletrossíntese de, 468
Kossel, teoria de, 311
Kunckel, 34

Landolt, 32
Lantanídeos, 153
Laue, 188
experiência de, 189
Lauegrama, 189
Lavoisier, leis de, 32, 33
Le Chatelier,
leis de, 373, 374
princípio de, 568
Lei de,
Amagat, 96, 360
Babo, 391
Boyle, 86, 114

ÍNDICE 671

Charles e Gay-Lussac, 88
Dalton das
    misturas gasosas, 94, 360
    pressões parciais, 360
    proporções múltiplas, 37
Graham, 97
Guldberg e Waage, 523, 370, 605
Hess dos
    estados inicial e final, 633
    aplicação da, 635
Kohlrausch, 475
Lavoisier, 32
Lenard, 223
limite de Hückel-Debye, 577
Mendeléiev, 148, 155, 254
Moseley, 199, 215, 237
Nernst, 23, 376
Newlands, 148
Paschen, 163
Proust, 34, 520
Raoult, 391
Regnault, 396
Richter, 38
Robin, 567
Van't Hoff, 385, 566
Wullner, 391
Leis,
    da ação das massas,
        para sistema homogêneo, 560
    da diluição
        de Ostwald, 409, 573, 575, 594
    de Faraday, 460, 462
    de Henry, 374, 375
    de Le Chatelier, 373, 374
    de Ohm, 458, 469
    de Soddy e Fajans, 291
    do deslocamento radioativo, 291
    do equilíbrio químico, 415
    fundamentais da Química, 31
    gravimétricas, 32
    volumétricas de Gay-Lussac, 42
Lenard, lei de, 223
Léptons, 210
Leucipo, 44
Levigação, 18, 359
Lewis, 316, 322
Ligação covalente, 324
    caráter iônico da, 340
    comprimento da, 335
    e mecânica ondulatória, 329
    homeopolar, 338
    polar, 337
    semipolar, 325
Ligação,

de hidrogênio, 352
de Van der Waals, 342
eletrovalente, 318
energia de, 331
Ligações,
    metálicas, 344
    químicas, teoria das, 310
Lomonossov, 32
Loschmidt, 81
Lucrécio, 45
Lyman, série de, 220, 232

Maltase, 548
Mariotte, 86
Massa,
    atômica, unidade unificada de, 57
    defeito de, 286
    específica crítica, 101
    -fórmula, 128, 366
    reduzida do sistema núcleo-elétron, 230
Massas atômicas, 53
    determinação das, 72
        a partir das equivalentes, 75
        método de Cannizzaro, 72, 75
        método de Dulong e Petit, 74
    determinações atuais, 76
    escala, 54
        de hidrogênio, 54
        de oxigênio, 55
        física, 55
        química, 55
        unificada, 57
    internacionais, 76
Massas equivalentes, 40, 41
Massas específicas ortobáricas, 101
Massas moleculares, 61, 62
    determinação das, 63, 97
Matéria, 13
    espécies de, 13
Maxwell, 116, 117
    teoria de, 218
Mayer,
    relação de, 639
Membranas semipermeáveis, 385, 388
Mendeléiev, lei periódica de, 148, 155
Mesomeria, 353
Mésons, 210
Metais, 157, 158, 316
    alcalinos, 150, 152, 255
    das terras raras, 153
    de sacrifício, 510
    e não-metais, 157, 316
Método dos orbitais moleculares, 331
Meyer, Julius Lothar, 148

672 QUÍMICA GERAL

Meyer, Victor, 68
Micelas, 422
    formas das, 426
Millikan, 81, 172
Mistura, conceito de, 14, 25
Misturas, 14, 18
    azeotrópicas, 16
    eutéticas, 16
    físicas, 18
    heterogêneas, 16, 18, 19, 20
    homogêneas,16, 21, 22, 23, 359
    mecânicas, 18
Mitscherlich, regra de, 131
Mobilidade iônica, 475
Modelo atômico,
    de Bohr-Sommerfeld, 237
    de Rutherford, 216, 221, 412
    de Thomson, 210
    vetorial, 241
Mol, conceito de, 79
Molalidade, 366
Molaridade, 365
Molécula, 47, 50
    conceito atual de, 52, 319
    de hidrogênio segundo Bohr, 233
    segundo Cannizzaro, 49
Molécula-grama, 62, 64, 78, 408
Moléculas complexas, 360
Momento dipolar, 338
Moseley, 199, 215, 237, 255
Movimento browniano, 652

Não-metais, 157, 159
Nernst,
    equação de, 518
    lei da distribuição de, 23, 376, 393
Neutralização, 450
Neutrinos, 210
Nêutrons, 27, 208
    reações provocadas por, 303
Newlands, lei das oitavas de, 147
Níveis energéticos, 226, 270
Nollet, 384
Normalidade, 452
    de solução oxidante ou redutora, 497
Núcleo atômico, 213, 280
    constituição do, 281
    estabilidade do, 282
    massa específica do, 285
    raio do, 284
Núcleons, 210
Núcleos,
    isóbaros, isótonos e isótopos, 282, 284
    radioativos, 292

Nuclídeos, 282, 284
Número,
    atômico, 27, 153, 198, 199, 215, 281
    de Avogadro, 66, 77, 79, 82, 122
        determinação, 80, 81, 297, 427
        e a teoria cinética, 115
    de coordenação, 191, 310
    de massa, 282
    de ondas, 219, 229, 230
    de oxidação, postulados, 483
    quântico principal, 226, 227, 238, 271
Números de transporte, 477
Números quânticos, 238, 241, 243, 245, 273

Ohm,
    leis de, 458, 469
Órbita,
    estacionária, 226, 229
    molecular, 324
    permitida, 226, 229, 238
Orbitais,
    hibridização de, 333
    moleculares, método dos, 331
    representação simbólica dos, 239
Orbital,
    atômico, 239, 240, 275
Ordem de uma reação,
    formas de determinação da,
        análise em diferentes momentos, 534
        tempo de semitransformação, 535
        método do isolamento de
            Ostwald, 535
Osmômetro, 385
Osmose, 384
Ostwald,
    ação dos catalisadores, 549
    definição de energia segundo, 615
    lei da diluição, 409, 573, 575, 594
    método do isolamento de, 535
Oxiácidos,
    ânions de, 327
    fórmulas eletrônicas de, 328, 329
Oxidação, 479
    intramolecular, 485
Óxido nítrico, estrutura do, 357
Oxigênio, estrutura da molécula do, 357
Oximetria,
    iodometria, 499
    lei fundamental da, 498
    permanganometria, 498
Oxirredução, 481
Ozona, estrutura da, 355

Packing fraction, 288

ÍNDICE   673

Parâmetro de impacto, 213
Par conjugado, 501
  forma oxidada, 502
  forma reduzida, 502
Partículas,
  alfa, 204
    espalhamento das, 211
    reações provocadas por, 301
  beta, 204
    reações provocadas por, 303
  elementares, 209
Paschen,
  lei de, 163
  série de, 220, 232
Pauli, princípio de, 246, 324
Pauling, Linus, 341
Pentacloreto de fósforo, estrutura do, 358
Percurso livre médio, 120
Período de semidesintegração, 296
Período radiativo, 296
Perrin, 81, 122, 427, 544
Pfeffer, 383
Pfund, série de, 232
pH,
  acidez e basicidade das soluções, 580
  cálculo do, em solução salina, 599
Pilhas,
  de combustível, 515
  de concentração, 514
Planck, 81
  teoria dos *quanta* de, 221, 235
  3.º Princípio da Termodinâmica, 653
Planos nodais, 278, 279
Plasmólise, 388
Plásticos, 139
Plucker, 164
Polarização elétrica, 514
Poliácidos, 437
Polimerização, reações de, 139, 352
Polímeros, 139
Ponto crítico, 100
Ponto de titulação, 454
Ponto triplo, 611
Pósitron, 209
Postulados de Bohr, 226, 228
Potencial
  de eletrodo, 508, 517
    sinais negativo e positivo de, 508
  de oxidação, 503
  de oxirredução, 501, 503
  de redox, 503
  normal de redox, 505
Potenciômetro, 505
Preparação dos colóides,

método de condensação, 432
método de dispersão, 431
Pressão crítica, 101
Pressão máxima, 389
Pressão osmótica, 383, 405
  da solução, 517
Pressão parcial de um gás, 94, 95
Priestley, 42
Princípio,
  da incerteza, 259
  da seleção, 241
  de Pauli, 246, 324
Princípio da Conservação da Energia, 619
Princípio da Degradação da Energia, 619
Princípio de Carnot-Clausius, 619
Princípio de Le Chatelier,
  princípio da fuga à ação, 568
Produtos de reação, 26
Produto de solubilidade, 588
Produto iônico da água, 579
Promotores, 549
Proporções,
  definidas, lei das, 34
  múltiplas, lei das, 37
  recíprocas, lei das, 38
Propriedades, 13
  coligativas, 382, 399, 472
  específicas, 14
  extensivas, 93
  físicas, 13
  intensivas, 93
  químicas, 13
Propriedades dos colóides, 432
  coagulação, 430
  efetio Tyndall, 424
  eletroforese, 428
  estabilidade, 431
  movimento browniano, 426
  poder de adserção, 424
  pressão osmótica, 427
  tixotropia, 430
  velocidade de difusão, 423
Prótons, 27, 208
  reações provocadas por, 302
Proust, lei de, 34
Prout, William, 160
Pseudo-sais, 442
Psi quadrado, significado de, 267
Pureza,
  critérios de, 24
  domínio de, 16
PVC, 140

Quanta, teoria dos, 221

674 QUÍMICA GERAL

Radioatividade, 289
    artificial, 299
    natural, 289
Radioativo,
    equilíbrio, 297
    período, 296
Radioativos, traçadores, 300
Raias espectrais, 197, 198, 218, 219
Raio,
    de Bohr, 228, 239, 277
    do núcleo atômico, 284
Raios,
    alfa, 289
    Becquerel, 202, 289
    beta, 289
    canais, 179
    catódicos, 165
        origem dos, 167
        propriedades dos, 165
    covalentes, 335
    gama, 289
        reações provocadas por, 303
    iônicos, 193
    positivos, 178
    X, 161, 173, 182, 223
        espectro contínuo dos, 235
        espectro descontínuo dos, 196, 236
        medida do comprimento de onda
            dos, 198
        natureza dos, 188
        origem dos, 235
Raman, 223
Rayleigh, lorde, 81
Razão,
    giromagnética, 243
    magnetomecânica orbital, 243
Reação,
    de captura, 304
    de fissão, 306
    de transmutação, 305
    endotérmica, 622
    exotérmica, 622
    fotoquímica, 541
    heterogênea, 527
    homogênea, 527
    inversa, 528
    molecularidade de uma, 524
    ordem de, 524
    química, 26, 34, 136
        tipos de, 138
Reação ácido—base,
    equação, 448
Reações,
    catalíticas, 547

    de dismutação, 490
    de neutralização, 449
    de ordem zero, 533
    de oxirredução, 490
    de primeira ordem, 525
    de protólise, 443
    de segunda ordem, 528
    de terceira ordem, 531
    iônicas, 416
    limitadas, 522
    reversíveis, 522
    totais, 522
Reações nucleares, 34, 299, 300, 301
Reagentes, 26
Redes cristalinas, 191
Redox, 481
Redução, 478
    intermolecular, 485
Redutores, 482
Regnault, 92
    experiências de, 98
    método de, 64
Regra,
    de Bragg, 197
    de Cailletet e Mathias, 102
    de Dulong e Petit, 74
    de Gibbs, 610
    de Hund, 251
    de Mitscherlich, 131
    de Trouton, 400
    de Van't Hoff, 538
    do octeto, exceções à, 356
Relação de incerteza, 261
Relação de Mayer, 639
Resinas artificiais, 139
Resinas trocadoras de íons, 418
Resistência,
    específica, 469
    ôhmica de um líquido, 458
Ressonância, 353
Reversibilidade, 556
    aspectos da, 646
Richter, lei de, 38
Ritz, expressão de, 220
Robin,
    lei de, 567
Röntgen, 182
Rumford e Davy,
    observações de, 613
Rutherford, 82, 208, 212, 221, 255, 281, 292
Rydberg, constante de, 219, 232, 238

Saint-Gilles, 522
Sais,

ÍNDICE **675**

idéias de Hückel e Debye, 441
mistos ou duplos,
    na espécie, 439
    no gênero, 439
normais, ácidos, básicos e mistos, 439
segundo Arrhenius, 438
Salificação, 437
Saturação, grau de, 372
Schrödinger, 265
    equação de, 265, 267
        aplicação da, 274
Seleção magnética, 18
Semidesintegração, período de, 296
Semimetais, 157, 159
Série das tensões dos metais, 509
Séries radioativas, 294
Siedentopf e Zsigmondy,
    ultramicroscópio de, 425
Sistema, 13
    bifásico, 607
    coloidal, 361, 421
    disperso, 360, 420
    fases de um, 17
    monofásico, 607
    trifásico, 607
Sistemas de mesma espécie, 604
Sistemas heterogêneos, 604
    equilíbrio de fase, 604
        regra das fases, 607
    equilíbrio químico, 560, 604
        lei da ação das massas, 605
Skobelzyn, 209
Smoluchowski, 427
Soddy, 289
    leis de, 291
Solubilidade, 369
    coeficiente de temperatura, 373
    curvas de, 373
    e temperatura, 372
    regras de, 372
    seletiva, teoria da, 388
Solução,
    componentes de uma, 361
    concentração de uma, 362, 408
    condutividade elétrica de uma, 408
    grau de saturação de uma, 372
    hipertônica, 387
    hipotônica, 387
    ideal, 386
Solução de um sal de
    ácido forte e base forte, 591
    ácido fraco e base forte, 592
    ácido forte e base fraca, 595
    ácido fraco e basa fraca, 596

Solução-padrão, 584
Solução-tampão, 586
Soluções,
    características das, 359
    coloidais, 422
    concentradas, 369, 387
    de gases em líquidos, 374
    de sólidos em líquidos, 374
    de solvólise, 591
    diluídas, 369, 387
    eletrolíticas, 380
    isotônicas, 387
    não eletrolíticas, 380
    supersaturadas, 379
    tipos de, 360
    verdadeiras, 421
Soluto, 361
    covalente, 413
Solvatação dos íons, 321, 413
Solventes, 361
Sommerfeld, 82, 237
    órbitas de, 238
Spin, número quântico de, 245
Stark, efeito, 161
Stas, 160
Stern-Gerlach, 245
Stoney, 167
Stwart, 284
Substâncias,
    covalentes, 322
    de fundo, 370
    eletrovalentes, 318, 319
    heteropolares, 318
    homeomorfas, 131
    iônicas, 52, 318
    isotérmicas, 86
    radioativas, 291
Suspensões, 420
    coloidais, 421
Swedberg, 427

Temperatura,
    de ebulição, 399
    de reação,
        coeficiente de, 537
        e espontaneidade de reação, 659
Tensão,
    de dissolução, 383
    de vapor, 389
    eletrolítica de dissolução, 519
    máxima de vapor, 383, 517
Teoria da dissociação de Arrhenius, 406
Tep, 618
Termodinâmica,

676 QUÍMICA GERAL

estado, 619
função de estado, 620
sistema, 619
transformação de estado, 620
variáveis de estado, 619
Termoquímica, 629
Titulação por diferença, 499
Título, 362
Tonometria, 394
Tonoscopia, 389, 391
Trabalho,
elétrico, 625
na expansão de um gás, 623
Transferência de elétrons,
oxidação, 502
Transferência de prótons,
reações de protólise, 502
Transformação,
espontânea, 644
forçada, 644
isobárica, 627
Transição,
temperatura ou ponto de, 370
Transmutação, 290, 305
reações de, 305
Traube, 384, 388
Tríadas de Dobereiner, 145
Tricloreto de iodo, estrutura do, 358
Triofluoreto de boro, estrutura do, 356
Tríton, 283
Trocadores de íons, 417
negativos ou básicos, 418
positivos ou ácidos, 418
Trouton,
regra de, 400

Uhlenbeck & Goudsmith, 245
Ultramicroscópio, 425
Unidade D, 618

Valência,
conceito clássico de, 125, 133
método dos enlaces de, 330
negativa, 318
positiva, 318
teorias eletrônicas da, 310
Valências,
dedução das fórmulas a partir das, 132

Van der Waals,
equação de, 102
equação reduzida de, 110
ligação de, 342
Van't Hoff, 382
lei de, 566
Vapor,
saturado, 389
temperatura máxima de, 383
Variância, 609
Velocidade,
de desintegração, 295
de efusão, 96
média quadriática, 112, 118
Velocidade das reações,
fatores que influenciam a,
catalisadores, 546
concentração de reagentes, 522
energia de ativação, 539
estado físico dos reagentes, 545
pressão, 545
temperatura, 536
instantânea, 520, 521
média, 520
Ventilação, 18
Vibração destrógira e levógira, 528
Vida média, 296, 297
Volume,
atômico, 149
crítico, 101
molar, 64, 66
parcial, 95
Volumetria por neutralização, 451

Walker,
equação de, 578
Wenzel, 47
Wien, W., 180
Wierl, R., 354
Wilhelmy, 522
Wilson, câmara de, 162, 280
Winkler, 155
Wollaston, 61
Wood, 432

Zeeman, efeito, 161
Zeolita, 418
Zimase, 548